Impulse Physik 2

für die Klassen 7–9
im achtjährigen Bildungsgang
der Gymnasien
in Nordrhein-Westfalen

Neubearbeitung
von

Christian Feldmann
Ulrich Janzen
Tobias Kirschbaum
Reiner Kohl

Ernst Klett Verlag
Stuttgart · Leipzig

1. Auflage 1 7 6 5 4 | 2014 13 12 11

Gestaltung: B2 Büro für Gestaltung, Andreas Staiger, Stuttgart
Umschlaggestaltung: normaldesign GbR, Maria und Jens-Peter Becker, Schwäbisch Gmünd
Grafiken: Alfred Marzell, Schwäbisch Gmünd; Jörg Mair, München; Andreas Staiger, Stuttgart
Reproduktion: Meyle + Müller, Medien-Management, Pforzheim
Druck: Offizin Andersen Nexö Leipzig GmbH

Printed in Germany
ISBN: 978-3-12-772425-7

9 783127 724257

Hinweise zur Gliederung des Buches

Dieses Buch soll Schüler und Lehrer durch den Physikunterricht begleiten. Es will den Unterricht mit seinen Experimenten nicht ersetzen, doch bietet es die Möglichkeit, den Lernstoff selbstständig nachzuarbeiten. Ferner enthält es interessante Zusatzinformationen und gibt zahlreiche Anregungen, um selbst zu forschen.

Die Seiten im Buch sind so gestaltet worden, dass ein rascher Überblick über deren Inhalt und den Gedankengang möglich ist. Dabei werden die Informationen nur mit den notwendigen Begriffen angeboten, um Schwierigkeiten zu vermeiden. Dies kann und soll eine Erarbeitung nach eigenen Bedürfnissen nicht ersetzen.

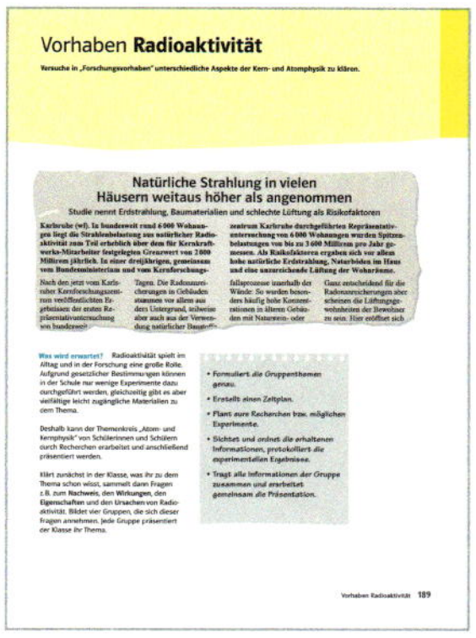

Vorhaben
Gelber Balken über die ganze Seitenbreite. Das Buch ordnet den Stoff in drei Themenbereiche, denen projektartige Fragestellungen vorangestellt werden. Mit ihnen kann der Stoff selbstständig, etwa in Kleingruppen, erarbeitet werden. Die Lehrkraft sollte organisatorische und inhaltliche Hilfestellung bieten. Diese Seiten stellen ein Angebot für eine handlungsorientierte Erarbeitung des Stoffes dar.

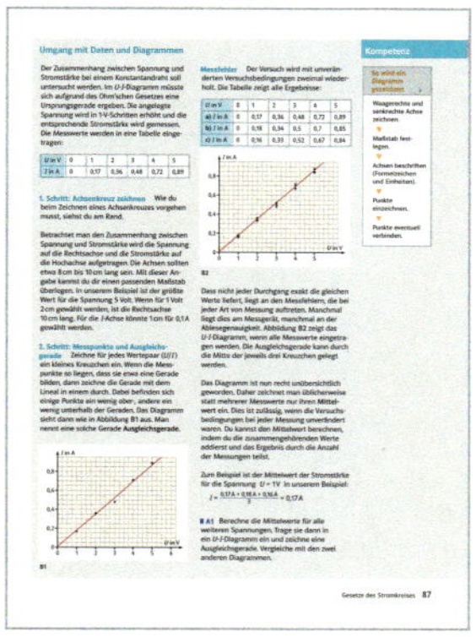

Werkstatt / Kompetenz
Graublauer Hintergrund, blaue Fahne mit Schriftzug „Werkstatt" bzw. „Kompetenz".
Inhalt: Beschreibung der grundlegenden Arbeitsmethoden und Vorgehensweisen der Physik sowie Anleitungen zu selbstständigem Arbeiten und Experimentieren. Auf diesen Seiten findet man ein Angebot an geeigneten Beispielen, mit deren Hilfe Schülerinnen und Schüler die Kompetenzen des Lehrplans und darüber hinausgehende erwerben können.

Kapitelbeginn
Abbildung mit Phänomen aus dem Kapitelinhalt über die ganze Seitenbreite. Darüber Kapitelüberschrift (siehe Inhaltsverzeichnis); die Überschrift wird auf jeder der folgenden Seiten unten bei der Seitenzahl wiederholt.
Inhalt: Verschiedene Probleme, die zum folgenden Stoff hinführen.

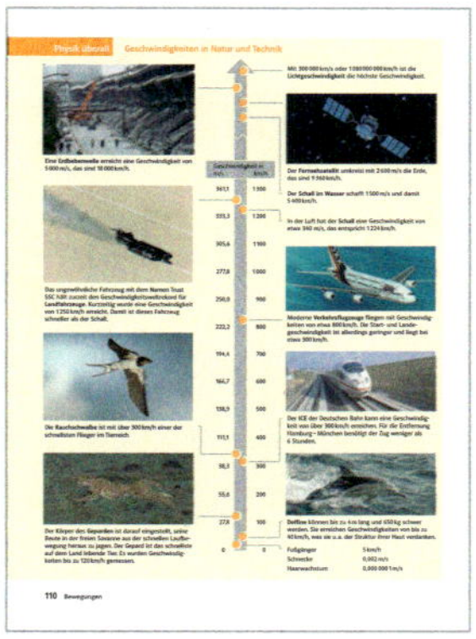

Ergänzungen
Abschnitte oder ganze Seiten auf hellem Hintergrund. Orangefarbene Fahne mit Schriftzug „Physik überall".
Inhalt: Weiterführender Stoff sowie Zusatzinformationen zu Kontexten aus Umwelt, Medizin und Naturwissenschaften, Technik und Geschichte. Diese Seiten stellen ein Angebot dar, aus dem die Lehrkraft auswählen kann, und greifen u.a. auch die im Lehrplan vorgeschlagenen Kontexte auf.

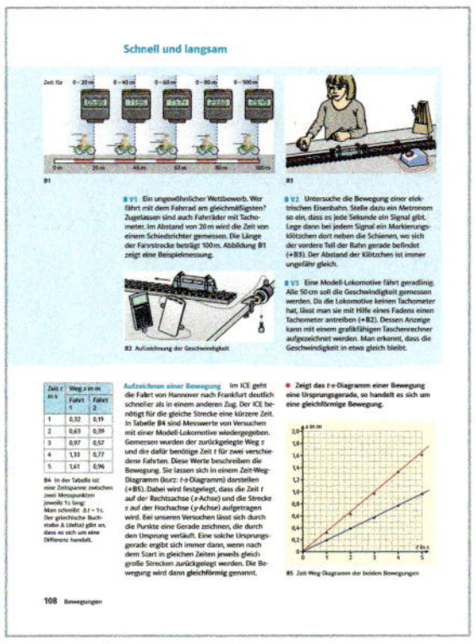

Versuche
Hellblauer Hintergrund.
Inhalt: Beschreibung der grundlegenden Versuche, Beobachtungen und Messergebnisse. Anschließend Grundwissen ohne gesonderte Kennzeichnung.

Grundwissen
Inhalt: Problemgeschichte mit Begriffsdefinitionen, Erklärungen und Folgerungen aus Experimenten, Merksätzen und Fragen.

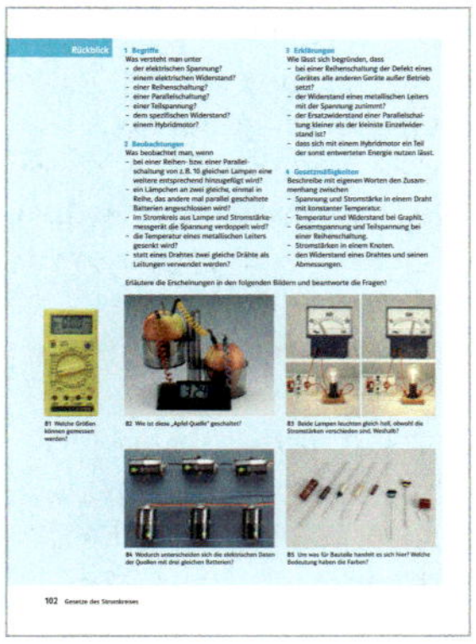

Rückblick
Am Ende eines Kapitels befinden sich, auf blauem Hintergrund und mit „Fahnen" gekennzeichnet, zusammenfassend
- Fragen zum Merkwissen als Rückblick auf die wichtigsten Inhalte zum Selbstprüfen,
- Phänomene, Alltagserscheinungen als Bildfragen,
- Musteraufgaben,
- Heimversuche,
- Aufgaben zu den verschiedenen Unterabschnitten des Kapitels.

Inhaltsverzeichnis

► Über den Kernlehrplan hinausgehende Inhalte zur Gestaltung eines Schulcurriculums sind durch „•⊣“ gekennzeichnet.

Grundregeln für das Experimentieren

Beim Experimentieren muss man besonders sorgfältig und vorsichtig sein. Lies dir zuerst die Versuchsbeschreibung durch. Beginne mit dem Experimentieren erst, wenn dir die auszuführenden Tätigkeiten klar sind. Führe die einzelnen Schritte eines Experiments immer in der richtigen Reihenfolge aus.

Melde es sofort dem Lehrer, wenn dir etwas unklar ist oder etwas Unerwartetes geschieht. Achte darauf, dass deine Versuchsaufbauten nicht umkippen können. Trage stets die notwendige Schutzkleidung. Informiere dich darüber, wo der Erste-Hilfe-Kasten und der Feuerlöscher stehen. Du solltest mit diesen Hilfsmitteln auch umgehen können.

Schutz vor Verbrennungen:
Versuch beendet – Brenner aus!

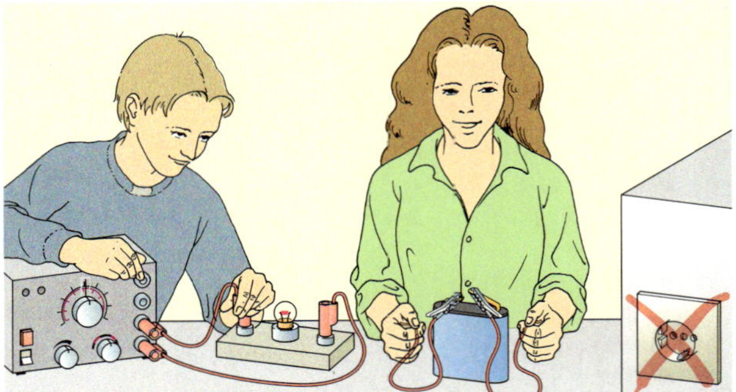

Schutz vor elektrischen Schlägen:
Nur Spannungen bis 24 V verwenden!

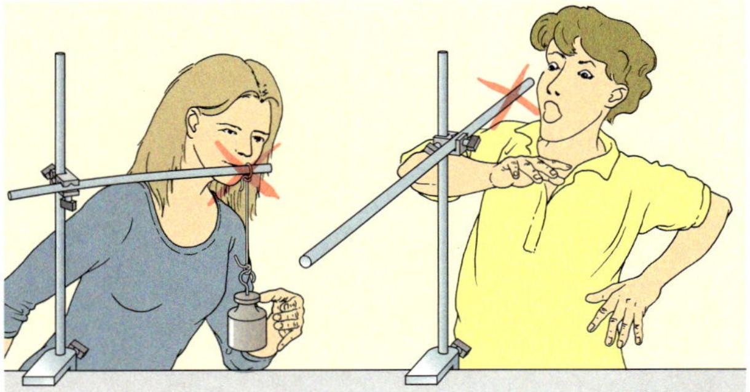

Schutz vor Verletzungen:
Versuche sorgfältig und überlegt aufbauen!

Schutz vor Vergiftung und Verätzung:
Chemikalien richtig aufbewahren und vorsichtig benutzen!

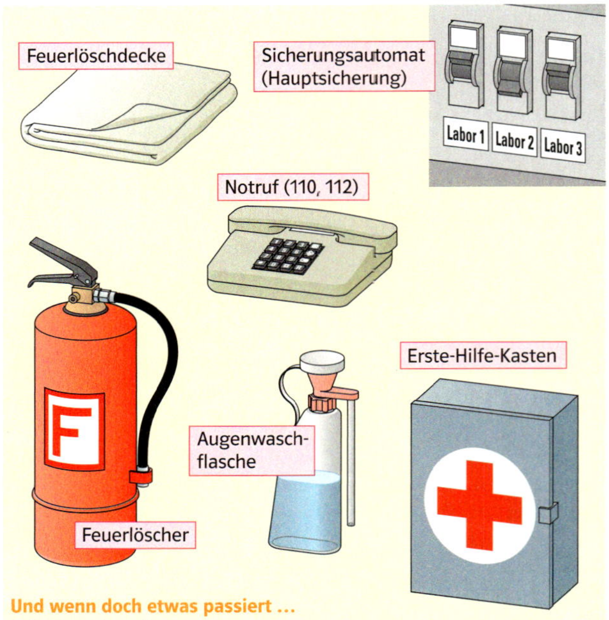

Und wenn doch etwas passiert …
Ruhe bewahren!
Sofort Lehrerin oder Lehrer informieren!
Hauptschalter bzw. Haupthahn sofort abdrehen!
Bei größeren Unfällen sofort Notruf: Feuerwehr 112
Polizei 110
Erste Hilfe leisten!

Die Gefahrensymbole:

giftig	ätzend	gesundheitsschädlich	leicht entzündlich	explosionsgefährlich	brandfördernd	gefährliche Spannung	umweltgefährlich

Vorhaben **Sehtest**

Versuche rund ums Auge: Untersuche in diesem Forschungsvorhaben die Eigenschaften des Auges und seine Leistungsfähigkeit.

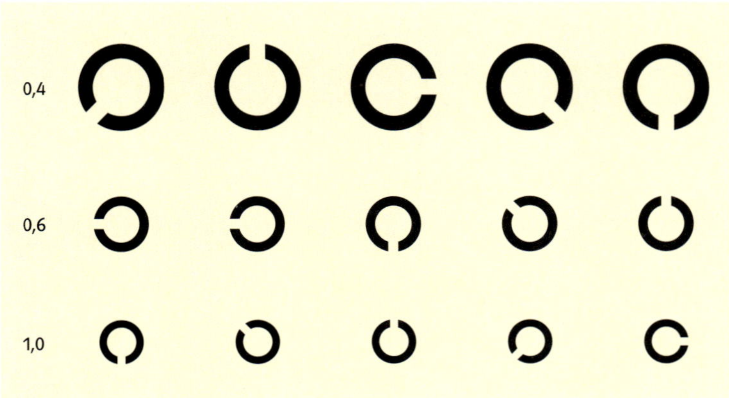

B1 Bild in 3 m Abstand halten.

B2

Einen Sehtest kennen wir vom Augenarzt: Beim Test muss man z. B. Zahlen oder unterbrochene Ringe verschiedener Größe aus einiger Entfernung vorlesen (→ **B1**). Hieran und durch weitere Untersuchungen erkennt der Arzt, ob beispielsweise eine Brille notwendig ist. Ein weiterer Sehtest ist die Untersuchung, ob eine Farbenfehlsichtigkeit vorliegt. Sie liegt vor, wenn man die Ziffer in Abbildung **B2** nicht erkennen kann.

Was wird erwartet? Führe die Experimente dieses Forschungsvorhabens durch und protokolliere deine Beobachtungen und Ergebnisse möglichst genau. Fertige – sofern sinnvoll – Skizzen der Versuchsdurchführung oder der Beobachtung an. Suche nach Erklärungen für die Beobachtungen. Entwickle anschließend eine Präsentation zu diesem Vorhaben.

Sehtest mit Landoltringen Anleitung: Halte das Buch 3 m entfernt und betrachte Abbildung **B1** nacheinander mit dem rechten und dem linken Auge und anschließend mit beiden Augen. In welche Richtung gehen die Ringöffnungen?

Untersuche mit Experimenten die Funktionsweise und die Leistungsfähigkeit deines Auges.

- Plane deine Experimente genau und führe sie sorgfältig durch.
- Protokolliere zuverlässig.
- Entwickle eine Präsentation und trage sie vor.

Versuche rund ums Auge

B1

Wichtige Kenntnisse zur Lösung Informiere dich im Lehrbuch über:
- den Aufbau des Auges
- Zerstreuungs- und Sammellinsen
- Korrektur von Fehlsichtigkeit
- und über das Präsentieren von Ergebnissen

Blinder Fleck Halte das linke Auge zu und betrachte mit dem rechten Auge die Katze (→ **B1**). Du wirst dabei nicht nur die Katze, sondern auch die Maus rechts davon gleichzeitig sehen. Führe nun das Buch langsam an das Auge heran und wieder weg, blicke dabei aber weiter fest auf die Katze.
In einem ganz bestimmten Abstand ist die Maus nicht mehr zu sehen! Wiederhole den Versuch mit dem linken Auge!

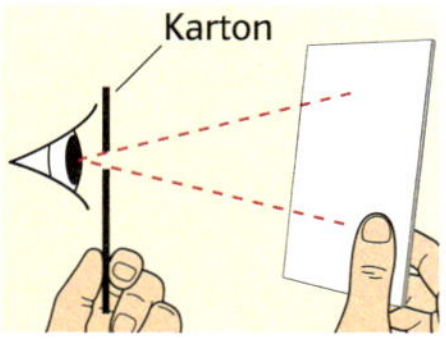

B2

Netzhaut und Pupille Steche in ein schwarzes Stück Karton ein kleines Loch und halte es möglichst dicht vor ein Auge. Schaue nur mit diesem Auge durch das Loch auf ein helles weißes Blatt und bewege den Karton ein klein wenig im Kreis. Nach einiger Zeit kannst du deine eigenen Netzhautadern erkennen. Beobachte nun mit einem Partner zusammen die Pupillen, wenn ein Auge plötzlich beleuchtet wird oder ihr eine knifflige Mathematikaufgabe löst.

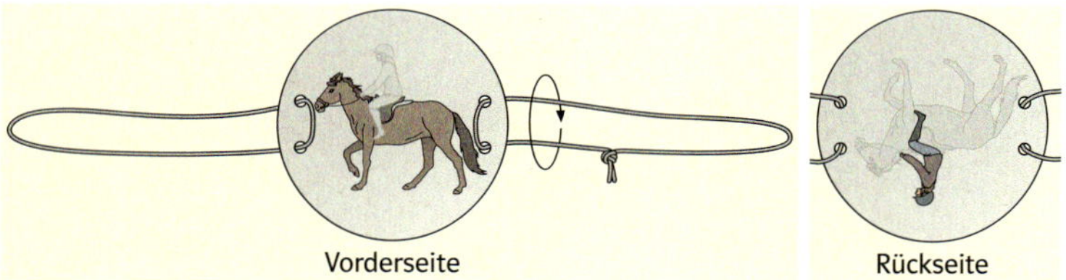

B3

Trägheit des Auges Du benötigst ein Stück hellen Karton und einen Faden. Schneide aus dem Karton eine Scheibe mit ca. 8 cm Durchmesser aus und befestige auf jeder Seite einen Faden, so dass die Scheibe mit zwei Händen gedreht werden kann (→ **B3**). Zeichne nun auf jede Seite der Scheibe eine Hälfte eines Bildes, z. B. auf eine Seite ein Pferd und auf die andere den Reiter. Wenn man die Fäden nun verdrillt und dann an beiden Seiten zieht, dreht sich die Scheibe schnell und es sieht so aus, als wäre auf beiden Seiten ein vollständiges Bild.

Deutliche Sehweite Nimm ein Blatt Papier mit einem geraden Strich, einen Bleistift und ein Lineal. Betrachte den Strich wie in **B4** gezeigt mit einem Auge. Bewege nun, unmittelbar vor dem Auge beginnend, den Bleistift langsam vom Auge weg. Miss die Entfernung des Punktes, bei dem du die Bleistiftspitze ohne Anstrengung deutlich siehst! Bestimme diesen Punkt auch für das andere Auge! Wiederhole den Versuch zu verschiedenen Tageszeiten! Lass auch Eltern und Großeltern den Versuch durchführen!

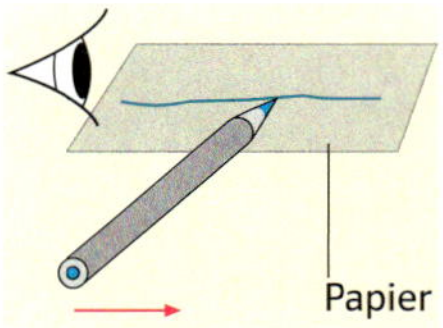

B4

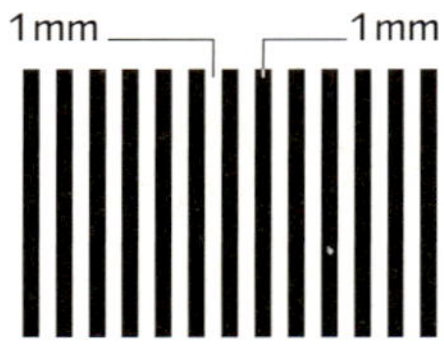

B5

Abstand der Sehzellen Zeichne eine Reihe von parallelen schwarzen Linien, die jeweils 1 mm dick sind und jeweils 1 mm Abstand voneinander haben, auf weißes Papier (→ **B5**). Nimm den Papierbogen mit den Linien und befestige ihn in Augenhöhe an einer Wand.
Bestimme die Entfernung von der Wand, aus der du gerade eben noch die einzelnen parallelen Linien unterscheiden kannst.

Auswertung: Die Sehzellen können zwei Linien gerade noch unterscheiden, wenn dazwischen mindestens eine Sehzelle passt. Deswegen kann man so den ungefähren Abstand der Sehzellen berechnen. Bei einer Entfernung g in Millimetern von der Wand (Gegenstandsweite), einem Linienabstand von 1 mm und einer Länge des Augapfels (Bildweite) von 23 mm lautet die Formel:
Abstand der Sehzellen = $1\,\text{mm} \cdot 23\,\text{mm}/g$.
Das Ergebnis sollte ungefähr 2,5 Mikrometer (millionstel Meter) betragen.

Brillentest Richte das Licht eines Tageslichtprojektors auf eine weiße Wand. Halte nun verschiedene Brillen von Mitschülern so in das Licht, dass man auf der Wand gut beide Brillengläser erkennen kann.

Licht an Grenzflächen

Warum werden wir nur von einem Teil der Fensterfläche geblendet?

Online-Link
772425-0100

Sehen

B1 Pappe und Wand lenken Licht um.

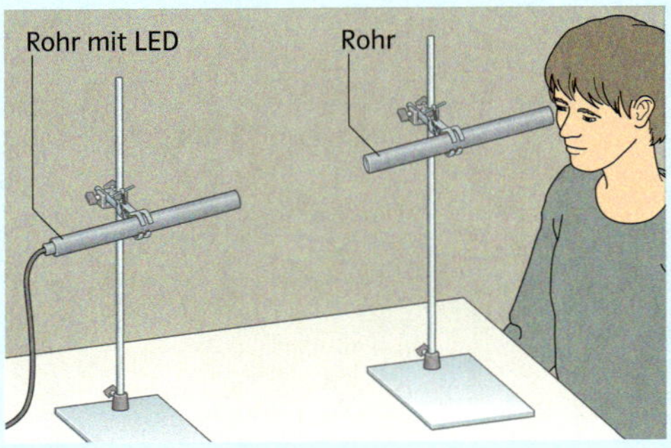

B2 Nur so gelangt Licht von der LED ins Auge.

V1 Halte in einem dunklen Raum ein Stück Pappe etwa 50 cm vor eine helle Wand. Leuchte mit einer Taschenlampe auf die Pappe (→ **B1**).
Ob die Lampe an ist, kannst du erkennen:
- wenn du direkt in die Lampe schaust.
- wenn du auf die Pappe schaust.
- wenn du auf die Wand schaust.

V2 Betrachte ein buntes Tuch bei heller und ganz schwacher Beleuchtung. Farbe erkennst du nur, wenn die Beleuchtung hell genug ist.

V3 Das linke Rohr in Bild **B2** enthält an einem Ende eine LED als Lichtquelle. Blicke durch ein zweites Rohr. Du siehst die LED nur, wenn die Rohre so wie in Bild **B2** ausgerichtet sind.

B3 Licht ermöglicht Sehen.

Sehen In einem völlig dunklen Raum kann man nicht sehen, denn zum Sehen braucht man Licht. Das Licht muss dazu in unser Auge gelangen. Gegenstände, die Licht aussenden, nennt man **Lichtquellen**. Beispiele hierfür sind ein Scheinwerfer oder eine Kerze. Wir sehen Lichtquellen, weil das Licht, das sie aussenden, in unser Auge gelangt. Unser Auge ist der **Lichtempfänger**. Wir können aber auch Gegenstände sehen, die selbst keine Lichtquellen sind. Sie sind **beleuchtete Gegenstände**. Dazu muss das Licht einer Lichtquelle vom Gegenstand umgelenkt werden und in unser Auge gelangen. In Abbildung **B3** wird dies deutlich: Wir sehen den Läufer, weil das Licht eines Scheinwerfers auf den Läufer trifft und von ihm in unser Auge gelangt.
Wenn wir bei geringer Helligkeit einen Gegenstand betrachten, so erscheint er uns grau. Erst bei hellerem Licht erkennen wir Farben.

Lichtbündel und Lichtstrahlen Scheinwerfer lassen Licht der eingebauten Lichtquellen nur in eine Richtung austreten. Sie erzeugen ein **Lichtbündel**. An dunstigen Tagen kann man beobachten, wie das Sonnenlicht zwischen den Bäumen hindurch scheint (→ **B4**). Die kleinen Wassertröpfchen lenken das Licht in die Augen um. Dadurch kann man den Weg des Lichts verfolgen.

B4 Nebel macht Lichtbündel sichtbar.

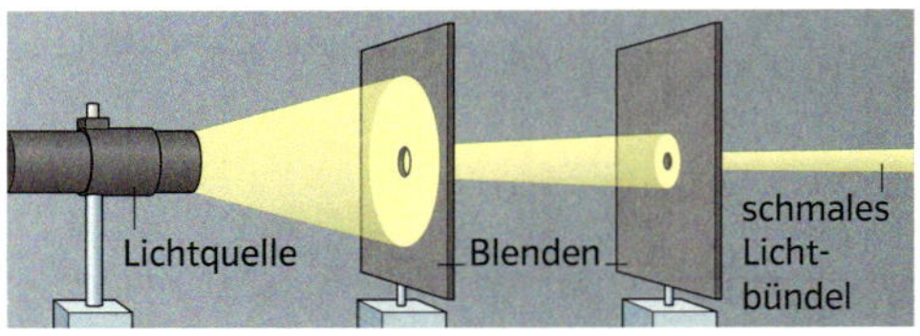

B5 Blenden begrenzen Lichtbündel.

Hält man Blenden vor die Öffnung eines Scheinwerfers, so kann man immer schmalere Lichtbündel erzeugen (→ **B5**). Das schmalste Lichtbündel, dass man sich vorstellen kann, nennt man einen **Lichtstrahl**. Mit diesem **Modell** werden Richtung und Weg des Lichts angegeben. Lichtstrahlen lassen sich nicht erzeugen, deshalb verwendet man bei Versuchen ganz schmale Lichtbündel.

Licht trifft auf Materie

B1

B2

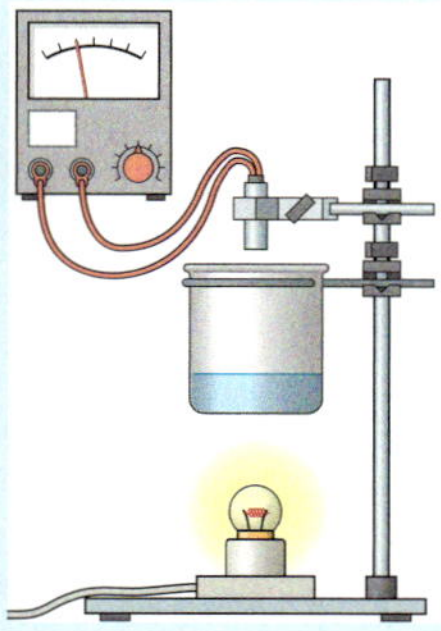

B3

V1 Halte zwischen eine kleine helle Glühlampe und deine Augen nacheinander:
a) eine sauber geputzte Glasscheibe, **b)** eine beschlagene Scheibe, **c)** verschiedene Plastikfolien, **d)** eine Alufolie, **e)** ein Blatt aus dünnem Papier (→ **B1**).

Prüfe, ob das Licht hindurchgeht und ob du hindurchsehen kannst. Nicht immer tritt beides zusammen auf. Wenn allerdings kein Licht hindurchgeht, kannst du auch nicht hindurchsehen.

V2 Halte in einem dunklen Raum ein Stück Pappe vor eine helle Wand. Leuchte mit einer Taschenlampe auf die Pappe (→ **B2**). Drehe die Pappe etwas hin und her. Beobachte die Wand. Wähle **a)** eine helle Pappe, **b)** eine farbige Pappe, **c)** eine mattschwarze Pappe, **d)** eine glatte Alufolie, **e)** eine zerknitterte Alufolie. Auf der Wand kannst du sehen, wie Licht durch die Pappe umgelenkt wird.

V3 Halte zwischen eine kleine Glühlampe und deine Augen ein Stück Pergamentpapier. Vergleiche mit einer Alufolie.
Lege jetzt zwei, drei ... Schichten Pergamentpapier übereinander. Beschreibe deine Beobachtungen. Kannst du mit Pergamentpapier die gleiche Wirkung erzeugen wie mit Alufolie? Verwende statt des Auges auch einen Helligkeitsmesser und untersuche wie im Bild **B3** skizziert Wasserschichten unterschiedlicher Dicke.

Licht und Materie Wenn wir einen Gegenstand sehen wollen, muss Licht von ihm in unser Auge gelangen. Gegenstände, die selbst keine Lichtquellen sind, müssen das Licht einer Lichtquelle zum Auge umlenken. Was mit dem Licht geschieht, hängt vom Gegenstand, insbesondere von seiner Oberfläche ab. Fällt Licht auf eine helle Pappe, so wird das Licht in alle Richtungen **reflektiert** und wir können sie aus allen Richtungen sehen. Man nennt dies **ungerichtete Reflexion**. Spiegel dagegen reflektieren das Licht nur in eine Richtung, aus allen anderen Richtungen erscheint er dunkel. Man nennt dies **gerichtete Reflexion**.

Eine Glasscheibe lässt Licht durch und wirkt auch wie ein Spiegel, denn ein Teil des Lichtes wird reflektiert. Je dicker eine Scheibe ist, desto weniger Licht kommt auf ihrer Rückseite an: das Glas **absorbiert** (verschluckt) einen Teil des Lichtes. Einen Gegenstand, der alles Licht absorbiert, kann man nicht sehen.

● **Licht wird von Gegenständen mehr oder weniger stark durchgelassen oder reflektiert.**

A1 Beantworte die Frage auf Seite 9.

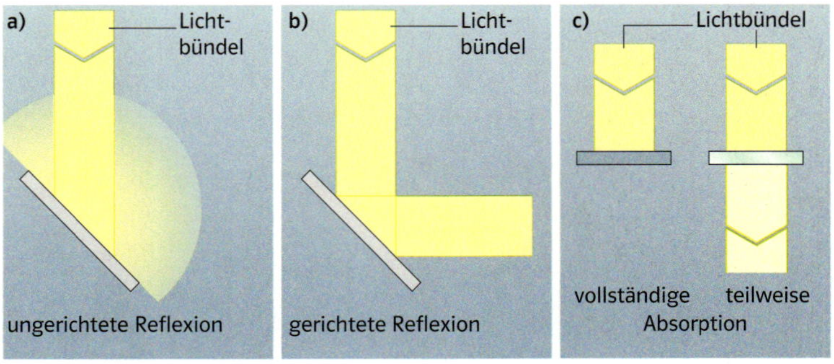

B4 Reflexion und Absorption

Wahrnehmen

V1 Verwende die Form in Bild **B1a** wie im Beispiel **B1b** und **B1c** zur Gestaltung unterschiedlicher Bilder. Gib jeweils die Bedeutung der Form an. Im Beispiel stellt sie eine Tür dar oder eine Zahl.

V2 Auf einem Blatt Papier erzeugen wir einen Fettfleck. Wir stellen das Blatt zwischen zwei gleiche Lampen (→ **B2**). Der Fettfleck erscheint je nach Position des Blattes heller oder dunkler als seine Umgebung. Steht das Blatt genau in der Mitte, so ist der Fleck nicht wahrnehmbar.

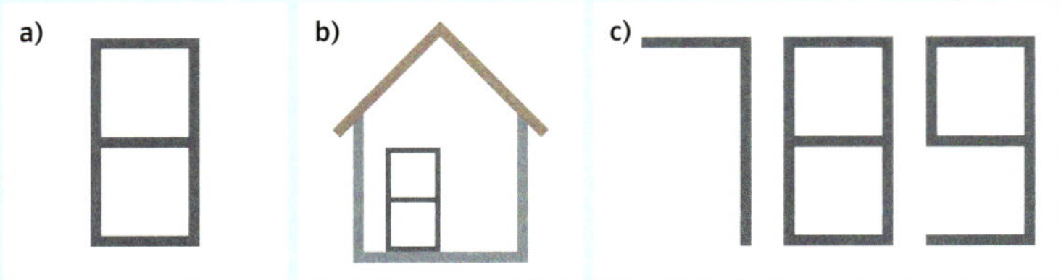

B1 Eine Form (a); eine Tür (b); eine Zahl (c)

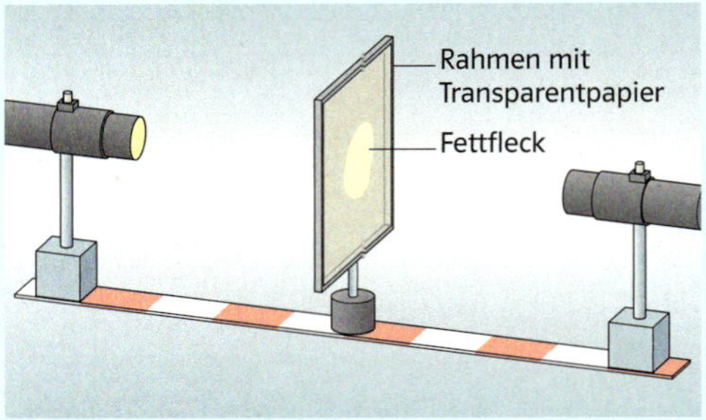

B2 Der Fettfleck verschwindet.

B3 Unterschiede führen zur Wahrnehmung.

B4 Der Mond

B5 Bäume oder Mann?

Wahrnehmen Mit unseren Sinnesorganen nehmen wir Signale aus der Umwelt auf. Die Augen reagieren auf Lichtreize und wir sehen etwas. Wir müssen diese Reize aber noch verarbeiten und deuten. Dies geschieht im Gehirn. Es steht über die Sehnerven mit den Augen in Verbindung.

● **Augen und Gehirn wirken zusammen beim Zurechtfinden in der Welt.**

Auch wenn die Augen von einem Gegenstand Licht empfangen, nehmen wir ihn nicht unbedingt wahr. Nur in dem Feld oben rechts und dem Feld unten links von Abbildung **B3** nimmst du ein Dreieck wahr.

● **Wir können Gegenstände nur erkennen, wenn sie sich durch Helligkeit oder Farbe von ihrer Umgebung unterscheiden.**

Bedeutungen Abbildung **B5** zeigt eine Landschaft. Vielleicht erkennst du auch einen Mann. Das gelingt dir, weil du eine Vorstellung davon hast, wie Männer aussehen.
Das Beispiel zeigt: Wir geben den Dingen, die wir sehen, eine Bedeutung.

● **Bedeutungen ergeben sich aus dem Zusammenhang und unserer Erfahrung.**

A1 Begründe, warum man den Mond in Abbildung **B4** sieht und um ihn herum alles dunkel erscheint.

Auge und Gehirn wirken zusammen

Lernstationen:
Nebenstehende Lernstationen geben dir Beispiele für das Zusammenwirken von Augen und Gehirn.
Folge den Anleitungen sorgfältig.
Diskutiere deine Feststellungen mit Mitschülerinnen und Mitschülern.

Station I

Unterschiede

Im Tierreich gibt es viele verschiedene Farben.

1 Betrachte die Bilder. Schreibe auf, was du zur Bedeutung der Farben denkst.
2 Suche weitere Beispiele. Orientiere dich dabei an den Stichworten „warnen" und „tarnen".

Station II

Sehen, wo nichts ist

Bringe auf der unteren Hälfte eines weißen DIN-A4-Blattes ein weißes Kreuz auf schwarzem Grund an.

1 Starre mindestens dreißig Sekunden auf das weiße Kreuz. Richte dann den Blick sofort auf das weiße Feld darüber. Beschreibe deine Beobachtung.
2 Suche unter dem Stichwort „Nachbilder" ähnliche Experimente im Internet. Führe sie durch und berichte.

Station III

Groß und klein

Ein Mann erzählt, dass er einen Riesenfisch geangelt hat. So groß, dass sich sein Sohn hinter ihm verstecken könnte. Zum Beweis zeigt er das Bild.

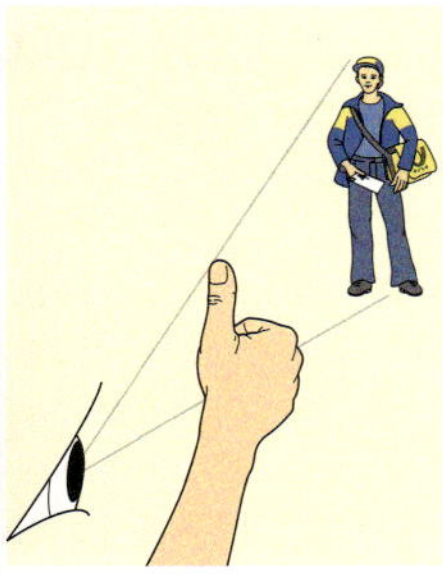

1 Untersuche, wie sich Gegenstände hinter deinem Daumen verstecken können. Die Abbildung gibt dir eine Idee. Beschreibe genau, wie das bei kleinen und großen Gegenständen geht.
2 Das Anglerfoto ist als Beweis für die Geschichte nicht geeignet. Hast du eine Idee, wie groß der Fisch wirklich ist?

Station IV

Was sieht man?

1 Was nimmst du auf dem linken Bild wahr?
Vergleiche mit Bild **B5** auf Seite 12.
Suche ähnliche Bilder. Stelle eine Sammlung zusammen.
2 Wie viele Dreiecke siehst du in der rechten Abbildung? Wie viele sind wirklich gezeichnet?
Kannst du einzeichnen, was das Gehirn hinzufügt?
Sind es vielleicht gar keine Dreiecke sondern eine andere Figur?

Reflexion und Streuung von Licht

B1 Licht wird umgelenkt.

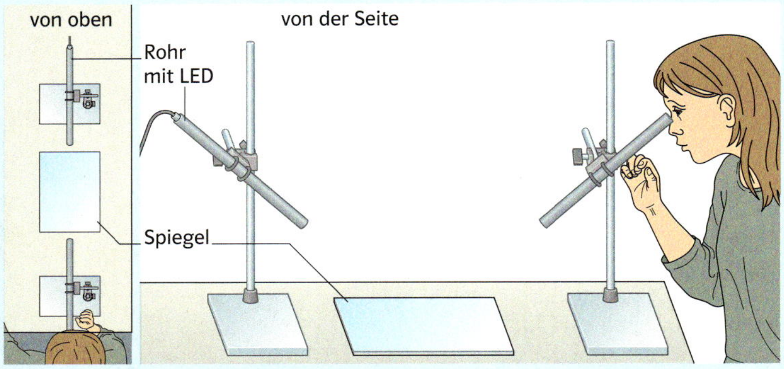

B2 Licht gelangt über den Spiegel ins Auge.

V1 Wir legen einen Spiegel, ein Stück leicht zerknitterte Aluminiumfolie und ein weißes Blatt Papier auf einen dunklen Karton. Im verdunkelten Klassenzimmer beleuchten wir sie von der Seite mit einer Experimentierleuchte (→ **B1**).

Aus allen Richtungen sieht man das weiße Papier gleich hell. Der Spiegel dagegen erscheint – für die meisten Betrachter – dunkel, ebenso große Teile der Aluminiumfolie. Nur aus einer bestimmten Richtung erscheint der Spiegel hell. Drehen wir die Folie, so leuchtet sie an anderen Stellen.

V2 Das linke Rohr in Bild (→ **B2**) enthält an einem Ende eine LED als Lichtquelle. Das Rohr ist auf einen Spiegel gerichtet.
Blicke durch ein zweites Rohr und versuche die Lichtquelle zu sehen. Es gelingt nur, wenn die Rohre so wie in Bild **B2** ausgerichtet sind. Von oben gesehen müssen die Rohre eine gerade Linie bilden. Wenn man beide Rohre vertauscht, sieht man das Licht auch.

Bemerkung:
Das Lot ist die Senkrechte zum Spiegel am Auftreffort des Lichtbündels.

Licht wird umgelenkt Ein Stück Papier können wir aus allen Richtungen sehen, denn es lenkt das Licht einer Lichtquelle in alle Richtungen um (→ **B3a**). Licht wird vom Papier ungerichtet reflektiert oder **gestreut**. Von einem Spiegel wird ein Lichtbündel vollständig in eine bestimmte Richtung umgelenkt (→ **B3b**). Es wird gerichtet **reflektiert**.

Der Lichtweg bei der Reflexion Mit einem schmalen Lichtbündel lässt sich der Weg des Lichtes bei der Reflexion verfolgen. Auf einem Blatt Papier wird er sichtbar (→ **B4**). Wir nennen das zum Spiegel laufende Bündel das einfallende Bündel. Man kann feststellen: Auch das reflektierte Bündel verläuft ebenfalls auf dem Papier, d.h.

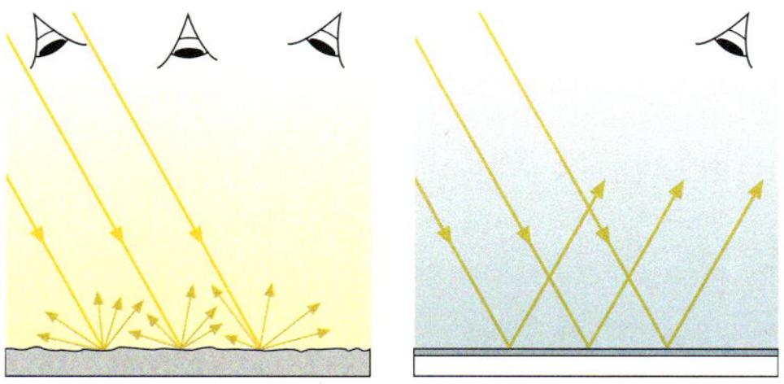

a) Papier b) Spiegel

B3 Alle sehen das Papier und nur einer den Spiegel …

- **Bei der Reflexion liegen einfallendes und reflektiertes Lichtbündel in einer Ebene.**

In der Physik wurde vereinbart, Lichtwege durch die Winkel zwischen dem Bündel und dem Lot zum Spiegel zu kennzeichnen (→ **B4**). Es zeigt sich das Reflexionsgesetz:

- **Bei der Reflexion sind Einfallswinkel und Reflexionswinkel gleich groß.**

Einfallendes und reflektiertes Bündel lassen sich vertauschen, ohne das sich etwas anderes ändert. Das bedeutet:

- **Bei der Reflexion ist der Lichtweg umkehrbar.**

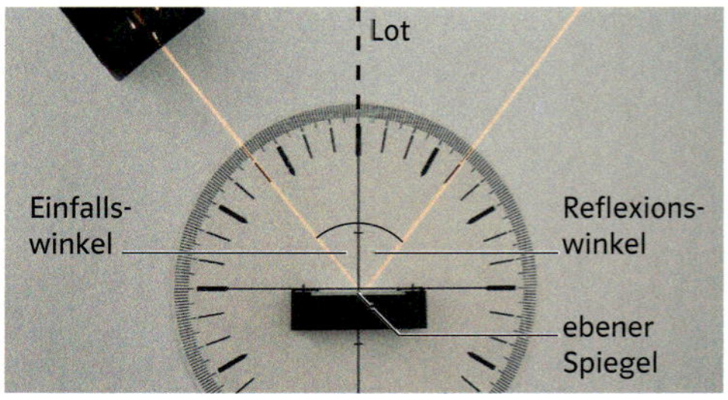

B4 Lichtwege bei der Reflexion

► S. 250 Wechselwirkung

Vorhersage von Lichtwegen

Mit dem Geodreieck kann man bei Sonnenschein jemanden „blenden". Es wirkt dabei wie ein Spiegel. Für Spiegel gilt das Reflexionsgesetz.

Mit dem Reflexionsgesetz kannst du vorhersagen, welchen Weg das Licht nehmen wird. Die Lichtwege lassen sich durch Geraden beschreiben. Mit dem Geodreieck misst du Winkel. Die Bilder **B1a** bis **B1c** zeigen, wie du vorgehst.

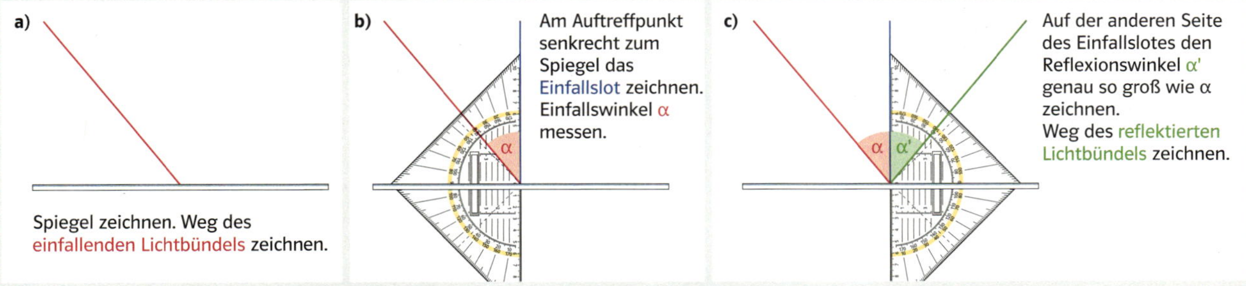

B1 Licht trifft auf einen Spiegel (a). Der Einfallswinkel wird gemessen (b). Das Reflexionsgesetz wird angewandt (c).

Reflektoren

B2 Sicherer mit Reflektoren

Reflektoren dienen im Straßenverkehr der Sicherheit (→ **B2**). Sie sollen möglichst viel von dem auftreffenden Licht in die Richtung zurückwerfen, aus der es gekommen ist. Ein Spiegel würde das nur tun, wenn das Licht senkrecht auftrifft. Im vergrößerten Bild aus einem Fahrradrückstrahler erkennt man Flächen, die zueinander senkrecht stehen (→ **B4**).

Mit einem Experiment kannst du herausfinden, wie mit zwei Spiegeln das Licht gelenkt werden kann. Bild **B3a** gibt Hinweise. Am besten arbeitet ihr zu zweit. Eine andere Möglichkeit ist die Konstruktion der Lichtwege mit Hilfe des Reflexionsgesetzes (→ **B3b**).

Mit beiden Methoden kannst du zeigen:

● **Licht, das nacheinander auf zwei zu einander senkrechte Spiegel trifft, wird in die Richtung zurückgeworfen, aus der es gekommen ist.**

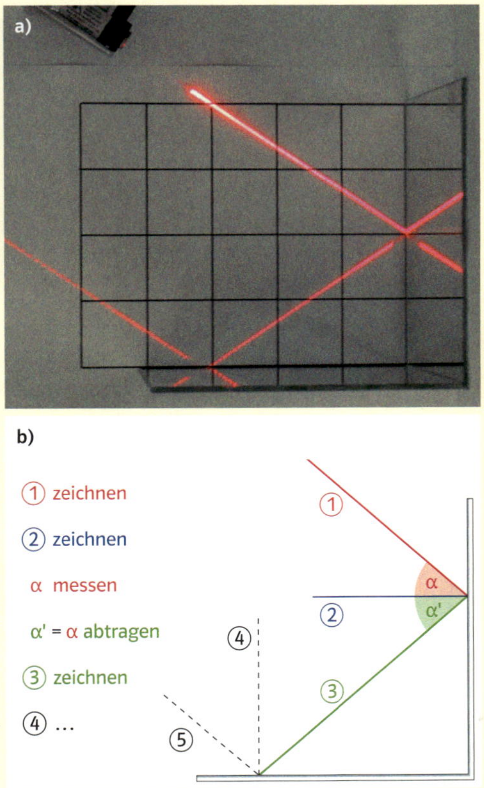

B3 Lichtbündel an zwei Spiegeln (a); Theorie bei zwei Spiegeln (b)

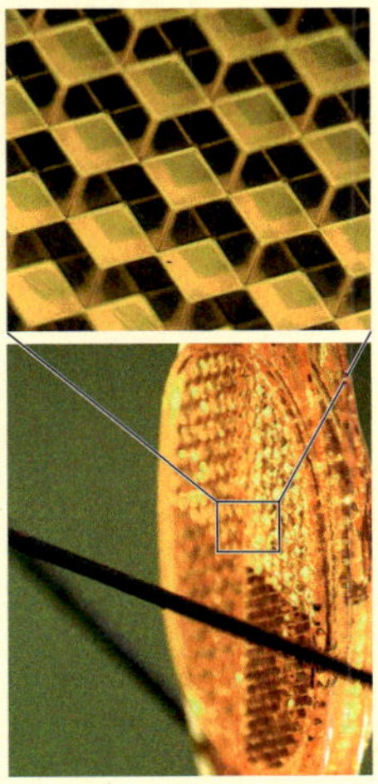

B4 Fahrradrückstrahler

A1 Überprüfe durch eine Konstruktion der Lichtwege den Merksatz für verschiedene Einfallswinkel α.

Die Brechung des Lichtes

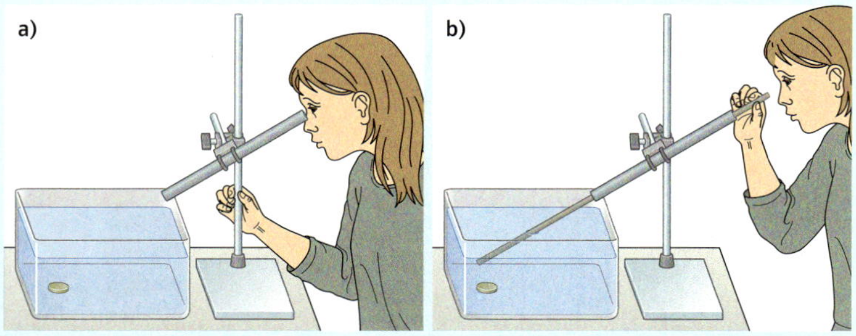

B1 Zielen! (a); Treffen? (b)

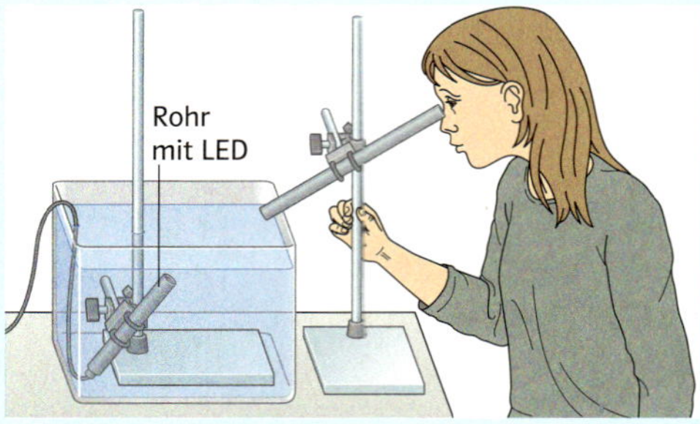

B2 Der Lichtweg führt durch Wasser und Luft ins Auge.

V1 Auf dem Boden einer mit Wasser gefüllten Wanne liegt eine Münze. Blicke durch ein Rohr, sodass du die Münze siehst (→ **B1a**). Schiebe dann einen geraden Stab durch das Rohr. Er geht über die Münze hinweg (→ **B1b**). Wiederhole, wenn kein Wasser in der Wanne ist.

V2 Lege eine Münze auf den Boden einer Kaffeetasse. Stelle sie so vor dich hin, dass du die Münze gerade nicht mehr siehst (→ **B3a**). Fülle die Tasse mit Wasser. Jetzt siehst du die Münze (→ **B3b**).

V3 Das linke Rohr in Bild (→ **B2**) enthält an einem Ende eine LED als Lichtquelle.
Blicke durch ein zweites Rohr und versuche die Lichtquelle zu sehen. Es gelingt nur, wenn die Rohre so wie in Bild **B2** ausgerichtet sind.

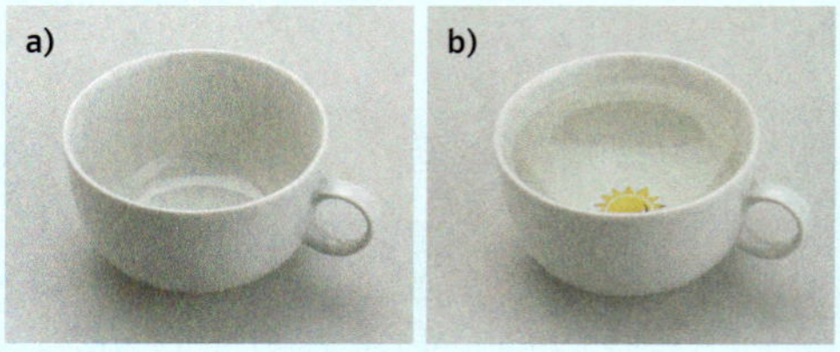

B3

B4 Brechung des Lichtes

Der Knick im Lichtweg Wir richten das schmale Lichtbündel einer Experimentierleuchte von unten auf einen wassergefüllten Trog aus Glas. Wir beobachten: In Wasser und in Luft ist der Lichtweg gerade. An der Wasseroberfläche wird ein Teil des Lichtbündels wie an einem Spiegel reflektiert. Der andere Teil verlässt das Wasser und ändert dabei an der Wasseroberfläche seine Richtung (→ **B4**).

Man nennt diese Erscheinung die **Brechung** des Lichtes. Sie kann immer dann beobachtet werden, wenn Licht von einem durchsichtigen Stoff in einen anderen übergeht z. B. von Luft nach Glas.

● **Ein Lichtbündel ändert beim Übergang von einem durchsichtigen Stoff in einen anderen seine Richtung.**

Die Brechung kann man auch beobachten, wenn der Lichtweg umgekehrt wird. Zur Beschreibung der Brechung zeichnet man wie beim Spiegel senkrecht zur Grenzfläche ein Lot und beschreibt das Verhalten des Lichtes durch die Winkel in den beiden Stoffen (→ **B5**).

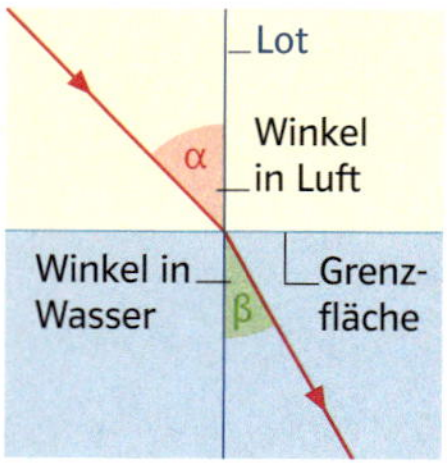

B5 Winkel beschreiben den Knick.

Die Beobachtung zeigt:
- Trifft das Licht senkrecht auf die Grenzfläche, so ändert sich seine Richtung nicht.
- Der Winkel in Luft ist größer als der Winkel in Wasser.
- Je größer der Winkel in Luft ist, desto größer ist auch der in Wasser.

Die Brechung erklärt, warum man den Boden der wassergefüllten Tasse sehen kann, obwohl keine gerade Sichtverbindung besteht (→ **B6**).

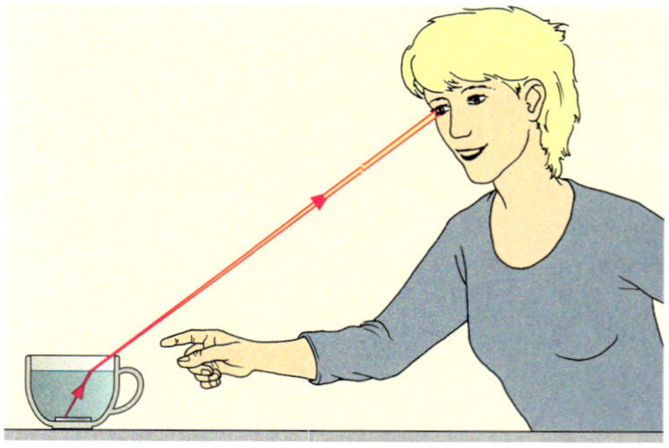

B6 Sehen ohne gerade Sichtverbindung

A1 Erläutere Abbildung **B6**.

Messen – Dokumentieren – Vorhersagen

In den Naturwissenschaften spielen Experimente eine große Rolle. Aus ihren Ergebnissen werde wichtige Schlüsse gezogen, manchmal gibt es dafür den Nobelpreis. Damit alles nachprüfbar ist, muss über den Ablauf ein sorgfältiges Protokoll geführt werden. Manche Experimente sind sehr teuer und können nur schwer wiederholt werden. Auch dann ist ein Protokoll wichtig. Du kannst das sicher sorgfältiger als **Olaf Römer** (→ **B1**).

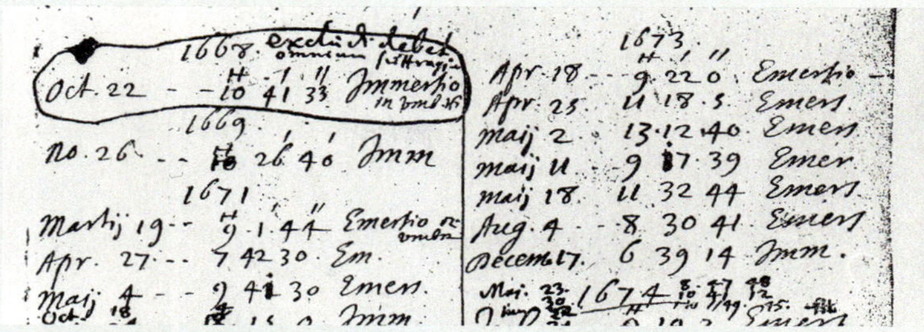

B1 Der Astronom Olaf Römer notierte seine Beobachtungen der Jupitermonde im Jahr 1676.

Beispiel eines Protokolls

Mit rot sind die Punkte gekennzeichnet, die in jedem Protokoll auftauchen sollen.

Vorhersagen Wir wollen wissen, wie sich eigentlich die Brechung auswirkt, wenn Licht durch eine Fensterscheibe geht. Wir wissen, dass es auf beiden Seiten gebrochen wird, weil es einmal von Luft zu Glas und auf der anderen Seite von Glas zu Luft wechselt. Wir gehen davon aus, dass sich das Licht in solchen Fällen immer gleich verhält und verwenden deswegen die Erkenntnisse in unserem Protokoll und zeichnen.

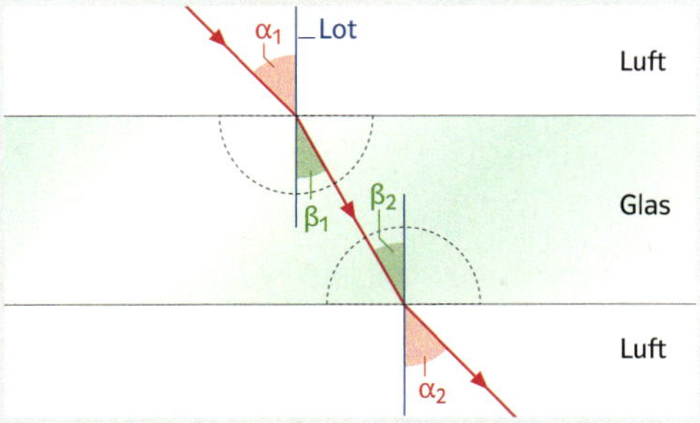

B2 Licht geht durch eine Glasscheibe.

Ein Lichtbündel trifft auf die Scheibe. Wir zeichnen das Lot und messen den Winkel α_1, z. B. 45°. Aus der Tabelle lesen wir dazu $\beta_1 = 30°$ ab. Wir zeichnen den Lichtweg bis zur anderen Seite der Scheibe. Dort zeichnen wir wieder das Lot. Der Winkel in Glas ist $\beta_2 = 30°$. Dazu gehört der Winkel in Luft $\alpha_2 = 45°$. Wir zeichnen damit den weiteren Lichtweg. Wir erkennen, dass die Lichtwege vor und hinter der Glasscheibe parallel und etwas gegeneinander versetzt sind.

A1 Erläutere, wie man von einer Wertetabelle zu einem Diagramm kommt und wie man Werte aus einem Diagramm abliest.

Versuchsprotokoll

Datum: 29.02.2009 Name: Lea Licht

Thema: Die Winkel bei der Brechung

Material: Halbrunder Glaskörper Scheibe mit Winkelskala, Lichtquelle mit Schlitz

Versuchsaufbau:

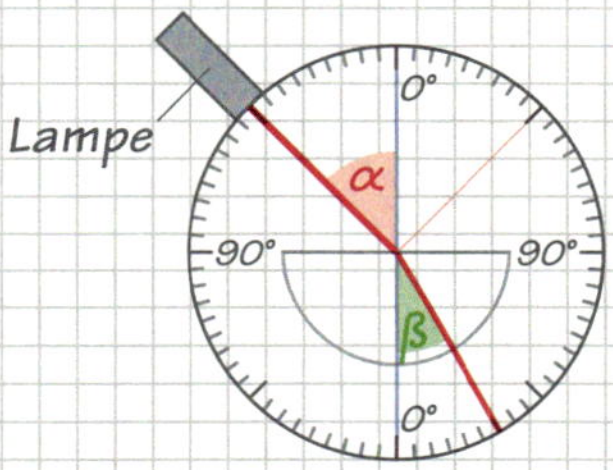

Durchführung:
Ein schmales Lichtbündel trifft im Mittelpunkt auf die gerade Seite des Glaskörpers und wird gebrochen. Es verlässt den Glaskörper an der runden Seite. Der Winkel α in Luft und der Winkel β im Glas werden gemessen. Dies wird für verschiedene Winkel α wiederholt.

Beobachtung und Messwerte:

α	0°	15°	30°	45°	60°	75°
β	0°	10°	20°	30°	35°	41°

α ist immer größer als β. Je größer α ist, desto größer ist β.

Auswertung:
Aus den Messwerten wird ein Diagramm erstellt. Es ergibt sich eine immer flacher ansteigende Kurve. Wenn α seinen größten Wert 90° erreicht hat, ist β erst etwa 45°

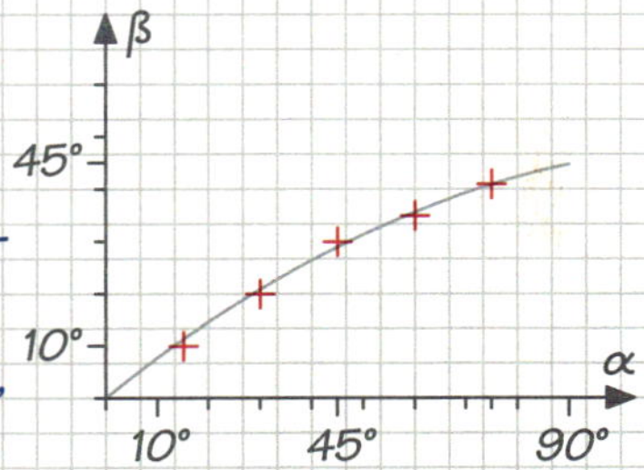

B3

A2 Führe die Zeichnung **B2** auch für andere Winkel α_1 aus.

A3 Fritz behauptet: Durch eine Fensterscheibe sehe ich die Leute nicht an der richtigen Stelle. Nimm Stellung. Beachte Seite 59.

Wie unterscheiden sich die Stoffe?

Aus Messungen in Versuchen mit Lichtbrechung erhält man für verschiedene Stoffpaare zueinander gehörende Einfalls- und Brechungswinkel. Für Luft/Glas bzw. Luft/Wasser ergeben sich z. B. die Werte in Tabelle **B1**. Das Diagramm **B2** enthält zusätzlich noch eine Kurve für Luft/Diamant. Man findet:

- **Einfalls- und Brechungswinkel verändern sich typisch für jedes Stoffpaar.**

Bei einem in der Luft von 0° bis nahe 90° wachsenden Einfallswinkel α wächst auch der Brechungswinkel β an. Die Zunahme von β wird jedoch immer geringer. Verwendet man statt weißem rotes oder blaues Licht, so zeigt ein Vergleich, dass das rote Licht immer etwas weniger stark als das blaue gebrochen wird. Dies ist der Grund, dass bei der Brechung von weißen Lichtbündeln farbige Ränder entstehen.

- **Blaues Licht wird stärker als grünes, dieses stärker als rotes Licht gebrochen. Glas bricht Licht stärker als Wasser.**

A1 Welche Messkurve (→ **B2**) ist für „hochbrechendes" Glas zu erwarten?

Das Licht geht über		
von Luft	in Glas	in Wasser
Einfallswinkel α	Brechungswinkel β	
0°	0°	0°
20°	13°	15°
40°	25°	29°
60°	35°	40°
80°	40°	47°
89°	41°	48°

B1 Brechungswinkel für Luft/Glas, Luft/Wasser

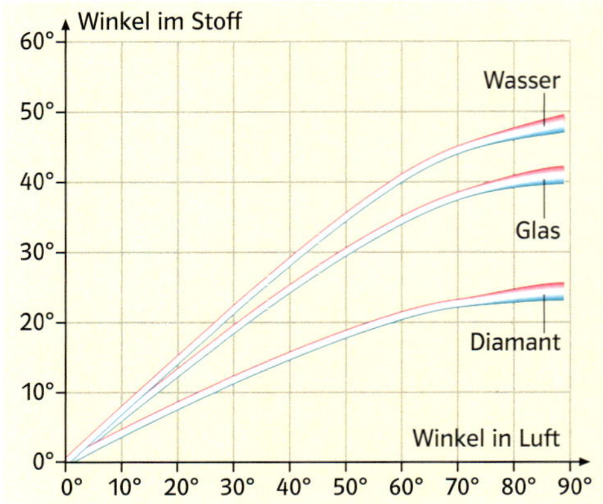

B2 Einfallswinkel in Luft/Brechungswinkel in verschiedenen Stoffen

Physik überall

Brechung in der Atmosphäre

In **B3** sieht man eine Sonne, die nicht mehr kreisrund ist, sondern eine ovale Form hat. Diese Abplattung der Sonne hat ihre Ursache in der Lichtbrechung durch die Lufthülle der Erde. In großer Höhe ist die Luft sehr dünn. Je näher man aber der Erdoberfläche kommt, umso dichter wird sie, weil auf ihr immer mehr darüber befindliche Luft lastet, die sie zusammenpresst. Die optische Dichte der Luft hängt mit der stofflichen Dichte zusammen. Die optische Dichte der Luft wächst deshalb ebenfalls, je näher man der Erdoberfläche kommt.

Das von der Sonne schräg auf die Lufthülle der Erde einfallende Licht wird an den optisch immer dichter werdenden Luftschichten immer mehr zum Lot hin gebrochen. Der Lichtweg ist deshalb immer steiler auf die Erdoberfläche zu gekrümmt. Die Sonne steht deshalb nicht so hoch über dem Horizont, wie es unsere Blickrichtung erscheinen lässt (→ **B4**). Infolgedessen sehen wir morgens die Sonne schon, wenn sie sich noch um etwa 0,5° unter dem Horizont befindet. Abends steht sie schon 0,5° unter dem Horizont, wenn wir sie erst untergehen sehen. Die längere Sichtbarkeit ergibt eine Verlängerung des Tageslichtes von 2 mal 2 Minuten.

B3 Die ovale Sonne

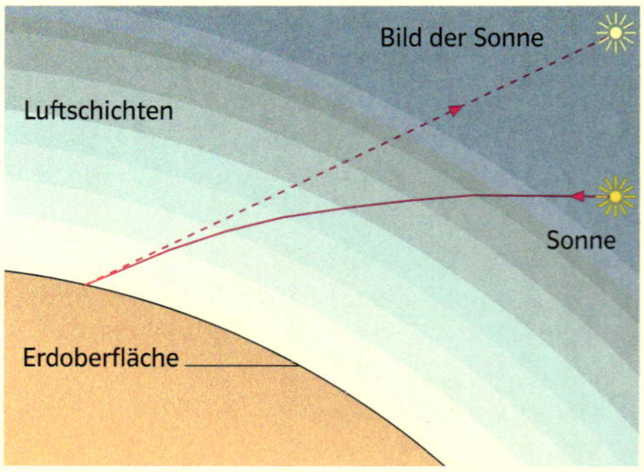

B4 Der gekrümmte Lichtweg

Die Totalreflexion

V1 Ein leeres Glas wird auf eine Schrift gestellt. Füllt man das Glas halb mit Wasser, so verschwindet die Schrift unter dem Glas. Füllt man das Glas weiter auf, so taucht die Schrift oben wieder auf, steht aber auf dem Kopf.

B1

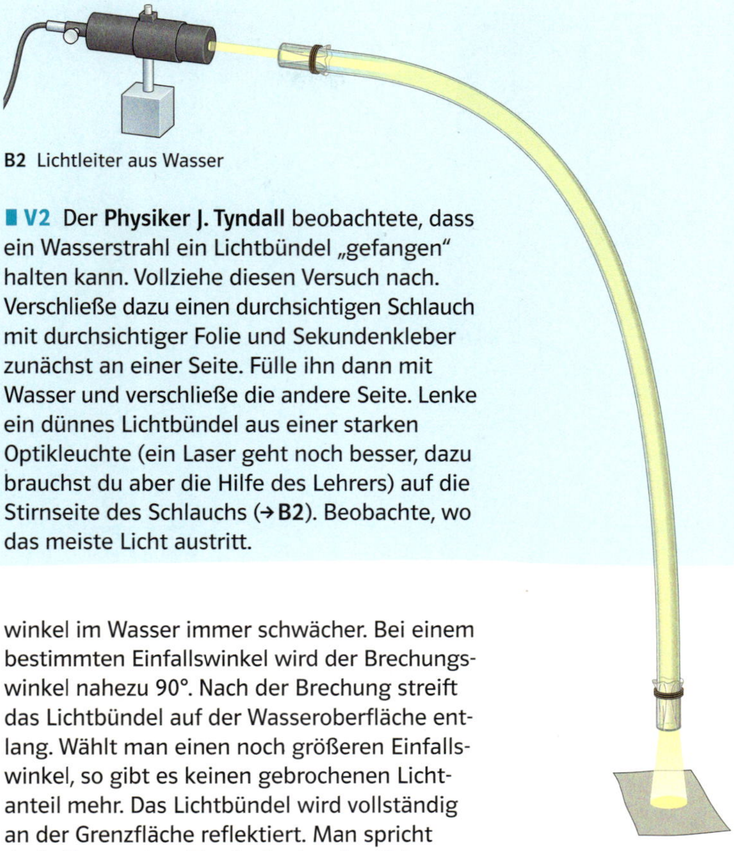

B2 Lichtleiter aus Wasser

V2 Der **Physiker J. Tyndall** beobachtete, dass ein Wasserstrahl ein Lichtbündel „gefangen" halten kann. Vollziehe diesen Versuch nach. Verschließe dazu einen durchsichtigen Schlauch mit durchsichtiger Folie und Sekundenkleber zunächst an einer Seite. Fülle ihn dann mit Wasser und verschließe die andere Seite. Lenke ein dünnes Lichtbündel aus einer starken Optikleuchte (ein Laser geht noch besser, dazu brauchst du aber die Hilfe des Lehrers) auf die Stirnseite des Schlauchs (→ **B2**). Beobachte, wo das meiste Licht austritt.

B3 Nicht alle Lichtbündel werden gebrochen.

In dem in Foto **B1** gezeigten Versuch erscheint der Schriftzug am Boden des Gefäßes deutlich auf der Wasseroberfläche. Das von unten kommende Licht wird vollständig an der Innenseite des Gefäßes nach oben reflektiert.

Geht ein Lichtbündel vom optisch dichteren zum optisch dünneren Stoff über, so wird es vom Lot weg gebrochen. Das geschieht z. B. beim Übergang von Glas in Luft oder von Wasser in Luft. Immer wird dabei auch ein Teil des Lichtbündels an der Grenzfläche reflektiert. Bei großen Einfallswinkeln beobachtet man jedoch, dass nur noch ein reflektiertes Lichtbündel vorhanden ist. Das Foto **B3** zeigt dies für den Übergang des Lichtes von Wasser in Luft. Das in die Luft gebrochene Lichtbündel wird mit wachsendem Einfallswinkel im Wasser immer schwächer. Bei einem bestimmten Einfallswinkel wird der Brechungswinkel nahezu 90°. Nach der Brechung streift das Lichtbündel auf der Wasseroberfläche entlang. Wählt man einen noch größeren Einfallswinkel, so gibt es keinen gebrochenen Lichtanteil mehr. Das Lichtbündel wird vollständig an der Grenzfläche reflektiert. Man spricht deshalb von einer **Totalreflexion** des Lichtes.

Der Einfallswinkel, der zum Brechungswinkel von nahezu 90° gehört, heißt **Grenzwinkel**. Ein solcher Grenzwinkel existiert nur für den Lichtweg vom optisch dichteren zum optisch dünneren Stoff.

● **Überschreitet der Einfallswinkel den Grenzwinkel, so entsteht Totalreflexion.**

Es gibt Glasprismen, die eintretendes Licht total reflektieren. Solche Prismen können einen Spiegel ersetzen. Die Lichtbündel haben im Glas nur Einfallswinkel, die größer als der Grenzwinkel sind (→ **B4**).

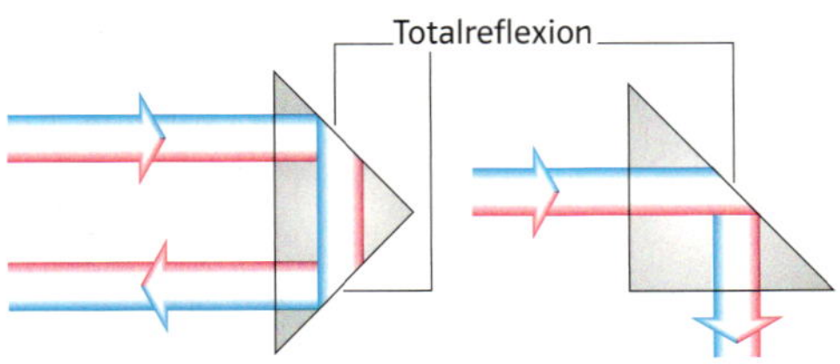

B4

Stoffpaar	Grenzwinkel
Wasser / Luft	49°
Glas / Luft	41°
Rubin / Luft	34°
Diamant / Luft	24°

Lichtleiter

B1

Die Glasfasertechnik nutzt die Totalreflexion aus. Zur Weiterleitung von Licht verwendet man haardünne Glasfasern. Sie sind biegsam – man kann sie ohne Schaden um den Finger wickeln – und extrem durchsichtig. Wäre das Meerwasser so durchsichtig wie die Glasfasern, würde man den Meeresboden vom Schiff bis in 10 000 m Tiefe sehen können.

Im Glasfaserkern ist das Glas optisch dichter als im Mantel. Da das Licht nur mit einem großen Einfallswinkel auf die Grenzfläche trifft, wird es am Glasmantel total reflektiert und bleibt in der Faser. Es lässt sich damit sogar auf gekrümmten Wegen übertragen.

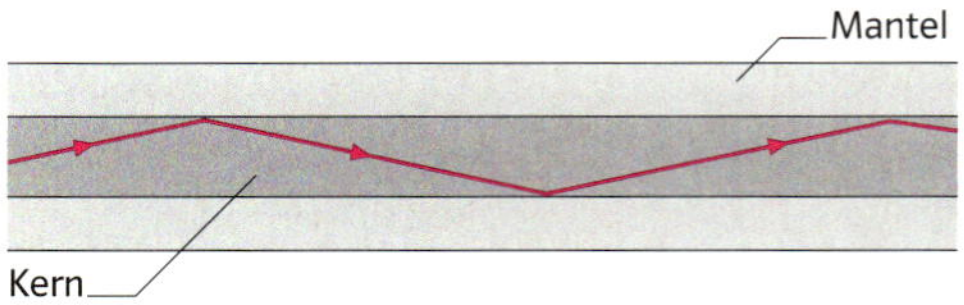

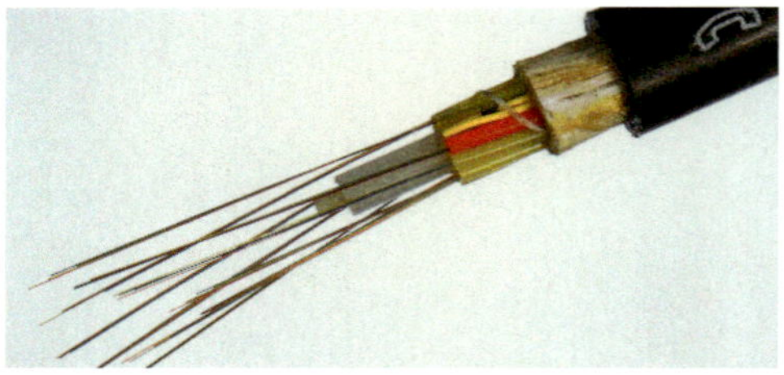

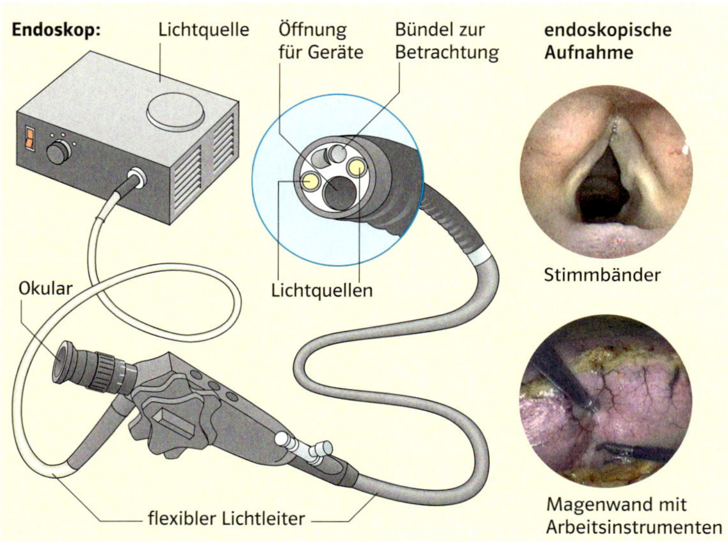

B2

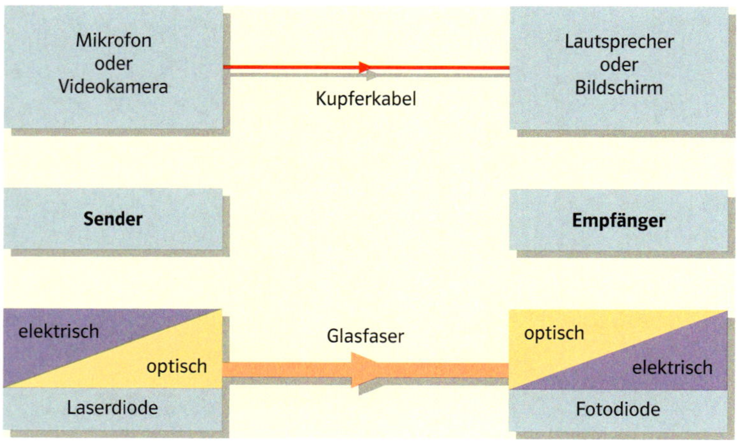

B3

Beim Endoskop in der Medizin werden Bündel von Glasfasern benutzt. Sie dienen dazu, Bilder aus dem Körper auf einen Bildschirm zu übertragen. Jede Faser liefert einen Bildpunkt. Glasfaserbündel können sehr detailreiche Bilder erzeugen, wie die Abbildung oben mit der Biene zeigt (→ **B1**). Mit anderen Fasern wird Licht auf die im Körper zu betrachtende Stelle gelenkt. Durch eine Öffnung lassen sich chirurgische Instrumente einführen, die zum Operieren erforderlich sind (→ **B2**).

Mit Glasfasern lassen sich Fernsehbilder oder Telefongespräche übertragen. Die elektrischen Signale im Fernsehen oder beim Telefon werden in optische Signale umgewandelt (→ **B3**). Mit einem Laserlichtbündel können über 100 Millionen Signale pro Sekunde transportiert werden. Auf diese Art lassen sich Hunderttausende von Telefongesprächen oder mehrere Fernsehprogramme gleichzeitig übertragen.

Im Empfänger wird das optische Signal wieder in ein elektrisches Signal zurückverwandelt.

Physikalisch argumentieren

Wir beobachten einen Knick im Trinkhalm und sehen ein Stück des Schreibstiftes angehoben.

Wir wundern uns, weil wir den Trinkhalm als gerade kennen und wissen, dass der Schreibstift nicht unterbrochen ist.

Die Wahrnehmung des Unerwarteten führt uns auf Fragen. Manchmal kann die Physik Antworten liefern.

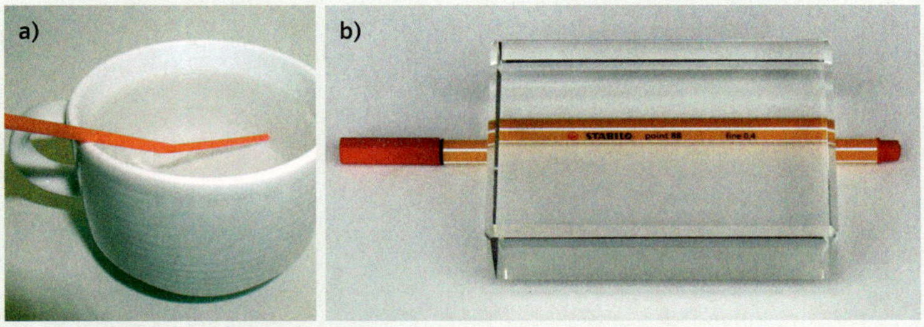

B1 Der Knick im Halm (a); der gehobene Stift (b)

Warum sehen wir den Halm geknickt und ein Stück des Stiftes gehoben? Dazu müssen wir unser **physikalisches Wissen** auf die beobachtete Situation **anwenden**.

Wir **sehen** den Halm und den Bleistift. Also erreicht Licht von diesen Gegenständen unser Auge.

Dort, wo wir Unerwartetes beobachten, führt der Lichtweg durch Wasser bzw. Glas und Luft, also über eine Grenze zwischen zwei durchsichtigen Stoffen. An dieser Grenze wird das Licht **gebrochen.** Die Richtung des Lichtes ist deswegen beim Auge anders als beim Start am Gegenstand.

Der Gegenstand wird in der Richtung des beim Auge ankommenden Lichtes **wahrgenommen.**

Deshalb sieht man die Spitze des Halmes nicht an der Stelle, an der sie sich befindet, sondern weiter oben. Der Halm scheint an der Wasseroberfläche geknickt zu sein, der Bleistift erscheint angehoben.
Bild **B2** fasst die Überlegungen zusammen.

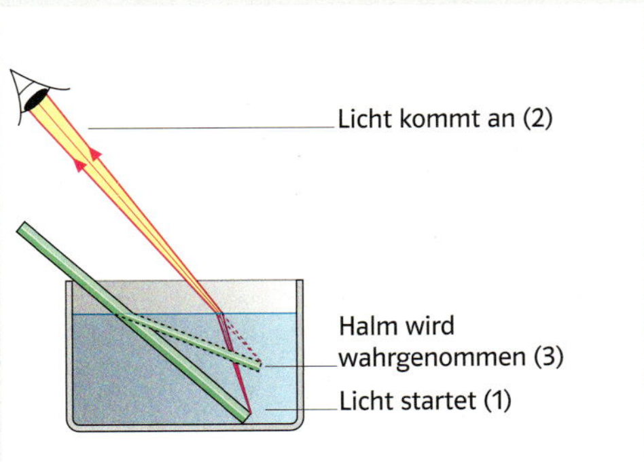

B2 Weil der Lichtweg einen Knick hat, nimmt man das Ende des Halms nicht an der Stelle wahr, an der es sich befindet.

Grundwissen

Kenntnisse über das Sehen, das Wahrnehmen und die Brechung

Über das Sehen Wir sehen einen Gegenstand, wenn Licht von ihm ins Auge gelangt.

Über die Brechung Ein Lichtbündel ändert beim Übergang von einem durchsichtigen Stoff in einen anderen seine Richtung.

Über das Wahrnehmen Beim Wahrnehmen des Gegenstandes wirken Auge und Gehirn zusammen. Das Gehirn geht von der Erfahrung aus, dass Licht sich geradlinig ausbreitet. Gegenstände werden deswegen in der Richtung wahrgenommen, aus der das Licht das Auge erreicht.

A1 Finde eine Erklärung für die Erscheinung in Abbildung **B3**.

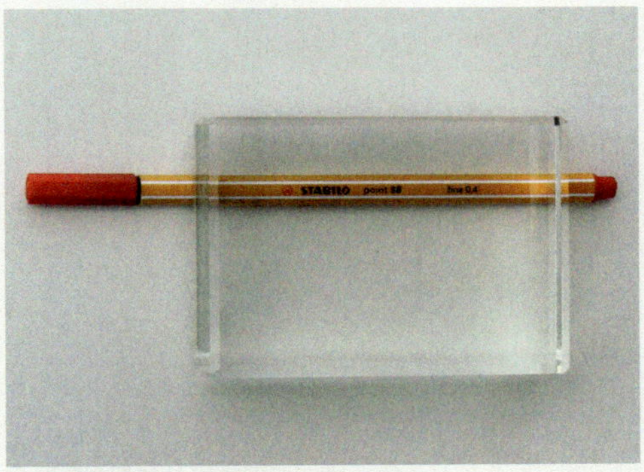

B3 Blick fast senkrecht von oben

Rückblick

1 Begriffe

Was versteht man unter
- der Reflexion von Licht?
- der Streuung von Licht?
- der Brechung von Licht?
- einem Reflektor?
- einem Lichtleiter?
- der Absorption von Licht?

2 Beobachtungen

Was beobachtet man, wenn
- man mit Taschenlampe und Spiegel auf einer Wand einen Lichtfleck erzeugt und den Spiegel etwas bewegt?
- ein Lichtbündel auf eine Grenzfläche von Luft und Wasser trifft?
- ein Bündel weißen Lichtes durch ein Prisma gelangt und auf einen Schirm trifft?

3 Erklärungen

Wie lässt sich erklären, dass
- man bei Tageslicht die meisten Gegenstände sehen kann, egal aus welcher Richtung man schaut?
- die Straßenverkehrsordnung für das Fahrrad Reflektoren vorschreibt?
- die Beine eines Menschen kürzer aussehen, wenn er im Wasser steht?
- man etwas nicht wahrnimmt was man sieht?

4 Gesetzmäßigkeiten

Beschreibe mit eigenen Worten,
- wie sich Licht verhält, wenn es auf einen Spiegel trifft.
- wie man erkennen kann, dass Auge und Gehirn zusammenwirken.
- wie es möglich ist, Licht ins Innere des menschlichen Körpers zu lenken.

Erläutere die Erscheinungen in den folgenden Bildern und bearbeite die Aufgaben!

B1 Mond und Euromünze gleich groß? Wie ist das möglich?

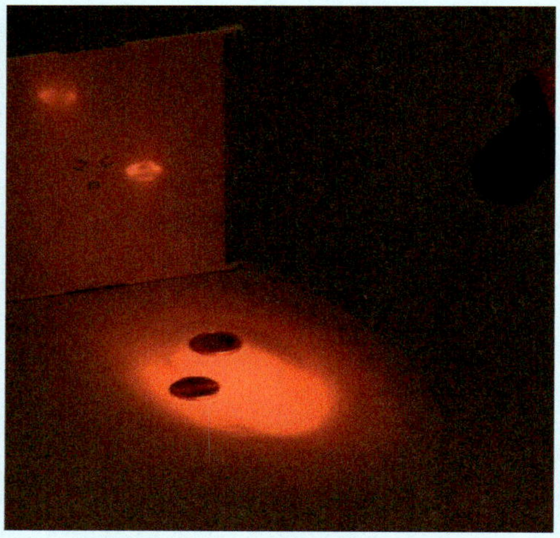

B2 Wie hängen die kleinen dunklen und hellen Flecken zusammen?

B3 Wie würde das aussehen. wenn das Meer ganz glatt wäre?

B4 Welches Verhalten von Licht wird in diesem Experiment deutlich?

B5 Warum ist der Scheibenwischer für den Autofahrer wichtig?

Eine Rätselschachtel Ein Bündel weißen Lichtes tritt durch eine Öffnung in eine Schachtel ein und auf der gegenüberliegenden Seite wieder aus. Bild **B1** zeigt den Verlauf des Bündels. Was könnte sich in der Schachtel befinden? In der Schachtel soll sich keine Lichtquelle befinden.

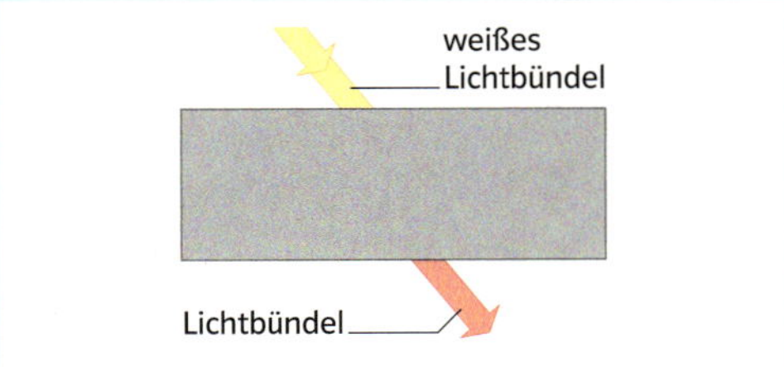

B1

Folgende Beobachtung ist zu klären: Das Bündel verläuft nicht gerade, die Richtungen vor und nach der Schachtel sind aber parallel. Der Lichtweg muss also wie in Bild **B2** verlaufen. Das Lichtbündel muss zweimal seine Richtung ändern. Richtungsänderungen erfolgen bei Reflexion oder Brechung.

Eine Lösung mit der Reflexion zeigt Bild **B3**. Man braucht zwei Spiegel, die parallel sind. Eine Lösung mit der Brechung findet sich auf Seite 17. Man braucht ein Stück aus durchsichtigem Material, bei dem zwei gegenüberliegende Flächen parallel sind.

Beispiele

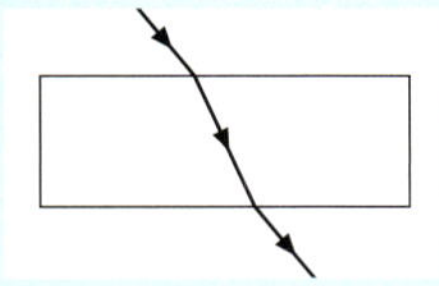

B2

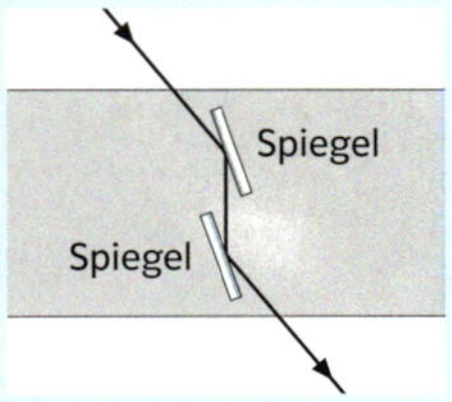

B3

Heimversuche

1 Das schwärzeste Schwarz Du brauchst einen kleinen Karton. Der Karton muss rundherum dicht verschlossen sein. Male jetzt eine Seite schwarz an oder beklebe sie mit schwarzem Papier. Mache jetzt in diese Wand ein kleines Loch. Was ist schwärzer?

2 Der schnelle Lichtfleck Erzeuge mit einer Taschenlampe und einem Spiegel einen Lichtfleck an der Wand. Bewege den Spiegel etwas und beobachte den Lichtfleck. Kannst du so feststellen, ob jemand eine „ruhige Hand" hat?

3 Lichtweg mit Stecknadeln Stelle einen Spiegel senkrecht auf ein Stück Styropor. Lege vor den Spiegel ein Stück Papier und zeichne wie im Bild **B4** angedeutet eine Linie. Stecke darauf Nadeln, im Bild sind zwei gezeichnet. Wenn du in Richtung der Linie zum Spiegel schaust, sollten sich alle Nadeln verdecken. Behalte deine Augenposition bei und stecke weitere Nadeln z. B. bei O ein. Du kannst sie im Spiegel sehen. Du steckst sie aber erst ein, wenn du sie auch mit den ersten Nadeln auf einer Linie siehst.
Was sagt der Versuch über den Weg des Lichtes von der Nadel bei O zu deinem Auge?

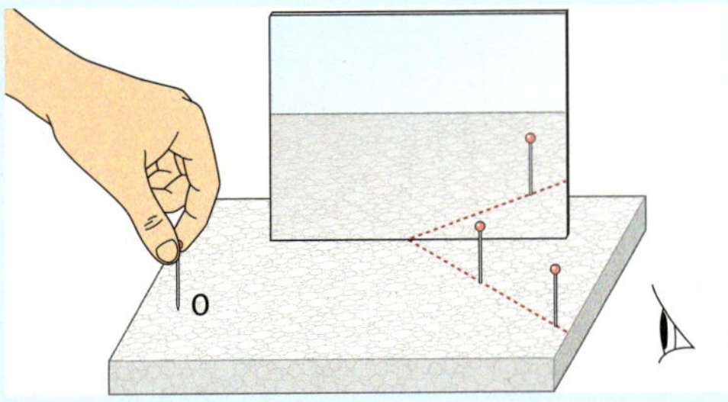

B4

4 Ein Zauberglas Stelle ein mit Wasser gefülltes Glas auf eine Münze und decke es zu, z. B. mit einem Teller (→ **B5**). Blickst du von Seite aus unter das Glas, so siehst du die Münze. Hebst du nun den Kopf etwas hoch und schaust durch das Glas nach unten zur Münze, so ist sie verschwunden.
Bewege auf der einen Seite des Glases einen Finger hin und her. Schaue durch das Glas zum Finger.
Welche Eigenschaft des Lichtes führt zu diesen Erscheinungen?

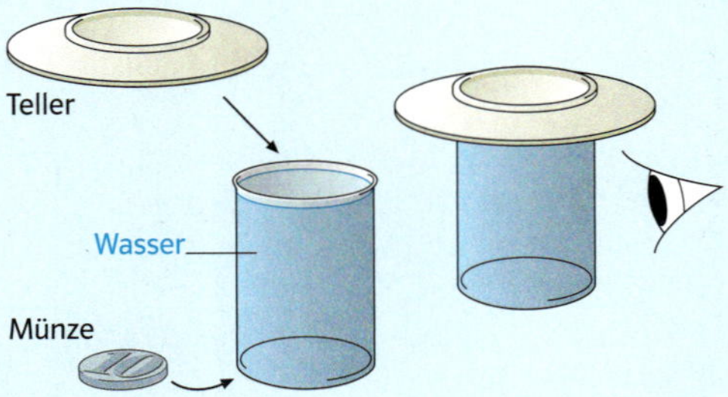

B5

5 Groß und klein Lege zwei Stäbe, einer doppelt so lang wie der andere, parallel auf den Tisch. Blicke von der Tischkante zum kurzen Stab. Er soll so hingelegt werden, dass er den langen Stab gerade verdeckt (→ **B6**). Kannst du eine Vorschrift angeben?

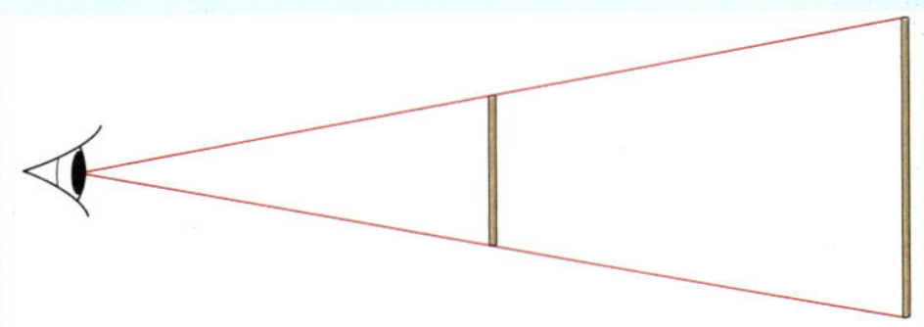

B6 Kurzer Stab verdeckt langen Stab.

Aufgaben

Reflexion des Lichtes

1 Nach einem Verkehrsunfall sagt ein Beteiligter. Das Auto habe ich gesehen, den Radfahrer aber wohl nicht wahrgenommen. Erläutere den Unterschied zwischen sehen und wahrnehmen.

2 Warum haben die Projektionswände für Filme eine raue und weiße Oberfläche? Warum verwendet man hierfür nicht Spiegel, die doch das Licht sehr gut reflektieren können?

3 Ein Lichtbündel tritt von links in einen Kasten ein. Im Kasten befinden sich Spiegel. Das Bild zeigt Lichtbündel, die aus dem Kasten herauskommen (→ **B1**). Zeichne die Spiegel im Kasten.

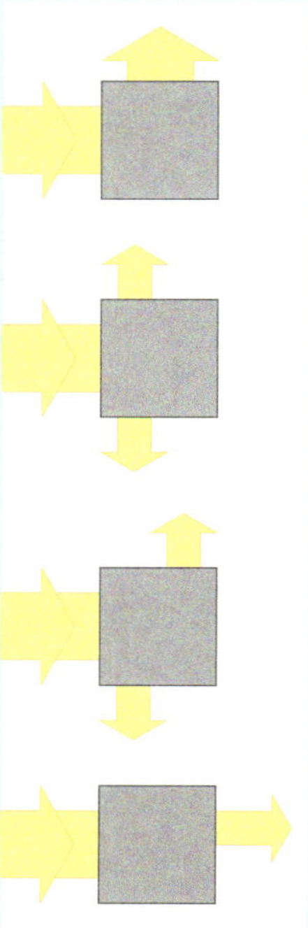

B1

4 Zeichne die beiden Abbildungen in doppelter Größe in dein Heft. Im linken Bild fehlt der reflektierte Lichtstrahl. Im rechten Bild fehlt der Spiegel. Ergänze die Zeichnungen und begründe deine Lösung.

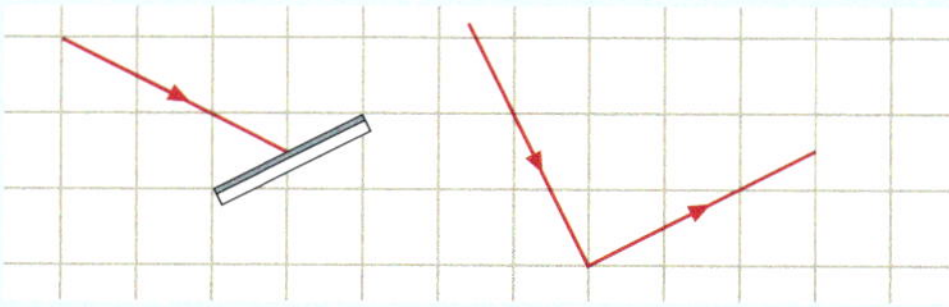

B3

Brechung des Lichtes

5 Ein Lichtbündel trifft auf die Grenzfläche zwischen Glas und Luft (→ **B2**).

a) Auf welcher Seite ist Glas, auf welcher Luft? Wo befindet sich die Lichtquelle?

b) Zeichne das Lot sowie die Winkel in Luft und Glas ein.

c) Was wäre zu beobachten, wenn der Winkel in Glas vergrößert wird?

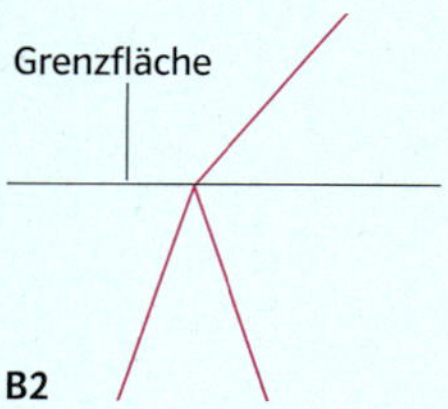

B2

6 Zeichne die Abbildung **B4** maßstäblich in dein Heft und konstruiere den weiteren Lichtweg von Luft in Glas bzw. Wasser.
Benutze dazu das Diagramm mit den Brechungswinkeln vorne im Buch.

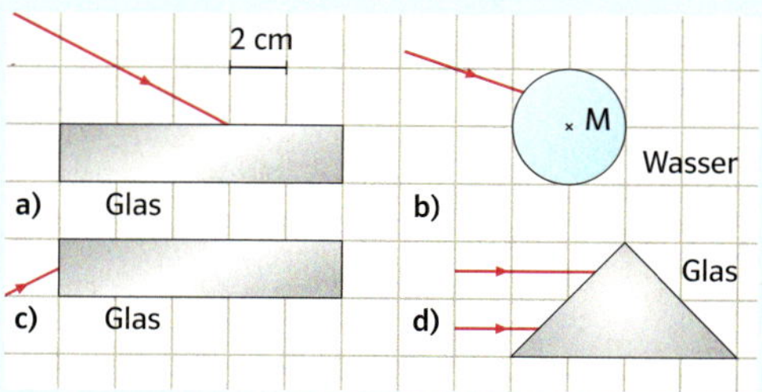

B4

7 Von Indianern erzählt man, dass sie mit Speeren oder Pfeilen aus Booten heraus Fische jagen. Zielen und treffen erfordern in diesem Fall große Erfahrung. Erläutere die Schwierigkeiten aufgrund deiner Kenntnisse über das Sehen und das Verhalten von Licht

8 In einem Versuch geht ein schmales Lichtbündel von Wasser in Glas über.
Die Messwerte verschiedener Einfallswinkel α und Brechungswinkel β sind in der folgenden Tabelle festgehalten:

α	10°	20°	40°	60°	70°	80°
β	9°	17°	34°	49°	55°	59°

a) Beschreibe den Versuchsaufbau, mit dem man die Messungen durchführen kann.

b) Zeichne die Messwerte in ein Diagramm und bestimme den Grenzwinkel.

c) Ein schmales Lichtbündel trifft mit dem Einfallswinkel 45° die Grenzfläche von Wasser zu Glas. Wie groß ist der Brechungswinkel?

9 a) Erläutere den in Bild **B5a** skizzierten Weg des Lichtes durch ein Prisma.

b) Zwei Nadeln sind wie in **B5b** an einer Seite eines Prismas eingesteckt. Jemand behauptet: Das untere Ende der roten Nadel durch das Prisma und das obere Ende der grünen Nadel über das Prisma gesehen sehen zusammen wie eine Nadel aus. Kann das richtig sein?

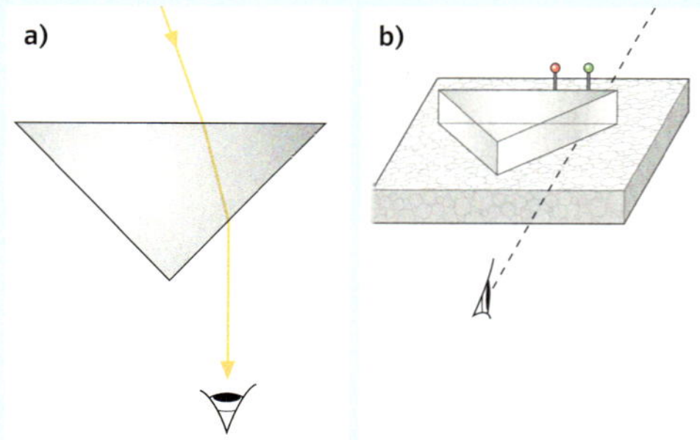

B5

10 Erläutere das Entstehen der folgenden Erscheinung am Horizont.

B6

Licht erzeugt Bilder

**Du klebst deine Fotos vom letzten Ausflug in ein Album.
Nur das Foto mit dem Schloss macht Probleme!**

Online-Link
772425-0200

Spiegelbilder

B1 „Brennt“ die Kerze hinter der Scheibe auch dann weiter, wenn man sie unter Wasser setzt?

B3 Gegenstände mit Spiegelbild

V1 Mit Hilfe einer sauberen Glasscheibe lässt sich von der Flamme einer brennenden Kerze ein Spiegelbild erzeugen (→ **B1**). Dorthin, wo sich das Spiegelbild befindet, wird ein Glas mit einer gleichen nicht brennenden Kerze gestellt. Wird das Glas mit Wasser gefüllt, so sieht es aus, als würde die Kerze unter Wasser brennen.
Der Abstand von brennender und nicht brennender Kerze zur Glasscheibe ist genau gleich.

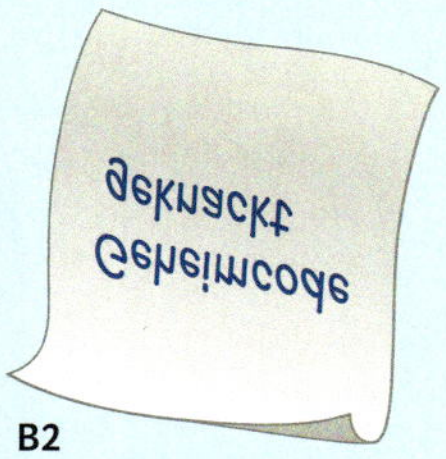

B2

V2 Entziffere die Geheimschrift in Abbildung **B2**. Schreibe dann selbst einige Worte in Spiegelschrift. Dein Nachbar soll herausfinden, was du geschrieben hast. Überprüft mit einem Spiegel, ob alle Buchstaben richtig sind.

V3 Stelle ein Spielzeugauto vor einen Spiegel (→ **B3**), der in West-Ost-Richtung ausgerichtet ist. Bewege das Auto nach Osten und Westen sowie nach Norden und Süden und beobachte das Spiegelbild. Beschreibe deine Beobachtungen.
Das Spiegelbild bewegt sich wie das Original nach Westen oder Osten. Wenn das Spielzeugauto nach Norden bewegt wird, bewegt sich das Spiegelbild nach Süden und umgekehrt.

V4 Lege eine Spiegelfliese auf den Boden, halte einen Gegenstand darüber und wiederhole die Bewegungen von Versuch **V3**.
In allen Fällen bewegen sich Spiegelbild und Original in die gleiche Richtung.

Eigenschaften des Spiegelbildes Auf der Oberfläche eines Spiegels wird das auftreffende Licht reflektiert. Wenn es in unser Auge trifft, sehen wir ein Spiegelbild. Da das Spiegelbild gegenüber dem Original nicht gedreht erscheint, sagt man, es ist aufrecht. Es ist außerdem farbecht, d.h. alle Farben sind genauso wie beim Original.

Wir stellen vor und hinter eine Glasscheibe jeweils eine Kerze (→ **B1**) und entzünden diejenige vor der Scheibe. Sofern die gedachte Verbindung beider Kerzen senkrecht zur Glasscheibe verläuft und beide Kerzen gleich weit von ihr entfernt sind, sieht es aus, als würde auch die Kerze hinter der Glasscheibe brennen. Dies zeigt uns:

1 Das Spiegelbild eines Gegenstandes liegt hinter dem Spiegel.
2 Gegenstand und Spiegelbild befinden sich im gleichen Abstand zum Spiegel.
3 Die Verbindungslinie vom Gegenstand zum Spiegelbild steht senkrecht auf der Spiegelebene.

Mit Hilfe eines Kompasses können wir überprüfen, ob sich Gegenstand und Spiegelbild in die gleiche Richtung bewegen. Verwenden wir einmal einen aufrecht stehenden und einmal einen am Boden liegenden Spiegel, so erkennen wir, dass sich die Bewegungsrichtung von Gegenstand und Spiegelbild nur bei Bewegungen auf den Spiegel zu und von ihm weg unterscheidet.

● **Ein Spiegel vertauscht bei Bewegungen senkrecht zur Spiegelebene die Bewegungsrichtung von Gegenstand und Spiegelbild.**

Abbildung **B1** zeigt, wie ein Spiegelbild entsteht: das Gehirn geht davon aus, dass das Licht, welches in unsere Augen trifft, geradlinig verläuft. Daher sehen wir ein Bild des Gegenstandes dort, wo der Gegenstand hinter dem Spiegel stehen würde, wenn sein Licht gerade zu uns gelangen würde.

Geometrisch ist der Spiegel eine Symmetrieachse für Original und Spiegelbild. Alle Eigenschaften der Achsenspiegelung sind auch für Spiegelbild und Original richtig.

A1 Ein Luftballon steigt über einem am Boden liegenden Spiegel auf. Beschreibe die Eigenschaften des Spiegelbildes.

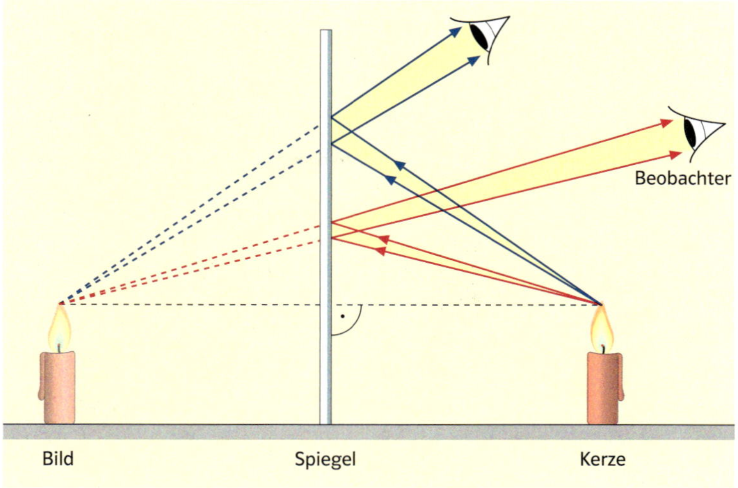

B1 Wie ein Spiegelbild entsteht.

Zaubertricks mit Spiegeln

Physik überall

Periskop Mit einem Periskop kann man über eine Mauer oder um eine Ecke spähen. Man braucht nur zwei kleine Spiegel und ein weites Papprohr. Die Spiegel müssen so im Rohr befestigt werden, dass das Licht von dem ersten Spiegel auf den zweiten Spiegel, und von diesem in das Auge des Betrachters gelenkt wird (→**B2**). Mit zwei Periskopen lässt sich eine Apparatur bauen, mit der man scheinbar durch einen undurchsichtigen Gegenstand hindurch blicken kann (→**B3**).

Schwebende Jungfrau In einem stabilen Kasten, der innen schwarz angemalt ist, wird eine Glasscheibe aufgestellt (→**B4**). In der vorderen linken Ecke liegt eine für den Zuschauer nicht sichtbare kleine Puppe auf einer schwarzen Unterlage.

Ist nur die Lampe hinter der Glasscheibe an, sieht man einen leeren Kasten. Brennt dagegen nur die Lampe über der Puppe, so scheint die Puppe im Kasten zu schweben.

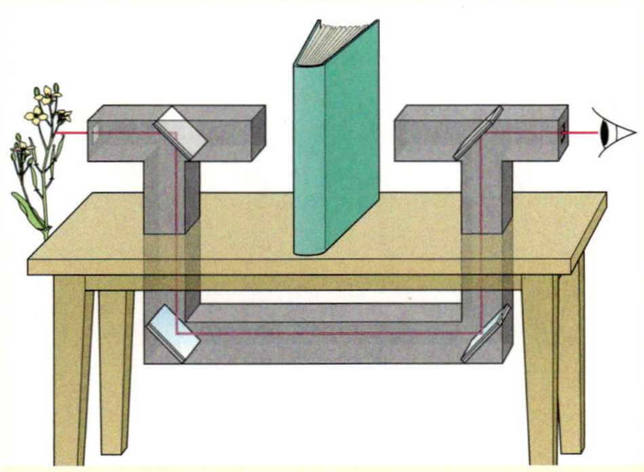

B3 Kann man damit durch das Buch hindurch blicken?

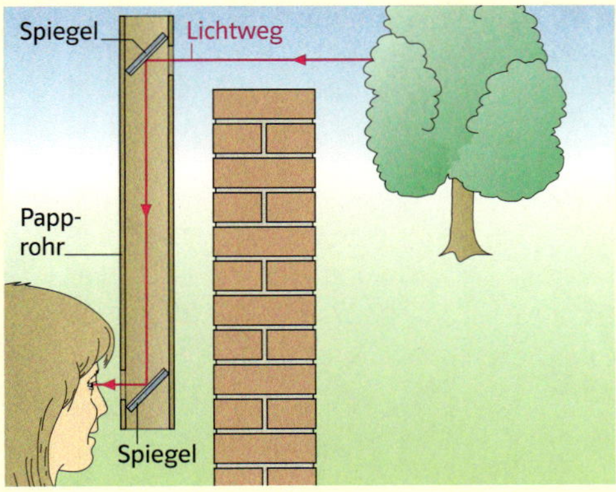

B2 Periskop

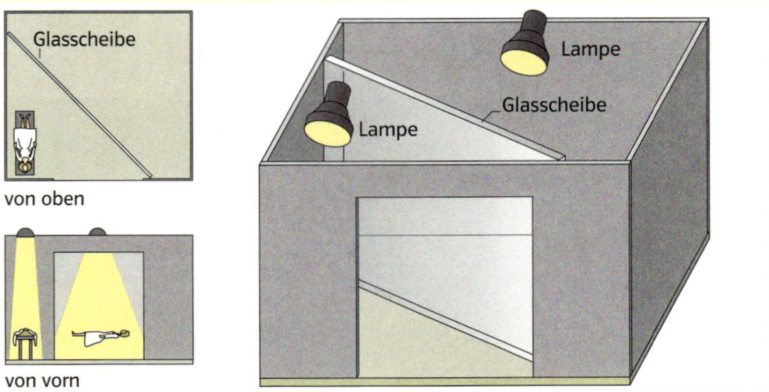

B4 Die „schwebende Jungfrau“

Gekrümmte Spiegel

V1 Lassen wir ein Lichtbündel mit parallelen Randstrahlen auf einen ebenen Spiegel fallen, so ist das reflektierte Lichtbündel wieder parallel begrenzt. Nehmen wir einen gekrümmten Spiegel, so sind die Randstrahlen nach der Reflexion nicht mehr parallel (→ **B1**).

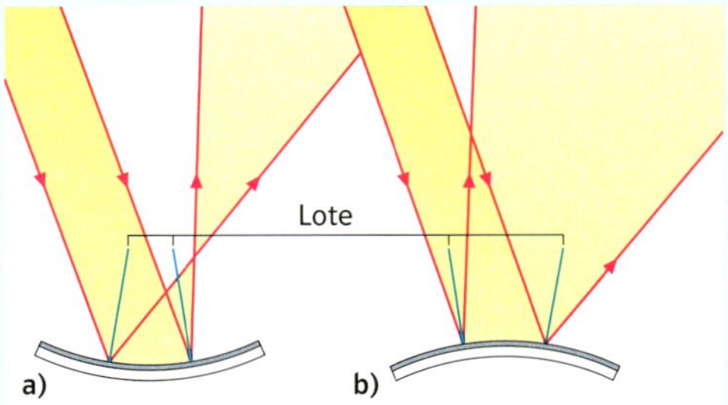

B1 Hohlspiegel (a); Wölbspiegel (b)

V2 Betrachte dein Spiegelbild in einer Kuchenplatte aus Metall. Wölbe die Platte nach außen und nach innen. Einmal wird dein Spiegelbild ganz lang und schmal, das andere Mal erscheint dein Gesicht plötzlich breit (→ **B2**).

B2 Bilder an gekrümmten Spiegeln

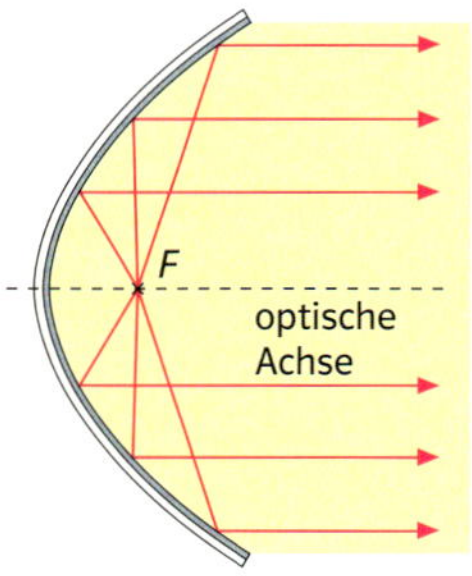

B3 Vom Brennpunkt ausgehende Strahlen verlaufen nach der Reflexion parallel.

Hohlspiegel und Wölbspiegel

Im Alltag begegnen wir häufig reflektierenden Flächen, die nicht eben, sondern gekrümmt sind: Topfdeckel, Radkappen, Metallrohre usw. Die von ihnen erzeugten Spiegelbilder sind infolge starker und ungleichmäßiger Krümmungen der spiegelnden Flächen verzerrt. Je nach Krümmung unterscheidet man zwei Grundformen (→ **B1**): **Hohlspiegel** sind mit der Mitte der Spiegelfläche weiter vom Gegenstand entfernt als mit dem Rand. Bei **Wölbspiegeln** ist die Mitte dem Gegenstand näher als der Rand.

Der Strahlengang beim Hohlspiegel

Lässt man schmale und parallele Lichtbündel auf einen Hohlspiegel treffen, so werden die Bündel so reflektiert, dass sie alle durch den selben Punkt verlaufen (→ **B4**). Da es an dem Punkt, in dem parallele Lichtbündel gesammelt werden, ziemlich heiß werden kann, nennt man diesen Punkt den **Brennpunkt**. Er wird mit dem Buchstaben *F* gekennzeichnet.

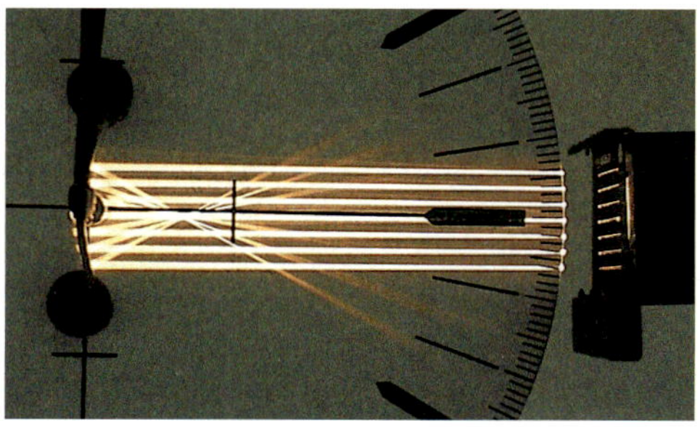

B4 Reflexion am Hohlspiegel

● **Parallele Lichtbündel werden vom Hohlspiegel so reflektiert, dass sie durch den Brennpunkt verlaufen.**

Ein Lichtstrahl entlang der Mittellinie des Hohlspiegels wird in sich selbst reflektiert. Die Mittellinie heißt **optische Achse**. Da der Lichtweg umkehrbar ist, werden vom Brennpunkt *F* ausgehende auf den Hohlspiegel treffende Lichtstrahlen parallel reflektiert (→ **B3**).

Bilder am Hohlspiegel

Mit einem Rasierspiegel untersuchen wir die Eigenschaften des Spiegelbildes am Hohlspiegel. Wir stellen fest: Nahe liegende Gegenstände werden im Hohlspiegel aufrecht, seitenvertauscht und vergrößert abgebildet. Weit entfernte Gegenstände erscheinen verkleinert und kopfstehend (→ **B5**).

A1 Nenne Möglichkeiten zur Unterscheidung von Hohlspiegeln und ebenen Spiegeln.

B5 Bilder am Hohlspiegel

Gekrümmte Spiegel in der Technik

Zahnarztspiegel Zahnärzte möchten natürlich auch die Rückseite der Zähne betrachten. Dazu werden kleine Spiegel verwendet (→ **B5**). Diese Spiegel sind ganz aus Metall, damit nach der Behandlung schädliche Bakterien durch Erwärmen vernichtet werden können. Zahnarztspiegel sind meist Hohlspiegel.

Solarkraftwerk Im Brennpunkt eines Hohlspiegels kann es sehr heiß werden. Dies nutzt man bei bestimmten Solarkraftwerken aus (→ **B1**). Die Hohlspiegel haben die Aufgabe, die Sonnenstrahlung in einem Punkt zu konzentrieren.

Taschenlampe Befindet sich ein Glühlämpchen im Brennpunkt eines Hohlspiegels, so wird das auf ihn treffende Lichtbündel parallel reflektiert. Dies nutzt man bei der Taschenlampe (→ **B2**). Wird das Lämpchen weiter vom Spiegel entfernt, so läuft das reflektierte Bündel zusammen. In manchen Taschenlampen kann daher der Hohlspiegel gegenüber der feststehenden Glühlampe verschoben werden, um das Licht der Lampe in einem möglichst kleinen Bereich zu konzentrieren.

Sicherheitsspiegel im Straßenverkehr
Gelegentlich sind Einmündungen von Straßen nicht einzusehen, so dass herannahende Autos erst sehr spät wahrgenommen werden. An manchen Stellen sind daher zur Sicherheit Spiegel angebracht. Hier werden nach außen gekrümmte Spiegel, so genannte Wölbspiegel verwendet (→ **B6**). Wölbspiegel erzeugen aufrechte, verkleinerte Bilder.

Olympisches Feuer Zur Eröffnung der Olympischen Spiele wird traditionsgemäß ein Feuer entfacht. Bereits viele Wochen vorher wird dazu im Hain von Olympia (Griechenland) mit Hilfe eines Hohlspiegels eine Fackel entzündet (→ **B3**), die dann von vielen Sportlern bis zum Veranstaltungsort getragen wird.

A1 Warum werden als Sicherheitsspiegel keine ebenen Spiegel verwendet?

A2 Welche Eigenschaften eines Hohlspiegels nutzt der Reflektor einer Taschenlampe?

A3 Welche Art Spiegel wird an Supermarktkassen eingesetzt (→ **B4**)? Begründe!

B1 Solarkraftwerke

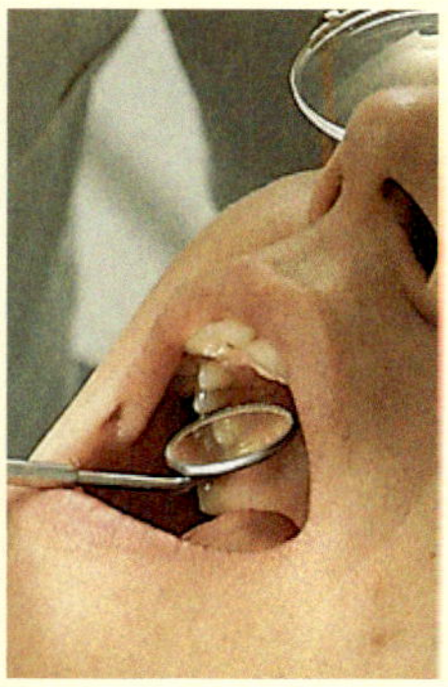

B5 Zahnarztspiegel

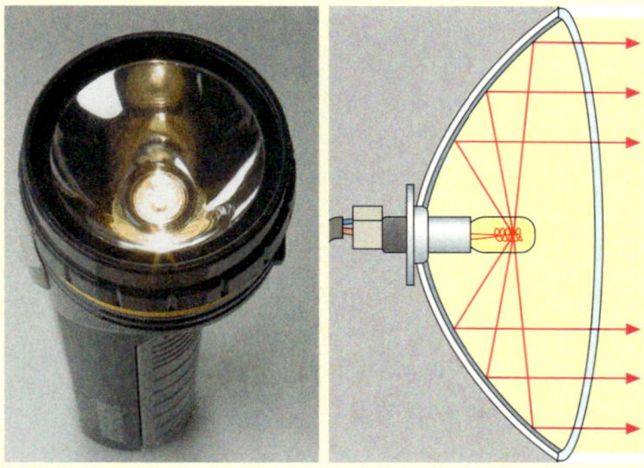

B2 Taschenlampe

B6 Verkehrsspiegel

B3 Entzünden der olympischen Fackel

B4 Spiegel an einer Supermarktkasse

Optische Linsen

V1 Untersuche die Form verschiedener Linsen und beschreibe sie. Finde Gemeinsamkeiten und Unterschiede.

V2 Erzeuge mit einer Optikleuchte schmale, möglichst parallele Lichtbündel. Lass sie zunächst auf eine Sammellinse und danach auf eine Zerstreuungslinse fallen (→ **B1**). Beschreibe deine Beobachtungen und begründe die Namen der Linsen.

V3 Miss den Abstand des Brennpunktes von der Linsenmitte für unterschiedliche Sammellinsen.

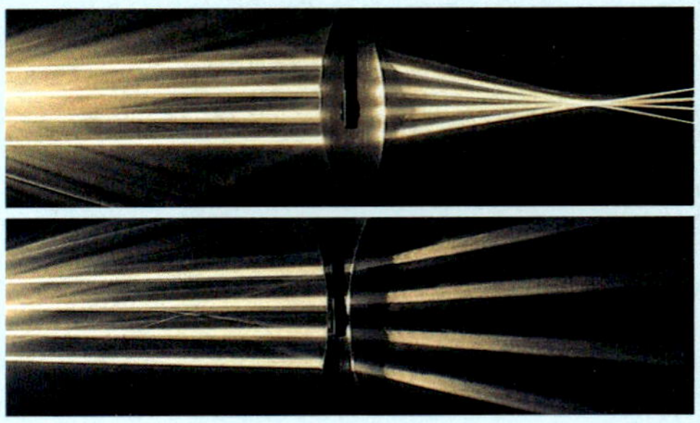

B1

Es ergibt sich je nach Dicke der Linse eine unterschiedliche Lage des Brennpunktes.

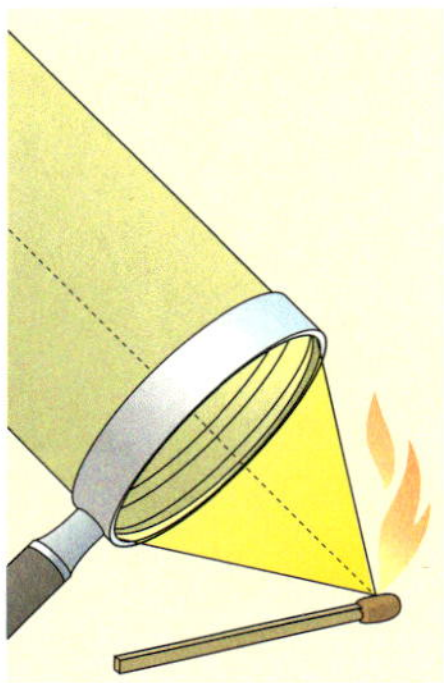

B2

Linsen sammeln das Licht Mit einer Lupe als Brennglas lässt sich im Sommer ohne Streichholz oder Feuerzeug etwas entzünden (→ **B2**). Die Lupe sammelt das Sonnenlicht in einem Punkt, dem **Brennpunkt *F***. Der Abstand des Brennpunktes von der Linse wird **Brennweite *f*** genannt.

Durchsichtige Glas- oder Kunststoffkörper, die wie eine Lupe geformt sind, nennt man Sammellinsen, weil ihre Form derjenigen des Linsengemüses ähnelt: sie sind in der Mitte dicker als am Rand. Es gibt unterschiedlich geformte Sammellinsen (→ **B3a**).

● **Sammellinsen bündeln das Licht. Sie sind in der Mitte dicker als am Rand.**

Wir beobachten, dass Sammellinsen unterschiedlicher Dicke das Licht weit entfernter Gegenstände in verschiedenem Abstand von der Linse sammeln. Sie besitzen eine verschiedene Brennweite *f*.

● **Die Brennweite *f* einer Sammellinse ist umso kleiner, je dicker die Linse ist.**

Linsen zerstreuen das Licht Es gibt auch Linsen, die in der Mitte dünner sind als am Rand. Die Funktion einer solchen Linse lässt sich erkennen, wenn sie in Richtung der Sonne gehalten wird und ein Blatt Papier auf der anderen Seite als Schirm dient. Das Licht der Sonne läuft hinter der Linse auseinander. Deshalb heißen sie Zerstreuungslinsen (→ **B3b**).

● **Zerstreuungslinsen weiten das Licht auf. Sie sind in der Mitte dünner als am Rand.**

Lichtbrechung bei Linsen Wenn Licht von einem Medium in ein anders übergeht, wird es gebrochen. Das Licht wird also beim Eintritt in eine Linse gebrochen und beim Austritt aus der Linse erneut. In Zeichnungen wird der Einfachheit halber oft nur eine einzige Brechung an der Linsenmitte gezeichnet (→ **B4**).

A1 Begründe, weshalb jede Sammellinse zwei Brennpunkte besitzt.

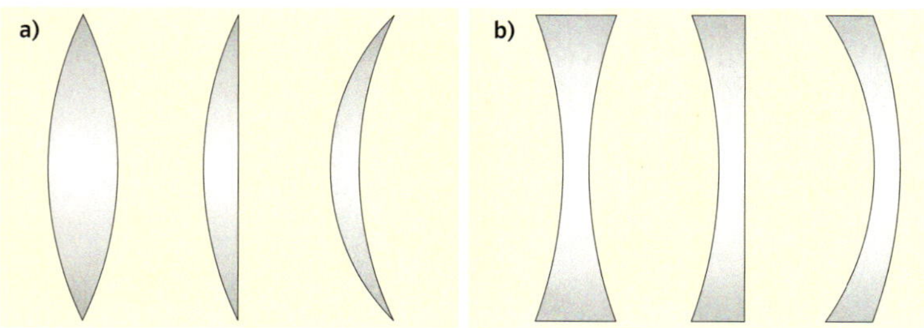

B3 Sammellinsen (a) und Zerstreuungslinsen (b)

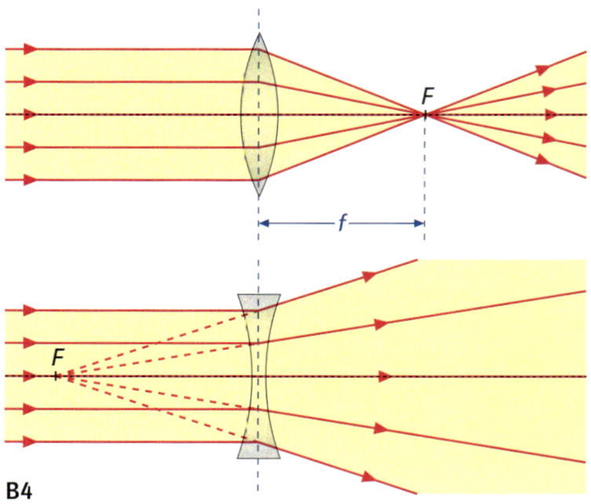

B4

Linsen machen Bilder

B1

■ **V1** Eine Kerze steht vor einem Schirm. Es ist kein Bild auf dem Schirm zu erkennen. Wird nun zwischen Kerze und Schirm ein kugelförmiges, mit Wasser gefülltes Glasgefäß gestellt, so erscheint auf dem Schirm das Bild der Kerze (→ **B2**). Es steht auf dem Kopf. Wenn das Gefäß nur halb voll ist, kann man ein weniger helles Bild erkennen.

■ **V2** Stelle dich dicht vor eine weiße Wand und bilde mit einer Sammellinse einen großen, hellen Gegenstand, z. B. das Fenster des Klassenraums, auf dieser ab (→ **B1**). Verändere den Abstand zwischen Linse und Wand und beobachte genau.
Nur in einem bestimmten Abstand der Linse zur Wand ist das Bild scharf.

B2 Je mehr Wasser im Gefäß ist, desto besser sieht man ein Bild der Kerze.

Sammellinsen erzeugen Bilder Im Mittelalter beobachtete man, dass ein kugelförmiges, mit Wasser gefülltes Glasgefäß ein Bild von entfernten Gegenständen erzeugen kann. Damit war die Sammellinse entdeckt. Abbildung **B4** zeigt, wie die heute verwendete Linsenform entstanden ist: die Kappen der Kugel werden zusammengefügt, der Rest der Kugel fehlt.

Wird eine Sammellinse in einem bestimmten Abstand zum Schirm gehalten, so erzeugt sie ein scharfes Bild auf diesem. Das Bild hat die gleiche Farbe wie das Original, steht jedoch auf dem Kopf und ist seitenverkehrt.

● **Mit einer Sammellinse lassen sich Bilder erzeugen, die seitenverkehrt sind und auf dem Kopf stehen.**

Die Linse hat dabei die Funktion das Licht von vielen winzigen Lichtflecken der Lichtquelle auf dem Schirm zu ordnen (→ **B3**).
Im Gegensatz zur Lochblende ist das Bild einer Sammellinse gleichzeitig scharf und sehr hell. Wird die Linse teilweise abgedeckt, so wird das Bild etwas dunkler.

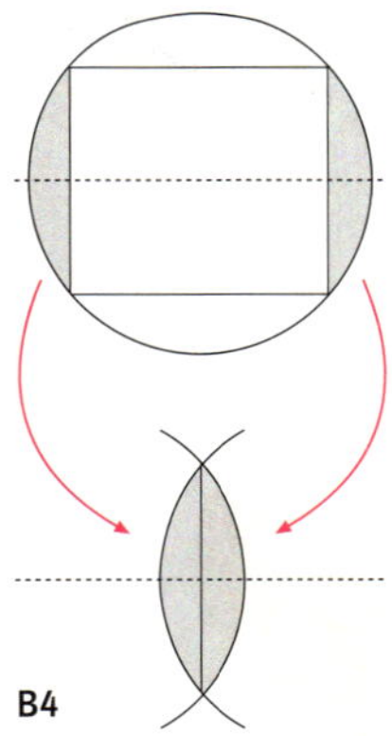

B4

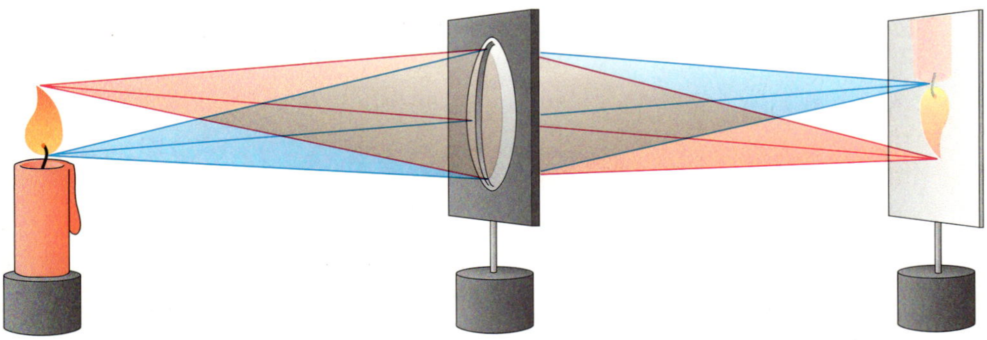

B3

Erzeugung scharfer Bilder mit Sammellinsen

Mit dem in Abbildung **B1** gezeigten Versuchsaufbau lässt sich herausfinden, in welchem Abstand Lichtquelle, Linse und Schirm zueinander stehen müssen, damit das Bild scharf ist.

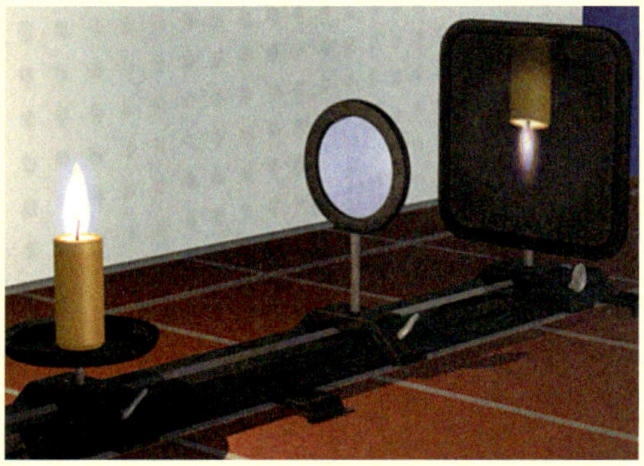

B1 Versuch mit einer Linse

Zur Beschreibung der Abstände werden zwei neue Begriffe eingeführt: der Abstand von der Linse zum Schirm heißt **Bildweite *b***, der Abstand vom Gegenstand zur Linse heißt **Gegenstandsweite *g***.

Die Kerze soll aus einer sehr großen Gegenstandsweite immer näher zur Linse geschoben werden. Dabei wird jeweils die Bildweite so verändert, dass ein scharfes Bild auf dem Schirm entsteht.

Zunächst kann festgestellt werden, dass dies für jede Gegenstandsweite höchstens bei einer einzigen Bildweite gelingt.

● **Um ein scharfes Bild zu erhalten, muss zu jeder Gegenstandsweite eine ganz bestimmte Bildweite eingestellt werden.**

Bei sehr großer Gegenstandsweite verändert sich die Schärfe des Bildes allerdings kaum, wenn eine etwas zu große oder zu kleine Bildweite eingestellt wird.

Weiterhin steht das scharfe Bild in allen Fällen auf dem Kopf und es wird größer, wenn die Gegenstandsweite kleiner wird (→ **B2**). Ist die Gegenstandsweite sehr klein, gibt es gar kein scharfes Bild.

● **Das Bild ist umso größer, je kleiner die Gegenstandsweite ist. Für sehr kleine Gegenstandsweiten ist kein Bild sichtbar.**

Bei genauer Untersuchung lassen sich drei Fälle unterscheiden:

1 Die Gegenstandsweite g ist größer als die doppelte Brennweite f: das Bild ist **kleiner** als das Original.
2 Die Gegenstandsweite g liegt zwischen der einfachen und doppelten Brennweite f: das Bild ist **größer** als das Original.
3 Die Gegenstandsweite g ist kleiner als die Brennweite f: es entsteht **kein Bild** auf dem Schirm.

Lupenfunktion der Sammellinse Bei der Benutzung einer Lupe wird die Sammellinse sehr dicht an den Gegenstand gehalten, den man beobachten möchte. Es ist also die Gegenstandsweite g kleiner als die Brennweite f. Wir hatten gesehen, dass nun kein scharfes Bild auf dem Schirm entsteht. Mit dem Auge ist aber auch in diesem Fall ein Bild zu erkennen. Es ist vergrößert und richtig herum. Man nennt dieses Bild virtuell, weil es nicht mit dem Schirm aufgefangen werden kann.

● **Wird eine Sammellinse als Lupe verwendet ($g < f$), so entsteht ein virtuelles Bild, das aufrecht und vergrößert ist.**

■ **A1** Vergleiche die Eigenschaften von Blende und Linse. Nenne Gemeinsamkeiten und Unterschiede und mache in allen Fällen Aussagen über das entstehende Bild.

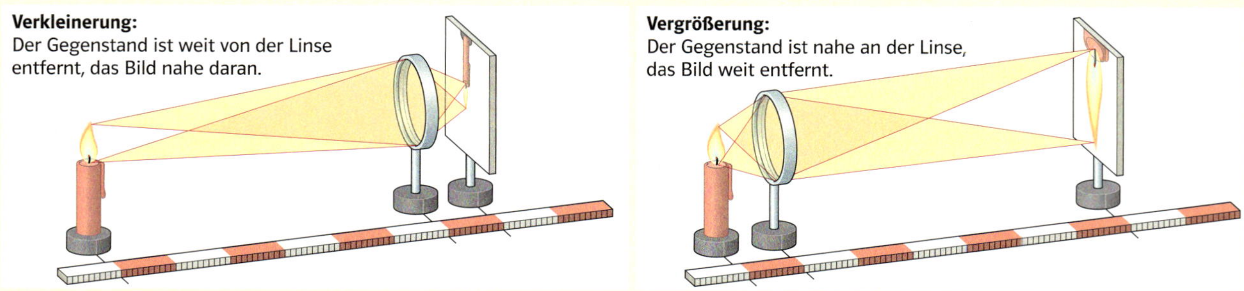

B2

Bildkonstruktion mit Sammellinsen

Kompetenz

Beim Durchgang durch eine Sammellinse lassen sich bestimmte Lichtwege vorhersagen (→ **B1b, c** und **d**):

- **Alle Lichtstrahlen durch die Linsenmitte ändern ihre Richtung nicht. Alle Lichtstrahlen, die vor der Linse durch den Brennpunkt *F* gehen, werden zu Strahlen, die nach der Linse parallel zur optischen Achse verlaufen. Lichtstrahlen parallel zur optischen Achse lenkt die Linse durch einen zweiten Punkt *F* auf der optischen Achse.**

Zur Bildkonstruktion reichen zwei der drei Strahlen mit vorhersagbarem Verlauf.

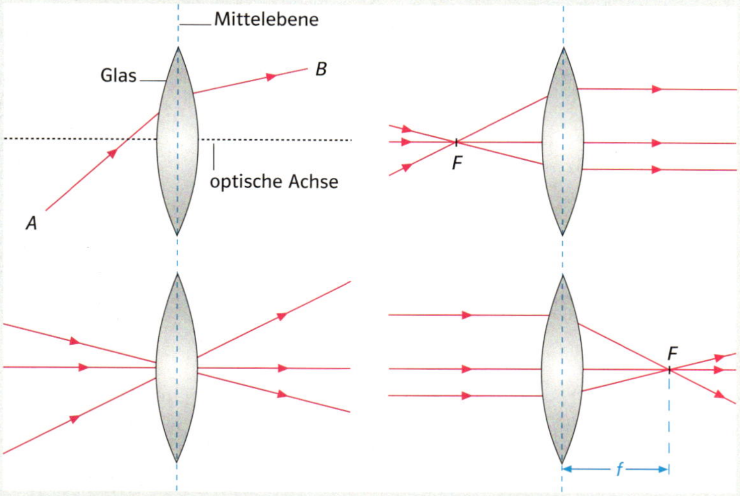

B1 Wie lenken Sammellinsen die Lichtstrahlen um?

Beispiel zur Bildkonstruktion Konstruiere das Bild von einem senkrecht auf der optischen Achse stehenden Pfeil (→ **B2**). Es ist

gegeben: Sammellinse mit $f = 3\,\text{cm}$,
Gegenstandsweite $g = 8\,\text{cm}$,
Gegenstandsgröße $G = 3\,\text{cm}$.
gesucht: Bildweite b und Bildgröße B.

Zuerst zeichnet man eine Gerade als optische Achse und eine Sammellinse. Wichtig ist der Schnittpunkt der Mittelebene der Linse mit der Achse, denn er ist maßgebend für alle Abstände. Man wählt in diesem Beispiel den Maßstab so, dass 1 cm in der Zeichnung 1 cm in der Wirklichkeit entspricht. Dann zeichnet man den Gegenstand in der richtigen Entfernung und Größe ein und markiert die Brennpunkte der Linse.

Nun wird von der Pfeilspitze ein Strahl durch den Linsenmittelpunkt – er geht unverändert weiter – und ein parallel zur optischen Achse laufender Strahl zur Linse – er geht durch den Brennpunkt auf der anderen Seite – gezeichnet. Der Schnittpunkt der beiden Strahlen ist das Bild der Pfeilspitze. Der Fußpunkt des Pfeils befindet sich auf der optischen Achse darüber. Der Zeichnung entnehmen wir die Werte für $b = 4{,}8\,\text{cm}$ für $B = 1{,}8\,\text{cm}$ (→ **B1**).

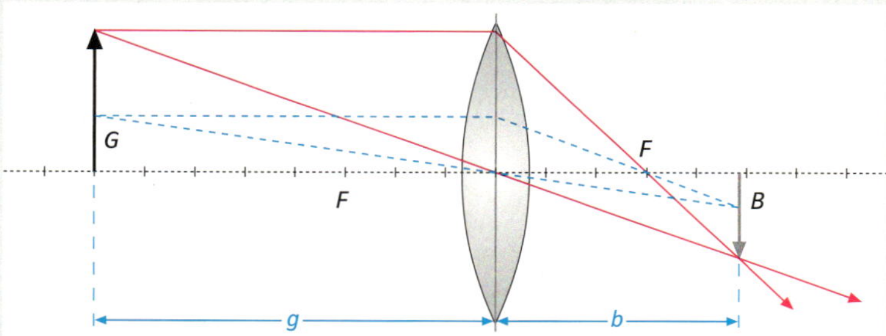

B2

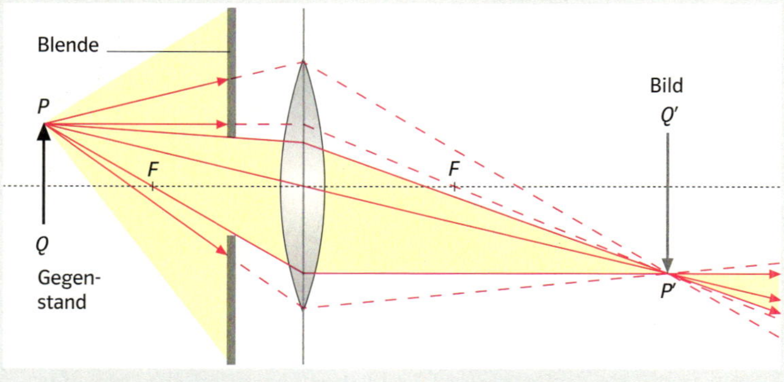

B3 Lage und Größe des Bildes sind unabhängig davon, wie groß der Durchmesser der Lichtbündel ist.

Die Wirkung einer Blende Deckt man einen Teil der Linse ab, z. B. mit einer Blende, dann wird das bilderzeugende Lichtbündel schmaler, es gelangt weniger Licht vom Gegenstand zur Linse (→ **B3**). Das Bild wird dunkler, bleibt aber vollständig, weil immer noch von jedem Punkt des Gegenstandes ein Lichtbündel durch die Linse hindurch tritt und der zugehörige Bildpunkt wie bei offener Blende erzeugt wird.

Zur Bildkonstruktion darf man deshalb auch Lichtstrahlen verwenden, die in Wirklichkeit gar nicht durch die Linse gehen würden.

Werkstatt

Fotoapparat und Auge

Lernstationen:
In nebenstehenden Lernstationen wird die Funktionsweise des Auges und des Fotoapparates in Modellexperimenten untersucht.

Station I

Linse mit fester Brennweite

Geräte: Lichtquelle (z. B. Kerze), Blende, Linsenhalter, Linse (f = 10 cm), Schirm, Maßstab

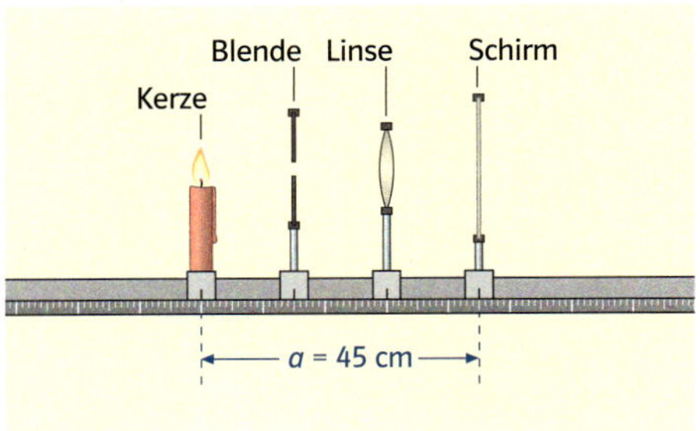

1 Baue den Versuch wie im Bild mit dem Abstand Kerze-Schirm a = 45 cm auf.
2 Verschiebe die Linse so, dass ein scharfes Bild entsteht.
3 Wiederhole den Versuch mit a = 72 cm. Notiere deine Beobachtungen.

Station II

Entfernter Gegenstand

Geräte: Lichtquelle (z. B. Kerze), Blende, Linsenhalter, verschiedene Linsen (f = 5 cm, 10 cm, 15 cm, 20 cm, 50 cm), Schirm, Maßstab

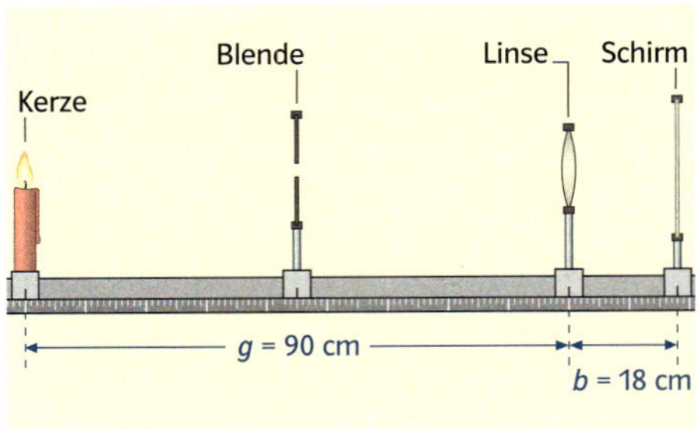

1 Baue den Versuch wie im Bild mit den Abständen b = 18 cm und g = 90 cm auf.
2 Der Linsenhalter bleibt in seiner Position. Setze nacheinander verschiedene Linsen ein.
3 Notiere deine Beobachtungen.

Station III

Naher Gegenstand

Geräte: Lichtquelle (z. B. Kerze), Blende, Linsenhalter, verschiedene Linsen (f = 5 cm, 10 cm, 15 cm, 20 cm, 50 cm), Schirm, Maßstab

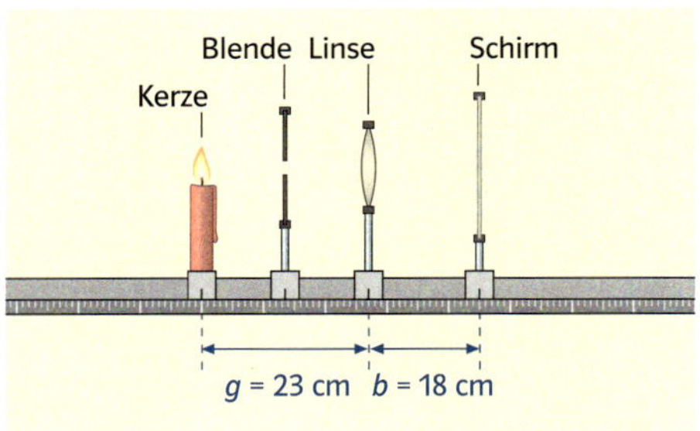

1 Baue den Versuch wie im Bild mit den Abständen b = 18 cm und g = 23 cm auf.
2 Der Linsenhalter bleibt in seiner Position. Setze nacheinander verschiedene Linsen ein.
3 Notiere deine Beobachtungen.

Station IV

Unterschiedlicher Blendendurchmesser

Geräte: Lichtquelle (z. B. Kerze), Blende mit veränderbarer Öffnung, Linsenhalter, Linse (f = 10 cm), Schirm, Maßstab

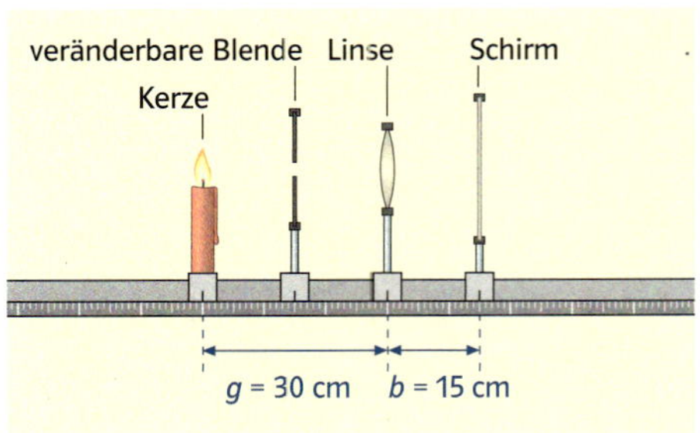

1 Baue den Versuch wie im Bild mit den Abständen b = 15 cm und g = 30 cm auf.
2 Verändere den Blendendurchmesser von groß nach klein und beobachte das Bild.
3 Notiere deine Beobachtungen.

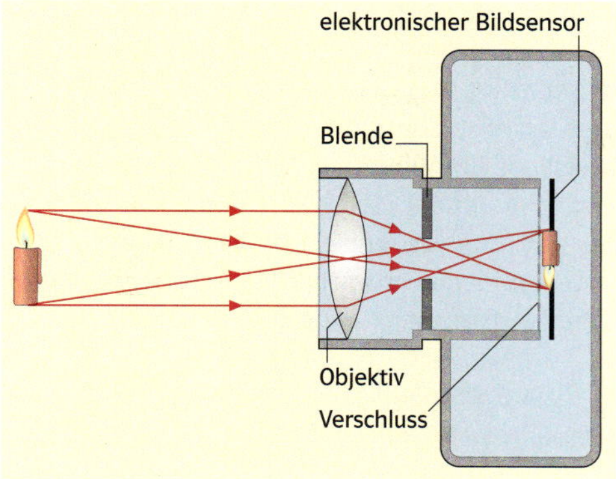

B1 Lichtwege beim Fotoapparat (Aufsicht)

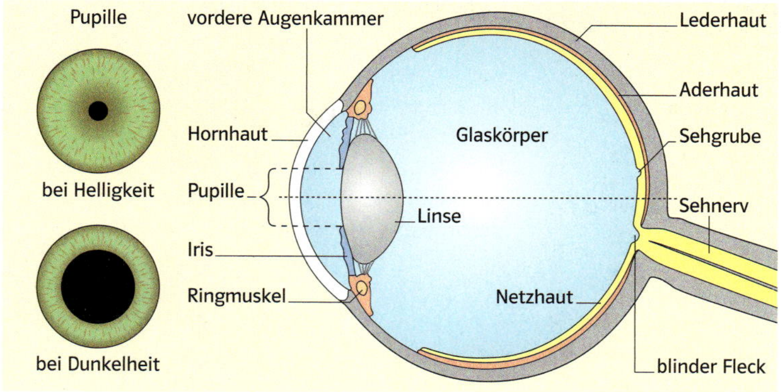

B4 Schnitt durch das rechte Auge (von oben gesehen)

Der Fotoapparat Im Fotoapparat erzeugt eine Linse, das Objektiv, auf dem Bildsensor an der Rückwand der Kamera ein Bild des Gegenstandes. Der Bildsensor enthält viele kleine lichtempfindliche Zellen (OB2). In ihnen entstehen elektrische Signale. Diese werden zum Display und Speicher der Kamera geleitet.

Das Auge Die Augenlinse erzeugt auf der Rückwand des Augapfels, der Netzhaut, ein Bild des Gegenstandes. Die Netzhaut enthält eine große Anzahl lichtempfindlicher Sehzellen (→ **B5**). In ihnen entstehen elektrische Signale, die über den Sehnerv zum Gehirn geleitet werden. So kann das Bild wahrgenommen werden.

Erzeugung des Bildes

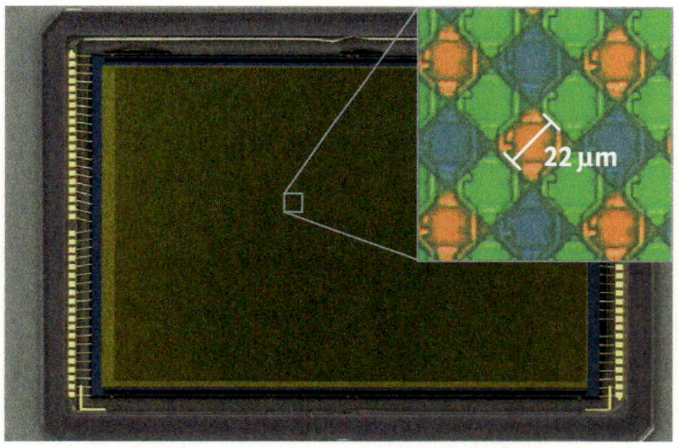

B2 Vergrößerung eines elektronischen Bildsensors

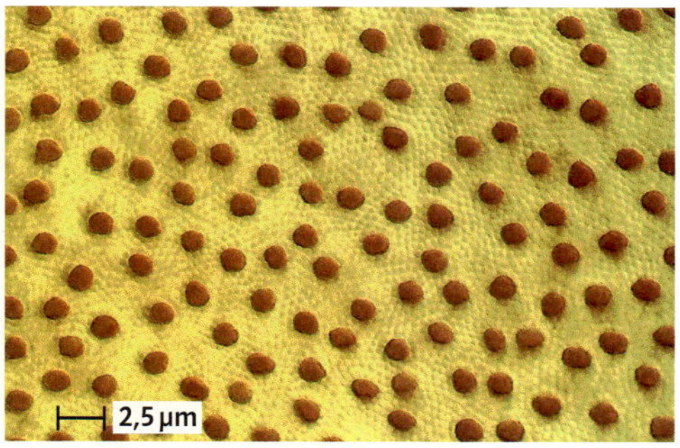

B5 Sehzellen auf der Netzhaut

Das Objektiv kann verschoben werden, das heißt die Bild- und Gegenstandsweite werden verändert. Dadurch kann bei verschiedenen Gegenstandsweiten und immer gleicher Brennweite (des Objektivs) ein scharfes Bild entstehen.

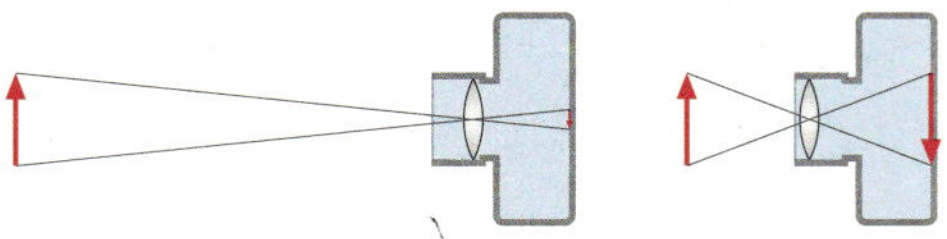

B3 Die Linse wird zum Scharfstellen verschoben.

Die Augenlinse ist weich und kann mit Hilfe des Ringmuskels verformt werden. Dadurch verändert sich ihre Brennweite. So kann bei verschiedenen Gegenstandsweiten und immer gleicher Bildweite (Länge des Augapfels) ein scharfes Bild entstehen.

Einstellung der Schärfe

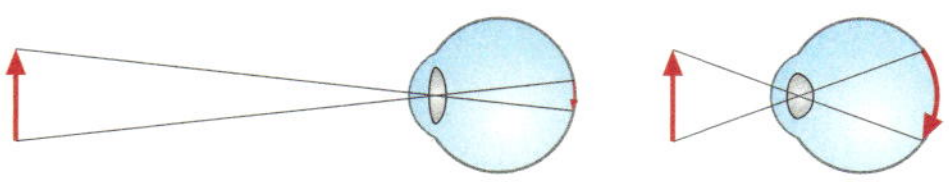

B6 Die Brennweite der Augenlinse ändert sich.

Durch die Blende fällt das Licht in den Fotoapparat. Bei großer Blendenöffnung gelangt viel Licht hinein, bei kleiner Blende wenig. Nur solange der Verschluss geöffnet ist, erreicht das Licht den Bildsensor. So reguliert der Verschluss mit der Blende zusammen die Lichtmenge.

Die Pupille ist eine Blende. Bei großer Pupillenöffnung gelangt viel Licht ins Auge, bei kleiner Pupille wenig (→ **B4**).

Regulierung der Helligkeit

A1 Stelle in einer Tabelle zusammen, welche wesentlichen Bauteile von Fotoapparat und Auge sich entsprechen.

Physik überall

Korrektur von Fehlsichtigkeit

Viele Menschen tragen Brillen oder Kontaktlinsen, um ihre Sehfähigkeit zu verbessern. Zu der Augenlinse kommt somit eine zweite Linse hinzu. Welche Auswirkungen dieses hat, kann mit einem Modellexperiment untersucht werden (→ **B1**).

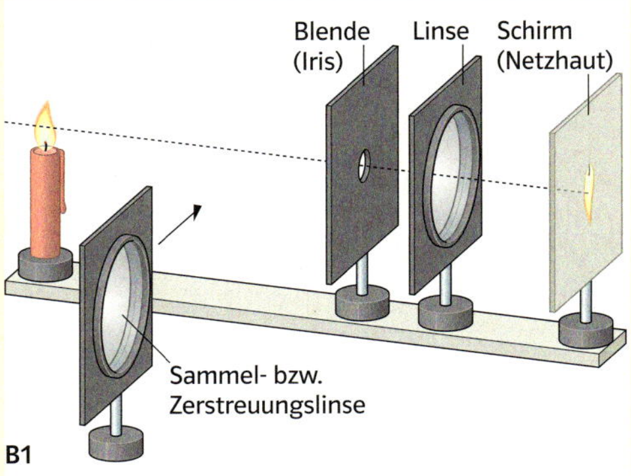

B1

Bei Brillengläsern gibt man meist nicht die Brennweite *f*, sondern deren Kehrwert *D* an. *D* wird in Dioptrien gemessen.
Es ist 1 dpt = 1/m.

Für die Augenlinse wird eine Sammellinse verwendet. Die Bildweite wird so eingestellt, dass ein scharfes Bild auf dem Schirm entsteht. Nun wird direkt vor der Sammellinse eine zweite Linse platziert, entweder eine weitere Sammellinse oder eine Zerstreuungslinse. Die Bildweite wird so verändert, dass das Bild auch jetzt scharf ist.
Ein Vergleich der Bildweiten zeigt, dass bei der Verwendung von zwei Sammellinsen das Bild dichter hinter der Linse scharf abgebildet wird. Werden eine Sammellinse und eine Zerstreuungslinse kombiniert, so wird das Bild weiter entfernt von der Linse abgebildet.
Bei sehr starker Krümmung der Zerstreuungslinse kann es auch vorkommen, dass gar kein scharfes Bild mehr entsteht.

- **Zwei Sammellinsen wirken zusammen wie eine einzelne Sammellinse mit kleinerer Brennweite.**

- **Eine Sammellinse und eine Zerstreuungslinse wirken zusammen wie eine einzelne Sammellinse mit größerer Brennweite oder wie eine Zerstreuungslinse.**

Die Erkenntnisse über die Kombination von Linsen werden angewendet, um unterschiedliche Arten von Fehlsichtigkeit zu korrigieren.

Wer braucht eine Brille? Ältere Menschen können ohne Lesebrille oft nur mit ausgestreckten Armen lesen. Die Augenlinsen sind nicht mehr elastisch genug, um sich so stark zu krümmen, dass auch bei kurzen Entfernungen ein deutliche Bild auf der Netzhaut entsteht. Man spricht von **Altersweitsichtigkeit**. Eine Lesebrille mit Sammellinsen bündelt das Licht zusätzlich und verkürzt die Brennweite.

Bei manchen Menschen ist der Augapfel zu kurz oder die Lichtstrahlen werden zu wenig gebrochen. Auf der Netzhaut entsteht ein unscharfes Bild, ein deutliches Bild wäre erst hinter der Netzhaut möglich (→ **B2**). Nur sehr weit entfernt liegende Gegenstände werden scharf abgebildet. Dieser Augenfehler heißt **Weitsichtigkeit**. Eine Brille mit Sammellinsen verkürzt die Brennweite, es entsteht ein scharfes Bild auf der Netzhaut.

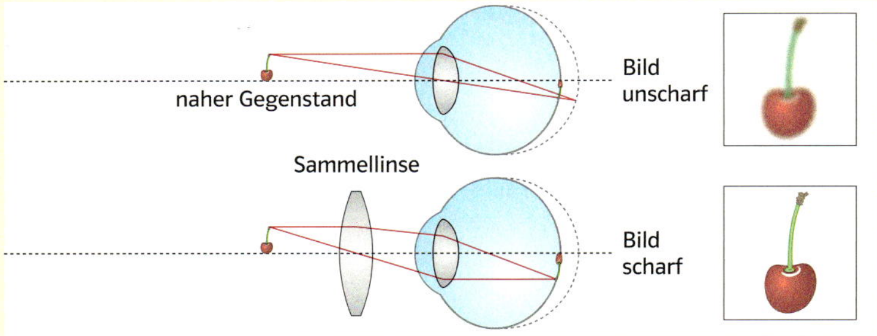

B2 Bei Weitsichtigkeit ist der Augapfel etwas zu kurz.

Es kommt auch vor, dass das Licht im Auge zu stark gebrochen wird oder dass der Augapfel zu lang ist (→ **B3**). Das deutliche Bild liegt dann vor der Netzhaut, auf der Netzhaut ist es wieder verschwommen. Nur nahe Gegenstände werden scharf abgebildet. Dieser Augenfehler heißt **Kurzsichtigkeit**. Eine Brille mit Zerstreuungslinsen vergrößert die Brennweite.

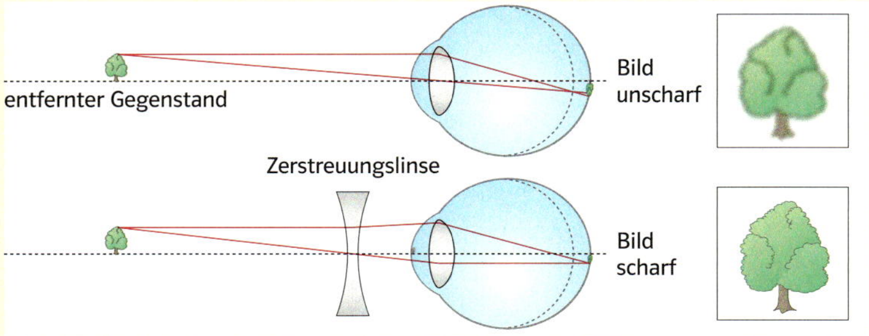

B3 Bei Kurzsichtigkeit ist der Augapfel zu lang.

A1 Wie kannst du nur mit Hilfe der Brille feststellen, ob sein Träger kurzsichtig oder weitsichtig ist? Entwirf ein Experiment, um diese Frage zu beantworten.

Linsen vergrößern

V1 Versuche, mit dem Daumen erst den Kopf deines Nachbarn, dann deinen ganzen Nachbarn zu verdecken. Beschreibe, wie du dabei vorgehst (→ **B2**).

V2 Gehe, während du diesen Text liest, mit den Augen so nah an das Buch heran, bis die Buchstaben verschwimmen. Führe nun eine Lupe zwischen Auge und Buch, dass der Text wieder deutlich zu erkennen ist.

Wiederhole den Versuch mit einer farbigen Abbildung. Was erkennst du bei genauem Betrachten der Abbildung?

B1

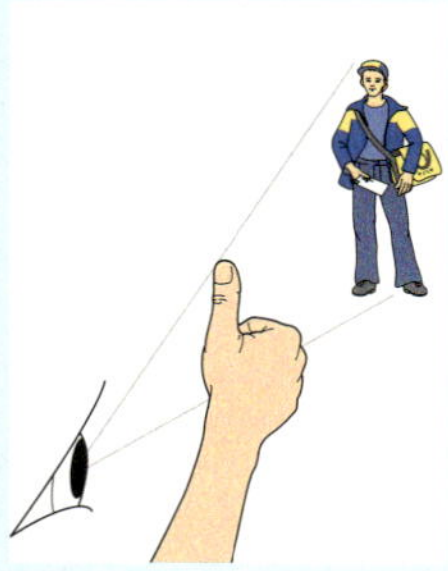

B2

Der Sehwinkel Mit einer Münze am ausgestreckten Arm lässt sich die Vollmondscheibe vollständig verdecken. Wenn wir einen Gegenstand genau betrachten wollen, dann bringen wir ihn näher an das Auge. Die Bildgröße auf der Netzhaut ist durch den Sehwinkel bestimmt, unter dem man den Gegenstand sieht. Je größer der Sehwinkel, desto größer wird das Bild auf der Netzhaut.

Lupe Seit dem 13. Jahrhundert ist es möglich, klares und farbloses Glas herzustellen. Das war die Voraussetzung dafür, Glaslinsen zu schleifen. Damit ließen sich zunächst Sehschwächen ausgleichen, später wurde eine Vielzahl optischer Geräte erfunden und ständig verbessert. So können wir heute kleinste Details ganz groß sichtbar machen.

Wenn ein Uhrmacher in einem Uhrwerk jede Einzelheit erkennen will, muss er es näher an sein Auge heranführen. Der Sehwinkel wird größer, der Uhrmacher erkennt mehr Einzelheiten. Je näher er die Uhr an das Auge hält, desto größer wird das Bild auf der Netzhaut. Ein kleinerer Abstand als ca. 10 cm ist jedoch nicht möglich, denn die Augenlinse kann sich nicht noch stärker wölben, um ein deutliches Bild zu erzeugen. Die erforderliche zusätzliche Brechkraft für die Abbildung auf der Netzhaut liefert die Lupe, eine Sammellinse (→ **B4**).

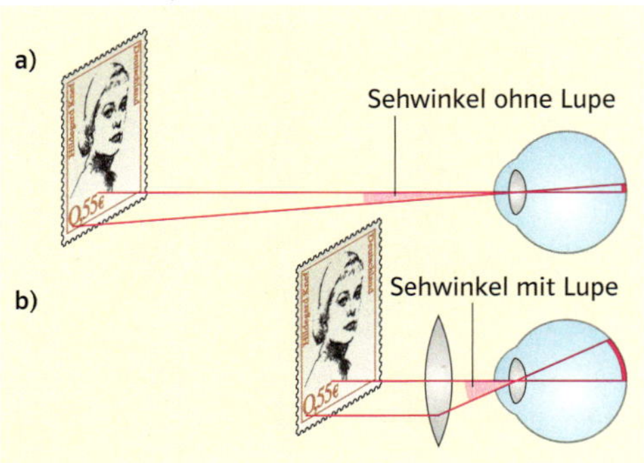

B3 Bildentstehung im Auge mit und ohne Lupe

In der Lupe werden die vom Gegenstand ausgehenden Lichtstrahlen so gebrochen, dass man den Gegenstand scharf und vergrößert sehen kann. Vergleicht man die Bilder in Abbildung **B3**, kann man erkennen, dass die Lupe den Sehwinkel vergrößert.

● **Die Vergrößerung einer Lupe wird aus dem Verhältnis des Sehwinkels mit Lupe und des Sehwinkels ohne Lupe bestimmt:**

$$\textbf{Vergrößerung} = \frac{\textbf{Sehwinkel mit Lupe}}{\textbf{Sehwinkel ohne Lupe}}$$

Mit einem Versuch wie in **B5** lässt sich die Vergrößerung einer Lupe bestimmen. Mit einem Auge blicken wir auf ein 25 cm entferntes Lineal. Mit dem anderen Auge betrachten wir ein zweites Lineal durch eine Lupe. Sieht man die Skalen beider Lineale gleichzeitig, kann man sie vergleichen. Wenn z. B. 2,5 cm des ohne Lupe betrachteten Lineals gleich groß erscheinen wie 1 cm des mit Lupe betrachteten Lineals, beträgt die Vergrößerung 2,5. Je kleiner die Brennweite der Lupe ist, desto stärker ist die Vergrößerung.

A1 Erkläre, was man unter der Vergrößerung einer Lupe versteht.

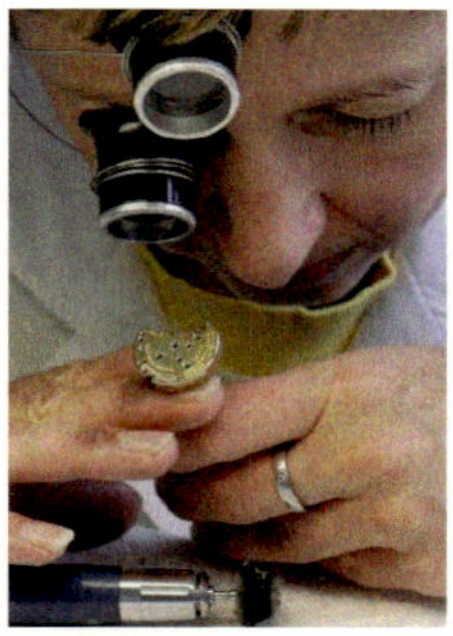

B4 Uhrmacherlupe

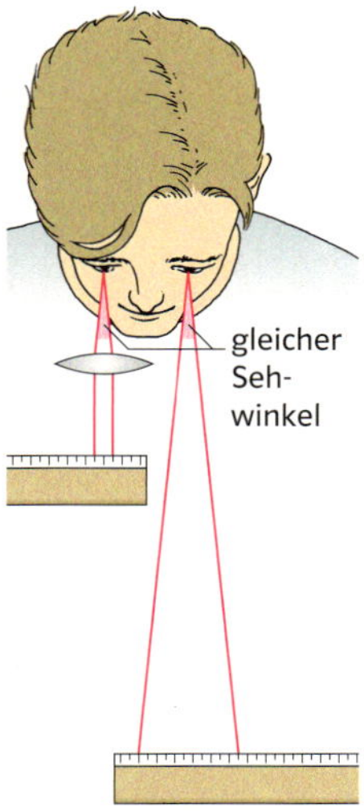

B5 Bestimmen der Vergrößerung

Basiskonzept: System

Oft ist es nicht sinnvoll, Gegenstände getrennt voneinander zu betrachten. In Systemen wirken mehrere Komponenten zusammen.

Das menschliche Auge ist ein optisches System: Es besteht aus der Pupille, der Augenlinse und der Netzhaut. Trägt man eine Brille oder eine Kontaktlinse, so wird dem optischen System noch eine weitere Linse hinzugefügt.
Mit diesem optischen System werden Gegenstände auf der Netzhaut abgebildet.

Auch das Fernrohr, das Mikroskop, das Objektiv eines Fotoapparates oder eines Beamers sind optische Systeme, denn sie bestehen aus mehreren Linsen, die zusammenwirken.

Das Auge selbst ist jedoch auch Teil eines Systems – des Systems Wahrnehmen und Erkennen.

Wenn wir einen Gegenstand sehen, dann fällt Licht von ihm in unser Auge. Im Auge fällt das Licht auf die Sinneszellen der Netzhaut. Diese sind entweder empfindlich für die Helligkeit des Lichts oder das Farbensehen. Über den Sehnerv werden die Sinnesreize an das Gehirn weitergeleitet. Das Gehirn erfüllt dabei eine wichtige Aufgabe: das Bild eines Gegenstandes, das auf der Netzhaut entsteht und an das Gehirn weitergeleitet wird, steht auf dem Kopf. Erst im Gehirn wird es gedreht.

Nur durch das Zusammenwirken von Auge und Gehirn als System können wir Gegenstände wahrnehmen und erkennen und uns in unserer Umwelt zurechtfinden.

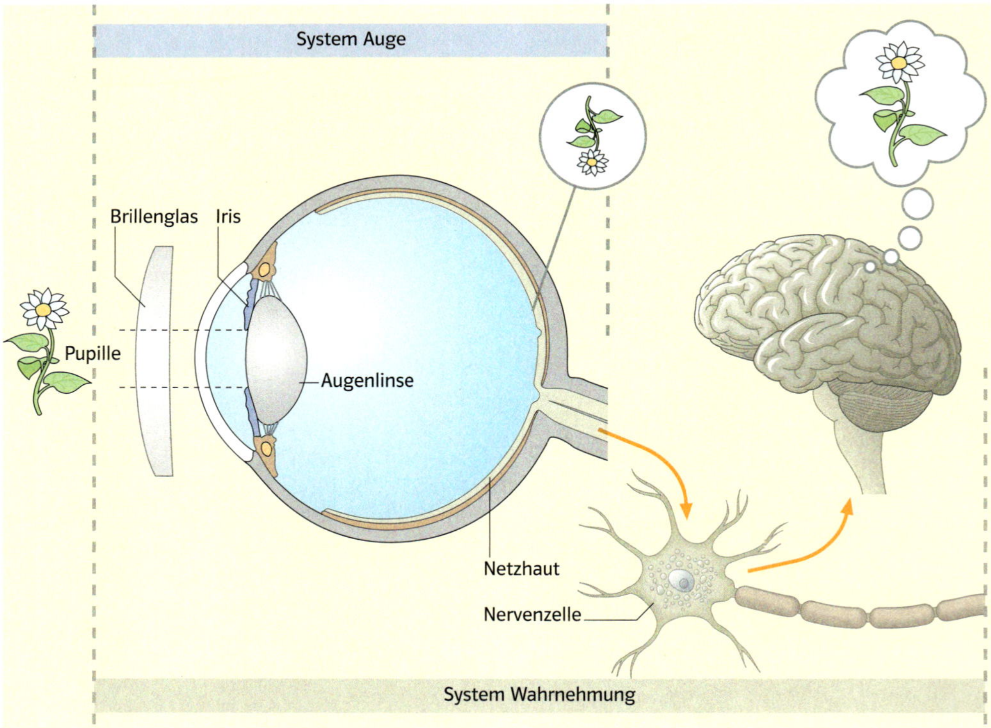

B1

► S. 250

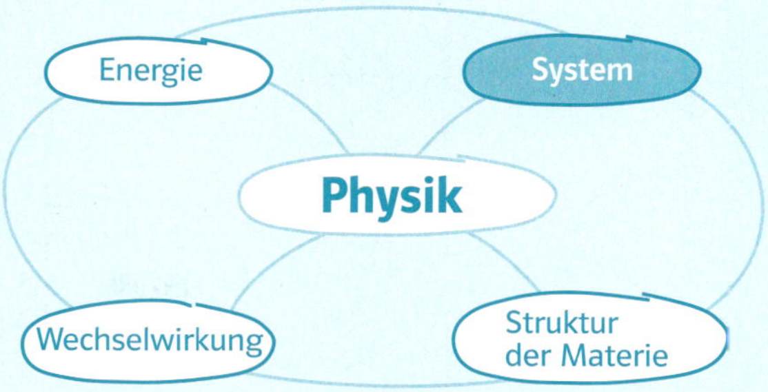

Der Roboter – ein technisches System

Auch der abgebildete einfache Roboter ist ein System, in dem mehrere Komponenten zusammenwirken. Er soll z. B. die Aufgabe erfüllen, einer auf den Boden gezeichneten, dunklen Linie zu folgen. Der Lichtsensor des Roboters nimmt wahr, ob der Untergrund hell oder dunkel ist. Auf dunklem Untergrund fährt der Roboter geradeaus.

Wenn der Roboter aber von seiner Bahn abkommt und damit von der Linie abweicht, stellt der Lichtsensor einen hellen Untergrund fest. Diese Information wird nun über Kabel an die Computereinheit im Roboter weitergeleitet. Diese wertet die Informationen aus und gibt – wieder über elektrische Leitungen – an die Motoren die Befehle zur Richtungsänderung: Der Roboter schwenk wieder auf seine ursprüngliche Bahn ein.

Durch das Zusammenwirken der einzelnen Komponenten des Systems kann der Roboter seine Aufgabe erfüllen.

B1

B2

Das Mikroskop

V1 Manche Gegenstände sind so winzig, dass selbst eine Lupe nicht ausreicht, um Einzelheiten zu erkennen. Schaue dir die Oberfläche eines Schmetterlingsflügels durch ein Mikroskop in 200-facher Vergrößerung an (→ **B1**). Suche dir weitere Gegenstände aus und betrachte sie unter einem Mikroskop.

B1

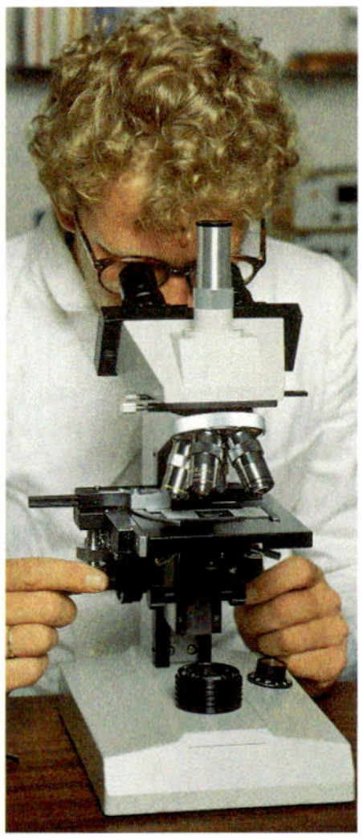

B2 Modernes Mikroskop mit mehreren Objektiven

Wie arbeitet das Mikroskop? Mit einem Lichtmikroskop (→ **B2**) kann man sehr große Vergrößerungen (bis zu 1600-fach) erzielen. Es besteht aus mindestens zwei Linsen. Die eine befindet sich im **Objektiv** (lat. objectum, d. h. dem Gegenstand zugewandt), die andere im **Okular** (lat. oculus, d. h. dem Auge zugewandt). Die Linse im Objektiv ist eine stark brechende Sammellinse. Ihre Brennweite beträgt nur einige Millimeter. Das ist nötig, damit man das zu beobachtende Objekt möglichst nahe an das Objektiv rücken kann.

Das Objektiv erzeugt im Mikroskop ein stark vergrößertes Zwischenbild (→ **B3**). Dieses wird nun durch die zweite Linse im Okular wie mit einer Lupe betrachtet und erscheint dadurch noch mehr vergrößert. Das Mikroskop vergrößert für sehr nahe Gegenstände den Sehwinkel erheblich.

Die meisten Mikroskope haben mehrere Objektive. Das Okular steckt lose im oberen Teil des Mikroskops und kann auch durch ein anderes ersetzt werden. Durch die Auswahl von Objektiv und Okular kann man die Vergrößerung festlegen. Steht z. B. auf dem Objektiv „25x" und auf dem Okular „8x", dann vergrößert das Mikroskop $25 \times 8 = 200$-fach.

● **Die Vergrößerung des Mikroskops ist das Produkt aus der Objektiv- und der Okularvergrößerung.**

Je stärker ein Mikroskop vergrößert, desto weniger Licht kommt von der Lichtquelle durch das Mikroskop in unser Auge. Meistens werden deshalb die dünnen, durchsichtigen Untersuchungsobjekte von unten durchleuchtet.

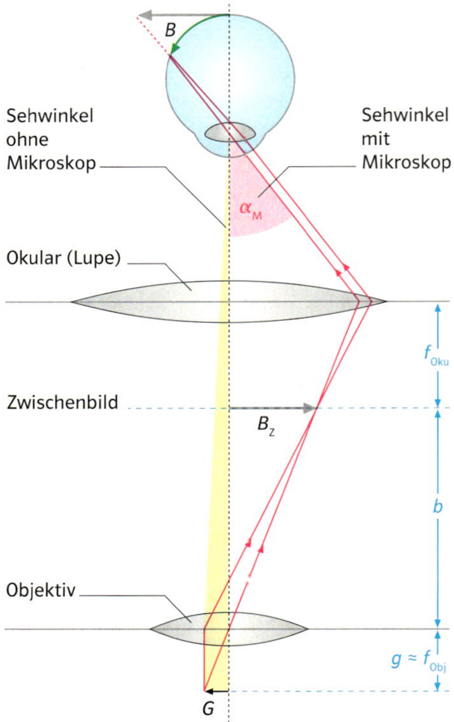

B3 Bildentstehung beim Mikroskop

Dicke, undurchsichtige Objekte werden durch eine im Mikroskop eingebaute Lampe von oben oder von der Seite beleuchtet.

A1 Welche Funktion haben Objektiv und Okularlupe bei Mikroskopen?

A2 Baue ein Mikroskopmodell: Bilde mit einer Sammellinse den Glühfaden einer Lampe vergrößert auf einem transparenten Schirm ab! Betrachte das Bild mit einer Lupe und entferne den Schirm!

Die ersten Mikroskope

Es steht nicht fest, wann und von wem das erste Mikroskop gebaut wurde. Ziemlich sicher ist jedoch, dass holländische Brillenmacher um 1590 damit begannen, Linsen mit sehr kurzen Brennweiten herzustellen. Bei diesen Linsen handelte es sich meist um kleine Glaskügelchen.

Damals war es üblich, dass die Gerätehersteller selbst die Natur mit ihren Geräten erforschten. Einer der berühmtesten Gerätehersteller war **Anthony van Leeuwenhoek** (1632 – 1723) aus Delft in Holland. Er baute sich einfache „Mikroskope", die nur aus einer Linse bestanden. Von den über 400 Linsen, die er anfertigte, hatte die mit der stärksten Vergrößerung (250-fach!) 1,5 mm Durchmesser und 0,9 mm Brennweite. Seine Mikroskope bestanden aus zwei miteinander verschraubten Metallplatten, zwischen die in einer passenden Bohrung die Linse eingeklemmt wurde. Die zu beobachtenden Gegenstände wurden auf einem durch Schrauben in verschiedene Richtungen verstellbaren Tragstachel vor der Linse befestigt.

Seit 1590 kannte man auch das zusammengesetzte Mikroskop mit Objektiv- und Okularlinse. Seine Leistungsfähigkeit war anfangs dem einfachen Mikroskop unterlegen: Unreinheiten im Glas und nicht ausreichend exakte Form wurden beim Betrachten durch zwei Linsen verstärkt.

Der englische Physiker **Robert Hooke** (1635 – 1703) entwickelte ein Mikroskop, das dem heutigen in vielem ähnelt. Er erfand eine Beleuchtungseinrichtung mit einer mit Wasser gefüllten Glaskugel, die das Licht einer Öllampe auf das zu betrachtende Objekt konzentrierte. Ab Mitte des 18. Jahrhunderts gewannen zweilinsige Mikroskope die Oberhand. Bei ihrer Herstellung dominierte immer noch das Probieren. Selbst in der gleichen Werkstatt angefertigt, glich kaum ein Mikroskop dem anderen.

An dieser Situation hatte sich wenig geändert, als im Jahre 1846 **Carl Zeiss** (1816 – 1888) in Jena die Konzession für ein mechanisches Atelier erhielt. Von der nahen Universität, an der er schon als Mechanikerlehrling Vorlesungen gehört hatte, erhoffte er Aufträge. Die Gelehrten brauchten hochwertige wissenschaftliche Geräte. Zeiss'sche Mikroskope hatten bald einen guten Ruf. Jedoch war er selbst nicht mit der – trotz mancher Verbesserung – erreichten Qualität zufrieden. Immer mehr erkannte Zeiss die Notwendigkeit wissenschaftlicher Berechnungen. Hierfür gewann er 1866 den Physiker **Ernst Abbe** (1840 –1905). Er entwickelte eine Theorie für die mikroskopische Abbildung, vor allem für die Berechnung der Objektive und die Herstellung der dazu notwendigen Gläser. 1872, mit dem ersten berechneten Mikroskop, begann die Ära des optischen Präzisionsgerätebaus.

So sah Leeuwenhoek als erster Mensch Schimmelpilze.

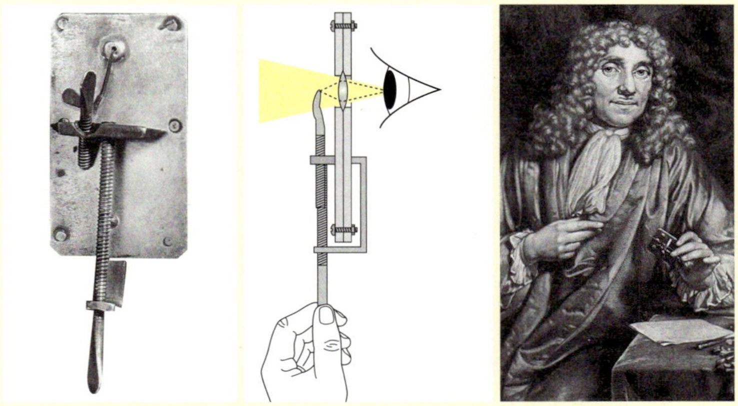

Leeuwenhoek und sein Mikroskop – damit fand er sogar Bakterien.

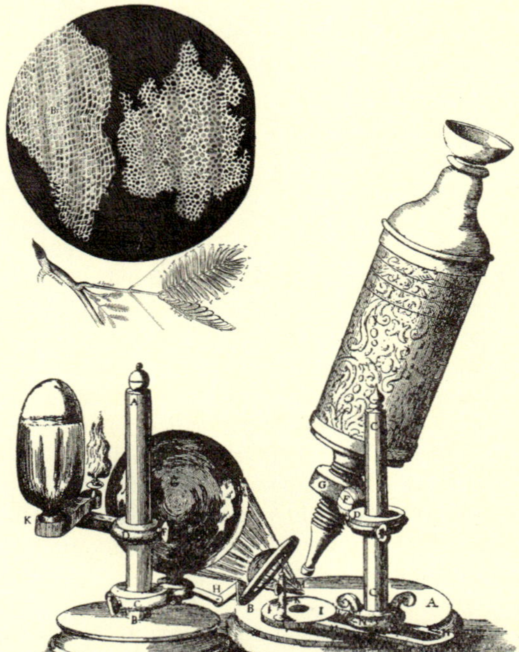

Mikroskop von 1770 von Robert Hooke mit Beleuchtungseinrichtung. Er entdeckte damit die Pflanzenzellen.

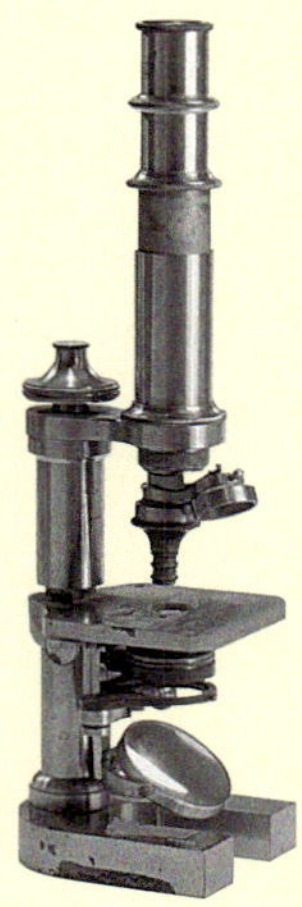

Mikroskop von 1876

Das Fernrohr

V1 Befestige eine Linse mit $f = 250\,\text{mm}$ Brennweite und einen Schirm so, dass du damit das Fenster oder eine Lampe abbilden kannst. Bringe nun eine Linse (Brennweite $f = 50\,\text{mm}$) so an, dass sie als Lupe das Bild vergrößert (→ **B2**). Entferne dann den Schirm und betrachte einige weiter entfernte Gegenstände durch die Anordnung.

V2 Um das Bild aufrecht zu sehen, baue eine weitere Sammellinse ein, die das Fernrohr aber um deren 4-fache Brennweite verlängert (→ **B1**). (Hinweis: Der Aufbau ist schwierig)

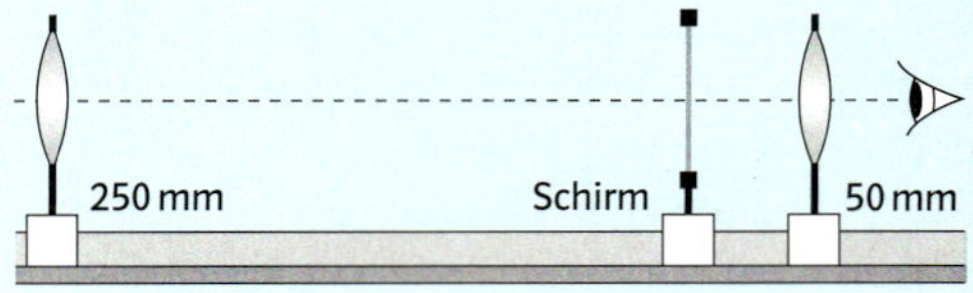

B2

V3 Das erste Fernrohr überhaupt war sehr kurz. Es besaß eine Sammellinse als Objektiv, aber eine Zerstreuungslinse als Okular. Diese wird kurz vor dem Brennpunkt des Objektivs angeordnet (→ **B3**).

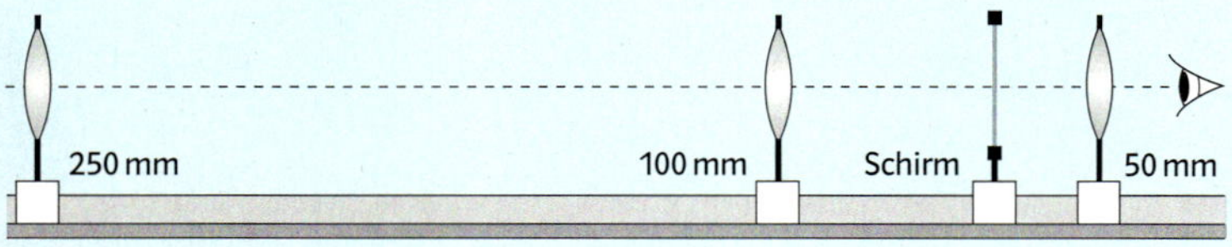

B1

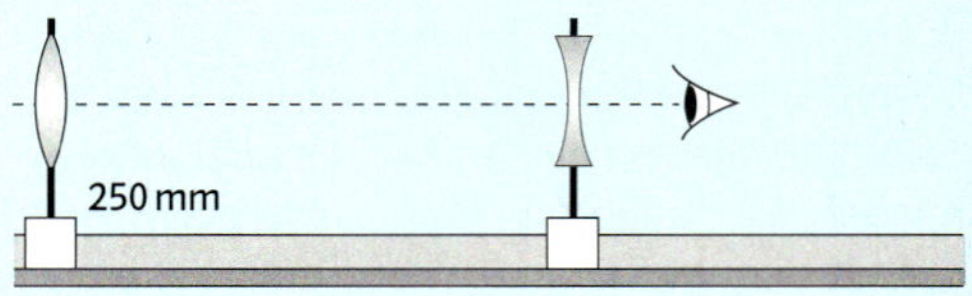

B3

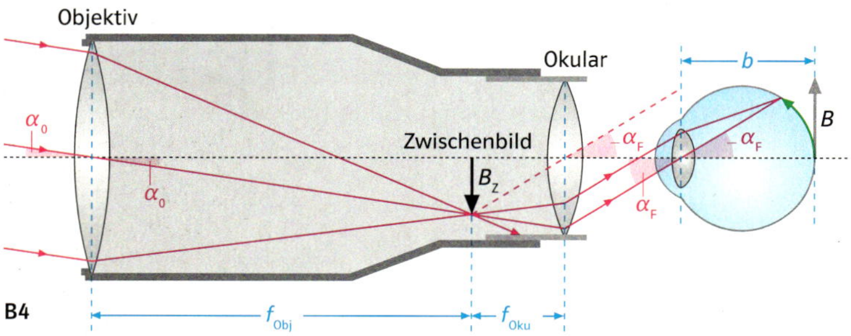

B4

Der Strahlengang am Fernrohr Die Wirkungsweise eines Fernrohres kann mit der eines Mikroskops verglichen werden. Auch hier entsteht zunächst ein Zwischenbild, das aber aufgrund der großen Gegenstandsweite stark verkleinert ist (→ **B4**). Das Zwischenbild wird durch das Okular betrachtet, welches als Lupe wirkt. Insgesamt erscheint der Gegenstand dem Auge unter einem größeren Sehwinkel, das Fernrohr vergrößert den Gegenstand. Verwendet man ein Objektiv mit längerer Brennweite, so wird das Zwischenbild größer. Demgegenüber nimmt die Vergrößerung durch das Okular zu, wenn man dessen Brennweite verringert.

● **Die Vergrößerung des Fernrohres beträgt:**
$V_F = f_{Obj} / f_{Oku}$

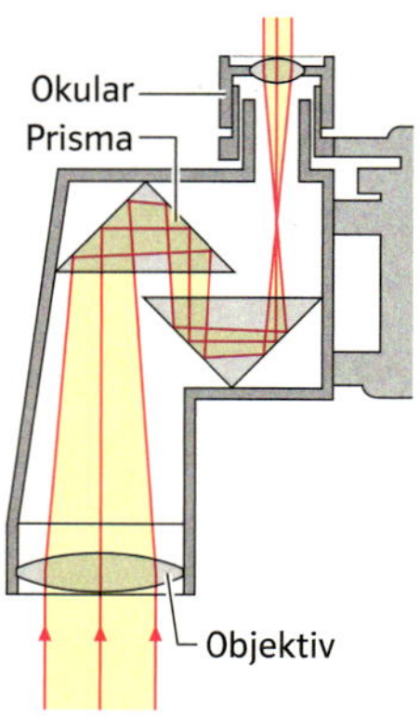

B5 Prismenglas

Das Fernrohr nach Abbildung **B4** hat einen Nachteil: Das Bild erscheint gegenüber dem Gegenstand kopfstehend. Das stört nicht, wenn man das Fernrohr bei astronomischen Beobachtungen einsetzt. Man verwendet daher auch die Bezeichnung **astronomisches Fernrohr**. Es wurde von dem Astronomen und Mathematiker **Johannes Kepler** (1571–1630) entwickelt.

Möchte man das Prinzip des astronomischen Fernrohrs bei irdischen Beobachtungen einsetzen, muss das Bild aufrecht erscheinen. Dazu kann eine weitere Sammellinse zwischen Objektiv und Okular gebracht werden. Solche **terrestrischen Fernrohre** sind wegen ihrer großen Länge allerdings recht unhandlich. Dieser Nachteil wird bei **Prismengläsern** umgangen (→ **B5**). Die Prismen kehren das Bild um und bewirken gleichzeitig eine Verkürzung der Baulänge.

Bereits vor Kepler entwickelten holländische Brillenmacher Fernrohre, die aus einer Sammel- und einer Zerstreuungslinse bestanden. Diese **Holländischen** bzw. **Galilei'schen Fernrohre** erzeugen ein aufrechtes Bild.

A1 Wie lang sind die Fernrohre in den Abbildungen **B1**, **B2**, und **B3**?

Von Perspektivgläsern und anderen Fernrohren

Noch vor der Erfindung des Mikroskopes gelang es Glasschleifern schon, große Linsen mit langen Brennweiten herzustellen. Besonders die Brillenmacher **Johannes Lippershey** (1570–1619) und sein Sohn Zacharias aus Middelburg in Holland waren für ihre guten Linsen berühmt.

Einer Legende zufolge hat Lippershey seine „Perspektivgläser" (franz. perspective, das Fernrohr) beim prüfenden Durchblicken durch zwei hintereinander gehaltene Linsen entdeckt. Sein Fernrohr bestand aus einer Sammellinse (Objektiv) und einer Zerstreuungslinse (Okular). Beim Betrachten des Zwischenbildes mit einer Zerstreuungslinse wird dessen Bild im Auge nicht umgekehrt, dafür sorgt erst der „Sehvorgang". Für Beobachtungen auf der Erde ist dies ein sehr großer Vorteil.

Der italienische Physiker **Galileo Galilei** (1564–1642) beschaffte sich 1609 eines der neuen Fernrohre aus Holland. Damit machte er seine berühmten Entdeckungen von den Mondkratern, den Sonnenflecken, der Sichelgestalt der Venus (→ **B5**) und den vier größeren Jupitermonden.

Unabhängig von Galilei befasste sich der deutsche Astronom und Mathematiker **Johannes Kepler** (1571–1630) mit dem Fernrohr. In seinem Lehrbuch „Dioptrice" von 1611 konstruierte er den Strahlengang für ein Fernrohr mit zwei Sammellinsen. Das Kepler'sche Fernrohr wird noch heute in der Astronomie verwendet; hier stört die Umkehrung des Bildes nicht.

In Einrichtungen wie Volkssternwarten werden neben Linsenfernrohren (→ **B6**) auch Spiegelteleskope (→ **B3**) eingesetzt. Beide ermöglichen z. B. Planetenbeobachtungen (→ **B4**).

B2 Spiegelteleskop (Reflektor)

B3 Der Planet Saturn

Für aktuelle wissenschaftliche Beobachtungen werden große Observatorien in einsamen, hoch gelegenen Gebirgsregionen betrieben, in denen kaum zivilisatorisches Ablicht der Städte stört und in denen das Wärmeflimmern der Atmosphäre gering ist.

Unabhängig von diesen störenden Einflüssen kann man nur außerhalb der Erdatmosphäre beobachten. Dies tut äußerst erfolgreich das Weltraumteleskop Hubble (→ **B3**), das die Erde in einigen hundert Kilometern Entfernung umkreist und die Tiefen des Weltalls erkundet (→ **B4**).

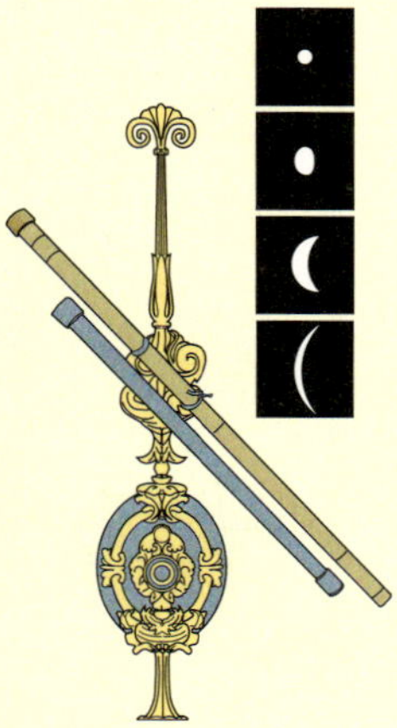

B5 Phasen der Venus, von Galilei mit diesem Fernrohr entdeckt.

B6 Linsenfernrohr (Refraktor)

B1 Hubble-Teleskop

B4 Spiralförmige Galaxie

Wegen ihrer großen Entfernung ist das Bild der Sterne auch bei stärkster Vergrößerung ein Punkt. Nur bei den Planeten und ihren Monden kann man mit dem Fernrohr Einzelheiten erkennen.

Rückblick

1 Begriffe
Beschreibe den Aufbau
- des Fotoapparates.
- des Auges.

Was versteht man unter
- einer Sammellinse/Zerstreuungslinse?
- einem Spiegelbild?
- Gegenstandsweite, Bildweite und Brennweite?
- dem Sehwinkel?

2 Beobachtungen
Was beobachtet man, wenn
- ein schmales Lichtbündel auf eine Sammellinse/Zerstreuungslinse trifft?
- Licht einer Kerzenflamme auf eine Sammellinse trifft?
- man einen kleinen Gegenstand durch eine dicht vor ihn gehaltene Sammellinse mit kleiner Brennweite betrachtet?
- bei der Lupe eine Linse mit schwach gekrümmter Oberfläche durch eine mit starker Krümmung ausgetauscht wird?
- ein Gegenstand vor einem Spiegel steht?

3 Erklärungen
Wie lässt sich erklären, dass
- beliebige Lichtwege durch eine Sammellinse/Zerstreuungslinse vorhersagbar sind?
- die mit einem Objektiv erzeugten Bilder nicht immer scharf sind?
- das Betrachten sehr naher Gegenstände anstrengend ist?
- eine Linse zum Vergrößern eine möglichst kleine Brennweite haben muss?

4 Gesetzmäßigkeiten
Beschreibe mit eigenen Worten,
- wie bei einer Sammellinse die Bildgröße von der Gegenstandsweite abhängt.
- die Eigenschaften des Spiegelbildes.
- wie Bildgröße im Auge und Sehwinkel zusammenhängen.
- wie die Vergrößerung beim Fernrohr von den Brennweiten der Linsen abhängt.
- wie man Kurz- und Weitsichtigkeit beheben kann.

Erläutere die Erscheinungen in den folgenden Bildern und beantworte die Fragen!

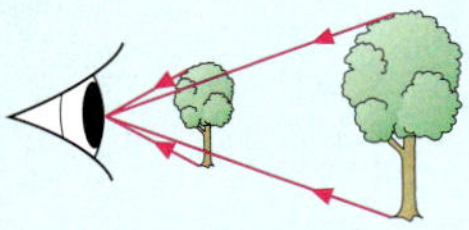

B1 Erscheinen beide Bäume gleich groß?

B2 Weshalb sind die Pupillen der Katze verschieden?

B3 Weshalb sieht der Greifvogel schärfer als wir?

B4 Weshalb ist der Hintergrund der Maikäfer-Aufnahme unscharf? Wie ließe sich das verhindern?

B5 Welcher Augenfehler wird mit dieser Brille behoben?

Beispiele

Die kaputte Linse Jemand experimentiert mit einer Sammellinse. Der erste Versuch liefert Bild **B1**. Dann fällt ihm die Linse herunter und bricht genau in der Mitte durch. Er experimentiert mit der halben Linse weiter und erhält Bild **B2** und **B3**. Finde eine Erklärung für die Ergebnisse.

Lösung Bild B1: Wir wissen, dass eine Sammellinse alles Licht, das durch sie hindurch trifft in einem Punkt sammeln kann. Das führt zu Bild **B1**. Die Fassung der Linse ist undurchsichtig. Deswegen sieht man ein Schattenbild.
Bild B2: Jetzt wird nur noch das Licht, das durch die untere Hälfte trifft, in dem Punkt aus dem ersten Teil gesammelt. Im oberen Teil ist nur das Loch und das Licht kann hindurch. Wo dieses Licht auf den Schirm trifft, ist kein Schatten mehr.
Bild B3: Die untere Hälfte der Linse ist wirksam wie in Bild **B2**, das Loch wird aber jetzt mit der undurchsichtigen Pappe verdeckt. Das Licht durch die Öffnung oberhalb der Linsenhälfte erreicht den Schirm nicht.

B1

B2

B3

Heimversuche

1 Mehrere Spiegelbilder Halte zwei Taschenspiegel so zusammen, dass sie einen Winkel von 90° bilden (→ **B6**). Stelle einen kleinen Gegenstand zwischen die Spiegel. Wie viele Spiegelbilder beobachtest du? Sind alle Spiegelbilder gleich? Wo befinden sie sich? Verändere den Winkel zwischen den Spiegeln (45° und 60°). Wie viele Spiegelbilder siehst du nun?

2 Der Löffelspiegel Benutze Vorder- und Rückseite eines gut polierten Löffels als Spiegel (→ **B7**). Halte ein beschriftetes Stück Papier in verschiedenen Entfernungen davor. Sieh in den Spiegel und beschreibe die Bilder.

3 Wasserlupen Welche Brennweite hat ein Wassertropfen? Tauche ein Ende eines Strohhalms in Wasser, verschließe mit einem Finger das andere Ende und ziehe den Strohhalm vorsichtig aus dem Wasser. Am unteren Ende des Strohhalms hat sich ein Wassertropfen gebildet. Halte den Tropfen vor ein Stück Papier in das Licht einer Lampe. Verändere den Abstand des Wassertropfens zum Papier so lange, bis ein scharfes Bild des Glühfadens entsteht. Wie weit ist der Brennpunkt vom Wassertropfen entfernt? Halte deine Beobachtungen in einem Protokoll fest! Bringe einen Wassertropfen in die Drahtschleife einer Büroklammer. Betrachte durch diese Wasserlinse einen gedruckten Text. Schätze die Vergrößerung und die Brennweite der Wasserlinse!

4 Brillentest Besorge dir verschiedene Brillen und stelle fest, ob sie Sammel- oder Zerstreuungslinsen sind. Beschreibe deine Testmethode!

5 Ein Vergrößerungsglas Nimm eine Röhre, z. B. einen Joghurt- oder Sahnebecher, dem du die Bodenfläche abgeschnitten hast, und stülpe eine Klarsichtfolie über eines der Enden. Befestige sie mit einem Gummiband. Lege eine Münze in eine Schale mit Wasser, setze die Röhre mit dem Folienende auf die Wasseroberfläche und drücke sie etwas nach unten (→ **B5**). Betrachte nun die Münze durch die Röhre. Beschreibe und erkläre deine Beobachtungen!

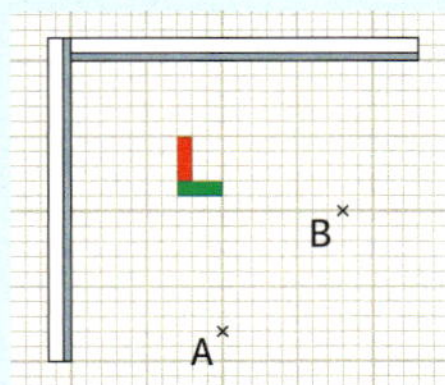

B6

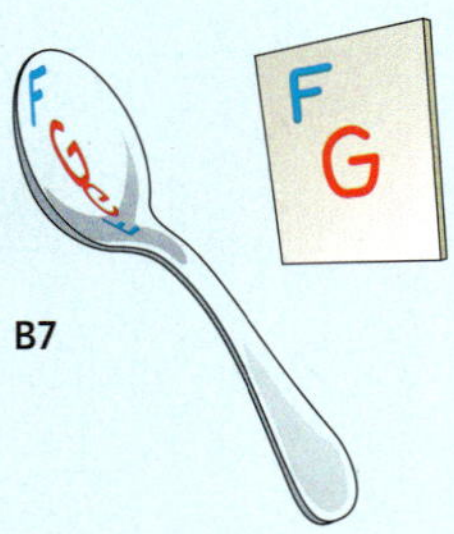

B7

B4

B5

Aufgaben

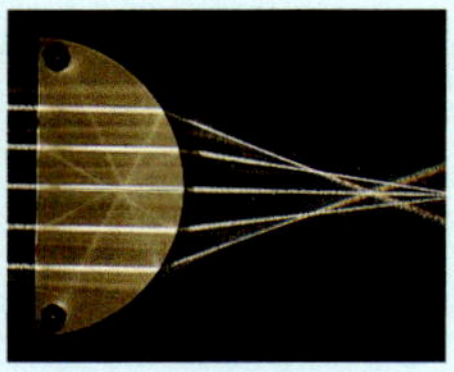

B1

Zur Abbildung mit Linsen

1 Welche der im Schnitt gezeichneten Linsen sind Sammel-, welche Zerstreuungslinsen (→**B3**)?

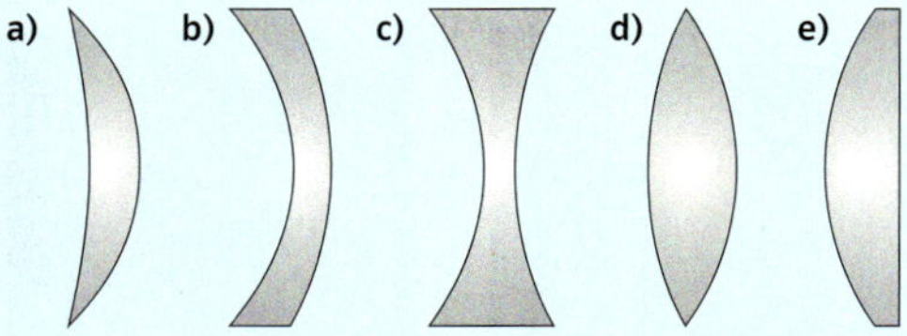

B3

2 Was ist der Brennpunkt einer Sammellinse und wie findet man ihn?

3 a) Wie beeinflusst die Krümmung der Linsenoberfläche die Brennweite einer Sammellinse?
b) Wie ändert sich die Brennweite gleich geformter Linsen, wenn eine Glassorte, die das Licht stärker bricht, verwendet wird?

4 Weshalb setzen wir bei der Konstruktion von Strahlengängen stillschweigend voraus, dass die Linsen dünn und die Strahlen möglichst achsennah verlaufen sollen?

5 Welche Lichtstrahlen eignen sich zur einfachen Konstruktion des Strahlenganges bei Linsen? Begründe!

6 Die Skizzen **B3** zeigen den Strahlengang von Licht durch eine verdeckte Linse. Begründe, um welche Linsenart es sich jeweils handelt?

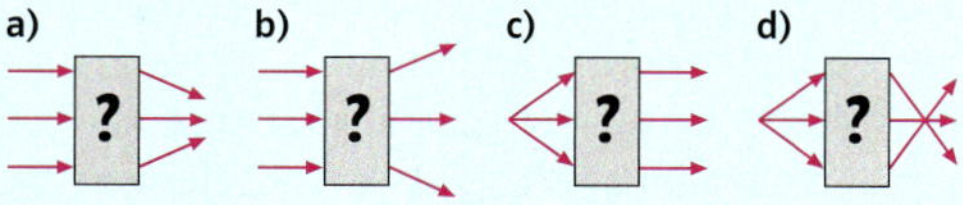

B4

7 Wie ändert sich das Bild einer Linse, wenn man sie in der Mitte verdeckt?

8 Beim „Tabuspiel" geht es darum Begriffe zu umschreiben und zu raten. Bestimmte Wörter dürfen nicht verwendet werden. Fertigt dafür Karten mit Begriffen aus der Optik an (→**B2**) und spielt in zwei Gruppen gegeneinander:

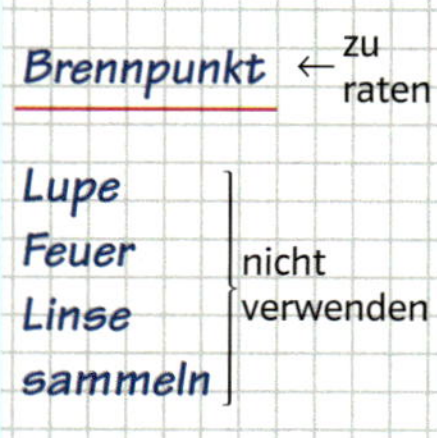

B2

Ein Schüler der gegnerischen Gruppe umschreibt den Begriff (z. B. Brennpunkt) und seine Teamkollegen raten. Ist richtig geraten worden, geht es weiter zum nächsten Begriff. Die Gruppe, die in fünf Minuten die meisten Begriffe schafft, hat gewonnen.

9 Begründe, dass eine Linse zwei Brennpunkte in gleichem Abstand haben muss! (Wende die Linse und denke an die Umkehrbarkeit des Lichtweges!)

10 Das Foto **B1** zeigt einen Verlauf von Lichtstrahlen durch eine – in der Dicke stark übertriebene – Sammellinse. Beschreibe, was gegenüber dem idealen Strahlengang zu beobachten ist!

11 Wie gelingt es dem Auge, die Gegenstände aus unserer Umgebung trotz unterschiedlicher Gegenstandsweiten immer scharf auf der Netzhaut abzubilden?

12 Übertrage die Skizzen **B5** in dein Heft und vervollständige die begonnenen Lichtwege.

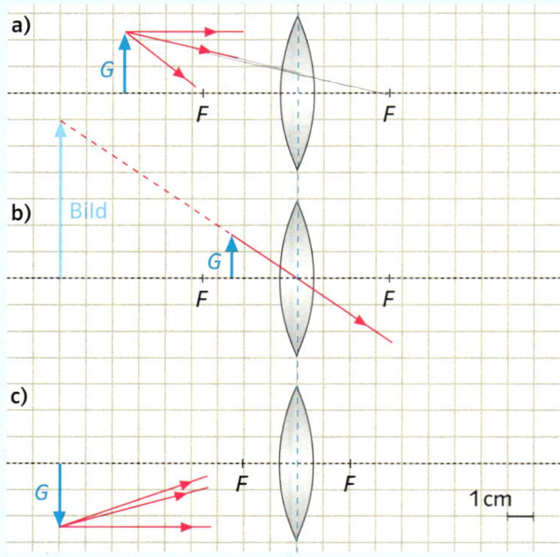

B5

13 Das folgende Bild zeigt den Gegenstand und sein Bild mit der Lupe. Bestimme mit Hilfe der Sehwinkel die Vergrößerung der Lupe.

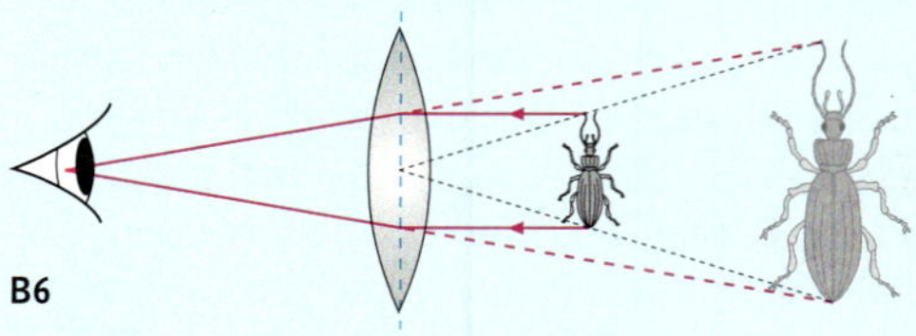

B6

14 Eine Luftblase im Wasser sei wie eine Sammellinse aus Glas geformt. Beschreibe ihre Wirkung. Ergänze die Definition von Sammel- bzw. Zerstreuungslinsen.

15 Ein 2 cm hoher Gegenstand steht in 2 cm Abstand von der Linsenmitte senkrecht auf der optischen Achse einer Sammellinse mit Brennweite $f = 5\,\text{cm}$. Konstruiere das Bild!

Vorhaben **Farbe**

Untersuche die Entstehung von Farben aus weißem Licht. Deute das Entstehen der Farbe des Himmels, der Wolken, der Abendsonne und eines Regenbogens.

Was macht unsere Welt farbig? Die Sonne leuchtet weiß, doch kann sie uns auch gelblich oder rötlich erscheinen. Der Himmel kann tief blau sein, obwohl die Luft klar und durchsichtig ist.

Wassertröpfchen am Himmel sind ebenfalls farblos, im Regenbogen erstrahlen sie in den schönsten Farben.

Versuche einen künstlichen Wassertropfen mit einem der Sonne ähnlichen Licht so zu beleuchten, dass du einen „Regenbogen" beobachten kannst.

Untersuche mit einem wassergefüllten Becher, in dem ein paar Tropfen Milch gut verteilt sind, die – je nach Blickrichtung unterschiedliche Farbe des Lichtes im Glas.

Untersuche in Forschungsvorhaben die Entstehung von Farben aus weißem Licht. Deute das Entstehen der Farben des Himmels, der Wolken, der Abendsonne und eines Regenbogens.

VORSICHT! Experimentiere nie mit Sonnenlicht; es kann deine Augen so schädigen, dass du dadurch blind wirst.

Hilfen: Zur Untersuchung von Farben wird eine möglichst helle Lichtquelle mit parallelem Lichtbündel benötigt. Beobachte in einem abgedunkelten Raum, da du sonst lichtschwache Effekte übersiehst. Richte ein schmales Lichtbündel auf durchsichtige Gegenstände wie z. B. Glasplatten, Prismen und wassergefüllte Glasgefäße. Verändere den Einfallswinkel. Wiederhole dies auch mit durchscheinenden Körpern, wie z. B. einem Glas mit stark verdünnter Milch oder farbigen Folien.

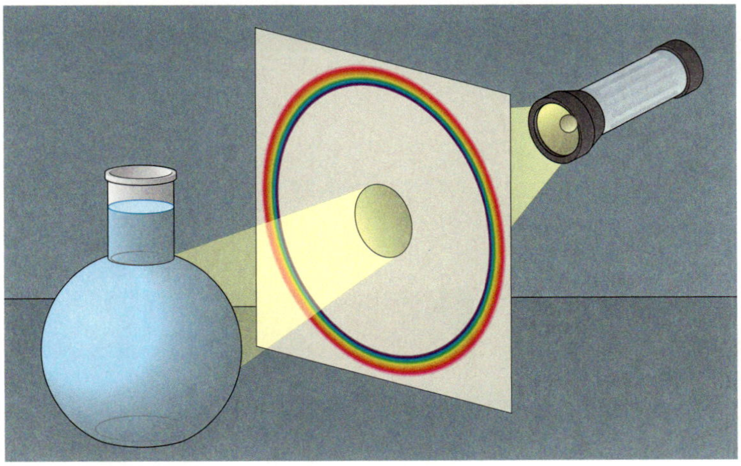

B1

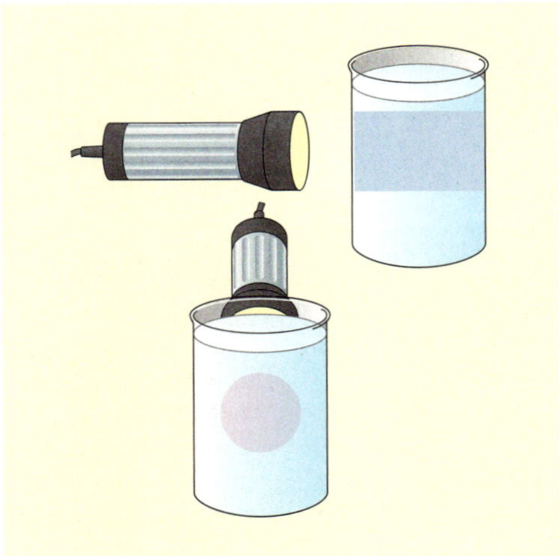

B2

- Formuliere dein Vorhaben genau.
- Plane deine Experimente und führe sie sorgfältig durch.
- Protokolliere zuverlässig.
- Entwickle eine Präsentation und trage sie vor.

Was wird erwartet? Zeige experimentell, wie farblose Tröpfchen aus weißem Licht Farben entstehen lassen. Erkläre, weshalb der Himmel blau, die Abendsonne rot ist und wie es zu einem Regenbogen kommen kann.

B1 Diese Farberscheinungen entstehen durch Streuung oder/und Brechung.

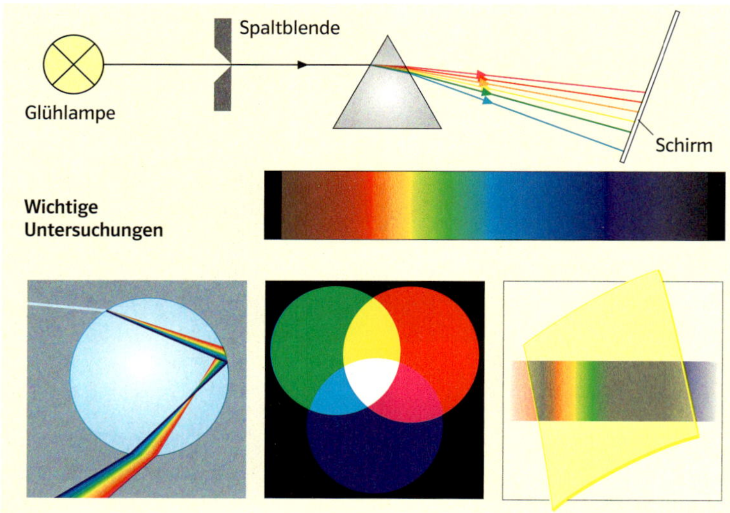

B2

B3

Wichtige Kenntnisse zur Lösung: Das Licht der Sonne ist farblos, wir bezeichnen es als weißes Licht. Das Licht einer Taschenlampe ähnelt dem weißen Sonnenlicht.

Stelle durch Experimente fest:
- Glasprismen erzeugen aus einem weißen Lichtbündel ein breites Farbband, das Spektrum des weißen Lichtes;
- sehr kleine, mit bloßem Auge unsichtbare Körper (Wassertröpfchen) streuen Licht in alle Richtungen und zwar blaues stärker als grünes, dieses stärker als gelbes und rotes.

Informiere dich im Lehrbuch über
- Reflexion und Streuung von Licht;
- Brechung von Licht;
- Farbaddition, -subtraktion und Farbenkreis.

Wichtige Experimente:
- Zerlege weißes Licht mit einem Prisma in farbiges Licht.
- Blende die rote Farbe aus und untersuche sie mit einem Prisma. Wähle eine andere rote Lichtquelle und untersuche deren Licht mit dem Prisma. Vergleiche!
- Erzeuge mit farbigen Folien gleichzeitig zwei oder drei farbige Lichtbündel. Welche Farben können damit auf einem weißen Schirm erzeugt werden?
- Beleuchte farbige Gegenstände, z. B. eine rote Schrift, einmal mit rotem, ein anderes Mal mit grünen Licht.

Schlussfolgerungen: Weißes Licht setzt sich aus Spektralfarben zusammen, die sich nicht in weitere Farben zerlegen lassen. Bei Brechung oder Streuung von weißem Licht werden dessen farbige Anteile verschieden stark abgelenkt. Wird weißem Licht Licht einer Spektralfarbe entzogen, so addiert sich der Rest zu einer Mischfarbe. Die Farbe, in der uns ein Gegenstand im weißen Licht erscheint, entsteht durch Absorption von Farbanteilen.

Überlege dir Versuche, mit denen zu beobachten ist:

1 Bei der Überlagerung von blauem und gelbem Licht entsteht weißes Licht (Farbaddition).

2 Entzieht man weißem Licht rotes (gelbes, blaugrünes, grünes) Licht, so entsteht blaugrünes (blaues, orangefarbiges, magentafarbiges) Licht (Farbsubtraktion).

Farben

Wieso sehen wir Farben?

Online-Link
772425-0300

Wir nehmen Farben wahr

V1 Entzünde in einem abgedunkelten Raum eine Kerze. Nimm verschiedene Farbstifte in die Hand. Du kannst die Farben erst erkennen, wenn du nahe genug bei der Kerze bist.

V2 Du kannst farbiges Licht erzeugen, wenn du vor eine helle Lichtquelle eine Farbfolie hältst. Beleuchte mit diesem Licht ein weißes Stück Papier. Es erscheint farbig. Betrachte auch die Farbstifte einmal im farbigen Licht. Ihre Farbe hängt von der Beleuchtung ab.

V3 Starre längere Zeit auf das gelbe Feld in Bild **B2** und blicke dann sofort auf das weiße. Es erscheint violett.

V4 Teile eine Pappscheibe in mehrere Felder und färbe sie unterschiedlich (→ **B3**). Wenn die Scheibe schnell rotiert, nimmst du nur noch eine Farbe wahr. Sie richtet sich nach Größe und Farbe der Felder. Bei gleichen Feldern mit rot, grün und blau nimmst du fast weiß wahr. Auch wenn die Scheibe nur schwarz/weiß ist (→ **B1**), erkennst du bei Drehung eine Farbe.

B1

B2 Woher kommt die Farbe?

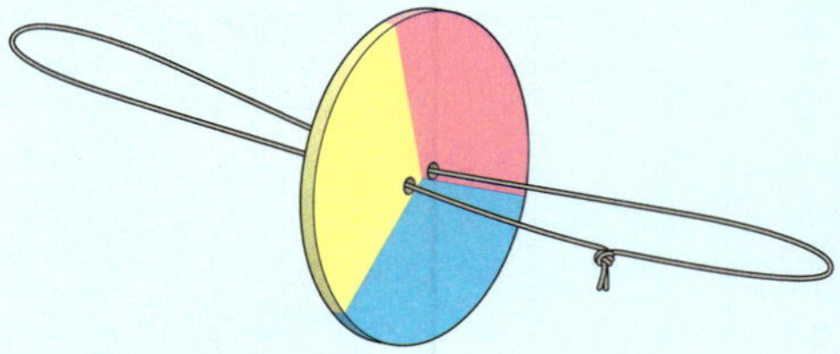

B3 Aus bunt wird weiß.

B4 Bei Tageslicht (a). Bei gelbem Licht (b)

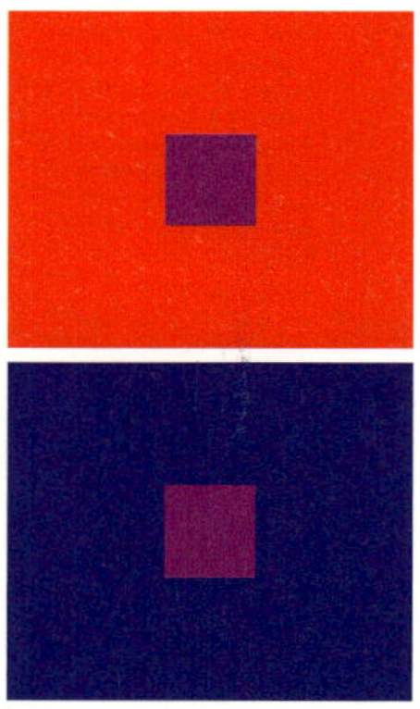

B5 Farbe und Umgebung

Ohne Licht keine Farbe Farbiges Licht können wir erzeugen, wenn wir vor das Sonnenlicht oder eine Glühlampe eine farbige Folie halten. Manche Lichtquellen wie z. B. LEDs oder Straßenleuchten an großen Kreuzungen senden farbiges Licht aus. Das farbige Licht einer Quelle können wir nur erkennen, wenn es direkt in unser Auge gelangt. Wenn wir Gegenstände bei unterschiedlicher Helligkeit betrachten erkennen wir:

- **Die Form eines Gegenstandes erkennt man schon bei sehr geringer Helligkeit, Farbe erst bei hellerem Licht.**

Bild **B4** zeigt einen Blumenstrauß einmal bei Tageslicht, einmal im gelben Licht einer Natriumdampflampe. Der Vergleich zeigt:

- **Die Farbe eines Gegenstandes hängt von der Beleuchtung ab.**

Farbe wird wahrgenommen Das kleine Quadrat in Bild **B5** ist in genau der gleichen Farbe abgedruckt, trotzdem erscheint es uns unterschiedlich. Eine bunte Scheibe erscheint uns in einer einheitlichen Farbe, wenn sie schnell rotiert. Farbeindrücke können sogar entstehen, wenn die Scheibe nur schwarz und weiß enthält.

Die Beobachtungen zeigen:

- **Bei der Wahrnehmung von Farben wirken Auge und Gehirn zusammen.**

Auf der Bühne in Bild (→ **B6**) entsteht das gelbe Licht dort, wo rotes und grünes Scheinwerferlicht zusammentreffen. Eine rotierende Farbscheibe mit rot, grün und blau oder Lichtquellen mit rot, blau und grün führen zu weiß.

Man erkennt:

- **Die Farben rot, grün und blau führen zur Wahrnehmung von weiß.**

B6 Rotes und grünes Licht ergeben gelbes Licht.

Woher kommen die Farben?

V1 Erster Versuch nach Newton

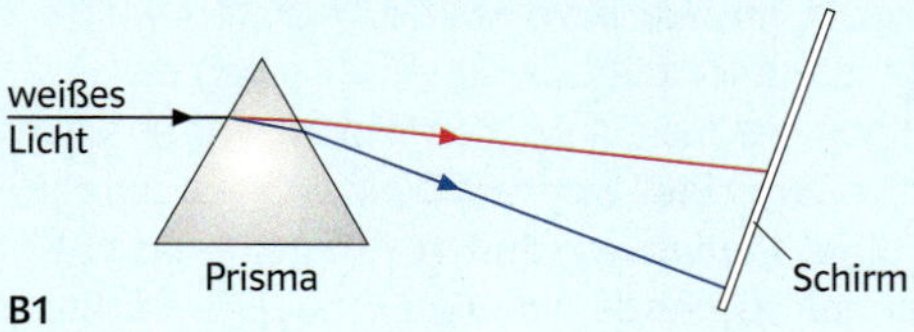

B1

Ein Bündel weißen Lichtes trifft auf ein Prisma (→ **B1**). Auf der Wand siehst du Farben wie beim Regenbogen (→ **B6**).

V2 Zweiter Versuch nach Newton

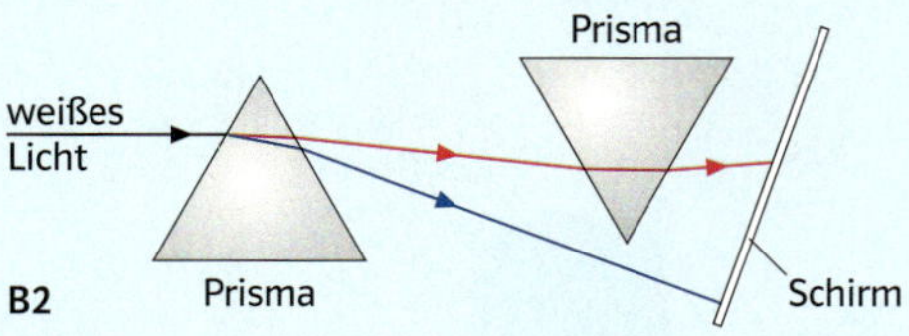

B2

Hält man ein zweites Prisma dicht vor der Wand in das Licht einer Farbe, so wird das Licht abgelenkt, es entsteht aber keine neue Farbe (→ **B2**).

V3 Dritter Versuch nach Newton

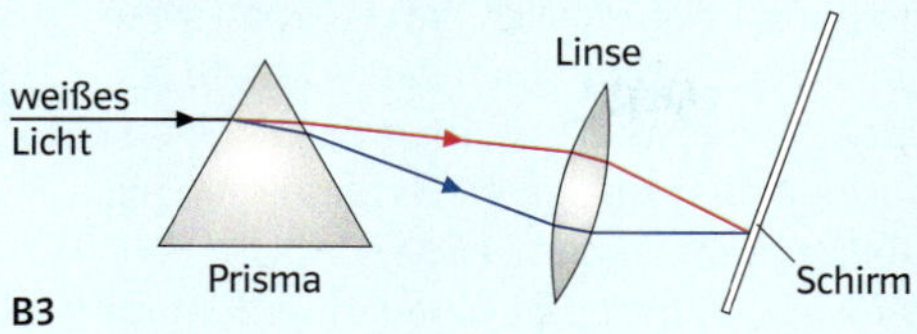

B3

Eine Sammellinse zwischen Wand und Prisma lenkt alles Licht zu einem Fleck zusammen. Dieser Fleck ist weiß wie das Licht vor dem Prisma (→ **B3**).

V4 Vierter Versuch nach Newton

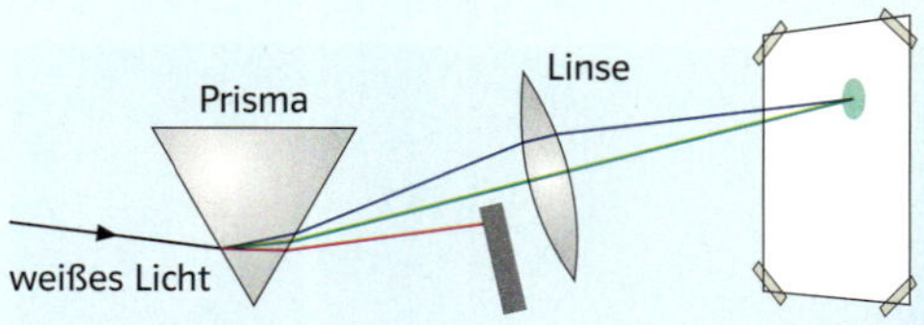

B4

Durch ein Hindernis wird für eine der Farben vor der Linse der Weg unterbrochen. Die Linse erzeugt aus dem Rest einen farbigen Fleck (→ **B4**).

B5 Isaac Newton (1643 – 1727)

B6 Das Spektrum

Weißes Licht, ein Gemisch aus Farben

Sicher hast du schon einmal einen Regenbogen gesehen. Ähnliche Farben siehst du manchmal an einer Wand. Diese Farberscheinungen treten auf, wenn Licht gebrochen wird. 1666 untersuchte der englischen Physiker **Isaac Newton** (→ **B5**) das Licht der Sonne. Er ließ es durch ein kleines Loch auf ein Prisma treffen. An der Wand beobachtete er Farben wie beim Regenbogen. Diese Farben heißen **Spektralfarben**, sie alle zusammen bilden das **Farbspektrum** des weißen Lichtes (→ **B6**). Im Versuch kannst du das nachvollziehen (→ **B8**).

Newtons Versuche zeigen:
- Bei der Brechung wird weißes Licht in die Farben des Regenbogens zerlegt.
- Das Licht einer Spektralfarbe kann nicht weiter zerlegt werden.
- Wenn alle Regenbogenfarben z. B. durch eine Sammellinse in einem Fleck vereinigt werden, entsteht wieder weißes Licht.

Zusammengefasst ergibt sich:

● **Weißes Licht ist ein Gemisch aus farbigem Licht.**

Spektren kennzeichnen Stoffe Ein Prisma erzeugt vom weißen Licht einer Glühlampe ein lückenlos über alle Spektralfarben verlaufendes Spektrum. Dagegen besteht das Spektrum aus dem orange-gelben Licht einer Natriumdampflampe nur aus einem schmalen orange-gelben Bereich. Auch das Spektrum des weißen Lichts einer Quecksilberdampflampe besteht nur aus mehreren schmalen Linien verschiedener Farben. Man nennt so ein Spektrum Linienspektrum. Die Spektren, die verschiedene Stoffe aussenden, unterscheiden sich (→ **B7**). Daher kennzeichnen diese den lichtaussendenden Stoff.

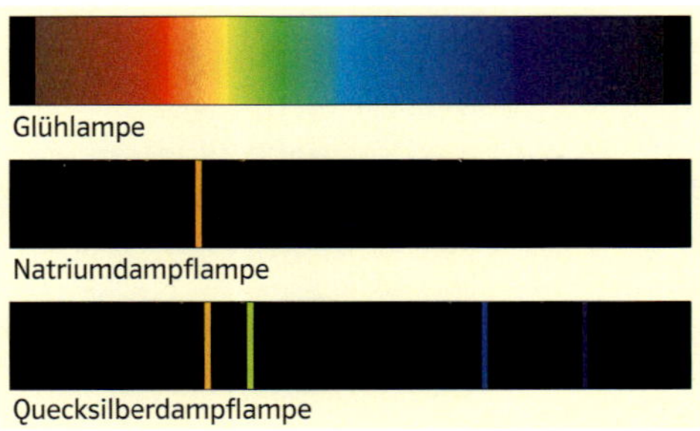

B7 Verschiedene Spektren

B8 Die Brechung führt zu Farben.

► **S. 250** Wechselwirkung

Physik überall

Addieren und subtrahieren von Farben

B1 Normales Spektrum

B2 Spektrum auf gelbem Karton als Schirm

Farbiges Licht aus drei Lampen erzeugt farbige Flecke auf einer Wand. Wo sie sich überschneiden, ergeben sich neue Farben. Man sagt, sie entstehen durch **Farbaddition**. Es zeigt sich, das man aus rot, grün und blau mit verschiedenen Helligkeitsverhältnissen alle Farben erhalten kann (→ **B3a**).
Weißes Licht erscheint hinter einer Farbfolie farbig. Wo sich mehrere Folien überschneiden, entsteht schwarz (→ **B3b**).
Die farbige Folie absorbiert einen Teil der Farben aus dem weißen Licht. Aus dem hindurchgehenden Rest entsteht der Farbeindruck der Mischfarbe. Man sagt, sie entsteht durch **Farbsubtraktion**.

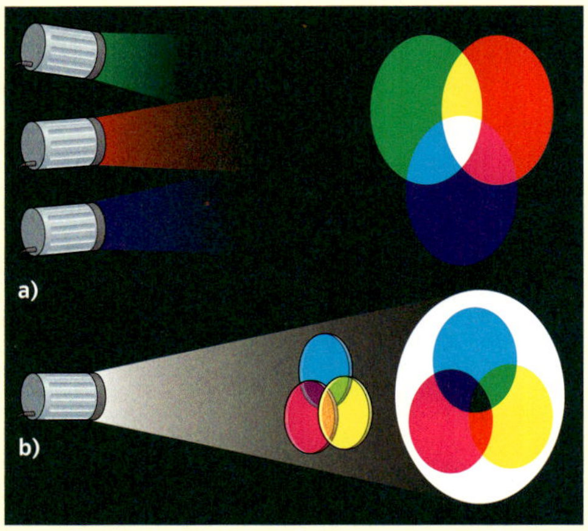

B3 Farben werden addiert und subtrahiert.

Auch bei der Reflexion von weißem Licht an einem Körper werden einige Farbanteile absorbiert, andere werden bevorzugt reflektiert. Abbildung **B1** zeigt die Spektralfarben des weißen Lichtes auf weißem Papier. Wir erhalten ein anderes Bild, wenn wir kein weißes, sondern farbiges Papier verwenden. Auf gelbem sieht man nur die Farben von Rot-Orange bis Grün. Dieses Licht wird reflektiert. Das Licht anderer Farben wird absorbiert (→ **B2**).
Auf diese Weise entstehen viele der Farben in der Umwelt (→ **B4**).

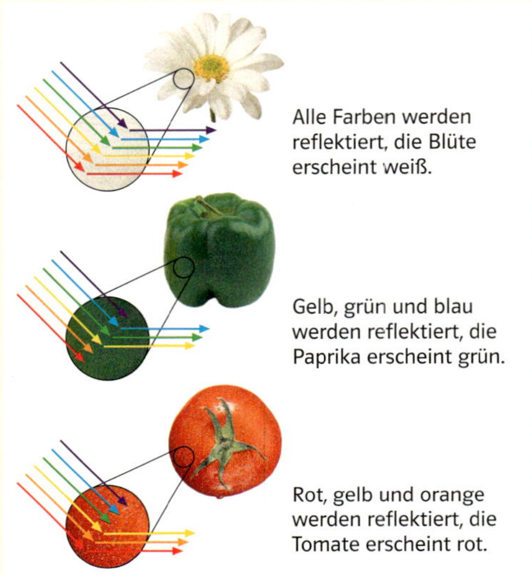

B4 Das reflektierte Licht bestimmt die Farbe.

Farbfernsehen – drei Bilder in einem

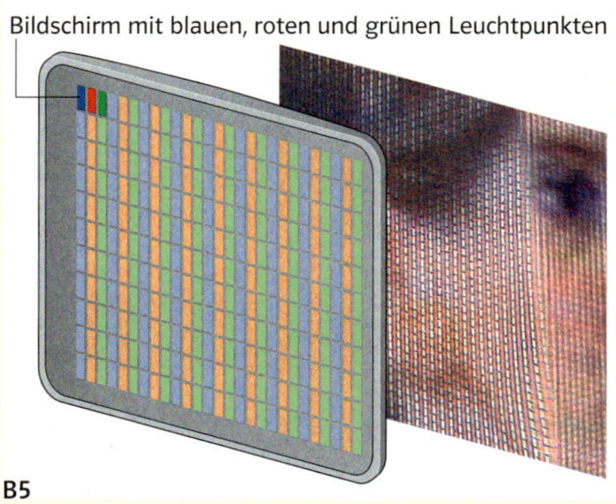

B5

Betrachtet man den Bildschirm eines Farbfernsehers durch eine Lupe, so sieht man lauter kleine Leuchtstreifen in den drei Farben Rot, Grün und Blau, aus denen sich die Bilder zusammensetzen. Ihr Licht addiert sich zu Licht einer Farbe, da unser Auge die verschiedenen, nahe beieinander liegenden Lichtquellen aus der Entfernung nicht mehr voneinander unterscheiden kann. Leuchten alle drei Leuchtstreifen auf, so erscheint der Bildpunkt weiß; werden sie alle drei nicht zum Leuchten gebracht, bleibt die Stelle auf dem Schirm schwarz. Durch Abschwächen einzelner Farbanteile lassen sich alle Farben erzeugen.

Farben gedruckter Bilder Auch gedruckte Farbbilder bestehen aus winzig kleinen Farbpunkten, die man mit den Druckfarben Cyan, Gelb, Magenta (und Schwarz) erzeugt. Da die durchscheinenden Farben auch übereinander gedruckt werden, muss man ihre Wirkung zusätzlich mit der Farbsubtraktion erklären.

Farben werden gemischt

Lernstationen:
In nebenstehenden Lernstationen beschäftigst du dich mit dem Mischen von Farben. Folge den Anleitungen sorgfältig.
Vergleiche am Ende die Aussagen aus den verschiedenen Stationen.

Station I

Bunt und weiß

Bohre in eine Pappscheibe von etwa 10 cm Durchmesser nahe der Mitte zwei kleine Löcher. Ziehe einen Faden so durch die Löcher, wie es die Abbildung zeigt. Färbe die Scheibe mit farbigen Punkten. Halte die Enden der Schlaufen in deinen Händen und verdrille den Faden durch Drehen der Scheibe.

Ziehe am Faden des Farbmischkreisels, so dass die Scheibe sich schnell oder langsam dreht.

Versuche durch Wahl der Punkte bestimmte Farben beim Drehen zu erzeugen. Versuche durch Anordnung der Punkte Muster beim Drehen zu erzeugen.

Station II

Bunt und schwarz

Schneide aus verschiedenen farbigen Kunststofffolien oder Transparentpapier etwa 2,5 cm breite Streifen. Lege sie zu einem Schachbrettmuster z. B. auf einen Overheadprojektor. Wenn du sie mit Klebeband in einem Rahmen befestigst, kannst du das ganze auch vor ein Fenster hängen.

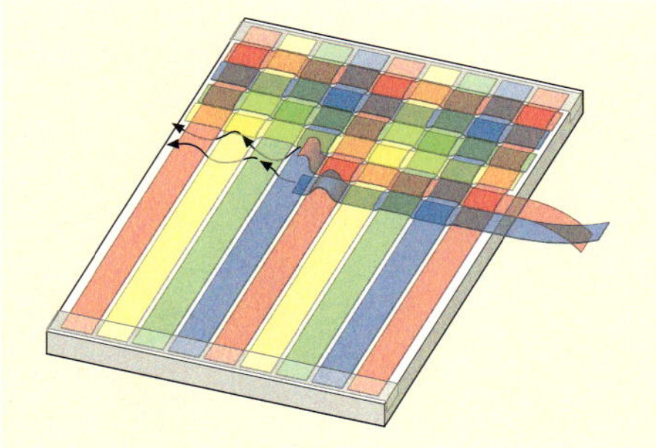

Betrachte des Projektorbild oder schaue gegen Licht auf die Folien am Fenster. Beobachte die entstehenden Farben. Versuche durch Kombination von Folien bestimmte Farben zu erzeugen. Lege auch mehr als zwei Streifen übereinander.

Station III

Malen mit Farben

Für dieses Experiment brauchst du Tuschkasten, Pinsel und Malpapier. Die Farben im Tuschkasten lassen sich mischen.

Mische jeweils 2 Farben.
Stellen eine „Musterbogen" mit mehreren Beispielen her.

Station IV

Farbige Schatten

Erzeuge mit einer Experimentierleuchte farbige Lichtbündel. Sorge dafür, dass sich die Lichtbündel zum Teil überschneiden.

Setze einen Stift an verschiedenen Stellen senkrecht auf das Papier. Notiere die Farbe des entstehenden Schattens.

Wie entsteht der Regenbogen?

B1 Ein Regenbogen ist ein faszinierendes, farbenprächtiges Naturschauspiel.

B2

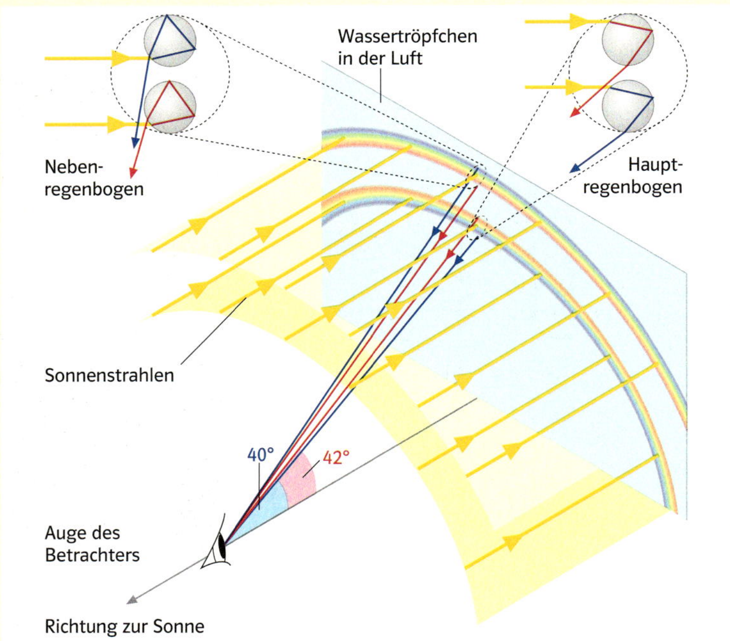

B3 Haupt- und Nebenregenbogen

Einen Regenbogen (→ **B1**) siehst du nur, wenn die Sonne in deinem Rücken scheint und vor dir ein Regenschauer niedergeht. In jedem einzelnen Tropfen des Regenschauers wird ein Teil des Sonnenlichtes so gebrochen, reflektiert und in seine Farben zerlegt, dass eine Farbe des Spektrums in dein Auge gelangt (→ **B2**). Von verschiedenen Orten erscheint derselbe Wassertropfen in unterschiedlichen Farben, da jede Farbe den Tropfen nur unter einem ganz bestimmten Winkel zur Richtung der Sonnenstrahlen verlässt. Das rote Licht wird am wenigsten gebrochen, es trifft dein Auge aus den höher gelegenen Tropfen.
Der **Hauptregenbogen** erscheint kreisförmig im Winkel von 40°–42° um die Schattenlinie des eigenen Kopfes (→ **B3**). Je niedriger die Sonne steht, desto mehr siehst du vom Kreisbogen des Regenbogens.

Befinden sich genügend Wassertropfen über dem Hauptregenbogen, so kann man den **Nebenregenbogen**, beobachten (→ **B1**). Er erscheint unter dem Winkel von etwa 50° bis 53° gegenüber dem einfallenden Sonnenlicht. Sein Licht wurde zweimal im Tropfen reflektiert, bevor es zum Betrachter gelangt. Die Reihenfolge der Farben des Nebenregenbogens ist gegenüber dem Hauptregenbogen umgekehrt, d.h., außen ist blau und innen rot.

Spektralanalyse

Die Untersuchung von Spektren zum Nachweis von Stoffen nennt man Spektralanalyse. Sie ist eine sehr wichtige Untersuchungsmethode für Chemiker, Biologen und Mediziner. Entwickelt wurde sie 1859 von dem Chemiker **Wilhelm Bunsen** und dem Physiker **Robert Kirchhoff.** Werden einige Körnchen Kochsalz in einer Flamme verdampft (→ **B3**), so färbt sich die Flamme orange-gelb. Ein **Spektrometer**, das im Prinzip das Licht wie ein Prisma zerlegt und die Position der Spektrallinien zu messen gestattet, zeigt ein Linienspektrum, das dem der Natriumdampflampe entspricht. Das Natrium im Kochsalz verrät sich durch diese typische Flammenfärbung.

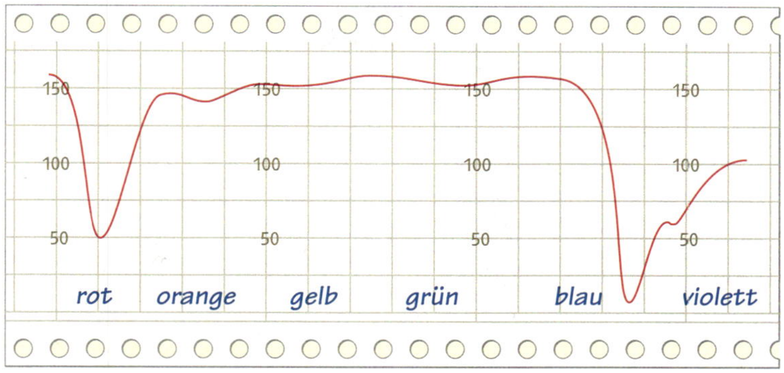

B2 Absorptionsspektrum des Chlorophylls in Laborwerten. Chlorophyll absorbiert vorwiegend rotes und blaues Licht.

In modernen Spektrometern wird die zu untersuchende Substanz verdampft, verglüht oder in Flüssigkeit gelöst. Die Aufzeichnung des Spektrums erfolgt über Fotozellen, die für jede Farbe die Helligkeit messen (→ **B2**). Die Messwerte werden registriert und mit denen bekannter Stoffe verglichen.

B1 Sonnenspektrum mit Fraunhofer'schen Linien

Der deutsche Physiker **Joseph Fraunhofer** entdeckte 1819 dunkle Linien im Sonnenspektrum (→ **B1**). Er konnte die Linien verschiedenen Stoffen (Elementen) zuordnen, die das Sonnenlicht – es wird in einer nur etwa 400 km dicken äußeren Gasschicht der Sonne, der Photosphäre erzeugt – bereits auf der Sonne absorbieren. Bis heute wurden auf diese Weise 57 irdische Elemente im Sonnenspektrum nachgewiesen. 1868 wurde durch die Deutung einiger Fraunhofer'scher Linien Helium als neues Element im Sonnenspektrum entdeckt. Es erhielt seinen Namen von „helios" (griech. Sonne). Mit dieser Methode wird auch das Licht anderer Fixsterne auf ihre Zusammensetzung hin untersucht. Sie bestehen im Wesentlichen aus Wasserstoff und Helium.

Das Sonnenlicht enthält mehr, als wir sehen können Sicher hast du schon bei einem heißen Ofen oder bei einer heißen elektrischen Kochplatte eine Strahlung gespürt, die dich erwärmt hat. Diese Strahlung verhält sich wie das sichtbare Licht: Man kann sie z. B. mit einer Metallwand reflektieren. Mit einem empfindlichen Thermometer lässt sich diese Strahlung auch im Spektrum der Sonne oder einer Glühlampe nachweisen. Sie ist unsichtbar und grenzt im Spektrum an das rote Licht. Diese Strahlung wird **Infrarot-Strahlung** genannt und mit **IR** abgekürzt (→ **B4**).

Die Abkühlung bei Nacht entsteht, weil die Erde infrarotes Licht ins Weltall abstrahlt, ohne dass die Sonne den entsprechenden Energieverlust, wie tagsüber, ausgleicht. Die verringerte Einstrahlung im Winter durch die niedriger stehende Sonne zeigt, wie lebenswichtig ihre Infrarot-Strahlung ist.

Über das andere Ende des sichtbaren Spektrums hinaus, jenseits des Violetts, existiert ebenfalls eine unsichtbare Strahlung. Sie wird **Ultraviolett-Strahlung** genannt und mit **UV** abgekürzt (→ **B4**).

UV-Strahlung bewirkt in der Haut des Menschen die Herstellung des lebensnotwendigen Vitamin D. Auch in den Blättern der Pflanzen löst die UV-Strahlung wichtige chemische Prozesse aus. Andererseits ist ein Zuviel an UV-Strahlung gefährlich. Unsere Haut schützt sich bei zu intensiver UV-Strahlung mit einer Pigmentierung. Wir sagen dazu „braun werden". Zu starke Bestrahlung schädigt die Haut, ein Sonnenbrand ist dabei die harmloseste Verletzung, denn die UV-Strahlung kann Hautkrebs erzeugen. Die Ozonschicht in der oberen Atmosphäre schwächt den UV-Anteil des Sonnenlichts und dient so zu unserem Schutz.

B3 Stoffe färben die Flamme.

B4

Farbensehen – das Gehirn spielt mit!

B1 Test für die Empfindlichkeit des Farbensehens

Beim Farbensehen kann man oft Merkwürdiges beobachten, denn „Sehen" ist nicht allein ein optischer Vorgang, sondern auch untrennbar mit einer Umsetzung der Sinneseindrücke im Gehirn verbunden.

Auch bei schwachem Dämmerlicht sind die Formen der farbigen Figuren in **B1** zu erkennen. Ihre Farben wahrzunehmen, fällt viel schwerer. Bei sehr wenig Licht sieht man die Farben nur in unterschiedlichen Graustufen. Dies hat biologische Gründe. In der Netzhaut gibt es zwei unterschiedliche Empfänger für Lichtsignale (→ **B3**): Eine Sorte ist für die Helligkeit des Gesehenen zuständig. Diese Empfänger, die wegen ihrer Form auch als **Stäbchen** bezeichnet werden, sind sehr lichtempfindlich. Die für Farbempfindungen zuständigen Empfänger, sie werden **Zapfen** genannt, sind weniger empfindlich. Das bedeutet, dass bei schwachem Licht Farben nicht mehr erkannt werden. Es ist sinnvoll, dass die Empfänger für Helligkeit empfindlicher sind, denn bei Dunkelheit ist es wichtiger zu erkennen, ob und wie ein Gegenstand im Weg liegt, anstatt zu wissen, ob er rot oder blau ist.

B2

Erstaunlich ist, dass z. B. die Farbe Gelb auf ganz unterschiedliche Art gesehen werden kann: Einmal als Spektralfarbe, das andere Mal als Mischfarbe, die unser Gehirn durch Farbaddition wahrnimmt. Zur Erklärung wird angenommen, dass unser Auge Lichtempfänger für drei Farben hat, deren Signale dann im Gehirn, je nach Intensität ihrer einzelnen Erregung, als gleiche oder verschiedene Farben erkannt werden (→ **B4**).

Unser Gehirn ist weit mehr als ein Mess- und Recheninstrument, das stets zu gleichen Ergebnissen kommt. In **B4** rechts ist das kleine

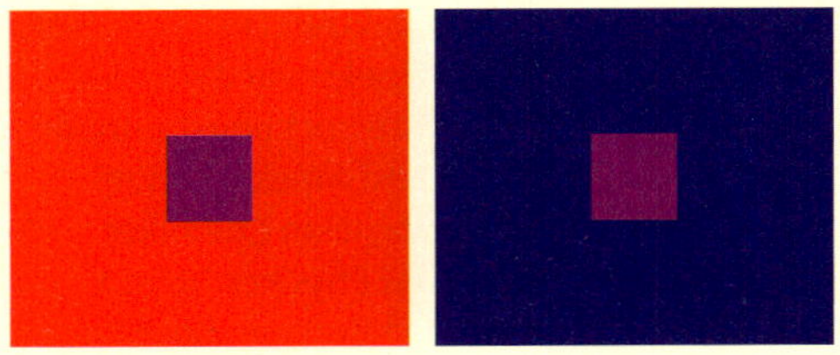

B4

Quadrat in beiden Teilbildern in der exakt gleichen Farbe gedruckt. Das Auge kommt aber, abhängig von der Umgebung, zu unterschiedlichen Ergebnissen.

Wird das gelbe Feld in Abbildung **B2** längere Zeit fixiert und dann der Blick auf das weiße Feld darunter gewechselt, so erscheint dieses Feld violett. Man erklärt dies damit, dass die Sehzellen für gelbes Licht durch die längere Betrachtung „weniger empfindlich" gemacht werden; im folgenden weißen Licht nehmen sie dann den gelben Anteil nicht mehr so intensiv wahr. Das Gehirn macht daher eine Farbsubtraktion: Weiß – Gelb = Violett. Solche Experimente lassen sich gut mit verschiedenfarbigen Pappstreifen durchführen. **Johann Wolfgang von Goethe** (1749 – 1832) hat als erster in seiner Farbenlehre Versuche mit solchen **Kontrastfarben** beschrieben. Auf ihn geht auch die folgende, zum Nachmachen geeignete Beobachtung zurück: „Man setze bei Dämmerung auf ein weißes Papier eine niedrig brennende Kerze; zwischen sie und das abnehmende Tageslicht stelle man einen Bleistift aufrecht, so daß der Schatten, welchen die Kerze wirft, von dem schwachen Tageslicht erhellt, aber nicht aufgehoben werden kann, und der Schatten wird von dem schönsten Blau erscheinen."

Werden sehr kleine weiße Flächen wie die Kreuzungen in **B5** von großen gleichfarbigen Flächen umgeben, so erscheinen sie in der Farbe der umgebenden Flächen. Man spricht von **Simultanfarben**.

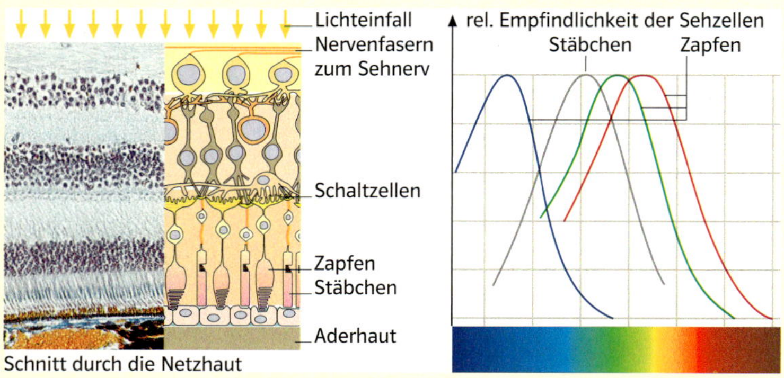

B3 Lichtsinneszellen und ihre relativen Empfindlichkeiten

B5

Energiesparlampen

Energiesparlampen sind wie Leuchtstofflampen aufgebaut. Sie bestehen aus einer Glasröhre mit einer Quecksilberfüllung. Elektronen stoßen in der Leuchtstoffröhre gegen die Quecksilberatome, die dabei Energie in Form von UV-Strahlung abgeben. Von innen sind Leuchtstoffröhren mit einer speziellen Beschichtung überzogen, die die UV-Strahlung in sichtbares Licht umwandelt. Ein Vorteil von Energiesparlampen ist ihre wesentlich höhere Lichtausbeute gegenüber Glühlampen.

Beschädigte Leuchtstoffröhren und Entsorgung Wenn nun die Beschichtung der Leuchtstoffröhre beschädigt ist, dann dringt die UV-Strahlung ungehindert nach außen und kann, wenn sie z. B. auf die Haut oder in das Auge fällt, Schädigungen hervorrufen. Daher dürfen diese Leuchtstoffröhren nicht mehr betreiben werden und müssen entsorgt werden.

! **ACHTUNG** **Leuchtstoffröhren und Energiesparlampen dürfen niemals im Hausmüll entsorgt werden, denn sie enthalten das sehr giftige Quecksilber. Die Entsorgungsstellen der Städte und Gemeinden nehmen diese Leuchtmittel entgegen.**

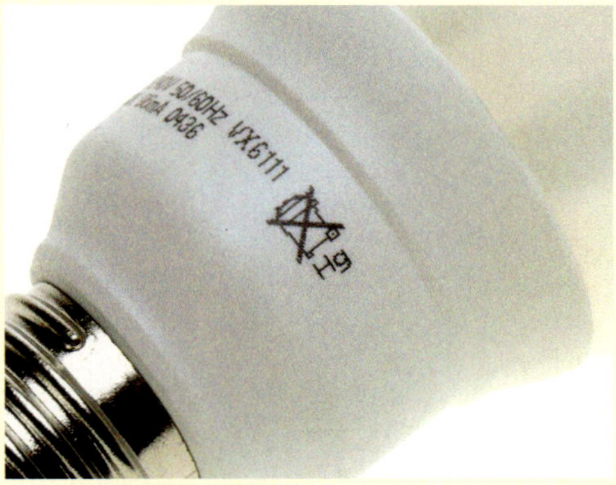

B1 Energiesparlampen enthalten Quecksilber

Den optischen Aufhellern auf der Spur

„Das besondere Weiß!" Mit solchen und ähnlichen Werbesprüchen locken Hersteller von Waschmitteln zum Kauf ihrer Produkte. Weiße Wäsche wird im Laufe der Zeit gelblich, auch wenn sie sauber ist! Weiß wird sie wieder durch sogenannte „optische Aufheller". Diese machen sich im UV-Licht bemerkbar, wie das linke Häufchen Waschpulver im Bild zeigt. Die Weißmacher wandeln die unsichtbare UV-Strahlung in sichtbares, blaues Licht um. Durch die Farbaddition des gelben Lichtes der Wäsche mit dem blauen Licht des Weißmachers sehen wir Weiß. Weiße Wäsche ist damit nicht nur eine Frage der Sauberkeit, sondern auch eine der Wahrnehmung von Weiß. Diskotheken haben oft Lichtquellen mit hohem UV-Anteil. Das so genannte „Schwarzlicht" schimmert für uns schwach violett. Auch hier wird das UV-Licht in Licht des sichtbaren Bereiches umgewandelt. Besondere Schminke und Schmuckbänder leuchten nun hell auf.

Falsche Zähne erkennt man bei diesem Licht besonders gut: Je nach Weißmacheranteil erscheint der falsche Zahn dunkler oder heller als die anderen Zähne, was sonst nie auffallen würde.

B2

Mit Wärme sehen – die Thermographie

Zur Erzeugung von Bildern mit der IR-Strahlung gibt es hierfür besonders geeignete Fotofilme und elektronische Halbleiterbauteile, Fotozellen. Es entstehen Bilder, die wir so nicht sehen. Das Haus erscheint farbig: Dazu wurden mehrere Aufnahmen mit unterschiedlicher Temperaturempfindlichkeit gemacht, diese dann verschieden gefärbt und zu einem Bild zusammengesetzt. Die Anzeige reicht von Gelb für hohe Temperatur über Rot, Orange, Grün, Blau zu Schwarz für tiefe Temperatur. Deutlich sind die „Schwachstellen" in der Wärmeisolierung des Wohnhauses zu sehen. Auch in der Nacht lassen sich mit solchen Filmen Aufnahmen machen: Jeder Körper mit höherer Temperatur hebt sich vor einer kühleren Umgebung hell und deutlich ab. Menschen sind so wegen ihrer Körpertemperatur leicht zu erkennen. Darauf beruhen die Bewegungsmelder, die die IR-Strahlung des Menschen auch im Dunkeln registrieren und zum Beispiel eine Lampe einschalten.

B3

Rückblick

1 Begriffe
Was versteht man unter
- Farbe?
- Spektrum?
- Linienspektrum?
- Farbaddition?
- Komplementärfarbe?
- Dispersion?
- Spektralfarbe?
- IR-/UV-Strahlung?
- Farbsubtraktion?
- Farbenkreis?

2 Beobachtungen
Was beobachtet man, wenn
- ein weißes Lichtbündel schräg auf ein optisches Prisma trifft?
- man das Spektrum weißen Lichtes mit einer Sammellinse vereinigt?
- von farbigen Lichtquellen ein Spektrum erzeugt wird?
- zwei Farben gemischt werden?

3 Erklärungen
Wie lässt sich erklären, dass
- aus weißem Licht durch ein Prisma ein Spektrum erzeugt wird?
- ein Regenbogen bei Sonnenschein entsteht?
- man Stoffe aufgrund ihres Spektrums identifizieren kann?
- ein Körper farbig erscheinen kann?

4 Gesetzmäßigkeiten
Beschreibe mit eigenen Worten
- die Aussagen der Newton'schen Versuche.
- das Zusammenwirken von Komplementärfarben.
- die Wirkung eines Gelbfilters auf den Anblick eines blauen Körpers bei Tageslicht.

Erläutere die Erscheinungen in den folgenden Bildern und beantworte die Fragen!

B1 Aus welcher Richtung scheint die Sonne?

B2 Weshalb hat derselbe Blumenstrauß im rechten Bild andere Farben erhalten?

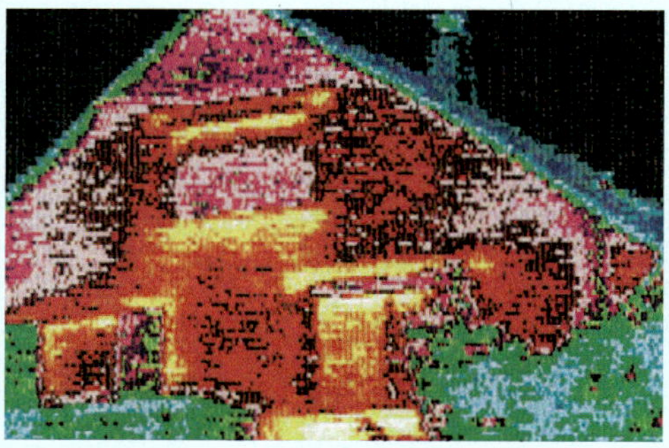

B3 Wie lässt sich diese IR-Aufnahme deuten?

B4 Wie entstehen diese Farben auf einem weißen Schirm?

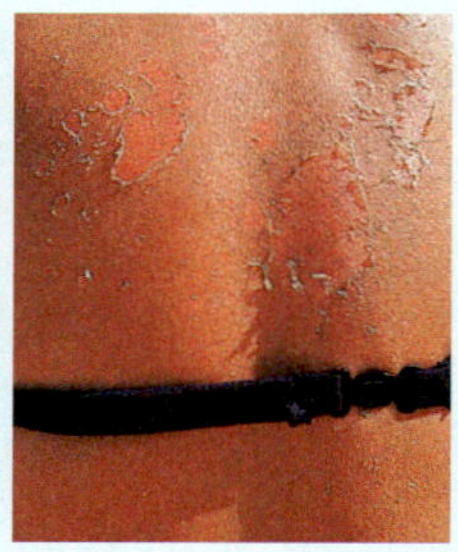

B5 Welche Eigenschaft des Sonnenlichtes zeigt dieser Rücken?

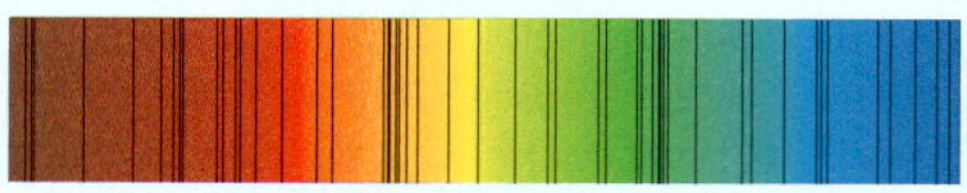

B6 Wie können die schwarzen Linien in diesem Spektrum des Sonnenlichtes entstanden sein?

B7 Betrachtet man etwa eine halbe Minute lang das Zentrum des roten Dreiecks mit einem Auge und blickt dann rasch in das weiße Dreieck, so sieht man dieses in Farbe. Um welche Farbe handelt es sich? Versuche, diese Farberscheinung zu erklären.

Beispiele

Farbränder mit der planparallelen Platte

Auf eine dicke Glasscheibe, die die Form einer planparallelen Platte hat, fällt ein weißes Lichtbündel mit parallelen Randstrahlen. Hinter der Scheibe hat das Bündel farbige Ränder.

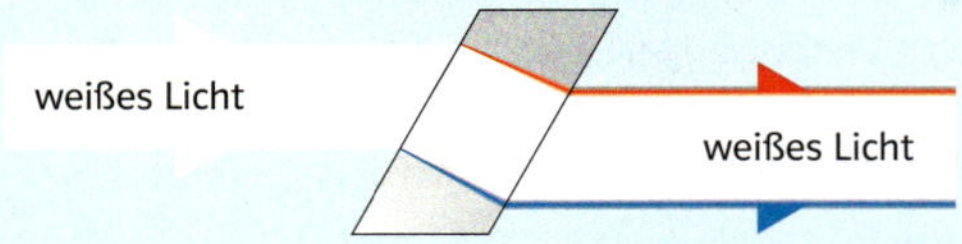

Warum zeigt das Bündel nur einfarbige Ränder? Wo sind die restlichen Farben des Lichts? Warum ist am oberen Rand das rote und am unteren Rand das blaue Licht zu sehen?

Lösung: Das parallele Lichtbündel trifft schräg auf die Glasplatte. Denkt man sich dieses Bündel aus vielen schmalen Lichtbündeln zusammengesetzt, so wird jedes von ihnen gleich gebrochen. Bei jedem dieser schmalen Lichtbündel macht sich Dispersion bemerkbar, das heißt, dass für jedes dieser schmalen Lichtbündel der blaue Lichtanteil stärker als der rote gebrochen wird.

Im Innenbereich des gesamten Lichtbündels addieren sich die Farben der schmalen Lichtbündel alle wieder zu Weiß. Nur am unteren Rand des Lichtbündels ist die stärkere Brechung des blauen Lichtes, am oberen Rand die schwächere Brechung des roten Lichtes zu bemerken.

An der zweiten Grenzfläche ändert sich erneut die Richtung der Lichtwege gleichsinnig.
Die Dispersion des weißen Lichtbündels führt dazu, dass im Innenbereich durch Farbaddition das Licht weiß bleibt, während die äußeren Farbanteile der schmalen Lichtbündel im Randbereich des Lichtbündels farbig bleiben.

Heimversuche

1 Blauer Himmel und Abendrot Fülle einen glatten Glasbecher mit Wasser. Gib einen Esslöffel Milch dazu, so dass eine bläulich-weiße Flüssigkeit entsteht. Strahle mit dem gebündelten Licht einer Taschenlampe durch diese Flüssigkeit (→ **B2**). Von oben gesehen, erscheint das Lichtbündel in der Milch bläulich. Dem Lichtbündel von der Seite entgegengeblickt siehst du rötliches Licht. Die Milch wirkt wie ein Rotfilter, weil es den roten Teil besser hindurchtreten lässt als den blauen, der stärker zur Seite gestreut wird.

2 Farbig wird's beim Kreiseln Schneide eine kleine, kreisrunde Scheibe aus Pappe aus und bemale die eine Hälfte mit blauer und die andere Hälfte mit gelber Farbe aus dem Wasserfarbenkasten. Spieße die Scheibe in der Mitte auf einen kurzen, spitzen Bleistift und drehe ihn als Kreisel (→ **B3**). Erkläre deine Beobachtungen.

3 Tuschen mit Physik Nimm ein weißes Blatt Papier und mische darauf die gleichen Farbkombinationen, die du beim zweiten Heimversuch mit dem Kreisel verwendet hast. Beschreibe deine Ergebnisse und erkläre sie!

4 Echte Farben? Schneide aus saugfähigem Küchenpapier einen 10 bis 15 cm langen und 6 cm breiten Streifen. Male auf einer schmalen Seite etwa 2 cm vom Rand entfernt mit Filzstiften mehrere farbige Punkte. Knicke das Papier am oberen Rand über einen Bleistift und lege diesen auf ein Glas mit Wasser so, dass der Papierstreifen etwa 1 cm ins Wasser taucht. Beschreibe und erläutere deine Beobachtungen.

5 Geheimnisvolle Farbbilder Betrachte mit Hilfe einer Lupe farbige Bilder in Zeitschriften, Zeitungen und Büchern. Manche sind aus vielen kleinen, farbigen Pünktchen zusammengesetzt, andere aber nicht. Vergleiche und erkläre deine Beobachtungen!

6 Wir addieren farbiges Licht Nimm mehrere Diarähmchen und lege Folien mit verschiedenen Farben hinein. Stelle sie im rechten Winkel zueinander auf (→ **B4**). Lasse das Licht einer Kerze durch jeweils eine Folie scheinen. Stelle auch die Farbe des Lichtes fest, die sich durch Hintereinandersetzen von zwei Folien ergibt!

7 Wasser färbt schwarze Balken Nimm ein Wasserglas und fülle es mit sehr wenig Wasser. Kippe das Glas ein bisschen und betrachte den hier gedruckten schwarzen Balken durch den Boden des Glases (→ **B1**). Warum werden die schwarzen Balkenränder auf einmal farbig?

B1 Zu Versuch 7

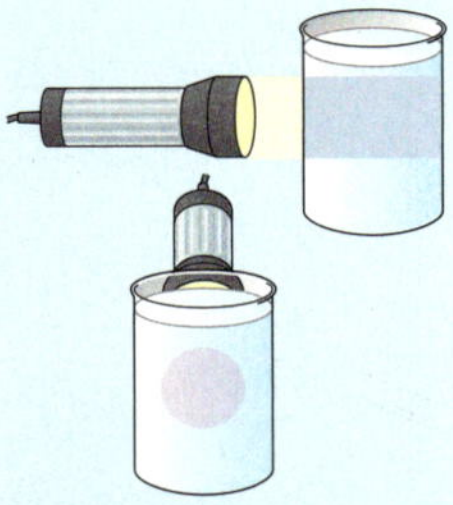

B2 Zu Versuch 1

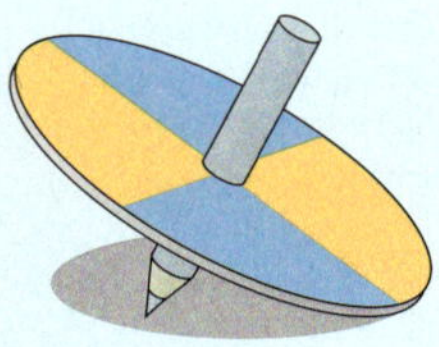

B3 Zu Versuch 2

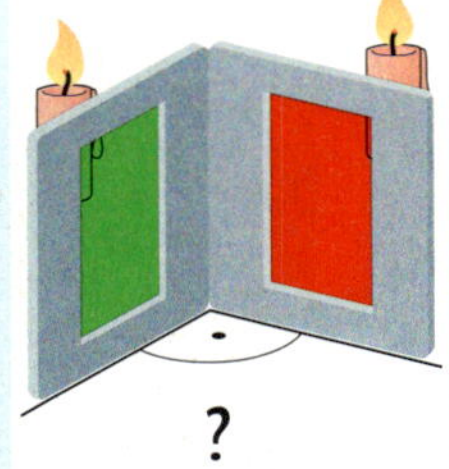

B4 Zu Versuch 6

Aufgaben

Spektrum und Farbentstehung

1 a) Ordne die Farben Orange, Violett, Rot, Blau, Grün, Gelb in der Reihenfolge des Farbspektrums.
b) Warum fehlen Weiß und Schwarz?
c) Nenne Farben, die im Spektrum fehlen.

2 Skizziere eine Versuchsanordnung, mit der man nachweisen kann, dass sich Spektralfarben nicht weiter zerlegen lassen.

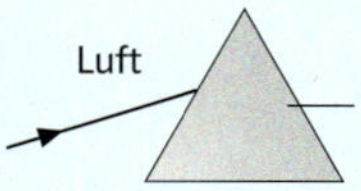

B1 Zu Aufgabe 3

3 a) Skizziere den Strahlengang des weißen Lichtes durch das Prisma (→ **B1**).
b) Beschreibe die Lichterscheinung auf dem Schirm, der hinter dem Prisma steht.
c) Wie ließe sich die Lichterscheinung von b) wieder rückgängig machen?

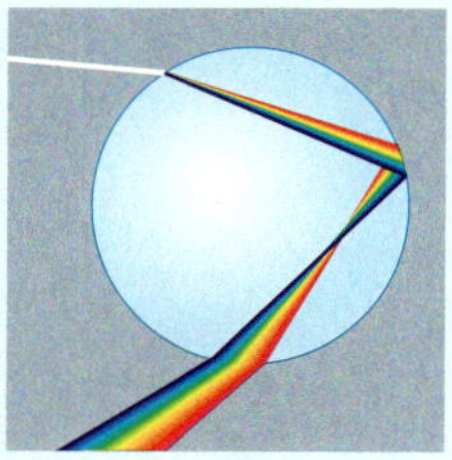
B2 Zu Aufgabe 6

4 Um die Dispersion eines weißen Lichtbündels durch ein Prisma rückgängig zu machen, wird ein zweites, gleiches Prisma umgekehrt an das erste angefügt. Beschreibe, was zu beobachten ist, und erkläre die Erscheinung.

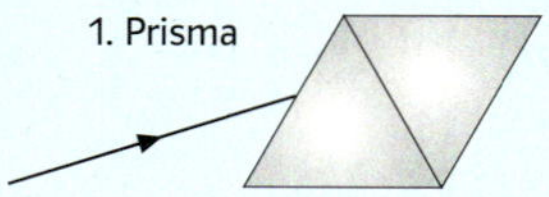

5 Weshalb haben Gegenstände, die man durch die Scheibe eines Schaufensters betrachtet, keine farbigen Ränder?

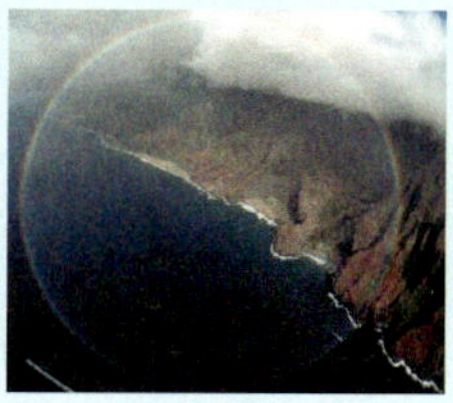
B3 Unter welchen Bedingungen ist ein Regenbogen so zu sehen?

6 Beschreibe das Zustandekommen eines Regenbogens. Wo muss sich der Beobachter befinden, wo entstehen für ihn die Farben?

7 Was kann man beobachten, wenn man die Spektren verschiedener, farbig leuchtender Stoffe vergleicht?

8 Licht wird oft als „Fingerabdruck" der Stoffe bezeichnet. Erkläre diese Aussage!

9 Wie erhält man Kenntnis über die Elemente, aus denen Sterne zusammengesetzt sind?

Farbmischungen

10 Welche Farbe ist Komplementärfarbe zu
a) Rot, **b)** Grün, **c)** Blau, **d)** Gelb?

11 Gib mit Hilfe des Farbenkreises an, welche Mischfarbe die Addition von
a) Grün + Rot, **b)** Rot + Blau,
c) Violett + Grün ergibt.

B4 Zu Aufgabe 19

12 Welche Wirkung hat ein grünes Farbfilter auf ein Lichtbündel, das durch Addition von rotem und grünem Licht entstanden ist?

13 Ein kontinuierliches Spektrum durch ein blaues Farbglas (Blaufilter) betrachtet, zeigt blau sehr hell, grün schwach, violett gerade noch. Mit einem grünen Farbglas betrachtet, ist grün sehr hell, blau schwach, gelb gerade noch zu sehen. Was sieht man, wenn beide Farbgläser übereinander liegen? Welche Farbe hätte ein entsprechendes Farbglas?

14 Welche Farbe zeigt gelbe Kleidung, wenn sie bei Tageslicht, in gelbem, in rotem, in blauem Licht betrachtet wird?

Weitere Probleme

15 Eine Schauspielerin wird auf der Bühne gleichzeitig mit einem grünen und mit einem roten Scheinwerfer angestrahlt.
a) Welche Farbe zeigt ihre weiße Bluse?
b) Welche Farben haben ihre Schatten auf dem Boden?

16 Ein Gegenstand wirft bei Beleuchtung mit rotem und grünem Licht zwei Schatten. Wie kommt es zu den Farben im Schattenbereich?

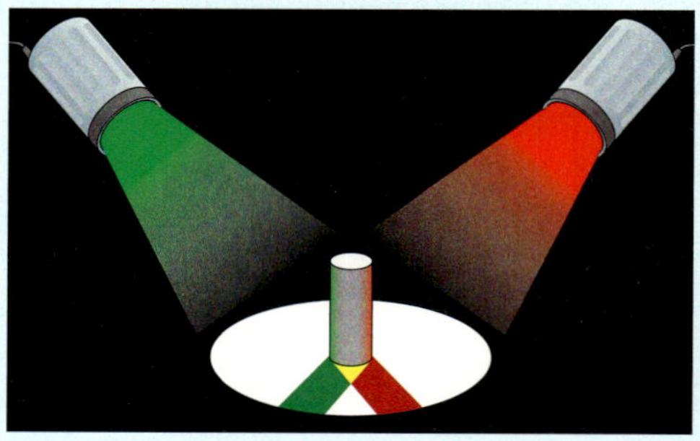

17 Der Regisseur möchte, dass das Kleid einer Schauspielerin auf der Bühne zunächst in strahlendem Gelb leuchtet, dann aber plötzlich schwarz wird. Fällt dir eine Lösung für die richtige Farbe der Bekleidung und für die Beleuchtung ein?

18 Braun kommt als Farbe weder im Farbenkreis noch bei den Komplementärfarben vor. Wie entsteht diese Farbe?

19 Menschen mit einer „Rot-Grün-Schwäche" können Rot und Grün nicht unterscheiden. Erkläre die Farbwahl für die Punkte im Testbild B4.

Vorhaben **Der Mensch auf dem Prüfstand**

Versuche in „Forschungsvorhaben" Messgeräte für die Diagnose unterschiedlicher Körperfunktionen zu entwickeln.

Was wird erwartet? Wir wünschen uns möglichst präzise und einfach zu handhabende Geräte um verschiedene Körperfunktionen untersuchen zu können.

Beispielsweise soll die Körpertemperatur, der Puls u.ä. gemessen werden.

Konstruiere einen elektrischen Temperaturmesser. Hierfür kannst du einen NTC-Widerstand (Heißleiter) verwenden.

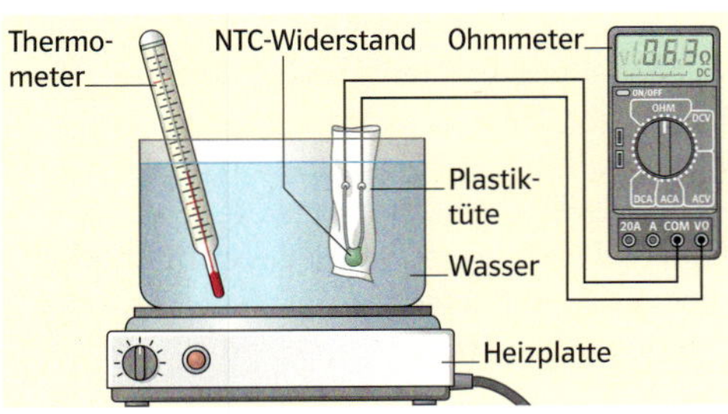

B2

- Formuliere dein Vorhaben genau.
- Plane dein Experiment und führe es sorgfältig durch.
- Protokolliere deine Messergebnisse zuverlässig.
- Formuliere deine Beobachtung und ziehe daraus entsprechende Schlussfolgerungen.
- Überlege wie du dein selbstgebautes Digitalthermometer kalibrieren kannst und dein Ziel die Temperatur in Zukunft ohne Flüssigkeitsthermometer zu bestimmen erreichen kannst.

Elektronische Temperaturmessung

Temperatur	Widerstand
15 °C	91 Ω
20 °C	79 Ω
25 °C	63 Ω
...	...
...	...
...	...
...	...
...	...

B1 Tabelle mit Messwerten

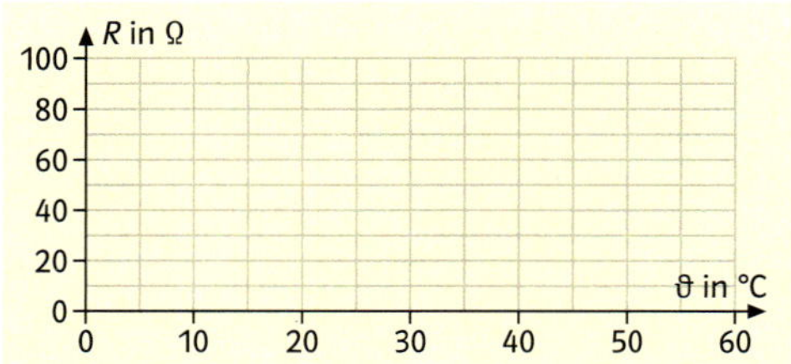

B2 Diagramm der Messwerte

Hilfen Messergebnisse trägst du am besten in eine Tabelle ein.
Im Diagramm kannst du sie auf einen Blick erfassen.
Zielgerichtete gemeinsame Arbeit erfordert einen Plan:
- Welchen Fragen wollen wir nachgehen?
- Wer macht was?
- Wie viel Zeit haben wir?
- Welche Experimente sind möglich?
- Welche Hilfsmittel stehen zur Verfügung?

Wichtige Kenntnisse zur Lösung Informiere dich anhand des Lehrbuches über folgende Themen:
- elektrischer Widerstand
- Heißleiter / Kaltleiter
- wie kann man den elektrischen Widerstand messen?
- Wie bestimmt man den elektrischen Widerstand mit einem Vielfachmessgerät?

Schlussfolgerungen Beurteile anhand der Messwerte in deiner Klasse:
- Wie genau arbeitet dein Thermometer?
- Funktioniert dein Thermometer auch in Luft (Föhn) ?
- Ist dein Messgerät geeignet um den relativ kleinen Temperaturbereich (36° – 40°) der Körpertemperatur hinreichend genau zu bestimmen?

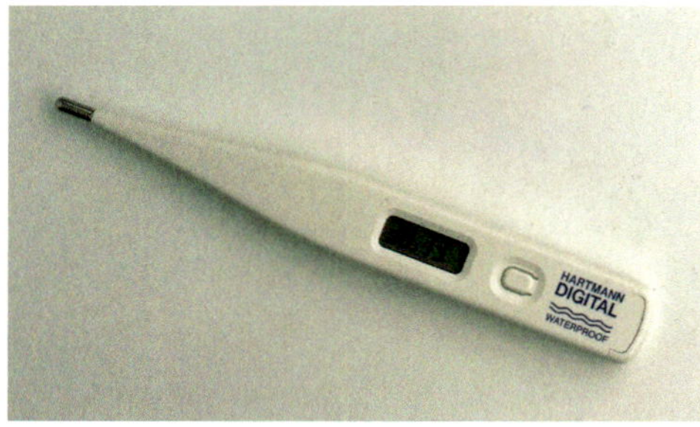

B3

Zum Weiterforschen

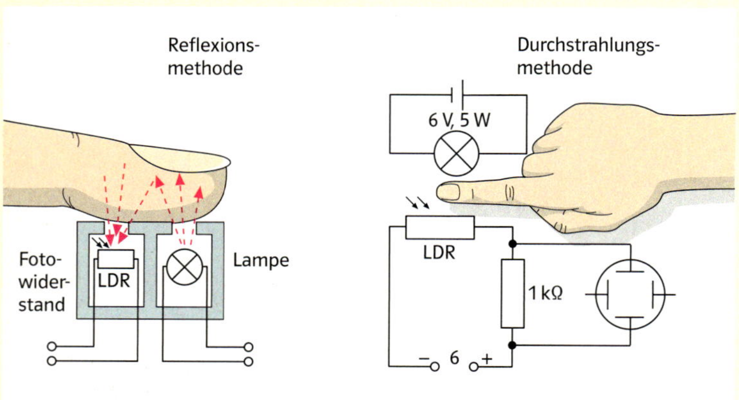

Fotoelektronische Pulsmessung Bei der Durchstrahlungsmethode wird die Kuppe des kleinen Fingers zwischen Lichtquelle und Fotowiderstand gehalten. Die Lichtdurchlässigkeit ändert sich mit der Blutfüllung der Fingerkuppe. Im Fotowiderstand wird im Rhythmus des Pulses eine Stromstärke- bzw. Widerstandsänderung hervorgerufen. Das elektrische Signal kann an die *y*-Ablenkung eines Oszilloskops gelegt werden. Man registriert ein im Herzrhythmus pulsierendes Signal. Ähnlich funktioniert die Reflexionsmethode. Hier wird die unterschiedlich starke Reflexion des Lichts ausgenutzt.

Elektrischer Strom

Warum können Glühlampen durchbrennen?

DIE GEFAHREN DES ELEKTRISCHEN STROMES
Elektrizität ist hilfreich für unser tägliches Leben. Sie birgt allerdings auch Gefahren: Unsachgemäßer Umgang mit elektrischem Strom kann zu Verbrennungen und Lähmungen führen und auch tödlich sein.

Online-Link
772425-0400

Strom und Energie

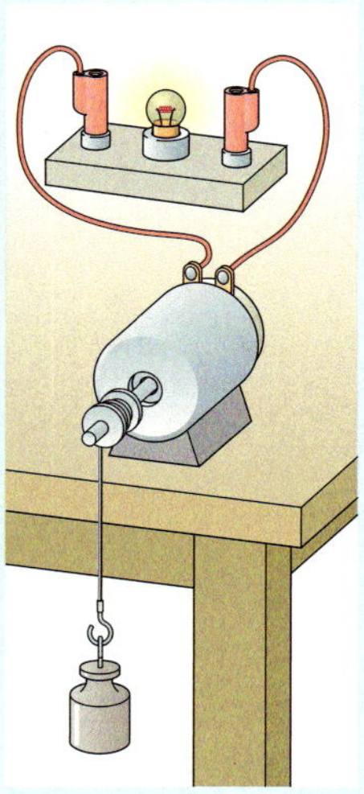

B1

B2 Elektrizität aus dem Wind

Windräder wandeln Bewegungsenergie um und machen sie zum Antrieb von Generatoren nutzbar (→ **B2**).

V1 Wickle auf die Achse eines Experimentiermotors einen Faden, an dem ein Gewicht hängt. Verbinde die Anschlüsse des Motors mit denen einer Glühlampe. Sinkt das Gewicht hinunter, so wird der Faden von der Achse abgewickelt. Die Glühlampe leuchtet (→ **B1**).

B3 Eine Batterie im Eigenbau

V2 Lege je drei 5-ct-Münzen, verzinkte Unterlegscheiben und kleine Pappscheiben jeweils in der Reihenfolge Unterlegscheibe, Pappscheibe, Münze, Unterlegscheibe, … aufeinander. Die Pappscheiben werden vorher mit Zitronensaft getränkt. An die äußeren Scheiben wird eine Leuchtdiode angeschlossen. Bei richtiger Polung leuchtet sie (→ **B3**).

Übertragung elektrischer Energie Der Elektromotor in Abbildung **B4 a** dreht sich, wenn die Solarzellen beleuchtet werden. Energie des Sonnenlichts wird in Energie der Bewegung umgewandelt. Der Elektromotor dreht sich, sobald der Stromkreis mit den Solarzellen geschlossen wird. Wir erkennen, dass im geschlossenen Stromkreis Energie übertragen wird.

a)

b)

Energie wird übertragen → Solarzelle → Energie wird übertragen → Elektromotor → Energie wird übertragen → Propeller → Energie wird übertragen

B4 Die Energie des Lichtes treibt einen Elektromotor an.

Die Energie der Sonne wird in mehreren Schritten in Bewegungsenergie der Luft umgewandelt und übertragen(→ **B4 b**). Man spricht von einer **Energieübertragungskette**.

Es ist auch möglich, einen Elektromotor durch einen herabsinkenden Gegenstand anzutreiben. Dabei wird Höhenenergie in Bewegungsenergie und diese in elektrische Energie umgewandelt. Der Motor arbeitet als Generator und ist eine elektrische Quelle. Eine angeschlossene Glühlampe wandelt die elektrische Energie in Energie des Lichtes um.
Die Säure einer Zitrone bildet mit zwei Elektroden aus geeigneten Stoffen, z. B. Kupfer und Zink wie in Abbildung **B3**, eine elektrische Quelle. Hier wird chemische Energie in elektrische Energie umgewandelt.

● **In elektrischen Quellen wird Energie umgewandelt.**
Im elektrischen Stromkreis wird Energie übertragen.

A1 Zeichne eine Energieübertragungkette zu dem Versuch in Abbildung **B1** und erläutere die einzelnen Umwandlungen.

► S. 250 Energie

Die elektrische Energie ist vielseitig nutzbar

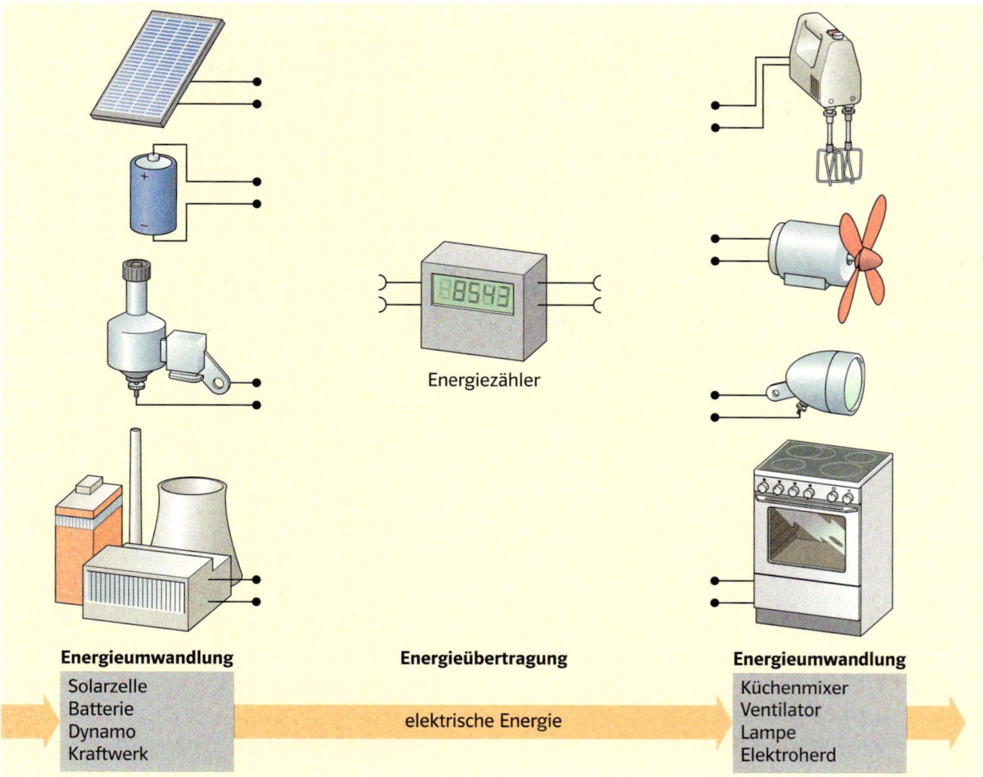

B1

Die Rechnung des Elektrizitätswerkes

Die jährliche Abrechnung der vom Elektrizitätswerk gelieferten Energie besteht aus dem Arbeitsbetrag für die genutzte Energie in kWh und einem Grundbetrag für die Übertragung und Messung der Energie aus dem Netz.

Der Nettobetrag ergibt sich aus einem festen Verrechnungspreis, der vom gewählten Tarif abhängt, und aus einem von der genutzten Energie abhängigen Verbrauchspreis.
Zu allem wird die Mehrwertsteuer hinzugerechnet (→ **B2**).

ELERR **Energie Leistungsverband Rhein-Ruhr**

Empfänger Matthias Meier
Große Gasse 9
58459 Breitenberg

Kundennummer 25506/70870
bitte stets angeben

Rechnungsdatum 12.04.2009

Zähler-Nr.	Abrechnungszeitraum von	bis	Tage	Zählerstand alt	neu	Verbrauch kWh	Arbeitspreis ct/kWh	Arbeitsbetrag Euro	Grundbetrag Euro	Nettobetrag Euro
720021	03.04.2008	31.08.2008	151	7769	8830	1061	10,39	110,24	32,80	143,04
	01.09.2008	31.12.2008	122	8830	9803	973	10,67	103,82	26,42	130,24
	01.01.2009	03.04.2009	93	9803	10681	878	11,15	97,90	20,22	118,12

Netto-Rechnungsbetrag Euro	Umsatzsteuer 19 % Euro	Brutto-Rechnungsbetrag Euro	Jahres-Abschlagsbetrag Euro	Restbetrag Euro	neuer monatlicher Abschlagsbetrag Euro	fällig erstmals am
391,40	74,37	465,77	418,80	46,97	38,90	05.05.2009

B2

Betrieb elektrischer Geräte

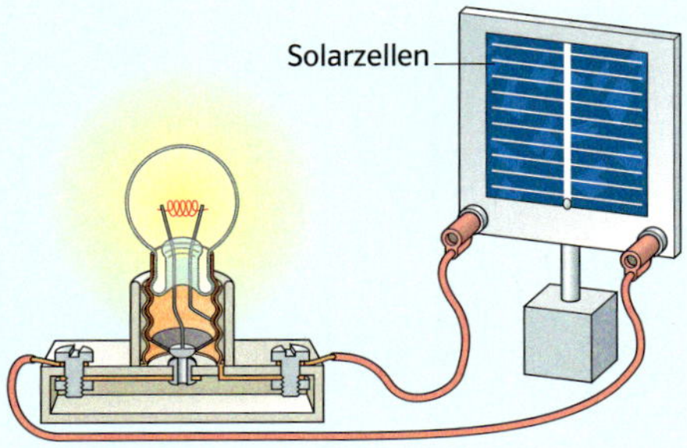

B1

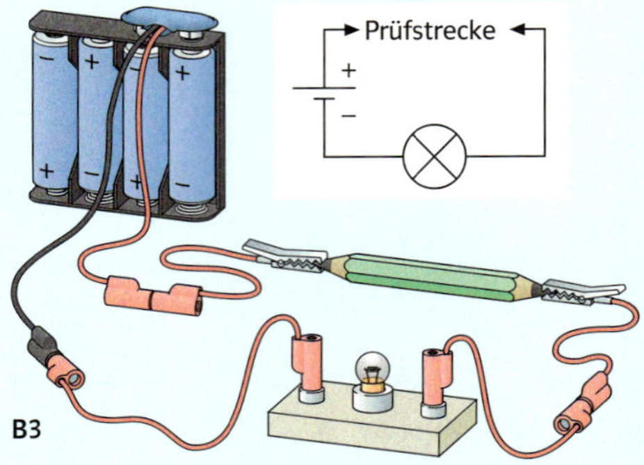

B3

■ **V1** Verbinde die Anschlüsse einer Solarzelle mit den Anschlüssen einer Glühlampe (→ **B1**). Scheint Sonnenlicht auf die Solarzelle, so leuchtet die Lampe. Deckst du die Solarzelle ab, so erlischt sie.

■ **V2** Baue die Schaltung von Abbildung **B2** nach und betätige den Schalter. Füge ihn bei der anderen Verbindungsleitung ein. In allen Zuleitungen kann mit einem Schalter das Glühlämpchen ein- und ausgeschaltet werden.

■ **V3** Schneide ein Stück eines Elektrokabels auf. Untersuche seinen Aufbau. Das Kabel besteht meist aus Kupferdrähten, die von Kunststoff umhüllt sind.

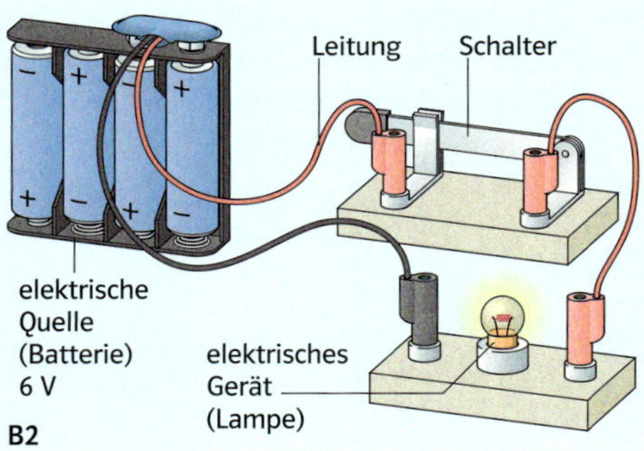

B2

■ **V4** Ersetze in einem Stromkreis mit Batterie und Lämpchen ein Stück des Kabels durch einen Wollfaden, ein Plastiklineal, eine Bleistiftmine, einen Metalllöffel und einen Holzstift (→ **B3**). Nur bei der Bleistiftmine und dem Metalllöffel leuchtet das Lämpchen.

■ **V5** Bestätige in einem Experiment nach Abbildung **B4**, dass Salzwasser oder verdünnter Zitronensaft die Glühlampe leuchten lässt. Beim destillierten Wasser leuchtet sie nicht.

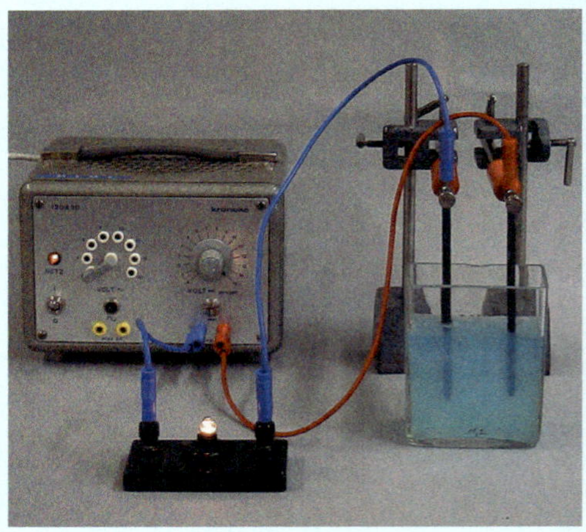

B4

Der geschlossene Stromkreis Zum Betreiben eines elektrischen Gerätes braucht man eine **elektrische Quelle**. Solche Quellen sind z. B. Batterien, beleuchtete Solarzellen, Netzgeräte und Steckdosen. Gerät und Quelle haben jeweils zwei Anschlussstellen. Das Gerät funktioniert nur, wenn je eine Anschlussstelle des Gerätes mit je einer Anschlussstelle der Quelle verbunden ist. Man spricht von einem geschlossenen **Stromkreis**. Die Verbindungen zwischen Quelle und Gerät heißen Leitungen. Die Anschlussstellen der Quelle heißen **Pole**.

● **Zum Betrieb eines elektrischen Gerätes sind eine Quelle und ein geschlossener Stromkreis erforderlich.**

Eine Batterie eignet sich nicht zum Betrieb einer Waschmaschine, die Glühlampe einer Taschenlampe wird beim Anschluss an eine Steckdose zerstört. Quellen und Geräte müssen zueinander passen.

■ **A1** Beschreibe den oder die Stromkreise eines Fahrrades.

Leiter und Nichtleiter Elektrische Leitungen können nicht aus allen Stoffen hergestellt werden. Stoffe und Gegenstände, mit denen Stromkreise geschlossen werden können, nennt man **Leiter**, die anderen **Nichtleiter**.

Metalle eignen sich zum Schließen von Stromkreisen besonders gut, sie sind gute Leiter. Deshalb werden bei Kabeln Metalldrähte und in den Platinen elektronischer Geräte hauchdünne Streifen aus Metall verwendet. Ebenso sind manche Flüssigkeiten, vor allen Dingen wässrige Lösungen von Salzen, Säuren und Laugen, elektrische Leiter.

Gase sind normalerweise Nichtleiter. Unter bestimmten Bedingungen, wie bei Neonröhren oder beim Blitz im Gewitter, können Gase aber auch zu Leitern werden. Mit Nichtleitern werden Leitungen umgeben, man **isoliert** sie, so dass ein Kontakt von außen verhindert wird.

● **Stoffe eignen sich unterschiedlich gut zur Verbindung von Quelle und Gerät. Man unterscheidet gute und schlechte Leiter.**

Schalter Um elektrische Stromkreise in einfacher und wiederholbarer Weise zu öffnen, das heißt zu unterbrechen, oder zu schließen, benutzt man Schalter. Sie werden in einer der Anschlussleitungen oder in dem Elektrogerät selbst eingebaut. Dabei ist es gleichgültig, welche Leitung gewählt wird. Je nach Bauart (→ **B3**) wird ein Hebel oder Knopf, eine Taste oder Platte betätigt. Bei allen Schaltern kommt man nicht direkt über Leiter mit Teilen in Berührung, die als leitende Verbindungen zwischen Quelle und Gerät dienen.

● **Zum sicheren Öffnen oder Schließen von Stromkreisen verwendet man Schalter.**

Schaltzeichen und Schaltpläne Konstruktion, Untersuchung oder Reparatur von elektrischen Quellen oder Geräten wäre sehr mühsam, müsste man bei einer Darstellung der Stromkreise die wirkliche Form und Lage der Bauteile und Leitungen mitzeichnen. Zur Vereinfachung hat man international genormte **Schaltzeichen** eingeführt (→ **B1**).

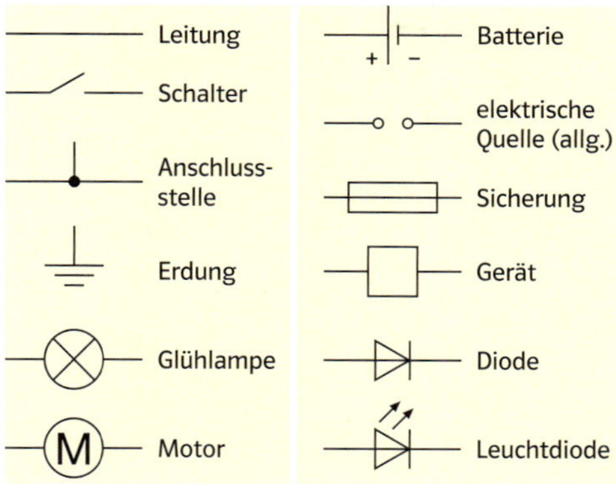

B1 Schaltzeichen

Die einzelnen Schaltzeichen werden durch parallel oder rechtwinklig zueinander verlaufende gerade Linien miteinander verbunden. Sie stellen die leitenden Verbindungen zu den jeweiligen Bauteilen dar. Auf diese Weise erhält man schnell einen Überblick über den elektrischen Stromkreis. Man nennt solche Zeichnungen Schaltpläne (→ **B2**).

● **Ein Schaltplan gibt eine Übersicht darüber, welche einzelnen Bauteile verwendet werden und wie sie in einer elektrischen Schaltung miteinander verbunden sind.**

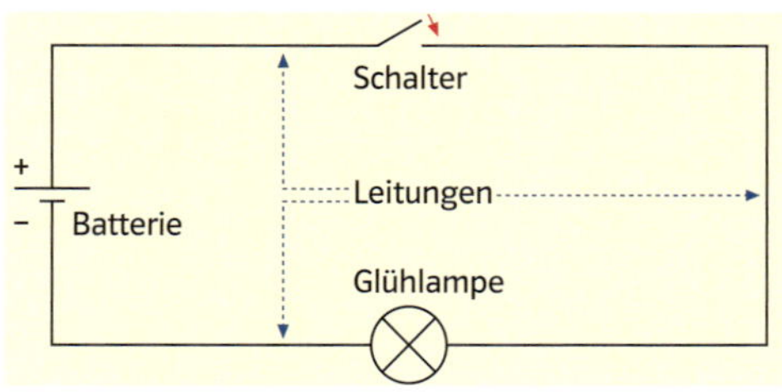

B2 Schaltplan

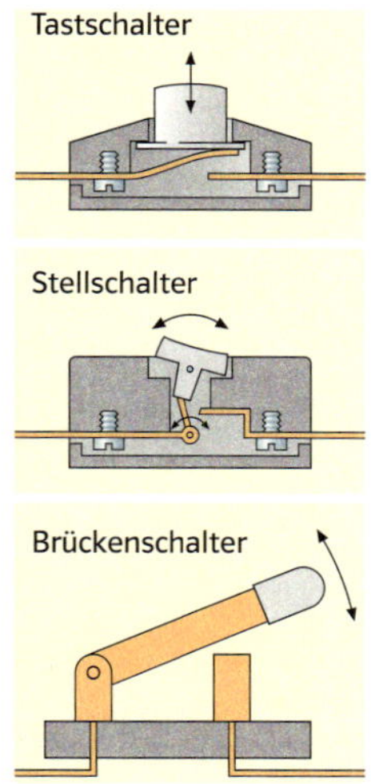

B3 Verschiedene Schaltertypen

■ **A1** Zeichne einen Schaltplan für die Beleuchtungsanlage deines Fahrrades.

Sicherheitshinweise zum Umgang mit elektrischem Strom

Elektrischer Strom kann gefährlich sein.

Beachte daher stets die folgenden Sicherheitshinweise:

1. Experimentiere nie alleine und folge den Anweisungen des Lehrers genau!
2. Benutze als elektrische Quellen nur Batterien oder spezielle Stromversorgungsgeräte der Schule.
   Schalte stets am Ende des Versuches die elektrische Quelle ab.
3. Vermeide blanke Leitungen und Stecker und berühre nur isolierte Bauteile.

Wirkungen des elektrischen Stromes

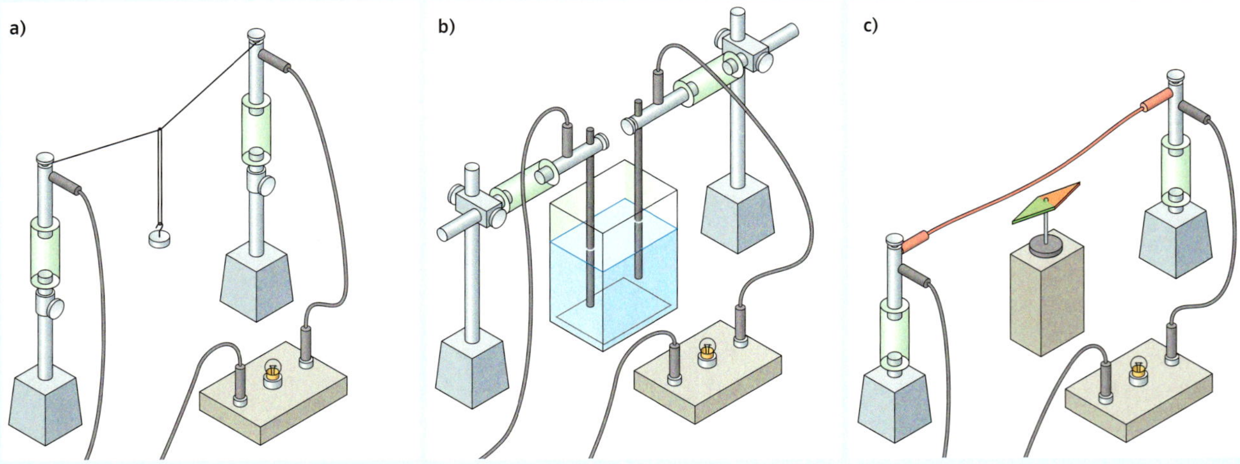

B1 Wir untersuchen verschiedene Wirkungen des elektrischen Stromes.

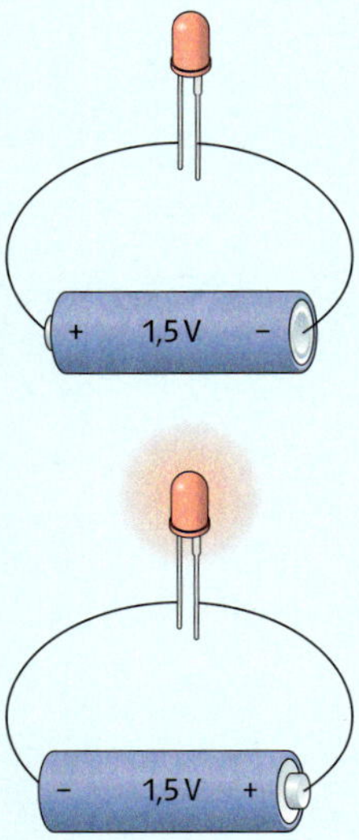

B2

V1 Spanne zwischen zwei Isolierklemmen einen dünnen Eisendraht und verbinde die beiden Klemmen mit einer elektrischen Quelle. Beim Einschalten erwärmt sich der Draht. Er kann sogar glühen und dabei durchbrennen! Wiederhole den Versuch mit einem dünnen Draht, der durch ein angehängtes Gewichtsstück gespannt wird (→ **B1 a**). Bei geschlossenem Stromkreis sinkt das Gewichtsstück. Die Kabel von der Quelle zu den Klemmen werden bei dem Versuch nicht heiß! Wiederhole den Versuch mit verschieden dicken Drähten. Dickere Drähte werden nicht so heiß, das Gewichtsstück sinkt nicht so stark.

V2 In einem Glasgefäß befindet sich Wasser, das mit Schwefelsäure elektrisch leitend gemacht wurde (→ **B1 b**). Tauche in das Gefäß zwei Kohlestäbe als Elektroden und verbinde sie mit einer elektrischen Quelle. Es steigen Gasblasen auf.

V3 Der Lehrer stellt eine Magnetnadel in Nord-Süd-Richtung auf und spannt in der gleichen Richtung über die Magnetnadel einen Leiter (→ **B1 c**). Wird der Stromkreis geschlossen, so dreht sich die Nadel aus ihrer Nord-Süd-Richtung heraus.

V4 Ein dicker Bleistift wird mit einem isolierten Kupferdraht umwickelt. Die Drahtenden verbinden wir mit einer elektrischen Quelle. Wir halten den Bleistift mit dem Draht in die Nähe einer Magnetnadel. Sie bewegt sich.

V5 Schließe eine rote LED an eine 1,5-V-Batterie an. Bei richtiger Polung leuchtet sie (→**B2**).

B3 Die Glühlampe leuchtet wegen der Erwärmung des Glühdrahts.

Die Wärmewirkung des Stromes Im Haarföhn, im Elektroherd, im Bügeleisen und in anderen Geräten wird die Wärmewirkung des Stromes genutzt. In diesen Geräten wird ein Draht durch den Strom erwärmt. Die Temperatur eines Leiters kann so weit steigen, dass er zu glühen anfängt, wie etwa bei Glühlampen. Welche Temperatur erreicht wird, hängt neben den Eigenschaften der elektrischen Quelle von der Länge, der Dicke und vom Material des Leiters ab. Infolge der Temperaturerhöhung dehnen sich die Leitungen aus.

- **Elektrischer Strom erwärmt Leiter.**

Bei der **Glühlampe** (→ B3) erwärmt der elektrische Strom einen sehr dünnen Draht so stark, dass er leuchtet. Je heißer er wird, umso heller und weißer ist sein Licht. Glühdrähte aus den Metallen Osmium oder Wolfram lassen sich auf über 2500 °C erhitzen, ohne zu schmelzen. Dadurch leuchten sie sehr hell mit weißem Licht. Um den Draht vor Berührung und vor dem Verbrennen in Luft zu schützen, befindet er sich in sauerstofffreier Umgebung in einem Glaskolben. Trotzdem verdampft immer etwas Metall an den dünnen, heißen Stellen. Der Draht wird daher dort zunehmend dünner und kann reißen.

Die chemische Wirkung des Stromes Säuren, Laugen und Lösungen von Salzen in Wasser leiten den elektrischen Strom. Der Strom bewirkt chemische Reaktionen (→ **B1**), wie man an stofflichen Veränderungen (z. B. Entstehung von Gasen) feststellen kann. Diese Vorgänge in der Flüssigkeit bezeichnet man als **Elektrolyse**. Das mit dem Pluspol der elektrischen Quelle verbundene Leiterende heißt **Anode**, das andere **Kathode**.

● **Elektrischer Strom in flüssigen, nichtmetallischen Leitern ist mit chemischen Reaktionen verbunden.**

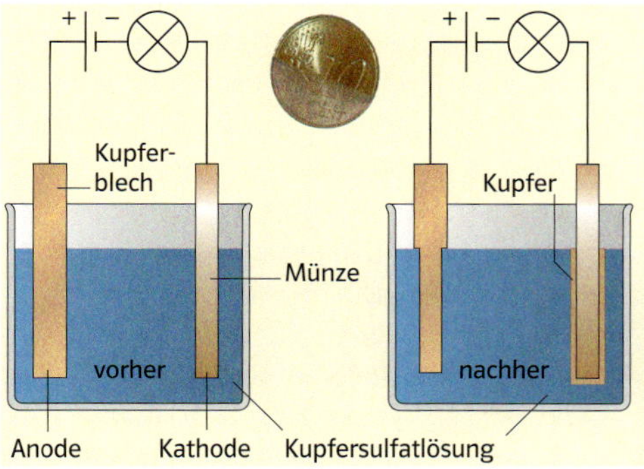

B1 Eine Elektrolyse mit Stofftransport

Die Elektrolyse wird zur **Zerlegung von Stoffen** genutzt sowie zum Beschichten mit Metallüberzügen („**Galvanisieren**"). Umgekehrt nutzt man in **Batterien** bestimmte von selbst ablaufende chemische Reaktionen, um Strom zu erzeugen. Hierzu trennt man die miteinander reagierenden Stoffe räumlich und verbindet sie dann leitend über einen Stromkreis.

Die magnetische Wirkung des Stromes Im Jahr 1820 entdeckte **Hans Christian Oersted** (1777–1851) eine weitere Wirkung des Stromes. Er beobachtete, dass eine Magnetnadel in der Nähe eines stromführenden Drahtes ausgelenkt wird. Daraus lässt sich schließen, dass stromführende Leiter eine magnetische Wirkung haben können, mit dem Vorteil, dass man sie ein- und ausschalten kann.

Um den Zusammenhang von Strom und Magnetismus eindeutig nachweisen zu können, muss man beim Versuchsaufbau allerdings einige Dinge beachten (vgl. **V3** auf der vorangehenden Seite). Beispielsweise muss man sicherstellen, dass sich keine magnetisierbaren Metalle im Stromkreis befinden, die die Magnetnadel ebenfalls beeinflussen könnten. Benutzt man Leitungen aus unmagnetisierbarem Kupfer oder auch Silber, so kann man sicher sein, dass die Beeinflussung der Magnetnadel nur auf die Stromwirkung alleine zurückzuführen ist.
Um die Einflüsse des Erdmagnetismus auszuschließen, wird vor dem Schließen des Stromkreises der Leiter parallel zur Magnetnadel, also in erdmagnetischer Nord-Süd-Richtung, ausgerichtet.

● **Ein stromführender Leiter wirkt auf seine Umgebung wie ein Magnet.**

Die Lichtwirkung des Stromes In Leuchtdioden wird die Energie des elektrischen Stromes weitgehend direkt in Lichtenergie umgewandelt. Dadurch bilden Dioden sehr effektive Lichtquellen, deren Wärmewirkung deutlich geringer ist als bei allen anderen künstlichen Lichtquellen. Die Farbe wird durch das leitende Material selbst bestimmt (→ **B2**).

B2 Verschiedene Leuchtdioden

A1 Entwickle eine Versuchsanordnung zum Versilbern von Löffeln.

A2 Nutze die Wirkungen des Stromes zur Entwicklung von Messverfahren für den elektrischen Strom. Beschreibe deine Ideen.

B3 Gedenktafel zu Ehren von Hans Christian Oersted

Strom und Ladung

V1 Lege ein Stück Aluminiumfolie unter die Kunststofffolie eines Schnellhefters und presse die Folien fest aufeinander. Berührst du die Folien mit einer Glimmlampe, so leuchtet sie nicht.

Nun ziehe die Kunststofffolie hoch, ohne dabei die Aluminiumfolie anzufassen. Berühre die Kunststofffolie an verschiedenen Stellen mit der Glimmlampe (→ **B2**). Sie leuchtet mehrmals auf.
Hältst du die Glimmlampe an die Aluminiumfolie, so leuchtet sie nur beim ersten Berühren auf, allerdings am anderen Ende als vorher.

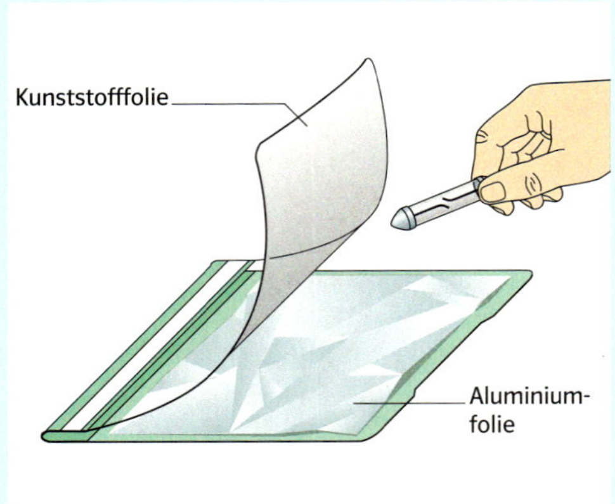

B2 Zu Versuch 1

V2 Zwei leichte, mit einer Metallschicht überzogene Kugeln hängen an langen Fäden. Reibe einen Hartgummistab mit einem weichen Tuch und berühre dann mit dem Stab beide Kugeln. Sie stoßen sich ab. Berühre beide Kugeln mit einem Glasstab, den du vorher mit einem Ledertuch gerieben hast. Du beobachtest wieder eine Abstoßung. Berührst du dagegen die eine Kugel mit dem geriebenen Glasstab, die andere mit dem geriebenen Hartgummistab, so ziehen sie sich an.

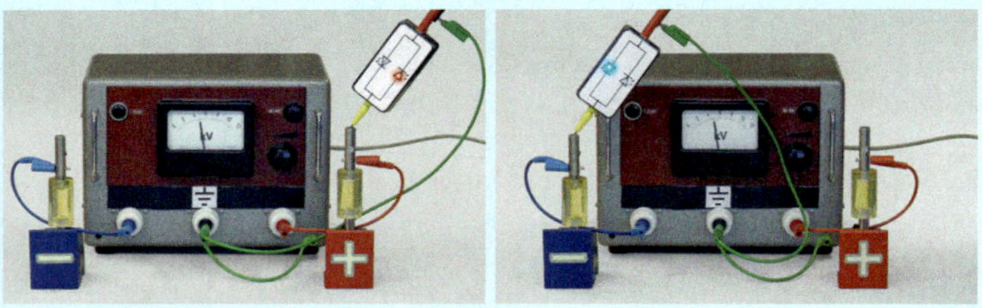

B1 Zwei LEDs zeigen die Polung an.

V3 Wiederhole **V2** mit einer geeigneten elektrischen Quelle, wobei du beide Kugeln kurz mit den Polen der Quelle verbindest. Die Kugeln stoßen sich ab, wenn sie mit dem gleichen Pol, und ziehen sich an, wenn sie mit verschiedenen Polen in Berührung waren.

V4 In einer Schaltung sind zwei LEDs (rot und blau) so geschaltet, dass sie in Bezug auf die Anschlüsse jeweils entgegengesetzt gepolt sind. Die Schaltung enthält besondere Sicherheitselemente.

Schließe den einen Kontakt an einen Erdanschluss und führe den anderen abwechselnd an die Pole einer elektrischen Quelle. Berührst du den Pluspol, so leuchtet die rote Diode auf (→ **B1** links), beim Minuspol leuchtet die blaue Diode (→ **B1** rechts).

Gegenstände lassen sich elektrisch laden

Wenn wir bei trockenem Winterwetter einen Pullover ausziehen, so knistert es häufig und die Haare auf unserem Kopf stehen ab. In der Dunkelheit können wir dabei bisweilen Funken sehen. Manchmal erhalten wir einen elektrischen Schlag beim Berühren von Türklinken. Wir sagen, sie sind **elektrisch geladen** oder haben **elektrische Ladung** erhalten.

Berührt man mit einer Experimentierkugel, die an einem Isoliergriff gehalten wird, kurz einen Pol einer geeigneten elektrischen Quelle und danach eine Glimmlampe, die mit dem zweiten Pol der Quelle verbunden ist, so leuchtet die Glimmlampe ebenfalls auf, aber nur einmal. Offenbar nimmt die Experimentierkugel etwas von der Quelle auf, das beim Berühren der Glimmlampe zu Strom führt. Wir sprechen hier von elektrischer Ladung, die an den Polen der Quelle auf die Kugel übertragen wird und von dieser bei Kontakt in die Glimmlampe und weiter zum zweiten Pol der Quelle fließt.

A1 Beschreibe Alltagssituationen in denen elektrische Ladung auftritt.

A2 Beschreibe den Stromkreis in dem vorher beschriebenen Versuch mit der Experimentierkugel.

Es gibt zwei Sorten von Ladung Wird eine Kugel am Pluspol einer Quelle geladen und über eine Glimmlampe entladen, so leuchtet die Glimmlampe nur an der der Kugel abgewandten Seite auf. Wird sie am Minuspol geladen, so leuchtet beim Entladen die andere Seite der Glimmlampe (→ **B1**). Die Kugel erhält von den Polen der Quelle verschiedenartige Ladung. Berührt die Kugel den Minuspol, sagt man, sie wird **negativ geladen.** Am Pluspol wird sie **positiv geladen.**

Kräfte zwischen geladenen Körpern Körper, die elektrisch geladen sind, üben Kräfte aufeinander aus. Dies erkennt man, wenn leicht bewegliche Körper, wie etwa an Fäden hängende Kugeln, elektrisch geladen werden (→ **B2**). Die Richtung dieser Kräfte ist von der Art der Ladung abhängig. Beim Elektroskop wird die Abstoßung gleichartig geladener Körper zur Ladungsmessung genutzt (→ **B5**).

- **Gleichartig geladene Körper stoßen sich gegenseitig ab. Verschiedenartig geladene Körper ziehen sich an.**

Neutralisation und Ladungstrennung Zwei gleiche Metallkugeln erhalten an den beiden Polen einer Quelle verschiedenartige Ladung. Bei jeder Kugel kann man mit Dioden erkennen, welche Ladungsart vorhanden ist. Berührt man vor der Messung beide Kugeln, so lässt sich keine Ladung nachweisen. Die Wirkung positiver und negativer Ladung hebt sich offenbar auf, sie **neutralisiert** sich.

- **Positive und negative Ladung neutralisiert sich gegenseitig.**

Manche Gegenstände aus verschiedenen Stoffen werden elektrisch geladen, wenn man sie aneinander reibt oder sie voneinander trennt. Insbesondere schlechte Leiter, wie Kunststoffe, Textilien, Papier, Glas, aber auch Wassertröpfchen in Wolken zeigen diese Aufladung. Reibt man einen Kunststoffstab an einem Tuch, so wird er negativ geladen, wie eine Glimmlampe zeigt (→ **B3**). Auch das Tuch wird beim Reiben geladen, allerdings positiv. Daraus ergibt sich eine Vorstellung, ein **Modell**, über die elektrische Ladung in Körpern:

- **In allen Körpern ist elektrische Ladung vorhanden. Bei neutralen Körpern ist gleich viel positive und negative Ladung vorhanden.**

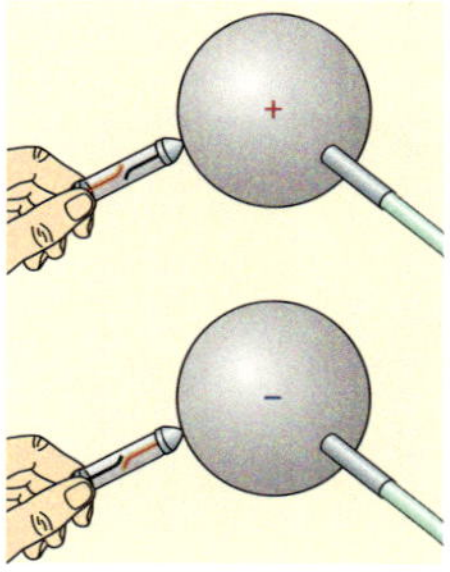

B1

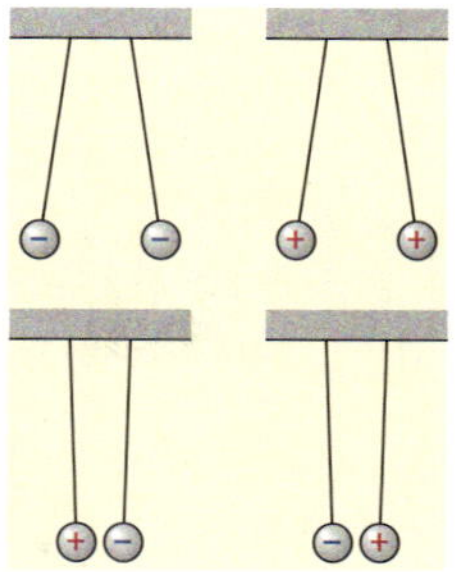

B2

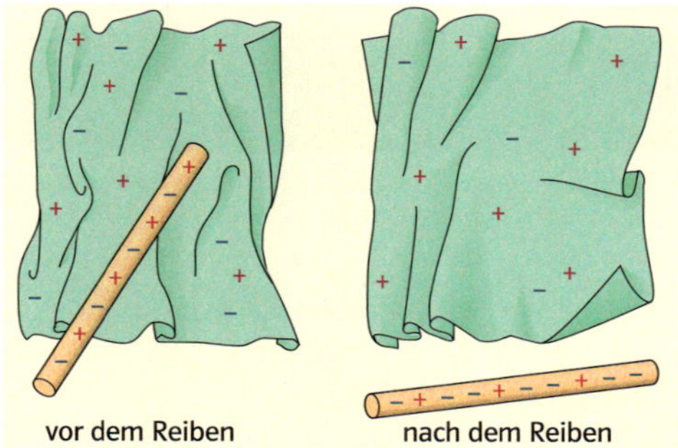

B3

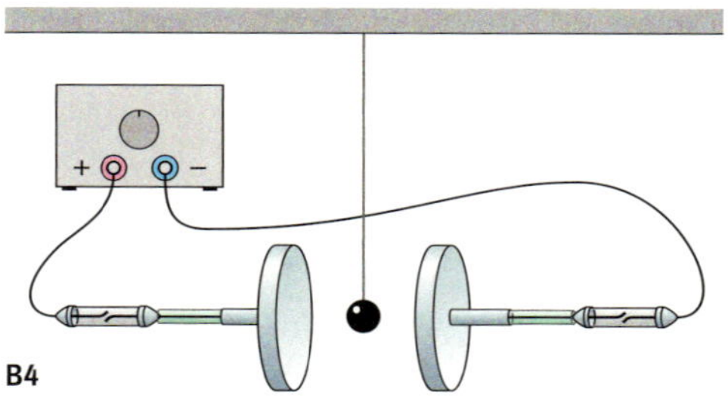

B4

Elektrischer Strom Der Stromkreis mit den Glimmlampen in **B4** ist zwischen den Platten unterbrochen. Berührt die Metallkugel die rechte Platte, so leuchtet die rechte Glimmlampe kurz auf und zeigt so einen elektrischen Strom an. Da die rechte Platte und die Metallkugel nun gleichartig geladen sind, wird die Kugel abgestoßen. Sobald sie die linke Metallkugel berührt, leuchtet die linke Glimmlampe auf und zeigt wieder einen Strom an. Die Metallkugel hat von der rechten Platte Ladung aufgenommen und an die linke Platte Ladung abgegeben.

Würde sich die Kugel sehr schnell zwischen den Platten hin- und her bewegen, würden die beiden Glimmlampen dauerhaft leuchten und so einen fast kontinuierlichen Strom anzeigen. Die Metallkugel transportiert elektrische Ladung. Man spricht von einem elektrischen Strom.

- **Bewegte Ladung ist elektrischer Strom.**

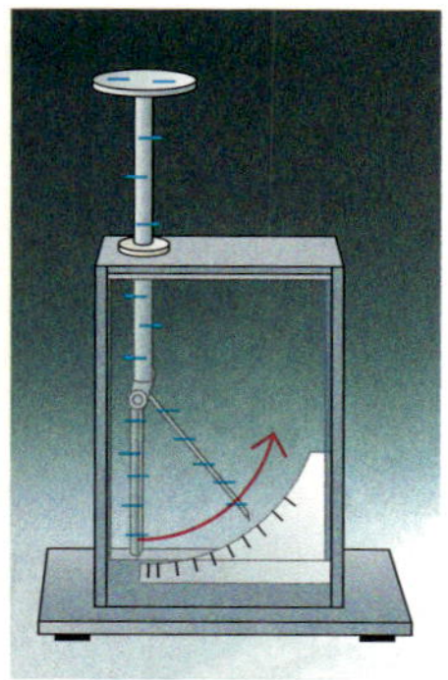

B5 Elektroskop: Der Stab mit dem Zeiger ist gegenüber dem Gehäuse isoliert. Wird er geladen, so wird der dann gleichartig geladene Zeiger abgestoßen.

Blitze

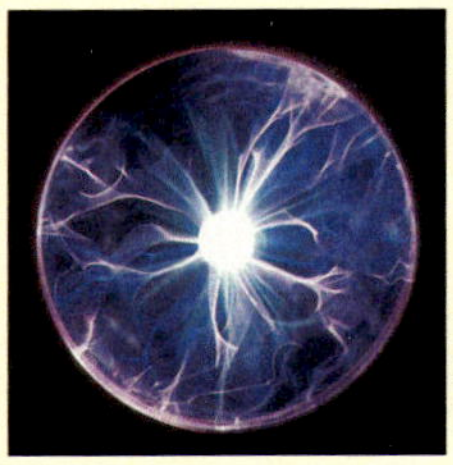

B1 Blitze in einer Glaskugel

B2 Gewitter über einer Großstadt mit mehreren Blitzen zur gleichen Zeit; die Wolke leuchtet im roten Widerschein.

B3 Hier schlug der Blitz ein!

Gewitter mit Blitz und Donner beeindrucken uns zugleich in ihrer Schönheit und Gefahr. Früher glaubte man, dass ihre Ursache übernatürliche Kräfte sein müssten! So dachten die Germanen, dass der Donnergott Donar im Zorn Speere zur Erde schleudert, wenn Blitze zucken. Noch bis zur Mitte des 18. Jahrhunderts glaubte man, durch Läuten von Kirchenglocken Gewitter zu vertreiben. Innerhalb von 33 Jahren wurden deshalb damals 103 Glöckner durch Blitzschlag getötet.
1752 bestätigte Benjamin Franklin durch ein Experiment die Vermutung, dass Blitze elektrische Entladungen sind. Er ließ dazu einen an einem Draht befestigten Drachen steigen. Während eines Gewitters konnte er damit einen Kondensator laden.

ACHTUNG! Niemals bei Gewitter Drachen steigen lassen! Es besteht Lebensgefahr!

Beim Gewitter hat man den Eindruck, dass Blitze vom Himmel zur Erde zucken. Wir wissen heute, dass dieser Eindruck nicht richtig ist. Foto **B2** zeigt, dass ein Blitz ein kompliziertes Gebilde ist, bestehend aus vielen kurzen, fast geradlinigen Abschnitten und vielen Verzweigungen. Es bildet sich zunächst ein unsichtbarer Vorblitz aus, der innerhalb weniger tausendstel Sekunden in Schritten von 50 bis 100 m Länge in der Gewitterwolke nach unten wandert. Er macht die Luft in einem Kanal leitend. Vom Boden kommt diesem Vorblitz ebenfalls ein Vorblitz entgegen. Sobald sich beide treffen, wird der sichtbare Hauptblitz ausgelöst. In dem wenige Zentimeter breiten Entladungskanal wird die Luft so stark erhitzt, dass sie sich explosionsartig ausdehnt: es donnert. Der elektrische Strom kann so groß werden, dass er etwa dem von 10 000 Bohrmaschinen entspricht. Dabei wird ein Energiebetrag umgesetzt, den eine Familie in einem Monat benötigt.

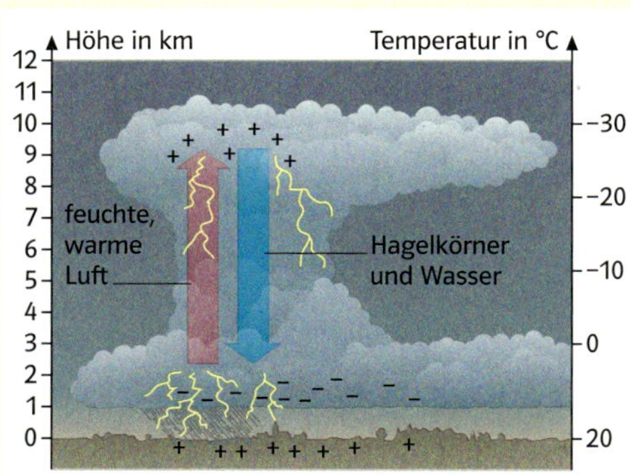

B4 Schema einer Gewitterwolke

Ein Blitzschlag besteht aus mehreren Stromstößen, die in Abständen von einigen hundertstel Sekunden jeweils etwa vier zehntausendstel Sekunden lang dauern. Insgesamt dauert ein Blitz maximal eine Sekunde, was aber wegen der Blendwirkung länger erscheint.

Es ist auch heute noch nicht genau bekannt, wie es zur Aufladung von Wolken kommt. Man weiß, dass es innerhalb einer Gewitterwolke unterschiedlich geladene Bereiche gibt. Die Verteilung der Ladung mit der Höhe und der Temperatur zeigt schematisch Abbildung **B4**. Wahrscheinlich erfolgt die Aufladung durch Reibung zwischen Graupeln und kleinen Eiskristallen, die mit unterschiedlicher Geschwindigkeit fallen und wieder nach oben gerissen werden. Mit den Luftströmungen entstehen Bereiche verschiedener Ladung. Die meisten Blitze bleiben in der Wolke.

Hockhaltung bei Gewitter im Freien

Planung einer Ausstellung

Bei komplexeren Themen kann eure Klasse eine kleine Ausstellung organisieren. So könnt ihr in Teilgruppen Aspekte der Thematik Blitze bearbeiten und entsprechende Plakate gestalten. Diese können in der Schule an entsprechender Stelle ausgestellt werden. Wenn ihr noch ein auf eure Plakate abgestimmtes Quiz mit Preisen für eure Mitschüler entwickelt, schafft ihr es bei entsprechend ansprechend gestalteten Plakaten Interesse am Thema zu wecken.

Erarbeitet in Gruppen Plakate z. B. zu folgenden Themen:
- Entstehung von Blitzen
- Blitzarten
- Zahlen und Fakten zu Blitzen
- Verhalten bei Gewittern
- Gebäudeschutz

Tipps
1. Die Überschrift sollte das Wichtigste nennen (groß und deutlich).
2. Bilder sagen mehr. Wähle lieber wenig große Bilder als viele kleine!
3. Kurze Sätze lassen sich besser lesen.
4. Gliedere den Text in Abschnitte.
5. Achte auf eine gute Struktur und optische Aufteilung.
6. Weniger ist mehr! Vermeide ein überladenes Plakat!

Basiskonzept: Struktur der Materie

Die Eigenschaften von Stoffen kann man erst verstehen, wenn man weiß, wie sie aufgebaut sind.

Die elektrische Leitung Um zu verstehen, wie Strom – also bewegte Ladung – in Körpern entsteht, ist es nötig, den inneren Aufbau der Stoffe genauer zu betrachten.

Seit mehr als 100 Jahren weiß man, dass sich in den Metalldrähten von Stromkreisen nur negative Ladung bewegt (→ **B1**).

Sie wird durch **Elektronen** transportiert. Elektronen sind extrem kleine Teilchen mit einer winzigen negativen Ladung.

In einem elektrisch neutralen Metall gibt es etwa gleich viel positive wie negative Ladung. Die positive Ladung bleibt am gleichen Ort. Wird der Leiter nun wie in der Abbildung an eine elektrische Quelle angeschlossen, werden die Elektronen vom positiven Pol angezogen und vom negativen Pol abgestoßen. Die Elektronen bewegen sich deshalb in Richtung Pluspol, bewegte Ladung ist ein elektrischer Strom

Bei einem guten elektrischen Leiter sind die Elektronen sehr gut beweglich, während die Elektronen in einem schlechten Leiter nur schwer zu bewegen sind. Schlechte Leiter wie zum Beispiel Kunststoff werden oft als Isolatoren verwendet, gute Leiter wie z. B. Kupfer werden hingegen häufig für Leitungen eingesetzt.

Die Geschwindigkeit von Elektronen in einem Kupferdraht ist sehr gering. Elektronen legen nur etwa einen Millimeter in einer Sekunde zurück.

Wie kann es da sein, dass direkt nach der Betätigung des Schalters die Lampe leuchtet?

Die Anzahl der Elektronen, die auf der Seite des Pluspols den Draht verlassen entspricht etwa der Anzahl an Elektronen, die vom Minuspol in den Leiter hinein gelangen.

Alle im Draht befindlichen Elektronen werden beim Schließen des Schalters in Richtung des Pluspols bewegt. An jeder Stelle des Drahtes beginnen sich die Elektronen nach dem Schließen des Stromkreises zu bewegen.
Bei einem mit Wasser gefüllten Gartenschlauch fließt ebenfalls sofort Wasser, wenn man den Hahn betätigt, da sich das gesamte Wasser im Schlauch zu bewegen beginnt.

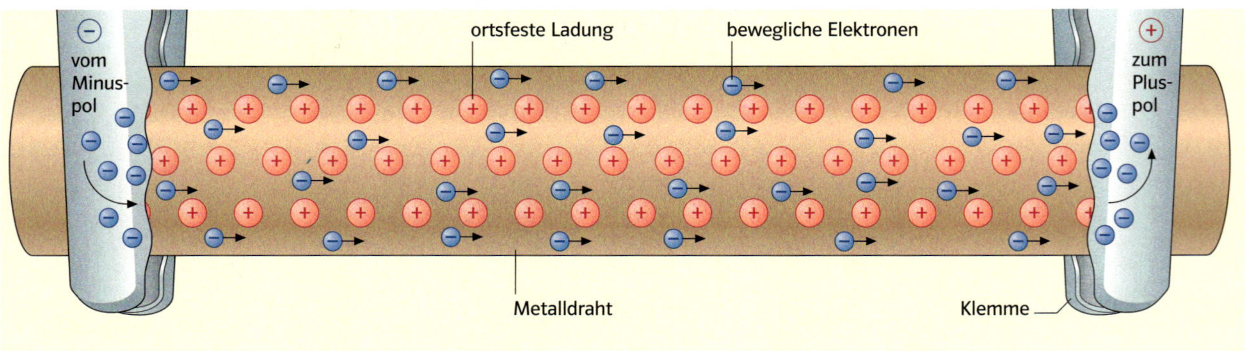

B1 Bewegte Elektronen in Metallen bilden den elektrischen Strom.

► S. 250

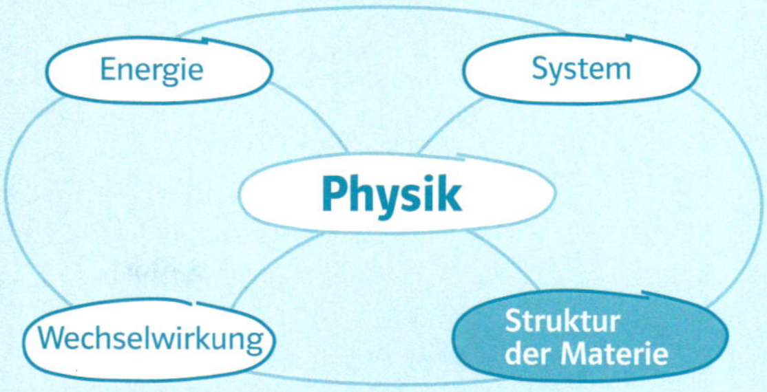

Ein geniales Experiment Wie ist es möglich, dass sich Elektronen in Metallen bewegen können, die positiven Ladungsträger jedoch nicht? Schon in der Antike glaubte man, dass alle Stoffe aus kleinsten unteilbaren Teilchen, den Atomen (griech. atomos, unteilbar) bestehen.

Heute weiß man sehr viel über die Größenordnung der Atome. Die folgenden Beispiele veranschaulichen die Größe eines Atoms.
In einem Schnapsglas (2 cl) Wasser befinden sich etwa so viele Atome, wie es Sandkörner an allen Stränden und Wüsten der Erde gibt. Die Dicke eines Haares beträgt etwa 1/20 eines Millimeters. Auf derselben Strecke könnte man 500 000 Atome dicht aneinander reihen.

Ernest Rutherford (1871–1937) gelang es, trotz dieser unvorstellbaren Winzigkeit der Atome, Aussagen über den Aufbau eines einzelnen Atoms zu treffen.
Er ließ energiereiche positiv geladene Heliumteilchen auf eine Goldfolie treffen und beobachtete, dass der weitaus größte Teil der Heliumteilchen die Folie ohne größere Richtungsänderung durchdringen konnte (→ **B1**). Nur einige Teilchen wurden stark abgelenkt, sehr wenige prallten sogar zurück. Rutherford schloss daraus:

Da die Goldatome sehr dicht gepackt sind, müssen die Heliumteilchen durch einzelne Goldatome hindurchgeflogen sein und nicht zwischen einzelnen Atomen hindurch.

Da die meisten Heliumteilchen ungehindert durch die Goldfolie hindurchfliegen, scheint ein Großteil eines einzelnen Goldatoms weitgehend leer zu sein.

Wenige Heliumatome werden zum Teil komplett zurückgeworfen. Daher muss es im Atom undurchdringbare Bereiche geben.

Rutherford leitete daraus Folgendes ab (→ **B2**):

1 Alle Atome enthalten einen kleinen undurchdringlichen Teil, den Atomkern. Der Atomkern ist positiv geladen.

2 Der große Raumbereich um den Kern des Atoms wird durch die Atomhülle gebildet. In ihr befinden sich die Elektronen, deshalb ist sie negativ geladen und kann die positive Ladung des Kerns nach außen hin ausgleichen. Die Elektronen sind im Vergleich zum Atomkern sehr leicht.

So lässt sich erklären, dass sich in einem metallischen Leiter die festen Atomkerne nicht bewegen lassen, die deutlich leichteren Elektronen jedoch schon.

A1 Recherchiere über Schätzungen der Anzahl der Sandkörner auf der Erde.

A2 Finde weitere Vergleiche, die die Größe eines Atoms veranschaulichen können.

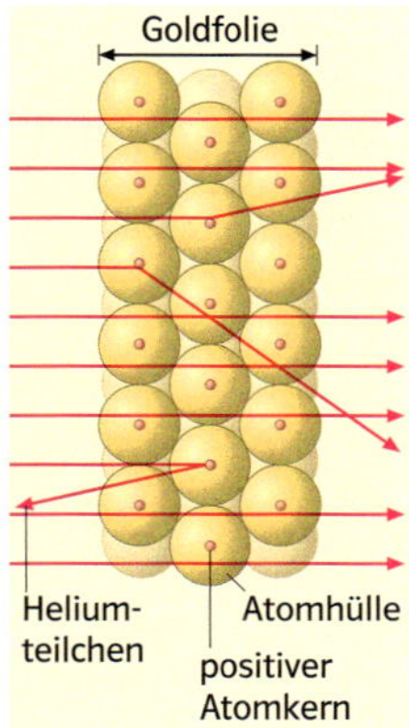

B2

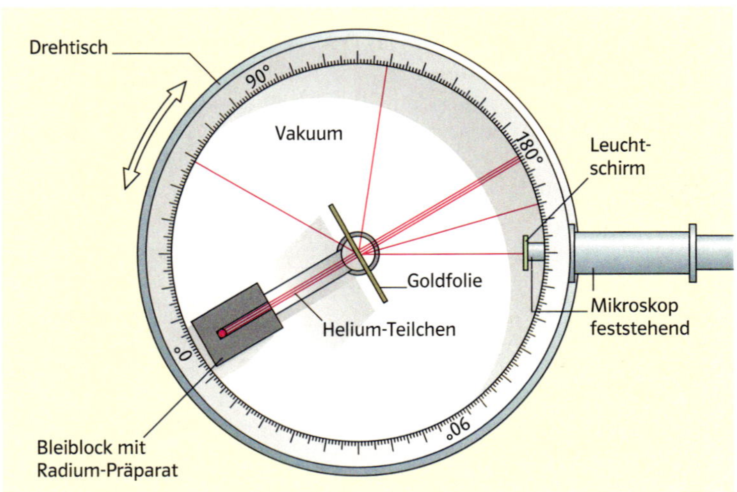

B1 Rutherford'sche Versuchsanordnung

Die Stärke des Elektronenstromes

V1 Schließe wie in Abbildung **B1** verschiedene Versuchsgeräte an eine veränderbare elektrische Quelle an:
- eine Glühlampe,
- in leitend gemachtes Wasser (Elektrolyt) eingetauchte Elektroden,
- eine zwischen den Polen eines Magneten befindliche, gegen Federn drehbare, Spule.

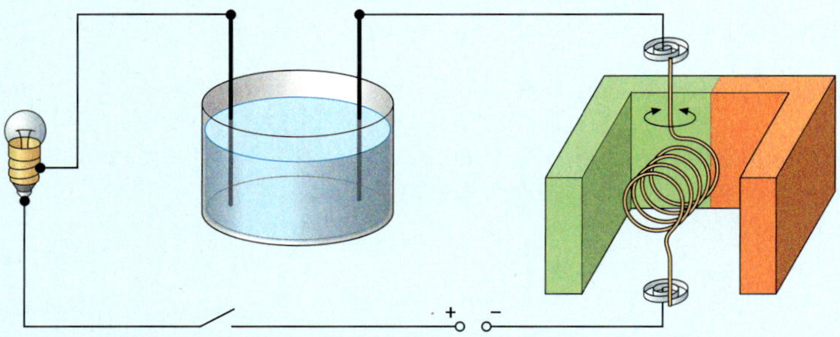

B1 Wir beobachten verschiedene Wirkungen des elektrischen Stromes in einem Stromkreis gleichzeitig.

Verändere die Quelle und beobachte. Bei hellerem Leuchten der Lampe wird die Gasentwicklung im Wasser stärker und die Spule dreht sich weiter aus ihrer Anfangsstellung heraus.

V2 Wiederhole den ersten Versuch, indem du die Lampe im Stromkreis durch eine größere, heller leuchtende Lampe ersetzt. Die Spule dreht sich im Hufeisenmagnet bei unterschiedlichen Lampen verschieden weit. Manchmal dreht sie sich schon, ohne dass die Lampe erkennbar leuchtet.

V3 Schließe drei gleiche Glühlampen wie in Abbildung **B2** an eine elektrische Quelle an. Alle drei Lampen leuchten gleich hell.

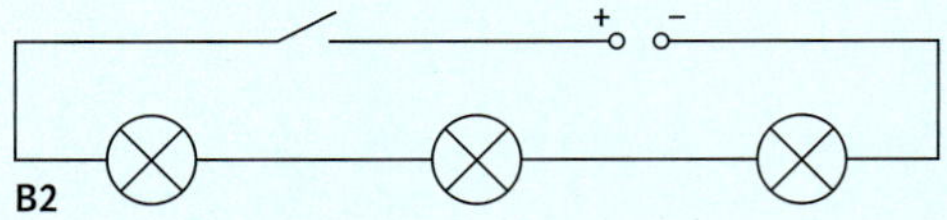

B2

V4 In einem Stromkreis werden nacheinander verschiedene Glühlampen eingefügt (→ **B3**). Beobachte die Gasentwicklung im Elektrolyt für jeweils drei Minuten.
Für verschiedene Lampen entstehen in derselben Zeit verschieden große Gasmengen.

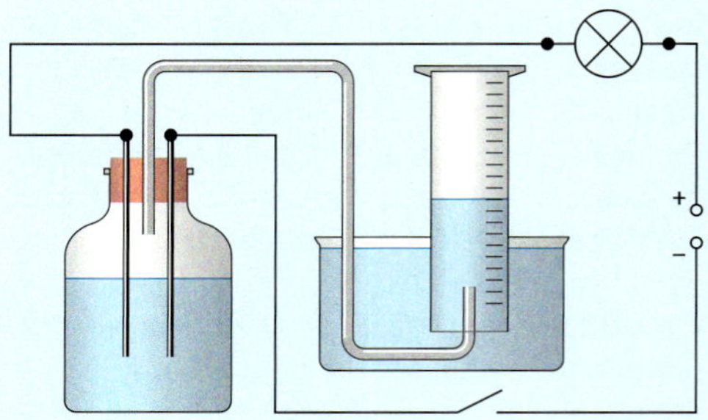

B3

Wir vergleichen elektrische Ströme Der Mensch hat kein Sinnesorgan, das ihn unmittelbar das Vorhandensein von Elektrizität erkennen lässt. Erhalten wir beim unvorsichtigen Umgang mit Elektrizität einen Schlag oder erleiden gar Verbrennungen, so sind dies keine elektrischen Empfindungen, sondern solche von den Wirkungen des Stromes.

● **Wir erkennen elektrischen Strom daran, dass in einem Stromkreis bestimmte Wirkungen auftreten.**

Beim Betrieb einer Glühlampe in einer Schaltung wie in (→ **B1**) beobachten wir die Wärmewirkung, die chemische Wirkung und die magnetische Wirkung zugleich. Bei einer helleren Lampe schlägt die Spule stärker aus und es zeigen sich mehr Gasbläschen. Bei unterschiedlichen Quellen leuchtet dieselbe Glühlampe verschieden hell (Wärmewirkung). Bei hellerem Leuchten wird die Spule im Hufeisenmagnet stärker verdreht (magnetische Wirkung) und es entsteht im leitend gemachten Wasser, dem Elektrolyten, mehr Gas (chemische Wirkung) als bei der schwächer leuchtenden Lampe. Als Ursache für eine stärkere oder schwächere Wirkung im selben Stromkreis nehmen wir eine unterschiedliche Stärke des elektrischen Stromes an. Wir führen dazu eine neue physikalische Größe ein, die **elektrische Stromstärke**.

● **Die Größe „elektrische Stromstärke" lässt sich durch verschiedene Wirkungen des elektrischen Stromes erfassen.**

A1 Gib für zehn Haushaltsgeräte jeweils die Wirkung des elektrischen Stromes an.

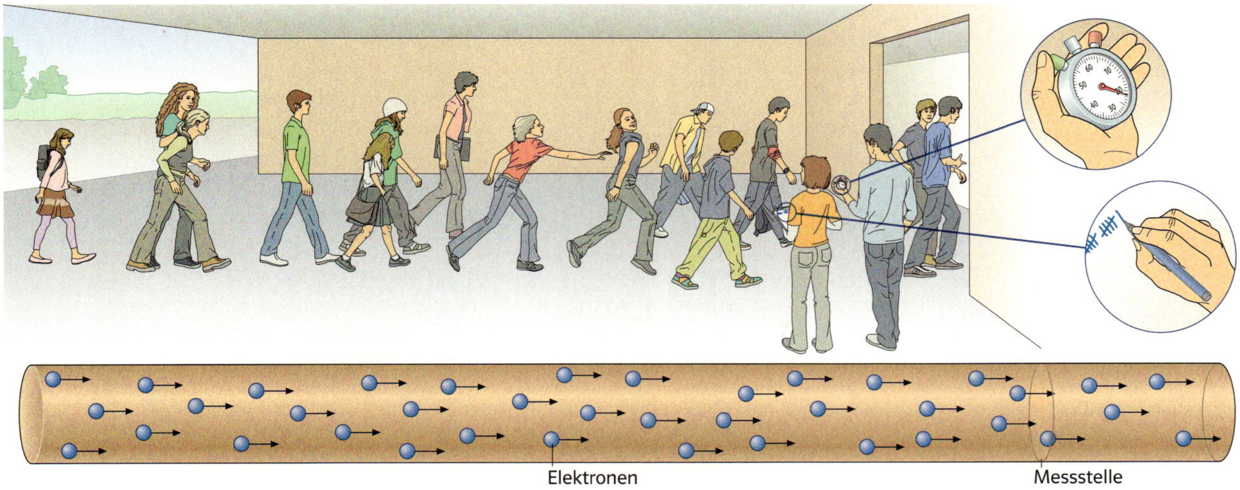

B1 Die Messung der Stärke des Schülerstromes

Die „Schülerstromstärke" Stefanie und Karsten wollen die Stärke des „Schülerstroms" bestimmen, der am Ende der Pause in das Schulgebäude strömt. Als Messstelle wählen sie den Eingang der Schule. Stefanie zählt die Schülerinnen und Schüler, die das Gebäude betreten, Karsten misst die Zeit (→ **B1**). Sie stellen fest, dass in 30 Sekunden 90 Personen das Gebäude betreten. Um daraus die Stärke des „Schülerstroms" zu berechnen, müssen sie nur die Anzahl der eintretenden Personen durch die dafür benötigte Zeit teilen. Die „Schülerstromstärke" beträgt drei Schüler pro Sekunde oder anders ausgedrückt: Durchschnittlich betreten in einer Sekunde drei Jugendliche das Schulgebäude. In der Physik beschreibt Stromstärke die Menge, die an einer Messstelle pro Sekunde vorbeifließt.

Wir messen die elektrische Stromstärke

In festen Leitern transportieren Elektronen Ladung. Um die elektrische Stromstärke angeben zu können, muss man die Anzahl der Elektronen messen, die in einer bestimmten Zeit an einer Messstelle vorbeifließen.

● **Die elektrische Stromstärke gibt an, wie viele Elektronen in einer bestimmten Zeit an einem Messpunkt vorbeifließen.**

Die Einheit für die elektrische Stromstärke ist das **Ampere**, benannt nach dem französischen Physiker **André Marie Ampère** (1775 – 1836). Bei einer Stromstärke von einem Ampere (1 A) fließen pro Sekunde etwa 6 Trillionen Elektronen (6 000 000 000 000 000 000) an der Messstelle vorbei! Als Formelzeichen für die Stromstärke wird I verwendet.

● **Die elektrische Stromstärke I misst man in der Einheit Ampere (A).**

Eine kleinere Einheit ist ein Milliampere (1 mA): 1 A = 1000 mA; 1 mA = 0,001 A

Das Stromstärkemessgerät Das Messgerät zur Bestimmung der elektrischen Stromstärke heißt Amperemeter (→ **B3**). Amperemeter werden immer in Reihe in den Stromkreis geschaltet, damit der gesamte Strom durch das Messgerät hindurchgeht (→ **B2**).

● **Mit dem Amperemeter wird die Stromstärke gemessen. Das Messgerät wird in Reihe in den Stromkreis geschaltet.**

In den Leitungen eines Stromkreises bewegen sich Elektronen im Kreis. Der entstehende Strom transportiert ständig Energie von der Quelle zur Glühlampe. Zusätzlich zum elektrischen Strom entsteht so ein ständiger **Energiestrom**.

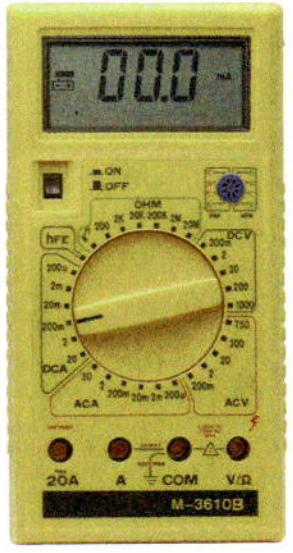

B3 Digitales Mehrfachmessgerät

A1 Gib die folgenden Stromstärken an:
- in mA: 3 A, 0,15 A, 0,08 A
- in A: 1500 mA, 270 mA, 50 mA

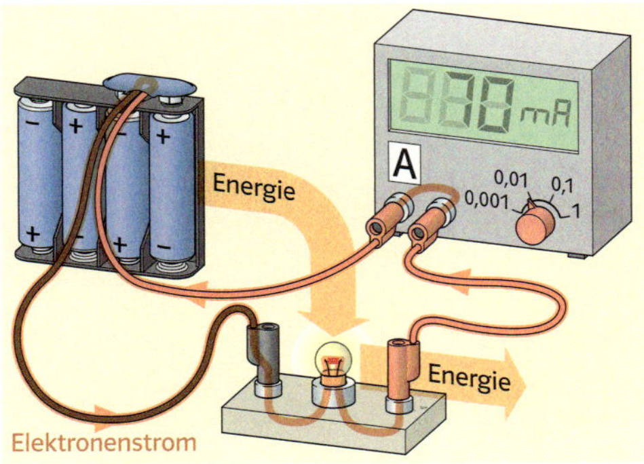

B2 Das Amperemeter misst die elektrische Stromstärke.

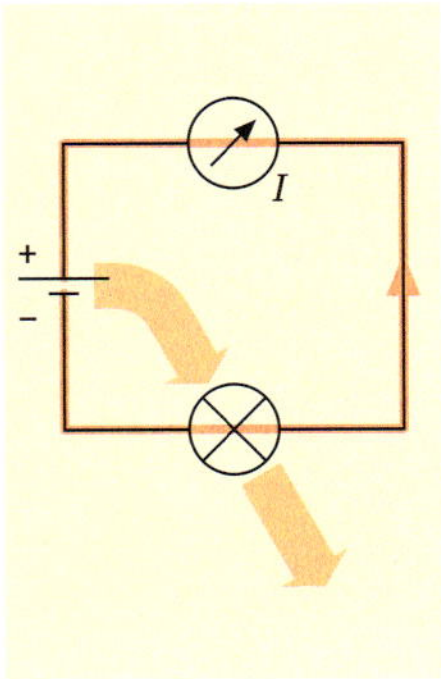

B4

Rückblick

1 Begriffe
Was versteht man unter
- elektrischer Energie?
- einer Energiekette?
- einem geladenen Gegenstand?
- elektrischem Strom?
- einem elektrischem Stromkreis?

2 Beobachtungen
Was beobachtet man, wenn
- zwei gleich geladene Lamettafäden nebeneinander hängen?
- sich eine Magnetnadel in der Nähe eines stromführenden Leiters befindet?
- ein Stromkreis mit Lampe mit unterschiedlichen Quellen betrieben wird?
- eine Glimmlampe mit einer elektrischen Quelle verbunden wird?

3 Erklärungen
Begründe
- dass ein Stab nach dem Reiben mit einem Tuch elektrisch geladen ist.
- dass bei einem Strom in Metalldrähten nur negative Ladung bewegt wird.
- mit dem Elektronenmodell, warum es gute und schlechte Leiter gibt.

4 Gesetzmäßigkeiten
Beschreibe mit eigenen Worten
- die Eigenschaften elektrischer Ladung.
- die Wirkung von geladenen Körpern.
- die Messung der Stromstärke.
- wie man zu der Vorstellung kommt, dass beim elektrischen Strom Ladung transportiert wird.

Erläutere die Erscheinungen in den folgenden Bildern und beantworte die Fragen.

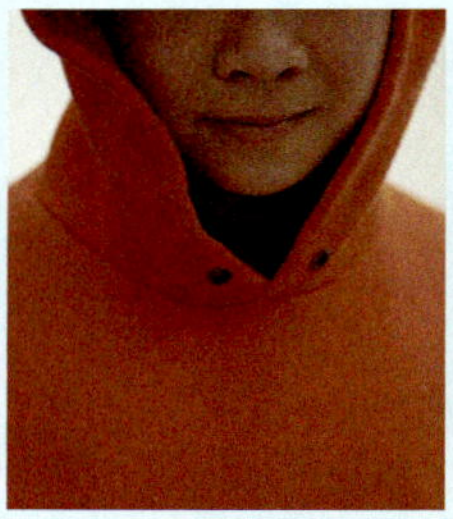

B1 Wieso knistert es oft beim Ausziehen eines Pullovers?

B2 Welche Energieumwandlungskette liegt zum Antrieb des Bootes vor?

B3 Weshalb stehen ihr die Haare hoch?

B4 Wie verläuft beim Zug der Stromkreis?

B5 Was zeigt dieser Versuch? (Versuch nur unter Aufsicht durchführen!)

B6 Was zeigt dieser Leitungsvorgang im Wasser?

Beispiele

Messung der Stromstärke bei einem Handy

Für ein Handy soll die zum Betrieb benötigte Stromstärke gemessen werden (→ **B1**). Zeichne einen Schaltplan und bestimme die Werte.

Lösung: Siehe Skizze **B1** und Schaltplan **B2**. Nimm den Akku aus deinem Handy. Der Akku hat mit Plus und Minus gekennzeichnete Anschlüsse. Wir verbinden diese mit den Kontakten des Handys und schließen ein Amperemeter in den Stromkreis. Beim Betrieb des Handys ergeben sich Messwerte, z. B. $I = 0{,}27\,\text{A}$.

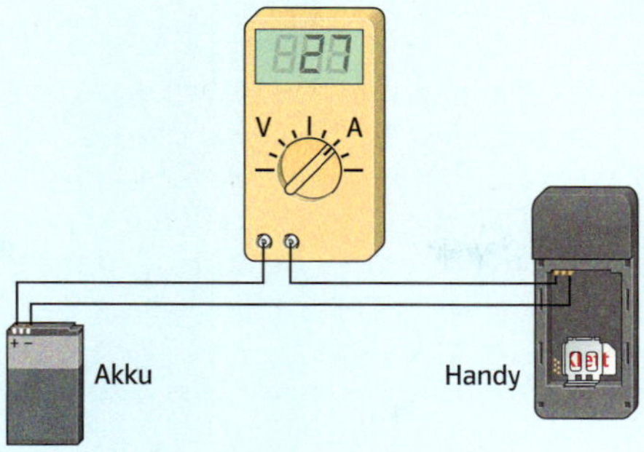

B1 Experimentieraufbau

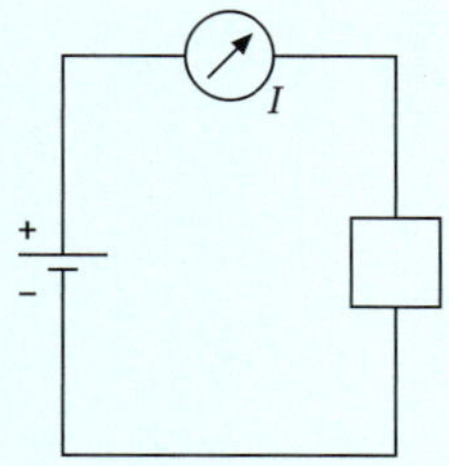

B2 Schaltskizze

Bestimmung der Ladungsart einer geladenen Metallkugel

Wie lässt sich feststellen, ob eine isoliert stehende Metallkugel positiv oder negativ geladen ist? Die Ladung auf der Kugel soll nicht verändert werden.

Lösung: Man lädt ein Elektroskop mit einer elektrischen Quelle negativ und nähert ihm dann die geladene Metallkugel von oben. Geht der Zeigerausschlag des Elektroskops zurück, so werden die Elektronen im Zeiger und im Gestänge durch das elektrische Feld zur Kugel hingezogen. Die Ladungen auf dem Elektroskop und der Kugel haben verschiedene Vorzeichen. Die Kugel ist also positiv geladen. Nimmt der Zeigerausschlag zu, dann ist die Kugel negativ geladen.

Dürfte man die Ladung der Kugel verändern, so könnte man sie über eine Glimmlampe entladen und feststellen, welches Ende in der Lampe leuchtet.

Merke:
Eine Glimmlampe leuchtet mit dem Ende, das mit dem Minuspol der Quelle verbunden ist.

Heimversuche

1 Der schwimmende Kompass Durchbohre ein leichtes Holzbrettchen an zwei Enden. Stecke durch die eine Bohrung einen Eisennagel, durch die andere einen langen Kupferdraht, so dass beide einige cm nach unten aus dem Brettchen ragen. Wickle dann das freie Ende des Kupferdrahtes mit Hilfe eines runden Stabes zu einer Spule. Das freie Drahtende verbindest du auf der Oberseite leitend mit dem Nagel (→ **B5**). Schwimmt das Brettchen auf einer Salzlösung, so richtet es sich nach einiger Zeit stets so aus, dass die Spule in Nord-Süd-Richtung zeigt.
Warum entsteht in der Spule ein Strom? Beachte die unterschiedlichen Materialien!
Warum richtet sich die Spule aus?

2 Das Lametta-Elektroskop Bohre in ein trockenes Brettchen ein Loch, durch das genau ein Nagel passt. In diese Bohrung steckst du mehrere Lamettafäden von etwa 8 cm Länge. Mit dem Nagel werden die Fäden in der Bohrung festgeklemmt (→ **B3**).
Näherst du dem Nagel einen geladenen Gegenstand, so spreizen sich die Lamettafäden. Erkläre dies!

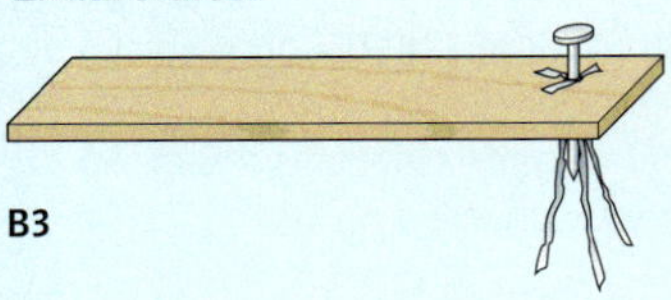
B3

3 Ballonzauber Binde zwei aufgeblasene Luftballons mit einem etwa 1 m langen Faden zusammen. Bitte eine zweite Person, die Ballons so zu halten, dass sie nahe beieinanderliegen. Lade sie jetzt durch Reiben mit einem Wolllappen auf! Sie stoßen sich gegenseitig ab.

4 Wassermagie Reibe einen Kunststoffkamm mit einem Wolltuch und halte ihn in die Nähe eines dünnen Wasserstrahls. Dieser Strahl wird ein wenig in Richtung zum Kamm hin abgelenkt (→ **B4**). Kannst du diese Erscheinung erklären?

B4

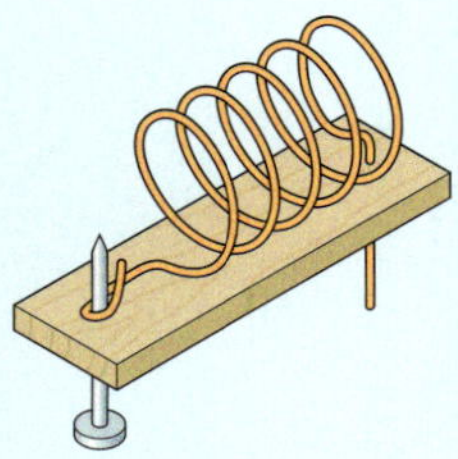
B5 Zu Versuch 1

Aufgaben

Strom und Energie

1 Batterie, Dynamo, Kraftwerk (Steckdose) und Solarzelle sind elektrische Quellen. Elektroherd, Ventilator, Küchengerät und Fahrradlampe sind elektrische Geräte. Erstelle eine Tabelle, die angibt, welche Geräte mit welchen Quellen betrieben werden können.

2 Eine Küchenmaschine knetet Teig.
a) Zeichne einen Stromkreis.
b) Zeichne eine Energieübertragungskette.

3 Vergleiche mit Hilfe eines Energiemonitors die Energieaufnahme von verschiedenen Geräten im Haushalt. Untersuche insbesondere auch die Geräte, die du häufig verwendest (Computer, Fernseher ...). Stelle deine Ergebnisse in einer Tabelle dar.

4 a) Kabel sind mit Kunststoff ummantelt. Beschreibe die Aufgabe des Kunststoffes.
b) Überlandleitungen haben keine Ummantelung. Erkläre dies.

5 Untersuche eine Glühlampe auf leitende und nichtleitende Bauteile. Vergleiche die Dicke der leitenden Teile.

6 Begründe, weshalb nasse Hände beim Umgang mit elektrischem Strom besonders gefährlich sind.

Wirkungen des elektrischen Stromes

7 a) Nenne unterschiedliche Wirkungen des elektrischen Stromes.
b) Welches elektrische Gerät nutzt die chemische Wirkung des elektrischen Stromes?
c) Welche Geräte nutzen die Wärmewirkung des elektrischen Stromes?

8 Auf einer Kabeltrommel steht:
„Beim Anschluss starker Geräte Kabel ganz abrollen. Überhitzungsgefahr!"
Begründe diese Anweisung.

Strom und Ladung

9 Eine CD wird mit einem weichen Tuch gerieben und über Papierstückchen gehalten, die auf einem Tisch liegen. Die Papierstückchen hüpfen einige Male auf und ab. Erkläre!

10 Drei verschiedene Stoffe A, B, C werden gerieben. Sie verhalten sich zueinander so, wie es die Abbildung zeigt: Mache Aussagen über ihre elektrische Ladung.

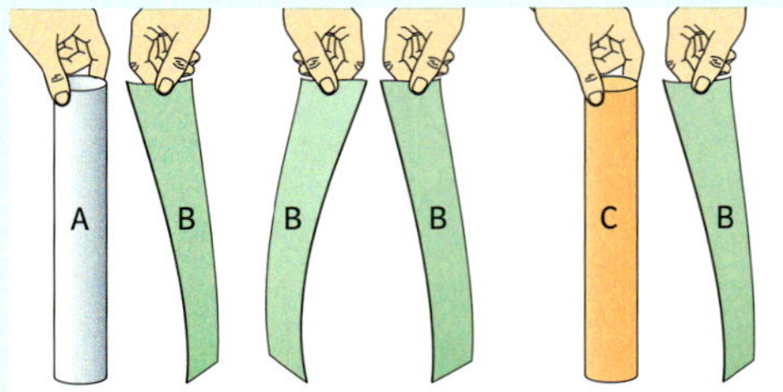

11 Zeichne die Ladungsverteilung eines **a)** neutralen, **b)** positiv geladenen, **c)** negativ geladenen Körpers.

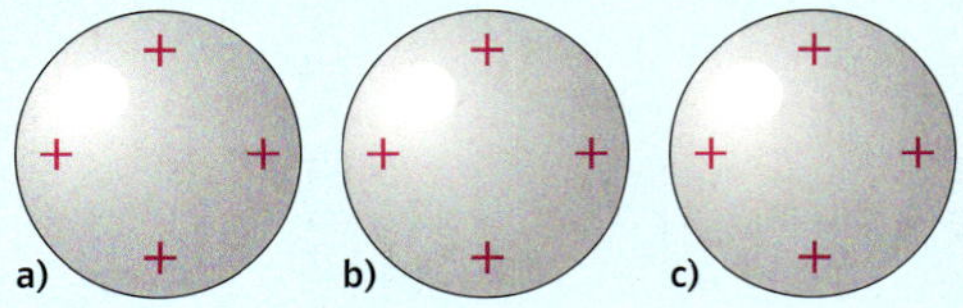

12 Durch eine positiv geladene Gewitterwolke wird im Blitzableiter Ladung verschoben. Skizziere die Ladungsverteilung im Blitzableiter.

13 Einem positiv geladenen Elektroskop wird eine negativ geladene Kugel genähert. Der Ausschlag des Elektroskops geht daraufhin zurück. Erkläre und zeichne die Ladungsverteilung des Elektroskops vor und nach Annäherung der negativ geladenen Kugel.

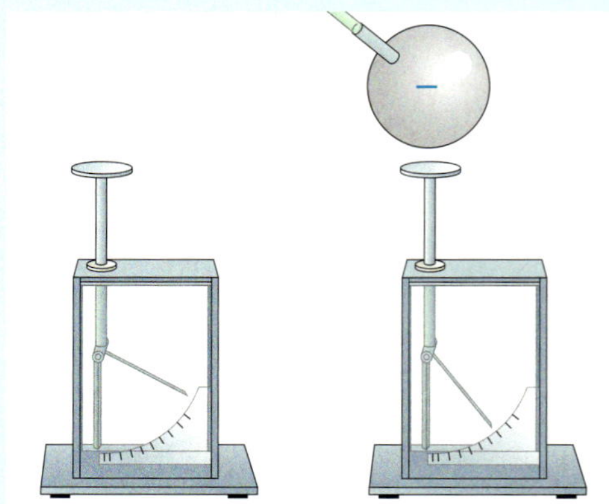

Elektrische Stromstärke

14 Die Aussage, in einer elektrischen Quelle sei „Strom drin" ist falsch. Begründe dies.

15 Nenne Anwendungen der magnetischen Wirkung des elektrischen Stromes.

Gesetze des Stromkreises

Warum können die Vögel auf den blanken Drähten sitzen, ohne Schaden zu nehmen?

Online-Link
772425-0500

Die elektrische Spannung

B1

V1 Schließt man eine Glühlampe mit der Aufschrift 7V an einen Batteriehalter für zwei Mignonzellen, so leuchtet die Lampe nur schwach. Wird dieselbe Lampe an einen Batteriehalter für vier Mignonzellen angeschlossen, so leuchtet sie heller auf.
Die Messung der Stromstärke zeigt: Je heller die Lampe leuchtet, desto größer ist die Stromstärke.

V2 Unterschiedliche Lämpchen werden jeweils einzeln in einer Reihenschaltung mit einem Messgerät für die Stromstärke an eine Batterie angeschlossen. Die Stromstärken sind verschieden.

V3 Bei manchen tragbaren elektrischen Geräten muss man mehrere Batterien in einer bestimmten Anordnung einsetzen, sonst funktionieren die Geräte nicht.
Auch im Akkumulator sind oft mehrere Zellen zusammengeschlossen. Wir schalten zwei gleiche Batterien in Reihe. Es gibt drei Möglichkeiten (→ **B2**), sie miteinander zu verbinden:

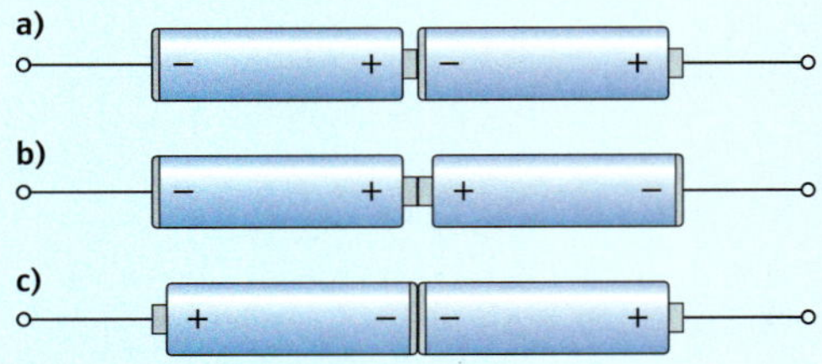

B2

Wir schließen ein geeignetes Lämpchen an diese zusammengesetzten Quellen an. Im Fall a) leuchtet es hell, in den Fällen b) und c) leuchtet es nicht.

Kennzeichen elektrischer Quellen Elektrische Quellen rufen in geschlossenen Stromkreisen elektrische Ströme hervor. Wird ein elektrisches Gerät an unterschiedliche Quellen angeschlossen, so ergeben sich Ströme unterschiedlicher Stromstärke. Umgekehrt führen verschiedene elektrische Geräte an der gleichen Quelle ebenfalls zu unterschiedlichen Stromstärken. Offensichtlich sind für die Stromstärke in einem Stromkreis sowohl die benutzten Geräte als auch die verwendete elektrische Quelle maßgebend. Die Eigenschaft, die den Einfluss einer Quelle auf die Stromstärke im Stromkreis eines bestimmten Gerätes beschreibt, heißt **elektrische Spannung**.

● **Die elektrische Spannung ist ein Kennzeichen einer elektrischen Quelle.**
Die elektrische Spannung bestimmt, zusammen mit dem angeschlossenen Gerät, die Stromstärke im Stromkreis.

Das Formelzeichen für die elektrische Spannung ist U.

Die Einheit der elektrischen Spannung ist **1 Volt**. Das Zeichen für den Einheitennamen Volt ist V. Die Bezeichnung Volt hat man zu Ehren des italienischen Physikers **Alessandro Volta** (1745–1827) gewählt, der als einer der Ersten elektrische Quellen untersuchte.

Für besonders große und kleine Spannungen gibt es weitere Einheiten:

$0{,}001\,V = 1\,mV$ (1 Millivolt)
$1000\,V = 1\,kV$ (1 Kilovolt)
$1000\,kV = 1\,MV$ (1 Megavolt)

Nervenreize erzeugen z. B. Spannungen von einigen Millivolt; die Fernsehröhre wird mit einigen Kilovolt betrieben; für einen Blitz sind mehrere Megavolt nötig.

A1 Ermittle die Spannung zum Betrieb einer Fahrradlampe, zum Laden eines Handys und zum Betrieb eines Taschencomputers.

A2 Ermittle über das Internet die Spannung der Fahrdrähte bei Lokomotiven in Deutschland und anderen europäischen Ländern.

Das Messen von Spannung Wie bestimmt man die Spannung einer Quelle? Hierfür wird ein Maß für die **Einheit 1 Volt** benötigt. Früher hat man bestimmte Batterien verwendet, deren Spannung die Einheit 1 Volt festlegte. Diese Batterien wurden Normalelemente genannt. Die Spannung tritt zwischen den Anschlüssen der Quelle auf. Deshalb gilt:

- **Messgeräte für die Spannung schaltet man parallel zur elektrischen Quelle.**

Abbildung **B2** zeigt ein Messgerät für die Spannung, an dem man verschiedene Messbereiche einstellen kann. Beim Anschluss des Spannungsmessgerätes an die Quelle müssen die Pole von Messgerät und Quelle an den Anschlussstellen übereinstimmen.

- **Beim Messen der Spannung einer Quelle muss die mit Plus bezeichnete Anschlussstelle des Messgerätes mit dem Pluspol der Quelle, die mit Minus bezeichnete Anschlussstelle mit dem Minuspol der Quelle verbunden werden.**

Bei Strömen unterscheiden wir Gleichstrom und Wechselstrom. Einmal fließen die Elektronen immer in die gleiche Richtung. Bei technischen Wechselströmen ändert sich die Richtung des Stromes 50-mal in der Sekunde.

Beim Messen der Spannung muss dieses beachtet werden und das Messgerät entweder auf DC (Direct current = Gleichstrom) oder AC (Alternating current = Wechselstrom) gestellt werden.

Die Schaltung elektrischer Quellen Haben zwei Quellen die gleiche Spannung, so kann man sie so zusammenschalten, dass ihre gemeinsame Spannung entweder den doppelten Wert einer Quelle oder 0 Volt ergibt.

Der erste Fall tritt dann ein, wenn die beiden Quellen so in Reihe geschaltet werden, dass sich ihre Plus- oder Minuspole abwechseln. Stehen sich gleichnamige Pole der Quellen gegenüber, so tritt der zweite Fall ein: die Spannung beider Quellen zusammen ist 0 Volt.

Haben die beiden Quellen nicht die gleiche Spannung, so addieren sich im ersten Fall ihre Spannungen, während im zweiten Fall die Differenz der beiden Spannungen gebildet wird.

Schaltet man zwei Quellen gleicher Spannung mit gleichsinniger Polung parallel zueinander, dann ändert sich die Spannung der zusammengesetzten Quelle nicht.

B2 Messgerät mit Messbereichsschalter

Solarzelle	0,5 V	Autobatterie	12 V
Knopfzelle	1,35 V	Haushaltssteckdose	230 V
Mignonzelle	1,5 V	Straßenbahn	500 V
Monozelle	1,5 V	Zündkerze beim Auto	15 000 V
Stabbatterie	3,0 V	Eisenbahnfahrdraht	15 000 V
Flachbatterie	4,5 V	Hochspannungsleitung	110 000 V
Fahrraddynamo	6 V	Höchstspannungsleitung	230 000 – 380 000 V
Blockbatterie	9 V	Blitz	einige Millionen V

B1 Verschiedene Spannungen

Elektrische Fische – natürliche Quellen mit hoher und gefährlicher Spannung

Physik überall

Es gibt 200 Arten von elektrischen Fischen. Zitterrochen, Zitteraal und Zitterwels haben besondere Organe, die Spannungen bis zu 800 V und Ströme von 2- bis 3tausendstel Sekunden Dauer erzeugen können. Diese Stromstärke ist für Menschen lebensgefährlich.

Andere elektrische Fische, wie Nilhecht, Hai oder Messeraal, erzeugen Spannungen von nur einigen Millivolt. Sie rufen damit elektrische Felder hervor. Mit speziellen Sinnesorganen können sie Veränderungen des Feldes durch Gegenstände oder andere Lebewesen feststellen und sich so auch in trüben oder dunklen Gewässern orientieren.

B3

Elektrische Energie und Spannung

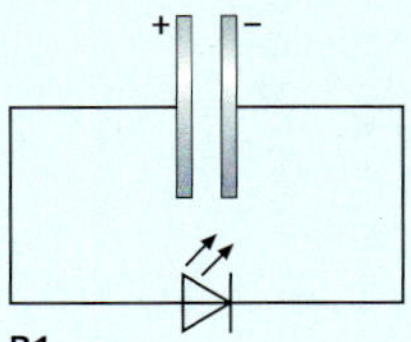

B1

V1 Zwei Metallplatten werden in geringem Abstand parallel zueinander aufgestellt und kurz mit je einem Pol einer elektrischen Quelle verbunden.
Verbindet man anschließend die Platten über eine Diode, so leuchtet diese schwach (→ **B1**).

Die Platten werden erneut kurz mit den Polen der Quelle verbunden. Sie werden auseinandergezogen. Jetzt leuchtet die Diode hell auf!

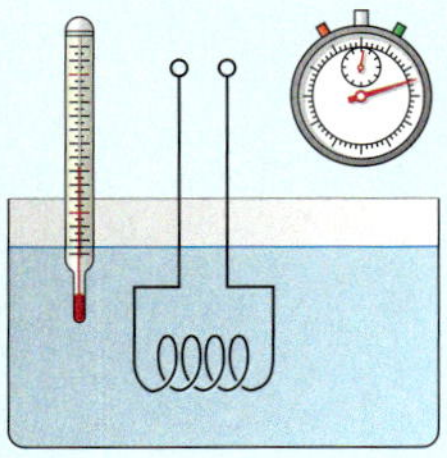

B2

V2 Wir erwärmen je 400 g Wasser von gleicher Temperatur mit zwei verschiedenen Tauchsiedern. Die Tauchsieder schließen wir so an regelbare elektrische Quellen an, dass die Stromstärke jeweils gleich ist, z. B. $I = 3{,}7\,\text{A}$. Wir messen die Temperaturen des Wassers im Laufe der Zeit (→ **B2**):

	Temperatur in °C nach der Zeit			
	0 s	30 s	60 s	90 s
Tauchsieder I	17	32	46	61
Tauchsieder II	17	29	41	53

V3 Wir schließen die beiden Tauchsieder aus **V2** an die gleiche elektrische Quelle an. Wir messen:

	Temperatur in °C nach der Zeit			
	0 s	30 s	60 s	90 s
Tauchsieder I	17	32	46	61
Tauchsieder II	17	36	55	74

Die Stromstärken in den Tauchsiedern sind verschieden. Die Temperaturen im Wasser steigen unterschiedlich rasch an.

Ladung und Energie Ein sinkendes Gewichtsstück kann einen Generator mit angeschlossener Glühlampe antreiben. Ihr Leuchten zeigt, dass Höhenenergie in elektrische Energie umgewandelt wird. Unterbricht man den Stromkreis, so sinkt das Gewichtsstück schneller. Jetzt tritt Bewegungsenergie an die Stelle der elektrischen Energie.

Elektrischer Strom ist bewegte Ladung. Wie man einer Ladung Energie zuführen kann, zeigt ein Versuch (→ **B3**): Zwei isolierte, parallel zueinander angeordnete Metallplatten werden an den Anschlüssen einer elektrischen Quelle geladen. Dann öffnet man den Stromkreis und verbindet die Platten kurzzeitig mit einer Diode. Die Diode leuchtet kurz auf. Die Platten entladen sich vollständig. Werden die Platten nach dem Laden auseinandergezogen und dann entladen, so leuchtet die Diode wesentlich heller auf. Offensichtlich wandelt nun die Diode mehr Energie um als vorher, als die Platten näher beieinander waren.
Die zusätzliche elektrische Energie der Ladung auf den Platten ist eine Folge des Auseinanderziehens der Platten. Da beim Laden in beiden Fällen die gleichen Bedingungen vorliegen, nehmen wir an, dass die elektrische Ladung auf den Platten in beiden Versuchen gleich ist. Das Auseinanderziehen der entgegengesetzt geladenen Platten erfordert Energie. Die elektrische Energie hängt also nicht nur von der bewegten Ladung bzw. der Stromstärke, sondern auch von einer Eigenschaft der Quelle ab, die wir mit der **elektrischen Spannung** kennzeichnen.

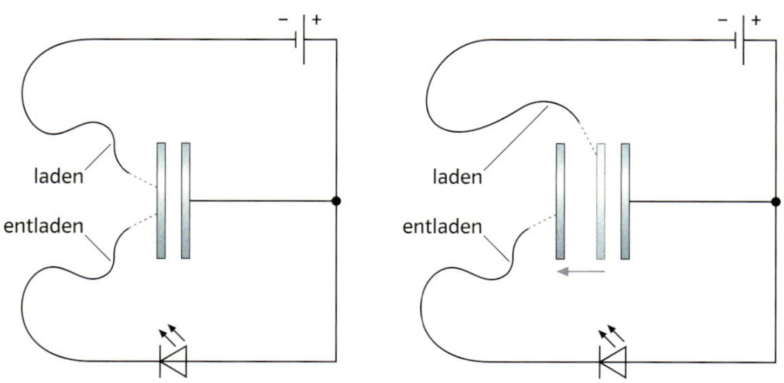

B3 Werden die Platten nach dem Laden weiter auseinandergezogen, so leuchtet die Diode beim Entladen heller.

● **Die elektrische Spannung gibt an, wie viel Energie nach dem Trennen der Ladung von einer Spannungsquelle gespeichert wird.**

Die Spannung wird in der Einheit 1 Volt (1 V) gemessen. Bei 1 V kann eine Ladung von 1 As die Energie 1 J umwandeln.

A1 Wird die Diode im Versuch nach Abbildung **B3** auch aufleuchten, wenn man den Plattenabstand verringert?

Zusammenhang zwischen Spannung und Stromstärke

Werkstatt

Lernstationen:
In nebenstehenden Lernstationen ist der Zusammenhang zwischen Spannung und Stromstärke zu untersuchen.

Station I

Vergleich von Glühlampe und Elektromotor

Geräte: Glühlampe mit Halter, Elektromotor mit Halter, Schalter, Kabel, Netzgerät, Stromstärkemessgerät, Spannungsmessgerät

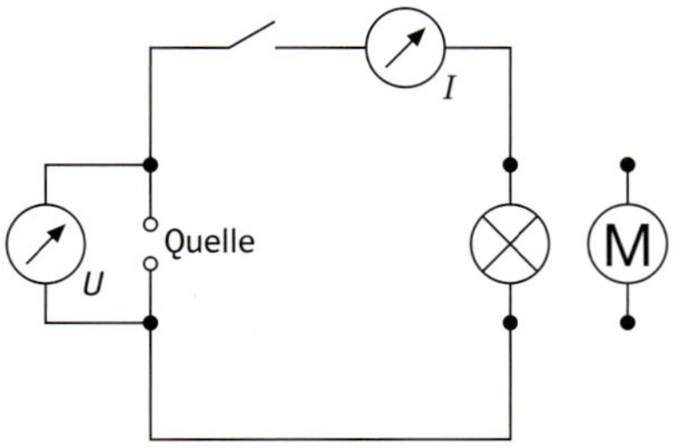

Schließe nacheinander eine Glühlampe und einen kleinen Elektromotor an eine elektrische Quelle an, miss jeweils Spannung U und Stromstärke I und bestätige: Bei gleicher Spannung ergeben sich verschiedene Stromstärken.

Station II

Einfluss der Temperatur auf die Stromstärke

Geräte: 2 Tonnenfüße, Isolierhalter, Draht, Bunsenbrenner, Netzgerät, Schalter, Kabel, Stromstärkemessgerät, Spannungsmessgerät

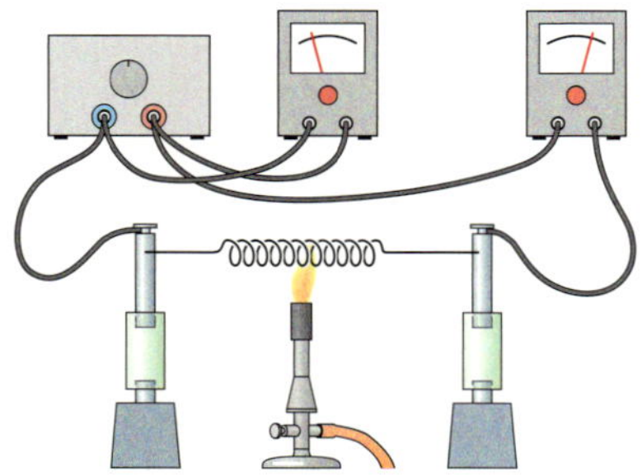

Miss Spannung und Stromstärke bei einem Eisendraht. Erhitze den Draht mit dem Bunsenbrenner. Notiere deine Beobachtungen.

Station III

Kennlinie einer Glühlampe

Geräte: Glühlampe mit Halter, Schalter, Kabel, Stromstärkemessgerät, Spannungsmessgerät, Netzgerät

Entwirf eine Schaltung zum Betrieb der Glühlampe. Miss die Stromstärke I für unterschiedliche Spannungen U und trage die Ergebnisse in eine Tabelle ein:

U in V	0	1,0	2,0	3,0	4,0	5,0	6,0
I in A	0						

Übertrage die Ergebnisse in ein Diagramm.

Station IV

U und I bei konstanter Temperatur

Geräte: Eisendraht, 2 Krokodilklemmen, Netzgerät, Schalter, Stromstärkemessgerät, Spannungsmessgerät, Kabel, Becherglas mit Wasser

Miss für einen Eisendraht die Stromstärke bei unterschiedlichen Spannungen. Wiederhole die Messungen mit dem Draht im Wasserbad.

U in V	1,0	2,0	3,0	4,0	5,0
Luft I in A					
Wasser I in A					

Der elektrische Widerstand Vergleicht man Stromstärken bei gleicher Spannung in unterschiedlichen Geräten, so ergeben sich verschiedene Werte. Die verschiedenen Geräte leiten den Strom unterschiedlich gut. Eine höhere Stromstärke bedeutet, dass die Bewegung von Elektronen im Stromkreis leichter möglich ist. Geräte, die bei gleicher Spannung eine größere Stromstärke als andere Geräte zulassen, haben einen kleineren elektrischen Widerstand. Den Widerstand erfassen wir durch den Quotienten U/I.

● **Bei einer Spannung U und einer Stromstärke I berechnet man den elektrischen Widerstand R eines Leiters bzw. Gerätes durch:**

$$R = \frac{U}{I}$$

Die Einheit des elektrischen Widerstandes ist 1 Ohm = 1 Ω, benannt nach dem Physiker **Georg Simon Ohm** (1789–1854). Es gilt:

$$1\,\Omega = \frac{1\,\text{V}}{1\,\text{A}}$$

Gute Leiter haben einen kleinen elektrischen Widerstand.

Beachte:
Das Wort „Widerstand" kennzeichnet sowohl ein Bauteil als auch eine Eigenschaft des Bauteils.

Häufig verwendete Vielfache von 1 Ω sind:
1 kΩ = 1000 Ω
1 MΩ = 1 000 000 Ω

Das Ohm'sche Gesetz

Wie findest du ein Gesetz?

Beobachtungen in der Umwelt (U, I bei verschiedenen Drähten)

▼

Experimentelle Untersuchung (Wir stellen Messreihen auf.)

▼

Wiedergabe der Messwerte im Diagramm

▼

Suche nach einem mathematischen Zusammenhang (Ursprungsgeraden zeigen proportionale Größen an.)

▼

Formulierung eines Gesetzes (Ohm'sches Gesetz)

▼

Überprüfung der Aussage an Beobachtungen

Der Widerstand eines elektrischen Bauteils ergibt sich aus zusammengehörigen Werten von Spannung und Stromstärke. Berechnet man den Quotienten U/I, so ergibt sich für jedes Wertepaar ein Wert für den Widerstand R.

U in V	0	1,0	2,0	3,0	4,0	5,0
I in A	0	0,34	0,60	0,80	0,98	1,08
$R = U/I$ in Ω	–	2,9	3,3	3,8	4,1	4,6

B1 Messwerte für Eisendraht

Hier steigt der Widerstand mit wachsender Spannung und steigender Stromstärke. Dieses gilt zum Beispiel für Eisendraht. Es gibt eine spezielle Metalllegierung, für die der Widerstand konstant bleibt. Sie heißt **Konstantan**.

U in V	0	1,0	2,0	3,0	4,0	5,0	6,0	7,0
I in A	0	0,12	0,25	0,37	0,50	0,61	0,79	0,87
$R = U/I$ in Ω	–	8,3	8,0	8,1	8,0	8,1	8,1	8,0

B2 Messwerte für Konstantandraht

Die Werte für den Widerstand sind annähernd konstant. Größen, deren Quotient konstant ist, sind proportional zueinander. Die Messpunkte proportionaler Größen liegen in einem U-I-Diagramm auf einer Geraden durch den Ursprung (→ **B3**).

Auch die Messwerte für einen Eisendraht im Wasserbad liegen annähernd auf einer Geraden durch den Ursprung. Das Wasserbad verhindert eine Erwärmung des Eisendrahtes durch den Strom. Für solche Fälle hat Georg Simon Ohm ein nach ihm benanntes Gesetz formuliert.

● **Ohm'sches Gesetz: Stromstärke und Spannung sind bei konstanter Temperatur des Bauteils zueinander proportional.**

Beim Eisendraht ist die Stromstärke für jeden Wert der Spannung größer als beim Konstantandraht, der Widerstand $R = U/I$ des Eisendrahtes ist also kleiner als der des Konstantandrahtes. Die steilere Gerade im U-I-Diagramm zeigt einen geringeren Widerstand an. Gekrümmte Kurven zeigen, dass der Widerstand des entsprechenden Bauteils (Leiters) nicht konstant ist. Hier gilt das Ohm'sche Gesetz nicht. Die Kurve im U-I-Diagramm kennzeichnet das Bauteil und heißt **Kennlinie**.

■ **A1** Ermittle aus dem Diagramm die Werte für U und I beim Graphitstab. Schreibe die Werte in eine Tabelle und berechne jeweils den Widerstand. Was stellst du fest?

■ **A2** Bestimme die Gleichungen für die eingezeichneten Geraden von Konstantandraht und Eisendraht in Wasser.

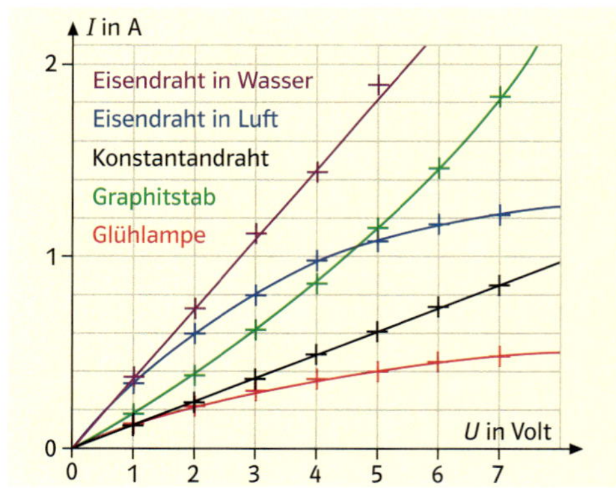

B3 U-I-Kennlinie verschiedener Drähte

Physik überall

Ein Lehrer wird berühmt

Georg Simon Ohm

Georg Simon Ohm wurde 1789 in Erlangen geboren. Sein Vater war Schlossermeister. Mit 16 Jahren ging Ohm zur Universität, um Lehrer zu werden. Als Oberlehrer am Gymnasium in Köln untersuchte er den Zusammenhang von Stromstärke und Spannung bei verschiedenen Drähten. Zuerst musste er eine zuverlässige elektrische Quelle und ein Messgerät für die Stromstärke erfinden.
1826 schrieb er: „… Ich hatte mir 8 verschiedene Leiter vorgerichtet, die 2, 4, 8, 10, 18, 34, 66, 130 Zoll lang, 7/8 Linie dick und insgesamt aus einem Stück sogenannten plattiertem Kupferdraht geschnitten waren. (…)"

Aus seinen Messreihen ließ sich die heute nach ihm benannte Gesetzmäßigkeit ableiten. Seine Entdeckung wurde jedoch zunächst nicht beachtet.
Erst 1842 erhielt Georg Simon Ohm aus England eine goldene Medaille, die dem heutigen Nobelpreis vergleichbar ist. Sie brachte ihm auch in Deutschland Anerkennung. Er wurde daraufhin Professor in München.

Umgang mit Daten und Diagrammen

Der Zusammenhang zwischen Spannung und Stromstärke bei einem Konstantandraht soll untersucht werden. Im *U*-*I*-Diagramm müsste sich aufgrund des Ohm'schen Gesetzes eine Ursprungsgerade ergeben. Die angelegte Spannung wird in 1-V-Schritten erhöht und die entsprechende Stromstärke wird gemessen. Die Messwerte werden in eine Tabelle eingetragen:

U in V	0	1	2	3	4	5
I in A	0	0,17	0,36	0,48	0,72	0,89

1. Schritt: Achsenkreuz zeichnen Wie du beim Zeichnen eines Achsenkreuzes vorgehen musst, siehst du am Rand.

Betrachtet man den Zusammenhang zwischen Spannung und Stromstärke wird die Spannung auf die Rechtsachse und die Stromstärke auf die Hochachse aufgetragen. Die Achsen sollten etwa 8 cm bis 10 cm lang sein. Mit dieser Angabe kannst du dir einen passenden Maßstab überlegen. In unserem Beispiel ist der größte Wert für die Spannung 5 Volt. Wenn für 1 Volt 2 cm gewählt werden, ist die Rechtsachse 10 cm lang. Für die *I*-Achse könnte 1 cm für 0,1 A gewählt werden.

2. Schritt: Messpunkte und Ausgleichsgerade Zeichne für jedes Wertepaar (*U*/*I*) ein kleines Kreuzchen ein. Wenn die Messpunkte so liegen, dass sie etwa eine Gerade bilden, dann zeichne die Gerade mit dem Lineal in einem durch. Dabei befinden sich einige Punkte ein wenig ober-, andere ein wenig unterhalb der Geraden. Das Diagramm sieht dann wie in Abbildung B1 aus. Man nennt eine solche Gerade **Ausgleichsgerade**.

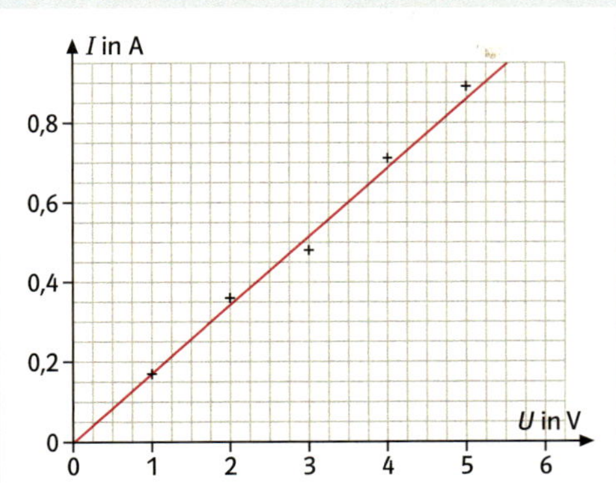

B1

Messfehler Der Versuch wird mit unveränderten Versuchsbedingungen zweimal wiederholt. Die Tabelle zeigt alle Ergebnisse:

U in V	0	1	2	3	4	5
a) *I* in A	0	0,17	0,36	0,48	0,72	0,89
b) *I* in A	0	0,18	0,34	0,5	0,7	0,85
c) *I* in A	0	0,16	0,33	0,52	0,67	0,84

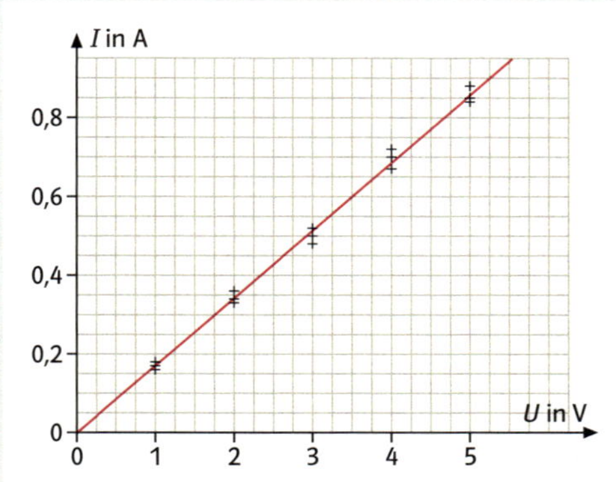

B2

Dass nicht jeder Durchgang exakt die gleichen Werte liefert, liegt an den Messfehlern, die bei jeder Art von Messung auftreten. Manchmal liegt dies am Messgerät, manchmal an der Ablesegenauigkeit. Abbildung **B2** zeigt das *U*-*I*-Diagramm, wenn alle Messwerte eingetragen werden. Die Ausgleichsgerade kann durch die Mitte der jeweils drei Kreuzchen gelegt werden.

Das Diagramm ist nun recht unübersichtlich geworden. Daher zeichnet man üblicherweise statt mehrerer Messwerte nur ihren **Mittelwert** ein. Dies ist zulässig, wenn die Versuchsbedingungen bei jeder Messung unverändert waren. Du kannst den Mittelwert berechnen, indem du die zusammengehörenden Werte addierst und das Ergebnis durch die Anzahl der Messungen teilst.

Zum Beispiel ist der Mittelwert der Stromstärke für die Spannung $U = 1\,\text{V}$ in unserem Beispiel:

$$I = \frac{0{,}17\,\text{A} + 0{,}18\,\text{A} + 0{,}16\,\text{A}}{3} = 0{,}17\,\text{A}$$

A1 Berechne die Mittelwerte für alle weiteren Spannungen. Trage sie dann in ein *U*-*I*-Diagramm ein und zeichne eine Ausgleichsgerade. Vergleiche mit den zwei anderen Diagrammen.

Kompetenz

So wird ein Diagramm gezeichnet

Waagerechte und senkrechte Achse zeichnen.

▼

Maßstab festlegen.

▼

Achsen beschriften (Formelzeichen und Einheiten).

▼

Punkte einzeichnen.

▼

Punkte eventuell verbinden.

Kompetenz

Erklären und Verstehen mit Modellvorstellungen

Modelle sind uns aus dem Alltag bekannt. Sie stellen mehr oder weniger genaue Abbilder eines Originals dar. Zum Beispiel zeigen Modelleisenbahnen, zahlreiche Details und Funktionen, auf die es uns ankommt, andere Details werden dagegen nicht widergegeben. Die Modelle dienen als vereinfachter Ersatz des Originals. Die Modelle, die in den Naturwissenschaften, insbesondere in der Physik, verwendet werden, dienen ebenfalls der vereinfachenden Beschreibung von Beobachtungen. Sie sind Erklärungs- bzw. Vorstellungshilfen.

Ein Modell wird so lange als Erklärungshilfe beibehalten, bis man eine Beobachtung nicht mehr mit seiner Hilfe erklären kann. Dann muss es erweitert oder durch ein neues Modell ersetzt werden.

In einem Versuch wird die Stromstärke in einem gewickelten Eisendraht gemessen (→ **B1**).

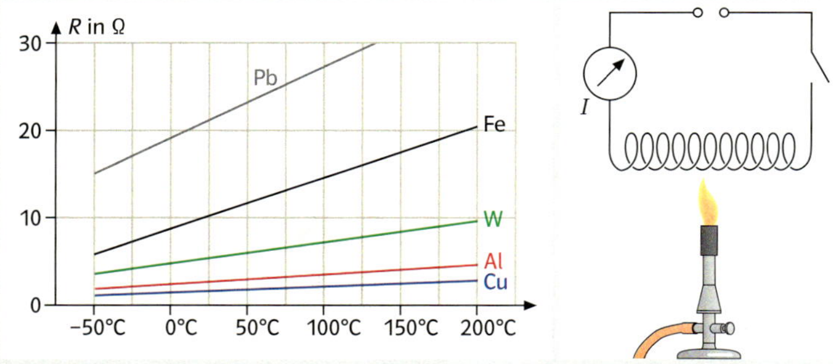

B1 Widerstand bei 100 m Länge und 1 mm² Querschnittsfläche

Man stellt fest, dass sich der Widerstand des Eisendrahtes infolge der höheren Temperatur vergrößert hat. Wird derselbe Eisendraht in eine kalte Eis-Salz-Mischung getaucht, so wird der Widerstand kleiner. Nicht nur Eisen, sondern auch viele andere Metalle (z. B. Kupfer, Aluminium) verhalten sich ähnlich.

● **Bei vielen metallischen Leitern nimmt der Widerstand mit der Temperatur zu.**

Mit dem Elektronen-Modell lässt sich das Verhalten wie folgt erklären: Bei Normaltemperatur bewegen sich Elektronen und Atome des Drahtmaterials unregelmäßig hin und her (→ **B2 a**). Bei höherer Temperatur werden diese Bewegungen heftiger. Befindet sich der Draht in einem Stromkreis, so bewegen sich die Elektronen zunehmend in Richtung auf den Pluspol und stoßen dabei gegen die schwingenden Atome. Dieses geschieht umso häufiger, je stärker die Atome schwingen. Die Elektronen erfahren bei ihrer Bewegung eine größeren Widerstand (→ **B2 b, c**).

Bei einem Draht mit hohem Widerstand übertragen die Elektronen bei elektrischem Strom Energie auf den Draht. Dieser wird warm. Dadurch ergibt sich ein Energiestrom in die Umgebung. Die Nutzenergie am elektrischen Gerät wird kleiner.

A1 Warum erfüllt ein Eisendraht im Wasser das Ohm'sche Gesetz, in Luft aber nicht?

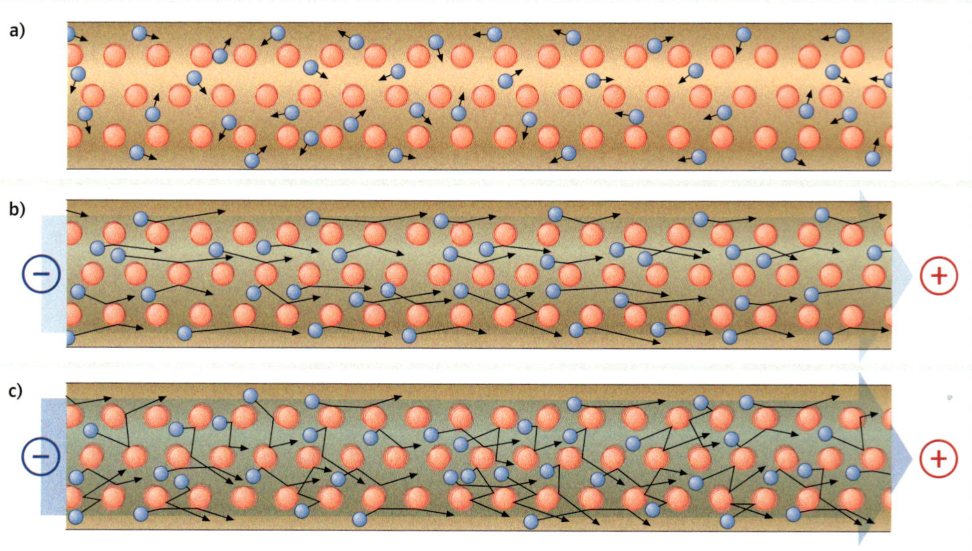

B2

► S. 250 Struktur der Materie

Technische Widerstände

Physik überall

Als elektrischen Widerstand bezeichnet man die physikalische Eigenschaft eines Leiters, den Strom zu hemmen. Häufig wird das Wort Widerstand in einer weiteren Bedeutung zur Bezeichnung des Bauteils verwandt. Dies muss man deutlich unterscheiden.
In der Elektronik werden häufig Bauteile benötigt, die die Stromstärke begrenzen. Hierzu benutzt man Bauteile mit Widerstand in unterschiedlichen Formen.

Farbcode für Kohleschicht-Widerstände

Ringfarbe	1. Ring 1. Ziffer	2. Ring 2. Ziffer	3. Ring	4. Ring
	0	0	x 1 Ω	
	1	1	x 10 Ω	± 1 %
	2	2	x 100 Ω	± 2 %
	3	3	x 1 kΩ	
	4	4	x 10 kΩ	
	5	5	x 100 kΩ	
	6	6	x 1 MΩ	
	7	7	x 10 MΩ	
	8	8	x 100 MΩ	
	9	9		
			x 0,1 Ω	± 5 %
			x 0,01 Ω	± 10 %

B1 Farbcode bei Schichtwiderständen

Elektronische Geräte enthalten viele **Schichtwiderstände** (→ **B2**). Sie bestehen aus einem Keramikröhrchen, auf das eine dünne Kohle- oder Metallschicht als Leiter aufgedampft ist. Schichtwiderstände werden bei kleinen Stromstärken verwendet. Auf diesen Widerständen befinden sich vier farbige Ringe, mit deren Hilfe man nach einem festgelegten Farbcode den Widerstand ablesen kann (→ **B1**):

1. Ring = 1. Ziffer
2. Ring = 2. Ziffer
3. Ring = Zahl der anzuhängenden Nullen
4. Ring = Abweichung in %

Auf diese Art wird der Widerstand in Ohm angegeben. Die Farbe des vierten Ringes informiert über die mögliche Abweichung des Widerstandes vom angegebenen Wert. Beispiel:

Gelb – Violett – Braun – Braun
4 7 0 1%
470 Ω mit 1% Abweichung

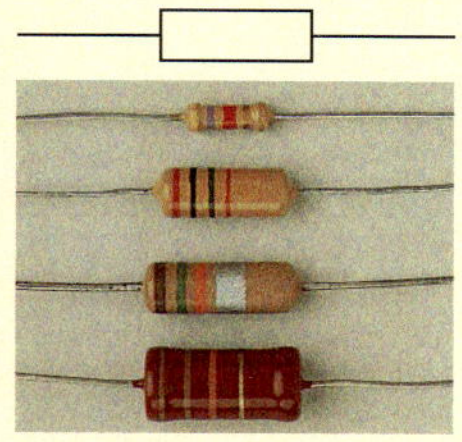

B2 Schaltzeichen für Widerstand (oben), Schichtwiderstände mit Farbcodierung (unten)

Supraleitung

1987 erhielten der Deutsche **J. G. Bednorz** und der Schweizer **K. A. Müller** für die Entdeckung der Hochtemperatursupraleitung den Physiknobelpreis. Die Temperaturabhängigkeit des elektrischen Widerstandes zeigt bei einigen Stoffen eine Besonderheit: Bei Abkühlung unterhalb einer bestimmten Temperatur verschwindet der Widerstand plötzlich. Es entsteht **Supraleitung**.

Supraleitende Stoffe haben keinen Widerstand. Ein einmal in Gang gesetzter Strom im Supraleiter bleibt auch ohne angeschlossene Quelle ständig bestehen; in einem Experiment geschieht dies schon mehrere Jahre lang. Der Nachteil ist, dass man hierfür sehr niedrige Temperaturen benötigt. Vor der Entdeckung von Bednorz und Müller brauchte man flüssiges Helium (−269 °C) zum Kühlen. Für Hochtemperatur-Supraleiter (z. B. Yttrium-Barium-Kupferoxid) reicht flüssiger Stickstoff, mit einer Temperatur von −169 °C, um Supraleitung zu erzeugen. Die Supraleitung wird heute zum Bau sehr starker Elektromagnete, z. B. für medizinische Geräte und in der Forschung, angewandt. Auch Computer mit Supraleitern werden entwickelt.

B3

B3 zeigt eine mit flüssigem Stickstoff gekühlte supraleitende Probe, über der ein kleiner Scheibenmagnet schwebt. Ein Kreisstrom in ihr erzeugt ein Magnetfeld, das so gerichtet ist, dass es den Magnet abstößt. Ohne Kühlung hört der Strom wegen des entstehenden Widerstandes auf und der Magnet fällt herunter.

Durch sehr hohen Druck werden einige Stoffe schon zwischen −147 °C und −127 °C supraleitend.

Physik überall

Temperaturabhängige Widerstände

Bei reinen Metallen nimmt der Widerstand mit steigender Temperatur deutlich zu. Erwärmt man z. B. einen Kupferdraht von 20 °C auf 120 °C, so erhöht sich sein elektrischer Widerstand auf das Vierfache. Metalle sind Leiter, die im kalten Zustand besser leiten als im erwärmten. Sie gehören zu den **Kaltleitern** oder **PTC-Widerständen** (→ **B1**). PTC bedeutet **p**ositiver **T**emperatur**c**oeffizient, d. h., der Widerstand steigt mit der Temperatur.

Bei manchen Metall-Legierungen, wie Konstantan (60 % Kupfer, 40 % Nickel), bleibt der Widerstand des Drahtes fast gleich, auch wenn die Temperatur steigt.

Es gibt auch **Heißleiter**. Ihr Widerstand ist im warmen Zustand kleiner als im kalten (→ **B1**). Man nennt sie **NTC-Widerstände**. NTC bedeutet **n**egativer **T**emperatur**c**oeffizient, d. h., mit steigender Temperatur vermindert sich der Widerstand.

Der mit zunehmender Stromstärke abnehmende Widerstand dieser Bauteile kann mit **PTC**-Widerständen ausgeglichen werden. Eine zu große Stromstärke könnte z. B. die Bauteile zerstören: Die Erwärmung hätte eine höhere Stromstärke zur Folge, die zu einer noch größeren Erwärmung führte, welche die Stromstärke weiter wachsen ließe, usw.

In der Technik werden sowohl **PTC**- als auch **NTC**-Widerstände verwendet, um als Temperaturfühler für elektrische Thermometer die Temperatur von Kleinanlagen, Heiz- und Backgeräten, Kühlanlagen und Kühlschränken zu regeln. Mit ihrer Hilfe lassen sich auch temperaturabhängige Vorgänge steuern und elektronische Schaltungen gegenüber Temperaturänderungen unempfindlich machen.

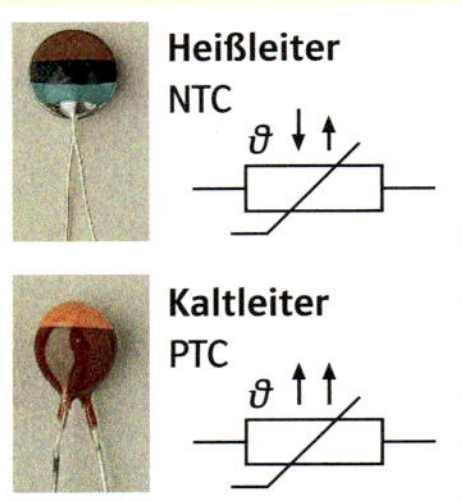

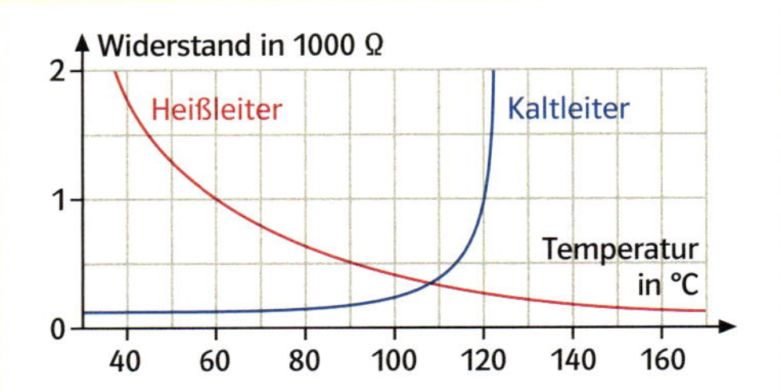

B1 *T-R*-Diagramm von Widerständen

Kompetenz

Messen und Protokollieren

Auftrag: In einem Wasserbad soll der Widerstand eines NTC-Bauteils in Abhängigkeit von der Temperatur untersucht werden (→ **B2**).

1 Skizze (→ **B3**).
2 Messwerte (→ **B4**).
3 Fertige ein Diagramm an (→ **B5**).
4 Formuliere eine Beziehung zwischen Temperatur und Widerstand mit „Je ..., desto ...“

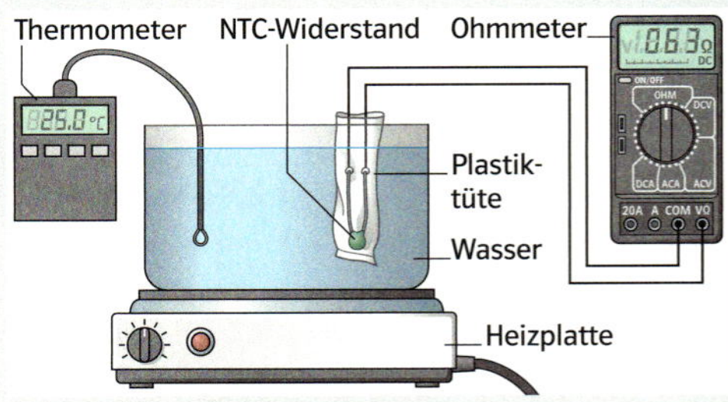

B3 Versuchsskizze

ϑ in °C	15	20	25	30	35	40	45	50	55
R in Ω	91	79	63	53	48	45	42	41	40

B4 Messwerte

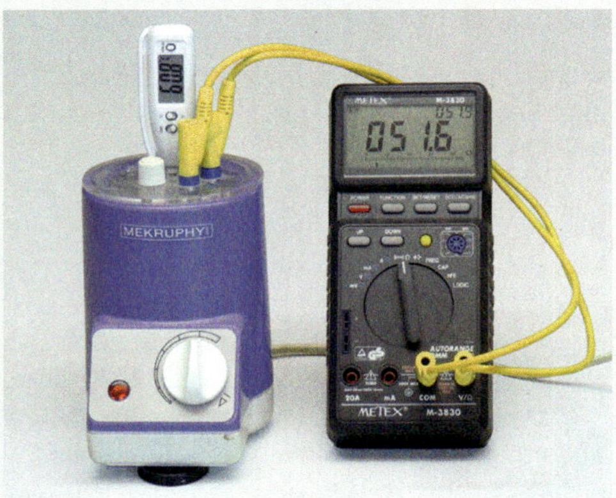

B2 Versuchsaufbau

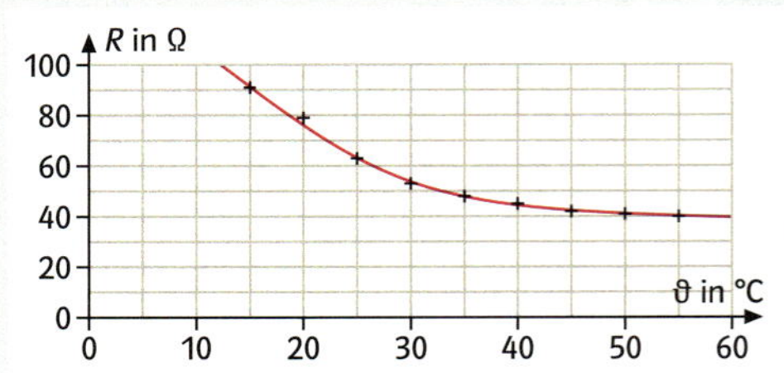

B5 Diagramm der Messwerte

Die „verstopfte" Leitung: Drähte sind Widerstände!

Für die Preisverleihung bei einem Sportfest wurden in großer Entfernung vom Verstärker Lautsprecher aufgestellt. Die erste Hörprobe war ein Misserfolg. Der Ton war kaum zu hören. Erst als dickere Kabel installiert wurden, brachten die Lautsprecher die gewohnte Leistung (→ **B1**). Weshalb?

In vielen elektrischen Geräten spielen Drähte als Bauteile eine wichtige Rolle, z. B. in Glühlampen oder in elektrischen Heizgeräten. Drähte bilden auch meistens die Leitungen in den Stromkreisen. Wenn die Spannung der Quelle konstant bleibt, bestimmt der Widerstand die Stromstärke in den Stromkreisen.

Abhängigkeiten richtig untersuchen Wir wissen bereits, dass der elektrische Widerstand eines Drahtes vom Material und von seiner Temperatur abhängt. Es stellt sich nun die Frage, ob verschiedene Drähte aus dem gleichen Material unterschiedliche Widerstände haben können. Es könnte zum Beispiel sein, dass der Widerstand von der Länge und von der „Dicke" des Drahtes abhängt.

Wie kann man so etwas untersuchen? Wir verdeutlichen uns das an einer Alltagssituation: Du willst wissen, ob der Laden Blix billiger ist als der Laden Blax. Hierzu kannst du den Preis von einer Tafel Schokolade bei Blix nicht mit dem Preis eines Kaugummis bei Blax vergleichen.

Man kann den Einfluss des Ladens auf den Preis nur dann beurteilen, wenn man außer dem Laden nichts ändert, d. h. wir können nur Schokolade mit Schokolade oder Kaugummi mit Kaugummi vergleichen.

Übertragen wir dieses Prinzip auf unsere ursprüngliche Fragestellung: Wollen wir den Einfluss der Länge eines Drahtes auf den Widerstand bestimmen, so muss der Draht immer gleich dick sein. Wollen wir den Einfluss der Dicke untersuchen, so muss er immer gleich lang sein.

A1 Untersuche den Einfluss der Größen Wassermenge, Wassertemperatur und Zuckermenge auf die Auflösungszeit von Zucker in Wasser.

B1

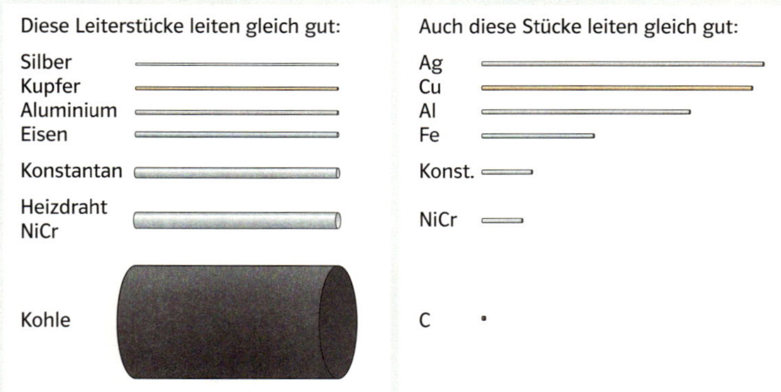

B2 Drahtstücke mit gleichem Widerstand

A2 a) Plane einen Versuch, in welchem du den Einfluss der Querschnittsfläche und der Länge eines Drahtes auf den elektrischen Widerstand bestimmst.
b) Zeichne ein Länge-Widerstand-Diagramm (zur Not anhand Tabelle **B3**). **Bestätige damit:** Der Widerstand eines Drahtes ist proportional zu seiner Länge: $R \sim l$
c) Wiederhole Teil b) für den Querschnittsfläche-Widerstand-Zusammenhang (z. B. mit Hilfe Tabelle **B4**). **Bestätige damit:** Wenn man die Querschnittsfläche eines Drahtes verdoppelt, halbiert sich der Widerstand. Der Widerstand eines Drahtes ist somit proportional zum Kehrwert seiner Querschnittsfläche: $R \sim 1/A$

I in A	0,52	0,25	0,18	0,13
U in V	8,0	8,0	8,0	8,0
l in m	0,25	0,50	0,75	1,0

B3 Messreihe für Konstantandrähte mit $d = 0{,}1\,\text{mm}$

I in A	0,13	0,52	1,2	2,1
U in V	8,0	8,0	8,0	8,0
d in mm	0,10	0,20	0,30	0,40

B4 Messreihe für Konstantandrähte mit $l = 1\,\text{m}$

Werkstatt Reihenschaltung

Lernstationen:
In nebenstehenden Lernstationen sind jeweils ein Stromkreis für eine Reihenschaltung aufzubauen und Stromstärken und Spannungen zu messen.

Station I

Spannungen im Stromkreis

Geräte: Netzgerät, Schalter, 2 gleiche Glühlampen (6 V/50 mA) mit Halter, 3 Spannungsmessgeräte, Kabel

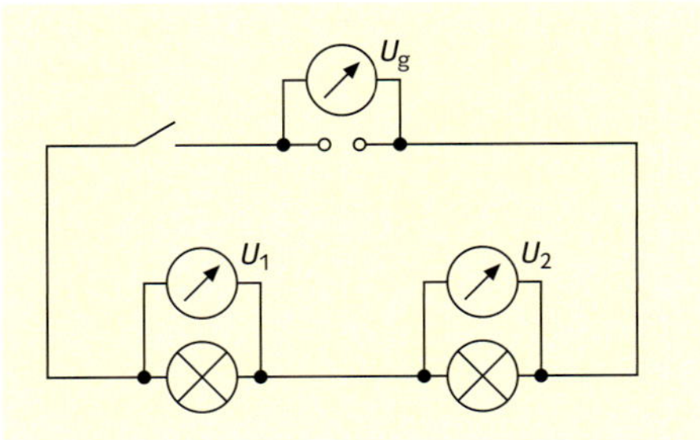

1 Baue die Schaltung entsprechend dem Schaltplan auf.
2 Stelle verschiedene Gesamtspannungen ein. Miss jeweils die Gesamtspannung U_g und die Teilspannungen U_1 und U_2 an den Lampen.
3 Lege eine Messtabelle an.
4 Formuliere eine Gesetzmäßigkeit.

Station II

Stromstärke im Stromkreis

Geräte: Netzgerät, Schalter, 2 gleiche Glühlampen (6 V/50 mA) mit Halter, Kabel, 3 Stromstärkemessgeräte

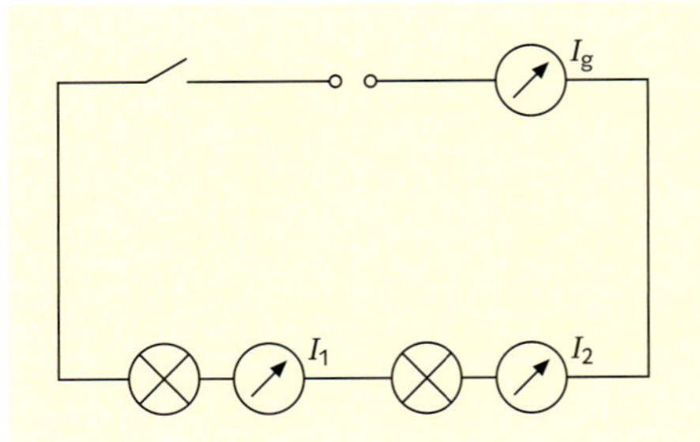

1 Baue die Schaltung entsprechend dem Schaltplan auf.
2 Stelle verschiedene Gesamtstromstärken bis maximal 50 mA ein und miss die Stromstärken I_1 und I_2.
3 Formuliere ein Ergebnis.

Station III

Unterschiedliche Lampen im Stromkreis

Geräte: Netzgerät, Schalter, 2 unterschiedliche Glühlampen (6 V/50 mA; 6 V/450 mA) mit Halter, 3 Spannungsmessgeräte, Kabel

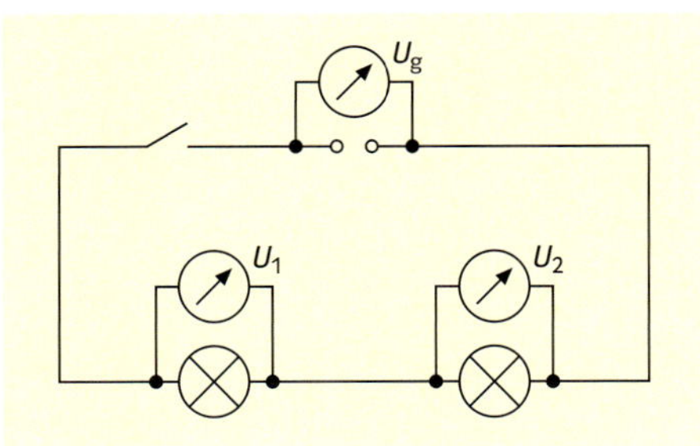

1 Baue die Schaltung entsprechend dem Schaltplan auf.
2 Stelle verschiedene Gesamtspannungen ein. Miss jeweils die Gesamtspannung U_g und die Teilspannungen U_1 und U_2 an den Lampen.
3 Lege eine Messtabelle an.
4 Was fällt dir auf?

Station IV

Was ist hier los?

Geräte: Netzgerät, Schalter, 2 unterschiedliche Glühlampen (6 V/50 mA; 6 V/450 mA) mit Halter, 3 Stromstärkemessgeräte, Kabel

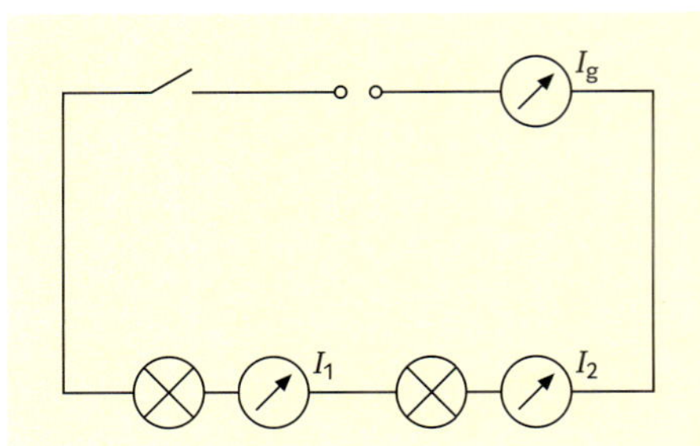

1 Baue die Schaltung entsprechend dem Schaltplan auf.
2 Stelle verschiedene Gesamtstromstärken bis maximal 50 mA ein und miss die Stromstärken I_1 und I_2.
3 Formuliere ein Ergebnis.

Die Stromstärke in einer Reihenschaltung

In einer Reihenschaltung ist die Stromstärke im gesamten Stromkreis gleich (→ **B1, B2**). Alle Messgeräte zeigen die gleiche Stromstärke an. Die Elektronen wandern erst durch die eine und dann durch die andere Lampe (→ **B2**).

Benutzt man zwei unterschiedliche Lampen, dann leuchten die beiden unterschiedlich hell, obwohl der gleiche Strom besteht.

● **Bei der Reihenschaltung von Lampen ist die Stromstärke überall im Stromkreis gleich groß:** $I_g = I_1 = I_2 = \ldots$

Die Spannung bei einer Reihenschaltung

Schließt du zwei gleichartige Lämpchen in Reihe, leuchten beide gleich hell. Die Spannung der Quelle verteilt sich je zur Hälfte auf beide Lampen (→ **B1**).
Verwendest du zwei Lampen, die unterschiedliche Spannungen benötigen, durch die aber ein Strom gleicher Stärke fließt, so verteilt sich die Spannung der Quelle. Hier ergibt die Summe der Spannungen an Lampe 1 und Lampe 2 die Gesamtspannung.

● **Bei der Reihenschaltung von Lampen ist die Gesamtspannung so groß wie die Summe der Einzelspannungen:** $U_g = U_1 + U_2 + \ldots$ **(Maschenregel)**

B1 Spannung und Stromstärke einer Reihenschaltung

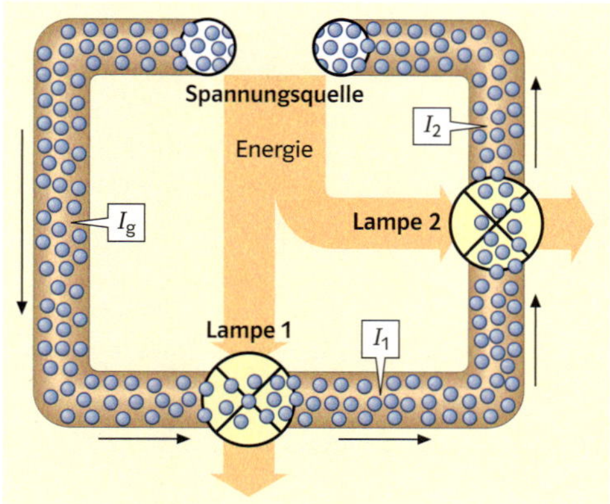

B2 Fluss der Elektronen durch eine Reihenschaltung

Der Spannungsteiler

Physik überall

In Experimenten und technischen Anwendungen werden häufig unterschiedlich große und auch nach Bedarf veränderbare Spannungen benötigt. Viele Quellen haben jedoch nur eine feste Spannung.
Mit einem **Spannungsteiler**, auch **Potentiometer** genannt, lässt sich einer Quelle mit der Spannung U jede kleinere Spannung entnehmen. Dazu schließt man einen veränderbaren Widerstand R wie in Abbildung **B3** an die Quelle an. Der Gleitkontakt „unterteilt" den Widerstand R in zwei in Reihe geschaltetete Widerstände R_1 und R_2.

Mit dem Gleitkontakt kann U_1 auf jeden Wert zwischen 0 V und U eingestellt werden.

Bei Drahtwiderständen ist ein isolierter Draht auf einen Zylinder gewickelt. Besteht mit Hilfe eines Schiebers die Möglichkeit (→ **B4**) verschieden lange Teile des Drahtes in den Stromkreis einzubauen, so ändert sich mit der Länge der Widerstand, man erhält einen Widerstand veränderbarer Größe.

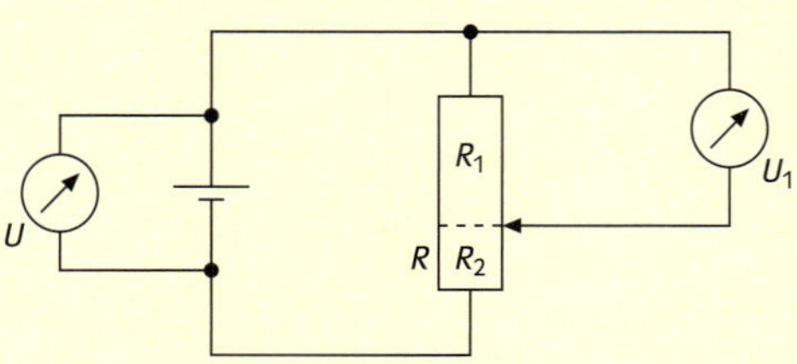

B3 Teilspannung U_1 am Spannungsteiler

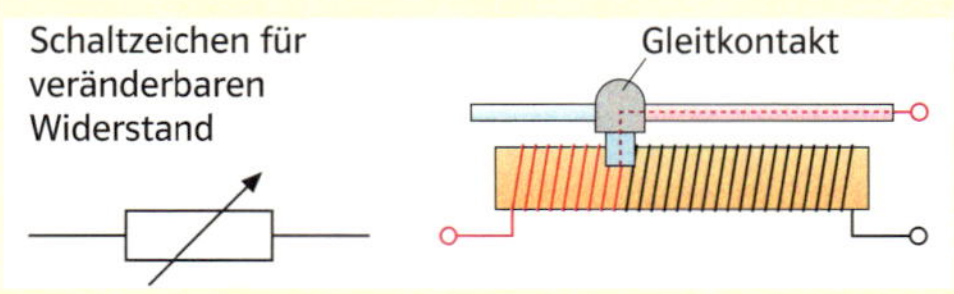

B4 Schiebewiderstand

Werkstatt

Parallelschaltung

Aus einem Skatspiel zieht jeder Schüler eine Karte. Die Farben (Kreuz, Pik, Herz und Karo) bilden jeweils eine Gruppe. In einer Gruppe ist der König der Gruppenleiter und der Bube der Protokollant. Die verbleibenden maximal sechs Gruppenmitglieder werden an die verschiedenen Stationen entsandt. Nach Durchführung der Experimente trägt jede Gruppe für sich die Ergebnisse zusammen, der Protokollant hält sie fest und erstellt ein Plakat, der Gruppenleiter trägt die Ergebnisse vor.

Gruppenpuzzle

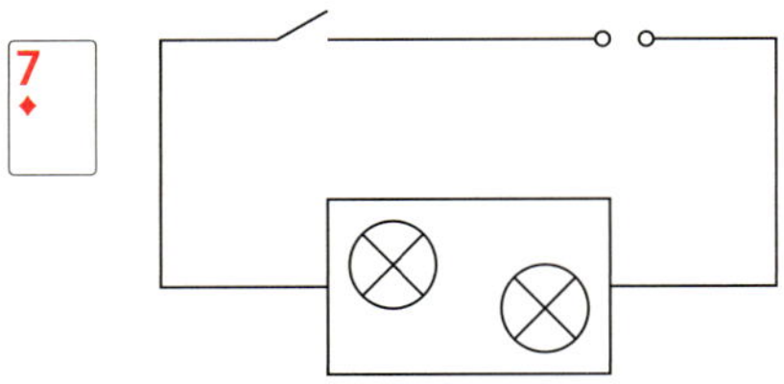

1 Erstelle eine Geräteliste.
2 Baue die Schaltung auf.
3 Drehe abwechselnd eine Glühlampe heraus.
4 Liegt in der Lernbox eine Parallelschaltung vor? Begründe dies. Ergänze den Schaltplan.

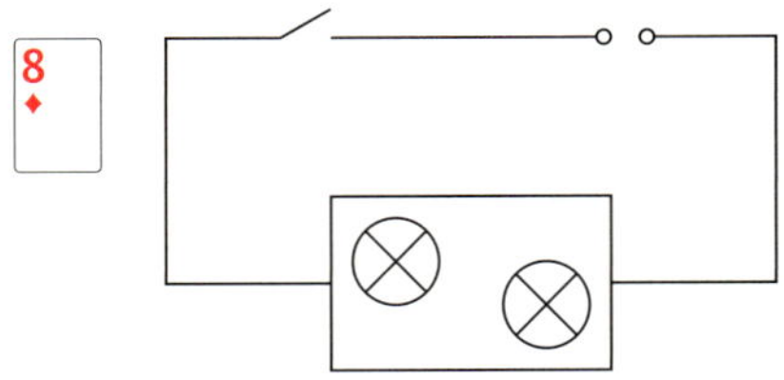

1 Erstelle eine Geräteliste.
2 Baue die Schaltung auf.
3 Drehe abwechselnd eine Glühlampe heraus.
4 Liegt in der Lernbox eine Reihenschaltung vor? Begründe dies. Ergänze den Schaltplan.

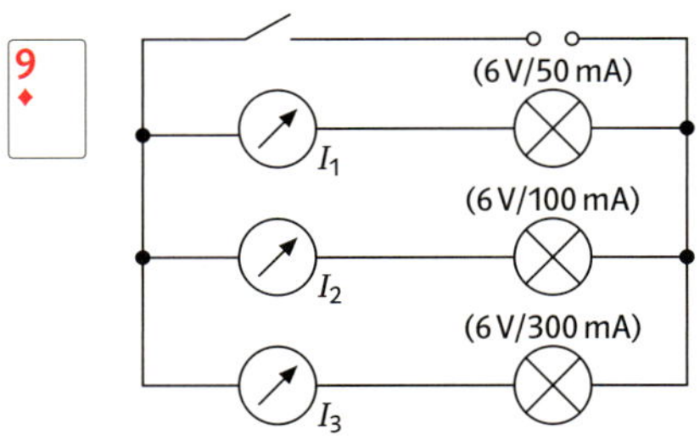

1 Erstelle eine Geräteliste.
2 Baue die Schaltung auf.
3 Miss die Stromstärken I_1, I_2 und I_3 für unterschiedliche Spannungen (max. 6 V).
4 Formuliere ein Ergebnis.

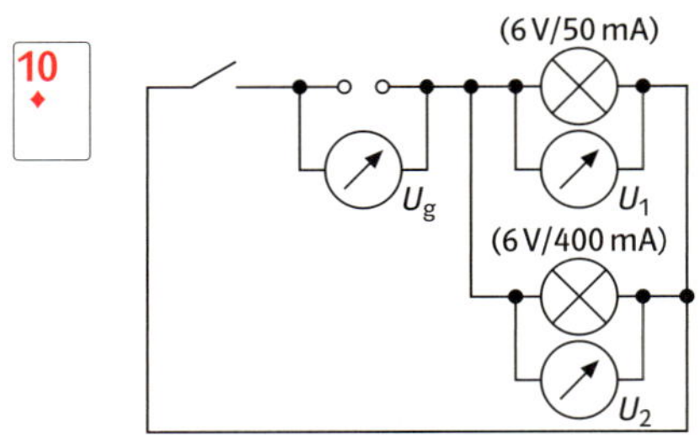

1 Erstelle eine Geräteliste.
2 Baue die Schaltung auf.
3 Miss die Spannungen U_g, U_1 und U_2 für unterschiedliche Einstellungen des Netzgerätes (max. 6 V).
4 Formuliere ein Ergebnis.

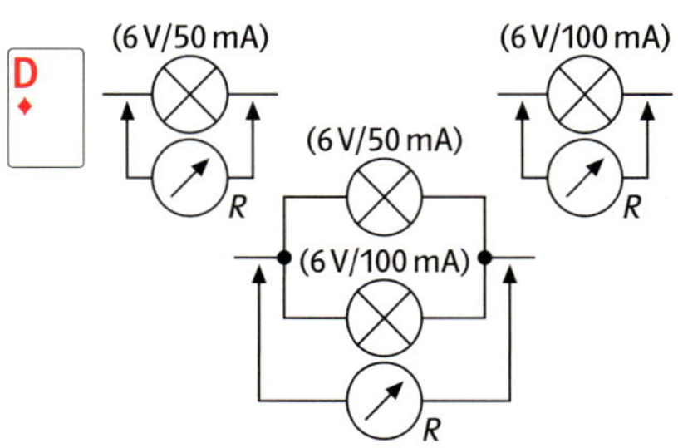

1 Erstelle eine Geräteliste.
2 Baue die Schaltung auf.
3 Miss mit Widerstandsmessgeräten in unabhängigen Schaltungen die angegebenen Widerstände.
4 Formuliere ein Ergebnis.

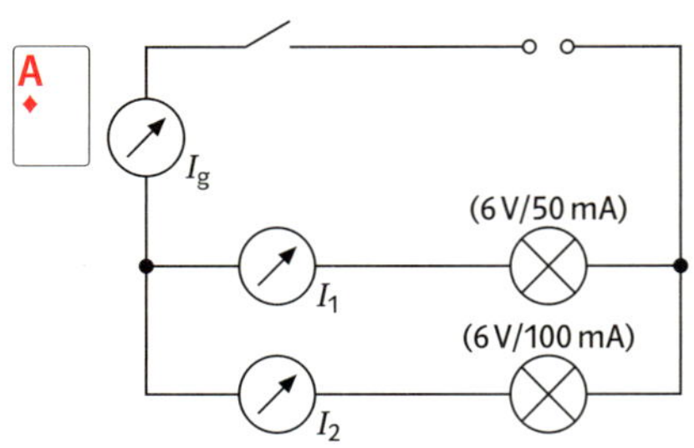

1 Erstelle eine Geräteliste.
2 Baue die Schaltung auf.
3 Miss die Stromstärke I_1, I_2 und I_g für unterschiedliche Spannungen (max. 6 V).
4 Formuliere ein Ergebnis.

Parallelschaltung

A1 Das Gruppenpuzzle liefert sechs Aussagen zur Parallelschaltung. So findest du z.B. für:

In einer Parallelschaltung leuchten Glühlampen unabhängig voneinander.

Stelle die Aussagen aller Gruppen in einem Lernplakat (wie nebenstehend) zusammen.

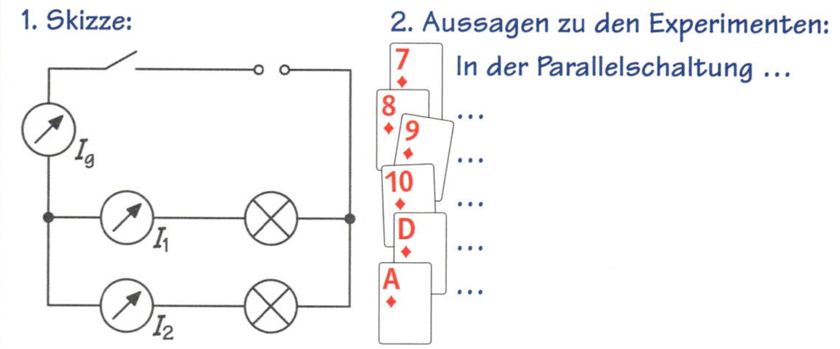

Die Spannung bei der Parallelschaltung

Als Carla das Licht in ihrem Zimmer einschaltet, leuchten nur zwei der drei Lampen ihres Deckenstrahlers. Carla überlegt, wieso die beiden Lampen weiter leuchten, obwohl die dritte defekt ist.

Die obigen Versuche helfen bei der Erklärung: Bei einer Parallelschaltung liegt an jeder Lampe die gleiche Spannung wie an der Spannungsquelle an (→ **B1**), da jede Lampe für sich mit der Quelle verbunden ist. Ist eine Lampe defekt, bleibt die Spannung an den anderen Lampen unverändert.

● **Bei der Parallelschaltung von Lampen liegt an jeder Lampe die gleiche Spannung wie an der Spannungsquelle an. Es gilt:**

$$U_g = U_1 = U_2 = \ldots$$

Der Energiestrom teilt sich auf die verschiedenen Lampen in den parallel geschalteten Zweigen der Schaltung auf.

Die Stromstärke bei der Parallelschaltung

Sind elektrische Geräte parallel geschaltet, dann verteilt sich der Strom aus einer gemeinsamen Zuleitung an der Verzweigung. Ein Teil geht durch Lampe 1, der andere durch Lampe 2. Abbildung **B2** zeigt, wie sich die Gesamtstromstärke aufteilt: In jedem Lämpchen ist ein bestimmter Strom. Die Teilströme addieren sich zum Gesamtstrom.

● **Bei der Parallelschaltung ist der Gesamtstrom genau so groß wie die Summe der Teilströme. Es gilt:**

$$I_g = I_1 + I_2 + I_3 + \ldots \quad \textbf{(Knotenregel)}$$

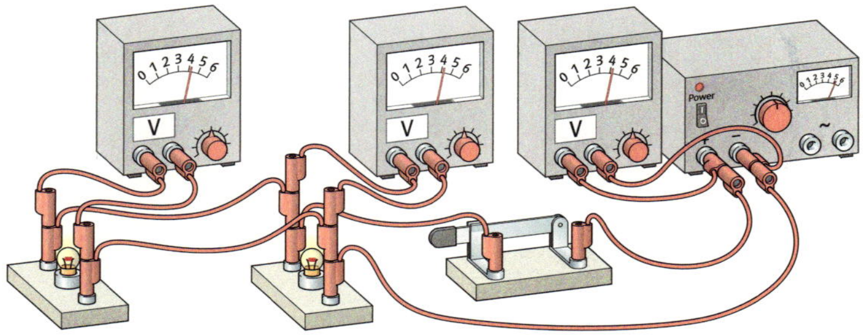

B1 Versuchsaufbau zur Messung der Spannung an einer Parallelschaltung

Die Haushaltsschaltung Im Haushalt werden alle elektrischen Geräte parallel zueinander betrieben. Dies gewährleistet, dass an allen Geräten die für sie notwendige Netzspannung von 230 V anliegt und die Geräte separat ein- und ausgeschaltet werden können.
Auch bei der Mehrfachsteckdose sind alle Geräte parallel angeschlossen. Deshalb ist in jedem Gerät der Strom, den es benötigt. Die Teilströme summieren sich zum Gesamtstrom.

A1 Entwirf eine Schaltung für drei parallel geschaltete Lampen, die jeweils einzeln ein- bzw. ausgeschaltet werden können.

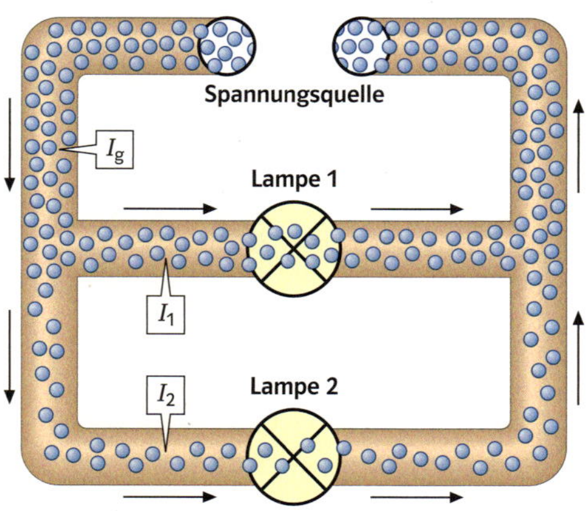

B2 Fluss der Elektronen durch eine Parallelschaltung

Widerstände in Reihe geschaltet

V1 Wir bauen wie in (→ **B1**) einen Stromkreis mit zwei in Reihe geschalteten Widerständen auf. An der elektrischen Quelle messen wir eine Spannung $U = 6\,V$. Die Stromstärke beträgt in beiden Leitungen zur Quelle $I_g = 0{,}15\,A$.

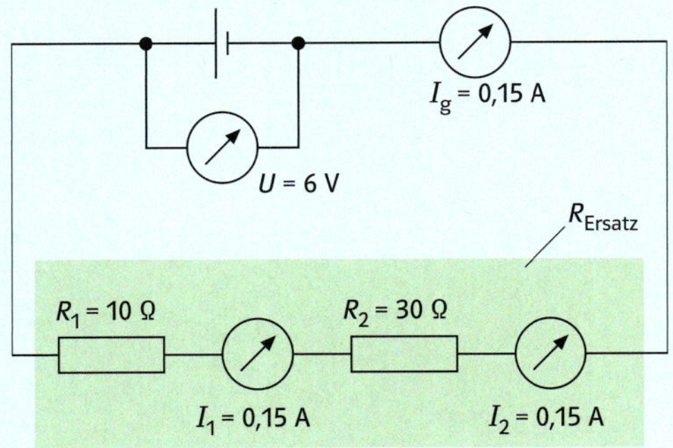

B1

Mit zusätzlichen Messgeräten bestimmen wir die Stromstärke an anderen Stellen des Stromkreises, z. B.:
Beim Widerstand R_1 ist $I_1 = 0{,}15\,A$.
Beim Widerstand R_2 ist $I_2 = 0{,}15\,A$.
Die Stromstärke ist überall gleich.

V2 Wir schließen die Widerstände R_1 und R_2 aus dem vorhergehenden Versuch einzeln an die elektrische Quelle mit der Spannung $U = 6\,V$ an.
Wir messen:
Mit dem Widerstand R_1 ist $I_1^* = 0{,}6\,A$.
Mit dem Widerstand R_2 ist $I_2^* = 0{,}2\,A$.

Die Stromstärke ist je nach Widerstand verschieden.

Ersatzwiderstand bei der Reihenschaltung

Enthält ein Stromkreis zwei in Reihe geschaltete Widerstände und misst man die Stromstärke an verschiedenen Stellen des Stromkreises, so findet man:
Die Stromstärke im Stromkreis mit in Reihe geschalteten Widerständen ist an jeder Stelle gleich:

$$I_1 = I_2 = I_g$$

Aus der Stromstärke im gesamten Kreis und der Spannung der elektrischen Quelle erhalten wir ein Maß für den Widerstand, den die in Reihe geschalteten Widerstände zusammen bilden. Diesen Wert bezeichnen wir als **Ersatzwiderstand R_{Ersatz}**:

● Der Ersatzwiderstand R_{Ersatz} von in Reihe geschalteten Widerständen ist:

$$R_{Ersatz} = \frac{U}{I_g}$$

Wir untersuchen nun, welchen Einfluss die einzelnen Widerstände auf den Wert des Ersatzwiderstandes haben. Dazu schließen wir die Widerstände einzeln an die elektrische Quelle an und messen die dazugehörigen Stromstärken I_1^* und I_2^*.

Für Reihenschaltungen gilt:
$I_g = I_1 = I_2 = \ldots$
und
$R_{Ersatz} = R_1 + R_2 + \ldots$

Mit der Formel $R = U/I$ bestimmen wir daraus die Werte für die einzelnen Widerstände. Bei den Widerständen in Abbildung **B1** misst man zum Beispiel:

$U = 6\,V$	$I_g = 0{,}15\,A$	$R_{Ersatz} = 40\,\Omega$
	$I_1^* = 0{,}6\,A$	$R_1 = 10\,\Omega$
	$I_2^* = 0{,}2\,A$	$R_2 = 30\,\Omega$

● Bei in Reihe geschalteten Widerständen ist der Ersatzwiderstand größer als jeder einzelne Widerstand.

Weiterhin erkennen wir, dass sich der Ersatzwiderstand als Summe der einzelnen Widerstände ergibt. Die Schaltung von Widerständen in Reihe können wir als ein Hintereinanderfügen von Widerstandsdrähten auffassen. Der Widerstand des Drahtes ist proportional zu seiner Länge.

● Der Ersatzwiderstand für in Reihe geschaltete Widerstände ergibt sich als Summe der einzelnen Widerstände:

$$R_{Ersatz} = R_1 + R_2$$

Diese Gesetzmäßigkeit lässt sich auf beliebig viele in Reihe geschaltete Widerstände übertragen. Der Ersatzwiderstand steigt bei der Reihenschaltung mit jedem weiteren Widerstand an.

A1 Zwei Widerstände $R_1 = 100\,\Omega$ und $R_2 = 200\,\Omega$ werden in Reihe an eine Quelle mit $U = 10\,V$ angeschlossen.
Berechne die Stromstärke.

Widerstände parallel geschaltet

V1 Wir bauen einen Stromkreis mit zwei parallel geschalteten Widerständen wie in **B1** auf. An der elektrischen Quelle messen wir die Spannung $U = 6\,V$.

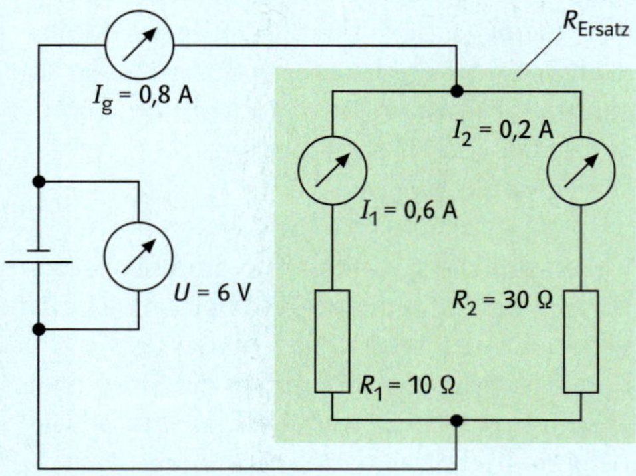

B1

Die Stromstärke in den gemeinsamen Kabeln beträgt $I_g = 0{,}8\,A$. Mit zwei zusätzlichen Messgeräten bestimmen wir die Stromstärken in den beiden Teilkreisen für die Widerstände R_1 und R_2 (→ **B1**). Wir finden:

$I_1 = 0{,}6\,A$ und $I_2 = 0{,}2\,A$.

V2 In der Schaltung nach **B1** wird der Widerstand R_1 entfernt. Das Messgerät im gemeinsamen Kabel sowie das Messgerät im zweiten parallelen Zweig mit R_2 zeigen eine Stromstärke von 0,2 A an.

Wir fügen den Widerstand R_1 wieder in die Schaltung ein und nehmen den Widerstand R_2 heraus. An den jetzt anzeigenden Messgeräten lesen wir jeweils eine Stromstärke von 0,6 A ab.

Ersatzwiderstand bei Parallelschaltung Bestimmen wir in einer Parallelschaltung von zwei Widerständen die Stromstärken in allen Zweigen des Stromkreises, so stellen wir fest: Die Stromstärke im unverzweigten Teil des Stromkreises ist die Summe der Stromstärken in den parallelen Zweigen: $I_g = I_1 + I_2$

Dieses Gesetz entdeckte der Physiker **Gustav Kirchhoff** (1824 – 1887).

Aus der Stromstärke im unverzweigten Teil des Stromkreises und der Spannung der elektrischen Quelle erhalten wir ein Maß für den Widerstand, den die parallelen Widerstände zusammen bilden. Diesen Wert bezeichnen wir als **Ersatzwiderstand R_{Ersatz}** der Parallelschaltung.

● **Der Ersatzwiderstand R_{Ersatz} von parallel geschalteten Widerständen ist:**

$$R_{Ersatz} = \frac{U}{I_g}$$

Entfernen wir bei zwei parallelen Widerständen jeweils einen aus dem Stromkreis, so können wir die Werte der einzelnen Widerstände bestimmen:

$$R_1 = U : I_1 \text{ und } R_2 = U : I_2$$

Messungen an einem Stromkreis wie in **B1**, bei dem die Spannung U der elektrischen Quelle gleich bleibt, ergeben z. B. folgende Werte:

$U = 6\,V$	$I_g = 0{,}8\,A$	$R_{Ersatz} = 7{,}5\,\Omega$
	$I_1 = 0{,}6\,A$ $I_2 = 0{,}2\,A$	$R_1 = 10\,\Omega$ $R_2 = 30\,\Omega$

● **Bei parallel geschalteten Widerständen ist der Ersatzwiderstand kleiner als jeder einzelne Widerstand.**

Einen Zusammenhang zwischen den Werten der Widerstände und dem Ersatzwiderstand leiten wir aus dem Zusammenhang $I_g = I_1 + I_2$ der Stromstärken ab. Dividiert man durch U und bedenkt, dass $I_1/U = 1/R_1$ und $I_2/U = 1/R_2$ ist, dann gilt für $I_g/U = 1/R_{Ersatz}$:

● **Der Ersatzwiderstand R_{Ersatz} einer Parallelschaltung von zwei Widerständen R_1 und R_2 berechnet sich durch:**

$$\frac{1}{R_{Ersatz}} = \frac{1}{R_1} + \frac{1}{R_2}$$

Diese Gesetzmäßigkeit lässt sich auf beliebig viele parallel geschaltete Widerstände erweitern.

A1 Zwei Widerstände $R_1 = 100\,\Omega$ und $R_2 = 200\,\Omega$ werden parallel an eine Quelle mit $U = 10\,V$ angeschlossen. Berechne die Stromstärken.

Für Parallelschaltungen gilt:

$I_g = I_1 + I_2 + \ldots$

und

$\frac{1}{R_{Ersatz}} = \frac{1}{R_1} + \frac{1}{R_2} + \ldots$

Elektroinstallation und Sicherheit im Haushalt

Im Haus führt das Hausanschlusskabel zunächst sofort zum Hauptsicherungskasten. Der gesamte elektrische Strom geht durch die Hauptsicherung. Von dort führen die Leitungen weiter zum Zählerkasten und den Wohnungssicherungen. Von dort aus geht es über die Verteilerdosen zu den Steckdosen und über die Schalter zu den Lampen.

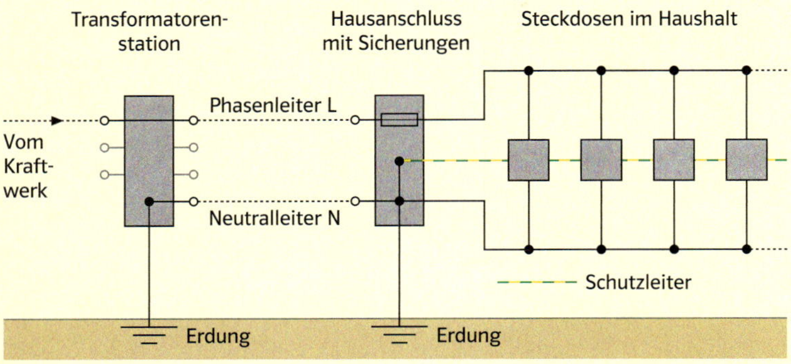

B1 Von der Transformatorenstation zum Haushaltsgerät gibt es mindestens zwei Leitungen – und die leitende Erde – für einen Stromkreis.

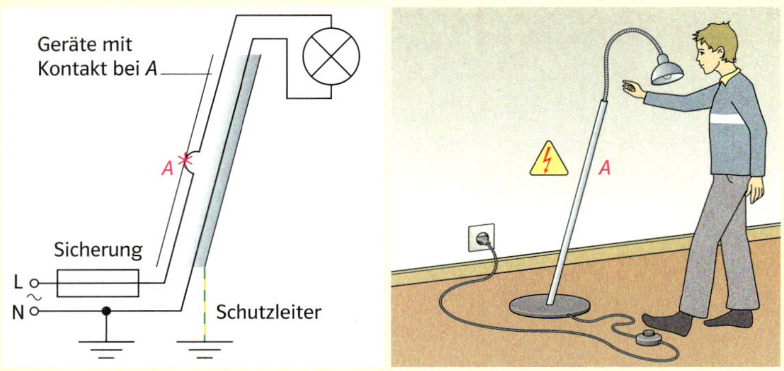

B2 Die Gefahr durch einen Kontakt mit dem leitenden Außenteil an der Stelle A wird durch den Schutzleiter gebannt.

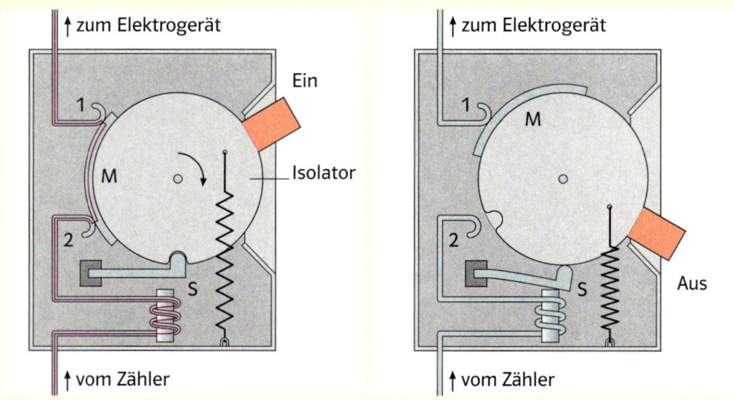

B3 Das Innere eines Sicherungsautomaten (Prinzip)

Die öffentliche Stromversorgung benutzt die Erde als Leiter (→ **B1**). Zwischen dem Phasenleiter L und dem Neutralleiter N besteht eine Wechselspannung von 230 V. Der Neutralleiter ist mit der Erde verbunden, man sagt **geerdet**, damit keine gefährliche Spannung zwischen ihm und der Erde entsteht. Der Generator im Kraftwerk und die Transformatorenstation sind ebenfalls mit einem Anschluss mit der Erde verbunden, damit auch hierüber der Stromkreis geschlossen ist.

In Geräten, die gegenüber der Erde isoliert sind, können schadhafte Leitungen eine direkte Verbindung zwischen Phasenleiter und Gehäuse herstellen, ohne dass die Sicherung anspricht, weil der Stromkreis noch offen ist. Wird ein Metallteil des Gerätes berührt, so kann es nun über den Menschen zum Kurzschluss mit der Erde kommen (→ **B2**). Diese Gefahr beseitigt ein in den Kabeln mitgeführter dritter, geerdeter und mit den Gehäusen der Geräte verbundener Leiter, der **Schutzleiter**. Bei Kurzschluss mit dem Gehäuse wird sofort die Sicherung im Phasenleiter ausgelöst.

Der Sicherungsautomat Bei den Wohnungssicherungen handelt es sich heute um Sicherungsautomaten (→ **B3**). Ein Sicherungsautomat funktioniert so: Der elektrische Strom wird im Automaten durch die Spule eines Elektromagneten geleitet. Ist der Strom durch Kurzschluss oder Überlastung zu stark, zieht der Magnet den Sperrhaken S ganz nach unten. Dann kann die Feder den Hebel nach unten ziehen. Jetzt verbindet der Metallstreifen M die beiden Kontakte 1 und 2 nicht mehr.
Der Stromkreis ist geöffnet. Bevor man die Sicherung wieder einschaltet, muss man die Ursache der Störung beseitigen, denn der Sperrhaken S würde ja gleich wieder nach unten gezogen werden!

SICHERHEITSHINWEIS! Berühre nie einen Verunglückten, der noch mit dem Stromkreis in Kontakt ist! Schalte zuerst den Strom ab!

A1 Gebräuchliche Sicherungsautomaten enthalten außer dem Magnet- auch einen Thermoschalter, der den Stromkreis bei Erwärmung des Leiters im Sicherungsautomaten unterbricht. Welchen Vorteil hat das? Erläutere, wie der Sicherungsautomat bei Kurzschluss bzw. andauernder leichter Überschreitung der zulässigen Stromstärke reagiert.

Fehlerstromschutzschalter Die Verwendung von Schutzleitern bei Geräten mit Metallgehäusen schützt den Anwender bei Isolationsfehlern im Gerät. Genauso wirkungsvoll bei Isolationsfehlern sind Geräte mit schutzisolierten Gehäusen. Jedoch kann auch der Umgang mit solchen Geräten gefährlich sein! Nach dem Waschen trocknen viele Menschen ihre Haare mit Hilfe eines Föhns. Aus Gründen der Bequemlichkeit föhnt man die Haare gleich im Badezimmer. Dabei wird das Risiko eines Stromschlages oft unterschätzt (→ **B1**). Durch Spritzwasser könnte nämlich eine leitende Verbindung zwischen dem Außenleiter des Föhns, der Hand und der Erde entstehen.

Wir berechnen die zu erwartende Stromstärke. Der durchschnittliche Körperwiderstand des Menschen von der Hand zur Erde beträgt etwa 1500 Ω, wenn er barfuß im Badezimmer steht. Damit ergibt sich für den Körperstrom:

$$I = 230\,\text{V}/1500\,\Omega = 0{,}15\,\text{A} = 150\,\text{mA}$$

Diese Stromstärke ist sehr gefährlich für den Menschen, wie das Diagramm **B2** belegt. Bei einem 150 mA-Strom von der Hand über die Füße in die Erde, der länger als etwa 0,4 s andauert, ist eine tödliche Wirkung wahrscheinlich (→ **B2 Fall a**)!

Abhilfe kann der Fehlerstromschutzschalter (*FI*-Schutzschalter) bringen. Er vergleicht die Stromstärke im Außenleiter mit derjenigen im Neutralleiter. In unserem Beispiel ergäbe sich ein Unterschied von 150 mA, da der Fehlerstrom durch den Körper abgeflossen ist. Der Strom ist zu groß, so dass der 30-mA-*FI*-Schutzschalter den Strom abschaltet. Dazu braucht er 30 ms (→ **B2 Fall b**). Wir erkennen, dass auf diese Weise ein wirksamer Schutz des Menschen erreicht wird. Stromstärke und Einwirkungsdauer sind auf erträgliche Werte begrenzt worden. Eine ernsthafte Schädigung ist nicht zu befürchten.

Wirkungen des Stromes auf den Menschen
In Altbauten findet man die eben beschriebene Sicherheitseinrichtung häufig noch nicht. Fließt dann der Wechselstrom durch den Körper z. B. von der linken Hand zu den Füßen, so tritt bei Überschreiten einer bestimmten Stromstärke und Zeitdauer eine Muskelverkrampfung entlang des Stromweges auf (→ **B2**). Das hat folgenden Grund. Die Bewegung der Muskeln wird durch Steuerströme vom Gehirn verursacht. Der Fehlerstrom ist jedoch viel größer als die körpereigenen Steuerströme.

B1 Gefahr beim Föhnen

Der Mensch ist somit nicht mehr in der Lage, die Verkrampfung zu lösen.

Bei längerer Einwirkung des Wechselstromes wird es dramatisch. Das Herz, das im Ruhezustand des Menschen etwa einmal je Sekunde durch einen Stromimpuls zum Schlagen angeregt wird, erhält nun 50 Wechselstromimpulse je Sekunde beim Stromweg von der Hand zu den Füßen. Es schlägt in schnellem Takt, ohne dass Blut gepumpt wird. Man spricht von Herzkammerflimmern, das nach kurzer Zeit mit dem Herzstillstand tödlich endet.

Bei einem Unfall mit Haushaltsstrom sind äußerliche Verletzungen des Menschen also im Allgemeinen nicht zu beobachten. Kommt man jedoch einer Bahnstromleitung oder einer Hochspannungsleitung zu nahe, so muss man zusätzlich zu den eben beschriebenen Verletzungen noch mit Blendungen infolge des Lichtbogens und mit Verbrennungen entlang des Stromweges durch den Körper rechnen!

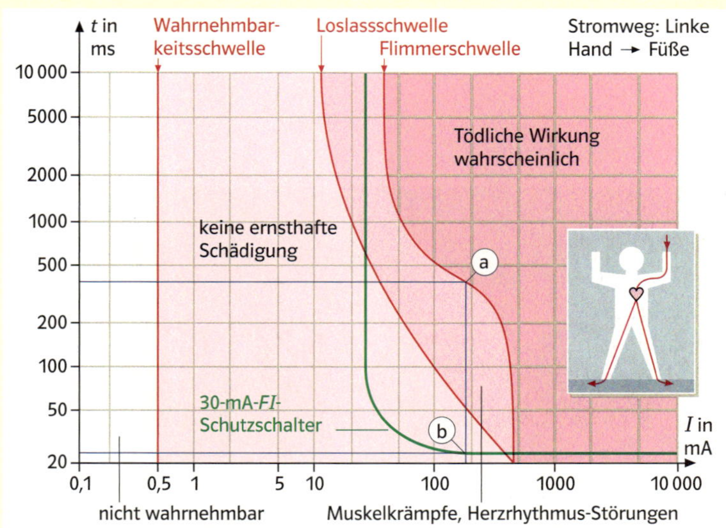

B2 Gefahren des Stromes in Abhängigkeit von Stromstärke und Zeit

Elektrische Schaltungen im Auto

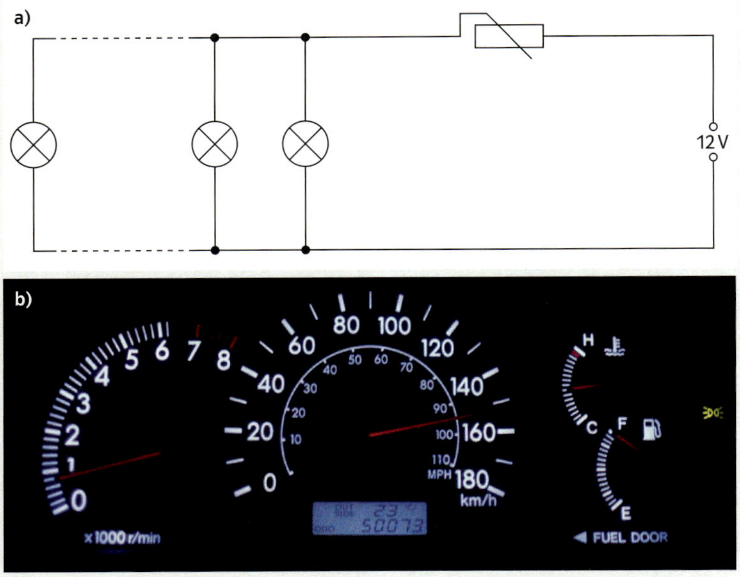

B1

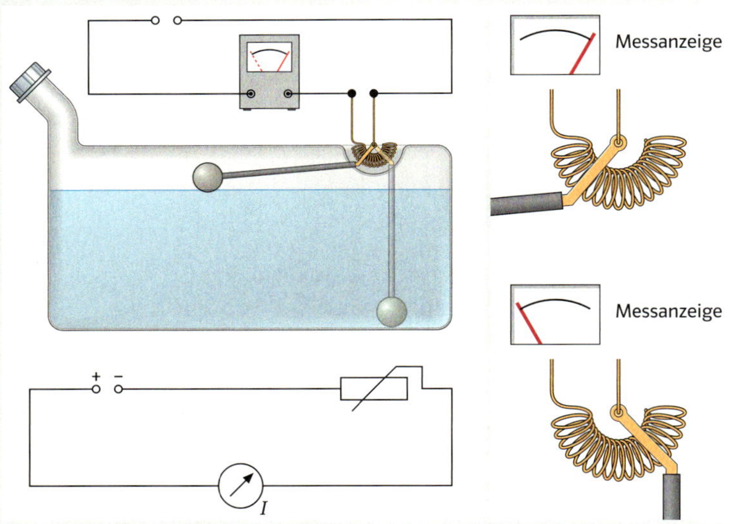

B2

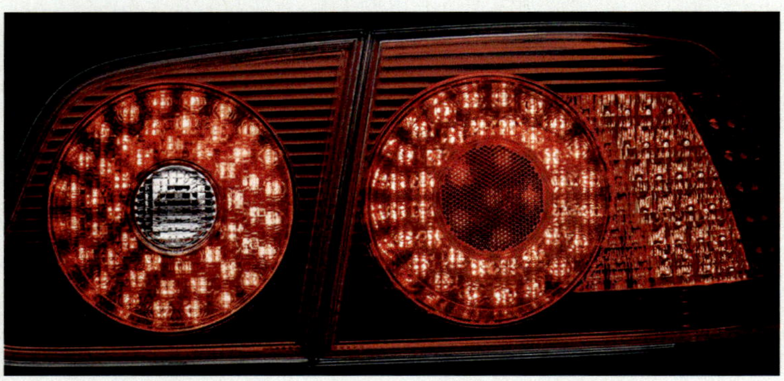

B3

Helligkeitsregelung der Instrumentenbeleuchtung Bei vielen Autos lässt sich die Helligkeit der Beleuchtung der Anzeigen für die Geschwindigkeit usw. über einen Drehknopf dimmen. Dies ist eine einfache Anwendung eines Potentiometers (→ **B1**). Das Potentiometer dient als Spannungsteiler und reduziert oder erhöht die Spannung an den parallel geschalteten Lampen.

Steuerung der Tankanzeige Die Tankanzeige im Auto gibt den Füllstand des Tankes wieder. Ein sogenannter Schwimmer befindet sich immer auf der Höhe der Tankfüllung. Sinkt die Tankfüllung, so geht auch der Schwimmer und der mit ihm verbundene Hebelarm nach unten. Dadurch wird die Position des an der anderen Seite des Hebelarms befindlichen Gleitkontakts auf dem Drahtwiderstand verändert. Diese Widerstandänderung wird an die Tankanzeige weitergeleitet und entsprechend angezeigt (→ **B2**).

LED-Leuchten Bei vielen Autos werden die Bremslichter mit LEDs realisiert. Ein wesentliches Argument ist die höhere Schaltgeschwindigkeit der LED-Leuchten. LED-Leuchten basieren auf Halbleiterverbindungen, die den Strom nahezu direkt in Licht umwandeln. Herkömmliche Lampen leuchten erst einige hundert Millisekunden, nachdem sie geschaltet werden. Dies kann insbesondere in extremen Bremssituationen wertvolle Zeit kosten.

Aufgrund des Preises werden bei Frontscheinwerfern LED-Leuchten erst bei Oberklassefahrzeugen eingesetzt. Im Vergleich zum bläulichen Xenonlicht bieten LED-Leuchten den Vorteil, dass ihr Licht dem Tageslicht sehr viel ähnlicher ist.
Ein weiterer Pluspunkt ist die höhere Lebensdauer von LED-Systemen. Diese reicht im Normalfall für ein gesamtes „Autoleben".

A1 Baue eine Schaltung auf, mit der du die Helligkeit eines Lämpchens regeln kannst.

A2 Viele Pkw haben zusätzlich zu den normalen Bremslichtern mit Glühlämpchen oberhalb der Heckscheibe ein drittes Bremslicht mit LEDs.
Erstelle mit einer Digitalkamera einen Videoclip der Bremslichter. Schätze mit Hilfe einer Einzelbilddarstellung ab, wie viel schneller die LED-Lampen leuchten.

Hybridantrieb

Alternativ zu den normalen Benzin- und Dieselfahrzeugen gibt es einen wachsenden Markt für Hybrid- und Elektroautos. Ziel ist es den Verbrauch an Mineralöl zu senken und den Ausstoß schädlicher Abgase zu minimieren.

Reine Elektroautos haben auf dem heutigen technischen Stand eine relativ geringe Reichweite, so dass sie für die meisten Autofahrer nicht alle Anwendungsbereiche abdecken. Die zum Antrieb des Elektromotors benötigten Akkus können nur relativ wenig Energie speichern. Wollte man die Energie, die ein Benzinfahrzeug aus 50 Liter Kraftstoff umsetzen kann, in einem Akku speichern, so hätte dieser etwa eine Masse von 1,7 Tonnen. Daher hat die Industrie sogenannte Hybridfahrzeuge entwickelt.

Serieller Hybrid Bei dieser Variante fährt das Auto permanent mit einem Elektromotor. Ein gewöhnlicher Verbrennungsmotor wird nur zum Aufladen der Batterie und nicht zum Antrieb des Fahrzeugs verwendet. Der Verbrennungsmotor kann in diesem Fall immer im gleichen Drehzahlbereich laufen. Er kann also für diese Aufgabe optimiert werden und nutzt das Mineralöl somit deutlich effizienter als ein in konventionellen Autos eingesetzter Verbrennungsmotor.

Paralleler Hybrid Dies ist die zur Zeit hauptsächlich eingesetzte Variante des Hybridmotors. Der Verbrennungsmotor wird sowohl zum Antrieb des Autos als auch zum Aufladen des Akkus verwendet. Der Elektromotor kann das Auto alleine antreiben oder auch dem Verbrennungsmotor zugeschaltet werden.
Der entscheidende Vorteil des Hybridkonzepts liegt darin, dass zum Beispiel beim Abbremsen des Fahrzeuges die Bewegungsenergie zum Teil zum Aufladen des Akkus verwendet werden kann. Bei einem konventionellen Fahrzeug wird diese Energie entwertet und kann somit nicht genutzt werden.

▮ Reportage Neben Elektroautos und Hybridfahrzeugen entwickelt die Industrie weitere neue Antriebskonzepte (Brennstoffzellen, Erdgas, etc.). Erstelle eine Reportage für eine Zeitschrift, welche möglichst viele moderne Antriebsmöglichkeiten kurz vorstellt und ihre Wirkungsweise erläutert.

B1 Pkw mit Hybridantrieb

Rückblick

1 Begriffe
Was versteht man unter
- der elektrischen Spannung?
- einem elektrischen Widerstand?
- einer Reihenschaltung?
- einer Parallelschaltung?
- einer Teilspannung?
- dem spezifischen Widerstand?
- einem Hybridmotor?

2 Beobachtungen
Was beobachtet man, wenn
- bei einer Reihen- bzw. einer Parallelschaltung von z. B. 10 gleichen Lampen eine weitere entsprechend hinzugefügt wird?
- ein Lämpchen an zwei gleiche, einmal in Reihe, das andere mal parallel geschaltete Batterien angeschlossen wird?
- im Stromkreis aus Lampe und Stromstärkemessgerät die Spannung verdoppelt wird?
- die Temperatur eines metallischen Leiters gesenkt wird?
- statt eines Drahtes zwei gleiche Drähte als Leitungen verwendet werden?

3 Erklärungen
Wie lässt sich begründen, dass
- bei einer Reihenschaltung der Defekt eines Gerätes alle anderen Geräte außer Betrieb setzt?
- der Widerstand eines metallischen Leiters mit der Spannung zunimmt?
- der Ersatzwiderstand einer Parallelschaltung kleiner als der kleinste Einzelwiderstand ist?
- dass sich mit einem Hybridmotor ein Teil der sonst entwerteten Energie nutzen lässt.

4 Gesetzmäßigkeiten
Beschreibe mit eigenen Worten den Zusammenhang zwischen
- Spannung und Stromstärke in einem Draht mit konstanter Temperatur.
- Temperatur und Widerstand bei Graphit.
- Gesamtspannung und Teilspannung bei einer Reihenschaltung.
- Stromstärken in einem Knoten.
- den Widerstand eines Drahtes und seinen Abmessungen.

Erläutere die Erscheinungen in den folgenden Bildern und beantworte die Fragen!

B1 Welche Größen können gemessen werden?

B2 Wie ist diese „Apfel-Quelle" geschaltet?

B3 Beide Lampen leuchten gleich hell, obwohl die Stromstärken verschieden sind. Weshalb?

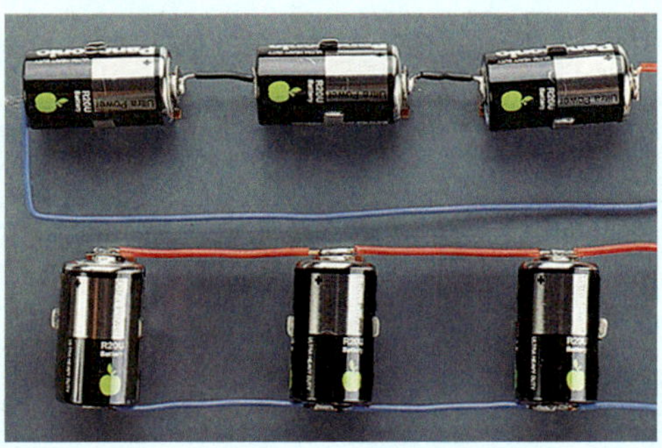

B4 Wodurch unterscheiden sich die elektrischen Daten der Quellen mit drei gleichen Batterien?

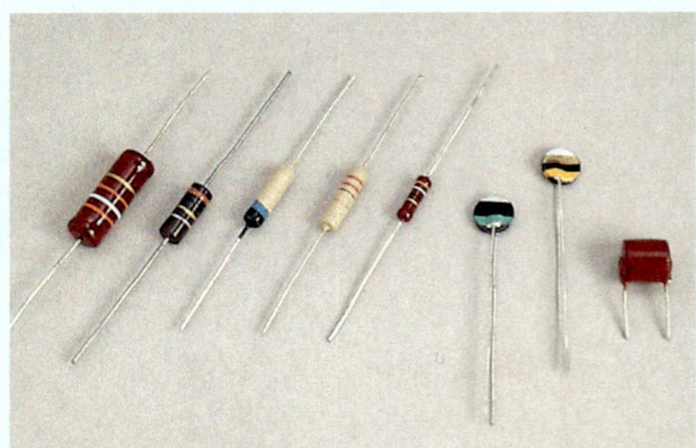

B5 Um was für Bauteile handelt es sich hier? Welche Bedeutung haben die Farben?

Beispiele

Die Leuchtdiode Eine Leuchtdiode (LED) verträgt eine maximale Stromstärke $I = 20\,\text{mA}$. Sie soll mit einer Spannung $U = 12\,\text{V}$ betrieben werden und dabei mit einem Widerstand in Reihe geschaltet sein.

a) Schätze die erforderliche Größe des Widerstands ab.

b) Die LED hat eine Betriebsspannung von $U = 1{,}8\,\text{V}$. Berücksichtige dies.

Lösung:

a)

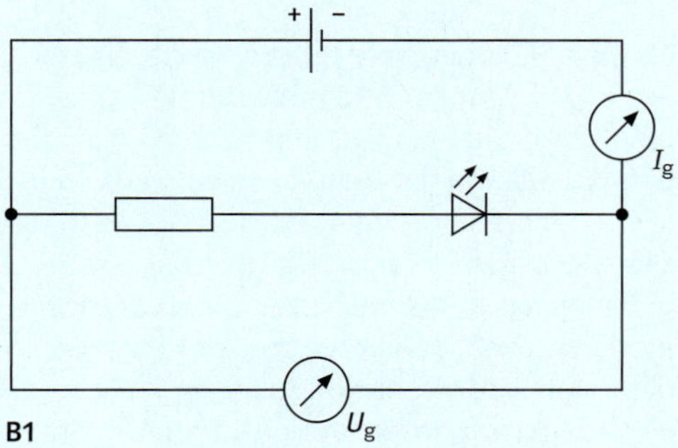

B1

Es gilt: $R = \frac{U_g}{I_g} = \frac{12\,\text{V}}{0{,}02\,\text{A}} = 600\,\Omega$

Bei einer Reihenschaltung mit $R = 600\,\Omega$ beträgt die Stromstärke maximal 20 mA.

b)

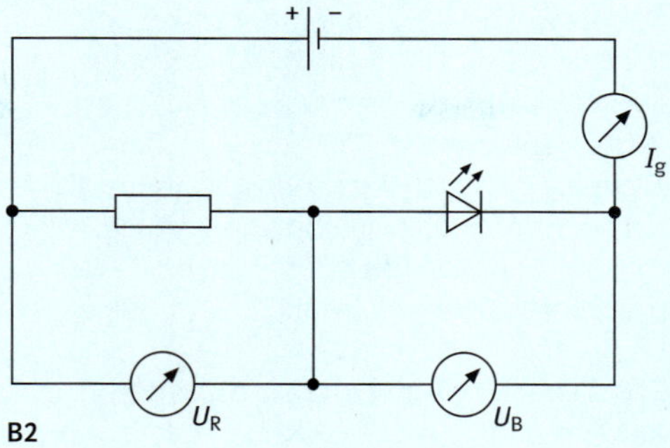

B2

Bei einer Betriebsspannung von $U_B = 1{,}8\,\text{V}$ beträgt die Teilspannung für $U_R = U_g - U_B = 12\,\text{V} - 1{,}8\,\text{V} = 10{,}2\,\text{V}$.

Für den Widerstand errechnest du

$R = \frac{U_R}{I} = \frac{10{,}2\,\text{V}}{0{,}02\,\text{A}} = 510\,\Omega$

Die genaue Rechnung ergibt für den Widerstand 510 Ω. Die Abschätzung $R = 600\,\Omega$ stellt sicher, dass die Stromstärke in der Diode nicht zu groß ist.

Heimversuche

1 Der sanfte Lichtschalter Baue dir mit 1 m Konstantandraht und einer Krokodilklemme einen Schiebewiderstand. Schließe ihn in Reihe mit einem passenden Glühlämpchen und einer Flachbatterie. Beginne mit einer Stellung des Schiebekontaktes, der den gesamten Widerstand in den Stromkreis schaltet.

2 Ein Feuermelder Baue mit einem 1 m langen, dünnen Eisendraht die Schaltung **B3** nach. Bei geschlossenem Stromkreis wird das Lämpchen aus einer Taschenlampe leuchten. Erhitze nun das Drahtknäuel mit einer Kerzenflamme. Was beobachtest du? Erkläre es!

3 Ein elektrischer Kraftmesser Fülle eine Streichholzschachtel ganz voll mit Holzkohlekörnchen. Schiebe auf der Ober- und Unterseite je einen Aluminiumblechstreifen so in die Schachtel, dass sie die Kohlekörnchen berühren. Schließe ein passendes Lämpchen und eine Batterie an. Durch Daumendruck auf die Schachtel verändert sich seine Helligkeit.

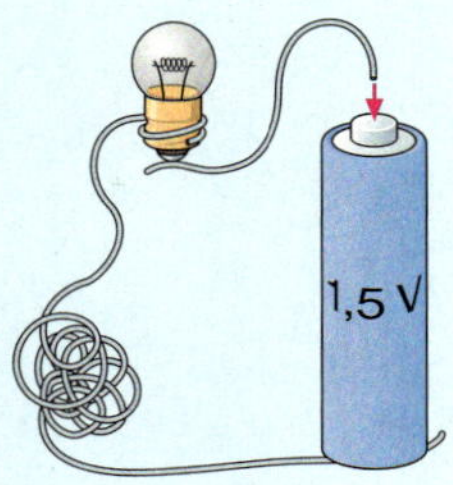

B3

Aufgaben

Zur Spannung

1 In einem Stromkreis soll die Spannung zwischen zwei Stellen gemessen werden. Wie muss das Messgerät geschaltet werden?

2 Jede der vier Batterien in Abbildung **B4** hat eine Spannung von 1,5 V.

a)

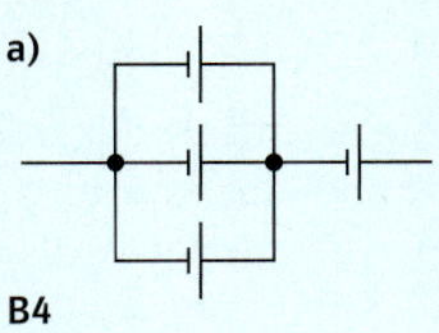

b)

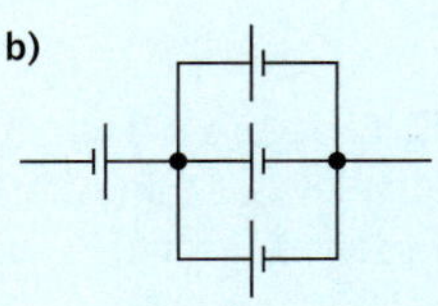

B4

Welche Spannung erhält man mit den gezeigten Schaltungen?

3 Mit zwei Batterien zu je 1,5 V und einer Batterie mit 9,0 V möchte man möglichst viele verschiedene Spannungen erzeugen. Nenne alle Möglichkeiten.
Zeichne jeweils eine Schaltskizze.

Widerstand und Kennlinie

4 Welche Eigenschaft eines Leiters wird durch die Größe „Widerstand" erfasst?

Aufgaben

5 In einem Stromkreis werden die Spannung der elektrischen Quelle und der Widerstand des Leiters verdoppelt. Wie ändert sich die Stromstärke?

6 a) Wie kann man den Widerstand eines Leiters bestimmen?
Fertige eine Schaltskizze an. Beschreibe die Versuchsdurchführung und -auswertung.
b) Wie kann man überprüfen, ob ein Leiter das Ohm'sche Gesetz erfüllt?

7 Bei einem Leiter wurde die Stromstärke in Abhängigkeit von der Spannung gemessen. Es ergaben sich folgende Werte:

U in V	1,0	2,0	3,0	4,0	5,0	6,0
I in A	0,15	0,20	0,24	0,28	0,31	0,35

a) Zeichne die Kennlinie des Leiters.
b) Aus welchem Stoff könnte er bestehen?
c) Bestimme mit Hilfe der Kennlinie die Stromstärke bei 4,5 V. Wie groß ist die Spannung, falls die Stromstärke 0,18 A beträgt?
d) Bestimme zu jedem gemessenen Wert den Widerstand des Leiters und zeichne ein I-R-Diagramm. Welche Eigenschaft hat der Widerstand des Leiters?

8 Der Widerstand des menschlichen Körpers kann je nach Zustand der Haut unter 3 kΩ sinken.
a) Welche Stromstärke tritt beim Berühren von 230 V auf? Rechne einmal mit $R = 3\,\text{k}\Omega$ (nasse Haut) und einmal mit $R = 30\,\text{k}\Omega$ (trockene Haut).
b) Ströme ab einer Stärke von 1,5 mA sind gefährlich. Sicherheitshalber vermeidet man Ströme von mehr als 1 mA.
Welche Spannungen können demnach gefährlich sein?

9 Übertrage die Tabelle in dein Heft und ergänze sie unter der Annahme, dass das Ohm'sche Gesetz gilt.

U in V	20	35	…	45
I in A	…	0,50	1,3	…

Parallel- und Reihenschaltung

10 a) Wie lässt sich bei einer Schaltung mehrerer Bauteile prüfen, ob eine Reihen- oder eine Parallelschaltung vorliegt?
b) Welche Gesetze gelten bei gleicher Spannung für die Stromstärken in einer Reihen- bzw. in einer Parallelschaltung? Formuliere in Worten und durch Gleichungen.

11 Für eine Festbeleuchtung sind 25 gleiche Lampen parallel geschaltet. Die Gesamtstromstärke beträgt 2,5 A.
a) Berechne die Stromstärke in jeder Lampe.
b) Wie viele Glühlampen dürfen in gleicher Weise hinzugeschaltet werden, wenn die Gesamtstromstärke 4 A nicht überschreiten darf?

12 Eine Schaltung enthält drei Amperemeter. Sie zeigen 2 A, 1,5 A und 0,5 A. Skizziere eine mögliche Schaltung. Formuliere Aussagen über den Widerstand der Bauteile.

13 a) Messgeräte für die Stromstärke werden in Reihe geschaltet. Sie sollen die Stromstärke möglichst wenig beeinflussen. Welche Anforderungen sind also an sie zu stellen?
b) Was muss man bei Messgeräten für die Spannung beachten?

14 Zeichne den elektrischen Stromkreis in einem Haushalt und erläutere die Verwendung der Parallelschaltung.

15 Erstelle ein Lernplakat zu den Eigenschaften **a)** einer Parallelschaltung und **b)** einer Reihenschaltung (jeweils im DIN-A4-Format).

16 Erstelle ein Plakat zum Thema „Hybridauto". Stelle insbesondere die Vor- und Nachteile dieses Systems im Vergleich zum konventionellen Antrieb dar.

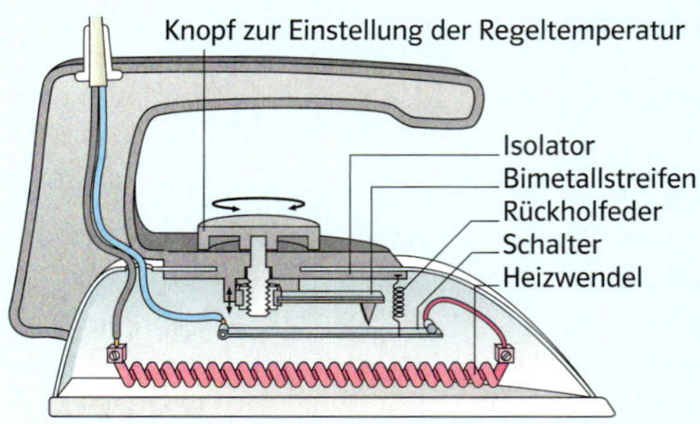

B1

17 Erläutere die abgebildete Schaltung des Bügeleisens. Hinweis: Der Bimetallstreifen verformt sich bei Erwärmung. Die Spitze wird nach unten gebogen.

Vorhaben **Bungee-Jumping**

Versuche in „Forschungsvorhaben" zu klären, wie ein Bungee-Jump genau funktioniert und wie Vorhersagen über die Verlängerung des Bungee-Seils gemacht werden können.

B1 Weit unter dir Wasser – langsam kippen – freier Fall – abbremsen – zurück gerissen werden durch das Seil.

! ACHTUNG!
Bungee-Jumping ist immer mit großen Gefahren verbunden. Auch seriöse Anbieter können diese grundsätzlich nicht ausschließen!

Was wird erwartet? In diesem Vorhaben soll in einer Gruppe ein Modell-Bungee-Jump entwickelt und gebaut werden. Als „Seil" werden verschiedene Gummibänder eingesetzt, deren Eigenschaften bei Dehnungen vorher genau untersucht werden müssen. Das Verfahren soll soweit optimiert werden, dass in einer abschließenden Präsentation ein beliebiger, vorher nicht bekannter Modellkörper an dem Seil befestigt werden kann und ein „Sprung" simuliert wird, der zugleich sicher und spannend ist. Die Sprunghöhe kann dabei von der Gruppe angepasst werden. Ein Aufticken des Körpers ist nicht erlaubt, der Körper sollte aber dem Boden – z. B. einem Wasserbecken – so nah wie möglich kommen. Es gibt nur einen Versuch.

- Formuliere dein Vorhaben genau.
- Plane deine Experimente und führe sie sorgfältig durch.
- Protokolliere zuverlässig.
- Notiere Erfolge und Misserfolge und dokumentiere die Weiterentwicklung deines Aufbaus.
- Bereite die Präsentation des Modell-Bungee-Jump vor.

Wichtige Untersuchungen

- Messt sorgfältig die Verlängerungen verschiedener Gummibänder bei verschiedenen Massen. Als Massestücke kann z. B. Knetgummi verwendet werden. Welche Kräfte wirken?
- Sollten für den Sprung neue oder bereits mehrfach gedehnte Gummibänder gewählt werden? Ist es sinnvoll, zwei oder drei Gummibänder parallel zu verwenden? Untersucht auch hier die jeweiligen Auslenkungen für verschiedene Massen.
- Bestimmt die potentiellen Energien, die die Massestücke in verschiedenen Höhen haben. Schätzt damit die Auslenkung der Gummibänder ab. Überprüft euer Abschätzung im Experiment.
- Erstellt ein Diagramm, in dem ihr die Auslenkung *s* gegen die Kraft *F* auftragt. Nutzt die Fläche unter dem Graphen, um die im Seil gespeicherte Spannenergie abzuschätzen. Ihr könnt stattdessen auch direkt ein Auslenkungs-Energie-Diagramm erstellen
- Auch wenn ihr beim Messen sehr sorgfältig seid, können die Ergebnisse schwanken. Welche Fehler sind möglich? Wie groß muss also der Toleranzbereich für den Präsentationssprung gewählt werden?

Hilfen Ein Bungee-Seil besteht aus gut 1000 Gummifäden (→ **B1**). Je höher die Tragkraft des Seils ist, desto mehr Fäden werden verwendet. Um die Fäden wird von seriösen Anbietern ein leicht elastisches Gewebeband angebracht. Das Band dient als Dehnungsbegrenzer. Reißen die Gummifäden oder kommt es zu einer zu starken Dehnung, verhindert das Gewebeband den Absturz. Die normale Dehnung der Gummifäden wird durch die wellenartige Anbringung des Gewebebandes im normalen Betrieb nicht behindert, so dass eine Berücksichtigung der Gewebeeigenschaften im Modell nicht notwendig ist.

Bild **B2** zeigt den Verlauf einer Dehnung eines Bungee-Seils bei verschiedenen Kräften. Bei einem Sprung verlängert sich ein Seil etwa auf die vierfache Länge, bevor es den Springer zurück reißt.

Informiere dich anhand des Lehrbuches über folgende Themen:

- Kraft und Kraftmessung,
- das Hooke'sche Gesetz,
- elastische Verformungen von Körpern,
- Energie und Energieerhaltung, v. a. Lageenergie.

B1 Aufbau eines Bungee-Seils

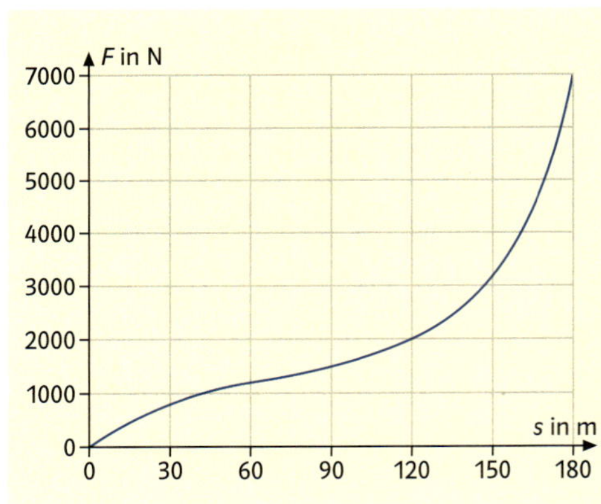

B2 Dehnung eines Bungee-Seils in Abhängigkeit von der wirkenden Kraft

Weitere Aspekte zum Thema Bungee-Jumping ist ein Extremsport, der mit großen Gefahren verbunden ist, wenn er unprofessionell durchgeführt wird. Versuche niemals mit selbst konstruierten Seilen einen eigenen Sprung. Die Gefahr lebensgefährlicher Verletzungen ist bereits bei geringen Höhen enorm. Solltest du dennoch einen Bungee-Jump versuchen wollen, wende dich an seriöse Anbieter mit entsprechender Erfahrung. Diese werden dich auch über gesundheitliche Gefährdungen durch den Sprung aufklären. Jugendliche unter 18 Jahren benötigen für einen Bungee-Jump immer die Einverständniserklärung der Eltern.

Bewegungen

Wer gewinnt das Rennen?

Online-Link
772425-0600

Schnell und langsam

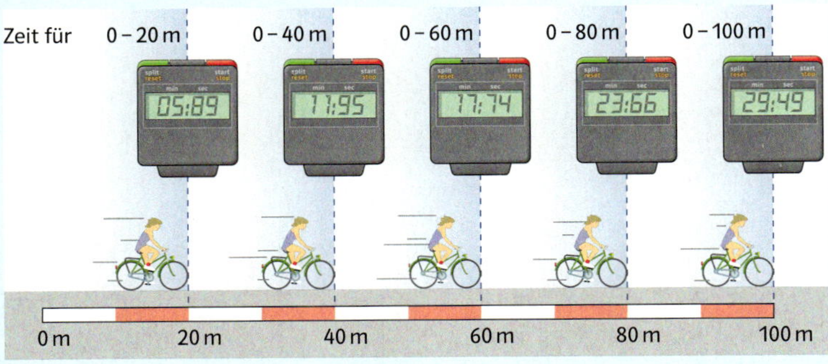

B1

B3

V1 Ein ungewöhnlicher Wettbewerb. Wer fährt mit dem Fahrrad am gleichmäßigsten? Zugelassen sind auch Fahrräder mit Tachometer. Im Abstand von 20 m wird die Zeit von einem Schiedsrichter gemessen. Die Länge der Fahrstrecke beträgt 100 m. Abbildung **B1** zeigt eine Beispielmessung.

B2 Aufzeichnung der Geschwindigkeit

V2 Untersuche die Bewegung einer elektrischen Eisenbahn. Stelle dazu ein Metronom so ein, dass es jede Sekunde ein Signal gibt. Lege dann bei jedem Signal ein Markierungsklötzchen dort neben die Schienen, wo sich der vordere Teil der Bahn gerade befindet (→ **B3**). Der Abstand der Klötzchen ist immer ungefähr gleich.

V3 Eine Modell-Lokomotive fährt geradlinig. Alle 50 cm soll die Geschwindigkeit gemessen werden. Da die Lokomotive keinen Tachometer hat, lässt man sie mit Hilfe eines Fadens einen Tachometer antreiben (→ **B2**). Dessen Anzeige kann mit einem grafikfähigen Taschenrechner aufgezeichnet werden. Man erkennt, dass die Geschwindigkeit in etwa gleich bleibt.

Zeit *t* in s	Weg *s* in m	
	Fahrt 1	Fahrt 2
1	0,32	0,19
2	0,63	0,39
3	0,97	0,57
4	1,33	0,77
5	1,61	0,96

B4 In der Tabelle ist eine Zeitspanne zwischen zwei Messpunkten jeweils 1 s lang: Man schreibt $\Delta t = 1\,\text{s}$. Der griechische Buchstabe Δ (delta) gibt an, dass es sich um eine Differenz handelt.

Aufzeichnen einer Bewegung

Im ICE geht die Fahrt von Hannover nach Frankfurt deutlich schneller als in einem anderen Zug. Der ICE benötigt für die gleiche Strecke eine kürzere Zeit. In Tabelle **B4** sind Messwerte von Versuchen mit einer Modell-Lokomotive wiedergegeben. Gemessen wurden der zurückgelegte Weg *s* und die dafür benötige Zeit *t* für zwei verschiedene Fahrten. Diese Werte beschreiben die Bewegung. Sie lassen sich in einem Zeit-Weg-Diagramm (kurz: *t*-*s*-Diagramm) darstellen (→ **B5**). Dabei wird festgelegt, dass die Zeit *t* auf der Rechtsachse (*x*-Achse) und die Strecke *s* auf der Hochachse (*y*-Achse) aufgetragen wird. Bei unseren Versuchen lässt sich durch die Punkte eine Gerade zeichnen, die durch den Ursprung verläuft. Eine solche Ursprungsgerade ergibt sich immer dann, wenn nach dem Start in gleichen Zeiten jeweils gleich große Strecken zurückgelegt werden. Die Bewegung wird dann **gleichförmig** genannt.

● **Zeigt das *t*-*s*-Diagramm einer Bewegung eine Ursprungsgerade, so handelt es sich um eine gleichförmige Bewegung.**

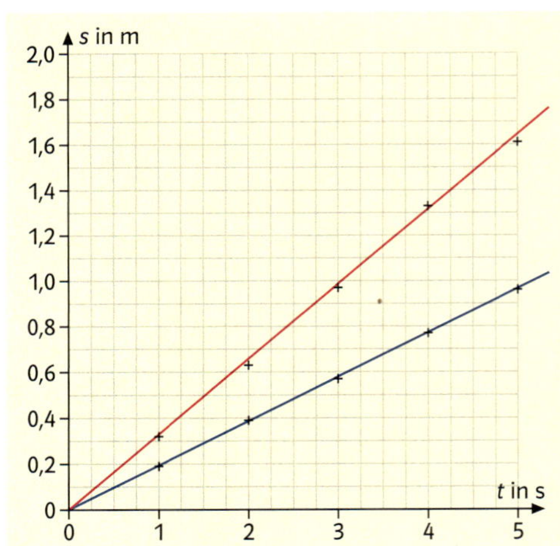

B5 Zeit-Weg-Diagramm der beiden Bewegungen

Die Geschwindigkeit Mathematisch deutet eine Ursprungsgerade darauf hin, dass die beiden im Diagramm aufgetragenen Größen proportional zueinander sind. Bei der gleichförmigen Bewegung sind die Größen der Weg *s* und die Zeit *t*.

● **Bei einer gleichförmigen Bewegung sind zurückgelegter Weg *s* und dafür benötigte Zeit *t* proportional zueinander.**

Weil bei einer gleichförmigen Bewegung Weg *s* und dafür benötigte Zeit *t* proportional zueinander sind, ist auch ihr Quotient konstant. Für Fahrt 2 aus Tabelle **B4** der vorangehenden Seite wird der Quotient *s*/*t* berechnet:

t in s	1	2	3	4	5
s in m	0,19	0,39	0,57	0,77	0,96
s/*t* in m/s	0,19	0,19	0,19	0,19	0,19

Die Wertetabelle zeigt, dass alle Wertepaare *s* und *t* **quotientengleich** sind.
Für Fahrt 1 ergibt sich ein Quotient von 0,32 m/s. Bei dieser Fahrt wurde ein größerer Weg in der gleichen Zeit zurückgelegt, der Quotient *s*/*t* ist größer.

Da der Quotient ein Maß für die Schnelligkeit einer Bewegung ist, wird er als neue Größe eingeführt und **Geschwindigkeit** genannt. Die Geschwindigkeit hat das Formelzeichen *v* (von lateinisch: velocitas = Schnelligkeit):

● **Der Quotient aus zurückgelegter Strecke *s* und dafür benötigter Zeitspanne *t* heißt Geschwindigkeit *v*.**

$$v = \frac{s}{t}$$

Einheiten der Geschwindigkeit sind (→ **B2**):

$$1\,\frac{\text{m}}{\text{s}} = 3{,}6\,\frac{\text{km}}{\text{h}} \quad \text{bzw.} \quad 1\,\frac{\text{km}}{\text{h}} = 0{,}28\,\frac{\text{m}}{\text{s}}$$

Beispiel: Ein Radfahrer legt in $t = 4{,}7\,\text{s}$ die Strecke $s = 20\,\text{m}$ zurück. Seine Geschwindigkeit beträgt:

$$v = \frac{s}{t} = \frac{20\,\text{m}}{4{,}7\,\text{s}} = 4{,}3\,\frac{\text{m}}{\text{s}} = 15{,}5\,\frac{\text{km}}{\text{h}}$$

Die Versuchsergebnisse zeigen:

● **Bei einer gleichförmigen Bewegung ist die Geschwindigkeit konstant.**

In einem Zeit-Geschwindigkeits-Diagramm (kurz: *t*-*v*-Diagramm) wird die Zeit *t* auf die Rechtsachse (*x*-Achse) und die Geschwindigkeit *v* auf die Hochachse (*y*-Achse) aufgetragen.
Ein Fahrtenschreiber oder Computer zeichnet unmittelbar das *t*-*v*-Diagramm der Bewegung auf (→ **B1**). Man erkennt, dass die Geschwindigkeit ungefähr konstant ist. Zu beiden Fahrten ist eine Ausgleichsgerade eingezeichnet, die parallel zur *t*-Achse verläuft. Für die Fahrten der beiden Modell-Lokomotiven ergeben sich die Werte $v_1 = 0{,}19\,\text{m/s}$ bzw. $v_2 = 0{,}32\,\text{m/s}$.
Wenn für eine Bewegung die Geschwindigkeit *v* und die verstrichene Zeitspanne bekannt sind, kann daraus die zurückgelegte Strecke ermittelt werden. Aus

$$v = \frac{s}{t} \text{ folgt } s = v \cdot t.$$

Bemerkung:
$1\,\frac{\text{m}}{\text{s}}$ bedeutet
1 m in 1 s

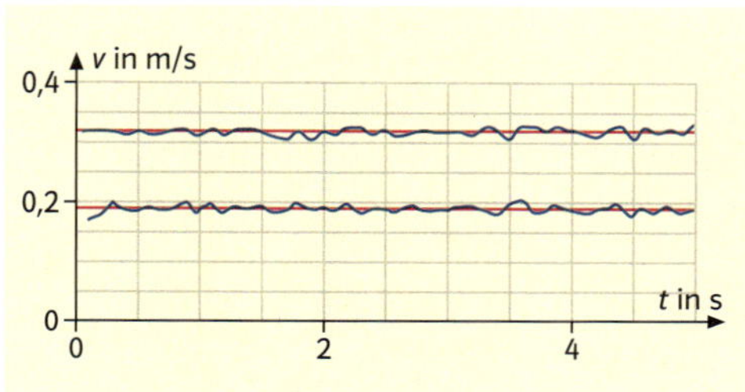

B1 *t*-*v*-Diagramm bei gleichförmiger Bewegung

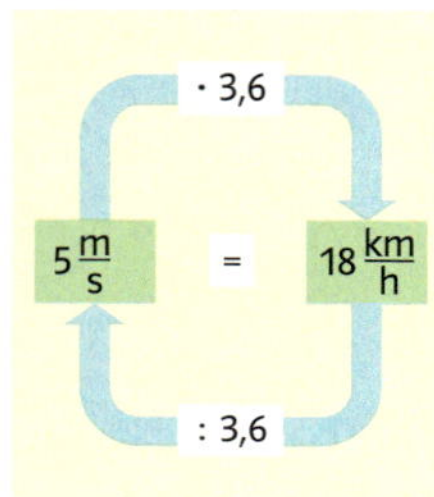

B2

A1 Begründe, woran du im *t*-*s*- bzw. *t*-*v*-Diagramm die schnellere Lok erkennen kannst.

A2 Zeichne zu Versuch **V1** ein *t*-*s*- und *t*-*v*-Diagramm. Entscheide, ob sich der Radfahrer gleichförmig bewegt hat.

A3 Abbildung **B3** zeigt vier Fotos eines Radrennfahrers auf einmal. Die Bewegung war auf dem kurzen Wegstück gleichförmig. Was musste der Fotograf beachten?

B3

Physik überall

Geschwindigkeiten in Natur und Technik

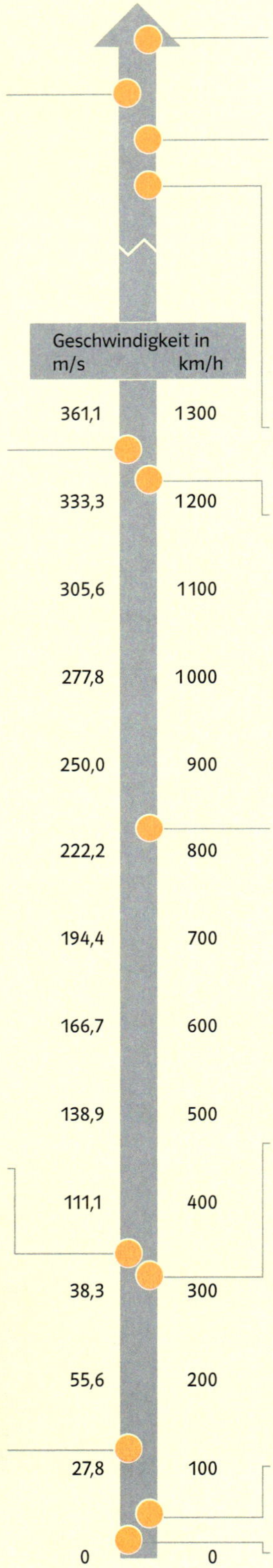

Eine **Erdbebenwelle** erreicht eine Geschwindigkeit von 5 000 m/s, das sind 18 000 km/h.

Das ungewöhnliche Fahrzeug mit dem Namen Trust SSC hält zurzeit den Geschwindigkeitsweltrekord für **Landfahrzeuge**. Kurzzeitig wurde eine Geschwindigkeit von 1250 km/h erreicht. Damit ist dieses Fahrzeug schneller als der Schall.

Die **Rauchschwalbe** ist mit über 300 km/h einer der schnellsten Flieger im Tierreich.

Der Körper des **Geparden** ist darauf eingestellt, seine Beute in der freien Savanne aus der schnellen Laufbewegung heraus zu jagen. Der Gepard ist das schnellste auf dem Land lebende Tier. Es wurden Geschwindigkeiten bis zu 120 km/h gemessen.

Mit 300 000 km/s oder 1 080 000 000 km/h ist die **Lichtgeschwindigkeit** die höchste Geschwindigkeit.

Der **Fernsehsatellit** umkreist mit 2 600 m/s die Erde, das sind 9 360 km/h.

Der **Schall im Wasser** schafft 1 500 m/s und damit 5 400 km/h.

In der Luft hat der **Schall** eine Geschwindigkeit von etwa 340 m/s, das entspricht 1 224 km/h.

Moderne **Verkehrsflugzeuge** fliegen mit Geschwindigkeiten von etwa 800 km/h. Die Start- und Landegeschwindigkeit ist allerdings geringer und liegt bei etwa 300 km/h.

Der **ICE** der Deutschen Bahn kann eine Geschwindigkeit von über 300 km/h erreichen. Für die Entfernung Hamburg – München benötigt der Zug weniger als 6 Stunden.

Delfine können bis zu 4 m lang und 650 kg schwer werden. Sie erreichen Geschwindigkeiten von bis zu 40 km/h, was sie u.a. der Struktur ihrer Haut verdanken.

Fußgänger	5 km/h
Schnecke	0,002 m/s
Haarwachstum	0,000 0001 m/s

Messungen mit Ultraschall

Fledermäuse senden Ultraschallsignale aus und empfangen mit ihren großen Ohren die von Gegenständen reflektierten Signale, die wir Menschen nicht hören können. Schall benötigt Zeit zur Ausbreitung (die Schallgeschwindigkeit ist $v = 340\,\text{m/s}$); aus der Zeitspanne zwischen Senden und Empfangen erfahren die Tiere die Entfernung des Gegenstandes.

Nach diesem Prinzip arbeitet ein **Sonarmeter**. Mit einem daran angeschlossenen grafikfähigen Taschenrechner lassen sich die Messwerte aufzeichnen und als *t*-*s*-Diagramm einer Bewegung wiedergeben: Eine Schülerin entfernt sich von einer Wand. Sie trägt ein nach hinten gerichtetes Sonarmeter mit sich (→ **B5**). Zwei Messversuche mit unterschiedlicher Gehgeschwindigkeit werden durchgeführt und mit dem grafikfähigen Taschenrechner in einem Diagramm dargestellt (→ **B1**). Das Diagramm zeigt von 0,75 s bis 4 s ein Teilstück einer Geraden. Nur in diesem Abschnitt liegt eine gleichförmige Bewegung vor.

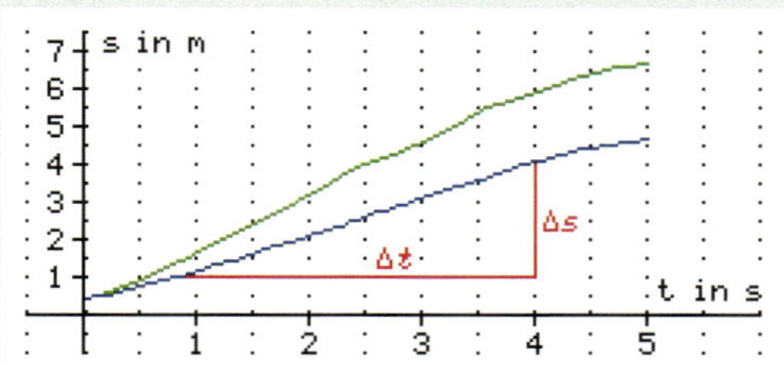

B1 *t*-*s*-Diagramm der gehenden Schülerin

Steigungen Das obere Geradenstück verläuft steiler als das untere. Die Geschwindigkeit war während der gleichförmigen Bewegung für diese Messung höher.

Die Steigung einer Geraden kann mit einem **Steigungsdreieck** ermittelt werden. Für das untere Geradenstück (→ **B1**) ist das Steigungsdreieck schon eingezeichnet. Die Geschwindigkeit ist der Quotient aus den Längen der Seiten des Steigungsdreiecks:

$$v = \frac{\text{Länge der Seite parallel zur } s\text{-Achse}}{\text{Länge der Seite parallel zur } t\text{-Achse}}$$

Eine andere Schreibweise lautet: $v = \frac{\Delta s}{\Delta t}$

In unserem Beispiel ist $\Delta s = 4\,\text{m} - 1\,\text{m} = 3\,\text{m}$ und $\Delta t = 4\,\text{s} - 0{,}75\,\text{s} = 3{,}25\,\text{s}$.

Also: $v = \frac{3\,\text{m}}{3{,}25\,\text{s}} = 0{,}92\,\frac{\text{m}}{\text{s}}$

B2 Fledermaus

Der grafikfähige Taschenrechner liefert auch ein *t*-*v*-Diagramm der Bewegung (→ **B3**). Es ist zu erkennen, dass die Geschwindigkeit von $t = 0\,\text{s}$ bis $t = 0{,}75\,\text{s}$ ansteigt und ab $t = 4\,\text{s}$ kleiner wird. Dies sind die Phasen, in denen die Schülerin losgeht bzw. abbremst und stehen bleibt. Zwischen $t = 0{,}75\,\text{s}$ und $t = 4\,\text{s}$ liefert der Rechner für *v* einen Wert etwas unter 1 m/s, entsprechend der Steigung der Geraden im *t*-*s*-Diagramm.

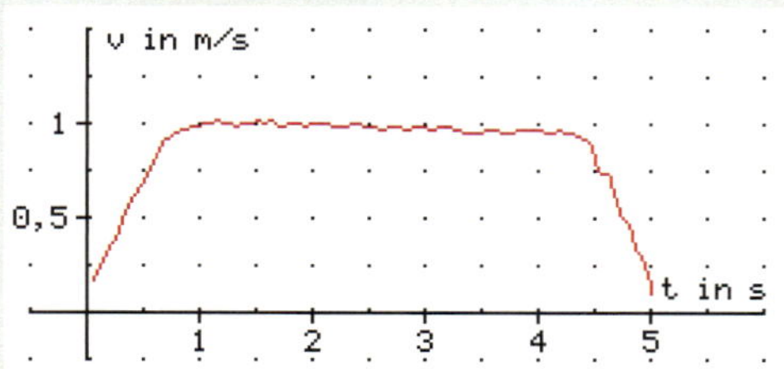

B3 *t*-*v*-Diagramm der gehenden Schülerin

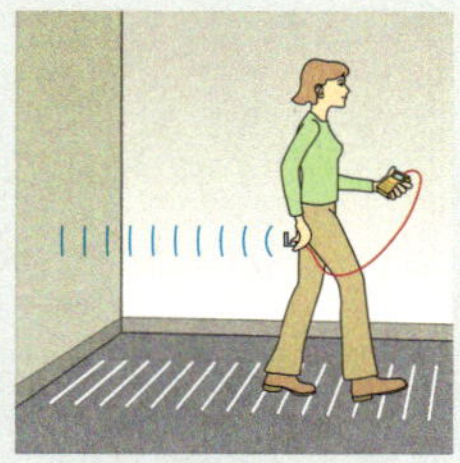

B5 Sonarmeter

■ **A1** Welcher Graph im Diagramm **B1** gehört zur schnelleren Bewegung?

■ **A2** Ermittle die Geschwindigkeit zur oberen Bewegung in Diagramm **B1** und zeichne auch dafür ein Zeit-Geschwindigkeits-Diagramm.

B4 Die Einparkhilfe im Auto misst den Abstand mit Ultraschall.

Beschleunigen und Bremsen

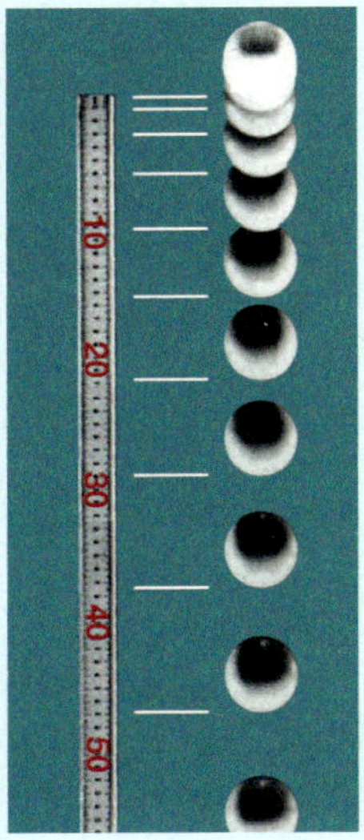

B1

V1 Die Abbildung (→ **B1**) zeigt die Stroboskop-Aufnahme einer fallenden Kugel. Ein Stroboskop ist ein Blitzlichtgerät. Das Bild wurde im Dunkeln aufgenommen und zeigt die Kugel nur in den Momenten, in denen das Stroboskop blitzt. Bei jedem Blitz ist die Kugel an einem anderen Ort, während immer die gleiche Zeitspanne verstrichen ist.
In der Tabelle (→ **B2**) sind Zeit und Ort der Kugel eingetragen.

V2 Ein Fahrzeug, z. B. der Gleiter einer Luftkissenfahrbahn, bewegt sich auf der etwas geneigten Bahn abwärts (→ **B3**). Mit Tacho und Computer wird bei verschiedenen Neigungen ein *t*-*v*-Diagramm aufgenommen. Es ergeben sich unterschiedliche Geraden durch den Ursprung.

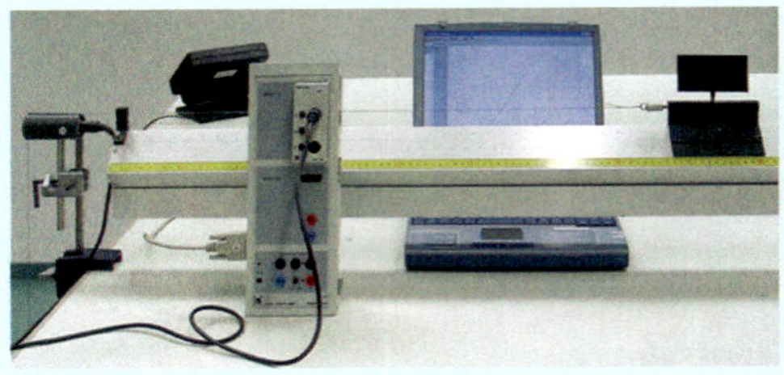

B3 Gleiter auf Luftkissenfahrbahn

Zeit in s	0	0,033	0,067	0,100	0,133	0,166	0,200	0,233	0,267	0,300
Weg in cm	0	1	3	6	10	15,5	22	29	37,5	47

B2

Beschleunigte Bewegung Bei einer fallenden, kleinen Kugel wie in Abbildung **B1** ist der Luftwiderstand kaum bemerkbar. Eine solche Fallbewegung heißt freier Fall. Wir analysieren die Bewegung der Kugel, indem wir das *t*-*s*-Diagramm dazu zeichnen (→ **B5**).

B4 Beim Wurf nach oben werden die Bälle langsamer, beim anschließenden Fall wieder schneller.

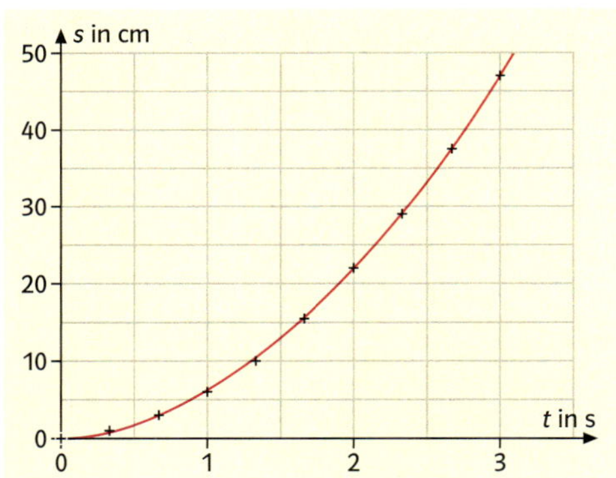

B5

Die Kurve durch die Messpunkte wird hier frei Hand gezeichnet, so dass keine Ecken entstehen.

Weil die Punkte nicht auf einer Geraden liegen, handelt es sich nicht um eine gleichförmige Bewegung. Daran, dass die Kurve mit fortschreitender Zeit immer steiler verläuft, ist zu erkennen, dass die Geschwindigkeit der Kugel wächst. Die Bewegung wird als **beschleunigte Bewegung** bezeichnet.

B6 Beim Sandbahnrennen wird ständig beschleunigt und gebremst.

● **Eine gekrümmte Kurve im *t*-*s*-Diagramm zeigt eine beschleunigte Bewegung an.**

Die Stroboskopaufnahme **B1** der fallenden Kugel sieht ganz genauso aus, wenn die Kugel von unten hochgeworfen wird. Das oberste Bild ist dann der Umkehrpunkt, ab dem die Kugel wieder herunter fällt.
Auf dem Weg nach oben wird die Kugel immer langsamer, sie wird abgebremst. Trotzdem wird auch diese Bewegung als beschleunigte Bewegung bezeichnet.

● **Bewegungen von Gegenständen, die schneller oder langsamer werden, heißen beschleunigte Bewegungen.**

A1 Wie sieht das *t*-*s*-Diagramm für den Wurf der Kugel nach oben aus?

Die Beschleunigung Ein Fahrtenschreiber oder ein Sonarmeter mit grafikfähigem Taschenrechner liefern das *t-v*-Diagramm einer beschleunigten Bewegung sofort.
Bei einem anfahrenden Auto wurden folgende Werte für die Zeit *t* und Geschwindigkeit *v* mit einem Sonarmeter aufgenommen:

t in s	0	0,5	1	1,5	2	3	4	5
v in m/s	0	1,4	3,0	4,5	5,9	9,2	12,1	15,0

Das *t-v*-Diagramm **B1** zeigt: die Werte liegen annähernd auf einer Ursprungsgeraden (rot gezeichnet).
Nur wenn eine Bewegung gleichmäßig beschleunigt ist, ergibt sich im Zeit-Geschwindigkeits-Diagramm eine Ursprungsgerade. In diesem Fall sind die Zeit *t* und die Geschwindigkeit *v* proportional zueinander.

● **Bei einer gleichmäßig beschleunigten Bewegung sind erreichte Geschwindigkeit *v* und benötigte Zeit *t* proportional zueinander. Das *t-v*-Diagramm zeigt eine Ursprungsgerade.**

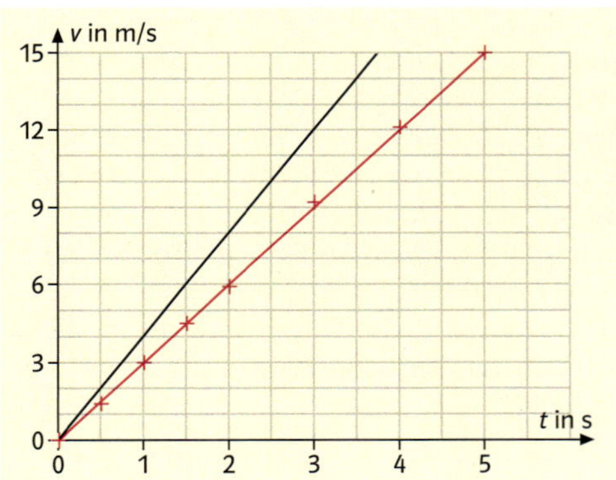

B1

Wenn *t* und *v* proportional zueinander sind, müssen alle Wertepaare quotientengleich sein. Wir berechnen die Quotienten für den Anfahrvorgang des Autos:

t in s	0	0,5	1	1,5	2	3	4	5
v in m/s	0	1,4	3,0	4,5	5,9	9,2	12,1	15,0
v/*t* in m/s²	–	2,8	3,0	3,0	3,0	3,1	3,0	3,0

Für die rote Ursprungsgerade ist der Quotient v/t ungefähr $3{,}0\,\text{m/s}^2$.
Die schwarze Gerade ist steiler und hat einen Quotienten von $v/t = 4{,}0\,\text{m/s}^2$. Bei dieser Bewegung wurde eine größere Geschwindigkeit in der gleichen Zeit erreicht.

Der Quotient v/t ist ein Maß für die Schnelligkeit des Geschwindigkeitsanstiegs und wird daher als neue Größe eingeführt und Beschleunigung genannt. Die Beschleunigung hat das Formelzeichen *a* (von lateinisch: accelerare = beschleunigen):

● **Der Quotient aus erreichter Geschwindigkeit *v* und dafür benötiger Zeitspanne *t* heißt Beschleunigung *a*.**

$$a = \frac{v}{t}$$

Die Einheit der Beschleunigung ist $1\frac{\frac{\text{m}}{\text{s}}}{\text{s}} = 1\frac{\text{m}}{\text{s}^2}$.

Hinweis:
Hier wird mit m und s wie mit Zahlen gerechnet.

Beispiel: Ein Auto benötigt 8 s, um vom Stillstand aus die Geschwindigkeit 72 km/h zu erreichen. 72 km/h = 20 m/s. Wir nehmen an, dass die Beschleunigung gleichmäßig erfolgte. Dann beträgt sie

$$a = \frac{20\frac{\text{m}}{\text{s}}}{8\,\text{s}} = 2{,}5\frac{\text{m}}{\text{s}^2}.$$

B2 Beim Start kommt es auf die Beschleunigung an.

Autoprospekte enthalten meist Angaben zur Beschleunigung. Zum Beispiel steht dort: „Beschleunigung von 0 auf 100 km/h in 12,2 s." Oder „Von 0 auf 100 km/h in 9,8 s."
Die Beschleunigung wird hier durch eine Änderung der Geschwindigkeit von $v_1 = 0\,\text{km/h}$ auf $v_2 = 100\,\text{km/h}$ und die dafür benötigte Zeitspanne angegeben. Wird für die gleiche Geschwindigkeitsänderung eine kürzere Zeit benötigt, so ist Beschleunigung größer, die Geschwindigkeit ändert sich schneller.

■ **A1** Bestätige für die schwarze Ursprungsgerade in Diagramm **B1** den angegebenen Beschleunigungswert, indem du zusammengehörige Werte von *t* und *v* abliest und die Quotienten berechnest.

■ **A2** Berechne für die beiden Angaben aus dem Autoprospekt die Beschleunigung *a* in m/s^2. Denke dabei an die Umrechnung von km/h in m/s!

Informationen aus Diagrammen entnehmen

Ein spannendes Rennen – Interpretation von *t-s*-Diagrammen Reale Bewegungen sind natürlich weder gleichförmig noch konstant beschleunigt. Das zeigt uns die Analyse des legendären Hundertmeterlaufs zwischen Carl Lewis (→ **B1**, links) und Leroy Burrell (→ **B1**, rechts) bei den Leichtathletik-Weltmeisterschaften 1991 in Tokio, bei dem Lewis die 100 m in 9,86 s lief.

B1

Das Zeit-Weg-Diagramm des Rennens (→ **B2**) zeigt deutlich, wie spannend es während der Weltmeisterschaften zugegangen sein muss: Den besseren Start hatte Leroy Burrell erwischt. Bis zur Hälfte der Rennstrecke lag er klar vor Carl Lewis: Die 40-m-Marke passierte Burrell mit fast einem Meter Vorsprung.

Erst danach gelang es Lewis, überhaupt aufzuholen und sich Zentimeter für Zentimeter an Burrell heranzuarbeiten und den Vorsprung zu verkürzen. Nach 80 Metern konnte Lewis schließlich überholen. Das Ziel durchlief Carl Lewis nach 9,86 s – ein neuer Weltrekord – zwei Hundertstel vor Leroy Burrell. Im Ziel hatte Lewis knapp zwei Handbreiten Vorsprung vor seinem Landsmann.

Wie eng die Verfolgungsjagd war und wie wenig die Leistungen der beiden Spitzensportler auseinander lagen, wird noch eindrucksvoller deutlich, wenn man die Zeit gegen die jeweiligen Geschwindigkeiten von Lewis und Burrell aufträgt. Dann wird deutlich, dass Lewis nach knapp fünf Sekunden schneller war als Burrell – dennoch braucht er weitere drei Sekunden, bis er an Burrell herangekommen war und ihn überholen konnte.

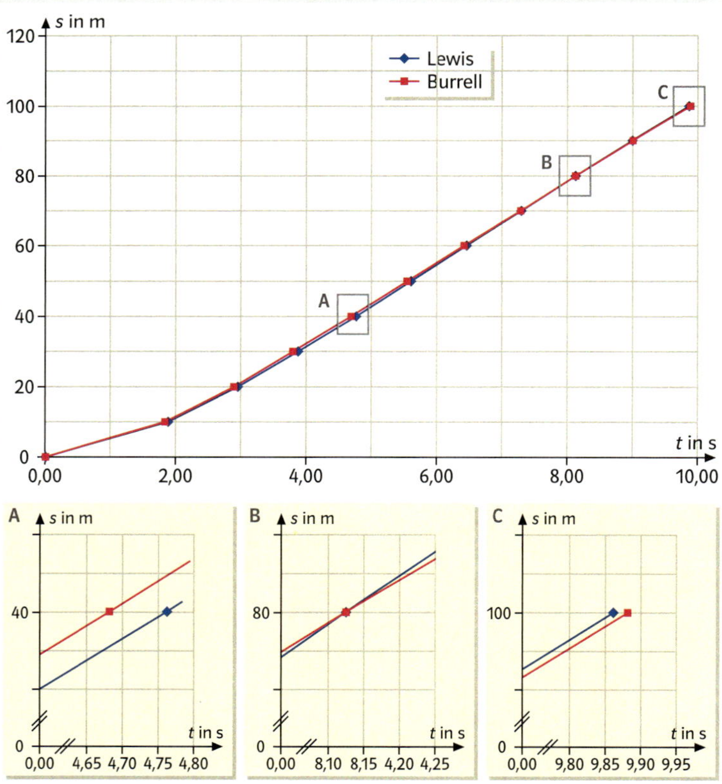

B2

	Lewis		Burrell	
s in m	*t* in s	*v* in m/s	*t* in s	*v* in m/s
0	0,00		0,00	
10	1,88	5,32	1,83	5,46
20	2,95	9,35	2,89	9,43
30	3,87	10,87	3,79	11,11
40	4,76	11,24	4,68	11,24
50	5,60	11,90	5,54	11,63
60	6,45	11,76	6,41	11,49
70	7,29	11,90	7,28	11,49
80	8,12	12,05	8,12	11,90
90	8,99	11,49	9,00	11,36
100	9,86	11,49	9,88	11,36

Fahrzeugfahrten – Interpretation von *t-v*-Diagrammen Die Abbildung **B1** zeigt das Zeit-Geschwindigkeits-Diagramm mehrerer Fahrzeuge. Es liefert viele Informationen.

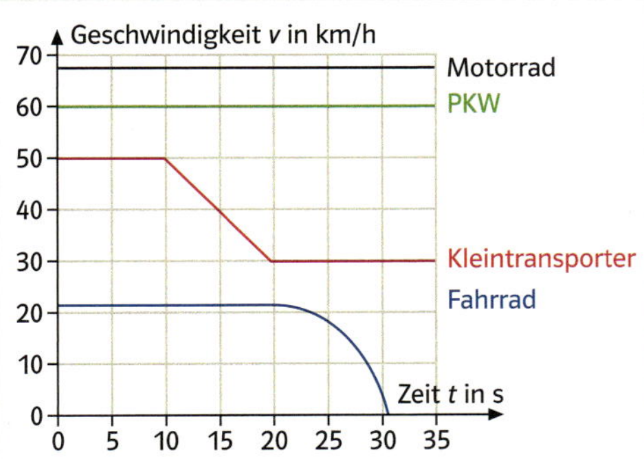

B1

Das Motorrad und der Pkw sind 35 Sekunden mit konstanter Geschwindigkeit gefahren. Sie haben sich gleichförmig bewegt. Die Geschwindigkeiten betrugen etwa 68 km/h bzw. 60 km/h. Der Kleintransporter hat sich in den ersten 10 Sekunden und den letzten 15 Sekunden gleichförmig bewegt. Dazwischen hat er innerhalb von 10 Sekunden seine Geschwindigkeit von 50 km/h auf 30 km/h vermindert. Das Fahrrad hat sich 20 Sekunden lang gleichförmig bewegt und dann gebremst. Die Geschwindigkeit verringerte sich zunächst langsam, dann jedoch immer schneller. Bei $t = 31\,s$ steht das Fahrrad und bewegt sich nicht mehr.

Diagramm **B2** zeigt eine längere Autofahrt. Das Auto fährt in der 1. Minute mit konstanter Beschleunigung, denn das *t-v*-Diagramm zeigt eine ansteigende Gerade. Die Beschleunigung lässt sich mit einem Steigungsdreieck bestimmen. Dazu müssen die Angaben in die richtigen Einheiten umgerechnet werden:

Benötigte Zeit: $1\,min = 60\,s$

Erreichte Geschwindigkeit: $48\,\frac{km}{h} = 13{,}33\,\frac{m}{s}$

Beschleunigung: $a = \frac{v}{t} = \frac{13{,}33\,m/s}{60\,s} = 0{,}22\,\frac{m}{s^2}$

Bei $t = 4\,min$ beschleunigt das Fahrzeug erneut. Die Beschleunigung ist kleiner als zu Beginn der Fahrt, denn die Steigung des Geradenstücks ist geringer.

Ablesen von Werten Möchte man die Frage beantworten, wie groß die Geschwindigkeit bei der in Abbildung **B2** dargestellten Fahrt zur Zeit $t = 2\,min$ war, so kann die Lösung – 50 km/h – abgelesen werden. Dazu denkst du dir von der „2" auf der Zeitachse eine senkrechte Linie nach oben wie in Abbildung **B2** eingezeichnet. Durch Anlegen des Geodreiecks kannst du genau ermitteln, wo die Senkrechte die gezeichnete Kurve schneidet. Von dort denke dir (wieder mit Hilfe des Geodreiecks) eine zur Zeitachse parallele Linie nach links. Diese Linie trifft die Hochachse bei $v = 50\,km/h$. Genau umgekehrt gehst du vor, wenn die Zeit gesucht wird, zu der das Fahrzeug eine bestimmte Geschwindigkeit besaß. Für $v = 40\,km/h$ sind die gedachten Linien in Abbildung **B2** eingezeichnet. Es gibt insgesamt vier Zeiten, bei denen $v = 40\,km/h$ betrug: $t = 0{,}8\,min$; 19 min; 22 min und 34,6 min.

A1 Einige Stellen in Diagramm **B2** sind bereits beschriftet, andere noch nicht. Beschreibe die Autofahrt in einem zusammenhängenden Text. Rechne vorher, falls nötig und achte darauf, alles was das Diagramm verrät, auch im Text zu erwähnen.

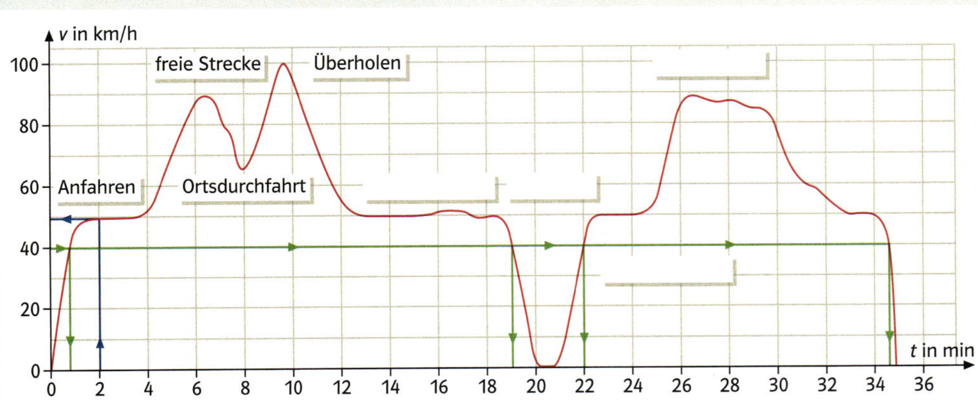

B2 Das Diagramm einer Bewegung

Rückblick

1 Begriffe
Was versteht man unter
- der Geschwindigkeit einer Bewegung?
- der Beschleunigung einer Bewegung?
- einer gleichförmigen Bewegung?

2 Beobachtungen
Was beobachtet man, wenn sich ein Körper
- mit konstanter Geschwindigkeit bewegt?
- im freien Fall bewegt?

3 Erklärungen
Wie lässt sich begründen, dass
- im *t*-*s*-Diagramm die größeren Geschwindigkeiten zu steileren Geraden führen?
- bei einer beschleunigten Bewegung keine Gerade im *t*-*s*-Diagramm entsteht?
- der freie Fall eine beschleunigte Bewegung ist?

4 Gesetzmäßigkeiten
Beschreibe mit eigenen Worten
- das Vorgehen beim Zeichnen von *t*-*s*-Diagrammen.
- den Zusammenhang von Zeit und Weg bei einer gleichförmigen Bewegung.
- den Zusammenhang von Zeit und Geschwindigkeit bei einer beschleunigten Bewegung.

Erläutere die Erscheinungen in den folgenden Bildern und beantworte die Fragen.

B1 Welche Bewegung zeigt das Bild?

B2 Um welche Bewegung handelt es sich?

B3 Um welche Bewegung handelt es sich?

B4 Warum ist das kein freier Fall?

Beispiele

Fallschirmsprung Das *t*-*v*-Diagramm **B5** beschreibt einen Fallschirmsprung.

Lösung: Bei $t = 0$ verlässt der Springer das Flugzeug, seine Geschwindigkeit steigt. Im Bereich II wird die Kurve flacher. Die Beschleunigung sinkt, bis der Springer bei III mit konstanter Geschwindigkeit fällt. In Abschnitt IV sinkt *v* stark aber gleichmäßig. Der Fallschirm wurde geöffnet. Schließlich (V) fällt der Springer mit konstanter, geringer Geschwindigkeit.

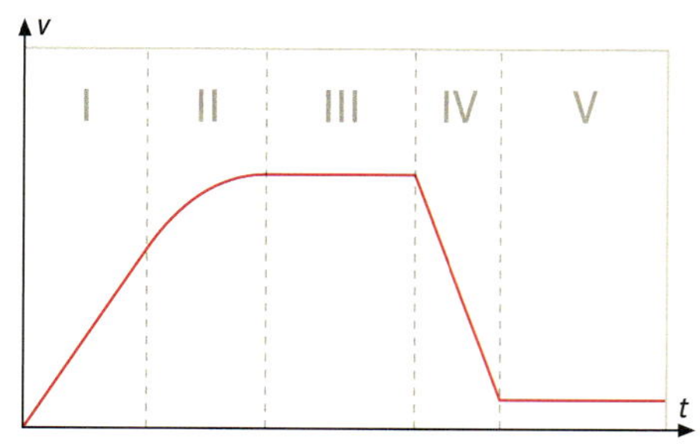

B5

Beispiele

Welche Zeit wird benötigt? Eine Zahnradbahn (→ **B1**) fährt mit der konstanten Geschwindigkeit von 25 km/h den Berg hoch. Die Strecke zum Zielbahnhof ist 2,5 km lang. Wie viele Minuten dauert die Fahrt?

Lösung:
Gegeben: $v = 25\,\text{km/h}$, $s = 2{,}5\,\text{km}$
Gesucht: t in min

Formel: $t = \frac{s}{v}$

$t = \frac{2{,}5\,\text{km}}{25\,\text{km/h}} = 0{,}1\,\text{h}$

$1\,\text{h} = 60\,\text{min}$, also $0{,}1\,\text{h} = 6\,\text{min}$ $t = 6\,\text{min}$

Antwort: Die Fahrt mit der Zahnradbahn dauert sechs Minuten.

B1

Fahrtenschreiber Der Fahrtenschreiber in Lkws und Bussen hilft dabei, zu überprüfen, ob sich der Fahrer an die Geschwindigkeitsbegrenzungen hält und genügend Pausen macht. Es ist ein *t*-*v*-Diagramm, bei dem die Zeitachse kreisförmig gebogen ist. Wann stand der Bus, wann hatte er seine größte Geschwindigkeit?

Lösung: Der Bus ist zwischen 8:00 Uhr und 9:40 Uhr nicht gefahren ($v = 0$). Etwa um 11:45 Uhr erreichte er mit 90 km/h seine Höchstgeschwindigkeit.

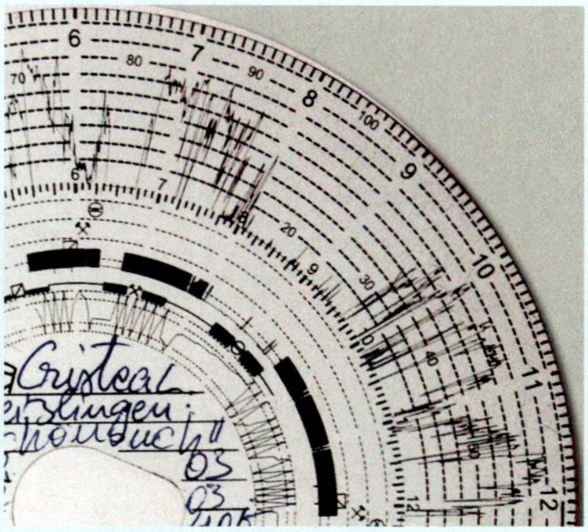

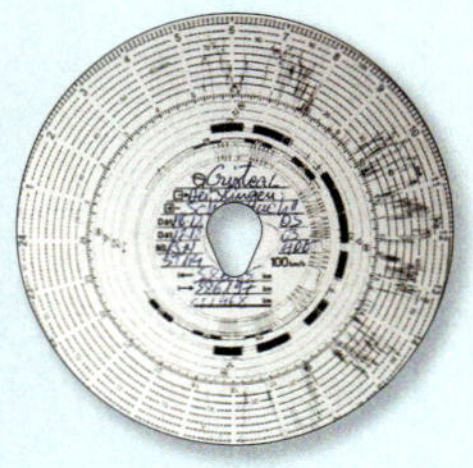

B2 Fahrtenschreiberkarte

Heimversuche

1 Tachometerprüfung am Fahrrad
Suche dir eine 50 m lange Strecke. Fahre gleichmäßig schnell mit der Tacho-Anzeige 10 km/h. Miss die benötigte Zeit. Geht dein Tacho richtig, so muss die Fahrzeit 18 s betragen. Prüfe diese Angabe durch eine Rechnung.

2 Die Geschwindigkeit des Flusswassers
Bestimme die Breite einer Brücke über einen Fluss oder Bach. VORSICHT im Verkehr! Miss dann die Zeit, die ein auf dem Wasser schwimmender Gegenstand benötigt, um unter der Brücke hindurch zu treiben. Berechne daraus seine Geschwindigkeit.

3 Eine Kugel rollt
Eine Kugel, die eine schiefe Ebene hinab rollt (→ **B3**), führt eine gleichmäßig beschleunigte Bewegung aus. Für den Versuch benötigst du: Stahlkugel (∅ 1 – 2 cm), Ablaufrinne (ca. 30 – 60 cm lang), Stoppuhr, Lineal, Unterlegmaterial (z. B. Bücher)

Trage mit einem Stift von einem Ende der Rinne Markierungen im Abstand von 20 cm, 30 cm, 40 cm, 50 cm und 60 cm ab. Unterlege das andere Ende der Rinne mit den Büchern, sodass es ca. 3 cm höher liegt. Setze die Kugel bei den verschiedenen Markierungen in die Rinne. Beginne bei 20 cm. Eine Mitschülerin oder ein Mitschüler stoppt die Zeit bis zum Auftreffen der Kugel auf der Tischoberfläche. Führe jeweils 10 Versuche durch und berechne die Durchschnittszeit. Wiederhole den Versuch dann mit den anderen Strecken. Trage die Messwerte in ein Zeit-Weg-Diagramm ein. Variiere bei dem Versuch verschiedene Größen und miss die jeweiligen Zeiten. Was stellst du fest? Wie verhalten sich Strecke und Zeit mathematisch zueinander?

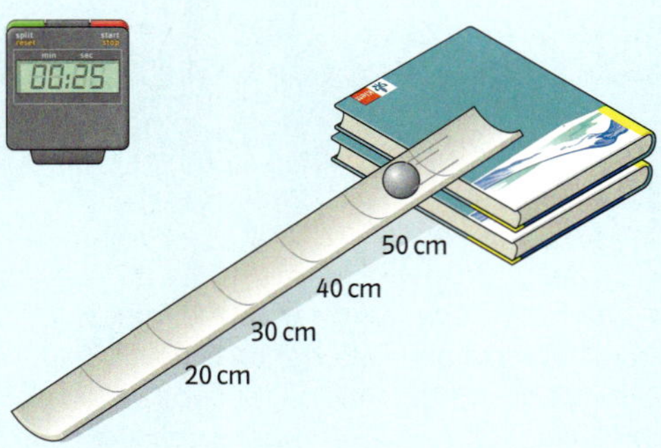

B3 Versuchsaufbau

Aufgaben

Schnell und langsam

1 Übertrage die Messwerte folgender Tabellen in vier verschiedene Diagramme. Entscheide, ob du eine Ausgleichsgerade einzeichnen kannst und begründe dies. Wenn eine Ausgleichsgerade möglich ist, so zeichne sie ein und bestimme ihre Steigung.

t in s	1,0	3,0	5,0	7,0	8,0	9,0
s in m	0,5	1,4	2,3	3,3	3,7	4,2

t in s	2,2	4,9	5,7	7,8	8,5	9,4
s in m	1,5	5,3	3,9	7,5	9,2	6,8

t in s	1,3	3,2	4,8	6,9	7,7	8,9
s in m	1,8	4,3	6,6	8,9	9,9	12,3

t in s	0,6	1,9	2,4	3,0	3,5	4,1
s in m	0,2	2,2	3,4	5,4	7,3	10,1

2 Ein Körper legt in 5 s mit konstanter Geschwindigkeit eine Strecke von 40 cm zurück und bleibt dann plötzlich stehen. Zeichne ein *t*-*s*-Diagramm.

3 a) Zeige durch Rechnung, dass die Beziehung 1 m/s = 3,6 km/h gilt.
b) Wie viel m/s sind 20 km/h (80 km/h)?
c) Wie viel km/h sind 20 m/s (30 m/s)?

4 Ein Auto hat die Geschwindigkeit 120 km/h. Welche Strecke legt es in 10 s zurück?

5 Ein ICE durchfährt 1 km in 18 s. Welche Geschwindigkeit in km/h hat er?

6 Die Schallgeschwindigkeit in Luft beträgt 340 m/s. Wie weit ist ein Blitz – den man praktisch ohne Verzögerung sieht – entfernt, wenn der Donner 3 s später zu hören ist?

7 Wie erkennt der Automat, ob man zu schnell gefahren ist? Erkläre die Funktionsweise.

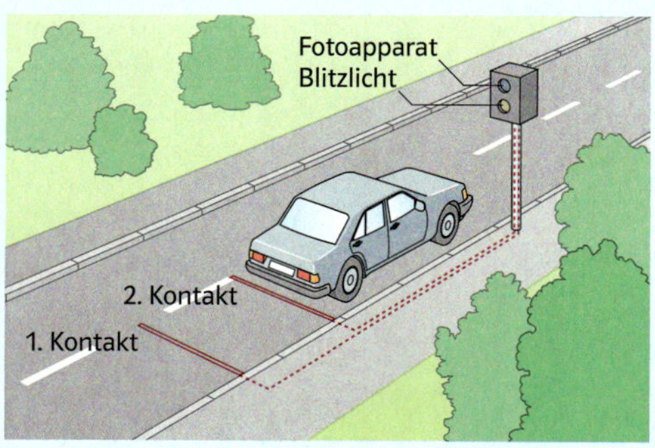

8 Der Fahrer eines Autos überschreite beim Durchfahren einer 4 km langen Landstraße die erlaubte Höchstgeschwindigkeit von 100 km/h um 20 km/h. Wie viel Zeit spart er dadurch ein?

Bremsen und Beschleunigen

9 Beim Start eines Radfahrers werden folgende Werte gemessen:

Zeit in s	0	1,0	2,0	3,0	4,0	5,0	6,0	7,0
Weg in m	0	1,5	5,0	9,0	14	20	26	31

a) Zeichne das Zeit-Weg-Diagramm.
b) In welchen Abschnitten ist die Geschwindigkeit konstant?
c) Berechne die Geschwindigkeiten für die Strecken 0 bis 5 m und 14 m bis 26 m.

10 Eine alte **Fahrschulregel** lautet:
„Der Bremsweg bei einem Pkw in Metern ist gleich dem Quadrat der durch 10 geteilten Geschwindigkeit in km/h."
a) Schätze mit dieser Regel ab, nach welcher Strecke ein Auto zum Stehen kommt, das mit einer Geschwindigkeit von 100 km/h fährt.
b) Erläutere an diesem Beispiel die Begriffe Bremsweg und Anhalteweg. Wie groß ist nach der Fahrschulregel der Bremsweg? (Beachte dabei: Die durchschnittliche Reaktionszeit beträgt 1 s.)
c) Informiere dich – mit Hilfe von Fachzeitschriften oder des Internets – über die Bremswege moderner Pkws. Nenne Gründe für die Abweichung gegenüber der Fahrschulregel.

11 Das Bild zeigt das *t*-*v*-Diagramm für eine Fahrt mit dem ICE. Beschreibe die Bewegung in Worten. Berechne die Beschleunigung im ersten Abschnitt.

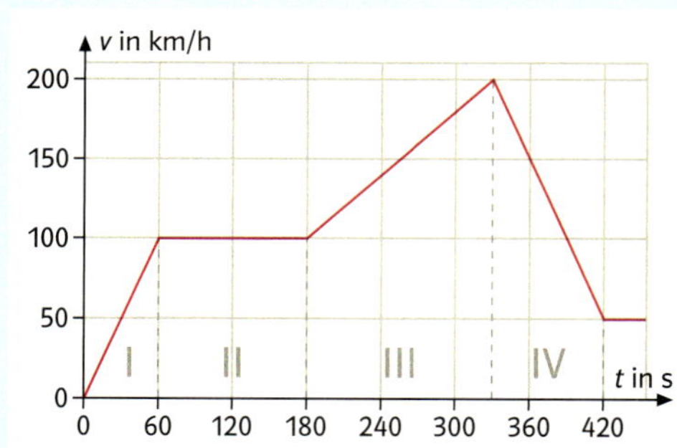

Masse und Kraft

Wieso kann die Forschungssonde das Weltall durchfliegen, ohne dabei große Mengen an Treibstoff zu verbrauchen?

Online-Link
772425-0700

Die Masse

V1 Ein Wagen, der mit einem Holzklotz beladen ist, wird plötzlich beschleunigt oder abgebremst (→ **B1**). Der Holzklotz kippt in unterschiedliche Richtungen um.

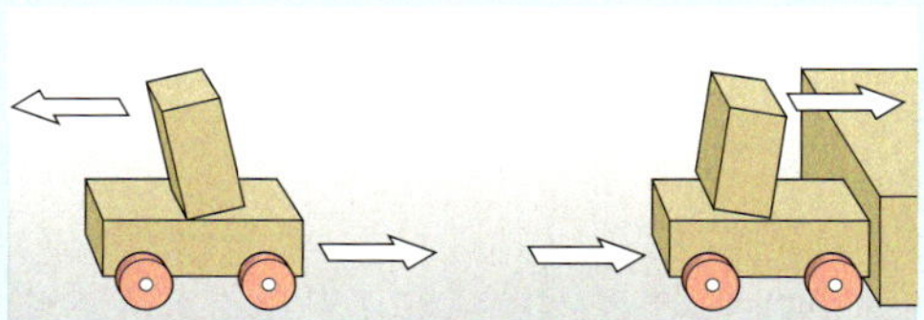

B1

V2 Ein Experimentiertisch mit Rollen, auf dem ein Wagen steht, wird kräftig nach rechts oder links bewegt (→ **B2**). Der kleine Wagen behält seine Position im Klassenraum bei, der Experimentiertisch bewegt sich unter ihm fort.

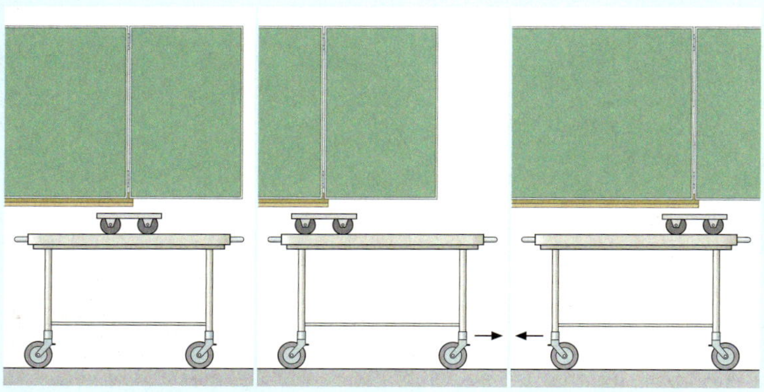

B2

V3 Wirf einen Volleyball und einen Medizinball. Ein Mitschüler soll sie fangen. Der Medizinball kann nicht so gut geworfen und gefangen werden.

B3

V4 Lass einen Elektrowagen gegen einen Bogen gespanntes Pergamentpapier fahren (→ **B4**). Er bleibt im Papier hängen.
Miss mit einer Waage 500 g Sand ab und belade den Wagen mit dem Sand. Wenn du den Wagen mit der gleichen Geschwindigkeit wie vorher auf das Papier zufahren lässt, so zerreißt diesmal das Papier.

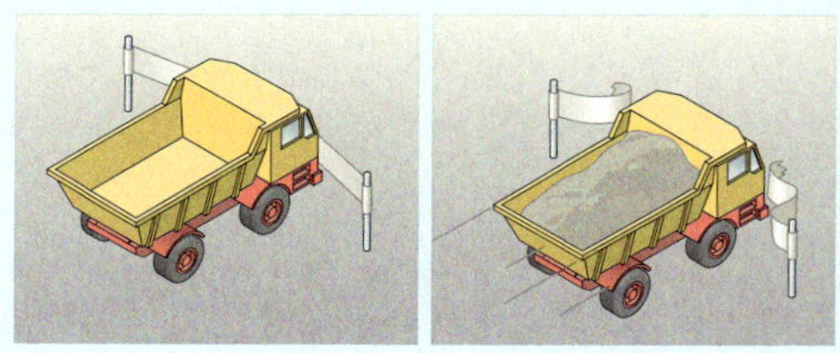

B4

Trägheit Im Alltag wird jemand als „träge" bezeichnet, wenn er seine Gewohnheiten nicht gerne ändert. Fußball und Medizinball sind träge, denn von sich aus bleiben sie liegen.

B5 Fahrgäste müssen sich festhalten.

Ein Medizinball ist sogar wesentlich schwieriger in Bewegung zu versetzen als ein Fußball, er besitzt eine größere Trägheit. Auch beim Abbremsen ist die Trägheit der Körper bemerkbar. Stehende Fahrgäste im Bus oder in der U-Bahn müssen sich festhalten, wenn der Bus bzw. die U-Bahn bremst (→ **B5**). In Kurven muss man sich ebenfalls festhalten, denn auch die Bewegungsrichtung ändert ein träger Körper nicht ohne weiteres.

Die physikalische Eigenschaft **Trägheit** meint etwas anderes als der Alltagsbegriff:

● **Trägheit ist die Eigenschaft von Körpern, ihren Bewegungszustand nicht zu ändern.**

A1 Finde weitere Situationen, in denen du die Trägheit bemerken kannst.

Masse und Trägheit Ein Einkaufswagen, der noch leer ist, lässt sich leicht steuern. Ist er jedoch mit dem Wochenendeinkauf gefüllt, ist seine Trägheit größer. Es ist schwieriger, ihn zu lenken, anzuschieben und zu verlangsamen (→ **B1**).

Lässt man einen kleinen Wagen gegen eine Wand aus Pergamentpapier fahren, so wird er von dem Papier abgebremst. Sein Bewegungszustand hat sich verändert.
Belädt man ihn mit Sand, so kann er das Papier bei gleicher Geschwindigkeit wie im unbeladenen Zustand zerreißen und seine Bewegung – mit etwas verminderter Geschwindigkeit – beibehalten.

Der Einkaufswagen und der Elektrowagen besitzen also eine größere Trägheit, wenn sie beladen sind. Die physikalische Größe **Masse** beschreibt den Unterschied. Ein Wagen, der mit Chipstüten gefüllt ist, besitzt eine geringere Masse als ein Wagen voller Kartoffelsäcke.

Demnach ist die Masse auch die Eigenschaft, die Auskunft darüber gibt, ob die Trägheit eines Körpers groß oder klein ist. Zwei Körper gleicher Masse besitzen die gleiche Trägheit.

● **Alle Körper besitzen eine Masse. Sie ist an jedem Ort gleich und bestimmt, wie groß die Trägheit eines Körpers ist.**

Das physikalische Formelzeichen für die Masse ist m. Die Einheit für die Masse ist das **Kilogramm (1 kg)**. Die Masse 1 kg entspricht genau der Masse des Normkilogramms, das bei Paris aufbewahrt wird. Das Normkilogramm ist ein kleiner Zylinder aus Platin und Iridium, der zum Schutz vor Verunreinigungen unter mehreren Glasglocken liegt.

Beim Messen wird die Masse des Körpers mit Normmassen, den Wägestücken, verglichen.

Der Massenvergleich wird auf Waagen durchgeführt (→ **B2**). Zuerst wird der zu wiegende Gegenstand auf die Waage gelegt. Dann wird versucht, durch Auflegen von Wägestücken (→ **B3**) auf der anderen Seite, die Waage ins Gleichgewicht zu bringen.

Werden bei einem Körper mehr Wägestücke benötigt, um ein Gleichgewicht zu erreichen, als bei einem anderen, dann haben die Körper nicht nur unterschiedliche Massen, sondern sie sind auch verschieden schwer.

B1 Je voller der Einkaufswagen beladen ist, desto schwerer ist er zu steuern.

B2 Messen von Massen mit einer Waage

B3 Wägesatz

Die Schwere eines Körpers ist nur zu bemerken, wenn ein zweiter Körper, wie zum Beispiel die Erde, hinzu kommt. Im Vergleich zur Erde ist die Anziehung auf dem Mond schwächer. Alle Körper sind dort weniger schwer. Ihre Masse verändert sich jedoch nicht.

A1 Ein beladener Lkw hat eine fünf- bis zehnmal so große Masse wie ein Pkw. Mache Aussagen über die Trägheit der beiden Fahrzeuge. Wie macht sich der Unterschied bemerkbar, wenn das Fahrzeug zum Beispiel gegen eine Mauer oder einen Baum fährt?

A2 Fertige eine Liste unterschiedlicher Gegenstände an und finde ihre Masse heraus. Wenn du keine passende Waage zur Hand hast, vergleiche mit bekannten Massen und schätze den Wert. Rechne am Ende alle Massen, die in anderen Einheiten angegeben sind, in Kilogramm um.

Häufig verwendete Teile und Vielfache der Einheit Kilogramm sind:

Gramm
1 g = 0,001 kg

Milligramm
1 mg = 0,001 g

Tonne
1 t = 1000 kg

Die Kraft

Lernstationen:
Die Versuche **V1** bis **V6** lassen sich auch als Lernzirkel durchführen. Fertigt dazu entsprechende Stationenkarten an.

B1

Ein Kran hebt eine Last vom Boden hoch, ein Autofahrer schiebt ein Auto an, der Karatekämpfer zerschlägt einen Stapel Bretter (→ **B1**), jemand lässt das Sonnenrollo an seinem Fenster herunter, ein Möbelpacker stemmt sich gegen einen Schrank, der Besucher drückt auf den Klingelknopf, die Schrottpresse presst eine Autokarosserie zusammen, …

Führe die folgenden Versuche durch und notiere alle Beobachtungen.
Gib Ursachen für die Beobachtungen an und vergleiche die Versuche miteinander.

V1 Eine Blattfeder liegt auf zwei Holzklötzen. Belaste sie mit einem Stein, biege sie mit der Hand durch oder verforme sie mit einem Magnet (→ **B2**).

V2 Versetze einen ruhenden Wagen mit der Hand in Bewegung und bremse ihn wieder ab. Rolle ihn dann gegen eine Feder (→ **B3**). Beschreibe die Beobachtungen genau.

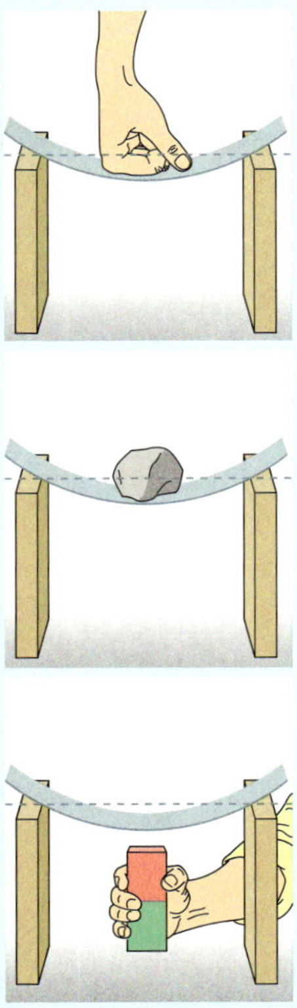

B2 Zu Versuch 1

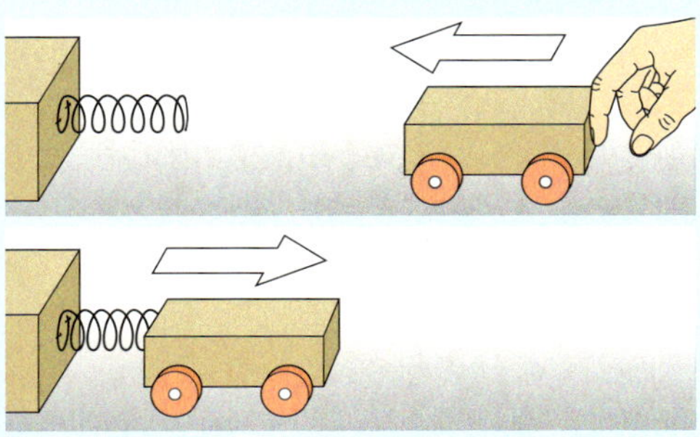

B3 Zu Versuch 2

B4 Verformte Knetkugeln

V3 Wirf mehrere gleiche Bälle aus Knetgummi nacheinander auf den glatten Boden. Betrachte die Bälle hinterher und vergleiche die unterschiedlichen Würfe (→ **B4**).

V4 Wirf einen Medizinball und einen Basketball. Finde Ursachen für die unterschiedlichen Geschwindigkeiten und Weiten der Würfe.

V5 Lass ein Spielzeugauto über den Tisch rollen und blase mit einem Föhn aus verschiedenen Richtungen dagegen (→ **B5**).

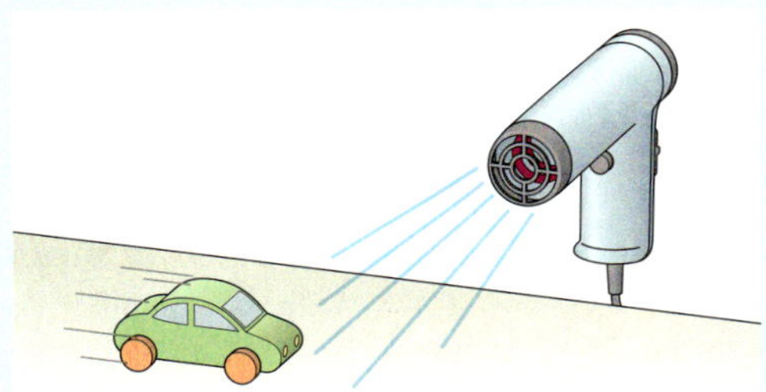

B5 Zu Versuch 5

V6 Schiebe einen aufrecht stehenden Holzquader vorsichtig mit dem Finger an. Schiebe einmal unten in der Mitte, einmal oben in der Mitte und einmal unten an einer Seite jeweils etwa gleich stark (→ **B6**).
Beschreibe die Unterschiede der drei Versuchsteile.

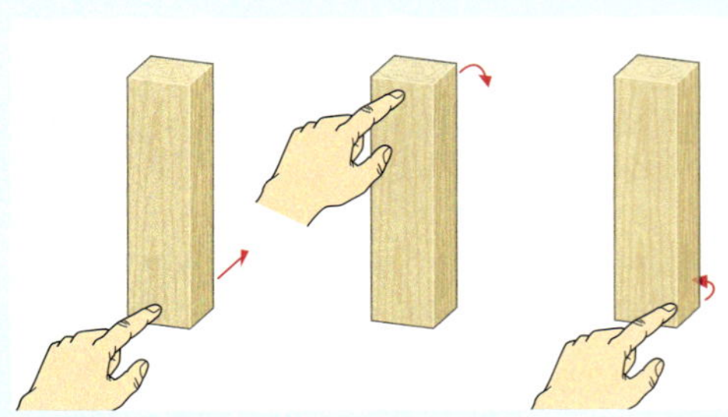

B6 Zu Versuch 6

Kraftwirkungen Trifft ein Ball auf dem Boden auf, so wird er dabei abgebremst, verformt, umgelenkt und beschleunigt. Immer dann, wenn ein Körper verformt wird, sich seine Geschwindigkeit verändert oder er sich in eine andere Richtung weiter bewegt, führt man das auf das Wirken einer **Kraft** zurück. Man kann dabei die Kraft selbst nicht sehen, sondern erkennt sie nur an den hier beschriebenen Wirkungen. Für die physikalische Größe Kraft gilt:

● **Kräfte lassen sich nur durch ihre Wirkungen erkennen: Sie können einen Körper verformen, seine Geschwindigkeit vergrößern oder verkleinern, seine Bewegungsrichtung ändern.**

Kräfte können in verschiedenen Situationen auftreten: Wir sprechen von Muskelkraft, der Kraft des Windes, von der Kraft, mit der ein Körper von der Erde oder von einem Magnet angezogen wird, usw.

Wovon hängt die Kraftwirkung ab? Die Informationen, die für die Wirkung einer Kraft wichtig sind, werden in Zeichnungen als Kraftpfeil dargestellt (→ **B5**). Es sind:

1 Der **Betrag**: Ist der Betrag einer Kraft größer als der einer anderen, so ist ihre Wirkung auf denselben Körper größer. In Bild **B1** wird z. B. der Ball weiter geschossen.

2 Die **Richtung**: Eine unterschiedliche Richtung der Kraft führt, wie in Bild **B2**, zu unterschiedlichen Wirkungen.

3 Der **Angriffspunkt**: Zwei Kräfte mit gleichem Betrag und gleicher Richtung erzeugen verschiedene Wirkungen, wenn sich ihr Angriffspunkt am Körper unterscheidet. In Bild **B3** wirkt z. B. die gleiche Kraft bei jedem Angriffspunkt verschieden.

● **Die Wirkung einer Kraft auf einen Körper hängt von ihrem Betrag, ihrer Richtung und dem Angriffspunkt ab.**

Deutung von Kraftpfeilen Bild **B4** zeigt an einem Beispiel, wie ein Kraftpfeil eingezeichnet wird. Der Pfeil beginnt am Angriffspunkt der Kraft, nämlich an der Hand der Werferin. Der Pfeil zeigt in die Richtung, in die die Muskelkraft wirkt. Die Größe der Kraft lässt sich im Foto allerdings nicht ablesen, denn es wurde kein Maßstab festgelegt.

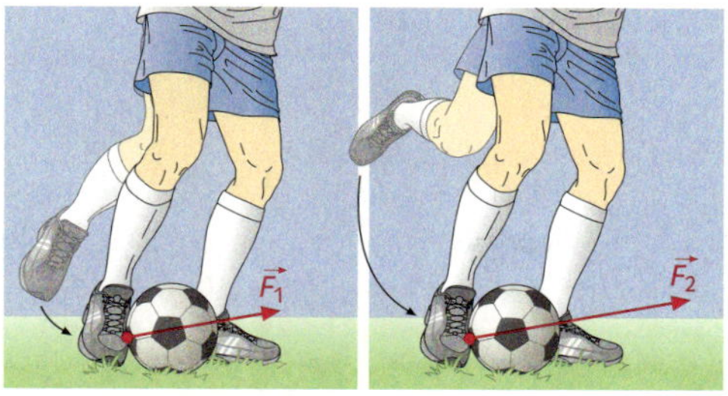

B1 Verschiedene Beträge

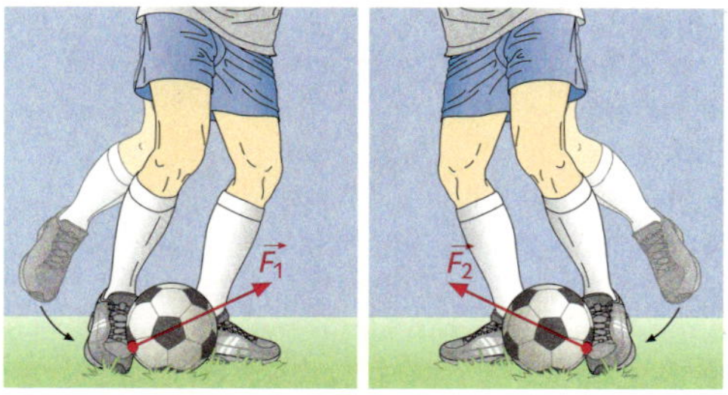

B2 Verschiedene Richtungen

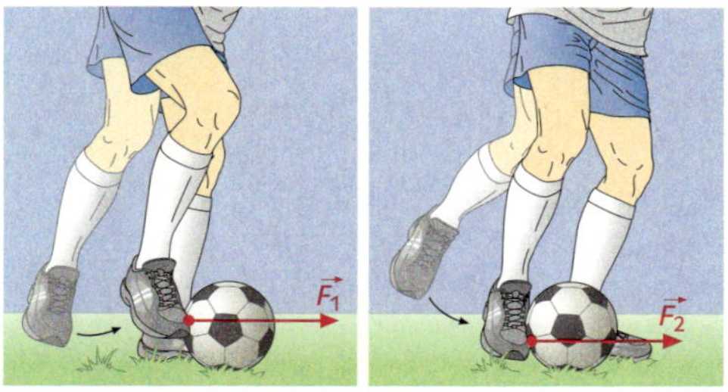

B3 Verschiedene Angriffspunkte

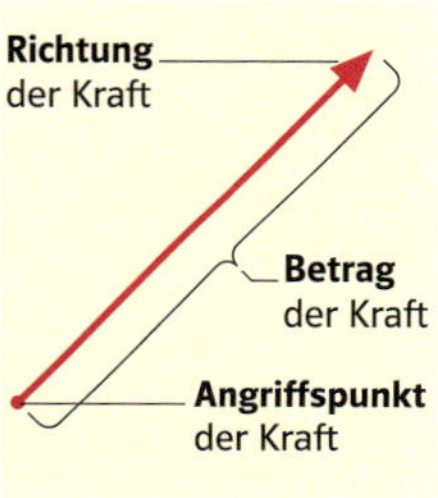

B5 Kräfte werden durch einen Kraftpfeil dargestellt.

B4

Für den Betrag der Kraft benutzt man den Formelbuchstaben F (englisch: force). Mit $\vec{F}$ kennzeichnet man den Kraftpfeil.

A1 Finde weitere Situationen aus dem Bereich Sport, bei denen Kräfte auftreten. Gib für jede Kraft den Angriffspunkt und die Richtung an.

A2 Die Physiker bezeichnen auch die Geschwindigkeit v als vektorielle Größe. Begründe mit Hilfe von Versuch **V5** auf der vorangegangenen Seite, wieso dies sinnvoll ist.

Kraftmessung

V1 Nehmt einen Expander und stellt fest, wer in der Klasse die größte Kraft ausüben kann (→ **B1**). Wie könnt ihr die Ergebnisse verschiedener Personen so aufschreiben, dass nachher jeder weiß, wie stark er im Vergleich zu den anderen war?

B1

V2 Baue einen Kraftmesser aus einer Fahrradspeiche, einer aufgebogenen Büroklammer und einem Stück Pappe zum Markieren der Auslenkungen (→ **B2**).

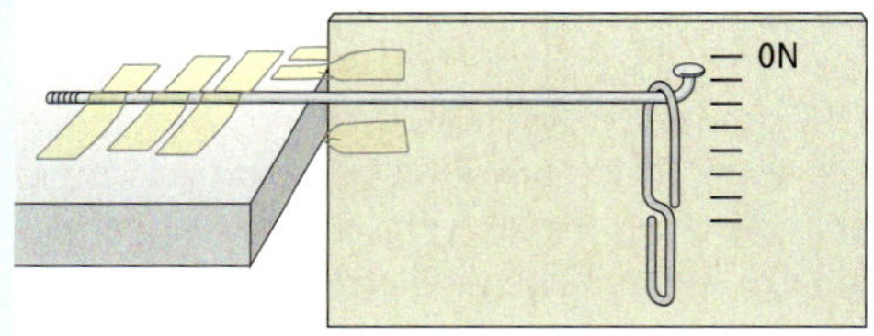

B2

Hänge an die Büroklammer eine Tafel Schokolade und markiere die Auslenkung der Fahrradspeiche. Ersetze die Schokolade durch andere Gegenstände, notiere wieder die Auslenkung der Speiche und mache eine Aussage über die wirkenden Kräfte.

Je größer die Auslenkung der Speiche, desto größer die wirkende Kraft.

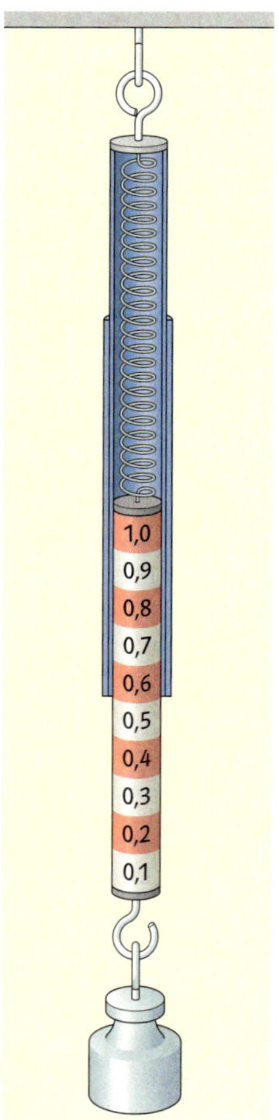

B3 Kraftmesser

Kraftmesser Die Richtung und der Angriffspunkt einer Kraft sind oft sofort erkennbar. Den Betrag der Kraft kann man erst durch Messen mit einem Kraftmesser ermitteln (→ **B3**). Jeder Kraftmesser hat eine Skala mit der Angabe, in welcher Einheit gemessen wird. Das Messergebnis liest man an der von der Hülse gerade nicht mehr verdeckten Strichmarke ab (→ **B3**). Es gibt Kraftmesser, mit denen man nur sehr kleine Kräfte, und andere, mit denen man nur sehr große Kräfte messen kann.

Die Einheit der Kraft Zum Messen mit Kraftmessern braucht man eine Einheit und eine Vorschrift über das Vergleichen von Kräften:

- **Wird der gleiche Kraftmesser durch zwei Kräfte gleich weit gedehnt, so haben die Kräfte den gleichen Betrag.**

- **Die Krafteinheit wird durch die Anzeige auf einem Normkraftmesser festgelegt. Die Einheit der Kraft ist 1 N (1 Newton).**

Zum Messen kleinerer und größerer Kräfte gibt es außerdem noch:

1 Millinewton	= 1 mN	= 0,001 N
1 Zentinewton	= 1 cN	= 0,01 N
1 Kilonewton	= 1 kN	= 1000 N

Faustregel: Hängt eine 100-g-Tafel Schokolade an einem Normalkraftmesser, so zeigt er 1 N an.

Die Bezeichnung der Krafteinheit erfolgte zu Ehren von **Isaac Newton** (1643–1727). In seinem 1687 erschienenen Werk „Philosophiae Naturalis Principia Mathematica" beschreibt er die verschiedenen Wirkungen, die eine Kraft haben kann. Er erkannte insbesondere, dass Veränderungen der Bewegung eines Körpers immer durch Kräfte verursacht werden. Darauf beruht auch die gesetzliche Festlegung der Krafteinheit: Erfährt ein Körper mit einer Masse von 1 kg die Beschleunigung 1 m/s^2, so wirkt die Kraft 1 N. Das Zeit-Geschwindigkeits-Diagramm sieht dann wie in Abbildung **B4** aus.

Es gilt: Zwei Kräfte haben den gleichen Betrag, wenn sie denselben Körper in gleicher Weise beschleunigen.

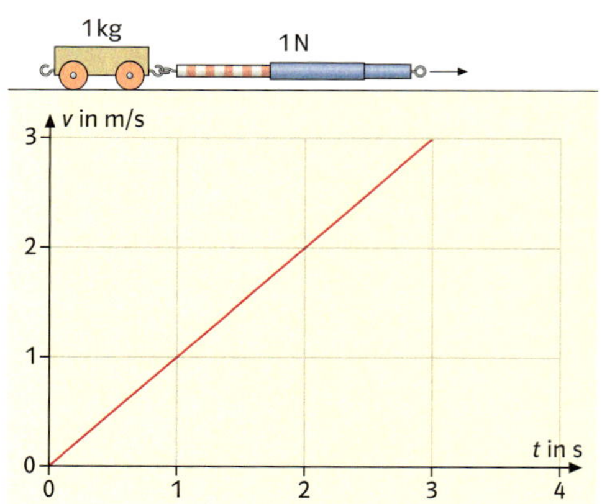

B4 Zur gesetzlichen Definition der Krafteinheit

Verformung durch Kräfte

B1

■ **V1** Ziehe mit einem Kraftmesser mit fünf unterschiedlich großen Kräften zunächst an einem Gummiband, dann an einer Schraubenfeder. Die Ausdehnung von Gummiband und Schraubenfeder steigt mit der wirkenden Kraft. Lässt die Kraft nach, so geht die Feder wieder auf ihre ursprüngliche Länge zurück. Bei zu großen Kräften jedoch kann sie überdehnt werden. Dann ist sie auch ohne Kraft länger als vorher. Das Gummiband wird noch leichter überdehnt.

■ **V2** Eine Schraubenfeder wird nacheinander durch Kräfte vom Betrag 1 N, 2 N, 3 N, … gedehnt. Miss die Verlängerungen (→ **B2**) und vergleiche sie miteinander. Bei gleicher Kraftzunahme erhält man auch eine gleiche Längenzunahme.

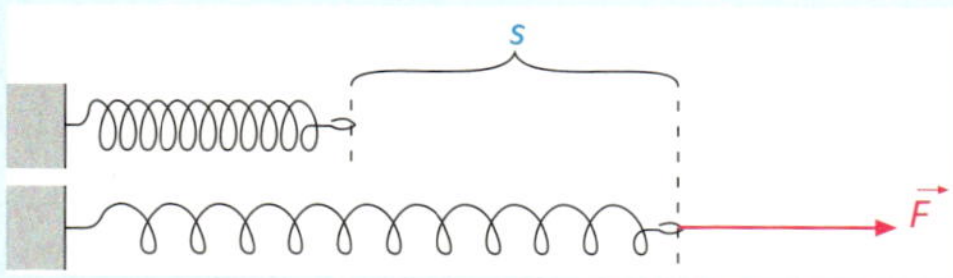

B2

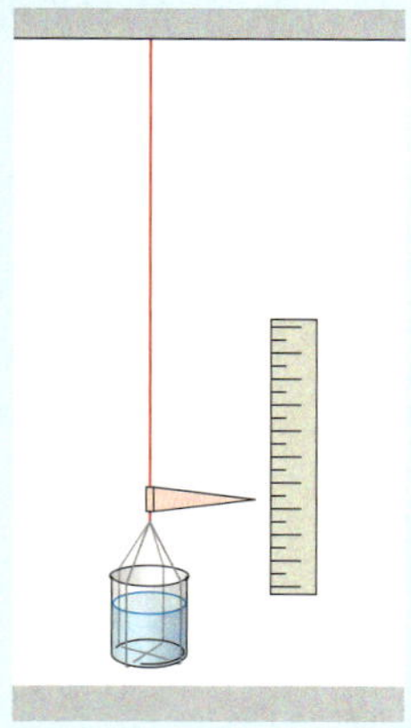

B3

■ **V3** Hänge an einen 1 m langen, dünnen Kupferdraht ein Gefäß, das mit Wasser gefüllt wird (→ **B3**). Bestimme die Verlängerung des Drahtes bei unterschiedlichen Wassermengen.

Wie stark verformen Kräfte? Die Äste eines Baumes werden vom Wind gebogen. Das Gummiseil des Bungee-Springers verlängert sich beim Sprung (→ **B1**). Beide nehmen nach der Verformung ihre ursprüngliche Gestalt wieder an. Man sagt, sie wurden von der Kraft **elastisch** verformt. Wenn eine Verformung zurückbleibt, so spricht man von einer unelastischen oder **plastischen** Verformung. Wir kennen dies von Knetmasse (→ **B5**).

Viele Körper zeigen elastisches Verhalten. Um dies genauer zu untersuchen, betrachtet man die Verformung von Schraubenfedern. Dazu misst man die Verlängerungen *s* von zwei verschiedenen Schraubenfedern I und II in Abhängigkeit von der wirkenden Kraft *F*. Es werden zwei Messreihen aufgenommen, eine mit ständig zunehmender und eine mit ständig abnehmender Kraft. Die Messwerte sind in der Tabelle auf der nächsten Seite eingetragen. Man erkennt, dass die Verformung am Ende wieder vollständig zurückgeht. Die Schraubenfedern verhalten sich in diesem Experiment elastisch. In Grafik **B4** sind die Messwerte für die Federn in ein Koordinatensystem eingetragen. Durch die Messpunkte lässt sich eine Ausgleichsgerade durch den Ursprung zeichnen. Auch die Messpunkte für abnehmende Kraft liegen auf dieser Geraden.

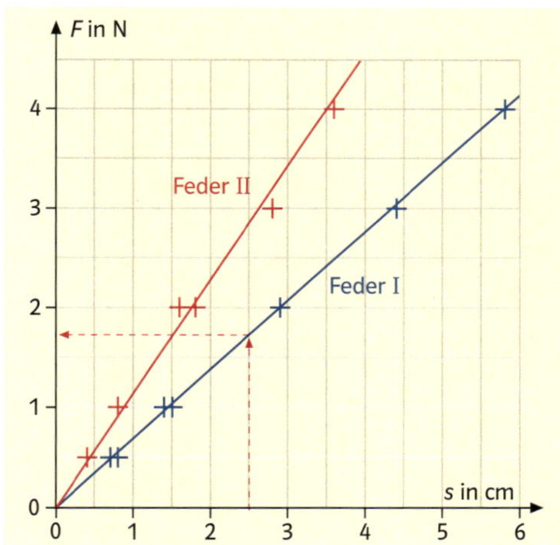

B4 *s*-*F*-Diagramm zweier Federn

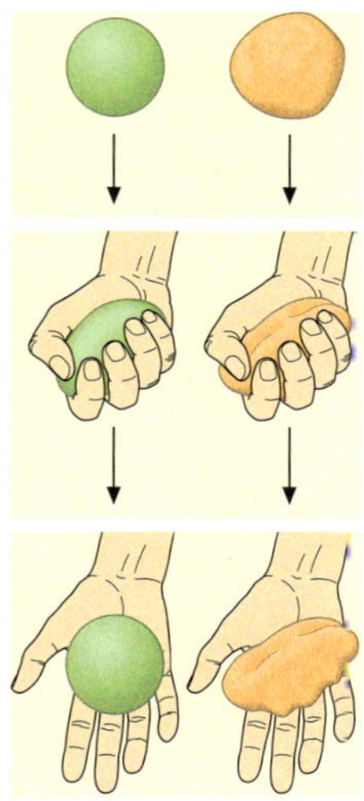

B5 Elastische Verformung beim Gummiball (links), plastische Verformung beim Knetklumpen (rechts)

● **Bei elastischer Verformung sind Kraft *F* und Verlängerung *s* zueinander proportional (Hooke'sches Gesetz).**

■ **A1** Schätze die Kräfte ab, mit denen die Federn in Abbildung **B4** um 3,5 cm bzw. um 8 cm gedehnt werden.

Rechnen mit proportionalen Zusammenhängen

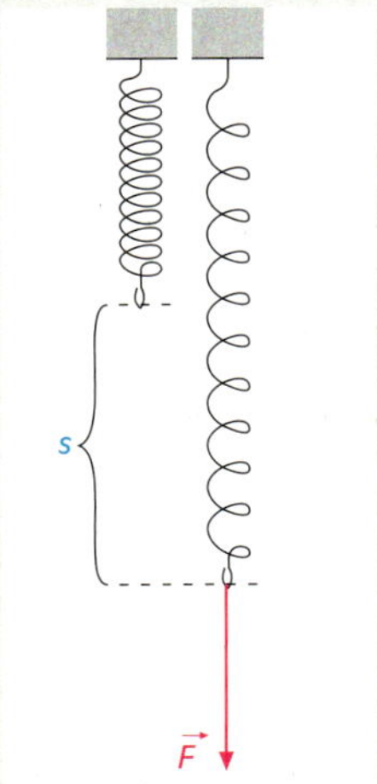

B1

Bestimmung der Federkonstante Verformt man eine Schraubenfeder mit einer Kraft F und dehnt sie um die Strecke s, so stellt man fest, dass F und s zueinander proportional sind. Diese Proportionalität von Kraft F und Verlängerung s lässt sich nicht nur graphisch, sondern auch rechnerisch feststellen.

Bei einem Versuch mit zwei Schraubenfedern werden folgende Werte aufgenommen (→Tabelle **B4**).

Bildet man den Quotienten F/s, so stellt man fest, dass die Werte für die jeweilige Feder nahezu konstant sind. Dieser konstante Wert ist charakteristisch für die benutzte Schraubenfeder und wird als Federkonstante D bezeichnet.

● **Im Elastizitätsbereich sind für alle Körper die Zugkraft F und die Verlängerung s proportional zueinander. Der Proportionalitätsfaktor ist die Federkonstante D. Es gilt: $F = D \cdot s$**

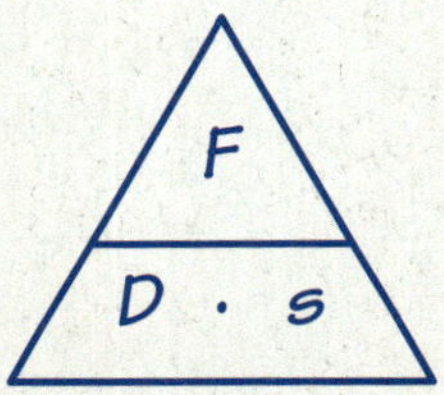

B2 Rechendreieck

Rechendreieck Das Rechendreieck **B2** hilft, wenn man D oder s ausrechnen will und die anderen zwei Größen gegeben sind. Man überlegt, welche Größe gesucht ist und hält diese zu. Es bleibt stehen, wie man rechnen muss. Ist zum Beispiel s gesucht, so bleibt F/D stehen.

Die Formel lautet also: $s = F/D$

Beispiel: An einer Feder mit $D = 2\,\text{N/cm}$ wird mit der Kraft $F = 12{,}5\,\text{N}$ gezogen. Wie groß ist die Verlängerung?

Lösung:

gegeben: $D = 2\,\frac{\text{N}}{\text{cm}}$; $F = 12{,}5\,\text{N}$

gesucht: s

Formel: $F = D \cdot s \iff s = \frac{F}{D}$

$$s = \frac{12{,}5\,\text{N}}{2\,\frac{\text{N}}{\text{cm}}} = 6{,}25\,\text{cm}$$

Antwort: Die Feder wird um 6,25 cm verlängert.

B3

Feder I						
F in N	0	0,5	1,0	2,0	3,0	4,0
s in cm	0	0,8	1,5	2,9	4,4	5,8
F/s in N/cm	–	0,6	0,7	0,7	0,7	0,7

Feder II						
F in N	0	0,5	1,0	2,0	3,0	4,0
s in cm	0	0,4	0,8	1,6	2,8	3,6
F/s in N/cm	–	1,3	1,3	1,3	1,1	1,1

B4

Dreisatzrechnung Um auszurechnen, wie weit die Feder bei einer bestimmten Kraft verlängert wird, kann man auch den Dreisatz verwenden. Aus der Messung mit Feder I ist bekannt, dass für eine Verlängerung um 2,9 cm eine Kraft von 2,0 N wirken muss. Abbildung **B5** zeigt, wie weiter gerechnet wird, wenn die Kraft 5 N beträgt.

Gegeben:

Verlängerung in cm	Kraft in N
2,9	2
?	5

Lösung:

	Verlängerung in cm	Kraft in N	
	2,9	2	
: 2	1,45	1	: 2
· 5	7,25	5	· 5

Antwort: Die Feder wird bei 5 Newton um 7,25 cm verlängert.

B5

A1 Um welche Strecke s wird die Feder II bei 5 N, 10 N, 13,5 N verlängert?

A2 Wenn die Kraft unbekannt ist und die Strecke gegeben ist, kannst du genauso rechnen wie vorher, aber in der anderen Spalte der Tabelle. Bestimmte die Kräfte, die bei Feder I zu den Verlängerungen 0,3 cm, 1,2 cm, 4,1 cm und 6,0 cm führen.

A3 Von zwei Federn weißt du die Federkonstanten: $D_1 = 0{,}5\,\text{N/cm}$ und $D_2 = 2\,\text{N/cm}$. Wie liegen die Geraden im s-F-Diagramm im Vergleich zu den Federn I und II? Zeichne die Diagramme mit den Geraden der vier Federn.

Elastizität hat Grenzen Beim Experimentieren mit verschiedenen Schraubenfedern hast du festgestellt, dass die Verlängerung proportional zur Kraft ist, die diese Verlängerung bewirkt: Je größer die wirkende Kraft, desto stärker wird die Feder verlängert. Wirkt keine Kraft mehr, hat sich die Feder wieder in ihre ursprüngliche Form zurückgezogen. Diese elastische Verformung hat der englische Forscher **Robert Hooke (1635–1703)** ausgiebig untersucht. Tatsächlich gilt, dass alle festen Körper einen Elastizitätsbereich haben, in dem Zugkraft *F* und Verlängerung *s* proportional zueinander sind („Hooke'sches Gesetz"). Dieser Zusammenhang gilt auch für das Zusammenpressen und Verdrillen von Körpern.
Was passiert aber, wenn Körper außerhalb ihres Elastizitätsbereiches verformt werden?

Nicht immer sind Verformungen elastisch

Diagramm **B1a** zeigt das *s*-*F*-Diagramm für einen Kupferdraht. Für kleine Kräfte sind *F* und *s* proportional, das Diagramm verläuft als Ursprungsgerade. Ab einer Kraft von etwa 5,5 N endet der Elastizitätsbereich des untersuchten Drahtes. Wird die Kraft noch weiter erhöht, verlängert sich der Draht immer stärker und schneller, bis er plötzlich abreißt. Beobachtet man das Verhalten des Drahtes in diesem Bereich genau, scheint es so, als „fließe" er auf einmal auseinander. Die Stelle, an der er abgerissen ist, ist zu einer sehr feinen Spitze auseinander gezogen worden. Man sagt, das Metall wird plastisch verformt, wenn man mit zu großer Kraft zieht.

Das Diagramm **B1b** zeigt die Dehnungsmessung an einem Gummiband. Hier beobachtet man ein wiederum anderes Verhalten: Kraft *F* und Verlängerung *s* sind nicht proportional zueinander. Außerdem sind die Verlängerungen bei zunehmender und abnehmender Kraft für das Gummiband verschieden. Das Gummiband zieht sich nicht wieder ganz auf seine ursprüngliche Länge zusammen – es leiert aus. Dennoch gilt auch beim Gummiband für kleine Bereiche das Hooke'sche Gesetz, nämlich immer dann, wenn ein Stück der Kurve wie eine Gerade verläuft.

Plastische Verformungen sind manchmal erwünscht

Materialforscher nutzen die plastischen Eigenschaften von Körpern gezielt aus, um bestimmte Wirkungen zu erzielen. So ist zum Beispiel der Anschnallgurt im Auto so konstruiert, dass er im Falle eines Unfalls gezielt ein wenig nachgibt. Diese minimale Verlängerung des Gurtmaterials dient dazu, den heftigen Aufprall bei einem Unfall abzufangen und die Verletzungsgefahr zu minimieren. Da die Verformung des Gurtes plastisch ist muss dieser nach einem Unfall immer ausgetauscht werden.

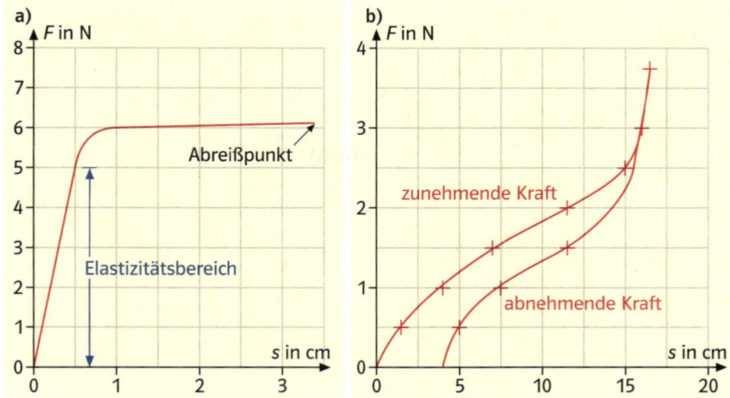

B1 Kräfte und zugehörige Verlängerungen bei einem Kupferdraht (a); Kräfte und zugehörige Verlängerungen bei einem Gummiband (b)

B2 Zugmaschine für die Materialprüfung.

A1 Wie stellt man fest, ob sich ein Körper elastisch verformt?

A2 In welchem Bereich kann die Verlängerung des Gummibandes in Diagramm **B1** als elastisch angesehen werden? Begründe.

A3 Bild **B2** zeigt ein Gerät zur Materialprüfung. Beschreibe den Aufbau und erläutere, wozu es eingesetzt wird.

Physik im Straßenverkehr

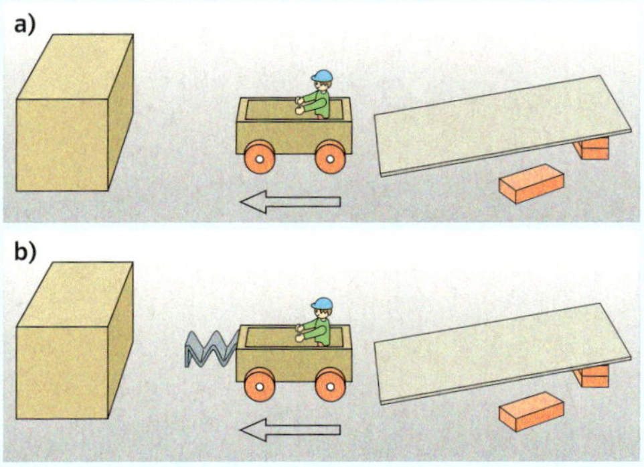

B1

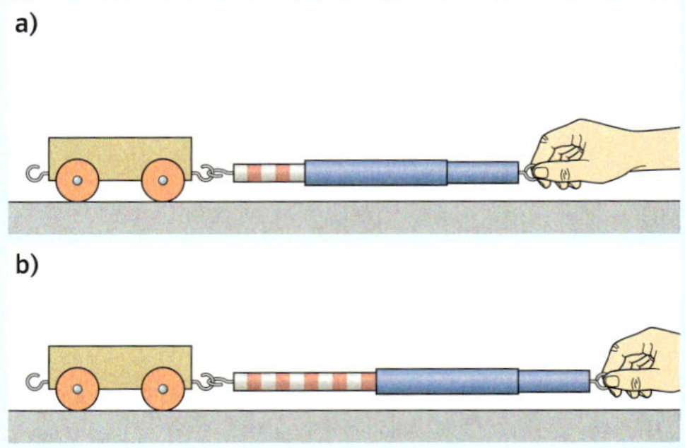

B2

V1 Ein Wagen fährt immer aus der gleichen Höhe ab und erreicht ein Hindernis stets mit der gleichen Geschwindigkeit. Zunächst fliegt die Figur gegen die Wand (→ **B1a**). Befestigt man einen gefalteten Karton vorne am Wagen, so bleibt sie dagegen fast in ihrer Position (→ **B1b**).

V2 Ein Wagen soll durch Ziehen mit einem Kraftmesser aus dem Stand auf eine bestimmte Geschwindigkeit beschleunigt werden. Zieht man über einen längeren Zeitraum (→ **B2a**), so ist eine geringere Kraft erforderlich, als wenn man nur kurze Zeit zieht (→ **B2b**). Trotzdem ist die erreichte Geschwindigkeit gleich.

Crashtest Niemand möchte das erleben, was hier in einem Crashtest nachgestellt wird (→ **B3**). Statt eines Menschen sitzt eine Puppe, ein Dummy (englisch: Attrappe), im Auto. Leider gehören Unfälle zum Alltag unseres heutigen Lebens. Ein Grund ist, dass die Sinnesleistungen von Menschen auf Geschwindigkeiten, wie sie im Straßenverkehr auftreten, nicht eingestellt sind. Wer denkt schon daran, dass bei 50 km/h innerhalb einer „Schrecksekunde" – das ist die Zeit, die vom Erkennen einer Gefahr bis zum Betätigen der Bremsen vergeht – fast 14 m zurückgelegt werden. Den Ingenieuren stellt sich beim Autobau u. a. die Aufgabe, die Folgen eines Unfalls für die Fahrzeuginsassen möglichst gering zu halten. Dazu ist es hilfreich, sich die physikalischen Zusammenhänge zu verdeutlichen. Crashtests helfen dabei.

Das Auto prallt mit einer bestimmten Geschwindigkeit gegen eine Wand und kommt zum Stehen. Dabei werden in bestimmten Zeitabständen Fotos gemacht (→ **B3**).

A1 Beschreibe das auf den Bildern erkennbare Geschehen mit eigenen Worten. Beachte dabei besonders die Art der Schäden am Auto und die Bewegung des Dummies.

A2 Das fahrende Auto hat Energie. Fertige eine neue Beschreibung der Bilder an, unter der Fragestellung, was mit der Energie geschieht.

A3 Das Auto wird verformt. Dies weist auf wirkende Kräfte hin. Verwende in einer dritten Darstellung des Vorgangs vor allem Überlegungen zur Kraft und Trägheit.

B3 Auto beim Crashtest: 0,03 s; 0,05 s; 0,07 s und 0,09 s nach dem Aufprall

Zwei Sichtweisen

Phase I: Bildet zwei Gruppen A und B. Gruppe A liest den Text zum Kraftphysiker, B den zum Energiephysiker. Jeder Schüler notiert sich Stichworte mit wesentlichen Merkmalen.
Phase II: Gruppenmitglieder A bilden einen Innenkreis, Mitglieder der Gruppe B ordnen sich außen dazu und erläutern ihren Partnern aus Gruppe A die Energiesichtweise.

Phase III: Die Mitglieder der Gruppe B rücken im Uhrzeigersinn zwei Plätze weiter und hören den Vortrag der neuen Partner aus Gruppe A zur Kraftsicht an.
Phase IV: Die Mitglieder der Gruppe B rücken erneut zwei Plätze weiter und bearbeiten gemeinsam mit den neuen Partnern aus Gruppe A den Arbeitsauftrag **A1**.

Lernmethode
„Kugellager"

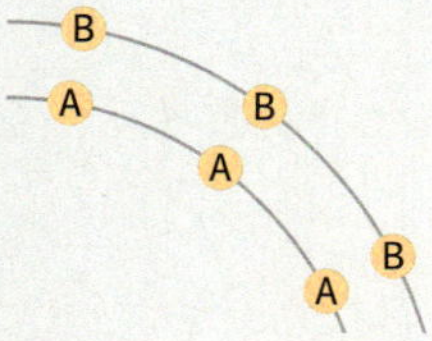

B1 Ein Auto kommt zum Stehen: „Kraftsicht".

1 Der „Kraftphysiker"

Das Auto ist träge, beim Anhalten ändert es seinen Bewegungszustand. Es muss eine Kraft entgegengesetzt zur Bewegungsrichtung wirken (→ **B1**). Normalerweise wird dies durch die Bremsen erreicht, bei einem Unfall durch ein Hindernis.

Wir betrachten jetzt den Fahrgast im Auto. Der Mensch würde sich aufgrund seiner Trägheit beim Bremsen oder beim Aufprall in Fahrtrichtung weiterbewegen. Im Experiment **V1** der vorangehenden Seite wird ein Wagen mit Figur abgebremst. Obwohl die Trägheit gleich bleibt, zeigt die Figur ein unterschiedliches Verhalten. Bei direktem Aufprall wird sie erst an der Wand abgebremst. Mit Knautschzone dauert der Bremsvorgang länger und die Figur erfährt eine geringere Kraft.

● **Wenn die abbremsenden Kräfte gering sein sollen, muss die Geschwindigkeitsänderung möglichst langsam erfolgen.**

Die „Knautschzone", die im Vergleich zur Karosserie leicht verformbar ist, verlängert die Zeit bis zum völligen Stillstand. Den Insassen hilft das nur, wenn sie mit dem Auto verbunden sind. Dazu dient der Sicherheitsgurt. Einen weiteren Schutz bieten Kopfstützen (→ **B2**).

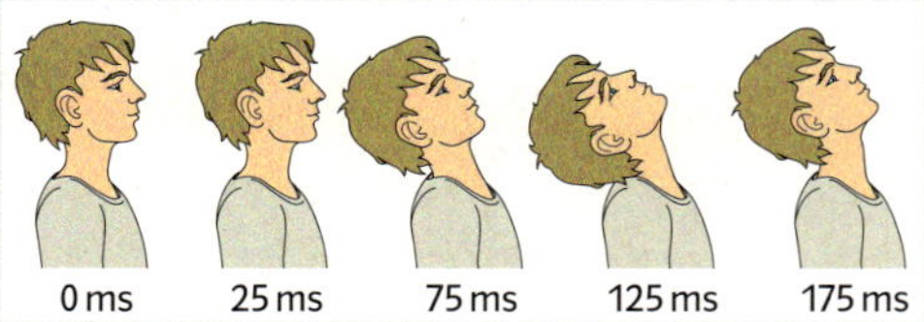

B2 Kopfbewegung bei einem Unfall

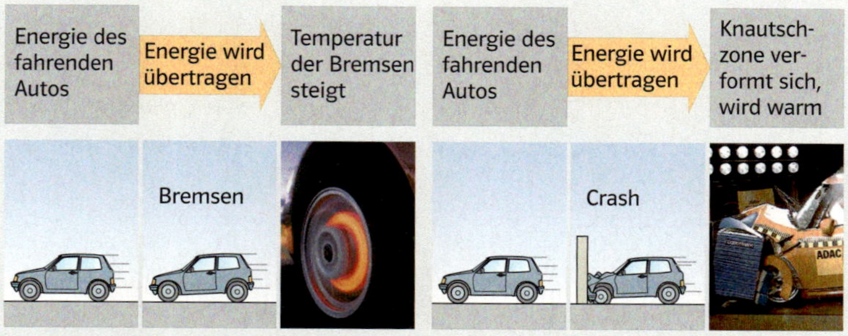

B3 Ein Auto kommt zum Stehen: „Energiesicht".

2 Der „Energiephysiker"

Ein fahrendes Auto hat Energie. Energie geht nicht verloren. Beim Anhalten wird die Energie umgewandelt (→ **B3**). Dadurch erhöht sich die Temperatur des Autos und der Umgebung. Die Energie wird entwertet.

Beim Bremsen bewirkt die Reibung zwischen den Bremsscheiben, dass die Temperatur der Bremsscheibe steigt (→ **B3**). D.h., die Energie des fahrenden Autos wird auf die Bremsscheibe übertragen. An die Menschen im Auto wird keine Energie übertragen. Auch bei einem Aufprall muss die Energie des fahrenden Autos entwertet werden.

● **Bei einem Aufprall darf die Energie des fahrenden Autos nicht auf den Menschen übertragen werden.**

Dieses erreichen „Knautschzonen", die im Vergleich zur Karosserie leicht verformbar sind. Auch der Helm des Radfahrers ist eine „Knautschzone": Es ist besser, bei einem Sturz die Energie des Fahrrades in Energie des Helmes als in die des Kopfes umzuwandeln.

■ **A1** In Autos sind Airbags vorgeschrieben (→ **B4**). Diskutiere ihre Wirkung aus Sicht des „Kraftphysikers" und des „Energiephysikers".

B4 Ein Airbag schützt.

► **S. 250** Energie

Gewichtskraft

V1 Ein Gedankenversuch (→ **B1**)
Auf der Erde: Ein Astronaut nimmt einen Gegenstand mit, dessen Masse exakt gleich der des Astronauten in voller Ausrüstung ist. Befinden sich beide auf der Wippe im gleichen Abstand von der Drehachse, so ist diese im Gleichgewicht. Der Kraftmesser zeigt an, mit welcher Kraft der Gegenstand nach unten zieht.

Auf dem Mond: Eine Wippe würde auch auf dem Mond eine Gleichheit der Masse von Gegenstand und Astronaut bestätigen.

Auf dem Mond zeigt der Kraftmesser für den Gegenstand nur noch 1/6 des auf der Erde gemessenen Wertes an.

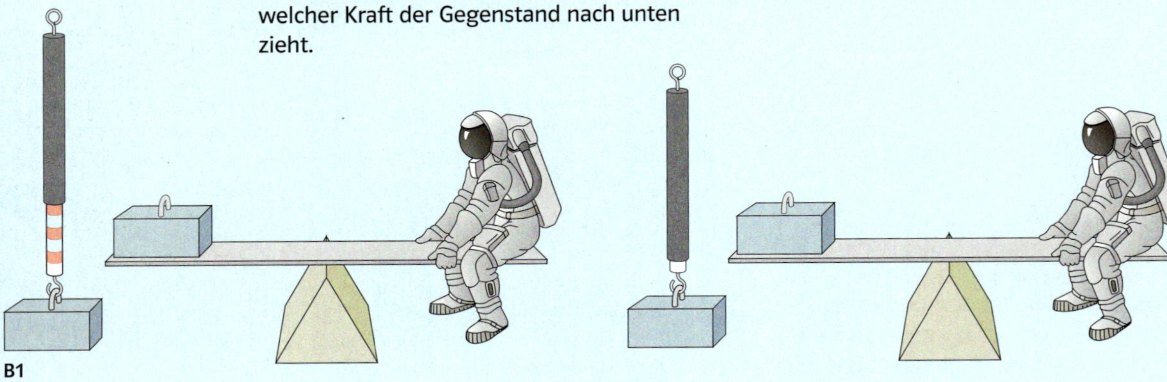

B1

Schwerkraft Die Astronauten Neil Armstrong und Edwin Aldrin der Raumkapsel Apollo 11 betraten am 21. 7. 1969 als erste Menschen den Mond. Sie fühlten sich dort viel leichter als auf der Erde. Trotz Raumanzügen und Rückengepäck reichte ihre Kraft für Sprünge von mehreren Metern.
Auf der Erde führt jeder Körper, der frei fällt, eine beschleunigte Bewegung aus. Also muss eine Kraft wirken. Diese zieht den Körper senkrecht nach unten, in Richtung zum Erdmittelpunkt. Man spricht von der **Gewichtskraft** F_G, die der Körper erfährt. Wir sagen, er ist **schwer**. Eine Gewichtskraft erfahren alle Körper auf der Erde. Selbst die Atome in einem Gas haben eine Gewichtskraft.

Alle Gewichtskräfte weisen in Richtung auf den Erdmittelpunkt. Wo ist auf der Erde oben, wo ist unten?

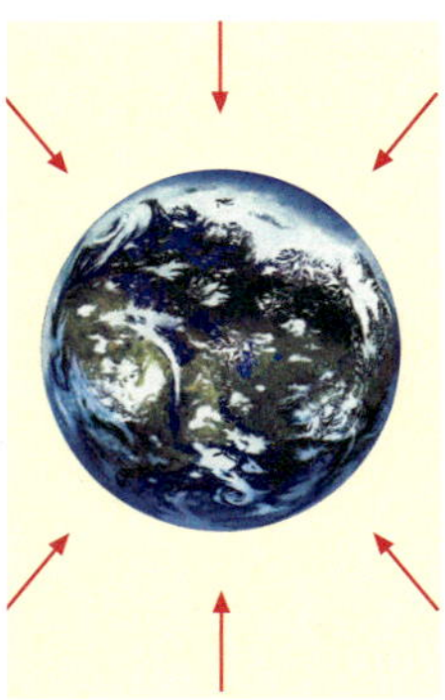

● **Die Anziehungskraft, die ein Körper auf der Erde erfährt, heißt Gewichtskraft des Körpers.**

Bringt man einen Körper von der Erde auf den Mond, so erfährt er dort ebenfalls eine Gewichtskraft, diesmal in Richtung auf den Mondmittelpunkt. Allerdings ist die Gewichtskraft des Körpers auf dem Mond kleiner als auf der Erde. Zwei Körper gleicher Masse haben auf verschiedenen Himmelskörpern unterschiedliche Gewichtskräfte. Ein Kraftmesser würde z. B. für eine Tafel Schokolade auf der Erde eine Gewichtskraft von etwa 1 N, auf dem Mond nur eine von etwa 1/6 N anzeigen.

Ortsfaktor Wir bestimmen mit dem Kraftmesser die Gewichtskräfte F_G für die Wägstücke eines Wägesatzes, deren Massen bekanntlich genormt sind:

m in kg	0,2	0,4	0,6	0,8	1,0	2,0
F_G in N	2,0	3,9	5,9	7,8	9,8	19,7

Offensichtlich erfährt ein Körper mit der Masse $m = 1\,\text{kg}$ auf der Erde eine Gewichtskraft von etwa 10 N. Die Zahlenwerte von F_G sind in allen Fällen um den Faktor 10 größer als die von m. F_G und m sind proportional zueinander. Der Proportionalitätsfaktor $g = F_G/m$ heißt **Ortsfaktor**, denn er ist wie die Gewichtskraft von Ort zu Ort verschieden.

● **Für die Gewichtskraft F_G eines Körpers der Masse m gilt: $F_G = m \cdot g$**

Auf der Erde hat g ungefähr den Wert $g = 10\,\frac{\text{N}}{\text{kg}}$.

Ein genauerer Wert ist:	
für Mitteleuropa	$g = 9{,}81\,\text{N/kg}$
am Nordpol	$g = 9{,}83\,\text{N/kg}$
am Äquator	$g = 9{,}78\,\text{N/kg}$

A1 Finde die Ortsfaktoren der Sonne und aller Planeten des Sonnensystems heraus.

Wechselwirkung Gewichtskräfte sind Folge einer **wechselseitigen Anziehung** zwischen Erde und Gegenstand bzw. zwischen Mond und Gegenstand. Die Kräfte wirken in Richtung auf die Mittelpunkte der Körper, welche die Kräfte verursachen.

Der englische Naturforscher Lord **Henry Cavendish** veröffentlichte 1798 Untersuchungen zur gegenseitigen Anziehung von Körpern. Dazu verwendete er eine Drehwaage. Bild **B3** zeigt das Prinzip des Versuchsaufbaus:
Ein Balken mit zwei kleinen Bleikugeln an den Enden hängt an einem dünnen Draht. Wird der Balken gedreht, so verdrillt sich der Draht. Diese Verformung erfordert eine Kraft. Die großen, fest stehenden Kugeln befinden sich in geringer Entfernung zu den beiden kleinen Kugeln. Man beobachtet, dass sich nach einiger Zeit der Abstand zwischen den kleinen und den großen Kugeln verringert.
Diese Beobachtung bestätigt, dass zwischen den Kugeln gegenseitige Anziehungskräfte bestehen. Die hier auftretenden Anziehungskräfte sind allerdings sehr klein. Sie betragen etwa 0,000 000 1 N. Allgemein gilt:

- **Alle Körper ziehen sich gegenseitig an.**

Die Gewichtskraft eines Körpers nimmt mit der Höhe über dem Meeresspiegel ab. Die gegenseitige Anziehungskraft zwischen der Erde und anderen Körpern wirkt auch bei sehr großen Abständen zwischen beiden. Sie wird jedoch mit der Entfernung rasch schwächer (→ **B1**).

- **Die Gewichtskräfte auf der Erde sind von der Höhe abhängig.**

A1 Der Ortsfaktor des Mondes beträgt $g_M = 1{,}62\ \text{N/kg}$. Berechne die Gewichtskraft eines Astronauten, dessen Masse mit Ausrüstung 110 kg beträgt. Welche Masse würde auf der Erde von der gleichen Kraft angezogen? (Das Rechendreieck **B4** kann dir bei den Rechnungen helfen.)

A2 Du willst auf einen fernen Himmelskörper reisen, um dessen Ortsfaktor zu bestimmen. Wie bereitest du dich auf der Erde vor, was packst du für die Aufgabe ein? Beschreibe die Durchführung deiner Experimente.

B2 Astronauten auf dem Mond

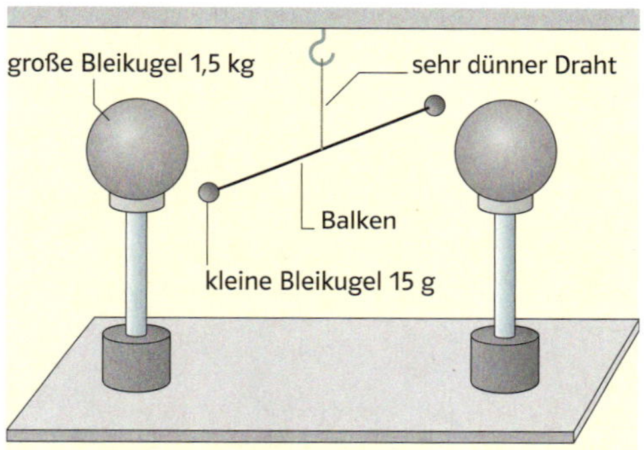

B3 Prinzip der Drehwaage nach Cavendish

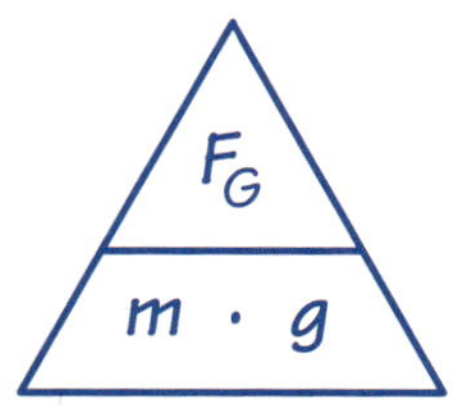

B4

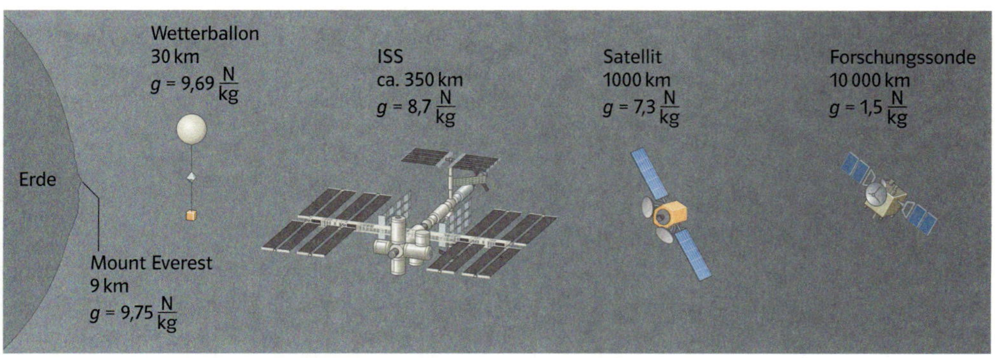

B1 Ortsfaktor *g* für verschiedene Höhen über dem Meeresspiegel

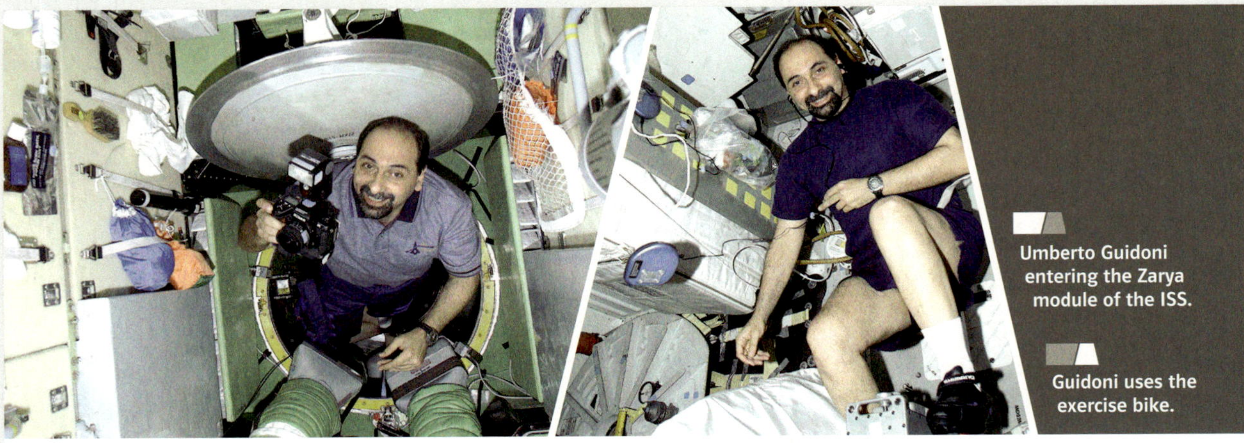

Umberto Guidoni entering the Zarya module of the ISS.

Guidoni uses the exercise bike.

Living on board the International Space Station

At the moment, three European astronauts are living in the International Space Station (ISS) for up to six months. Every now and then other astronauts fly to the ISS in a Space Shuttle and join the team for experiments.
ESA astronaut Umberto Guidoni is the first European who has stepped aboard the ISS and has taken part in two Space Shuttle missions. He describes living in space:

'For a start, you really must be tidy. You can't just put things 'down' because there is no down. Anything loose simply floats away. Once, I almost lost an important computer diskette that way. So everything has to be stuck down – we use tape for this. It is not very high technology, but it is one of the most important inventions used in space!'

But how does it feel to be in weightless conditions?

'To begin with, you have the sensation of floating. You feel like you are in water – but you're in water without water, if you see what I mean. There are all sorts of odd sensations. You feel your body is somehow not in the right place; and when you turn your head, you turn it too far. You adapt quickly, but it takes 24 hours to recover from space sickness. After that, weightlessness is fun.

It's very easy to lose all sense of direction. I remember once working in one of the Station's crossings. Without realizing it, I was turning in mid-air while I was working. Suddenly, I had no idea which way I was looking.

When you arrive at the Station from the Space Shuttle, it's like moving from a one-bedroom apartment to a big house. At the moment, the ISS is really one long tube, with tunnels to different modules. You say to yourself, hey, it would be fun to fly right along it. Astronauts on short-term missions, like me, never really get the hang of it. But the long-term crew is very good at it: end to end without touching anything. Show-offs!'

What about ordinary living? Eating, sleeping, and so on?

'Eating is difficult. Mostly you spoon food from a plastic bag – carefully! Any sudden movements and the food will fly off and end up stuck to a wall. You have to keep your feet fixed in loops on the 'floor', of course, or else you would simply drift away. Sleeping is a matter of fixing sleeping bags somewhere and climbing into it.'

What are the experiments about you do when you are on board the ISS?

'We try to find out how the human body reacts to long periods in weightless conditions. Without gravity to work against, muscles and bones get weaker, and without gravity to pull your body's blood and water down, these fluids move 'upwards'. This leads to puffy faces and very thin legs. That is why ISS astronauts spend an hour or so each day on an exercise treadmill. It is not a complete cure, but it helps. When the astronauts return to Earth after a few months' trip, they will need weeks of medical care before they can adapt to the burdens of weight that the rest of us are used to every day.'

Viele Naturwissenschaftler arbeiten mit Kollegen in anderen Ländern zusammen. Um aktuelle Informationen auszutauschen, werden viele Physik-Texte in Englisch geschrieben, da diese Sprache sehr viele Menschen verstehen.

Bislang kennst du englische Texte vor allem aus dem Englischunterricht. Auf dieser Seite stehen einige Hinweise zum Lesen von englischen Sachtexten, die du für den naturwissenschaftlichen Unterricht verwenden kannst. Auch wenn es auf den ersten Blick schwieriger erscheint, sind doch häufig die Sachverhalte in englischen Texten einfacher erklärt als in deutschen. Oder es scheint dir zumindest so zu sein, weil du beim Lesen etwas mehr nachdenken musst und daher genauer liest.

1. Schritt: Kläre die Leseabsicht.
Manchmal ergibt sich eine Absicht erst beim Lesen, wenn man einen unbekannten Text in die Hand bekommt.

2. Schritt: Überfliege den Text.
Halte dich nicht mit Details auf. Du musst nicht jedes Wort verstehen, wichtig ist der Zusammenhang.

3. Schritt: Stelle Fragen an den Text.
Beim Überfliegen des Briefes auf der Vorseite sind dir vielleicht Erinnerungen an den Physikunterricht gekommen. Daraus ergäbe sich die Frage: Wo stecken Hinweise auf Physik?

4. Schritt: Kläre unbekannte Vokabeln.
Benutze ein Wörterbuch für die Vokabeln, die du dir noch nicht aus dem Kontext herleiten konntest. Notiere dir die Wörter, die du dir für später merken willst, in einer speziellen Vokabelliste.

5. Schritt: Gründlich lesen.
Markierungen und Anmerkungen sind dabei hilfreich. Du solltest nicht möglichst viel markieren, sondern gezielt im Sinne der Fragen. Es können verschiedene Markierungen verwendet werden. Ziel des Lesens ist es, den ganzen Text zu verstehen oder zumindest Antworten auf die Fragen zu erhalten.

6. Schritt: Teile zusammenfassen.
Das kann in unterschiedlicher Weise passieren. Werden z. B. Details eines Themas an verschiedenen Stellen im Text genannt, eignet sich häufig eine Tabelle (→ **B1**):

Effects of being weightless	
• stick things to the floor or wall, they can float away • eat from bags, stick legs into loops • sleep in sleeping bags	everyday life is difficult / Erschwernisse im Alltagsleben
• lose sense of direction • get space-sick • muscles get weak, faces get puffy	effects on body / Auswirkungen auf den Körper
• training with exercise bikes	medical treatment / medizinische Behandlung
…	…

B1

Andere Aspekte können knapper in einem Text zusammengefasst werden. Mitunter kommt es auch vor, dass in Texten physikalische Begriffe unscharf benutzt werden: Häufig werden Masse (mass) und Gewicht (weight) miteinander vertauscht. Achte auf solche unsauberen Formulierungen und korrigiere sie.

7. Schritt: Gesamtüberblick und Verknüpfung mit Vorwissen.
In allen Schritten hat dein Vorwissen schon eine Rolle gespielt. Hier wirst du dir der bereits bekannten Informationen bewusst, festigst sie durch Erinnerung und machst dir klar, was neu hinzugekommen ist. Im Text auf der vorherigen Seite berichtet Guidoni über Auswirkungen der fehlenden Gravitation auf Gewichtskraft und Bewegungen an Bord der ISS. Hier kann es sinnvoll sein, in einer Mindmap die Aspekte zusammenzustellen, die zu bereits über die Physik im Text gelernt hast. Auf diese Weise findest du auch heraus, was dir noch unklar ist bzw. was du noch wissen willst.

A1 Erstelle eine Mindmap zum Text „Living on board the ISS", in der du die wichtigen Informationen zu Gewichtskraft, Bewegungen, Wahrnehmung zusammenstellst. Nutze das Buch, um Detailwissen aufzufrischen und in der Mindmap zu ergänzen.

A2 Stelle die wichtigsten Aussagen Guidonis geordnet zusammen und formuliere einen deutschen Text.

A3 Nutze das Internet für eine Recherche zu den bisherigen Missionen der ISS. Suche dir die englische Beschreibung eines Experimentes oder eines Aspektes des Lebens auf der ISS heraus und erstelle dazu eine Präsentation für die Klasse.

Rückblick

1 Begriffe
Was versteht man unter
- einer Kraft?
- einer Federkonstanten?
- elastischer/plastischer Verformung?
- einer Gewichtskraft?
- dem Ortsfaktor?
- der Masse?
- der Trägheit?

2 Beobachtungen
Was beobachtet man, wenn
- man in einem Schulbus durch eine Kurve fährt?
- die Kraft zur Verformung eines Körpers immer größer wird?
- ein Astronaut auf dem Mond springt?

3 Erklärungen
Wie lässt sich begründen, dass
- alle Gegenstände auf der Erde eine Gewichtskraft haben?
- ein Tischtennisball nicht so kräftig wie ein Tennisball geschlagen werden muss?
- ein Lkw und ein Pkw bei gleicher Geschwindigkeit einen verschieden langen Bremsweg haben?

4 Gesetzmäßigkeiten
Beschreibe mit eigenen Worten,
- den Zusammenhang zwischen Trägheit und Masse.
- das Hooke'sche Gesetz.
- den Zusammenhang zwischen Gewichtskraft und Masse.

Erläutere die Erscheinungen in den folgenden Bildern und beantworte die Fragen!

B1 Weshalb ist die starke Verformung des Vorderteils beabsichtigt?

B2 Worauf weist das Plakat hin? Warum fliegt der Teddybär nach vorne?

B3 Weshalb ist der Sack schwer und mit Sand gefüllt?

B4 Was bedeuten die unterschiedlichen Ortsfaktoren?

B5 Warum beugen sich die Sprinter nach vorn?

B6 Hat der Mann im Weltraum keine Masse?

Beispiele

1 Berechnen von Verformungen Eine Feder wird durch Kräfte gedehnt. In der nebenstehenden Tabelle sind die Messwerte aufgeführt:
a) Zeichne ein *s*-*F*-Diagramm!
b) Gilt das Hooke'sche Gesetz? Wenn ja, gib die Federkonstante *D* an!
c) Berechne die Ausdehnung der Feder für $F = 0{,}5\,N$!

Kraft *F* in N							
0,2	0,4	0,6	0,8	1,0	1,2	1,4	1,6
Ausdehnung *s* in cm							
1,1	2,3	3,8	4,9	6,1	7,1	8,2	9,7

Beispiele

Lösung:
a) Zeichne zuerst ein *s*-*F*-Koordinatensystem in das Heft (1 N ≙ 5 cm, 1 cm Dehnung ≙ 1 cm) und trage darin die Messwerte ein.
b) Zeichne eine Gerade so ein, dass die Messpunkte möglichst wenig davon abweichen. Die Gerade beschreibt die gemessenen Werte gut. Sie geht durch den Ursprung. Es gilt das Hooke'sche Gesetz.
Berechne für jedes Wertepaar $(s \mid F)$ den Quotienten F/s und bilde den Mittelwert:
$D = F/s = 0{,}17\,\text{N/cm}$. Dieses Ergebnis kannst du auch aus der Zeichnung als Steigung ablesen.
c) Die Formel lautet $s = F/D$, also wird $s = 0{,}5\,\text{N}/(0{,}17\,\text{N/cm}) = 2{,}9\,\text{cm}$.

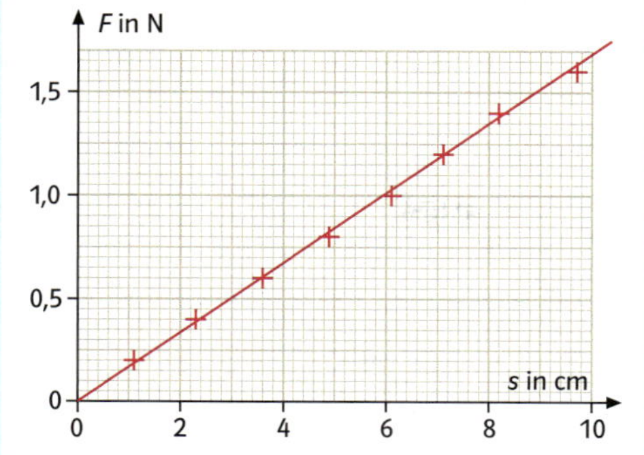

B1

Heimversuche

1 Sicherheitsmaßnahmen für ein Ei
Erforderliches Material: ein rohes Ei, 6 Strohhalme, 3 alte Zeitungsseiten, Klebeband, ein Luftballon

Benutze die Materialien, um das rohe Ei so zu schützen, dass es einen Fall aus dem ersten Stock unbeschadet übersteht. Wenn mehrere Eier heil bleiben, führt die nächste Runde des Wettbewerbs aus dem zweiten Stock durch.

B2

2 Untersuchung der Ausdehnung einer selbst gebauten Feder Erforderliches Material: 30 cm Eisendraht (0,5 mm dick), 2 Büroklammern, ein langer Nagel, Lineal mit Loch, Plastikfrühstücksbeutel, 15 Zehn-Cent-Münzen.

Der Draht wird stramm über einen Bleistift gewickelt, so dass eine Feder entsteht. Das Experiment wird wie in der Skizze **B3** gezeigt aufgebaut.

Belaste die Feder schrittweise durch Einfüllen von Münzen in den Beutel und entlaste sie ebenso. Notiere die zugehörigen Verlängerungen der Feder. Zeichne ein *s*-*F*-Diagramm (Einheit der *F*-Achse: Gewichtskraft einer Zehn-Cent-Münze). Was fällt dir auf? Gilt hier das Hooke'sche Gesetz?

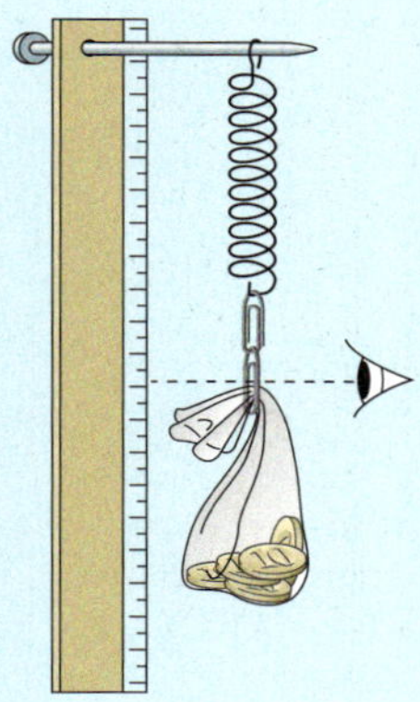
B3

Aufgaben

Zur Trägheit und den Kraftwirkungen

1 Gib fünf Beispiele für Kraftwirkungen an. Nenne drei Begriffe, die das Wort „Kraft" enthalten und die sich nicht auf physikalische Kräfte beziehen (etwa: der Kraftausdruck).

2 a) Du stehst in einem Bus, der zügig anfährt. In welche Richtung bewegst du dich innerhalb des Busses, wenn du dich nicht festhältst?
b) Wie würdest du dich in einer Rechtskurve bewegen?
c) Wie verhältst du dich beim Abbremsen?

3 Weshalb ist es gefährlich, beim Fahrrad nur mit der Vorderbremse zu bremsen?

4 Auf einen Körper wirkt eine Kraft ein. Welche Angaben muss man machen, um ihre Auswirkungen auf den Körper vollständig zu erfassen?

5 Begründe, was die Kopfstützen im Auto mit der Trägheit zu tun haben.

6 Ein Körper wird kurz durch eine Kraft verformt. Was kann danach beobachtet werden?

7 Eine Billardkugel rollt gegen den Rand des Billardtisches und prallt ab. Beschreibe den Vorgang mit Hilfe von Kräften.

8 Erkläre die Bedeutung der „Knautschzone" bei Unfällen.

Aufgaben

Zum Hooke'schen Gesetz

9 a) Was bedeutet es, wenn man sagt: Die Feder folgt dem Hooke'schen Gesetz?
b) Gilt bei einem Federkraftmesser das Hooke'sche Gesetz?

10 Eine Feder hat die Konstante $D = 30\,\text{N/cm}$. Wie weit wird sie gedehnt, wenn eine Kraft von 250 N auf sie wirkt?

11 a) Welche Federkonstante hat eine Schraubenfeder, wenn die Kraft 4,0 N sie um 6,0 cm verlängert?
b) Die Kraft beträgt nur 1,5 N. Wie groß ist die Verlängerung derselben Feder nun?

12 Ein Gummiband verlängert sich bei 5,0 N um 10 cm. Um wie viel würde es sich bei 6,0 N verlängern? Begründe deine Antwort!

13 Die Pufferfeder eines Eisenbahnwagens wird durch die Kraft $F = 15\,\text{kN}$ um $s = 25\,\text{mm}$ zusammengedrückt (→ **B1**). Wie weit würde sie durch 90 kN zusammengedrückt werden?

B1 Pufferfeder, Waggon

14 Ein Metalldraht wird durch Kräfte gedehnt.

F in N	2,0	4,0	6,0	8,0	10	12	14
s in cm	0,4	0,9	1,1	1,7	2,1	2,9	3,6

a) Zeichne ein *s*-*F*-Diagramm!
b) Bis zu welcher Ausdehnung gilt das Hooke'sche Gesetz? Ermittle hierfür die Konstante *D*!
c) Berechne mit dem in **b)** gefundenen Wert von *D* die Ausdehnung für $F = 7{,}5\,\text{N}$. Vergleiche mit dem Diagramm!

15 Finde ein Argument dafür, dass ein Gummiband als Kraftmesser nicht gut geeignet ist.

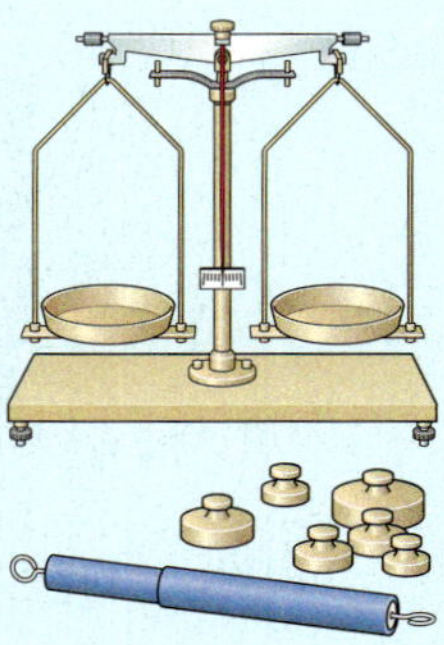

B2 Zu Aufgabe 20

16 Das *s*-*F*-Diagramm **B3** gehört zu einem Bungee-Seil mit $10\,\text{cm}^2$ Querschnittsfläche, das im ungedehnten Zustand 30 m lang ist.
a) Gib den Elastizitätsbereich des Bungee-Seils an.
b) Lies für den Elastizitätsbereich zwei Wertepaare $(s\,|\,F)$ ab und bestimme die Federkonstante *D*.

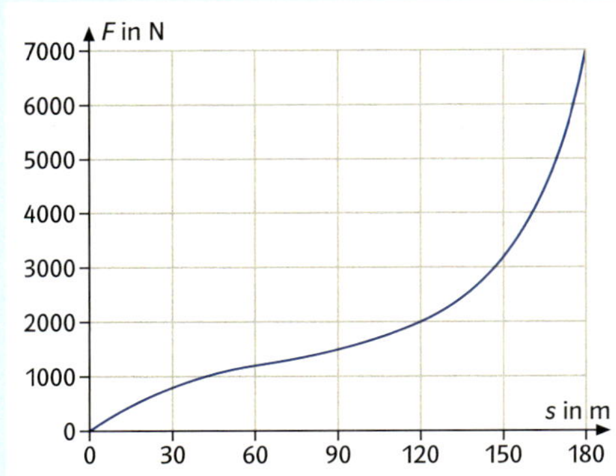

B3

c) Bis zu welcher Kraft würdest du das Bungee-Seil benutzen? Besteht die Gefahr, dass es reißt? Vergleiche mit dem Verhalten eines Kupferdrahtes.

Zu Gewichtskraft und Masse

17 Berechne die Masse m eines Astronauten, der auf der Erde die Gewichtskraft $F = 1187\,\text{N}$ erfährt. Welche Masse hat der gleiche Astronaut auf dem Mond?

18 Wie groß ist die Gewichtskraft von 1 kg Wasser, 1 t Butter, 500 g Wurst, 200 mg (1 Karat) Diamant?

19 Wo trägt ein Forscher seine Ausrüstung (50 kg) leichter, am Nordpol oder auf dem Gipfel des Kilimandscharo? Begründe!

20 Kann man die Masse eines Körpers auf dem Mond messen, wenn man dort
a) nur einen Kraftmesser hat,
b) nur eine Balkenwaage mit Massensatz hat,
c) einen Kraftmesser und einen Massensatz hat?
Der Ortsfaktor auf dem Mond soll nicht bekannt sein.

21 Alle Körper ziehen sich gegenseitig an. Begründe, ob dies zutrifft für
a) die Körper Mond und Erde und
b) zwei Kieselsteinchen am Strand.

Zusammenwirken von Kräften

Mit bloßen Händen in der Wand hängen – welche Kräfte wirken?

Online-Link
772425-0800

Mehrere Kräfte wirken

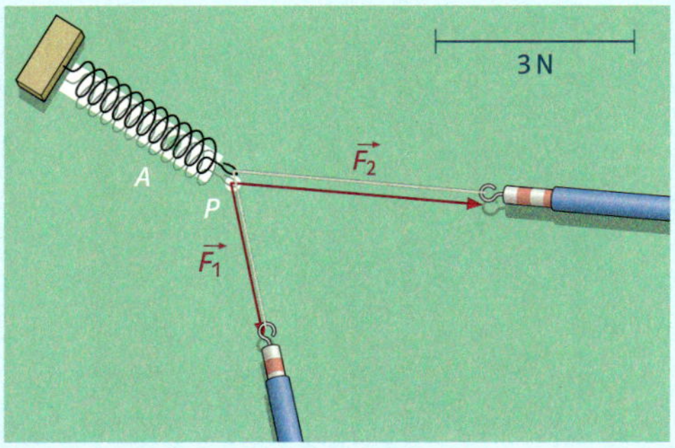

B1

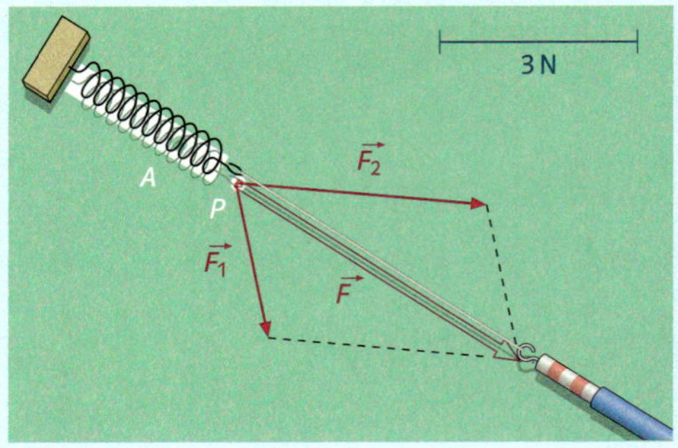

B2

V1 Eine entspannte Schraubenfeder endet am Punkt A. Wie in Bild **B1** dehnen wir sie mit zwei Kräften bis zum Punkt *P*. Mit Kraftmessern messen wir deren Beträge: $F_1 = 2{,}3\,\text{N}$, $F_2 = 3{,}6\,\text{N}$.
Die Feder lässt sich auch mit einer Kraft so dehnen (→ **B2**), dass die gleiche Verlängerung von A nach P entsteht. Als Betrag messen wir: $F = 4{,}8\,\text{N}$.

V2 Die im ersten Versuch bestimmten Kräfte F_1, F_2 und F zeichnen wir genau nach Lage und Richtung als Kraftpfeile in einen Plan (→ **B2**). Wir erkennen die geometrische Figur eines Parallelogramms.

V3 Wir ändern im vorhergehenden Versuch Betrag und Richtung der Kräfte F_1 und F_2 und bestimmen dazu jeweils die zugehörige Kraft *F*. Die Form des Parallelogramms ändert sich.

Zwei Kräfte wirken gleichzeitig Der Tanker in Abbildung **B3** bewegt sich genau in seiner Längsrichtung, obwohl die beiden Schlepper in andere Richtungen ziehen. Die Kräfte der beiden Schlepper haben offensichtlich zusammen eine Wirkung wie eine einzelne Kraft, die in Längsrichtung des Tankers zieht. Man nennt diese Kraft Ersatzkraft, weil sie die einzelnen Kräfte der Schlepper in ihrer Wirkung ersetzt.

● **Die Ersatzkraft greift im gleichen Punkt an und hat die gleiche Wirkung wie die Teilkräfte zusammen.**

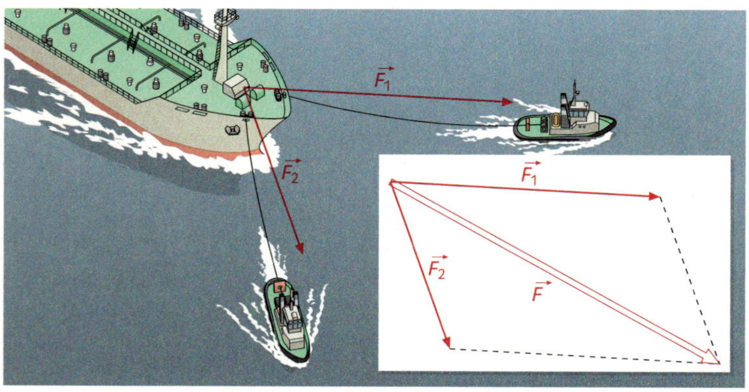

B3 Schlepper manövrieren einen Tanker durch den Hafen.

Durch Messen der Teilkräfte und der Ersatzkraft stellt man fest, dass der Betrag der Ersatzkraft kleiner oder gleich der Summe der Beträge der Teilkräfte ist.

Konstruktionsvorschrift für die Ersatzkraft (→ B4):

- Lege einen Maßstab fest, z. B.: 2 cm entsprechen 1 N.
- Zeichne die Kraftpfeile F_1 und F_2, ausgehend vom gemeinsamen Angriffspunkt.
- Ergänze die Figur zu einem Parallelogramm.
- Zeichne die vom Angriffspunkt ausgehende Diagonale als Pfeil. Dieser stellt die Ersatzkraft *F* von F_1 und F_2 dar.
- Miss die Länge der Diagonale und ermittle, dem Maßstab entsprechend, den Betrag der Ersatzkraft in Newton.

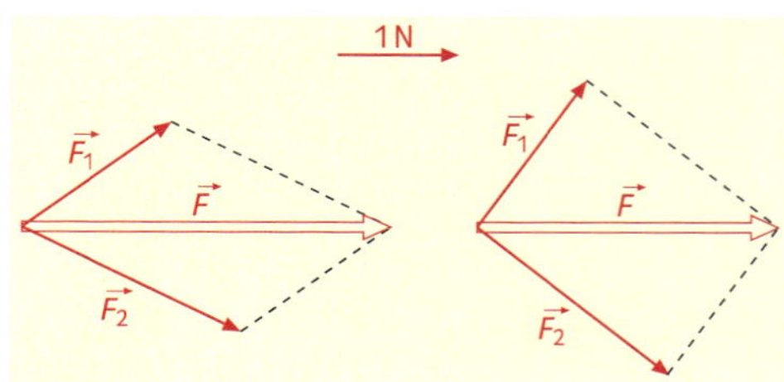

B4 *F* für unterschiedliche Winkel

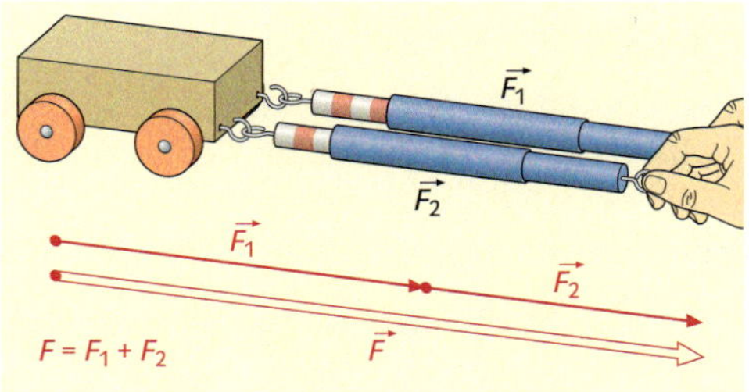

B1 Kräfteaddition beim Abschleppen

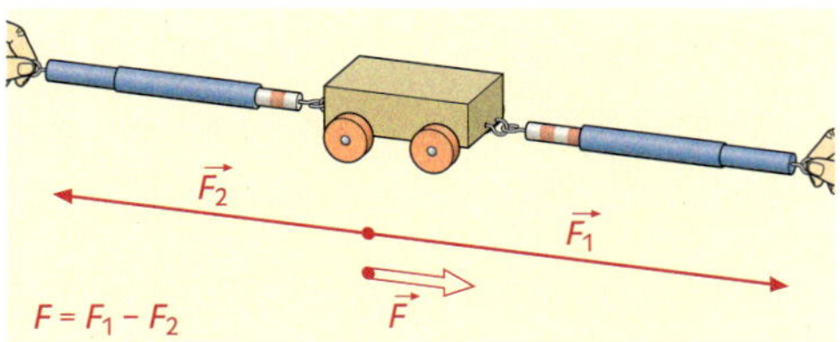

B2 Kräftesubtraktion

Parallele Kräfte Wird der Winkel zwischen den Teilkräften immer kleiner, so wird die Diagonale des Parallelogramms immer länger. Damit wird auch die Ersatzkraft immer größer. Fallen die Richtungen der Teilkräfte zusammen (→**B1**), so ist der Betrag der Ersatzkraft gleich der Summe der Beträge der Teilkräfte.

Bei dem Wagen in Abbildung **B2** wirken die Kräfte in entgegengesetzte Richtungen. Auch hier liegen die Kraftpfeile auf einer Geraden. Die Ersatzkraft zeigt in Richtung der größeren der beiden Teilkräfte. Der Betrag der Ersatzkraft ist die Differenz der Beträge.

● **Bei parallelen Kräften lässt sich der Betrag der Ersatzkraft aus den Beträgen der Teilkräfte berechnen: Bei gleich gerichteten Kräften bildet man die Summe und bei entgegen gerichteten Kräften die Differenz. Die Richtung der Erzatzkraft ist die Richtung der größeren Kraft.**

Wenn mehr als zwei Kräfte wirken Die Ersatzkraft $\vec{F}$ kann auch konstruiert werden, wenn die Pfeile von $\vec{F_1}$ und $\vec{F_2}$ hintereinander gesetzt werden, als ob der Angriffspunkt von $\vec{F_2}$ gar nicht am Gegenstand wäre, sondern an der Spitze von $\vec{F_1}$. Man addiert also den Pfeil $\vec{F_2}$ zum Pfeil $\vec{F_1}$, indem man den Pfeil $\vec{F_2}$ parallel vom Angriffspunkt weg zur Spitze von $\vec{F_1}$ verschiebt.

Ziehen drei Hunde wie in Abbildung **B3** einen Schlitten, so ist der Anfangspunkt des ersten Pfeiles auch der Anfangspunkt des Pfeiles für die Ersatzkraft. Die Pfeile werden dann

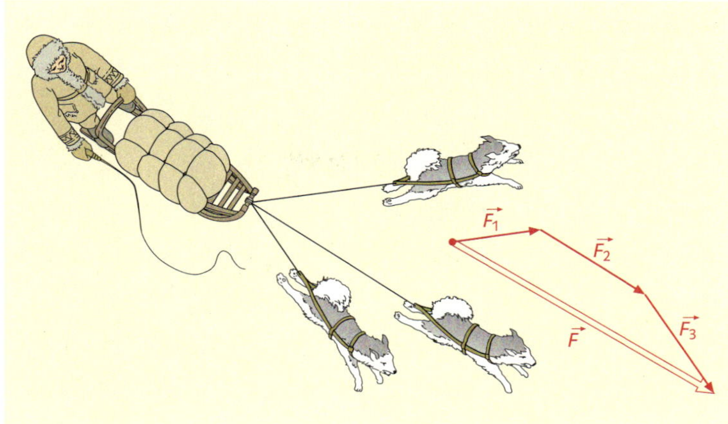

B3 Wohin ziehen die Hunde insgesamt?

hintereinander gesetzt, als wäre nur der erste Hund am Schlitten angebunden. Die Spitze (der Endpunkt) des dritten Pfeiles ist die Spitze des Pfeiles für die Ersatzkraft.

Kraftzerlegung Der Artist (→**B5**) übt auf das Seil die senkrecht nach unten wirkende Gewichtskraft $\vec{F_G}$ aus. Das Seil hält ihn mit einer gleich großen, entgegengesetzt gerichteten Kraft $\vec{F}$. Diese Kraft kann nur durch Teilkräfte erzeugt werden, die in Richtung des Seiles wirken. Die Beträge der Seilkräfte lassen sich ermitteln, wenn man die Konstruktion beim Zusammenwirken von Kräften umkehrt (→**B4**):

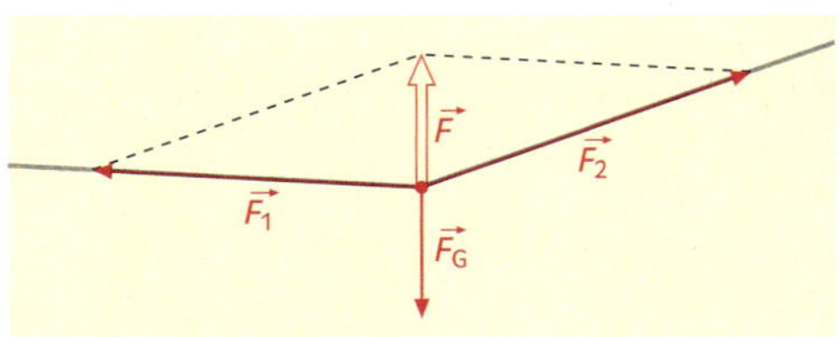

B4 Zerlegung der Kraft $\vec{F}$ in Teilkräfte $\vec{F_1}$ und $\vec{F_2}$

B5

$\vec{F}$ ist Diagonale desjenigen Kräfteparallelogramms, dessen Teilkräfte entlang des Seiles liegen. Man spricht von einer **Kraftzerlegung**.

A1 Nenne Alltagssituationen, in denen zwei oder mehrere Kräfte wirken.

A2 Eine Leiter wie in Abbildung **B6** übt schräg auf den Boden eine Kraft $\vec{F}$ aus. Die Leiter kann abrutschen oder eine Delle in den Boden drücken. Abbildung **B6** zeigt die entsprechenden Teilkräfte parallel und senkrecht zum Boden. Konstruiere diese Teilkräfte für verschiedene Winkel. Formuliere eine Empfehlung zum Aufstellen von Leitern.

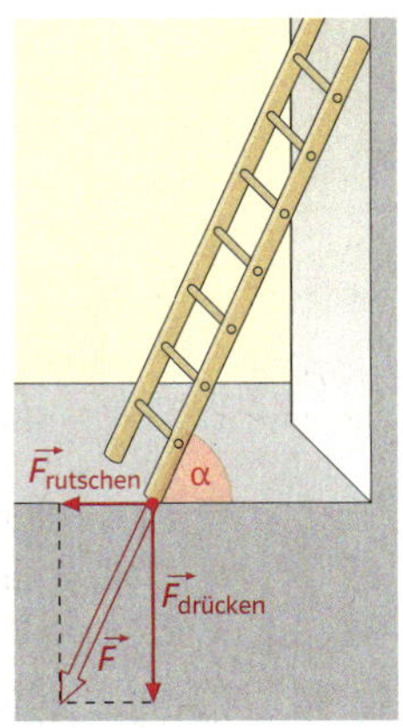

B6 Kräfte bei der Leiter

Kraft und Gegenkraft

Lernstationen:
Die Versuche **V1** bis **V7** lassen sich auch als Lernzirkel durchführen. Fertigt dazu entsprechende Stationenkarten an.

B1 Raketen brauchen keinen Boden und keine Luft zum Antrieb.

V1 Drücke möglichst stark auf eine Tischplatte, eine dicke Schaumstoffmatte und die Wasseroberfläche eines gefüllten Eimers. Beschreibe die Unterschiede.

V2 Stelle auf eine ebene, gerade Schiene zwei Modelleisenbahnwagen. Auf einem Wagen liegt ein starker Stabmagnet, auf dem anderen ein Eisenklotz (→ **B2**).
Wenn du die Wagen loslässt, bewegen sich beide aufeinander zu. Prüfe mit einem Kraftmesser die Größe der Kräfte.

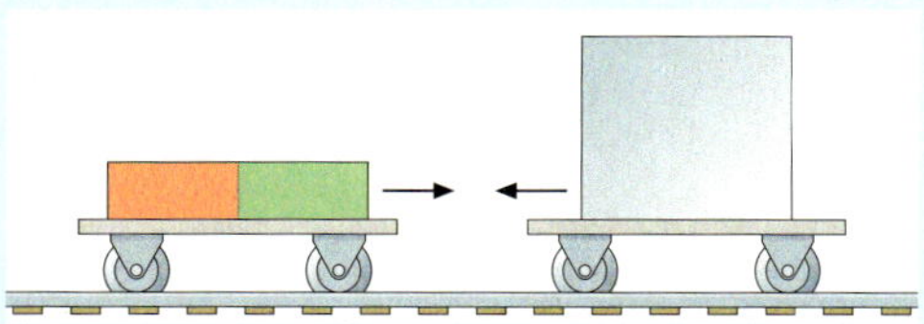

B2 Magnet und Eisenkörper ziehen sich an

V3 Zwei Schülerinnen stehen einander auf Skateboards gegenüber. Sie halten ein gespanntes Seil zwischen sich. Mit Hilfe von Kraftmessern an jedem Seilende können die Beträge der Zugkräfte gemessen werden (→ **B4**). Zuerst soll nur die eine von ihnen ziehen, die andere sich bloß festhalten. Dann ziehen beide gleichzeitig. Beobachte jeweils, was die Kraftmesser anzeigen.

V4 Ein prall aufgeblasener Plastikball wird mit dem Zeigefinger eingedrückt. Im Ball entsteht eine Vertiefung. Beschreibe die Kraft, die du spürst, wenn du unterschiedlich stark drückst.

V5 Ziehe Inline-Skates mit Sicherheitsausrüstung an und werfe aus dem Stand verschiedene Bälle (Medizinball, Fußball, Tennisball) (→ **B3**). Beschreibe die auftretenden Kräfte.

V6 Fädele einen dünnen Draht durch einen Trinkhalm und spanne den Draht zwischen zwei Tischen oder Stühlen. Blase einen Luftballon auf, halte die Öffnung zu und klebe ihn mit einem Klebstreifen an den Trinkhalm (→ **B5**). Lass nun den Ballon los. Was passiert? Erkläre!

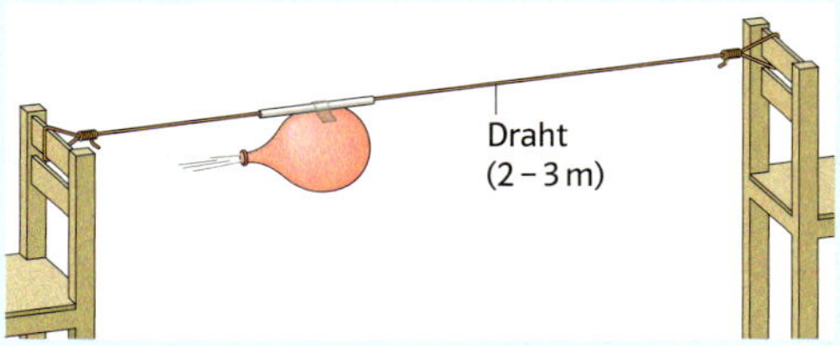

B5 Luftballonrakete

V7 Dieser Versuch sollte im Freien durchgeführt werden!

Schneide die Spitze einer Spritzflasche so weit ab, dass das Blitzventil eines Fahrradreifens hineinpasst und fest sitzt. Fülle etwas Wasser in die Flasche und pumpe dann so lange Luft in die Flasche (→ **B6**), bis sich diese vom Ventil löst. Wiederhole den Versuch mit verschiedenen Wassermengen. Protokolliere deine Beobachtungen.

B3

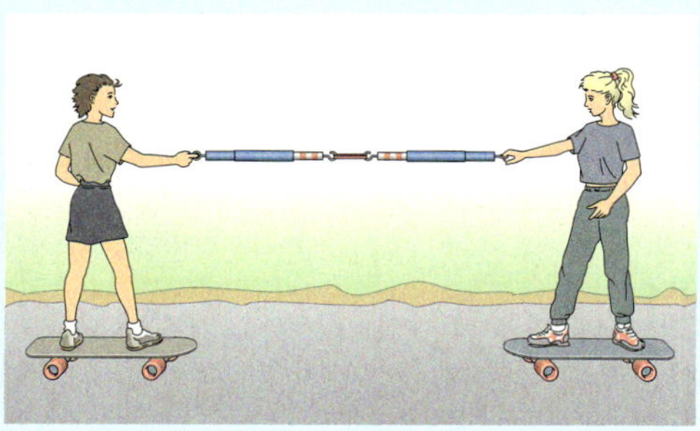

B4

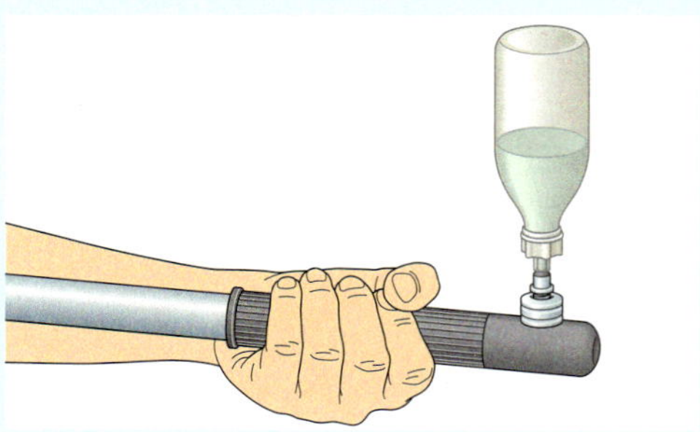

B6

Wechselwirkung zwischen zwei Körpern

Auf eine weiche Schaumstoffmatte kannst du nicht mit der gleichen Kraft drücken wie auf eine Tischplatte. Da liegt daran, dass die Kräfte zwischen **zwei** miteinander wechselwirkenden Körpern stets paarweise auftreten. Oft sind wir uns dessen gar nicht bewusst.

Springt man beim Wandern über einen Wassergraben, drückt die Kraft des Fußes einen Abdruck in den feuchten Boden. Der Boden antwortet mit der **Gegenkraft**, die das Abspringen ermöglicht (→ **B5**).

Wie wir aus Erfahrung wissen, gelingt ein Vorwärtssprung auf spiegelglattem Eis wegen des Fehlens dieser Gegenkraft nicht.

Die Gegenkraft hat den gleichen Betrag wie die Kraft. Die Beobachtungen fasst das **Wechselwirkungsgesetz** zusammen:

● **Wirkt ein Körper A auf einen Körper B mit der Kraft F_{AB}, so wirkt der Körper B auf A mit einer vom Betrag gleichen aber entgegengesetzt gerichteten Gegenkraft F_{BA}.**
(Nach Newton: actio = reactio).

Bei der Wechselwirkung zwischen zwei Körpern treten also die Kräfte immer als Paar aus Kraft und Gegenkraft auf. Eine davon wirkt auf den einen Körper und die andere auf den zweiten Körper. Nur wenn an einen einzigen Körper mehrere Kräfte angreifen, kann der Betrag der Ersatzkraft null sein.

Oft berühren sich die miteinander wechselwirkenden Körper, so z. B. beim Springen (→ **B5**). Kraft und Gegenkraft treten bei der Wechselwirkung zweier Körper aber auch dann auf, wenn sich die beiden Körper gar nicht in unmittelbarem Kontakt miteinander befinden.

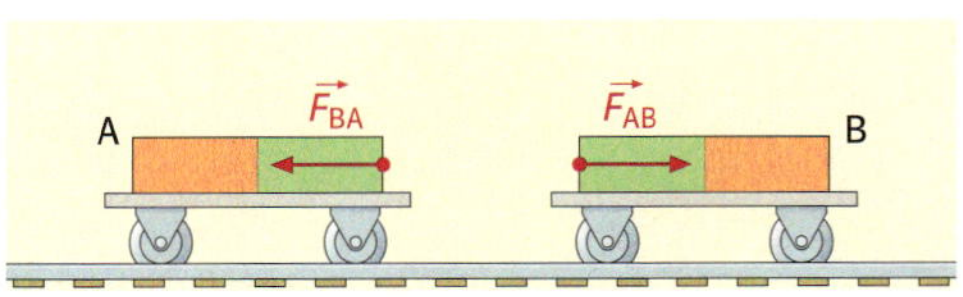

B1 Magnete stoßen sich ab.

In Abbildung **B1** wirkt eine Kraft vom Magnet B auf Magnet A und umgekehrt.

A1 Beschreibe für die folgenden Sportarten, welcher Körper die Kraft und welcher die Gegenkraft ausübt: 100-m-Lauf, Klettern, Skilanglauf, Stabhochsprung, Schwimmen.

Beispiele Auf das Trampolin wirkt die Gewichtskraft der Personen (→ **B2**). Die Federn und die Bespannung werden **verformt**. Auf die Personen wirkt infolgedessen eine Gegenkraft, die sie nach oben **beschleunigt**.

Die Wand der gekrümmten Leitung des Rasensprengers übt eine Kraft auf das Wasser aus (→ **B3**). Sie **ändert seine Bewegungsrichtung**. Das Wasser übt eine Gegenkraft auf die Wand aus und **beschleunigt** die drehbare Leitung.

Der Sportler **beschleunigt** die Kugel mit seiner Kraft (→ **B4**). Gleichzeitig übt die Kugel eine Gegenkraft auf den Werfer aus, die auch diesen **beschleunigt**. Die Gegenkraft wäre leichter zu beobachten, wenn der Kugelstoßer Rollschuhe an hätte. Nach diesem **Rückstoßprinzip** funktionieren Raketen. Sie können sich damit auch im luftleeren Weltraum bewegen.

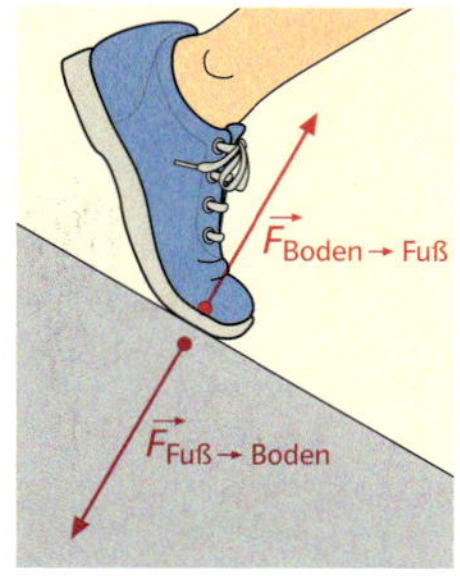

B5 Kraft und Gegenkraft beim Sprung über einen Graben

Merke:
Kraft und Gegenkraft wirken stets auf verschiedene Körper.

B2 Die Kraft verformt, die Gegenkraft beschleunigt.

B3 Die Kraft ändert die Richtung, die Gegenkraft beschleunigt.

B4 Die Kraft beschleunigt, die Gegenkraft ebenfalls.

► S. 250 Wechselwirkung

Kräftegleichgewicht

V1 Bringe einen Wagen zwischen zwei gespannte Federn in verschiedene Positionen und lass ihn dann los (→ **B1**). Kräfte unterschiedlicher Richtungen und Beträge sind die Folge.

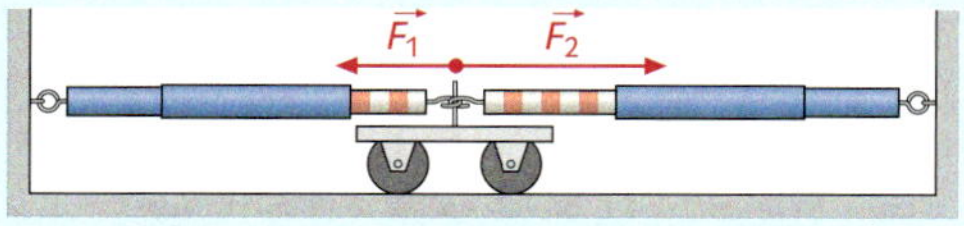

B1 Zwei Kräfte wirken auf einen Körper

V2 Ziehe einen Holzquader mit gleichbleibender Geschwindigkeit über einen Tisch. Die notwendige Kraft stellst du mit einem Kraftmesser fest (→ **B2**). Sie bleibt kurz nach dem Start konstant.

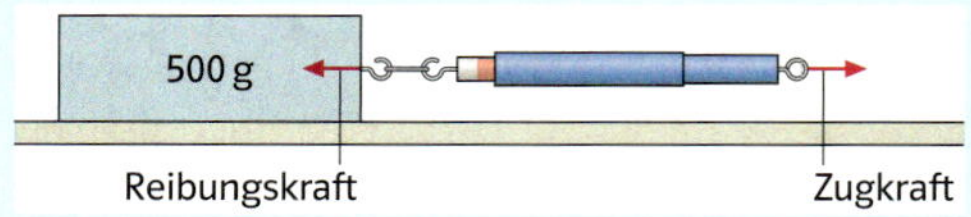

B2 Widerstandskraft bei einer Bewegung

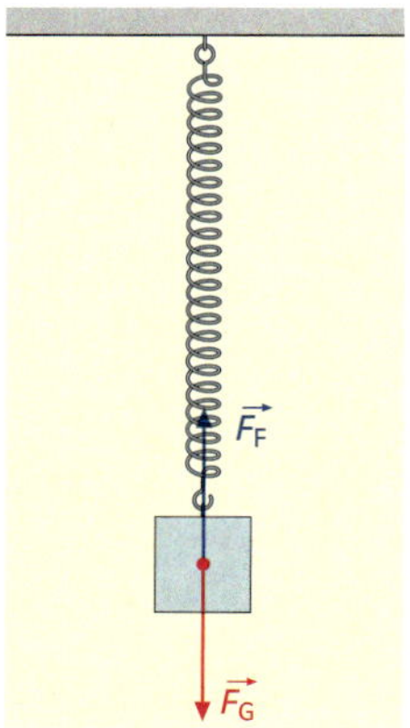

B3 Kräftegleichgewicht

Merke:
Beim Kräftegleichgewicht wirken mehrere Kräfte auf den **gleichen** Körper.

Körper in Ruhe An einem auf einer Tischplatte ruhenden Gegenstand sehen wir keine Verformung und keine Beschleunigung. Wir würden schließen, dass keine Kraft vorhanden ist. Wir wissen aber, dass auf alle Körper die Gewichtskraft wirkt. Hängt der Gegenstand an einer Feder (→ **B3**), wird sie verformt. Der Gegenstand ist aber in Ruhe wie auf der Tischplatte. Wir nehmen an, dass auch sie etwas verformt wurde. Auf den Körper wirken zwei Kräfte: Die Gewichtskraft und die Federkraft. Beide sind entgegengesetzt gerichtet. Bei gleichen Beträgen ergibt sich eine Ersatzkraft mit dem Betrag null. Man spricht von **Kräftegleichgewicht**.

● **Es herrscht Kräftegleichgewicht, wenn die Ersatzkraft aller auf einen Körper wirkenden Teilkräfte den Betrag Null hat.**

Ein Wagen zwischen zwei Federn wird in die Richtung der größeren Kraft beschleunigt, bei gleichen Kraftbeträgen ruht er (→ **B4**):

● **Die Ersatzkraft aller auf einen Körper wirkenden Kräfte bestimmt dessen Beschleunigung.**

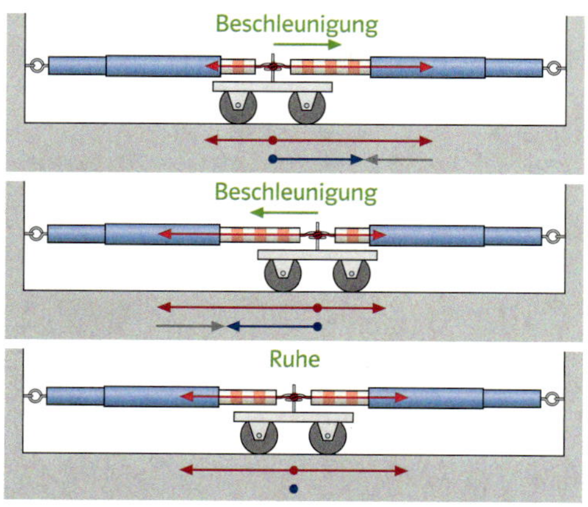

B4 Ersatzkraft und Beschleunigung

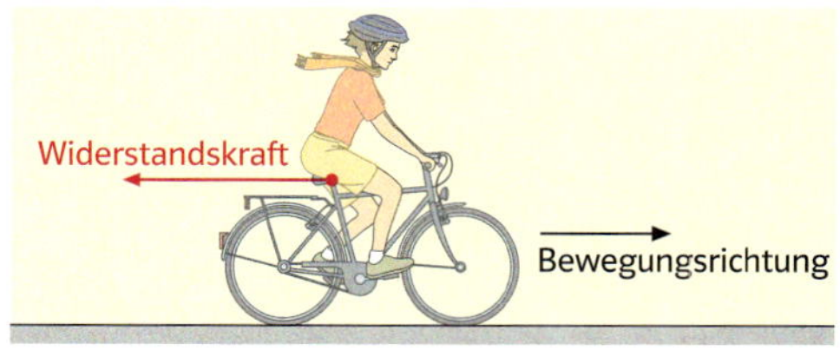

B5 Widerstandskraft beim Fahrrad

Kraft und Bewegung Wir können die Hand ohne viel Kraft durch die Luft bewegen, in Wasser benötigen wir mehr. Man spricht von Luftwiderstand bzw. von Reibung. Wir fassen dies unter dem Namen Widerstandskraft zusammen (→ **B5**).

● **Wenn sich ein Körper in Bezug auf ein Medium bewegt, wirkt auf den Körper eine Widerstandkraft. Deren Richtung ist entgegengesetzt zur Bewegungsrichtung.**

Der Radfahrer tritt in die Pedale und bewirkt so eine Antriebskraft in Bewegungsrichtung, also entgegengesetzt zur Widerstandskraft. Wenn beide gleich groß sind, besteht Kräftegleichgewicht. Die Geschwindigkeit des Radfahrers ändert sich dann nicht (→ **B6**).

● **Der Radfahrer muss treten, weil während der Fahrt ständig für Kräftegleichgewicht gesorgt werden muss.**

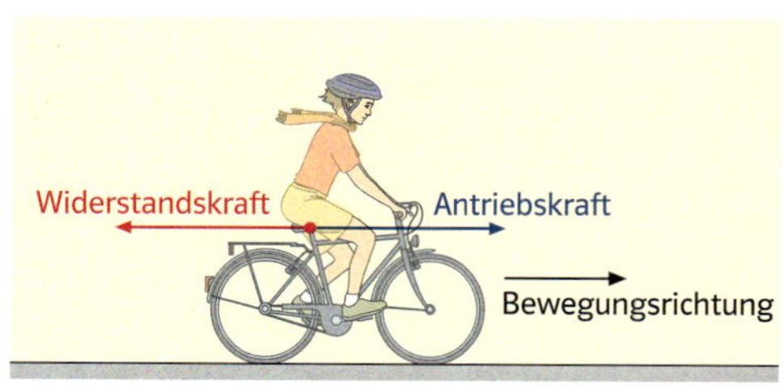

B6 Konstante Geschwindigkeit bei Kräftegleichgewicht

Klettern mit Seil und Rollen

B1

Beim Klettern benutzt man Seile, Karabiner und Haken. Diese haben verschiedene Aufgaben in meistens sehr kompliziert aussehenden Anordnungen. Die wichtigsten Funktionen von Karabiner und Seil lassen sich aber mit einfachen Versuchen entdecken.

Will ein Kletterer einen zweiten hochziehen, so kann er dazu an einem überhängenden Fels einen Haken befestigen, durch den das Seil läuft (→ **B2a**).

A1 Baue den Versuch wie in (→ **B2b**) abgebildet auf. Die Funktion des Hakens wird hier von einer **festen Rolle** übernommen. Vergleiche die Zugkraft auf der linken Seite und die Gewichtskraft auf der rechten Seite. Miss, wie viele Zentimeter Seil du links herunter ziehen musst, damit die Masse rechts zehn Zentimeter gehoben wird.

● **Eine feste Rolle verändert die Richtung der Kraft, nicht jedoch ihren Betrag.**

Wenn ein Kletterer hochgezogen wird, gewinnt er an Höhenenergie und zwar umso mehr, je größer die Höhe und seine Gewichtskraft sind.

In Bild **B4** wird ein Kletterer von oben hochgezogen. Das Seil ganz links ist ein Sicherungsseil, das andere Seil ist oben auf der linken Seite befestigt, auf der rechten Seite ziehen die Männer. Das Seil verläuft durch einen **losen** Karabiner am Gürtel des Kletterers.

A2 Baue den Versuch wie in (→ **B3a**) auf und miss wiederum Zugkraft, Gewichtskraft und zu ziehende Seillänge.

Bei der losen Rolle wird die Masse von zwei Seilstücken getragen. Somit halbiert sich die Kraft auf jedes Seilstück.
Die Lageenergie des Massestücks verändert sich gegenüber Bild **B2b** nicht. Wegen der Verringerung der benötigten Kraft muss man aber eine größere Länge Seil ziehen.

● **Eine lose Rolle spart keine Energie ein. Sie halbiert die notwendige Zugkraft, verlängert jedoch die zu ziehende Seillänge auf das Doppelte. (Goldene Regel der Mechanik)**

Werden mehr als zwei Rollen verwendet, so nennt man die Anordnung **Flaschenzug**. Dieser wird ebenfalls beim Klettern häufig verwendet.

A3 Bild **B3b** zeigt einen Aufbau aus zwei losen und einer festen Rolle, den man statt Bild **B3a** verwenden könnte. Welchen Vorteil bringt dies?

● **Ist *n* die Anzahl der tragenden Seilstücke, so gilt für die Zugkraft: $F_Z = 1/n \cdot F_G$**
Die zu ziehende Seillänge steigt auf das *n*-fache.

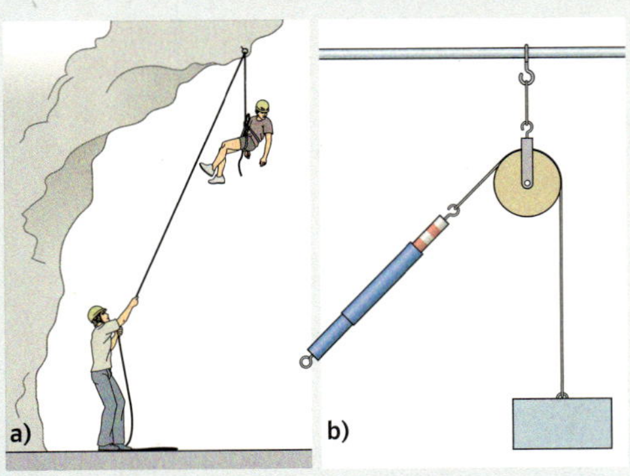

B2

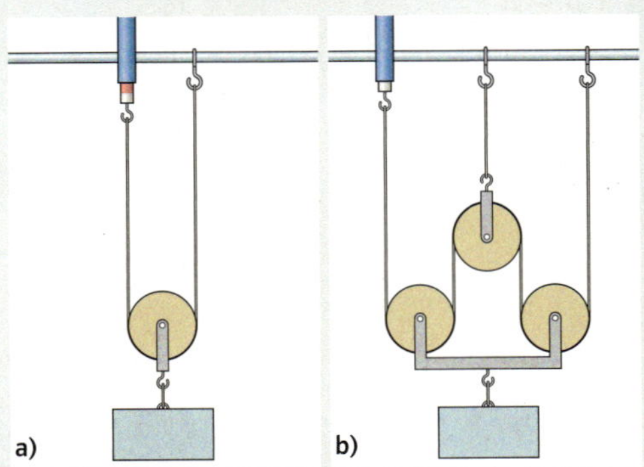

B3

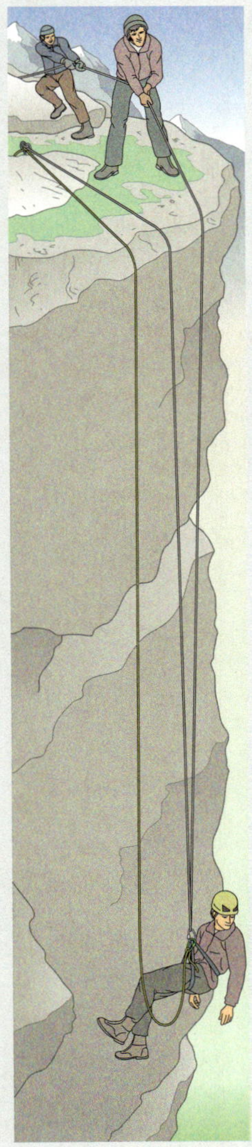

B4

Hebel

Zwei Kinder schaukeln auf der Wippe, ein Arbeiter hebt mit der Brechstange eine schwere Kiste an, eine Flasche wird mit dem Flaschenöffner geöffnet. Was ist allen gemeinsam?

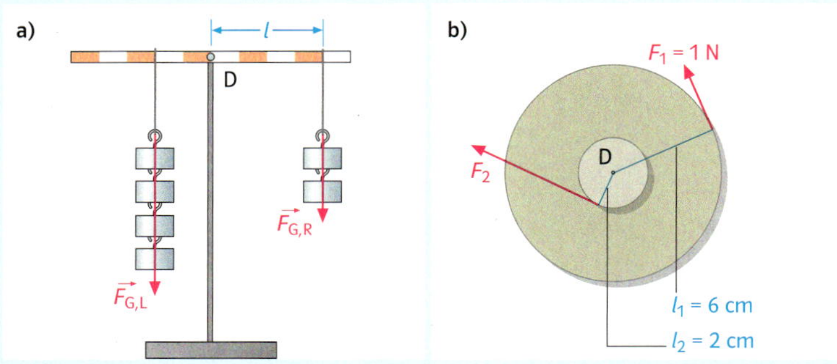

B1 Gleichgewicht der Kräfte an Stange (a) und Scheibe (b)

links	l in cm:	30	10	20	20	10
	F_G in N:	2,0	6,0	4,0	4,0	4,0
rechts	l in cm:	20	20	10	20	5,0
	F_G in N:	3,0	3,0	8,0	4,0	8,0

B2

V1 Werden Massestücke an eine drehbar gelagerte Stange (→ **B1a**) gehängt, so wird sie von deren Gewichtskraft gedreht. Wirken die Kräfte auf beiden Seiten der Drehachse, so gelingt es unter bestimmten Bedingungen, die Stange im Gleichgewicht zu halten.

Verändere die Abstände von der Drehachse D sowie die Anzahl der Massestücke. Den Abstand von der Drehachse geben wir als Länge l in cm, die Gewichtskraft F_G der Massestücke in Newton an. Bei Gleichgewicht in horizontaler Lage der Stange erhalten wir z. B. folgende Messwerte (→ **B2**).

V2 An eine wie in **B1b** in D drehbar gelagerte Scheibe greifen die Kraft F_1 in 6 cm und die Kraft F_2 in 2 cm Abstand vom Mittelpunkt D an. Wir bestimmen die Kraft F_2, bei der die Scheibe im Gleichgewicht ist, sie sich also nicht dreht, wenn die Kraft $F_1 = 1\,N$ ist. Beachte, dass die Kräfte senkrecht zu den Radien wirken. Was ändert sich, wenn die Kräfte in einem anderen Winkel angreifen?

Archimedes
(285–212 v. Chr.) war einer der bedeutendsten Gelehrten der Antike. Von ihm soll der Ausspruch stammen: Gebt mir einen festen Punkt, und ich will die Erde aus den Angeln heben.

Der Hebel ist ein Kraftwandler Kinder können eine Wippe in der Schwebe halten, auch wenn sie verschieden schwer sind. Dazu müssen sie nur unterschiedlich weit von der Drehachse entfernt sitzen (→ **B3**).

Ein Gleichgewicht auf der Wippe wird entweder durch gleich große Kräfte, die in gleichen Entfernungen zur Drehachse angreifen, oder durch verschieden große Kräfte, die in unterschiedlichen Entfernungen zur Drehachse angreifen, erreicht. So kann wie in **B4** eine schwere Kiste am Punkt A mit Hilfe einer drehbaren Stange gehalten werden, obwohl die Kraft F_2 kleiner als die Kraft F_1 ist.

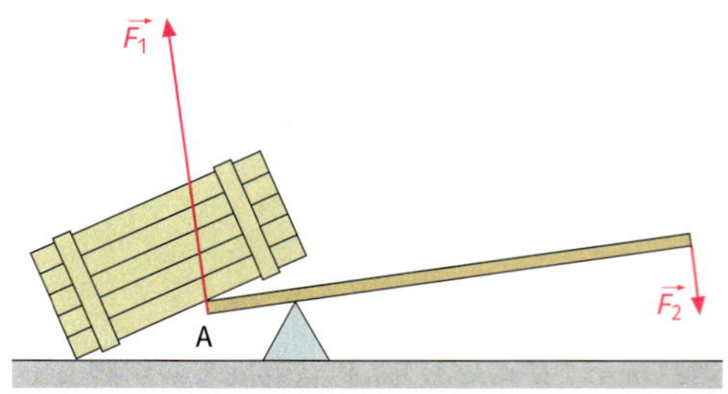

B4 Anheben einer Kiste mit der Stange

Solche drehbar gelagerten Stangen heißen **Hebel**. Bei einem Hebel lässt sich mit einer Kraft eine zweite Kraft mit einem anderen Betrag hervorrufen. Die zweite Kraft hat einen anderen Angriffspunkt als die erste. Greifen sie wie in **B4** auf verschiedenen Seiten von der Lagerung an, so haben sie unterschiedliche Richtungen. Im Prinzip kann jeder feste, drehbar gelagerte Körper als Hebel wirken.

B3 Gleichgewicht auf der Wippe

● **Mit Hebeln kann man Betrag, Richtung und Angriffspunkt einer Kraft ändern.**

A1 Erläutere die am Rand wiedergegebene Aussage von Archimedes.

Hebel im Gleichgewicht Wirkt eine Kraft auf eine Seite eines Hebels, so lässt sich der Hebel mit einer zweiten Kraft im Gleichgewicht halten. Die hierzu erforderliche Kraft ist umso kleiner, je größer der Abstand ihres Angriffspunktes von der Drehachse ist. Sehen wir vom Aussehen eines Hebels ab, so können wir ihn vereinfacht wie in **B1** als Balken mit einer Drehachse darstellen. Als Hebelarm bezeichnet man den Abstand zwischen Drehachse des Hebels und Angriffspunkt der senkrecht am Hebel angreifenden Kraft. Bezogen auf die Drehachse kann es rechte oder linke Hebelarme geben. Ist die Kraftrichtung nicht senkrecht zum Hebel, dann verkürzt sich der Hebelarm (→ **B1**). Der Hebelarm ist dann der Abstand, d.h. die senkrechte Entfernung zwischen Drehachse und der Geraden, auf welcher der Kraftpfeil liegt. Dabei ist es gleichgültig, ob der Hebel schief steht oder die Kräfte schräg angreifen. Werden im Gleichgewicht unterschiedliche Kombinationen von Kräften und Hebelarmen gemessen, lässt sich aus den Messwerten (z.B. **V2**) ein Hebelgesetz ableiten:

● **Ein Hebel ist genau dann im Gleichgewicht, wenn die Produkte aus Betrag der Kraft und Hebelarm auf beiden Seiten der Drehachse gleich sind:**

$$F_1 \cdot l_1 = F_2 \cdot l_2$$

Beachte:
Kräfte können sowohl auf verschiedenen Seiten als auch auf derselben Seite des Hebels – bezogen auf die Drehachse – angreifen.

A1 Wie ändert sich der Hebelarm am Fahrradpedal während einer Umdrehung?

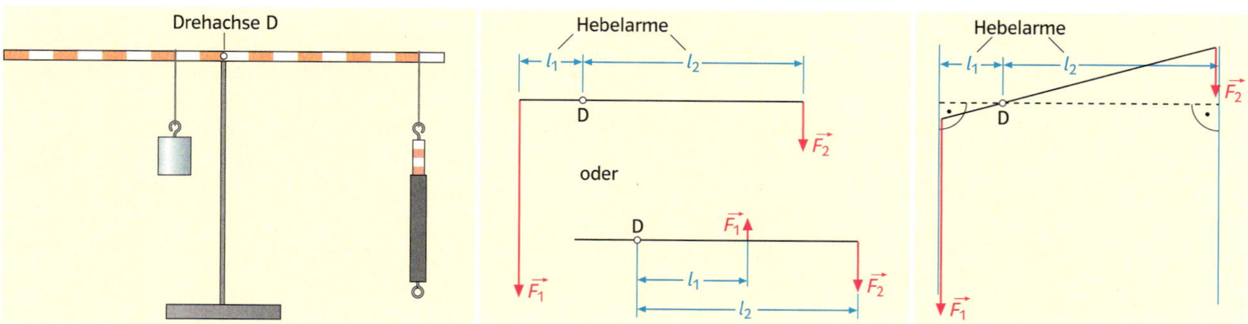

B1 Die wichtigen Begriffe am Hebel

Hebel und Drehmoment

Physik überall

Kletterer hängen an Händen und Füßen in der Wand und müssen darauf achten, dass sie sich nicht unkontrolliert wegdrehen. Handwerker benutzen oft einen Drehmomentschlüssel, um einzustellen, wie fest eine Schraube angezogen werden soll. In beiden Fällen wirken die Kräfte wie an einem Hebel. Obwohl die Angriffspunkte A_1 und A_2 im Beispiel **B2** gleich weit von der Drehachse D entfernt sind, stellt sich für die unterschiedlichen Kräfte $F_1 = 4\,\text{N}$ und $F_2 = 2\,\text{N}$ ein Gleichgewicht ein. Nimmt man als Hebelarme die durch die gestrichelten Linien angedeuteten Abstände l_1 und l_2, so ist das Hebelgesetz erfüllt:

$$4\,\text{N} \cdot 6\,\text{cm} = 2\,\text{N} \cdot 12\,\text{cm}$$

Auch mit anderen Kräften und Angriffspunkten erhält man Gleichgewicht an der Scheibe, wenn gilt: $F_1 \cdot l_1 = F_2 \cdot l_2$
Damit lässt sich die im Hebelgesetz für die drehende Wirkung einer Kraft gefundene Beziehung zwischen Hebelarm und Kraft auf beliebige, drehbare Körper übertragen. Das Produkt von Kraft F und Hebelarm l, das diese Wirkung beschreibt, heißt **Drehmoment M:**

$$M = F \cdot l$$

Entgegengesetzt gerichtete Kräfte und Drehmomente unterscheiden sich im Vorzeichen. Je nach Richtung und Lage der Kräfte zur Drehachse gibt es linksdrehende Drehmomente ($F_1 \cdot l_1 = M_1$ in **B2**) und im Vorzeichen dazu abweichende rechtsdrehende Drehmomente ($F_2 \cdot l_2 = M_2$ in **B2**). Rechtsdrehendes Drehmoment dreht im Uhrzeigersinn, linksdrehendes entgegengesetzt. Das Hebelgesetz lautet dann:

● **Ein Hebel befindet sich im Gleichgewicht, wenn der Betrag des linksdrehenden Drehmomentes M_1 gleich dem Betrag des rechtsdrehenden Drehmomentes M_2 ist: $M_1 = M_2$**

A2 Erläutere, warum sich der Kletterer auf Seite 137 sowohl in einem Kräfte- als auch in einem Drehmomentgleichgewicht befindet.

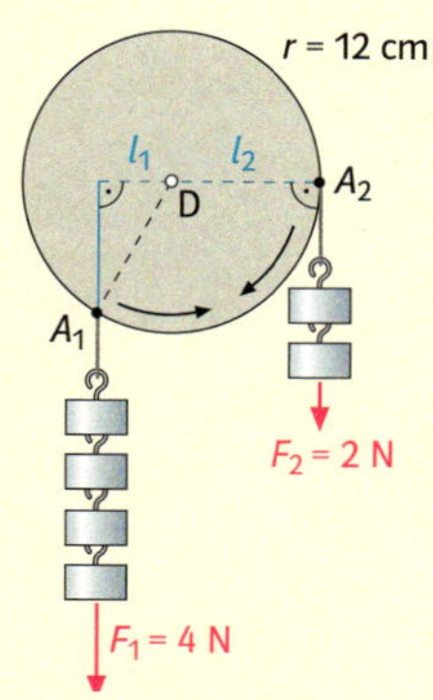

B2 Gleichgewicht an der Scheibe

Bemerkung:
Die Einheit des Drehmoments ist 1 Nm.

Hebel überall!

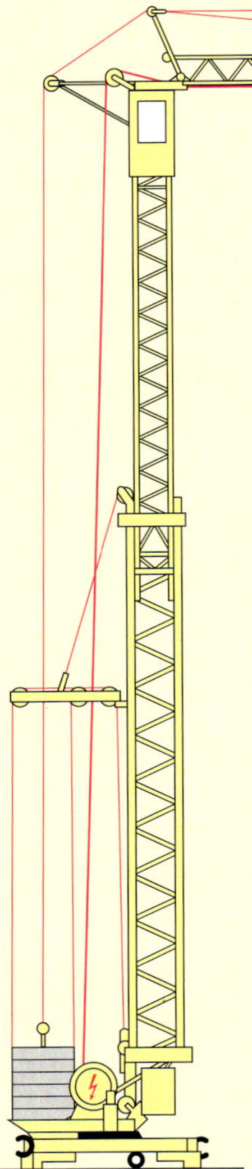

Ausleger:	24 m
Höhe:	24,8 m
Gegengewicht:	140 000 N
im Abstand von:	2,5 m
Ausladung	Last
10 m	30 000 N
20 m	15 000 N
30 m	10 000 N

B1 Der Turmdrehkran

Mit einem **Kran** (→ **B1**) lassen sich mit dem langen Arm Lasten über Hindernisse weit hinweg befördern. Am anderen, kurzen Hebelarm greift ein großes, in Bodennähe angebrachtes Gegengewicht an. Dadurch benötigt der Kran wenig Standfläche und kippt bei geringerer oder fehlender Last nicht gleich um. Kleine Täfelchen zeigen dem Kranführer an, welche Lasten maximal bei bestimmten Ausladungen transportiert werden dürfen.

Von kleiner Kraft zu großer Kraft In vielen Geräten werden Hebel verwendet, um mit kleiner Kraft am langen Hebelarm eine große Kraft mit kurzem Arm auszuüben. Zum Abkneifen von Draht oder Nägeln liefert die **Kneifzange** eine große Kraft (→ **B2**). Wenn der Hebelarm l_1 dreimal so lang wie der Hebelarm l_2 ist, dann ist die Kraft F_2, die auf den Nagel wirkt, nach dem Hebelgesetz dreimal so groß wie die Kraft F_1 am Griff. Der Transport von Lasten mit einer **Schubkarre** (→ **B3**) erfordert kleinere Kräfte als das Tragen. Die Kräfte greifen bei diesem Hebel auf derselben Seite – in verschiedenen Richtungen – an. Der Hebelarm l_1 ist größer als der Hebelarm l_2. Die erforderliche Muskelkraft F_1 ist daher kleiner als die Gewichtskraft F_2 der Last.

Aus kleinen Wegen große Wege machen Beim Drehen eines Hebels legt der Angriffspunkt der Kraft am langen Arm in der gleichen Zeit einen größeren Weg als am kurzen zurück. Unser Arm (→ **B4**) nutzt diese Hebelwirkung,

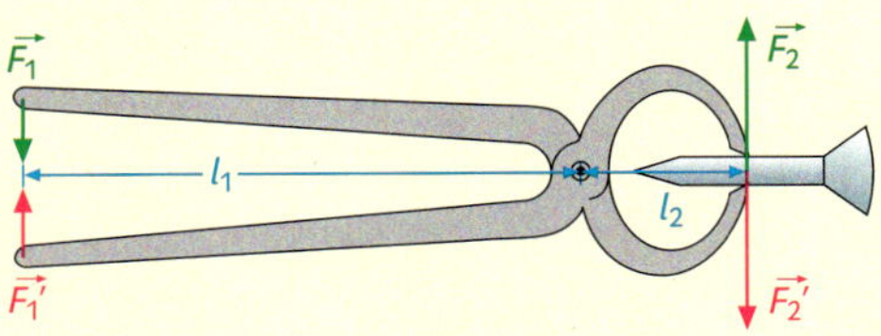

B2

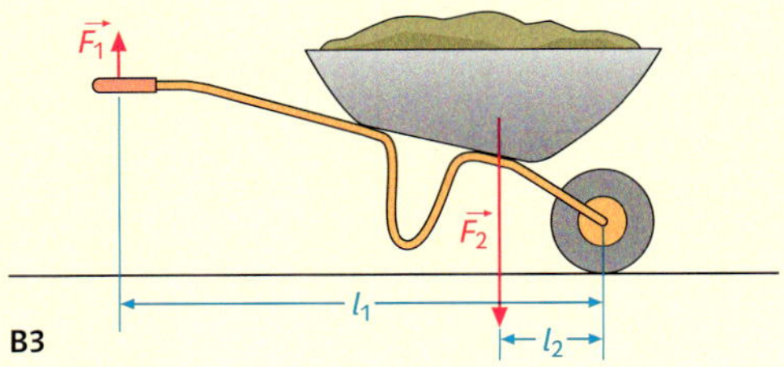

B3

denn Muskeln können sich nur wenig verkürzen. Tatsächlich muss der Bizeps zum Heben einer Last eine mehr als 8-mal so große Kraft aufbringen, dafür lässt sich die Hand am längeren Hebelarm sehr schnell bewegen.

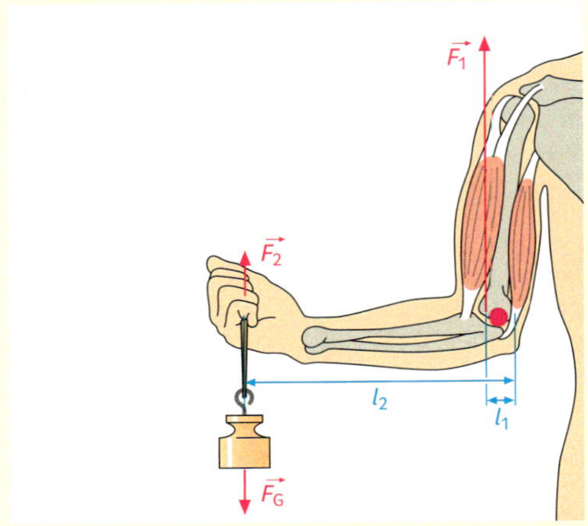

B4

Der stärkste Biss Der Kiefer, mit dem Alligatoren ausgestattet sind, kann durch die Hebelwirkung die größten Bisskräfte entwickeln, die in der Natur zu finden sind. Untersuchungen haben ergeben, dass ausgewachsene Alligatoren mit einer Kraft von fast 9 500 Newton zubeißen können – das entspricht der Gewichtskraft, die eine Masse von 960 kg ausübt. Zum Vergleich: Ein Löwe beißt in etwa halb so stark zu, ein Mensch vermag mit seinem Kiefer eine Kraft von 700 Newton erzeugen. Ist der Kiefer eines Alligators erst einmal geschlossen, lässt er sich kaum gewaltsam öffnen. Das Reptil ist ohne weiteres in der Lage, den Kiefer über einen Zeitraum von 20 Minuten zusammenzudrücken.

B5

Kräfte am Fahrrad

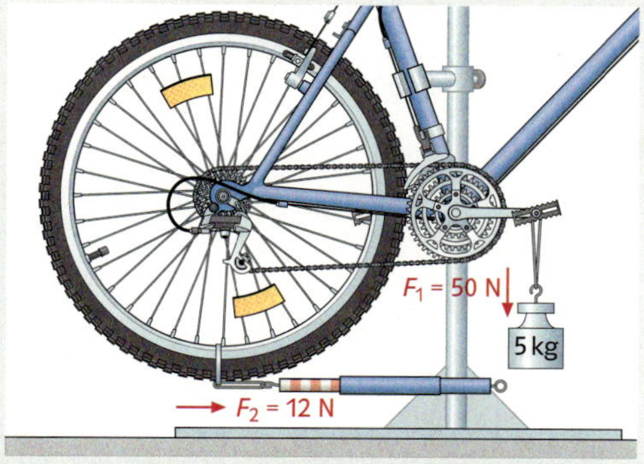

B1 Kräfte beim Radfahren

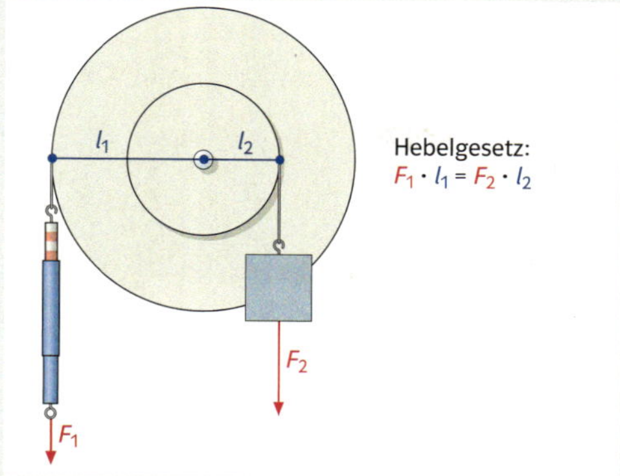

B2 Das Hebelgesetz

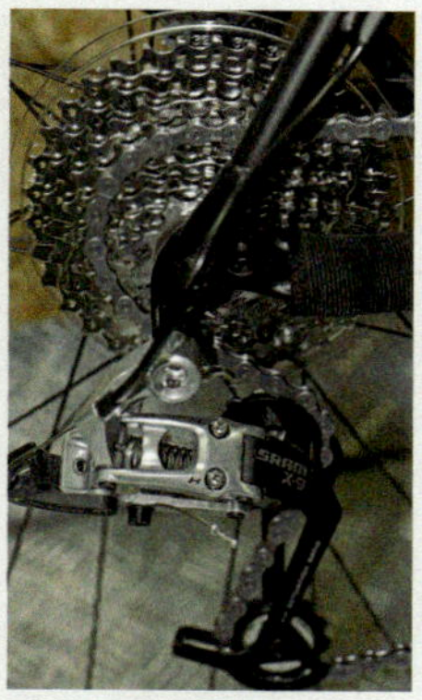

B3 Die Kette greift in die Zähne.

Mit dem Fahrrad wollen wir uns schneller als zu Fuß bewegen. Wegen der Widerstandskräfte ist dafür ständig eine Kraft erforderlich. Beim Treten wirkt diese an den Pedalen. Über den Reifen wirkt Kraft auf die Straße, deren Gegenkraft wirkt auf das Fahrrad und treibt es an. Abbildung **B1** zeigt, wie man die Kräfte messen kann.

Wir müssen in diesem Fall 50 N aufwenden, um für den Antrieb 12 N verfügbar zu haben. Bei einem Fahrrad mit Gangschaltung merken wir, dass eine größere Kraft erforderlich ist, wenn wir den Schnellgang einschalten. Bei einer Kettenschaltung wechselt dabei die Kette am Hinterrad auf einen kleineren, am Vorderrad auf einen größeren Zahnkranz.

Wieso können wir schnell fahren? Das lässt sich durch **Überlegen** herausfinden. Die Kette greift in die Zähne der Zahnräder (→ **B3**). Klar ist, dass sich das hintere Rad um genauso viele Zähne weiter bewegt wie das vordere.

A1 Argumentiere weiter, vielleicht an einem Beispiel (vorne 48, hinten 24 Zähne). Finde an deinem Fahrrad heraus, wie weit du bei einer Pedalumdrehung kommst.

Wieso sind die Kräfte unterschiedlich? Beim Fahrrad bilden Tretkurbel und vorderes Kettenrad einen Hebel. Die Kraft an der Kette ist größer als am Pedal, da der Hebelarm des Kettenrades kleiner als beim Pedal ist. Das hintere Kettenrad bildet über Speichen und Felgen einen Hebel mit dem Hinterrad – allerdings sind hier die Längenverhältnisse der Hebelarme umgekehrt. Das Hinterrad wirkt letztlich auf den Boden mit einer kleineren Kraft als der Fuß auf das Pedal. Dafür dreht sich das Rad schneller.

Das Gesamtsystem aus Pedal, Kettenrädern und Kette wird **Getriebe** genannt. Auch mit einem solchen Getriebe kann keine Energie „gespart" werden. Es ermöglicht dem Fahrer aber, mit der immer gleichen Kraft die unterschiedlichen Fahrstrecken zu bewältigen.

A2 Untersuche die Funktionsweise einer Kettenschaltung (→ **B3**). Beschreibe dazu zunächst den Aufbau der Schaltung. Dann untersuche systematisch, wie sich die Wahl unterschiedlicher Kombinationen der verschiedenen Zahnräder („Ritzel") auf das Kräfteverhältnis F_1 zu F_2 auswirkt. Bestimme aus den aufgenommenen Messwerten die Kräfte, die jeweils über die Kette übertragen werden. Überlege, welche Größen am Fahrrad hierfür ausgemessen werden müssen.

A3 Dieser Vorläufer heutiger Fahrräder hat keine Kette. Wie wird hier das schnelle Fahren möglich?

Boote mit Rückstoßantrieb

B1 Selbstgebautes Boot mit Rückstoßantrieb

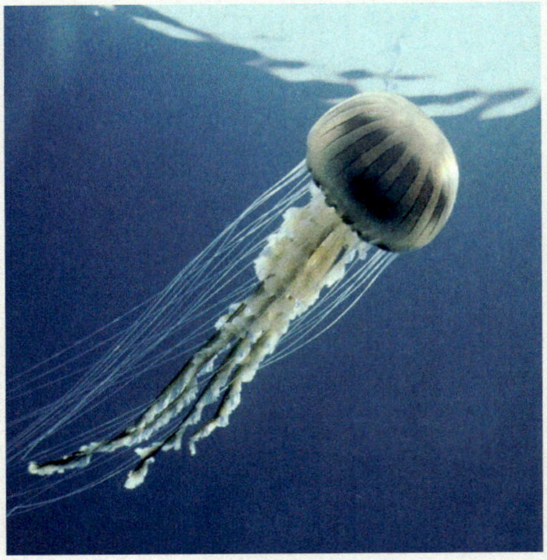

B2 Qualle

Physikalische Grundlagen Wie du bereits gelernt hast, gehört zu jeder auf einen Körper wirkenden Kraft eine gleich große Gegenkraft. Das ist die Grundlage aller Antriebe. Beim Auto zum Beispiel üben die Reifen eine Kraft auf den Boden aus und erst durch die Gegenkraft des Bodens kommt das Auto voran.

Mit dem Begriff **Rückstoßantrieb** ist ein besonderer Antrieb gemeint, bei dem eine Flüssigkeit oder ein Gas aus dem Körper ausströmt, wie etwa bei einer Rakete. Dieses Ausströmen erfolgt über eine Düse, an der das Gas/die Flüssigkeit eine sehr hohe Geschwindigkeit besitzt (→ **B3**). Wenn ein Gas oder eine Flüssigkeit ausströmt, muss die zunächst ruhende Flüssigkeit durch eine Kraft beschleunigt werden. Die Gegenkraft wirkt dann in die entgegengesetzte Richtung und beschleunigt den Körper. Auch Quallen und einige Tintenfische benutzen diese Methode zur Fortbewegung (→ **B2**).

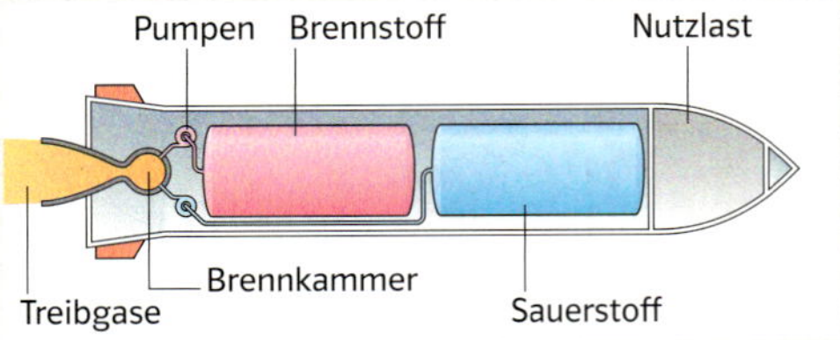

B3 Querschnitt durch eine einfache Rakete

Wettbewerb: Wer baut das Boot, das die längste gerade Strecke schafft?

B4 Trennen mit Heizdrahtgerät

Die Physik verrät, was du beim Bau eines Rückstoßbootes bedenken musst. Beachte besonders, dass:

- die wirkenden Kräfte umso größer sind, je größer die Geschwindigkeit ist, auf die das ausströmende Gas oder die ausströmende Flüssigkeit beschleunigt wird,
- weniger Kraft zum Antrieb benötigt wird, wenn das Boot leichter ist,
- das Boot geradliniger fährt, wenn es sehr symmetrisch und sorgfältig gebaut ist.

Auf der nächsten Seite werden vier Typen von Booten beschrieben. Wenn du dich für eine Variante entschieden hast, solltest du erst ein Boot zur Probe bauen und mit diesem experimentieren. Die gesammelten Erfahrungen und deine eigenen Ideen zur Verbesserung können dann in die Konstruktion eines weiteren Bootes für den Wettbewerb einfließen.

A1 Notiere in einer Liste alle Tricks und Verbesserungen, die helfen, dass das Boot weiter fährt. Begründe sie dann mit physikalischen Argumenten.

Tipp: Als Material für den Bootskörper eignet sich insbesondere Styropor, weil es sehr leicht ist. Zuschneiden lässt es sich mit einem Teppichmesser oder mit einem glühenden Draht (→ **B4**). (**Vorsicht!**)

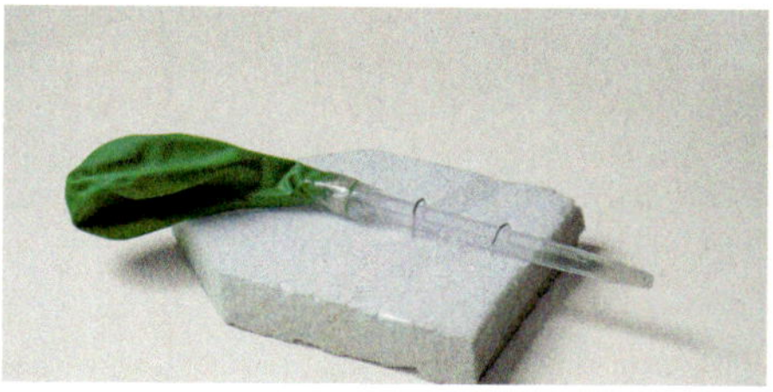

1 Luftantrieb

Material: Styroporplatte, Büroklammern, Klebeband, Luftballon, Düse

Bauanleitung: Füge vorne in die Öffnung des unaufgeblasenen Ballons die Düse ein und befestige sie gut. Als Düse kann ein spitz zulaufendes Glas- oder Plastikröhrchen verwendet werden. Schneide nun aus dem Styropor die Form eines Schiffchens aus. Befestige den Ballon mit Düse mit aufgebogenen Büroklammern und Klebeband auf dem Styroporschiffchen.

Durchführung: Puste den Ballon durch die Düse auf und halte die Öffnung zu. Setze das Boot aufs Wasser und gib die Öffnung frei. Die Luft aus dem Ballon strömt aus und das Boot bewegt sich.

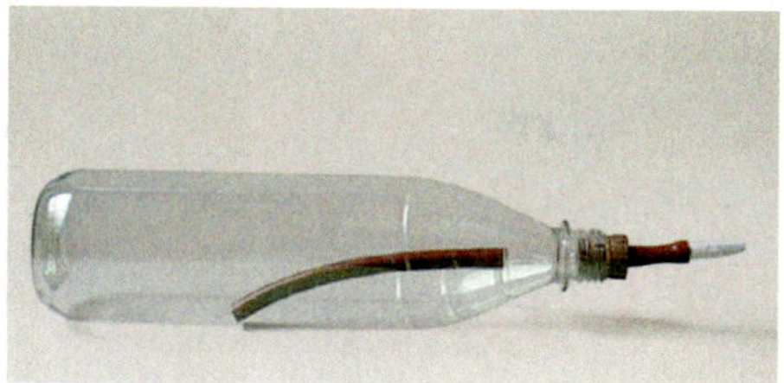

3 Flüssigkeitsantrieb I

Material: Plastikflasche, Korken mit Bohrung, Schlauch, Düse

Bauanleitung: Der Schlauch soll zum größten Teil in der Flasche hängen und dann durch den Korken verlaufen. Er muss ganz genau passen! Vorne wird dann die Düse in den Schlauch gesteckt. Als Düse kann ein spitz zulaufendes Glas- oder Plastikröhrchen verwendet werden.

Durchführung: Fülle die Flasche mit ca. 100 ml Wasser und verschließe sie wieder. Puste kräftig durch die Düse in die Flasche, halte die Düse zu und öffne sie erst wieder, sobald das Boot im Wasser ist. Wenn der Schlauch innen jetzt im Wasser hängt, strömt dieses vorne aus der Düse aus. Statt selbst zu pusten, kannst du auch eine Luftpumpe verwenden.

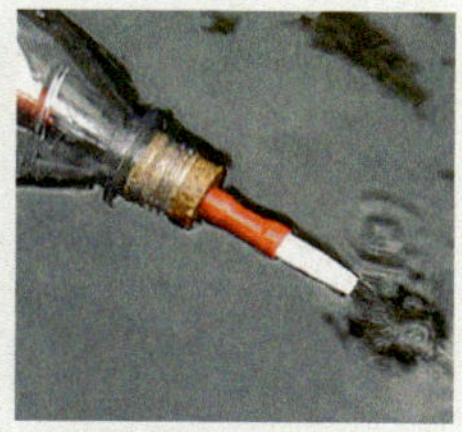

B1 Wasser strömt aus einer Düse

2 Dampfantrieb

Material: Styroporplatte, Teelicht oder kleine Kerze, Metalldose, Draht

Bauanleitung: Schneide aus dem Styropor die Form eines Schiffchens aus. Verwende als Gefäß eine kleine Metalldose, in die seitlich ein kleines Loch gebohrt wurde. Fülle die Dose bis zum Loch mit Wasser. Stelle das Teelicht auf das Boot und befestige die Dose oberhalb des Teelichts mit Draht.

Durchführung: Nach dem Anzünden des Teelichts dauert es etwas, bis das Wasser in der Dose zu sieden beginnt und sich das Boot durch den ausströmenden Dampf bewegt. Störungen, zum Beispiel durch Wind, sollten vermieden werden.

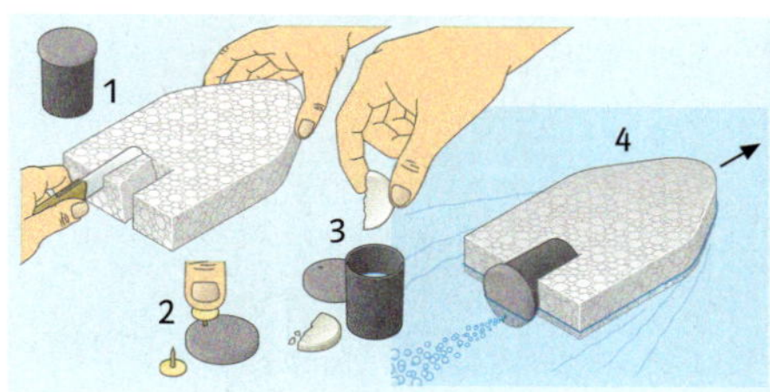

4 Flüssigkeitsantrieb II

Material: Styroporplatte, Überraschungsei bzw. Filmdose o. Ä.

Bauanleitung: Höhle zunächst am hinteren Ende des Bootsrumpfes eine Mulde aus, in welche die Filmdose passt. Bohre in den Deckel des Überraschungseis bzw. der Filmdose nahe am Rand ein kleines Loch.

Durchführung: Fülle das Überraschungsei bzw. die Filmdose halb mit Wasser, gib eine halbe Brausetablette dazu und verschließe sie rasch mit dem Deckel.

Setze die Dose sofort auf den Bootsrumpf (→ B2) und das Boot ins Wasser, so dass das Loch unter der Wasseroberfläche ist.

B2 Ein selbstgebautes Boot aus einem Stück Styropor®, einer Filmdose und Brausetabletten (z. B. Multivitamin).

Rückblick

1 Begriffe
Was versteht man unter
- Kräfteparallelogramm/Ersatzkraft?
- Kraftzerlegung?
- Gegenkraft?
- Kräftegleichgewicht?

2 Beobachtungen
Was beobachtet man, wenn
- entgegengesetzt gerichtete Kräfte an einem Körper angreifen?
- zwei Kräfte am selben Punkt eines Körpers zugleich angreifen?
- Gas mit hoher Geschwindigkeit aus einem Gegenstand ausströmt?

3 Erklärungen
Wie lässt sich begründen, dass
- die Ersatzkraft zweier Kräfte mit größer werdendem Winkel zwischen diesen kleiner wird?
- man mit Spikes an den Schuhen schneller laufen kann?
- man beim Radfahren ohne ständiges Treten stehen bleibt?

4 Gesetzmäßigkeiten
Beschreibe mit eigenen Worten
- die Konstruktion der Ersatzkraft.
- wann ein Kräftegleichgewicht auftritt.
- das Wechselwirkungsgesetz.

Erläutere die Erscheinungen in den folgenden Bildern und beantworte die Fragen!

B1 Nenne Bedingungen, damit der Mann den LKW ziehen kann.

B2 Wieso bricht die Brücke in der Mitte nicht durch?

B3 Welche Kräfte treten auf?

B4 Wie kann sich der Astronaut fortbewegen?

B5 Inwiefern lügt Baron Münchhausen?

B6 Wie bewegt sich der Tintenfisch im Wasser?

Beispiele

1 Konstruktion der Ersatzkraft In dem Punkt P greifen zwei Kräfte $\vec{F_1}$ und $\vec{F_2}$ an. Bestimme die Ersatzkraft $\vec{F}$ der beiden Teilkräfte $\vec{F_1}$ und $\vec{F_2}$ (→ **B2**)!

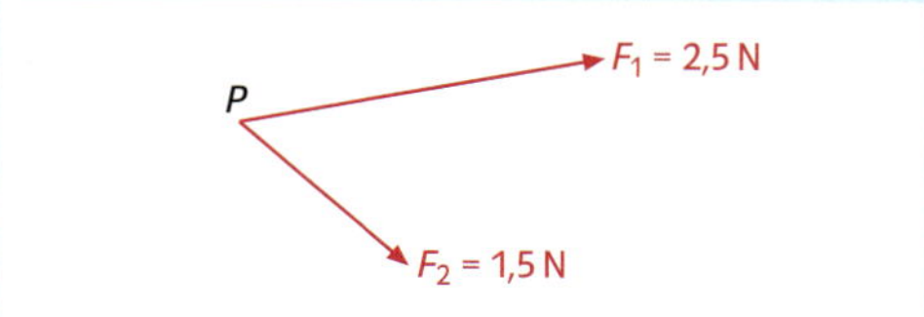

Lösung: Übertrage die Skizze maßstabsgerecht in das Heft (1 N ≙ 1 cm).
Zeichne eine Parallele zu $\vec{F_1}$ durch die Spitze von $\vec{F_2}$. Zeichne dann eine Parallele zu $\vec{F_2}$ durch die Spitze von $\vec{F_1}$.

Verbinde den Schnittpunkt der beiden Parallelen mit dem Punkt P. Miss die Länge der Diagonalen in cm. Berechne mit Hilfe des Maßstabs den Betrag der Ersatzkraft $\vec{F}$.
Die Spitze des Pfeiles von $\vec{F}$ liegt im Schnittpunkt der beiden Parallelen.

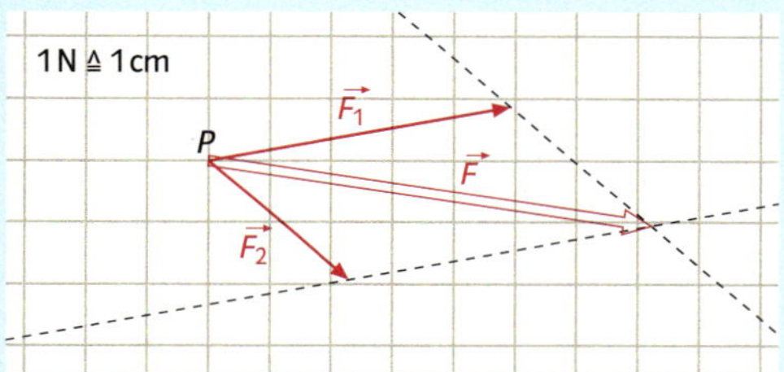

Merke: Die Wirkung zweier an einem Körper gleichzeitig angreifender Kräfte lässt sich auch durch eine Kraft erzielen. Diese Ersatzkraft wird mit dem Kräfteparallelogramm bestimmt.

2 Anwendung des Hebelgesetzes An einem Hebel greift in 30 cm Abstand von der Drehachse eine Kraft von 200 N an. Wie groß muss eine zweite Kraft auf der anderen Seite der Drehachse des Hebels sein, damit sie der ersten Kraft in 12 cm Abstand das Gleichgewicht hält?

Lösung: Gegeben: $F_1 = 200\,\text{N}$
$l_1 = 30\,\text{cm}$
$l_2 = 12\,\text{cm}$
Gesucht: F_2 in N

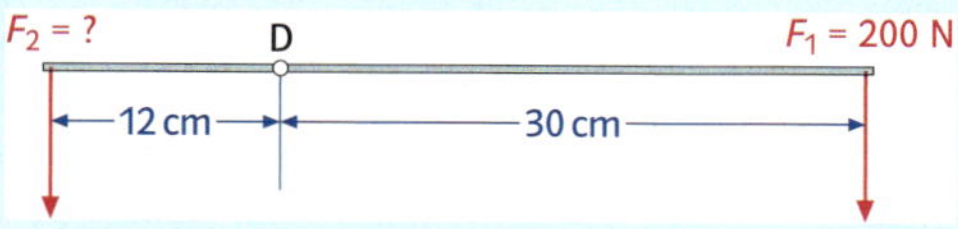

Wir können die Kraft F_2 mit Hilfe des Hebelgesetzes berechnen. Es lautet:

$$F_1 \cdot l_1 = F_2 \cdot l_2$$

Daraus folgt für die gesuchte Kraft F_2:

$$F_2 = \frac{F_1 \cdot l_1}{l_2};\quad F_2 = \frac{200\,\text{N} \cdot 30\,\text{cm}}{12\,\text{cm}}$$

$$F_2 = 500\,\text{N}$$

Um den Hebel im Gleichgewicht zu halten, muss auf der Gegenseite eine Kraft von 500 N angreifen.

Heimversuche

1 Fahrzeug mit Gummibandmotor
Material: kleiner Wagen, Propeller oder Windrad, festes Gummiband, eventuell dicker Draht (oder Stricknadel), Schrauben, Haken, Holzstäbchen
Mit einem verdrillten Gummiband kann ein Propeller oder ein Windrad in Drehung versetzt werden. Wird die Kombination aus Gummiband und Propeller fest auf einem Wagen montiert, so erhält man einen Antrieb. Konstruiere einen Wagen mit stabilem Gummibandantrieb. Erkläre dann, welche Kräfte ihn in Bewegung versetzen.

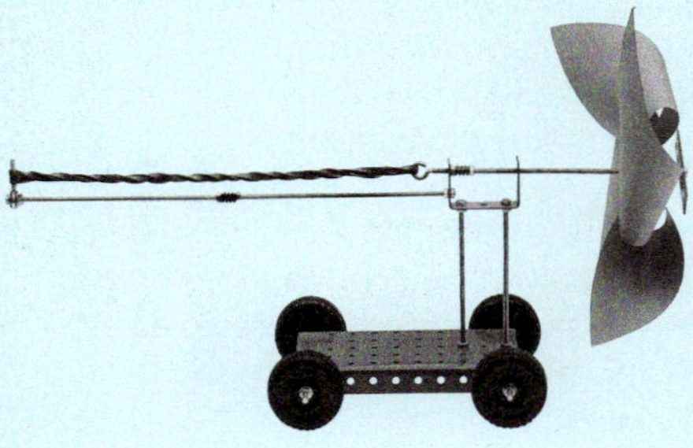

2 Wir testen: Wie groß ist die Belastbarkeit von Papier? Legt man ein Stück Papier über zwei Klötze, so trägt diese „Brücke" nur ganz geringe Lasten, auch wenn man eine doppelte oder dreifache Papierschicht benutzt.
Die Belastbarkeit wächst, wenn das Papier wie bei einer Ziehharmonika gefaltet wird. Sie wird noch größer, wenn man über und unter diese Schicht jeweils ein Blatt Papier klebt.
Untersuche die Tragfähigkeit mit wenigen hohen oder vielen niedrigen Falten. Experimentiere auch mit Schichten aus mehreren Papierrollen. Versuche, stabile Pfeiler oder Gitter aus Papier zu bauen.

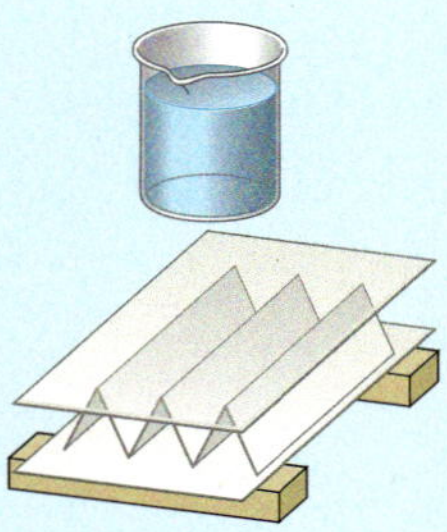

Aufgaben

Zusammenwirken von Kräften

1 Was versteht man unter einem Kräftegleichgewicht?

2 Welche Kraft wird auf die Aufhängung eines Seils ausgeübt, wenn am Seil eine Last mit 200 N zieht und das Seil 100 N Gewichtskraft hat?

3 Ein Mann führt zwei Hunde spazieren. Der eine Hund zieht mit der Kraft $\vec{F_1}$, der andere senkrecht dazu mit der Kraft $\vec{F_2}$.
Mit welcher Kraft ziehen die Hunde zusammen an der Hand?

4 Übertrage die Kraftpfeile des folgenden Bildes ins Heft und bestimme die Ersatzkraft!

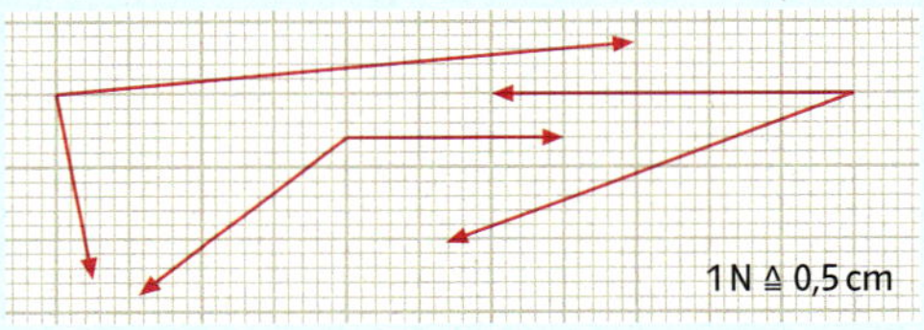

5 Bestimme die Ersatzkraft für:

F_1 in N	2,0	5,0	6,0	8,0	12	20	24	27
F_2 in N	1,0	4,0	5,0	9,0	15	20	12	45

Der Winkel zwischen $\vec{F_1}$ und $\vec{F_2}$ soll 45° (90°, 135°) betragen.

6 Übertrage die folgenden Skizzen in dein Heft und bestimme die Teilkräfte für $\vec{F}$ in den angegebenen Richtungen!

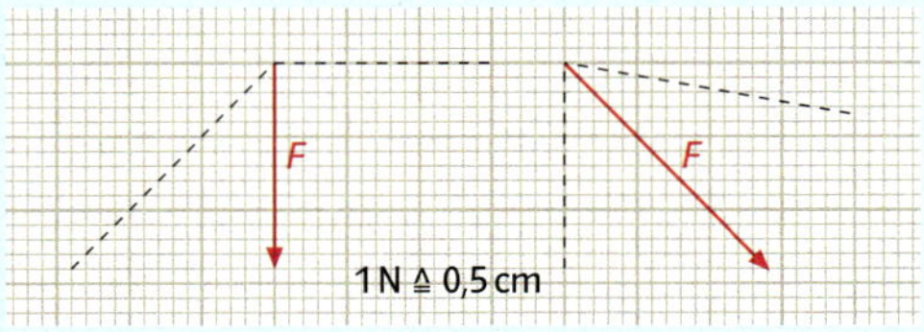

7 Wieso kann man ein Gewölbe aus glatt behauenen Steinen ohne Mörtel bauen?

8 Bei manchen Gewehren kann der Rückstoß beim Schießen so groß sein, dass der Schütze zu Boden geschleudert wird. Erkläre wie es zum Rückstoß kommt und wovon seine Größe abhängt.

9 Es ist viel schwieriger, an einer glatten Metallstange hochzuklettern als an einem Tau. Begründe dies!

10 Eine Kugel liegt auf dem Tisch und bewegt sich nicht. Wirkt auf sie keine Kraft?
Wirken Kräfte, wenn sie mit konstanter Geschwindigkeit rollt?

11 Ein Ball, der gegen eine Wand geschossen wird, prallt mit fast der gleichen Geschwindigkeit zurück. Skizziere die Situation mit Kraftpfeilen.

12 Wird auf der Erde ein Stein aus großer Höhe fallen gelassen, so erreicht dieser bald eine Höchstgeschwindigkeit. Auf dem Mond würde derselbe Stein bis zum Boden immer schneller werden. Begründe dieses Verhalten mit den wirkenden Kräften.

Schwierige Probleme

13 Welchen Winkel müssen zwei Kräfte mit gleichem Betrag zueinander haben, damit ihre Ersatzkraft ebenfalls diesen Betrag hat?

14 Wenn das Mädchen links mit 250 N zieht, mit welchen Kräften müssen dann die anderen beiden Schüler ziehen, damit ein Kräftegleichgewicht besteht?

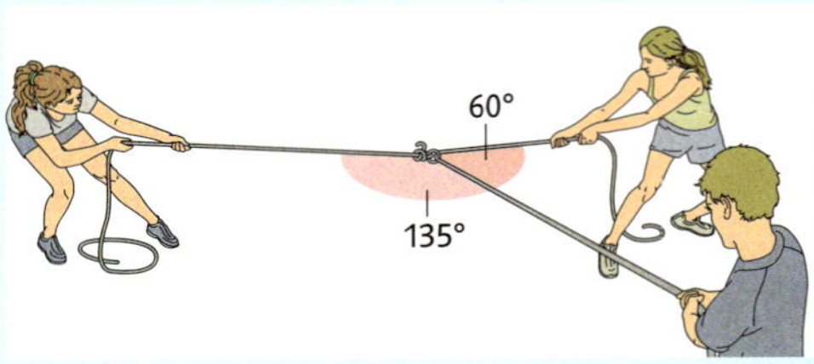

15 Schere, Schraubenschlüssel, Fahrradlenkstange mit Radgabel, Flaschenöffner und Eisenbahnschranke sind Hebel.
Zeichne sie und gib die Drehachsen, Hebelarme und Kraftrichtungen an!

16 Zwei sich abstoßende Magnete stehen in einer Halterung auf einer Waage (→ **B1**). Was zeigt die Waage an, wenn die Masse eines Magneten m = 200 g und die der Halterung m = 150 g ist? Begründe!

B1 zu Aufgabe 16

Arbeit und Energie

Warum führt der Weg nicht in gerader Strecke auf den Berg?

Online-Link
772425-0900

Mechanische Arbeit

B1

Gezieltes Muskeltraining fördert die Gesundheit (→ **B1**). Die Trainingsgeräte lassen sich nur mit Kraftaufwand heben oder verformen.

V1 Wir heben nacheinander eine Getränkekiste einmal mit sechs und dann mit zwölf vollen Flaschen vom Boden auf einen Tisch (**VORSICHT!** Hebetechnik!) und anschließend den Kasten mit zwölf Flaschen zunächst auf einen Stuhl und dann auf den Tisch. Man muss sich dabei unterschiedlich stark anstrengen.

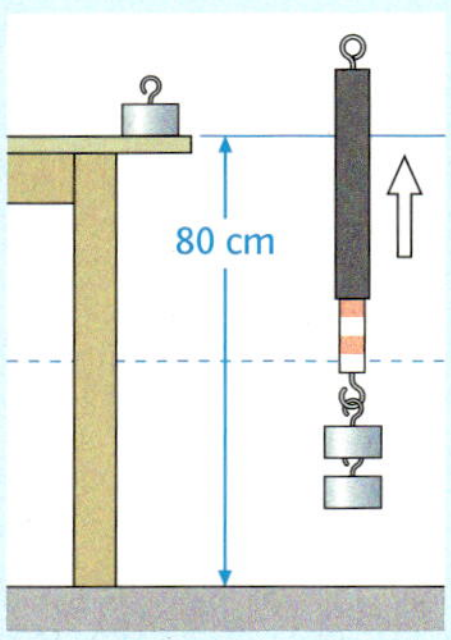

B2

V2 Wir heben mit dem Kraftmesser ein Massestück langsam auf eine Höhe von 80 cm und anschließend eines mit doppelter Gewichtskraft auf die gleiche Höhe (→ **B2**). Anschließend heben wir langsam ein Massestück auf 40 cm und dann auf die doppelte Höhe. Die Anzeige der Kraftmesser bleibt bei gleichem Massestück unverändert.

V3 Ein Wagen wird eine schiefe Ebene hochgezogen (→ **B3**). Dabei wird eine Kraft $F = 1\,\text{N}$ gemessen. Die gleiche Endhöhe lässt sich mit verschieden steilen schiefen Ebenen erreichen. Ist der Weg auf der schiefen Ebene halb so lang wie vorher, so ist die Kraft zum Ziehen doppelt so groß.

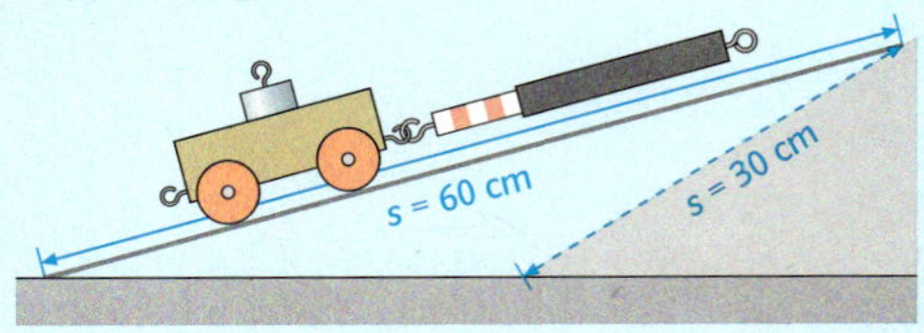

B3

V4 Wir ziehen einen Mitschüler vier Meter auf einem Schlitten. Einmal wird das Seil schräg nach oben gehalten, einmal flach und möglichst parallel zum Boden. Die nötige Zugkraft ist beim Zug schräg nach oben höher.

V5 Wir verformen Knete mit einem schweren Körper. Wir verbiegen eine, dann gemeinsam mehrere Fahrradspeichen. Wir vergleichen mit dem Anheben von Gegenständen und dem Verformen von Federn. Gemeinsamkeiten und Unterschiede werden beschrieben.

Kraft und Weg Beim Anheben einer Kiste oder beim Anschieben eines Wagens, beim Auseinanderziehen der Federn eines Expanders oder Verbiegen eines Eisenstabes verändert eine Kraft die Bewegung eines Körpers oder hebt ihn an oder verformt ihn. Der Körper muss dabei der Kraft in Richtung eines Weges folgen oder sich verformen (→ **B4**). Zu solchen Vorgängen sagt man, es wird **Arbeit *W*** verrichtet.

Das Formelzeichen *W* für die Arbeit leitet sich vom englischen Begriff „work" her.

Beim Heben eines schweren Bauteils mit einem Kran wird Arbeit verrichtet (→ **B1** auf der folgenden Seite): Die konstante Gewichtskraft F_G wirkt in Richtung des Hubweges h. Das Seil des Krans läuft dabei über eine oder mehrere lose Rollen: Durch diesen Kraftwandler muss der Motor des Krans das Seil nur mit einem Bruchteil F_G/n der Gewichtskraft auf die Rolle wickeln. Allerdings wird gleichzeitig die Länge des aufgewickelten Seils um ein entsprechendes Vielfaches $n \cdot l$ des Hubweges größer.

B4

Das Produkt

$$\frac{F_G}{n} \cdot n \cdot l = F_G \cdot l$$

bleibt jeweils gleich. Dies gilt auch für andere Kraftwandler wie Hebel oder Flaschenzug: Mit Kraftwandlern kann man keine „Arbeit sparen“, denn kleinere Kräfte erfordern größere Wege jeweils so, dass das Produkt aus Kraft und Weg für einen bestimmten Vorgang konstant ist. Deshalb ist es sinnvoll, die Arbeit als Kraft mal Weg zu definieren. Beim Anheben eines Körpers gilt also:

● **Die Arbeit beim Heben eines Körpers ist das Produkt aus seiner Gewichtskraft F_G und der Hubhöhe h.**

$$W = F_G \cdot h$$

Genauso wird Arbeit verrichtet, wenn ein Reibung verursachender Gegenstand gleichförmig auf einer ebenen Unterlage gezogen wird oder entlang einer bestimmten Stecke beschleunigt wird (→ **B3a**).

● **Wird ein Körper mit einer konstanten, in Wegrichtung wirkenden Kraft F um den Weg s bewegt, so wird die Arbeit mit dem Betrag $W = F \cdot s$ verrichtet.**

Die **Einheit der Arbeit** ist 1 J (Joule) und es gilt:

$$1\,\text{J} = 1\,\text{N} \cdot 1\,\text{m} = 1\,\text{Nm} \quad \text{(Newtonmeter)}$$

Bewegt sich ein Wagen auf einer Luftkissenfahrbahn, so fehlt die Reibung praktisch vollständig. In Bewegungsrichtung wird jetzt keine Kraft benötigt, um eine konstante Geschwindigkeit aufrecht zu erhalten. Deshalb wird auch keine Arbeit verrichtet. Aus $F = 0$ folgt $W = 0$! Auch beim Festhalten eines gespannten Expanders wird keine Arbeit verrichtet, denn aus $s = 0$ folgt auch $W = 0$. Allerdings verrichten einzelne Muskelfasern dabei ständig kleine Arbeiten, indem sie sich im Wechsel mit anderen zusammenziehen und wieder lösen.

● **Arbeit im physikalischen Sinne liegt nur vor, wenn eine Kraft in Wegrichtung wirkt und der Weg nicht null ist.**

Wird ein Körper reibungsfrei eine schiefe Ebene hochgezogen, so ändert sich die Arbeit zum Erreichen derselben Endhöhe nicht, wenn man die Steigung verändert. Je steiler der Weg ist, umso größer wird zwar die Zugkraft, doch der Weg wird dabei kürzer. Das Produkt „Kraft in Wegrichtung mal Weg“ bleibt gleich (→ **B3b**). Es gilt die **Goldene Regel** der Mechanik:

● **Bei gleich großen Arbeiten erfordern kürzere Wege größere Kräfte.**

Häufig zeigen Kraft und Weg nicht in die gleiche Richtung (→ **B2**). In diesem Fall trägt nur die Kraftkomponente F_S in Wegrichtung zur Arbeit bei. Es gilt also:

● **Arbeit ist Kraftkomponente in Wegrichtung mal Weg, $W = F_S \cdot s$**

A1 Bestimme die Arbeit, die der Kran in Abbildung B1 verrichten muss, um eine Last der Masse 450 kg in den zweiten Stock eines Wohngebäudes zu heben.

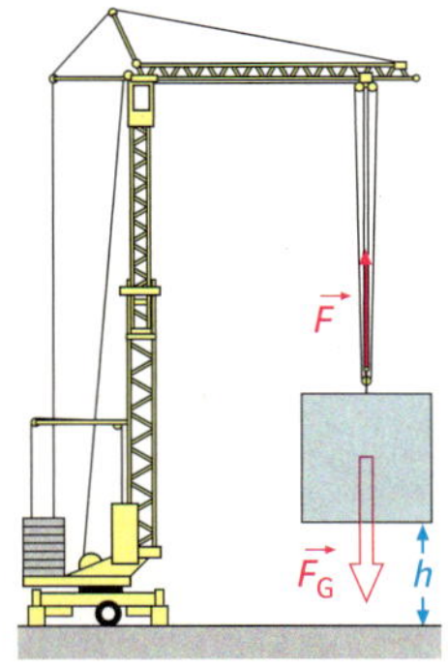

B1

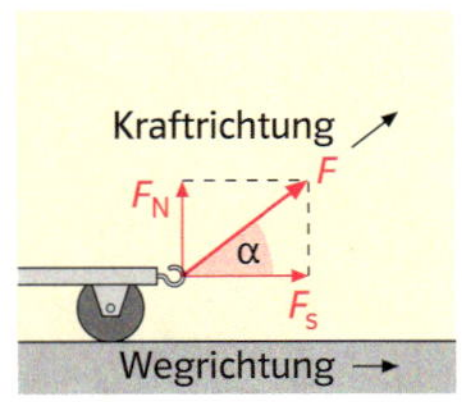

B2

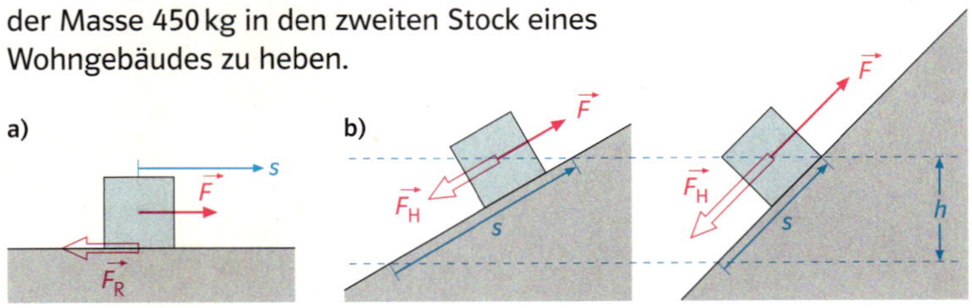

B3

Arbeit bei veränderlichem Betrag der Kraft

Physik überall

Beim Verbiegen elastischer Stäbe oder beim Stauchen oder Dehnen von Federn wird Arbeit verrichtet. Hierbei ist der Betrag der Kraft jedoch nicht konstant. Je weiter z. B. ein Expander auseinander gezogen wird, desto mehr Kraft ist dafür nötig. Solche Arbeiten können daher nicht als Produkt von Kraft und Weg berechnet werden.

Die **Arbeit bei der elastischen Verformung** einer Feder wird mit einer Formel berechnet, die die zunehmende Kraft $F = D \cdot s$ durch eine mittlere konstante Kraft F_m ersetzt. Sie ist halb so groß wie die Endkraft F: $F_m = \frac{1}{2} F$. Somit:

$$W_S = \frac{1}{2} \cdot F \cdot s = \frac{1}{2} \cdot D \cdot s^2$$

Vergleicht man die Formel, nach der der Betrag der Arbeit berechnet wird, mit dem dazugehörigen s-F-Diagramm **B4**, so erkennt man, dass die Fläche unter dem Funktionsgraphen gerade der zu verrichtenden Arbeit entspricht. Auf diese Weise lassen sich auch dann die Beträge der Arbeit bestimmen, wenn die konkreten Formeln nicht bekannt sind.

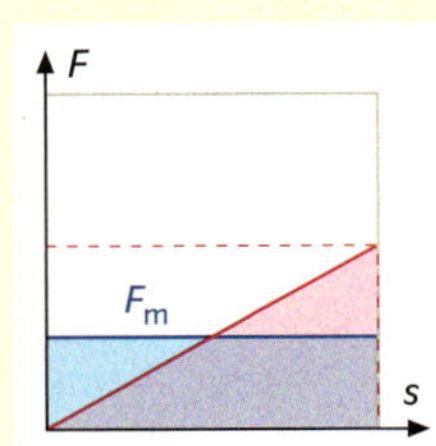

B4 Kraft und Ausdehnung bei einer Feder

Mechanische Leistung

B1

Steilwandklettern erfordert Vorsicht, Geschick und Kraft (→ **B1**). Wenn zwei Sportler in der gleichen Zeit eine Kletterwand bezwingen, wird man ihnen die gleiche sportliche Leistung bescheinigen.

Hat einer der beiden Kletterer eine größere Masse als der andere, so muss er beim Hochklettern mehr Arbeit verrichten. Kann man dann noch von gleicher sportlicher Leistung reden?

V1 Ein Schüler tritt gegen die Physiklehrerin beim Treppenlaufen auf Zeit an. Der Schüler braucht 8 Sekunden, die Lehrerin 10 Sekunden. Die Lehrerin wiegt 70 kg, der Schüler nur 56 kg. Wer hat gewonnen? Wie lässt sich dieser Wettkampf – physikalisch gesehen – bewerten?

V2 Zwei Schüler sollen je 10 Stühle 0,8 m hoch auf einen Tisch heben. Beim einen hat jeder Stuhl die Masse von 2 kg, beim anderen die Masse von 2,5 kg. Auch wenn die Schüler verschieden lang für diese Arbeit brauchen, wie lassen sie sich miteinander vergleichen?

V3 Mit einem kleinen Motor werden verschiedene Lasten unterschiedlich schnell über eine Schnur auf die gleiche Höhe gehoben. Es wird die Zeit zum Erreichen der Höhe bestimmt. Die Tabelle enthält Messwerte von drei Versuchen. Vergleiche sie (→ **B2**).

	Last	Höhe	Zeit
Versuch 1	10 N	0,8 m	4 s
Versuch 2	10 N	0,8 m	8 s
Versuch 3	30 N	0,8 m	8 s

B2

James Watt (1736 – 1819)

Arbeit und Zeit Bei sportlichen Wettkämpfen auf Zeit hat immer der oder die Schnellste gewonnen. Damit wird aber oft nicht die größere Leistung honoriert! Treten zwei Personen zum „Treppenwettlauf" an, so ist auch die Arbeit zu bedenken, die die Wettkämpfer geleistet haben: Diese ist bei einem Körpergewicht von 70 kg 1,25 mal so groß wie bei einem Körpergewicht von 56 kg, da der Weg für beide Personen gleich ist, die Gewichtskräfte jedoch das Verhältnis 5 : 4 haben. Um den Begriff **Leistung** physikalisch sinnvoll zu erfassen, sollte die Leistung proportional zur geleisteten Arbeit sein. Umgekehrt ist die Leistung nur halb so groß, wenn man die doppelte Zeit für die gleiche Arbeit braucht. Also sind Leistung und Zeit antiproportional bei konstanter Arbeit. Man definiert also:

Mensch (für die Dauer von)		Maschine	
Herzschlag	1 bis 4 W	Pendeluhr	1 mW
Spazierengehen	20 W	Spielzeugmotor	12 W
Rasches Gehen	40 W	Mofa	1 kW
Bergsteigen (4 h)	100 W	Auto (Mittelklasse)	80 kW
Tanzen (40 min)	120 W	Lastwagen	230 kW
Radfahren (2 h)	130 W	ICE-Lokomotive	5 000 kW
Hometrainer (2 min)	300 W	Passagierflugzeug	30 MW
Treppenlaufen (10 s)	500 W	Pumpspeicherkraftwerk	200 MW
Hochsprung (0,1 s)	1 200 W	Kanone beim Schuss	16 000 MW
Kugelstoßen (0,1 s)	2 000 W	Mondrakete	70 000 MW

B3 Leistungen von Menschen und Maschinen

● **Die Leistung *P* ist der Quotient aus verrichteter Arbeit *W* und dafür benötigter Zeit *t*.**

$$P = \frac{W}{t}$$

Die Einheit der Leistung ist 1 Watt, abgekürzt 1 W. Die Einheit wurde nach dem englischen Ingenieur **James Watt** (1736 – 1819) benannt.

Es gilt: $1\,\text{W} = 1\,\text{J/s} = 1\,\text{Nm/s}$

Übliche Vielfache und Teile sind:

1 000 W = 1 kW (1 Kilowatt)
1 000 000 W = 1 MW (1 Megawatt)
0,001 W = 1 mW (1 Milliwatt)

Beispiel: Ein Gewichtheber bringt eine Hantel mit der Masse von 200 kg in 2 s auf eine Höhe von 2 m. Das ergibt eine Kraft von 2 000 N und die Leistung

$$P = \frac{2000\,\text{N} \cdot 2\,\text{m}}{2\,\text{s}} = 2000\,\frac{\text{Nm}}{\text{s}} = 2\,\frac{\text{kJ}}{\text{s}} = 2\,\text{kW}$$

Dies ist eine kurzzeitige Höchstleistung. Hochleistungssportler können längere Zeit bis zu 400 W aufbringen (→ **B3**). Die Dauerleistung eines „normalen" Menschen liegt bei etwa 100 W. Die Dauerleistung eines Pferdes kann bis zu 700 W betragen.

A1 Wie groß ist die Leistung, wenn du 3 m Höhenunterschied in 12 s überwindest?

Mechanische Energie

V1 Wir lassen Körper mit unterschiedlichen Gewichtskräften aus verschiedenen Höhen auf Nägel fallen, die alle gleich weit aus einem Styroporklotz herausragen. Wir messen die jeweilige Eindringtiefe (→ **B2**). Sie ist ein Maß dafür, wie viel Arbeit die fallenden Körper beim Hineindrücken der Nägel verrichten konnten. Die Arbeit der fallenden Körper an den Nägeln nimmt mit ihrer Gewichtskraft und Fallhöhe zu.

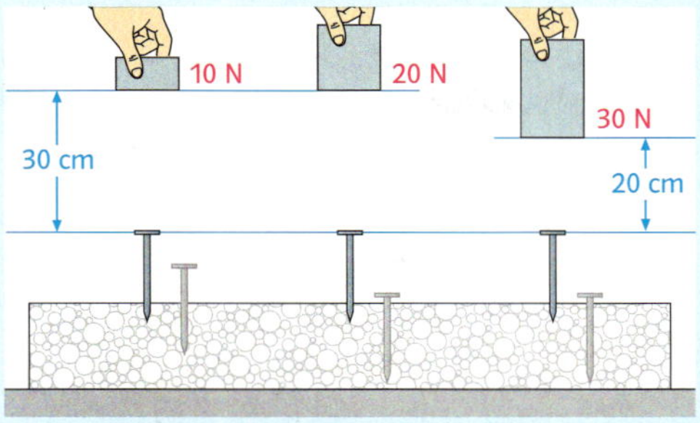

B2

V2 Es gibt Spielzeugautos (→ **B1**), die von einem Schwungrad angetrieben werden. Legt man einen leichten Klotz vor das Auto, so ist es in der Lage, den Klotz längs eines Weges zu verschieben.

V3 Abbildung **B3** zeigt ein Spielzeugauto, das man mit einer Feder „aufziehen" kann. Die Feder kann mit einer Sperre in gespannter Form festgehalten werden. Das Auto bleibt unbewegt. Wird die Sperre gelöst, so fährt es los. Das Auto kann dabei einen über eine Schnur angehängten Gegenstand anheben. Die Feder verrichtet beim Entspannen Arbeit am Gegenstand.

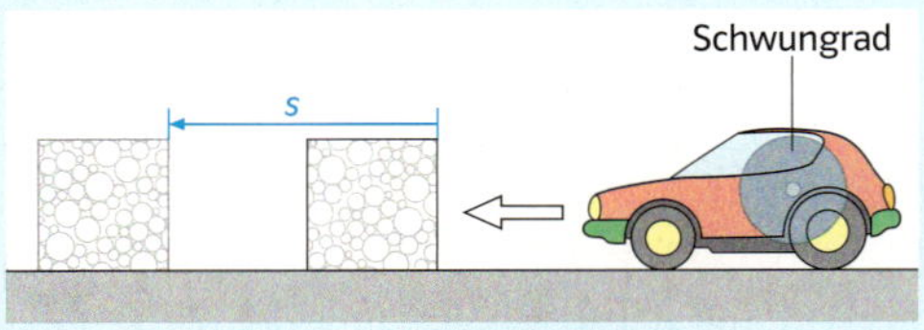

B1

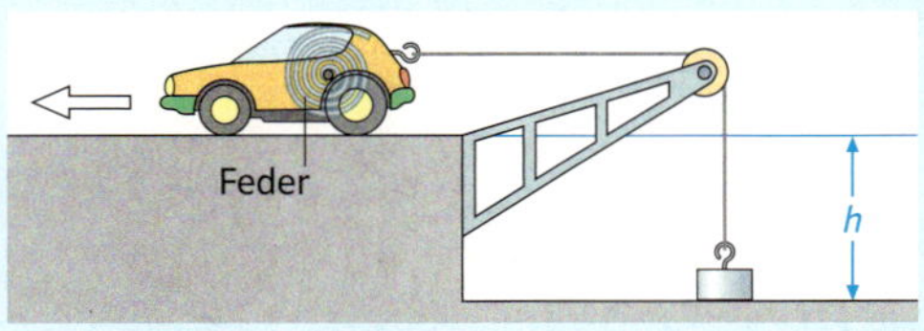

B3

Lageenergie Mit der Erfindung von Pfeil und Bogen hatten die Menschen ein Gerät zur Verfügung, das ihnen bei der Nahrungssuche und bei der Verteidigung große Hilfe leistete. Im Laufe der Zeit wurden weitere Maschinen erfunden, sie werden von Tieren, aber auch vom Wind, von Wasser oder durch Sonnenstrahlung angetrieben. Wir sagen, die Maschinen nutzen ein Arbeitsvermögen von Tieren oder Naturerscheinungen.

Wie kommt es zu diesem Arbeitsvermögen? Das oben auf dem Berg in einem See gestaute Wasser treibt Turbinen an. Die hochgezogenen Massestücke einer Wanduhr bewegen die Zeiger. Die gehobene Ramme schlägt Pfähle in den Boden. Wasser, Massestücke und Ramme haben etwas Gemeinsames – sie können auf Grund ihrer erhöhten Lage Arbeit verrichten.

● **Das Arbeitsvermögen, das ein Körper auf Grund einer erhöhten Lage hat, bezeichnen wir als Energie der Lage E_L.**

Je größer die Gewichtskraft des gehobenen Körpers und je größer die erreichte Höhe ist, desto mehr Arbeit kann er bei der Abwärtsbewegung verrichten. Umso größer ist auch seine Energie der Lage. Wir setzen die Energie der Lage E_L gleich der Arbeit $W = F_G \cdot h$, die nötig ist, um den Körper mit der Gewichtskraft F_G in die Höhe h zu bringen.

● **Die Energie der Lage E_L ist dem Wert nach gleich der Arbeit, die zum Erreichen dieser Lage erforderlich ist:**

$$E_L = F_G \cdot h$$

Die Einheit der Energie der Lage ist dieselbe wie die der Arbeit: 1 Nm = 1 J

Von zwei Gegenständen mit gleicher Masse hat derjenige eine größere Energie der Lage, der sich gegenüber dem anderen in einer größeren Höhe befindet. Von zwei in gleicher Höhe befindlichen Gegenständen hat der mit der größeren Masse die größere Energie der Lage.

► S. 250 Energie

Bewegungsenergie Eine Billardkugel stößt eine andere an, ein sich drehendes Schwungrad im Spielzeugauto lässt dieses losflitzen. Die sich bewegende Billardkugel oder das sich drehende Schwungrad können Arbeit an anderen Körpern verrichten. An einem Segel oder einem Windmühlenflügel verrichtet die sich bewegende Luft, der Wind, mechanische Arbeit. An einem Wasserrad ist es das sich bewegende Wasser. Fahrende Autos können auf Grund ihrer Bewegung sich und andere Autos bei Unfällen verformen oder deren Bewegung verändern. Das sind Beispiele dafür, dass bewegte Körper an anderen Körpern oder an sich selbst Arbeit verrichten können.

● **Das Arbeitsvermögen, das ein Körper infolge seiner Bewegung hat, bezeichnen wir als Energie der Bewegung E_B.**

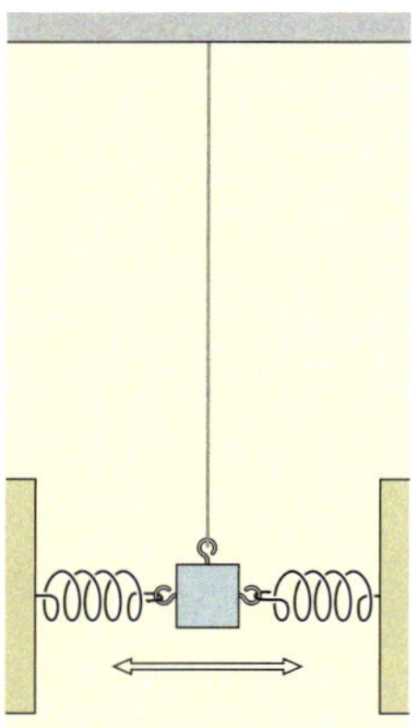

B1 Federschwinger

Spannenergie Die gespannte Feder eines Spielzeugautos oder einer Uhr, der Bogen beim Bogenschießen, die Federn in **B1** und im Trampolin von **B2** können wegen ihrer Verformung Arbeit verrichten.

● **Das Arbeitsvermögen, das ein Körper wegen seiner Verformung hat, nennen wir Spannenergie E_S.**

Mit Arbeit wird Energie umgewandelt
Arbeit und Energie hängen miteinander zusammen. Beim Trampolinspringen (→ **B2**) wird dies besonders deutlich: Befindet sich der Springer gerade in dem am stärksten verformten Trampolin, so hat es maximale Energie der Verformung, während der Springer ruht.

Das Trampolin verrichtet nun Arbeit, indem es den Springer nach oben beschleunigt. Er erhält Energie der Bewegung. Gleichzeitig nimmt seine Energie der Lage zu. Beides geschieht auf Kosten der Energie der Verformung im Trampolin. Infolge seiner Bewegung kann der Springer Arbeit verrichten, indem er angehoben wird. Dabei nimmt die Energie der Bewegung auf Kosten der Energie der Lage ab. Sie ist null, wenn der Springer am Gipfelpunkt zur Ruhe kommt. Hier ist die Energie der Lage am größten. Bei der folgenden Abwärtsbewegung kehren sich die einzelnen Schritte um.

B2 Beim Trampolinspringen wird fortwährend Energie umgesetzt.

Wir erkennen: Verrichtet ein Körper an einem zweiten Körper Arbeit, so nimmt die Energie des ersten Körpers ab, die des zweiten zu. Die Körper müssen nicht verschieden sein. Mechanische Energie kann im Körper verbleiben (beim hochfliegenden Trampolinspringer), oder zwischenzeitlich auf andere Körper übertragen werden (in das Trampolin).

● **Die an einem oder von einem Körper verrichtete mechanische Arbeit führt zu einer gleich großen Änderung der mechanischen Energie:**

$$W = \Delta E = E_{nachher} - E_{vorher}$$

(ΔE wird als Delta E ausgesprochen; das Zeichen Δ bedeutet Differenz.)

Um einen Körper vom Boden auf die Höhe h zu bringen, muss die Arbeit $W = F_G \cdot h$ verrichtet werden. Da der Körper am Boden kein Arbeitsvermögen besitzt, ist $E_{vorher} = 0$. Damit ergibt sich $W = E_{nacher}$

Wir erhalten somit für die Energie der Lage E_L den Wert der Arbeit, die zum Erreichen dieser Lage erforderlich ist:

$$E_L = F_G \cdot h$$

Entsprechend erhält man für die Spannenergie den Wert der Verformungsarbeit, die verrichtet werden musste, um den Körper in diesem Zustand zu bringen:

$$E_S = ½ \cdot F \cdot s = ½ \cdot D \cdot s^2$$

Die Bewegungsenergie eines Körpers ist dann der Wert der Beschleunigungsarbeit, die verrichtet werden musste, um den Körper aus der Ruhe auf die Geschwindigkeit v zu bringen:

$$E_B = ½ \cdot m \cdot v^2$$

A1 Beschreibe die Bewegung des Federschwingers in Abbildung **B1** mit Hilfe der Begriffe Arbeit und Energie.

Die Erhaltung der Energie

V1 Befestige eine Stahlkugel an einem Faden und stelle in einiger Entfernung eine Glasplatte auf (→ **B1a**). Lenke die Kugel bis zur Glasplatte aus und lasse sie los. Die zurückschwingende Kugel berührt fast das Glas.

V2 Spanne die Feder einer Federkanone (→ **B1a**) und halte sie durch Verriegeln in diesem Zustand. Wenn du den Hebel löst, wird Energie der gespannten Feder in Energie der Lage der Kugel umgesetzt. Kugeln unterschiedlicher Gewichtskraft erreichen unterschiedliche Höhen, z. B. bei 0,8 N die Höhe 0,8 m, bei 0,4 N die Höhe 1,6 m.

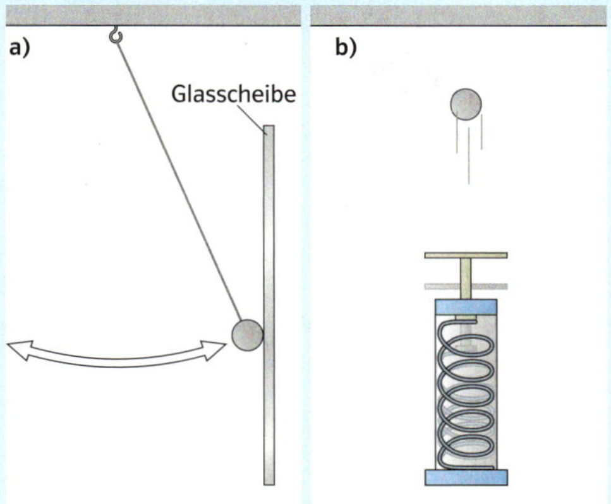

B1

Gesetz zur Umwandlung mechanischer Energie Lässt man einen Superball, einen Tennisball und einen Medizinball aus gleicher Höhe auf den Boden fallen, so sind große Unterschiede festzustellen. Während der Superball lange hüpft und anfangs fast seine Ausgangshöhe wieder erreicht, hüpft der Tennisball (→ **B2**) nur einige Male bei schnell abnehmender Höhe, der Medizinball bleibt dagegen nach dem Aufprall liegen. Stets wurde den Bällen vorher durch das Anheben Energie zugeführt. Beim Loslassen wird sie in Energie der Bewegung umgesetzt. Diese nimmt in dem Maße zu, wie die Lageenergie abnimmt. Man sagt, die Energie des Balles tritt in zwei **Energieformen** auf.

Beim Aufprall des Balles auf dem Boden wird der Ball und unter Umständen auch der Boden verformt. Aus Bewegungsenergie wird Spannenergie.

B2 Energieumsetzung beim hüpfenden Ball

Bei allen beschriebenen Fällen handelt es sich um **Energieumwandlung**. Die Umsetzungen erfolgen durch Arbeiten, die den Betrag oder die Form der Energie des Körpers ändern.

● **Verrichtet ein Körper Arbeit, so findet eine Energieumwandlung statt.**

Der Medizinball verformt sich unelastisch. Das führt dazu, dass die Energie der Verformung nicht mehr für eine weitere Bewegung des Balles zur Verfügung steht. Ursache dafür sind Reibungsvorgänge im Ball. Außerdem wird die Bewegungsenergie durch Luftreibung verringert. Bleibende Verformung und Reibung entziehen dem mechanischen Vorgang Energie. Lassen sie sich vernachlässigen, so weisen sämtliche Beobachtungen auf einen **Erhaltungssatz der Energie** in der Mechanik hin:

● **Bei reibungsfrei ablaufenden Energieumsetzungen bleibt der Betrag der mechanischen Energie E_{mech} konstant.**

Mit dem Erhaltungssatz der Energie sind viele Vorgänge erklärbar: Ein Körper kann gleichzeitig Energie in verschiedener Form haben, die Summe aller Einzelenergien bleibt aber unverändert, wenn keine Reibung vorliegt:

$$E_{mech} = E_L + E_B + E_S = \text{konstant}$$

A1 Wie müsste **B2** aussehen, wenn die mechanische Energie des hüpfenden Balles konstant bliebe?

► S. 250 Energie

Basiskonzept: Energie

Nichts geht ohne Energie: Immer, wenn etwas z. B. erwärmt wird, bewegt wird oder Licht aussendet, ist Energie im Spiel. Energie kann man umwandeln, aber niemals erzeugen oder vernichten.

Die Idee von der Energie Beim Sprung auf einem Bungee-Trampolin geht es auf und ab: Die Seile ziehen nach oben, der Springer verharrt kurz in der Luft, dann fällt er wieder herunter (→ **B1**). Das Trampolin spannt sich und schleudert den Springer wieder empor. In einem fortlaufenden Prozess wird Lageenergie in Bewegungsenergie umgewandelt. Die Bewegungsenergie wiederum wird von Seilen und Trampolin als Spannenergie gespeichert, um sofort wieder als Bewegungsenergie freigesetzt zu werden. Nach dem Erhaltungssatz der Energie bleibt die Gesamtmenge der Energie hierbei stets unverändert.
Tatsächlich aber stoppt der Springer sehr schnell ab. Das liegt daran, dass es hier nicht ausreicht, nur die mechanischen Energieerscheinungsformen in die Betrachtung einzubeziehen: Seile und Trampolins erwärmen sich durch die ständige Verformung – ein Teil der Energie wird in thermische Energie umgewandelt und steht danach nicht mehr für den Sprung zur Verfügung. Entsprechend verliert der Springer an Höhe und Geschwindigkeit und muss das Energiereservoir wieder auffüllen.

Wie bei einem Tauschgeschäft können verschiedene **Erscheinungsformen** der Energie ineinander umgewandelt werden. Hierbei bleibt der Gesamtwert der Energie erhalten, allerdings kommt es bei jedem Umwandlungsvorgang zu einer Entwertung: Mit jedem Umtausch kann man mit der Energie eines Systems weniger anfangen, jede Übertragung führt unweigerlich dazu, dass weitere Umwandlungsprozesse erschwert werden.

Die **Idee einer Gesamtenergie**, die in einem System enthalten und sich in verschiedene Anteile aufteilen lässt, ermöglicht es in vielen Fällen, Abläufe und Phänomene genau zu beschreiben und Vorhersagen zu treffen, wie die beobachteten Vorgänge weiter ablaufen werden.

B1 Bungee-Trampolin

A1 Was muss der Springer tun, um immer wieder dieselbe Höhe zu erreichen? Erläutere mit Hilfe des Energiekonzeptes.

A2 Erstelle eine Energietransportkette für das Bungee-Trampolin, die die abgeführte thermische Energie berücksichtigt.

► S. 250

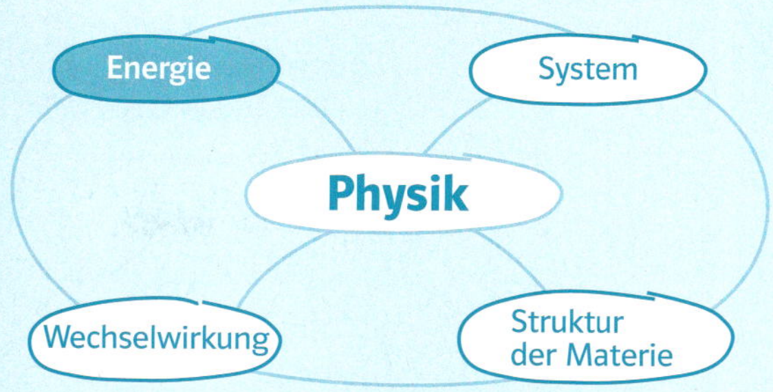

Erscheinungsformen der Energie

Lageenergie E_L		Bewegungsenergie E_B	
besitzt ein Gegenstand, wenn er sich auf einer gehobenen Position gegenüber einer Ausgangslage befindet.		besitzt ein Gegenstand, wenn er sich mit einer Geschwindigkeit v bewegt.	
Spannenergie E_S		**Elektrische Energie E_{el}**	
steckt in einem gespannten Bogen, einem gedehnten Gummiband, einer gedehnten oder gestauchten Feder.		steht an den Anschlüssen elektrischer Quellen zur Verfügung. Mit dem elektrischen Strom wird sie von dort zum Gerät transportiert.	
Lichtenergie E_{Licht}		**Thermische Energie $E_{thermisch}$**	
geht von jeder Lichtquelle aus. Wir brauchen sie zum Sehen, Pflanzen benötigen sie für ihr Wachstum, mit der Solarzelle kann sie in elektrische Energie umgewandelt werden.	 	zeigt sich z. B. in der höheren Temperatur der Bremsscheiben, wenn beim Bremsen Bewegungsenergie in thermische Energie umgewandelt wird. In der Dampfmaschine wird thermische Energie des Dampfes in Bewegungsenergie umgewandelt.	
Chemische Energie E_{ch}		**Kernenergie E_{Kern}**	
wird bei manchen chemischen Reaktionen, z. B. der Verbrennung, freigesetzt. Der Motor eines Autos wandelt sie um in Bewegungsenergie, der Raketenantrieb in Höhenenergie. Sie ist in Lebensmitteln enthalten.		wird bei der Spaltung von Atomkernen freigesetzt. In Kernkraftwerken wird sie in elektrische Energie umgewandelt. Bei der Atombombe zeigt sich die mögliche Gefahr, die mit der Umwandlung von Energie verbunden sein kann.	 

Bemerkung 1:
Lageenergie, Bewegungsenergie und Spannenergie werden oft unter dem Begriff **mechanische Energie** zusammengefasst.

Bemerkung 2:
Thermische Energie, chemische Energie und Kernenergie werden unter dem Begriff **innere Energie** zusammengefasst.

► S. 178, S. 212, S. 232

Rückblick

1 Begriffe
Was versteht man unter
- mechanischer Arbeit?
- Leistung?
- Energie?
- Umwandlung von Energie?
- abgeschlossenen mechanischen Systemen?

2 Beobachtungen
Was beobachtet man, wenn
- das Seil beim Ziehen eines Fahrzeuges nicht in Fahrtrichtung wirkt?
- die Neigung einer schiefen Ebene beim Hochziehen eines Wagens geändert wird?
- ein Pendel angestoßen wird?

3 Erklärungen
Wie lässt sich begründen, dass
- Wasserkraftwerke vorwiegend in bergigen Gegenden gebaut werden?
- ein frei pendelnder Gegenstand allmählich zur Ruhe kommt?
- es ein Perpetuum mobile nicht geben kann.

4 Gesetzmäßigkeiten
Beschreibe mit eigenen Worten
- die goldene Regel der Mechanik.
- den Zusammenhang der von einem Körper verrichteten Arbeit und seiner Energie.
- das Prinzip der Energieerhaltung in der Mechanik.

Erläutere die Erscheinungen in den folgenden Bildern und beantworte die Fragen!

B1 Welche Energie nutzt dieses Fahrzeug zum Fahren?

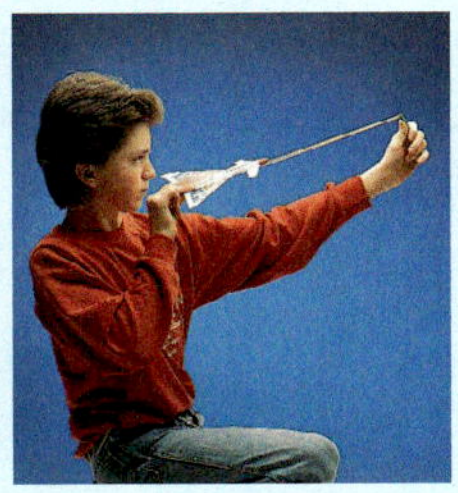

B2 Welche Energieumsetzung soll hier genutzt werden?

B3 Welche Energieumsetzungen finden hier statt?

B4 Woher stammt die Energie zum Sprung aus dem Wasser?

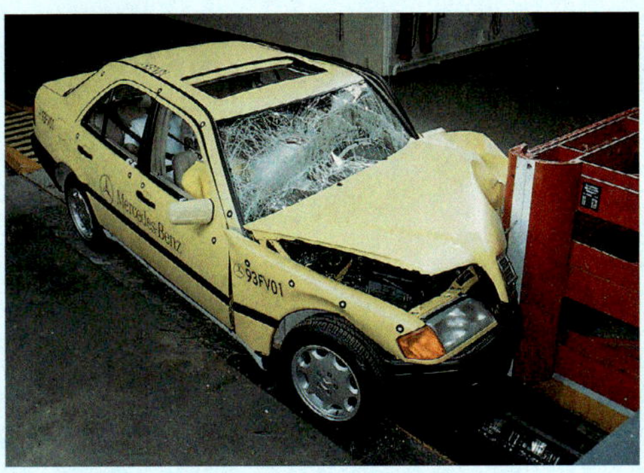

B5 Beschreibe den Aufprallvorgang mit Hilfe einer Energiebetrachtung.

B6 Wie wird man entscheiden können, wer von den beiden Mädchen mehr leistete?

B7 Wie und wann kann das Wasserrad arbeiten?

B8 Welche Energieumsetzungen treten hier auf?

Beispiele

1 Arbeit am Flaschenzug Ein Flaschenzug, der 6 tragende Seilstücke hat, soll eine Last von 30 kN um 6 m heben. Die Gewichtskraft der losen Rollen soll vernachlässigt werden.

a) Wie groß muss die Zugkraft F_{Zug} am Seilende sein?

b) Berechne die mechanische Arbeit W_{Zug}, welche beim Ziehen am Seil verrichtet werden muss!

c) Vergleiche die in b) berechnete Arbeit mit der Arbeit W_{Hub}, die man ohne Flaschenzug oder andere Kraftwandler verrichten müsste!

Lösung:

Gegeben:	Gesucht:
$F_G = 30\,kN$	F_{Zug} in N
$h = 6\,m$	W_{Zug} in J
$n = 6$	W_{Hub} in J

a) Bei diesem Flaschenzug verteilt sich die Last auf 6 Seilstücke, so dass jedes nur ⅙ der Last zu halten hat. Die Zugkraft ist daher:

$$F_{Zug} = F_G : 6 = 30\,kN : 6 = 5\,kN$$

b) Die Arbeit am Seil ist Kraft · Weg; der Weg beträgt $s = 6 \cdot 6\,m = 36\,m$. Damit wird:

$$W_{Zug} = 5\,kN \cdot 36\,m = 180\,kJ$$

c) Wird die Last direkt gehoben, so ist:

$$W_{Hub} = F_G \cdot h = 30\,kN \cdot 6\,m = 180\,kJ$$

In der Praxis ist W_{Zug} größer als W_{Hub}, da die auftretende Reibungskraft die Zugkraft zusätzlich vergrößert und ein Teil des Flaschenzuges mitgehoben wird.

2 Leistung eines Pkw Die Leistung des Motors in einem Personenwagen beträgt max. 50 kW. Der Pkw hat eine Gesamtmasse von 1000 kg. Wie lange dauert es mindestens, bis der Wagen eine Höhendifferenz von 100 m (z. B. auf einer Passstraße) überwunden hat?

Lösung:

Gegeben:	Gesucht:
$P = 50\,kW$	t in s
$m = 1000\,kg$	
$\Delta h = 100\,m$	

Die Leistung berechnet sich nach der Formel $P = \Delta E : t$. Für die Lageenergie gilt $\Delta E = m \cdot g \cdot \Delta h$, (Reibung unberücksichtigt). Aus

$$P = \frac{\Delta E}{t} = \frac{m \cdot g \cdot \Delta h}{t} \quad \text{folgt}$$

$$t = \frac{m \cdot g \cdot \Delta h}{P} = \frac{1000\,kg \cdot 9{,}81\,\frac{N}{kg} \cdot 100\,m}{50\,000\,\frac{Nm}{s}} = 20\,s$$

Der Pkw benötigt mindestens 20 Sekunden für 100 Meter Höhenunterschied.

Merke:
Beim Flaschenzug verringert sich die Zugkraft mit der Zahl der tragenden Seilstücke. Diese Seilstücke müssen alle gleichzeitig um die Hubhöhe verkürzt werden.

Heimversuche

1 Experimente mit einem Spielzeugauto Baue eine schiefe Ebene, auf der du ein Spielzeugauto hinabfahren lassen kannst. Lege an das Ende eine Streichholzschachtel. Wenn du das Auto aus verschiedenen Höhen *h* abfahren lässt, wird seine Energie der Lage in Energie der Bewegung umgesetzt. Suche einen Zusammenhang zwischen der Ausgangshöhe *h* und der Schiebestrecke *s* der Schachtel. Verändere auch die Neigung der Ebene. Da du die Energie der Lage bestimmen kannst, ist es möglich, einen Zusammenhang zwischen der Geschwindigkeit des Autos und seiner Energie der Bewegung herauszufinden. Formuliere als Ergebnis einen Satz „je …, desto …". Begründe deine Überlegungen!

2 Jo-Jo Übe, mit einem „Jo-Jo" (→ **B1**) zu spielen. Beschreibe die auftretenden Änderungen der mechanischen Energie!

3 Wer bietet mehr? Ermittle deine Höchstleistung beim Treppensteigen! Vergleiche sie mit der Leistung von Mitschülern. Wodurch macht sich ein „Training" am stärksten bemerkbar?

4 Musst du um deinen Kopf fürchten? Baue ein Fadenpendel und hänge es stabil auf. Halte den ausgelenkten Pendelkörper an deine Nase und lasse los, ohne ihn anzuschieben. Beschreibe deine Beobachtung und erkläre!

5 Der Streit um die Arbeit Max sagt: „Ich kann meine Büchertasche am ausgestreckten Arm halten, ohne Arbeit zu verrichten." Sein Freund behauptet das Gegenteil. Wer hat Recht? Stelle fest, wie lange jeder in deiner Klasse dieselbe Tasche so halten kann!

6 Die Linealschleuder Lege einen Radiergummi auf das Ende eines Lineals und spanne es (→ **B2**). Wenn du das Lineal nun beim Radiergummi loslässt, fliegt der Radiergummi hoch. Beschreibe diesen Vorgang aus energetischer Sicht.

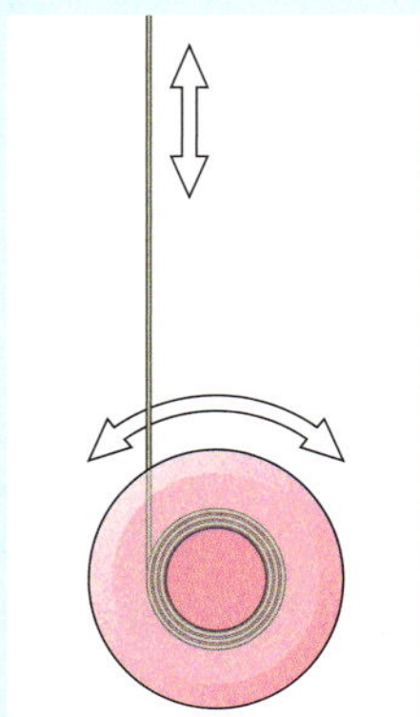

B1 Jo-Jo

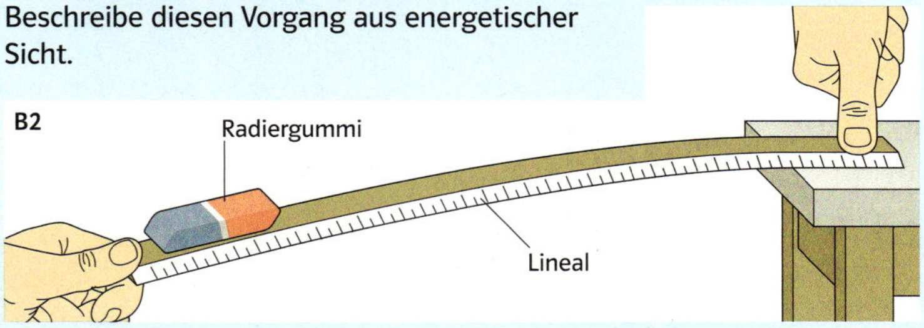

B2

Aufgaben

Mechanische Arbeit

1 Ein Kran hebt eine Betonplatte der Gewichtskraft 4,5 kN um 17 m. Berechne die vom Kran verrichtete mechanische Arbeit!

2 Stefan schiebt Anja, die auf einem Fahrrad sitzt, über eine Strecke von 15 m mit einer Kraft von 108 N an. Wie groß ist die verrichtete mechanische Arbeit?

B1

3 Du trägst einen Koffer auf einer horizontalen Straße (→ **B1**). Welche Arbeit verrichtest du am Koffer? Begründe deine Antwort!

4 Der alte Schlossherr sagt: „Da ich von Natur aus ein fauler Mensch bin, habe ich in meinem Schloss nur steile und somit kurze Treppen einbauen lassen; denn dadurch verringert sich die beim Treppensteigen zu verrichtende Arbeit erheblich, da der Weg kürzer ist und meine Gewichtskraft eine konstante Größe ist." Nimm Stellung.

5 Eine Last mit der Gewichtskraft $F_G = 400\,N$ soll um 9,0 m hochgezogen werden. Berechne die jeweils erforderliche Arbeit, wenn dazu eine feste Rolle, eine lose Rolle bzw. ein Flaschenzug ($n = 4$) zur Verfügung steht! Reibung und Gewichtskräfte von Seil und Rollen sollen vernachlässigt werden.

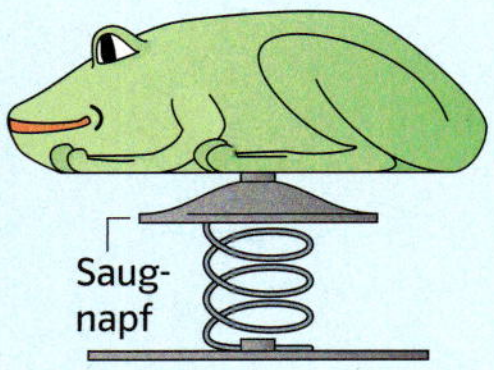

B2

6 Eine entspannte Schraubenfeder wird durch die Kraft 8 N um 10 cm verlängert. Welche Arbeit wird beim Spannen verrichtet? In welche Höhe könnte die so gespannte Feder einen Körper der Masse 0,8 kg heben?

Mechanische Leistung

7 Ein Bergsteiger mit der Masse $m = 80\,kg$ bewältigt einen Höhenunterschied von 1200 m in 2 Stunden. Berechne seine mechanische Leistung.

8 Am Niagara-Wasserfall stürzen pro Sekunde 20 000 t Wasser 50 m tief hinunter. Bestimme die umgesetzte Leistung.

9 Eine Pumpe mit der Leistung $P = 4\,kW$ soll 3 000 l Wasser 5 m hochpumpen. Wie lange dauert das?

10 Ein Motor mit der mechanischen Leistung von 1 kW hebt einen Gegenstand mit der Gewichtskraft F_G in 1 s um 2 m. Berechne die Gewichtskraft F_G!

B3 Ein „ungenutzter" Wasserfall in Island

11 Zeige durch Rechnung: Die Leistung bei einer horizontalen Bewegung mit konstanter Geschwindigkeit lässt sich auch mit der Formel $P = F \cdot v$ berechnen!

Mechanische Energie

12 Berechne die Energie der Lage, die ein Stabhochspringer mit einer Gewichtskraft von 720 N in einer Höhe von 5,75 m besitzt!

13 Welche Formen der Energie treten bei einem aufgeblasenen und dann offen losgelassenen Luftballon auf?

14 Nenne drei Beispiele, in denen die Energie der Lage technisch genutzt wird!

15 Weshalb darf man sagen, dass eine gespannte Feder Energie hat?

16 Beschreibe die Umsetzungen der Energie während der Bewegung eines Fadenpendels!

17 Beschreibe die Umsetzungen der Energie bei einer Wanduhr mit „Gewichten"!

18 Ein Spielzeugfrosch wird mit einem angebrachten Saugnapf unter Spannen einer Feder auf einem Tisch befestigt (→ **B2**). Nach kurzer Zeit springt er in die Höhe, weil der Saugnapf nicht mehr hält. Beschreibe die verschiedenen Energieumsetzungen bei diesem Vorgang!

Schwierigere Probleme

19 Leite die Goldene Regel der Mechanik aus dem Satz der Erhaltung der Energie ab.

20 Warum kann man die Arbeit beim Dehnen einer Feder nicht einfach als „Kraft mal Weg" berechnen?

21 Ein Stabhochspringer mit der Masse $m = 65\,kg$ hat beim Absprung eine Energie der Bewegung von 2 000 J. Wie hoch kann sein Schwerpunkt mit Hilfe dieser Energie bestenfalls gehoben werden?

22 Ein Haushalt mit 4 Personen benötigt mit Heizung im Durchschnitt rund 50 kWh Energie täglich. Wie hoch müsste man ein Gewichtsstück mit der Masse $m = 1000\,kg$ heben, um diesen täglichen Energiebedarf durch das herabsinkende Gewichtsstück zu befriedigen?

Vorhaben **Springbrunnen**

Versuche in „Forschungsvorhaben" zu klären, wie man Springbrunnen baut.

Beeindruckend sind Springbrunnen in Parks oder auf großen Plätzen, vor allem solche, die das Wasser in enorme Höhen (30 bis 50 m) empor schleudern.
Wie lassen sich solch große Höhen erreichen, wenn doch das Wasser aus der Wasserleitung von allein niemals so hoch spritzen wird?

Den nebenstehenden Aufbau soll Otto von Guericke (1602–1686) in seinem Arbeitszimmer als Springbrunnen betrieben haben. Er hat allerdings, um seine Besucher noch mehr zu verblüffen, vorher die Verbindung zur großen Glaskugel mit dem Dreiwegehahn (DWH) geschlossen und die Luftpumpe entfernt. Wenn er dann den unteren Hahn (H) öffnete, geschah etwas Erstaunliches.

Was wird erwartet? Als Ergebnis sollte ein funktionierender Springbrunnen entstehen. Außerdem sollte eine erklärende Skizze und eine Beschreibung mit Erklärung der Funktionsweise des Springbrunnens angefertigt werden. Vergleicht in der Klasse verschiedene Springbrunnen und diskutiert deren Vor- und Nachteile.

Hilfen Für den Bau eines Springbrunnens könnt ihr verschiedene Gefäße (Gläser, Dosen, o.Ä.), Röhren (z. B. Trinkhalme), Schläuche, Dichtungsmaterialien (Wachs, Klebstoff, Silikon, o.Ä.) und eventuell auch Pumpen verwenden.
Bezieht in eure Überlegungen ein, dass
- beim Bau ein geringer Aufwand verursacht wird;
- große Wasserhöhen bei geringem Wasser- und Energie-Bedarf während des Betriebs erreicht werden;
- der Betrieb über einen langen Zeitraum ohne Unterbrechung erfolgen kann.

- Formuliere dein Vorhaben genau.
- Plane deine Experimente und führe sie sorgfältig durch.
- Protokolliere zuverlässig.
- Entwickle eine Präsentation und trage sie vor.
- Die „Werkstätten" im Buch geben dazu Hilfe.

B1 Geysir

B2 Blowhole

Beschreibe die obenstehenden Bilder und erläutere die Ursachen für das Hochspritzen des Wassers. Verwende dazu die rechts aufgeführten Fachbegriffe!

Wichtige Kenntnisse zur Lösung Welche Voraussetzungen sind notwendig, damit das Wasser in (große) Höhen empor geschleudert wird? Wie kann man diese Voraussetzungen schaffen?

Informiere dich über folgende Themen anhand des Lehrbuchs, eines Lexikons, des Internets oder (falls in der Umgebung möglich) bei Fachfirmen:
- Druck in Kolben
- Schweredruck in Flüssigkeiten/Gasen
- Masse und Gewichtskraft
- verbundene Gefäße
- Pumpen

Wichtige Untersuchungen Welchen Einfluss auf die maximal erreichbare Spritzhöhe bei Springbrunnen hat
- der Querschnitt der Austrittsöffnung?
- der Querschnitt der Verbindungen?
- das Dichtmaterial und die Gefäßform?
- die verwendete Flüssigkeit?

Bestimme die Abhängigkeit der Spritzhöhe vom Wasserdruck. Wie lässt sich ein konstanter Wasserdruck beim Spritzen erzielen? Baue die folgenden Brunnen nach!

Schlussfolgerungen Vergleiche die Konstruktionen in der Klasse und begründe die Unterschiede im Hinblick auf die Frage: Welcher Springbrunnen
- erreicht die größte Höhe?
- kann am längsten ohne Unterbrechung arbeiten?
- erfordert zum Betrieb den geringsten Aufwand (z. B. für Energie oder Wasser)?

Zum weiteren Nachforschen In modernen Springbrunnenanlagen werden nur kurze Wasserstrahlen erzeugt, die unterschiedlich weit oder hoch kommen oder unterschiedlich lange andauern. Wie kann man das technisch realisieren?

Wo kann man die beim Springbrunnen angewendeten Prinzipien/Konstruktionen anders technisch nutzen? (z. B.: Wasserversorgung, Hochdruckreiniger, o. Ä.)

VB – Vorratsbehälter
R – Rohr
AB – Auffangbehälter
D – Düse

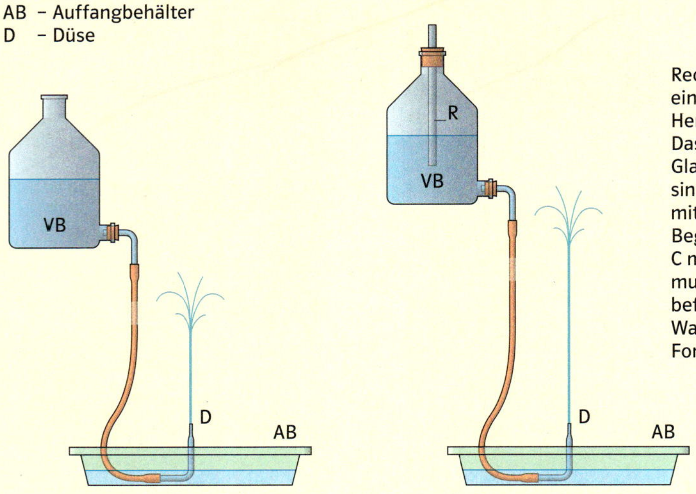

Rechts ist das Prinzip einer Fontäne nach Heron dargestellt. Das Gefäß A und die Glaskugeln B und C sind wie hier gezeigt miteinander verbunden. Zu Beginn ist B mit Wasser, C mit Luft gefüllt und in A muss sich ein wenig Wasser befinden. Solange in B noch Wasser ist, sprudelt die Fontäne.

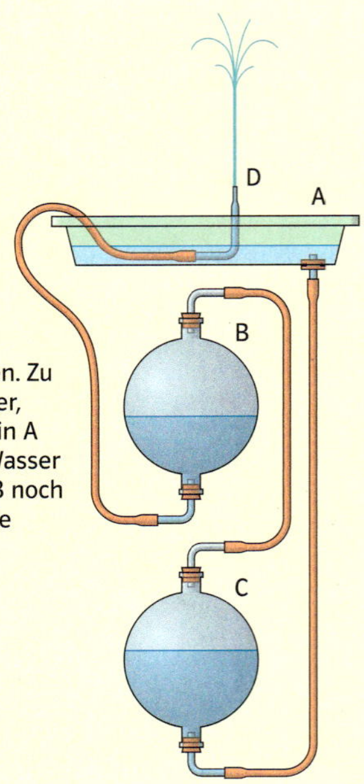

Druck, Auftrieb, innere Energie

Wieso schwimmt das Schiff?

Online-Link
772425-1000

Der Auflagedruck

V1 Zerschneide eine Kartoffel! Benutze einmal die Schneide, dann den Rücken des Messers! Vergleiche die zum Schneiden erforderliche Kraft!

V2 Stelle verschieden lange (und damit auch verschieden schwere) Stativstäbe auf einen Schwamm (→ **B1**)! Beobachte die Eindringtiefe!

V3 Benutze die gleiche Anordnung wie bei **V2**. Lege jetzt aber zwischen Stab und Schwamm erst den Deckel einer Getränkeflasche, dann den größeren Deckel eines Konservenglases! Beobachte die Eindringtiefe!

V4 Drücke einen Bleistift einmal mit der Spitze, zum anderen mit seinem Ende auf einen Radiergummi! Vergleiche die Kräfte, die erforderlich sind, um den Gummi jeweils einige Millimeter einzudrücken!

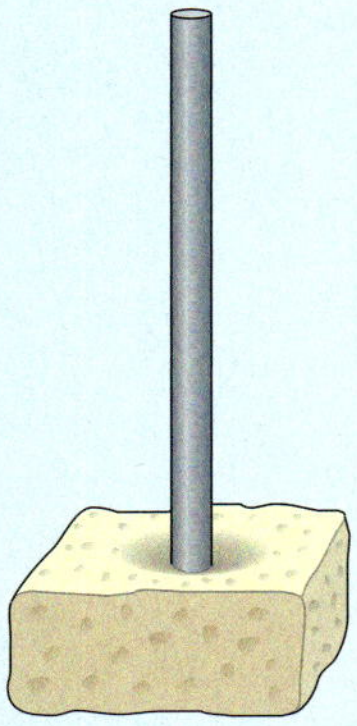

B1

V5 Schlage einen Nagel durch ein kleines Brett. Schlage dann etwa 10 Nägel eng aneinander durch ein zweites Brett. Lege die Brettchen mit den Nagelspitzen nach oben und lass anschließend einen Apfel oder eine Orange jeweils aus gleicher Höhe auf die beiden Bretter fallen (→ **B2**).

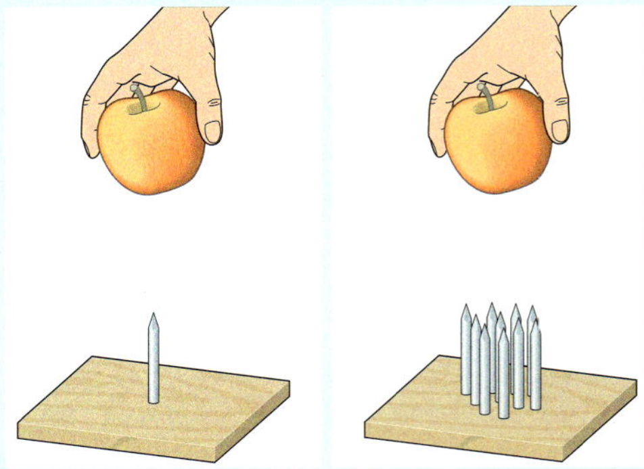

B2

Körper drücken auf ihre Unterlage Liegt ein Körper auf einem anderen auf, so übt dieser eine Kraft auf die Auflagefläche des zweiten Körpers aus. Man sagt, es existiert ein **Auflagedruck**. Als Folge des Auflagedruckes kann ein Körper in einen anderen eindringen. Experimente und Beobachtungen zeigen, dass dieses Eindringen ganz unterschiedlich erfolgen kann: Ein scharfes Messer dringt in Holz ein, eine Nadel lässt sich leicht in ein Stück Seife drücken. Dagegen sinkt ein Skiläufer nur wenig im Schnee ein. An der Eindringtiefe erkennt man, wie stark der Auflagedruck ist.

Der Auflagedruck ist umso größer, je größer die Kraft ist, mit der ein Körper auf die Unterlage drückt. Der Versuch mit dem Fakirbrett (→ **B2**) zeigt weiterhin, dass der Auflagedruck umso größer ist, je kleiner die Auflagefläche ist. Dies wird auch am Beispiel einer Reißzwecke deutlich. Drückt man auf eine Reißzwecke, so wirkt auf Kopf und Spitze die gleiche Kraft. Nur die Spitze erzeugt wegen ihrer kleinen Fläche einen so großen Druck, dass sie in die Unterlage eindringt (→ **B3**).

Den Auflagedruck *P* bestimmt man daher durch die Kraft *F*, die senkrecht auf $A = 1\,m^2$ Auflagefläche wirkt. Ist die Fläche größer oder kleiner, liefert die Division durch den Betrag des Flächeninhaltes den Wert des Druckes. Man legt deshalb fest:

● **Liegt ein Körper mit der Kraft *F* und der Fläche *A* auf einem anderen auf, so wirkt der Druck:**

$$p = \frac{F}{A}$$

Die Einheit des Druckes ist **1 Pascal** (1 Pa). Es gilt:

$$1\,Pa = 1\,\frac{N}{m^2}$$

Da ein Pascal eine sehr kleine Einheit ist, wird der Auflagedruck meist in N/cm^2 angegeben.

A1 Zeige, dass gilt: $1\,\frac{N}{cm^2} = 10\,000\,Pa$

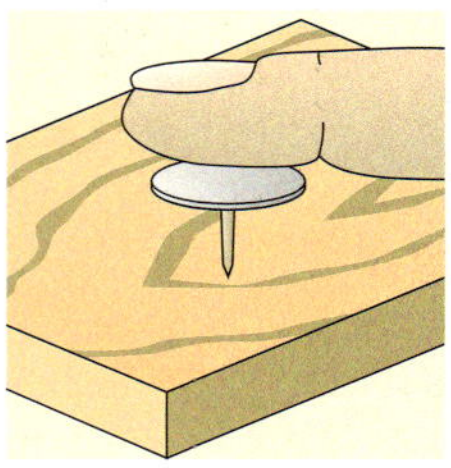

B3 Reißzwecke: Nur die Spitze dringt wegen des großen Druckes in die Unterlage ein.

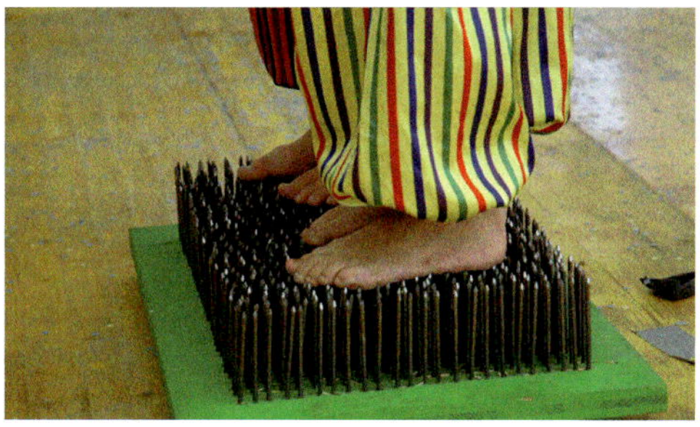

B4 Fakir

Druck in Flüssigkeiten

V1 Schließe einen Kolben an eine wassergefüllte Plastikkugel mit vielen Löchern. Presse dann vorsichtig auf den Kolben. Das Wasser spritzt in alle Richtungen (→ **B2**).

V2 Mehrere Kolbenprober mit unterschiedlichen Durchmessern sind durch Schläuche miteinander verbunden und mit Wasser gefüllt (→ **B1**). Wir belasten die Kolben so, dass sie sich nicht mehr verschieben. Für den größeren Kolben wird eine größere Kraft benötigt als für einen kleineren.

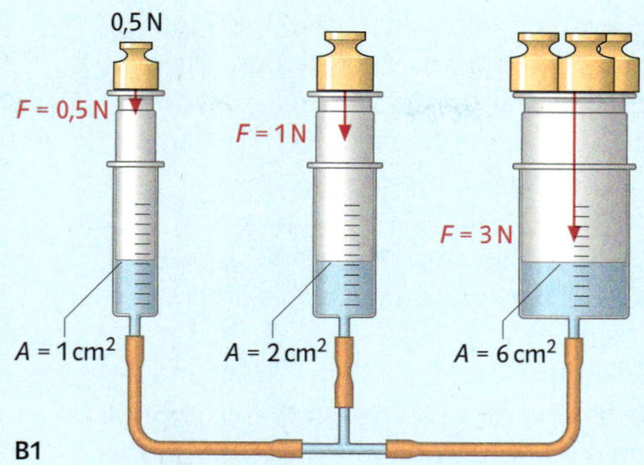

B1

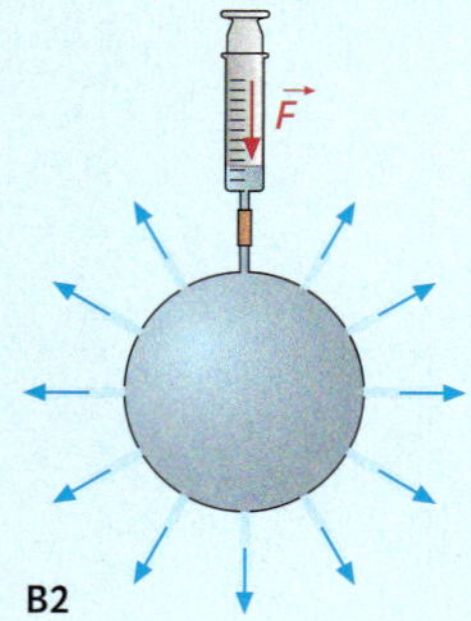

B2

Der Druck – ein Zustand Mit dem Kolben eines Kolbenprobers wird auf die Flüssigkeit in einem Gefäß eine Kraft ausgeübt. Ein aufgeblasener Luftballon im Inneren der Flüssigkeit wird beim Drücken des Kolbens kleiner (→ **B4**). Durch die Kraft, mit der der Kolben auf die Flüssigkeit wirkt, wird die Flüssigkeit in einen Zustand versetzt, durch den sie ihrerseits Kräfte auf ihre Begrenzungsflächen ausübt. Dieser Zustand heißt **Druck**. Der Zustand existiert auch im Inneren der Flüssigkeit. Aus der unveränderten Form des Luftballons schließen wir, dass an jeder Stelle gleich starke Kräfte auf seine Oberfläche wirken. Der durch die Kraft auf den Kolben in der Flüssigkeit entstehende Druck ist überall gleich groß.

● **Druck kennzeichnet den Zustand einer Flüssigkeit. Er macht sich durch Kräfte senkrecht zu den Begrenzungsflächen der Flüssigkeit bemerkbar.**

Mit dem Teilchenmodell lässt sich das Entstehen eines Druckes verdeutlichen. Wird auf eine abgeschlossene Menge der dicht liegenden Teilchen der Flüssigkeit eine Kraft ausgeübt, so „pflanzt" sich diese in alle Richtungen fort (→ **B3**).

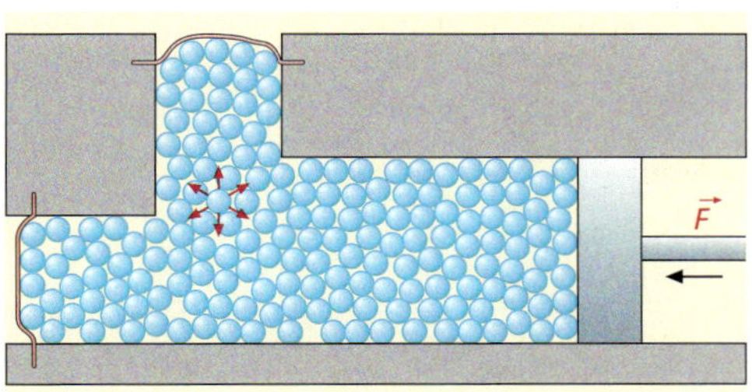

B3

Der Kolbendruck Belastet man den Kolben eines mit einer Flüssigkeit gefüllten Kolbenprobers, so erzeugt dies einen Druck in der Flüssigkeit. Man spricht vom **Kolbendruck**.

Sind zwei mit Flüssigkeit gefüllte Kolbenprober über einen Schlauch miteinander verbunden, so ruft eine Kraft auf den einen Kolben eine Kraft auf den anderen Kolben hervor. Durch Auflegen von Massestücken kann man ein Gleichgewicht zwischen den beiden Kolben herstellen (→ **B5**).

Da der Druck in der Flüssigkeit überall gleich groß ist, müssen Kräfte und Querschnittsflächen der verschiedenen, auf die Flüssigkeit wirkenden Kolbenprober so miteinander zusammenhängen, dass sie zum gleichen Druckzustand führen. Den gleichen Druck erhalten wir z. B. bei folgenden, senkrecht auf verschieden große Kolbenflächen wirkenden Kräfte:

Kraft *F* in N	0,5	1,0	2,0	3,0
Fläche *A* in cm^2	1,0	2,0	4,0	6,0

Der Quotient aus Kraft und Fläche ist für alle Kolbenprober gleich. In unserem Messbeispiel beträgt er 0,5 N/cm^2. Es gelten also dieselben Zusammenhänge wie beim Auflagedruck. Daher gilt auch für den Kolbendruck:

● **Der Quotient *F*/*A* ist ein Maß für den Druck *p*. Man definiert:**

$$\text{Druck} = \frac{\text{Kraft}}{\text{Fläche}} \quad \text{bzw.} \quad p = \frac{F}{A}$$

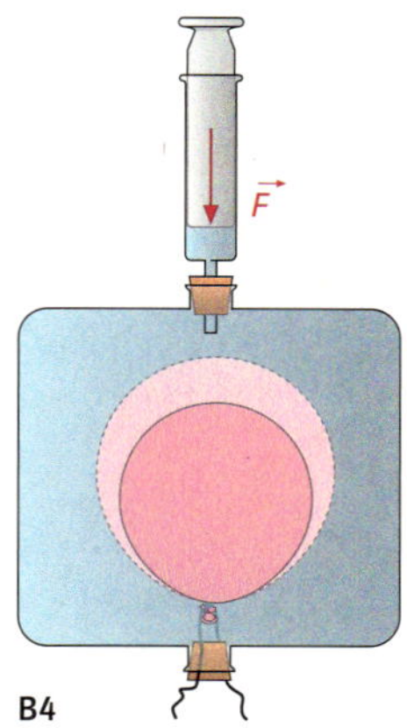

B4

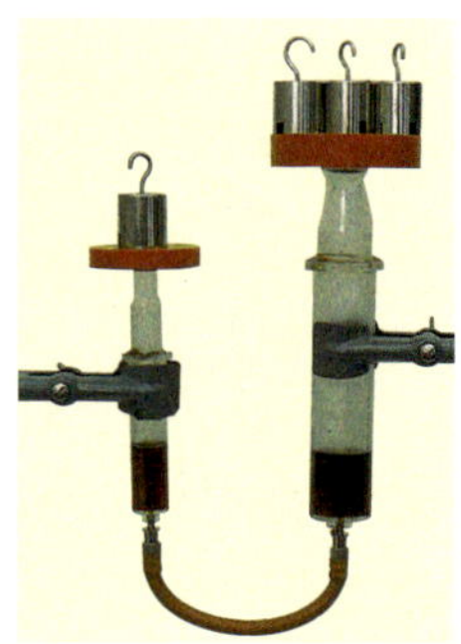
B5

Beachte: Die für den Druck maßgebliche Kraft wirkt stets senkrecht zur betrachteten Fläche.

Der Schweredruck

Zur Erinnerung:
$F = p \cdot A$
$F_G = m \cdot g$
$m = \varrho \cdot V$

Ein neues Phänomen Wenn du im Schwimmbad tauchst, spürst du einen Druck auf deinem Trommelfell, der größer wird, je tiefer du tauchst. Man bezeichnet diesen Druck als Schweredruck, da er von der Gewichtskraft der Flüssigkeit herrührt.

Den Schweredruck kann man auf zwei verschiedenen Wegen genauer untersuchen.

Der experimentelle Weg Wenn man ein physikalisches Gesetz mit Hilfe von Experimenten erforschen will, muss man genau planen, was man untersuchen muss. Zuerst überlegt man, welche Größen zu messen sind.

Induktives Verfahren

Phänomen
▼
Vermutung
▼
Experiment
▼
Auswertung
▼
physikalisches Gesetz (Formel)
▼
mathematische Formulierung

In unserem Fall müssen wir Druck und Tiefe messen, um zu untersuchen, wie der Wasserdruck mit der Tauchtiefe wächst. Den Druck in einer Flüssigkeit können wir z. B. mit einer Druckdose und einem U-Rohr-Manometer (→ **B1**) messen. Die dünne Gummihaut der Dose wird vom Druck nach innen gewölbt. Durch die Luft im Verbindungsschlauch wird der Druck auf die Wassersäule im U-Rohr übertragen, an der man den Druck ablesen kann.

In einem hohen Glasgefäß mit Wasser messen wir den Druck in 5 cm, 10 cm, ..., 40 cm Tiefe. Da auch die Art der Flüssigkeit eine Rolle spielen kann, wiederholen wir das Experiment mit Spiritus und Glycerin. Die Ergebnisse werden in einem Diagramm (→ **B3**) eingetragen.

Deduktives Verfahren

Phänomen
▼
bekannte physikalische Gesetze
▼
mathematische Herleitung
▼
physikalisches Gesetz (Formel)
▼
experimentelle Überprüfung

Die Messpunkte für Wasser, Spiritus und Glycerin liegen jeweils auf einer Geraden durch den Ursprung. Die Geraden sind unterschiedlich steil. Das bedeutet:

● **Der Schweredruck in einer Flüssigkeit ist proportional zur Tiefe, $p \sim h$. Der Quotient aus Schweredruck und Tiefe hängt von der Art der Flüssigkeit ab.**

In weiteren Experimenten kann man nun untersuchen, von welchen Eigenschaften der Flüssigkeit der Quotient aus Schweredruck und Tiefe genau abhängt. Über eine Vermutung kann man dann ein entsprechendes Experiment planen. Wenn sich die Vermutung bestätigt, erhält man das physikalische Gesetz als mathematische Formel. Den Weg vom Phänomen über Vermutungen und Experimente zum physikalischen Gesetz nennt man das **induktive Verfahren**.

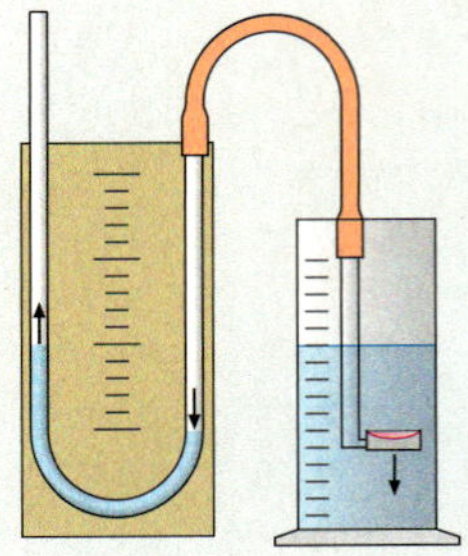
B1

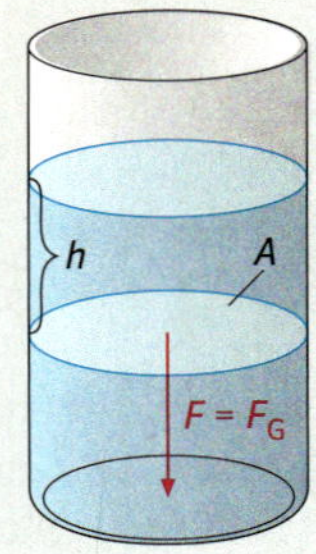

B2

Der theoretische Weg Das Gesetz vom Schweredruck können wir auch ohne Experimente finden, indem wir bekannte physikalische Gesetze auf das neue Phänomen anwenden und sie in einer mathematischen Herleitung miteinander verbinden. Bei diesem Vorgehen spricht man vom **deduktiven Verfahren.**

In unserem Fall wissen wir: die Kraft $F = p \cdot A$, die den Schweredruck p hervorruft, ist gleich der Gewichtskraft F_G der über der Fläche A stehenden Flüssigkeit mit der Dichte ϱ (→ **B3**). Damit folgt mathematisch:

$$\begin{aligned} F &= F_G \\ p \cdot A &= m \cdot g \\ p \cdot A &= \varrho \cdot V \cdot g \\ p \cdot A &= \varrho \cdot A \cdot h \cdot g \quad |:A \\ p &= \varrho \cdot h \cdot g \end{aligned}$$

● **Der Schweredruck p in der Tiefe h einer Flüssigkeit mit der Dichte ϱ beträgt:**

$$p = \varrho \cdot h \cdot g$$

Zuletzt überprüft man das neue Gesetz im Experiment.

A1 Stelle die dir bisher aus der Physik bekannten proportionalen Zusammenhänge zusammen.

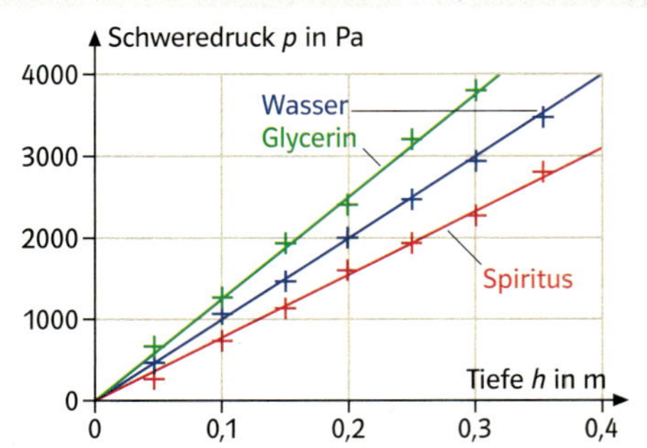

B3 Der Schweredruck nimmt mit der Tiefe zu.

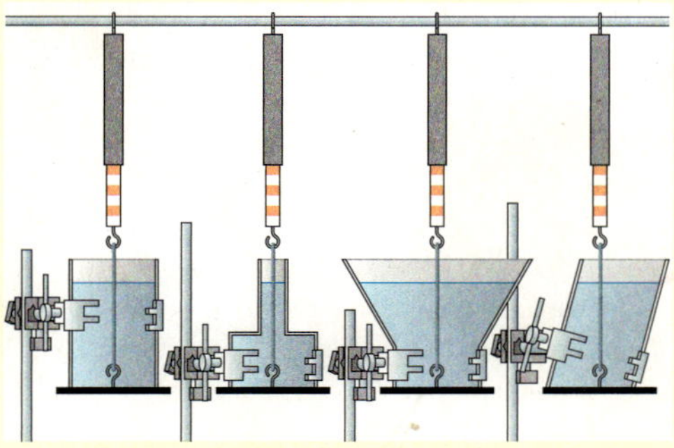

B1 Gleicher Druck bei gleicher Höhe

Das hydrostatische Paradoxon Die losen Bodenflächen der unterschiedlich geformten Gefäße in **B1** sind gleich groß und schwer. Sie werden von Kraftmessern mit gleicher Kraft nach oben gegen die Gefäßwände gezogen. Füllt man Wasser hinein, so löst sich der Boden bei allen Gefäßen bei der gleichen Höhe der Wassersäule. Obwohl die zum Lösen des Bodens notwendige Kraft überall gleich ist, wird sie je nach Gefäßform durch verschieden viel Wasser hervorgerufen. Das liegt am Schweredruck, denn die Kraft auf die Bodenfläche hängt nur von der Höhe und Dichte der Flüssigkeit ab. Paradox (widersinnig) daran ist, dass man auf diese Weise mit einer kleinen Flüssigkeitsmenge dieselbe Kraft auf eine Fläche erzeugen kann wie mit einer großen. Entscheidend ist stets nur die Füllhöhe.

Verbundene Gefäße In miteinander verbundenen Gefäßen oder verschiedenen Teilen eines Gefäßes ist der Schweredruck in gleicher Tiefe gleich. Daher ist der Flüssigkeitsstand in allen Teilen des Gefäßes gleich (→ **B2**).

Der Versuch von Blaise Pascal Von dem Mathematiker und Physiker **Blaise Pascal** (1623–1662), zu dessen Ehren die Druckeinheit ihren Namen hat, wird berichtet, er habe ungläubigen Zuschauern vorgeführt, wie mit wenigen Gläsern Wein ein stabiles Fass zum Platzen gebracht werden kann. Zu diesem Zweck steckte er ein langes dünnes Rohr in ein bereits volles Fass (→ **B4**), stieg auf den Balkon eines Hauses und begann, das Rohr mit Wein zu füllen, bis das Fass plötzlich mit lautem Knall zerbarst. Um zu erklären, dass so wenig Wein ein Fass zum Platzen bringen kann, muss man wissen, dass wegen der etwa 10-mal so hohen Flüssigkeitssäule der 10fache Druck im Weinfass herrscht.

Hydraulische Anlagen Bei Hebevorrichtungen, Pressen oder Bremsanlagen von Fahrzeugen werden Kräfte mit Hilfe von Flüssigkeiten verstärkt. Das Prinzip ist am Beispiel der hydraulischen **Hebebühne** (→ **B3a**) erkennbar: Mit einer kleinen Kraft F_1 auf einen Kolben, der eine kleine Querschnittsfläche A_1 hat, wird eine große Kraft F_2 an einem Kolben mit großer Querschnittsfläche A_2 hervorgerufen. Im Hydrauliköl ist der Kolbendruck überall gleich.

Aus $p_1 = p_2$ folgt: $\frac{F_1}{A_1} = \frac{F_2}{A_2}$, also ist:

$$F_1 = \frac{A_1}{A_2} \cdot F_2$$

Bei der Fußbremse im Auto (→ **B3b**) wird durch das Treten des Pedals ein großer Druck in der Bremsflüssigkeit erzeugt. Die Bremskolben pressen wegen ihrer großen Fläche die Bremsbeläge mit vergrößerter Kraft auf die Bremsscheiben.

B4 Fassversuch von Pascal

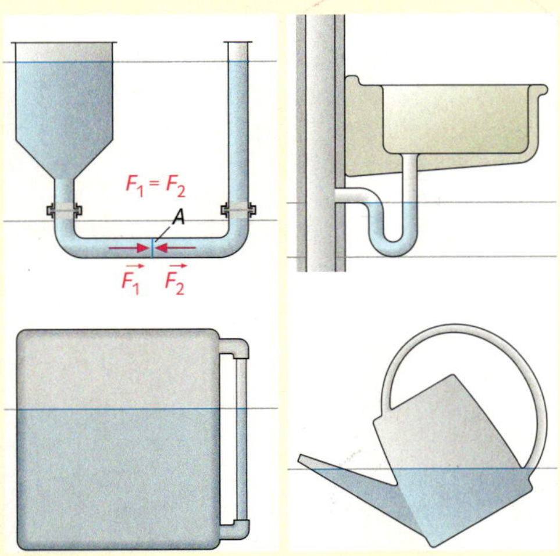

B2 Flüssigkeitsniveau in verbundenen Gefäßen

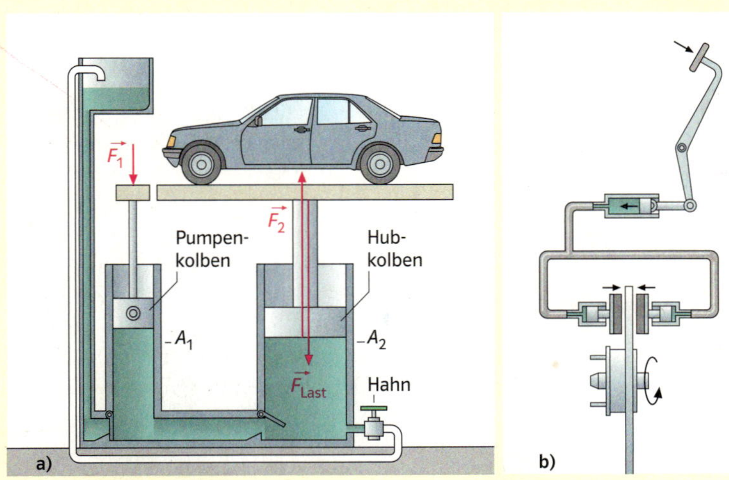

B3 Hydraulische Hebebühne (a) und Bremsanlage eines Autos (b)

Druck in Gasen

V1 Verschließe mit dem Daumen die Öffnung einer Fahrradpumpe. Schiebe den Kolben hinein. Die Luft lässt sich zusammendrücken. Am Daumen spürst du eine Kraft.

V2 Legt man einen älteren Apfel unter eine Glasglocke und pumpt die Luft ab, so verliert der Apfel seine Falten.

V3 Wir befestigen einen Kraftmesser am Kolben eines Kolbenprobers. Der Kolben wird ganz hineingeschoben. Dann verschließen wir die Öffnung mit einem Hahn und ziehen den Kolben am Kraftmesser langsam heraus. Es geht schwer (→**B1**). Wir messen die Querschnittsfläche A des Kolbens. Ist $A = 7\,\text{cm}^2$, so beträgt die Kraft zum Ziehen etwa $F = 70\,\text{N}$.

V4 Lege einen etwa 15 m langen durchsichtigen Schlauch so in eine Wanne, dass er sich vollständig mit Wasser füllt. Verschließe ein Schlauchende und ziehe es aus dem Wasser in die Höhe. Das andere Ende bleibt unter Wasser (→**B2**). Ab etwa 10 m Höhenunterschied entsteht zwischen dem geschlossenen Ende und dem Wasser oben im Schlauch ein Zwischenraum. Die Wassersäule überschreitet diese Höhe bei weiterem Anheben des Schlauchendes nicht.

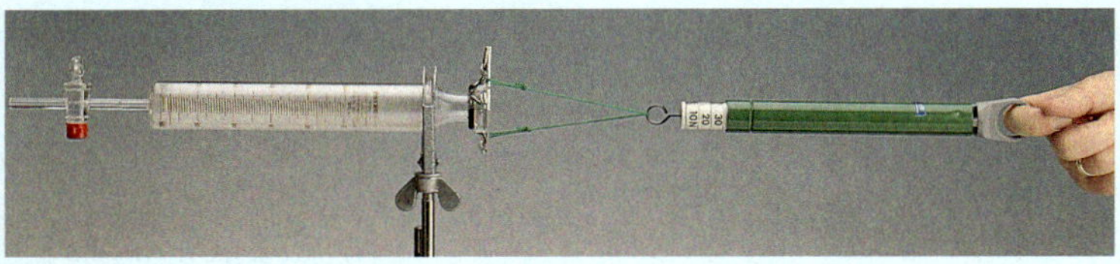

B1

B2

Der Luftdruck Luft oder ein anderes Gas lässt sich in einem Kolbenprober, einer Spritze oder Pumpe zusammendrücken. Man sagt, Gase sind **komprimierbar**. Deshalb ist die Dichte von Gasen – anders als bei festen Körpern oder Flüssigkeiten – leicht veränderbar. Die Erde ist von einer Lufthülle, der Atmosphäre, umgeben. Die Gewichtskraft der Luft über uns verursacht einen Schweredruck, den **Luftdruck**. Auf Bergen ist der Luftdruck geringer als auf Meereshöhe. Der Luftdruck nimmt jedoch nicht gleichmäßig mit der Höhe ab, wie wir dies von den Flüssigkeiten her kennen. Das liegt daran, dass die Dichte der Luft am Boden größer als in höheren Lagen ist, weil die Luft am Boden durch die darüber liegende Luft mehr zusammengedrückt ist.

● **Der Luftdruck ist der Schweredruck der Lufthülle. Er nimmt mit der Höhe ab, aber immer langsamer.**

Zieht man den ganz eingeschobenen Kolben einer Spritze heraus, ohne dass Luft einströmen kann, so entsteht im Inneren der Spritze ein luftleerer Raum, das **Vakuum**. Die Kraft, die beim Herausziehen des Kolbens überwunden werden muss, stammt vom Luftdruck, der am Kolben außen herrscht. Hat z. B. der Kolben die Querschnittsfläche $A = 7\,\text{cm}^2$, so ist zum Herausziehen die Kraft $F = 70\,\text{N}$ erforderlich. Daraus folgt, dass der Luftdruck etwa

$$p = \frac{F}{A} = \frac{70\,\text{N}}{7\,\text{cm}^2} = 10\,\frac{\text{N}}{\text{cm}^2} = 100\,000\,\text{Pa}$$

beträgt. Das entspricht dem Schweredruck einer 10 m hohen Wassersäule.

● **Der Luftdruck am Erdboden beträgt etwa 100 000 Pa = 1000 hPa.**

Messgeräte für den Luftdruck nennt man **Barometer** (→ B3).

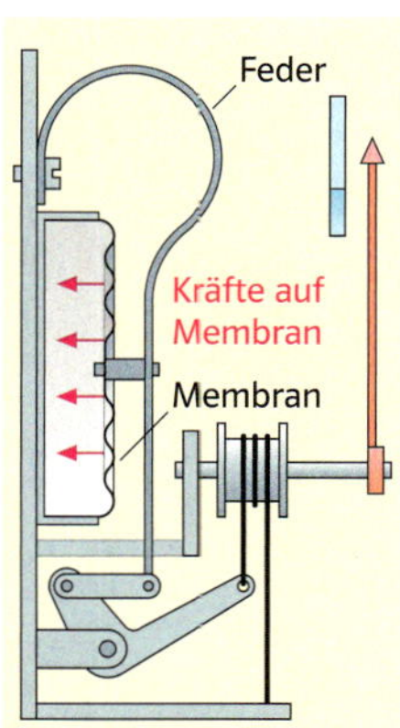

B3 Im Dosenbarometer wirkt infolge des Luftdrucks auf die Membran einer luftleeren Dose eine Kraft. Die Verbiegung der Membran ist ein Maß für den Luftdruck.

A1 Wie funktioniert ein nach **V4** konstruiertes Flüssigkeitsbarometer?

A2 Erläutere, weshalb ein sogenannter „Saugnapf" an der Wand „kleben" bleibt. Lass dich dabei durch den Begriff „Saugnapf" nicht irre leiten!

A3 Recherchiere im Internet über die Magdeburger Halbkugeln und die Versuche, die damit gemacht worden sind.

Gasdruck und Volumen Wird das Volumen, das eine bestimmte Gasmenge hat, verändert, so ändert sich der Druck im Gas. Der Druck im Gas ändert sich aber auch, wenn die Temperatur des Gases bei konstant gehaltenem Volumen verändert wird. Den Zusammenhang zwischen Druck p und Volumen V einer Gasmenge kann man mit einer Versuchsanordnung wie in **B1** untersuchen. Damit der Einfluss der Temperatur ausgeschaltet ist, muss man auf eine konstante Temperatur des Gases achten.

Das durch eine leicht bewegliche Kugel im rechten Teil des Rohres eingeschlossene Gas hat denselben Druck wie das Gas links davon. Wird der Druck im linken Teil des Rohres verändert, so verschiebt sich die Kugel so weit, bis auf beiden Seiten der Kugel wieder ein gleicher Druck herrscht. Messwerte von einem solchen Versuch sind in der Tabelle **B2** aufgeführt.

Ein typisches Problem in der Physik ist nun, die Messwerte auszuwerten und Abhängigkeiten zwischen Druck p und Volumen V heraus zu bekommen. Wir sehen anhand der Messwerte, dass bei Druckzunahme, eine Volumenabnahme eintritt. Der Zusammenhang kann also nicht proportional sein.

Wir haben nun zwei Möglichkeiten, den Zusammenhang der Größen exakt zu bestimmen.
1 Graphische Auswertung: Wir tragen die Messwerte in ein p-V-Diagramm ein und zeichnen eine Ausgleichskurve (→ **B3**).
2 Rechnerische Auswertung: Wir ergänzen unsere Messwerttabelle um eine weitere Spalte und tragen dort die Produkte von p und V ein.

Wir erhalten im Diagramm eine abfallende Kurve. Bei der Produktbildung aus p und V stellen wir fest, dass die Produkte in etwa konstant sind. Wir sprechen dann von Produktgleichheit und schreiben $p \cdot V = \text{konstant}$.

Dieser Zusammenhang ist von **Robert Boyle** (1627–1691) und **Edmé Mariotte** (1620–1684) erkannt worden:

● **Boyle-Mariotte'sches Gesetz: Für ein Gas, das in einem Behälter eingeschlossen ist, gilt bei konstanter Temperatur: Druck und Volumen sind antiproportional, d.h.,**

$$p \cdot V = \text{konstant}$$

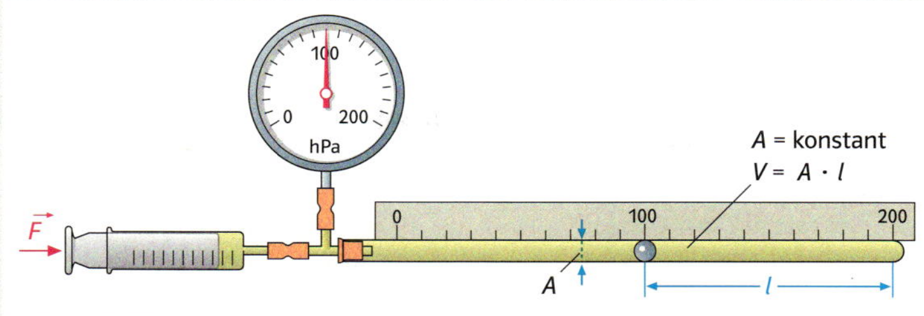

B1 Messung von Druck und Volumen des Gases im Rohr

p in hPa	V in cm³	$p \cdot V$ in hPa · cm³
1000	3,7	3700
800	4,5	3600
500	7,4	3700
400	9,5	3800
200	19,5	3900
100	38,0	3800

B2 Messwerte für Druck und Volumen einer Gasmenge bei konstanter Temperatur

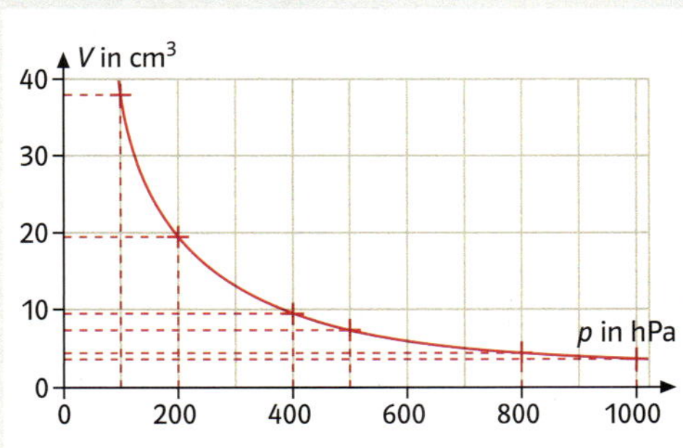

B3

Beachte:
Der Gasdruck wird oft in Hektopascal angegeben.
Es gilt:
100 Pa = 1 hPa

Zusammenfassung/Verallgemeinerung

Treten bei einer Messwertauswertung der Größen A und B ein abfallender Kurvenverlauf und die Produktgleichheit auf, so sagt man, die Größen A und B sind antiproportional und schreibt $A \cdot B = \text{konstant}$.

A1 Stelle die Auswertung eines proportionalen und antiproportionalen Zusammenhangs auf einem Plakat nebeneinander dar und mache dir die entscheidenden Unterschiede deutlich.

A2 Stelle weitere dir bisher aus der Physik bekannte antiproportionale Zusammenhänge zusammen.

Werkstatt

Auftrieb in Flüssigkeiten und Gasen

Lernstationen:
In nebenstehenden Lernstationen wird der Auftrieb in Wasser und Luft untersucht.

Station I

Rosinenlift

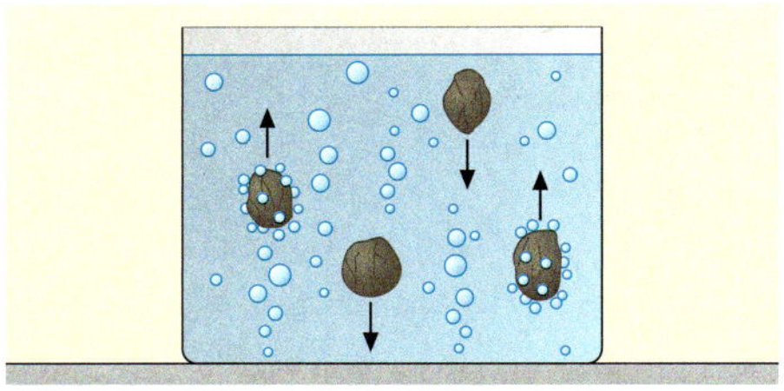

Material: Rosinen, Mineralwasser mit Kohlensäure, Becherglas
Auftrag: Fülle einige Rosinen in die Flasche und beobachte einige Minuten. Beschreibe die Beobachtung.

Station II

Knete schwimmt

Material: Knetmasse, Wasserbecken
Auftrag: Versuche durch passende Verformung der Knete, diese zum Schwimmen zu bekommen.

Station III

Taucher

Material: Kunststoffflasche, Aromafläschchen
Auftrag: Fülle das Aromafläschchen wie in dem Bildchen in die Flasche. Drücke anschließend auf die Flaschenseite und lass wieder los. Beschreibe die Beobachtung.

Station IV

Gleichgewicht

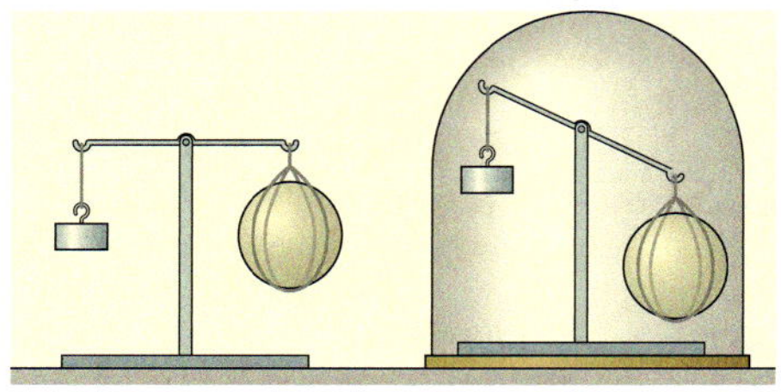

Material: Glasglocke, Pumpe, Waage mit verschieden großen Gegenständen dran
Auftrag: Bringe die Waage im Gleichgewicht unter die Glasglocke und pumpe die Luft ab. Beschreibe die Beobachtung.

Station V

Auftrieb

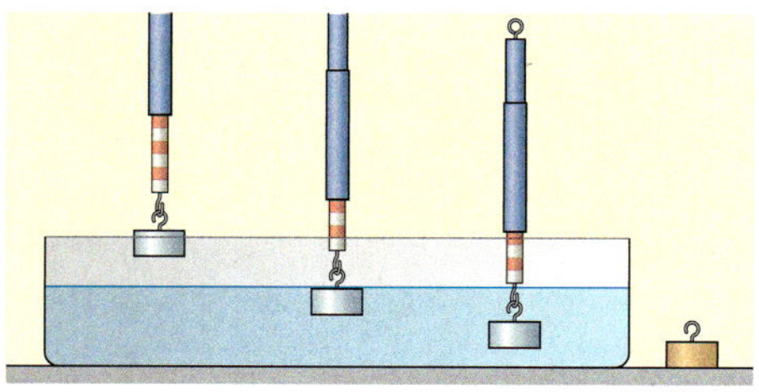

Material: Quader verschiedener Materialien, Kraftmesser, Wasserbecken, ggfs. verschiedene Flüssigkeiten
Auftrag: Miss jeweils die Gewichtskraft der Quader außerhalb und innerhalb des Wassers. Beschreibe die Beobachtung.

Station VI

Colaversuch

Material: Coladose, Colalightdose, Wanne mit Wasser
Auftrag: Lege beide Dosen in das gefüllte Wasserbecken. Beschreibe die Beobachtung.

Die Auftriebskraft Taucht ein Körper in eine Flüssigkeit ein, so wird seine Gewichtskraft scheinbar kleiner. Diese Erscheinung nennt man **Auftrieb**. Ursache ist der Schweredruck: Zum Verständnis betrachten wir einen Quader, der teilweise in eine Flüssigkeit eingetaucht ist (→ **B2**). Der Schweredruck ruft an der Unterseite des Quaders eine Kraft $F = p \cdot A$ hervor. Diese Kraft ist nach oben, gegen die Gewichtskraft, gerichtet. Sie heißt **Auftriebskraft** F_A. Der Kraftmesser zeigt eine um den Betrag der Auftriebskraft verringerte Gewichtskraft an. Die vom Schweredruck auf die Seitenflächen des Quaders ausgeübten Kräfte heben sich paarweise auf und beeinflussen deshalb die Kraftanzeige nicht. Je tiefer der Quader eintaucht, desto größer wird die Auftriebskraft. Ist er vollständig eingetaucht, so verändert sich die Auftriebskraft nicht mehr.

● **Durch den Schweredruck erfährt jeder eingetauchte Körper eine nach oben wirkende Auftriebskraft. Sie verringert scheinbar seine Gewichtskraft.**

Eingetauchtes Volumen	Auftriebskraft im Wasser	Auftriebskraft in Spiritus
10 cm³	0,1 N	0,07 N
20 cm³	0,2 N	0,14 N
30 cm³	0,3 N	0,21 N
40 cm³	0,4 N	0,28 N
50 cm³	0,5 N	0,35 N
60 cm³	0,6 N	0,42 N

B1 Zum Entstehen des Auftriebs und Messungen der Auftriebskraft

Das archimedische Gesetz Der Schweredruck nimmt mit der Tiefe zu. Ist ein Quader vollständig in eine Flüssigkeit eingetaucht, so ist der Schweredruck p_2 an der unteren Fläche des Quaders größer als der Druck p_1 an der oberen Fläche, weil der Schweredruck mit der Tiefe zunimmt. Für die Kräfte gilt (→ **B3**):

$$F_1 = p_1 \cdot A = \varrho_{Fl} \cdot h_1 \cdot g \cdot A \quad \text{und}$$
$$F_2 = p_2 \cdot A = \varrho_{Fl} \cdot h_2 \cdot g \cdot A$$

Die Differenz $F_2 - F_1$ ergibt die Auftriebskraft F_A:

$$F_A = \varrho_{Fl} \cdot (h_2 - h_1) \cdot g \cdot A$$
$$= \varrho_{Fl} \cdot h \cdot A \cdot g = \varrho_{Fl} \cdot V_{Körper} \cdot g$$

Das Volumen $V_{Körper}$ des Körpers und das Volumen $V_{verdrängt}$ der durch den Körper verdrängten Flüssigkeit sind gleich. Die Auftriebskraft beträgt also:

$$F_A = \varrho_{Fl} \cdot V_{verdrängt} \cdot g$$

Das Produkt $\varrho_{Fl} \cdot V_{verdrängt}$ gibt laut Definition der Dichte die Masse m der verdrängten Flüssigkeit an. Das Produkt $m \cdot g$ ist die Gewichtskraft dieser verdrängten Flüssigkeit. Damit folgt das **archimedische Gesetz**:

● **Die Auftriebskraft hat den gleichen Betrag wie die Gewichtskraft der durch den Körper verdrängten Flüssigkeit.**

Das archimedische Gesetz gilt für beliebig geformte Körper. So erfährt ein vollständig eingetauchter Knetklumpen unabhängig von seiner Form immer die gleiche Auftriebskraft. Auch in der Lufthülle der Erde treten Auftriebskräfte auf. Sie sind wegen der geringen Dichte der Luft wesentlich kleiner als in Flüssigkeiten, weil die Gewichtskraft der verdrängten Luftmasse viel kleiner als bei Wasser ist.

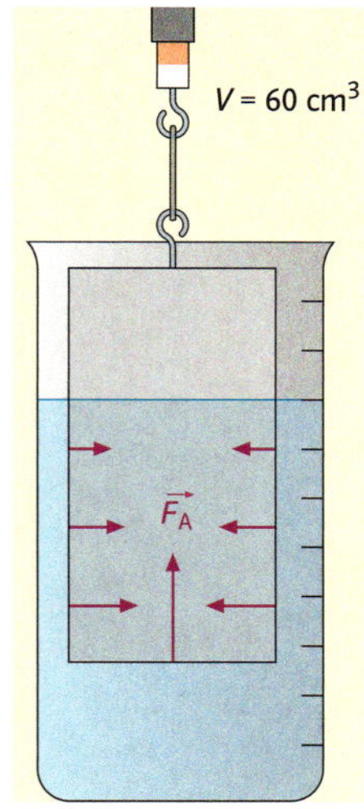

B2

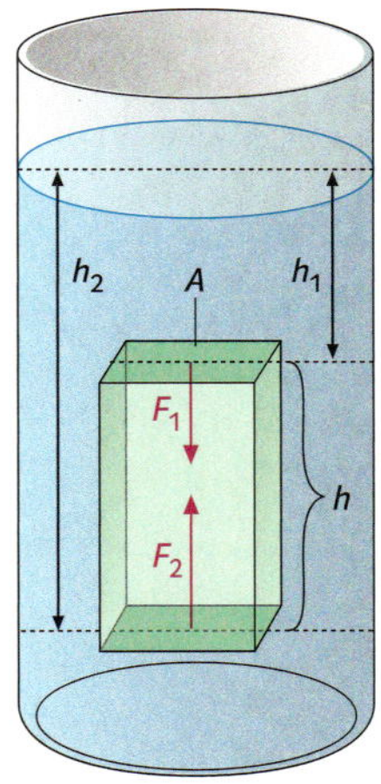

B3 Bei ganz eingetauchtem Körper ist $V_{verdrängt} = V_{Körper}$

„Sherlock Archimedes“

Physik überall

Archimedes (griech. Mathematiker und Physiker, 287 – 212 v. Chr.) hat entdeckt, dass ein Körper im Wasser so viel weniger wiegt wie das beim Eintauchen verdrängte Wasser. Mit diesem von ihm gefundenen „archimedischen Gesetz“ konnte er dem Herrscher von Syrakus helfen einen betrügerischen Goldschmied zu entlarven: Der Goldschmied hatte nämlich eine neue Krone geliefert, aber der Herrscher traute ihm nicht. Er hatte den Verdacht, dass der Goldschmied billigeres Silber in das Gold der Krone gemischt hatte. Archimedes sollte dafür einen Beweis liefern. Die Krone durfte er natürlich nicht beschädigen.

Archimedes hatte eine Idee. Er wusste, dass Silber viel leichter ist als dieselbe Menge Gold. Er ließ sich einen Klumpen aus reinem Gold geben, der genauso schwer war wie die neue Krone. Dann hängte er den Goldklumpen und die Krone an den Balken einer Waage. Natürlich waren beide im Gleichgewicht. Dann hob er die ganze Waage hoch und setzte sie wieder auf den Tisch, aber so, dass der Goldklumpen und die Krone, an der Waage hängend, ganz im Wasser untertauchten (→ **B4**).
Woran erkannte Archimedes, dass die Krone nicht aus reinem Gold bestand? Die Zeichnungen auf dieser Seite können dir helfen.

B4

Sinken, Schweben, Steigen, Schwimmen

Auftrieb und Gewichtskraft Ob ein Körper in einer Flüssigkeit sinkt, schwebt oder steigt, hängt davon ab, ob die Auftriebskraft kleiner, gleich oder größer als die Gewichtskraft des eingetauchten Körpers ist. Man kann das mit einer geschlossenen Filmdose in einem großen Glasgefäß untersuchen. Ein leeres Filmdöschen schwimmt. Durch die richtige Menge Bleischrot oder Nägel als Füllung erhält man Döschen, die sinken oder sogar im Wasser schweben können (→ **B3**): Die Nägel bzw. der Bleischrot verändern die Gewichtskraft der Filmdose, während die Auftriebskraft immer gleich ist, solange die Dose ganz untergetaucht ist, denn das Volumen des Döschens bleibt gleich. Bei vollständig eingetauchten Körpern ergibt sich der Unterschied zwischen

$$F_G = \varrho_{Kö} \cdot V_{Kö} \cdot g \text{ und } F_A = \varrho_{Fl} \cdot V_{Kö} \cdot g$$

aus dem Unterschied zwischen $\varrho_{Kö}$ und ϱ_{Fl}. Sind die Dichten von Körper und Flüssigkeit gleich, so sind die Kräfte F_G und F_A gleich. Solche Körper schweben in der Flüssigkeit. Ist die Dichte des Körpers größer als die der Flüssigkeit, so sinkt er. Hat der Körper eine kleinere Dichte als die Flüssigkeit, so steigt er auf, weil die Auftriebskraft größer als die Gewichtskraft ist. Wenn er auf der Oberfläche schwimmt, dann taucht er so tief ein, bis die Auftriebskraft gerade der Gewichtskraft das Gleichgewicht hält.

Weshalb kann aber ein Schiff aus Eisen schwimmen, obwohl die Dichte von Eisen fast 8-mal so groß wie die von Wasser ist? Der Schiffskörper besteht nicht völlig aus Eisen, sondern enthält überwiegend mit Luft gefüllte Hohlräume (→ **B2**). Dadurch ist die mittlere Dichte des Schiffes kleiner als die Dichte des Wassers.

Sinken	Schweben	Schwimmen
$\varrho_{Kö} > \varrho_{Fl}$	$\varrho_{Kö} = \varrho_{Fl}$	$\varrho_{Kö} < \varrho_{Fl}$

Die Dichte macht's Welche Rolle die Dichte des Wassers beim Schwimmen spielt, sieht man sehr eindrucksvoll am Toten Meer. Durch den hohen Salzgehalt ist die Dichte des Wassers hier so hoch, dass ein Mensch nicht untergeht (→ **B4**). Hochseeschiffe können in wärmeren tropischen Gewässern nicht so schwer beladen werden wie in kalten nordischen Gewässern, da kälteres Wasser eine größere Dichte hat als wärmeres.

B1 Die erste Testfahrt eines Heißluftballons im Jahr 1783

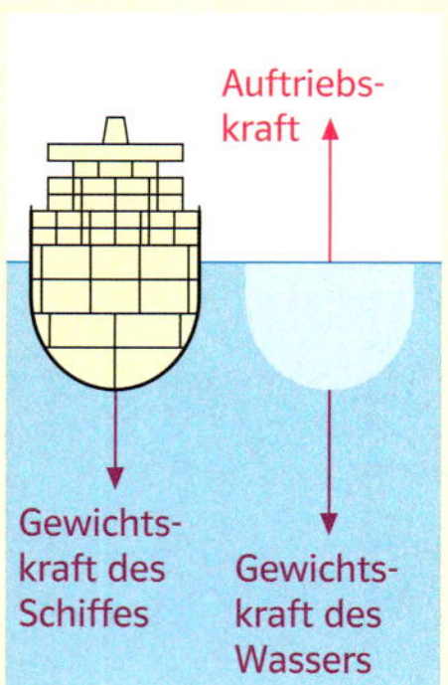

B2

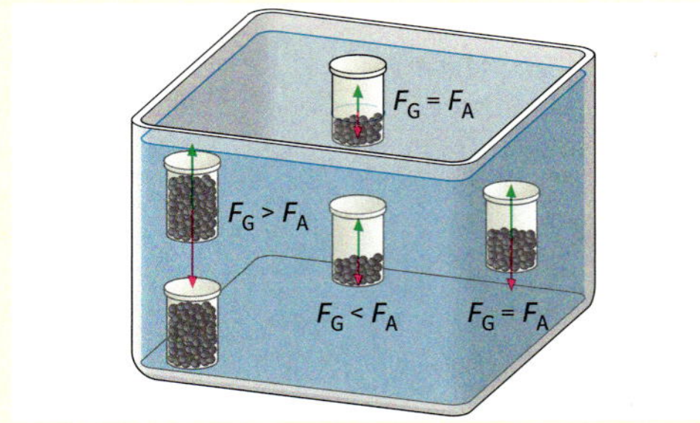

B3

B4 Im Toten Meer kann man schwimmend Zeitung lesen.

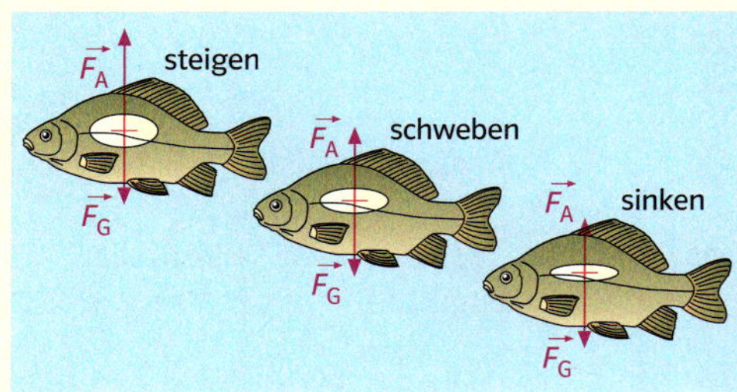

B5

Schwebende Fische Einige Meerestiere können mit Hilfe einer Schwimmblase ihr Volumen und damit ihre mittlere Dichte ändern. Sie können dadurch in beliebiger Tiefe schweben, sinken oder steigen (→ **B5**).

Fliegen – oder Schweben in der Luft Entsprechende Unterschiede in der Dichte bestimmen auch das Verhalten von Körpern in Gasen. Heiße Luft hat eine kleinere Dichte als kältere. Die Luft in der Hülle eines Heißluftballons (→ **B1**) wird beim Start so lange erhitzt, bis die mittlere Dichte des gesamten Ballons kleiner ist als die der umgebenden Luft. Kühlt die Luft während des Fliegens ab, so sinkt der Ballon wieder. Durch geschicktes Nachheizen kann der Fahrer den Ballon im Schweben halten. Auch Wasserstoff oder Helium, das in Luftschiffen verwendet wird, haben kleinere Dichten als Luft.

Die Messung des Blutdruckes

Die erste Blutdruckmessung wurde 1726 in London von Reverend Stephen Hales durchgeführt, indem er einen spitzen Gänsekiel als Kanüle in die Halsarterie eines Pferdes stach (→ **B5**). Stephen Hales beobachtete, dass das Blut in einer senkrecht gehaltenen Glasröhre acht Fuß hoch stieg.

Blut kann, wie jede Flüssigkeit, nur dann durch ein Rohr fließen, wenn zwischen Anfang und Ende ein **Druckunterschied** besteht. Je länger das Rohr und je kleiner sein Radius ist, desto mehr bremst die Reibung das Strömen der Flüssigkeit. Ihr Druck sinkt. Besonders deutlich macht sich dies nach engen Stellen bemerkbar (→ **B1**). Der Druck wird durch kleine senkrecht zur Strömung angeordnete Röhrchen angezeigt. Je kleiner der Druck in der vorbeiströmenden Flüssigkeit ist, umso weniger steigt sie in den Röhrchen hoch.

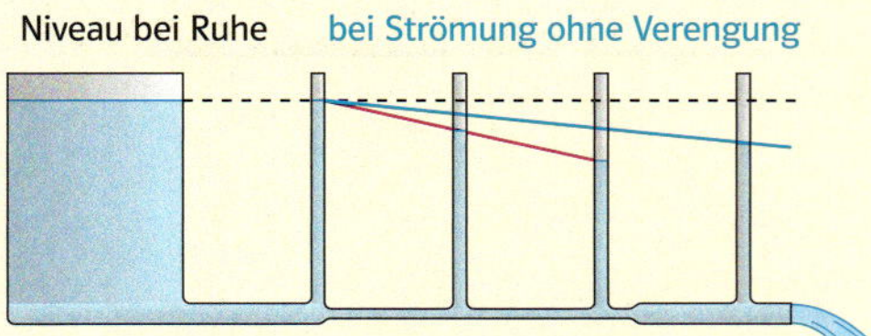

B1

Das Herz pumpt das Blut stoßweise in die Arterien. Es erzeugt im Blut einen Druck von etwa 17 kPa. Dieser hohe Pumpdruck heißt systolischer Druck (→ **B2**). Um neues Blut ins Herz einströmen zu lassen, entspannt sich der Herzmuskel. Wegen der Elastizität der Arterien sinkt der Druck dabei nicht völlig ab. Dieser niedrige Blutdruck heißt **diastolischer Druck**. Er beträgt etwa 10 kPa. In den Venen fließt das Blut wieder zum Herzen zurück. Der Blutdruck beträgt nun nur noch 0,25 kPa. Übliche Blutdruckmessgeräte bestehen aus einer Gummimanschette, die an einem Druckmesser angeschlossen ist (→ **B3**). Die Manschette wird aufgepumpt, bis sie den Blutfluss in der Oberarmarterie abdrückt. Wird die Luft aus der Manschette langsam abgelassen, so hört man im Stethoskop ab einem bestimmten Druck ein pulsartiges Geräusch, das Blut beginnt wieder, durch die etwas geöffnete Armschlagader zu strömen. Der Blutdruck übersteigt in diesem Moment gerade den Druck in der Manschette. Dies ist der Wert für den **systolischen Druck**. Bei weiterer Druckminderung wird das Pulsgeräusch leiser, bis es schließlich verstummt. Der Druck entspricht nun dem diastolischen Blutdruck. Die Schlagader ist wieder frei passierbar. Dieses Verfahren geht auf den italienischen Arzt **Riva Rocci** (1863 – 1932) zurück.

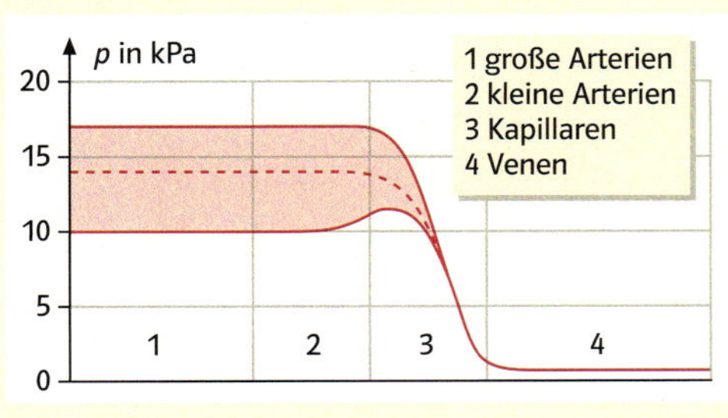

B2

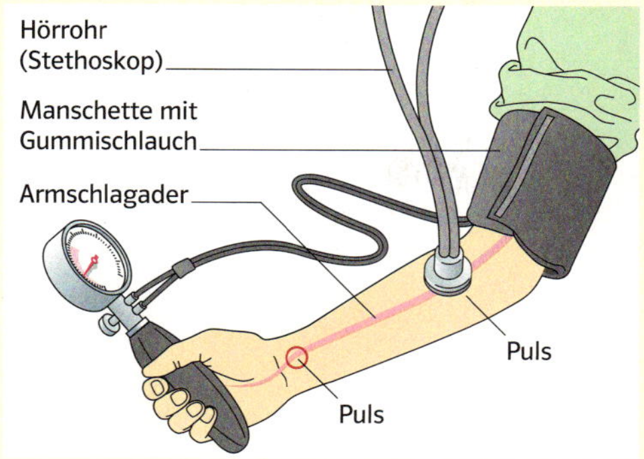

B3

Bei körperlicher Belastung und psychischer Anspannung steigt der Blutdruck; das ist ein normaler Vorgang. **B4** zeigt Grenzwerte für den Ruhezustand. Werden an verschiedenen Tagen die Normalwerte überschritten, so liegt **Bluthochdruck** vor. Hierfür muss nur einer der beiden Werte erhöht sein. Bluthochdruck ist auf Dauer sehr gefährlich für Blutgefäße und Herz. Die Ursache für zu hohen Blutdruck ist auch heute noch weitgehend unbekannt. Familiäre Veranlagung, Übergewicht, Nikotin- und Alkoholgenuss, Bewegungsarmut, Nierenleiden, Arteriosklerose (Gefäßverengung) sind oft Auslöser. Zu **niedriger Blutdruck** ist gesundheitlich weniger problematisch. Infolge zu schwacher Durchblutung des Gehirns kann es aber zu Sehstörungen, Schwindel und plötzlicher Ohnmacht kommen.

Blutdruck	systolischer Wert	diastolischer Wert
zu niedrig	< 110	60
normal	110 – 130	60 – 85
zu hoch	≧ 140	90

B4 Blutdruck in mmHg im Ruhezustand

B5

In der **Medizin** wird als Druckeinheit neben dem Pascal (Pa) die alte, vom Schweredruck einer Quecksilbersäule herrührende Bezeichnung **Millimeter Quecksilbersäule (mmHg)** benutzt.

Es gilt:
1 mmHg ≙ 133 Pa
7,5 mmHg ≙ 1 kPa

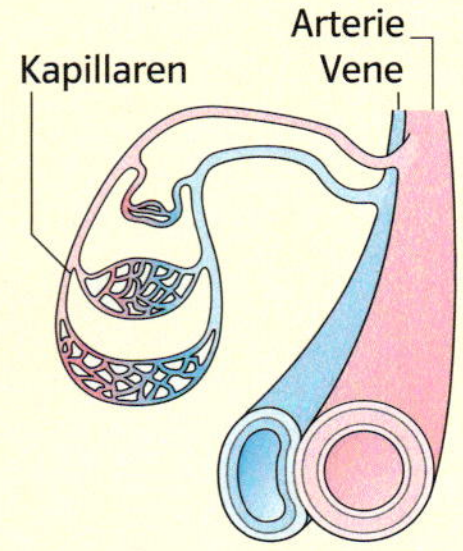

In Arterien fließt das Blut vom Herzen kommend, in Venen strömt es zurück.

Innere Energie

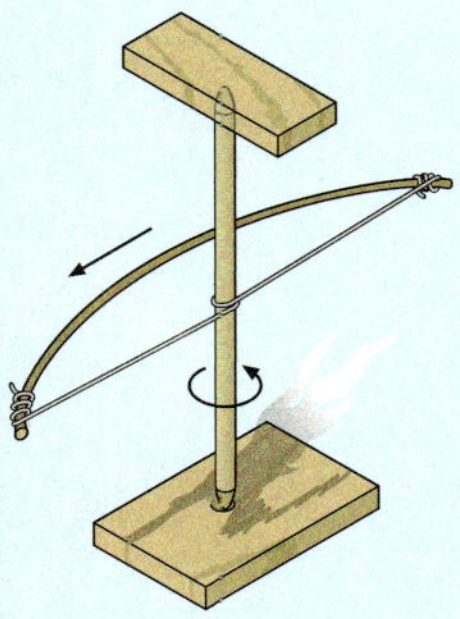

B1 Feueranzünder

Ein Feuer lässt sich auch ohne Streichhölzer entfachen: Durch rasches Drehen eines Holzstabes in einer mit trockenen Holzspänen gefüllten Mulde eines Brettes werden die Späne so heiß, dass sie sich entzünden (→ **B1**). Ähnliches geschieht bei einem stumpfen Bohrer einer Bohrmaschine. **VORSICHT! Heiß!**

V1 Wir klemmen wie in **B3** an das untere Ende eines Thermometers eine Wäscheklammer. Nach mehrmaligem Drehen der Wäscheklammer um das Thermometer stellt man ein Ansteigen der Temperatur fest.

V2 Wir verschließen ein mit Luft gefülltes Glasgefäß mit einem Kolbenprober. Wir tauchen anschließend das Glasgefäß in ein heißes Wasserbad: Langsam steigt der Glaskolben im Kolbenprober nach oben (→ **B4**).

V3 Hält man an einer Luftpumpe die Austrittsöffnung zu und pumpt kräftig, so fühlt man, dass sich die Pumpenöffnung erhitzt (→ **B2**).

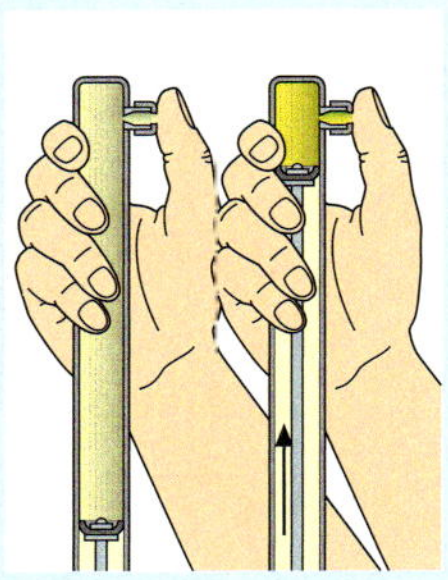

B2

VORSICHT! Bruchgefahr bei V1!

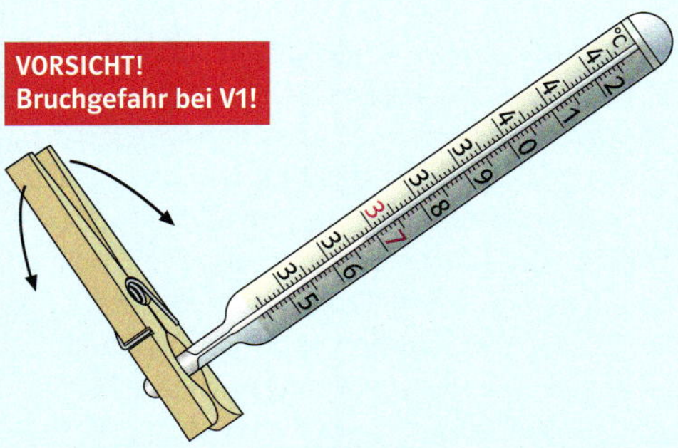

B3 Erhöhung der Temperatur durch Energietransport

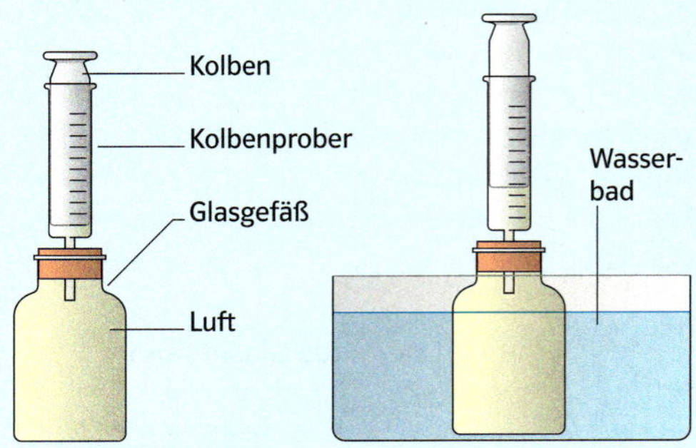

B4 Der Kolben steigt nach oben.

Die innere Energie der Körper Reiben wir unsere Hände aneinander, so fühlen wir eine Erhöhung der Temperatur der Haut. Je stärker wir reiben, umso mehr erhöht sich ihre Temperatur. Wird eine Wäscheklammer um das Ende eines Thermometers gedreht, so erhöht sich die Temperatur der Thermometerflüssigkeit, was an der Flüssigkeitssäule zu beobachten ist. Beim Drehen muss mechanische Energie übertragen werden. Allgemein gilt:

● **Eine von außen an einen Körper übertragene mechanische Energie kann eine Erhöhung der Temperatur des Körpers zur Folge haben.**

In der Mechanik wird bei reibungsfreien Vorgängen mechanische Energie immer nur in andere mechanische Energieformen umgewandelt. Beim Drehen der Klammer am Thermometer wird Bewegungsenergie auf das Thermometer übertragen, aber dieses wird weder schneller (größere Bewegungsenergie), noch wird es elastisch verformt (größere Spannenergie) oder nach oben befördert (größere Lageenergie). Die mechanische Energie des Thermometers ändert sich nicht! Der in der Mechanik gefundene Satz von der Erhaltung der Energie kann nur weiter gelten, wenn man **innere Energie** des Thermometers als weitere Energieform einbezieht. Auch die plastische Verformung eines Autos im Crash (→ **B5** und **S. 129**) kann so über die Änderung der inneren Energie erklärt werden.

● **Wird an einen Körper mechanische Energie übertragen, so kann sich seine innere Energie erhöhen.**

Von außen ist dies durch eine Änderung der Temperatur messbar.

● **Die Erhöhung der Temperatur eines Körpers zeigt eine Zunahme seiner inneren Energie an.**

B5 Crashtest

► **S. 250** Energie

Zu beachten ist, dass es sich hierbei genau genommen um die thermische Energie handelt, wenn man davon ausgeht, dass die anderen Energieformen „im Inneren" des Körpers keine Änderung erfahren, nämlich die chemische Energie und die Kernenergie (→ S. 161).

Bei den hier betrachteten Fällen kann davon ausgegangen werden, dass die Kernenergie nicht berücksichtigt werden muss. Anders verhält es sich mit der chemischen Energie. Die Temperaturerhöhung eines Stoffes oder die Zuführung mechanischer Energie (z. B. bei einer „Knallerbse") beinhaltet immer auch die Möglichkeit, dass eine chemische Reaktion stattfindet. Dies führt zu einer Stoffveränderung und vor allem auch einer Änderung der chemischen Energie und damit auch der inneren Energie.

Innere Energie kann umgekehrt auch wieder in mechanische Energie umgewandelt werden. Wenn ein mit Luft gefülltes Glasgefäß in heißes Wasser getaucht wird, so erhöht sich die Temperatur der Luft, also auch ihre innere Energie. Die Zunahme ihrer inneren Energie hat zur Folge, dass sich die Luft ausdehnt und den auf dem Glasgefäß befestigten Kolben eines Kolbenprobers nach oben drückt (→ **V2**). Hier wird also innere in mechanische Energie verwandelt und zum Heben und Verschieben des Kolbens gegen die Kraft aufgrund des äußeren Luftdrucks verwendet. Diese übertragene mechanische Energie ist nur durch eine Änderung der inneren Energie der Luft im Kolbenprober erklärbar.

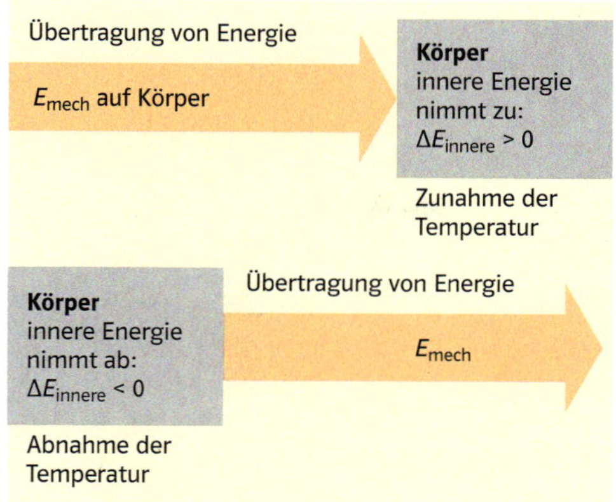

B1 Energieumwandlungen mit innerer Energie

Innere und mechanische Energie Innere Energie eines Körpers kann also in mechanische umgewandelt werden. Die innere Energie nimmt dadurch ab. Die Abnahme der Temperatur zeigt dies an. Die beiden Diagramme **B1** veranschaulichen den Zusammenhang zwischen innerer und mechanischer Energie.

Eine Veränderung der inneren Energie wird als ΔE_{innere} (sprich „Delta E_{innere}") angegeben. Bei Zunahme der inneren Energie ist $\Delta E_{innere} > 0$, bei Abnahme ist $\Delta E_{innere} < 0$.

● **Die an einen Körper oder von einem Körper übertragene mechanische Energie führt zu einer gleich großen Änderung der inneren Energie, wenn keine Änderung der mechanischen Energie stattfindet.**

A1 Erläutere, wo die Zunahme der inneren Energie beim Autocrash deutlich wird.

Modell zur inneren Energie

Physik überall

Bei Gasen stellen wir uns vor, dass sich die Teilchen frei bewegen können. Die Gasteilchen besitzen kinetische Energie. Die Geschwindigkeit, mit der sich die Teilchen des Gases bewegen, nimmt mit steigender Temperatur zu.

In festen Körpern sind die Teilchen durch wechselseitige Kräfte an einen festen Ort gebunden, um den herum sie sich bewegen können. **B2** zeigt, wie man sich ein Modell dafür vorstellt: Die Kugeln stellen die Teilchen dar, die Federn entsprechen den Kraftwirkungen. Die jeweilige Spannenergie der Federn entspricht der jeweiligen Energie, die durch die wechselseitigen Kräfte zwischen den Teilchen gespeichert wird. Auch hier wird die Bewegung der Teilchen heftiger, je höher die Temperatur steigt. Es wird mehr Energie gespeichert.

● **Die Änderung der inneren Energie eines Körpers entspricht der Änderung der Energie seiner Teilchen.**

Erhalten die Teilchen eines festen, flüssigen oder gasförmigen Körpers im Durchschnitt eine höhere kinetische Energie, so nimmt seine innere Energie zu und wir können eine höhere Temperatur messen.

● **Die mittlere kinetische Energie der Teilchen eines Körpers ist ein Maß für seine Temperatur und umgekehrt.**

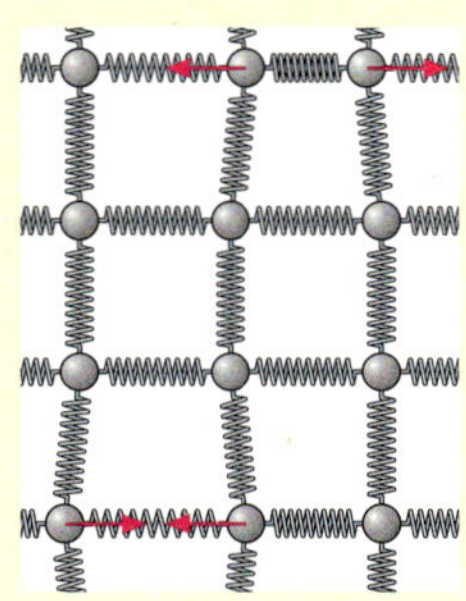

B2 Federmodell

Innere Energie wird berechnet

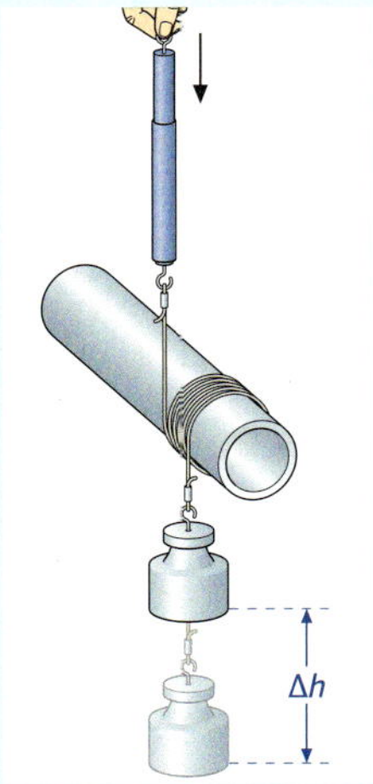

B1 Der ruhende Zylinder bremst das herabsinkende Gewichtsstück.

V1 Binde an ein Ende eines langen Bindfadens einen Gegenstand mit einer Gewichtskraft von mindestens 20 N. Wickle einen Bindfaden mehrfach um ein dünnwandiges Metallrohr oder einen Nagel. Halte das eine Ende des Bindfadens fest und lass den Gegenstand gebremst eine möglichst lange Strecke hinabsinken (→ **B1**). Du kannst eine Erwärmung des Rohres fühlen.

V2 Wenn du in **V1** das Rohr drehst, bleibt der angehängte Gegenstand an seinem Platz, weil das Seil rutscht. Wenn du häufig genug drehst, fühlst du wieder die Erwärmung.

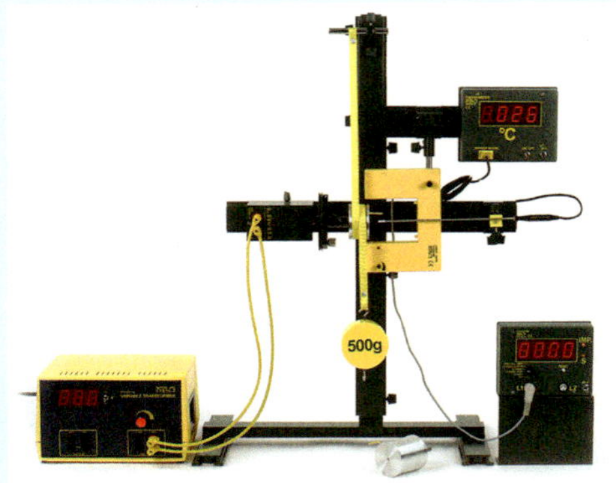

B2 Ein rotierender Zylinder wird gebremst.

In einer Anordnung wie in Abbildung **B2** lassen sich verschiedene Körper statt des Rohres einsetzen. Wieder wird die Temperatur gemessen. Ihre Zunahme hängt von der Anzahl der Umdrehungen, der Masse und dem Material des eingesetzten Körpers ab.

B3 Aus Lageenergie wird innere Energie.

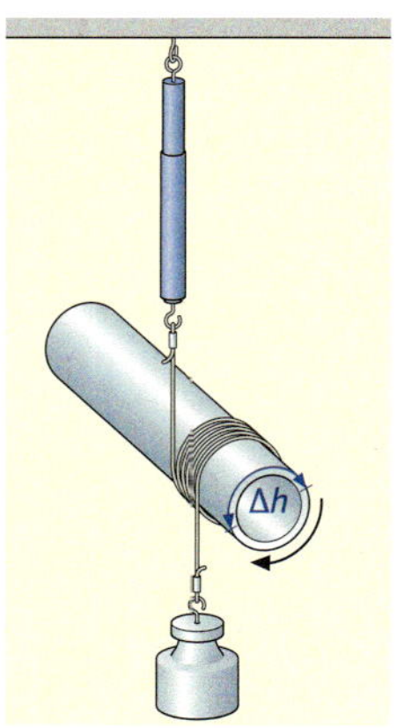

B4 Das ruhende Gewichtsstück bremst den rotierenden Zylinder.

Innere Energie und Lageenergie Wenn man ein Seil herabgleitet (→ **B3**), bremst man sich mit Händen und Füßen ab, um sanft auf dem Boden zu landen. Man spürt an den Händen eine Erwärmung. Ein gebremst herabsinkendes Gewichtsstück (→ **B1**) entspricht dieser Situation. Das Energieflussdiagramm **B5** zeigt den Vorgang unter dem Aspekt Energie.

Die innere Energie soll durch messbare Größen beschrieben werden. Das Prinzip der Energieerhaltung lautet in diesem Fall: Die Änderung der Lageenergie ist gleich der Änderung der inneren Energie, d.h. $\Delta E_L = \Delta E_{innere}$.
Für ΔE_L gilt $\Delta E_L = F_G \cdot \Delta h$. Im Experiment sinkt nicht das Gewichtsstück gebremst herab (→ **B1**), sondern es bremst stattdessen einen rotierenden Zylinder mit dem Radius r (→ **B4**). Bei n Umdrehungen ist dann $\Delta h = n \cdot 2\pi \cdot r$.

Das Diagramm **B6** zeigt Messergebnisse für verschiedene Zylinder:
Aluminium $m = 94\,g$ bzw. $m = 154\,g$
Kupfer $m = 526\,g$

Die Graphen zeigen:
- Je größer die Änderung der inneren Energie ist, desto größer ist die Änderung der Temperatur.
- Bei gleicher Änderung der inneren Energie ist die Änderung der Temperatur umso geringer, je größer die Masse ist.
- Die Temperaturänderung hängt auch von der Stoffart ab.

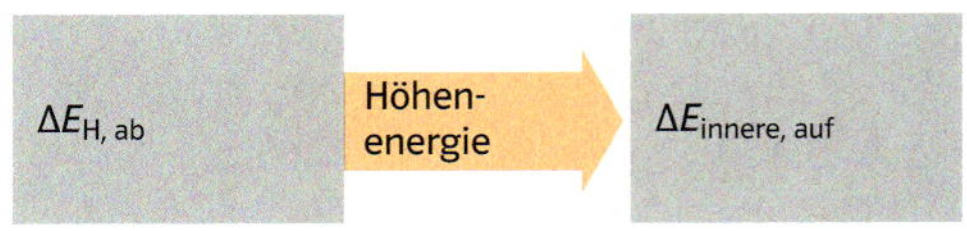

B5 Aus Lageenergie wird innere Energie.

Genauere Untersuchungen ergeben:

● **Die Änderung der inneren Energie eines Körpers mit der Masse *m*, bei dem sich die Temperatur um ΔT ändert, ist:**
$$\Delta E_{innere} = c \cdot m \cdot \Delta T$$

c gibt die Änderung der inneren Energie bei $m = 1\,kg$ und $\Delta T = 1\,°C = 1\,K$ an.

c heißt **spezifische Wärmkapazität**. Ihre Einheit ist $J/(kg \cdot K)$.

A1 Lies aus Diagramm **B6** Messdaten ab und bestimme c für Aluminium und Kupfer.

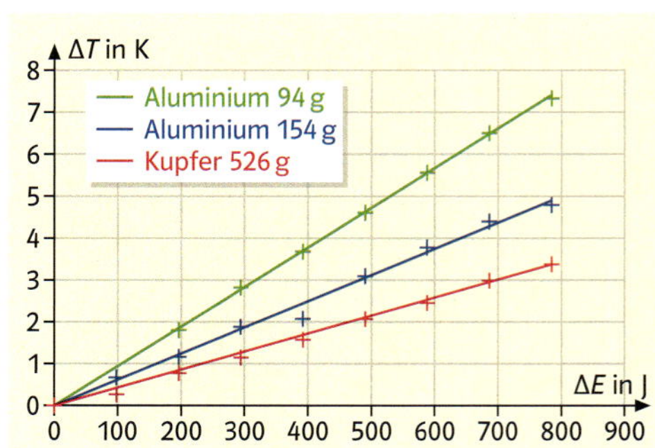

B6 Innere Energie und Temperatur

Wärmekraftmaschinen

Im Bild **B1** ist ein einfaches, zum Selbstbau geeignetes Modell einer **Wärmekraftmaschine** dargestellt. Der Brenner erwärmt die linke Seite des Reagenzglases und die darin befindliche Luft (Phase 1: Erwärmen). Diese dehnt sich aus, strömt nach rechts und veranlasst den Pneumatikbaustein, das Glas auf der rechten Seite nach oben zu drücken (Phase 2: Expansion). Dadurch neigt sich das Rohr nach links unten und die Kugeln rollen nach links. Dabei wird die dort befindliche Luft nach rechts verdrängt. Die Glaswand rechts ist kälter als die Glaswand links, weil Glas ein schlechter Wärmeleiter ist. Folglich gibt die heiße Luft im rechten Bereich Energie an die Glaswand ab und die Luft kühlt sich ab (Phase 3: Abkühlung). Als Folge dessen zieht sie sich zusammen (Phase 4: Komprimierung) und bewirkt, dass der Pneumatikbaustein das Glas auf der rechten Seite absenkt. Die Kugeln rollen nach rechts und verdrängen die abgekühlte Luft wieder nach links, in den heißen Bereich. Der ganze Vorgang wiederholt sich nun.

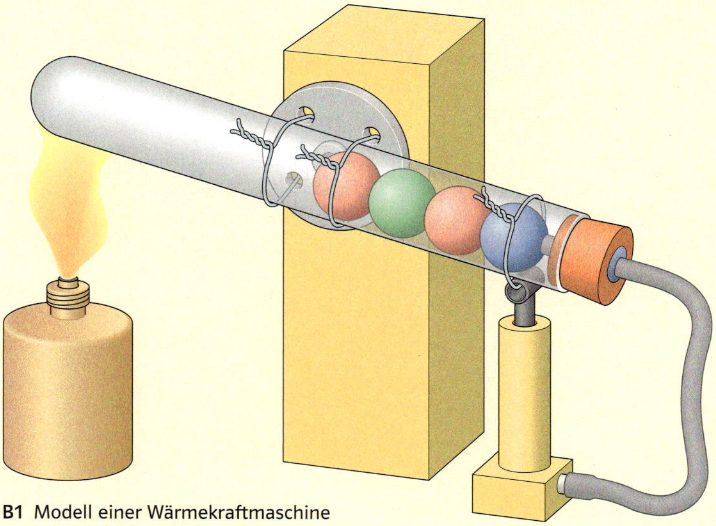

B1 Modell einer Wärmekraftmaschine

Im Prinzip gibt es 4 entscheidende Phasen zu beobachten:

1. Phase: Erwärmen des Gases.
2. Phase: Expansion / Ausdehnung des Gases.
3. Phase: Abkühlen des Gases
4. Phase: Komprimieren / Zusammenziehen des Gases

● **Maschinen, die innere Energie in mechanische Energie umwandeln, heißen Wärmekraftmaschinen.**

Ein Motor, der eine eingeschlossene Gasmenge durch Erhitzen zum Betrieb nutzt, wurde bereits 1816 von Robert Stirling entwickelt. Nach ihm wurde der sog. Stirlingmotor benannt (→ **B2**). Die dabei gewandelte mechanische Energie wird zum Betreiben von Maschinen verwendet. Heutzutage wird der Stirlingmotor zum Beispiel in Parabolspiegelkraftwerken verwendet (→ **B3**).

B2 Stirling-Motor

Die eingestrahlte Sonnenenergie wird von den Hohlspiegeln reflektiert und vom angeschlossenen Stirlingmotor in mechanische Energie umgewandelt. Ein Generator wandelt diese wiederum in elektrische Energie um.

B3

Kompetenz

Messen – Rechnen – Beurteilen

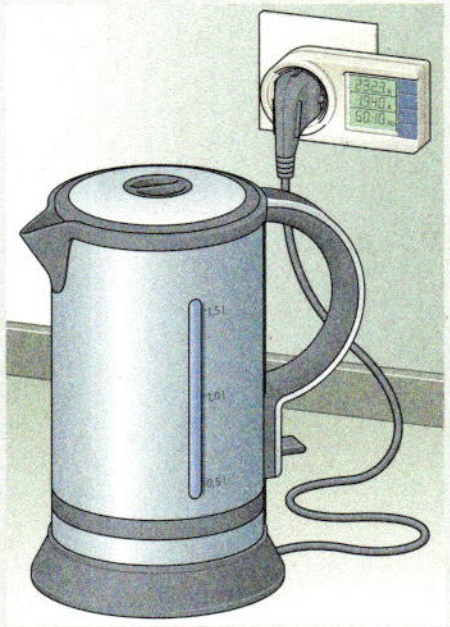

B1 Elektrische Energie wird in innere Energie des Wassers umgewandelt.

In Vorgängen mit Temperaturänderungen spielt die spezifische Wärmekapazität eine Rolle. Sie kennzeichnet einen Stoff. Wir wollen sie für Wasser experimentell ermitteln.

1. Schritt: Wir suchen einen Zusammenhang zwischen messbaren Größen und c. Abbildung **B1** zeigt, wie eine bekannte Gleichung unterschiedlich aufgelöst werden kann.

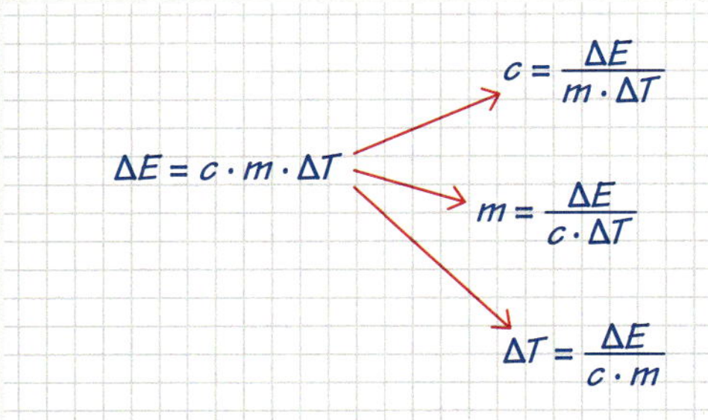

B2 Eine Gleichung wird umgestellt.

2. Schritt: Wir entwickeln anhand der Gleichung eine Idee für ein Experiment.

B3 Idee für ein Experiment

3. Schritt: Wir realisieren das Experiment und ermitteln die Messwerte.

Messwerte:

Zugeführte Energie $\Delta E_{zu} = 0{,}03\,\text{kWh}$
Masse des Wassers $m_W = 1\,\text{kg}$
Anfangstemperatur $\vartheta_a = 19\,°\text{C}$
Endtemperatur $\vartheta_e = 42\,°\text{C}$

4. Schritt: Wir rechnen:

$\Delta E_{zu} = 0{,}03\,\text{kWh} = 108\,\text{kJ}$

$\Delta T = \vartheta_e - \vartheta_a = 23\,°\text{C} = 23\,\text{K}$

spezifische Wärmekapazität

$$c_W = \frac{\Delta E_{zu}}{m_W \cdot \Delta T} = \frac{108\,\text{kJ}}{1\,\text{kg} \cdot 23\,\text{K}} = \frac{4{,}7\,\text{J}}{\text{kg} \cdot \text{K}}$$

5. Schritt: Wir beurteilen unser Ergebnis. Nicht nur das Wasser, sondern auch das Gefäß und die Umgebung werden erwärmt. Nur ein Teil von ΔE_{zu} dient zur Erwärmung des Wassers. In der Gleichung haben wir einen zu großen Wert eingesetzt und daher für c_W einen zu großen Wert erhalten.

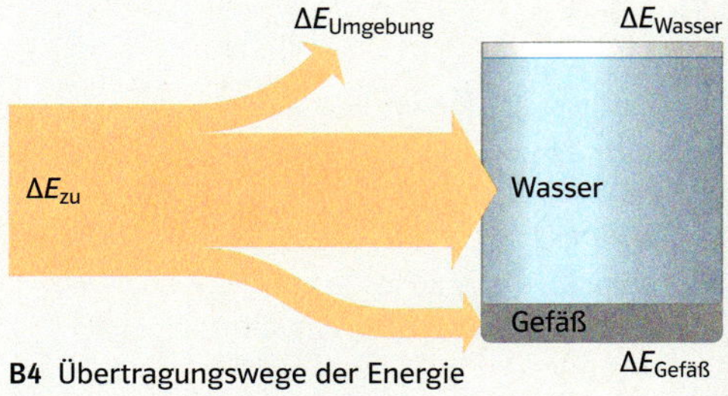

B4 Übertragungswege der Energie

Spezifische Wärmkapazität von Eisen

1 Wir legen ein Stück Eisen in heißes Wasser mit der Temperatur $\vartheta_{E,1}$.
2 Wir nehmen das Eisen heraus und legen es in kaltes Wasser der Temperatur ϑ_W (→ **B5a**).
3 Wir warten und messen die Wassertemperatur $\vartheta_{E,2}$, wenn sie nicht mehr steigt (→ **B5b**).

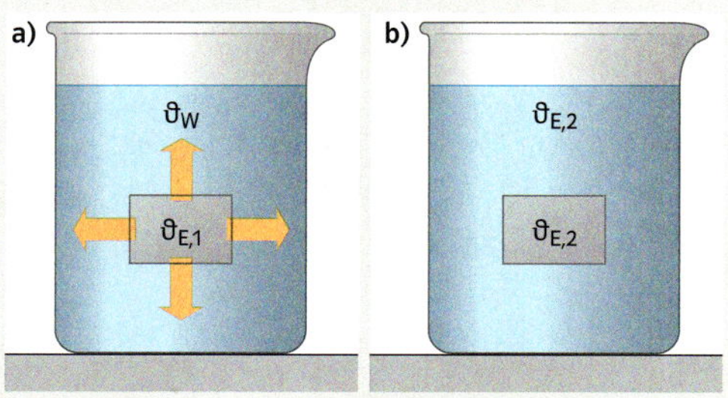

B5 Heißes Eisen in kaltem Wasser (a), warmes Eisen in warmem Wasser (b)

4 Wir messen die Masse des Eisens m_{Eisen} und die des kalten Wassers m_W. Wir entnehmen einer Tabelle den Wert c_W für Wasser.
5 Aus dem Prinzip von der Erhaltung der Energie $\Delta E_{ab} = \Delta E_{zu}$ ergibt sich:

$$c_{Eisen} = \frac{c_W \cdot m_W \cdot (\vartheta_{E,2} - \vartheta_W)}{m_{Eisen} \cdot (\vartheta_{E,1} - \vartheta_{E,2})}$$

A1 Beschreibe die Energieübertragungen in den Schritten 1, 2 und 3.

A2 Beschreibe ΔE_{ab} und ΔE_{zu} durch Gleichungen und leite die Gleichung für c_{Eisen} her.

A3 Berechne c_{Eisen} aus den Werten: $m_{Eisen} = 75\,\text{g}$, $m_W = 60\,\text{g}$, $\vartheta_{E,1} = 70\,°\text{C}$, $\vartheta_W = 19\,°\text{C}$, $\vartheta_{E,1} = 25\,°\text{C}$

↤

Wasser und Strand – Erscheinungen physikalisch erklären

Kompetenz

An einem heißen Sommertag am Strand verbrennt man sich im Sand fast die Füße und sucht im Wasser Kühlung. Dabei führt doch die Sonne beiden in gleicher Weise Energie zu, 2 000 kJ/(h · m²). Sand und Wasser werden erwärmt, weil Sonnenenergie in innere Energie umgewandelt wird.

Über die Beziehung $\Delta T = \frac{\Delta E}{m \cdot c}$ lässt sich der Temperaturanstieg berechnen. Um einen Wert für m zu bekommen, betrachtet man eine Schicht von 1 m² Fläche und 0,1 m Tiefe, d.h. ein Volumen $V = 0{,}1\,\text{m}^3 = 100\,\text{dm}^3$. Daraus ergibt sich mit $m = \varrho \cdot V$.

$m_{\text{Sand}} = 160\,\text{kg}$ und $\Delta T_{\text{Sand}} = 12{,}5\,\text{K}$
$m_{\text{Wasser}} = 100\,\text{kg}$ und $\Delta T_{\text{Wasser}} = 4{,}8\,\text{K}$

Man erkennt einen deutlichen Temperaturunterschied, der unserer Erfahrung entspricht.

A1 Ein Teil der Sonnenenergie wird an der Oberfläche reflektiert, bei Sand 40 %, bei Wasser 5 %. Berechne erneut die Temperaturänderungen.

A2 Sonnenlicht dringt in Wasser tiefer ein als in Sand. Diskutiere den Einfluss auf die Temperaturänderung.

B1 Warum ist der Sand heiß und das Wasser angenehm warm?

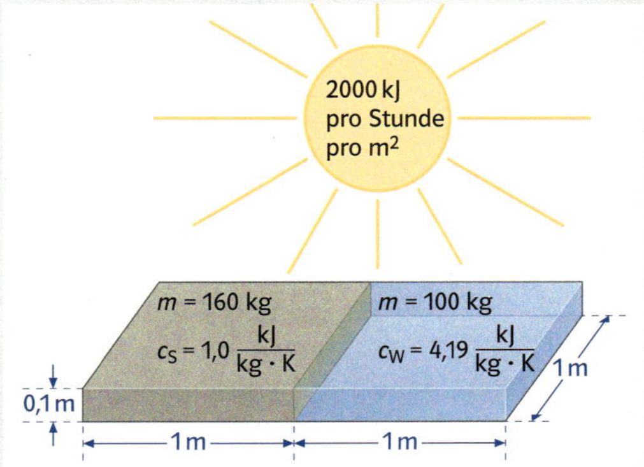

Dichte ϱ
$\varrho_{\text{Wasser}} = 1\,\frac{\text{kg}}{\text{dm}^3}$
$\varrho_{\text{Sand}} = 1{,}6\,\frac{\text{kg}}{\text{dm}^3}$
spezifische Wärmekapazität
$c_{\text{Wasser}} = 4{,}19\,\frac{\text{kJ}}{\text{kg} \cdot \text{K}}$
$c_{\text{Sand}} = 1{,}0\,\frac{\text{kJ}}{\text{kg} \cdot \text{K}}$
Die Sonne liefert
$\Delta E = 2000\,\frac{\text{kJ}}{\text{h} \cdot \text{m}^2}$

↦

B2 Sonnenenergie wird übertragen und in innere Energie umgewandelt.

Die Warmwasserheizung

Physik überall

Zum heutigen Wohnkomfort gehört eine Zentralheizung. Abbildung **B3** zeigt das Funktionsprinzip, das Energieflussdiagramm **B4** Energieumwandlung und -übertragung. In den Heizungen wird Wasser verwendet. Es ist deswegen gut geeignet, weil seine spezifische Wärmekapazität im Vergleich zu anderen Flüssigkeiten groß ist (Wasser 4,19 kJ/kg · K, Öl 2 kJ/kg · K). Die Flüssigkeitsmenge, die erforderlich ist, um die Energie 1 kJ in das Wohnzimmer zu transportieren lässt sich berechnen. Wir nehmen an, dass sich bei der Energieübertragung die Temperatur der Flüssigkeit um 5 °C erniedrigt. Dann gilt

$$m_{\text{Wasser}} = \frac{1\,\text{kJ}}{4{,}19\,\text{kJ/(kg} \cdot \text{K)} \cdot 5\,\text{K}} = 0{,}047\,\text{kg}$$

$$m_{\text{Öl}} = \frac{1\,\text{kJ}}{2{,}0\,\text{kJ/(kg} \cdot \text{K)} \cdot 5\,\text{K}} = 0{,}1\,\text{kg}$$

A3 Verfasse einen Text, in dem du die Funktion der Zentralheizung erläuterst.

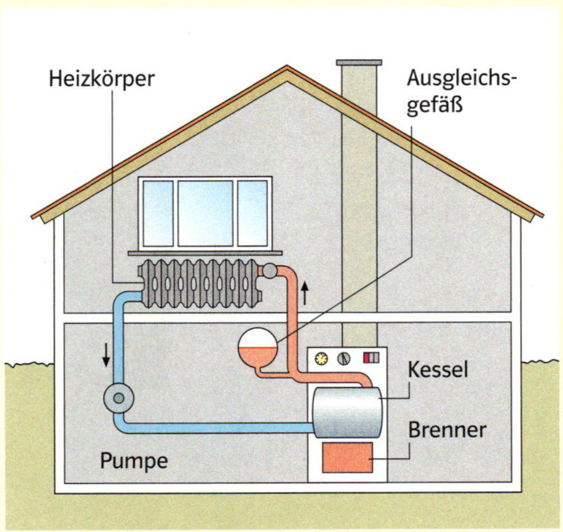

B3 Die Zentralheizung

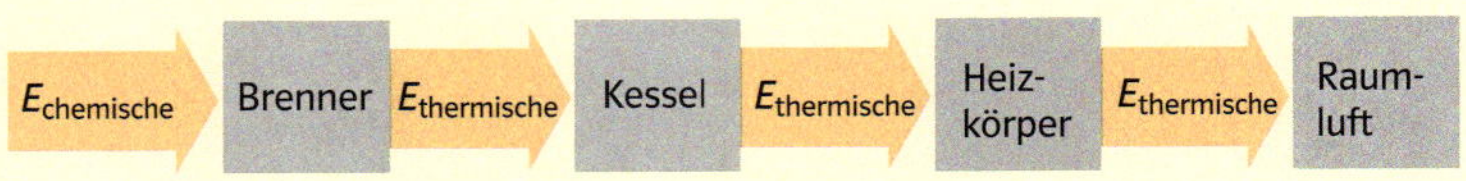

B4 Energieflussdiagramm zur Zentralheizung

Arbeit aus heißem Dampf – Die Geschichte der Dampfmaschine

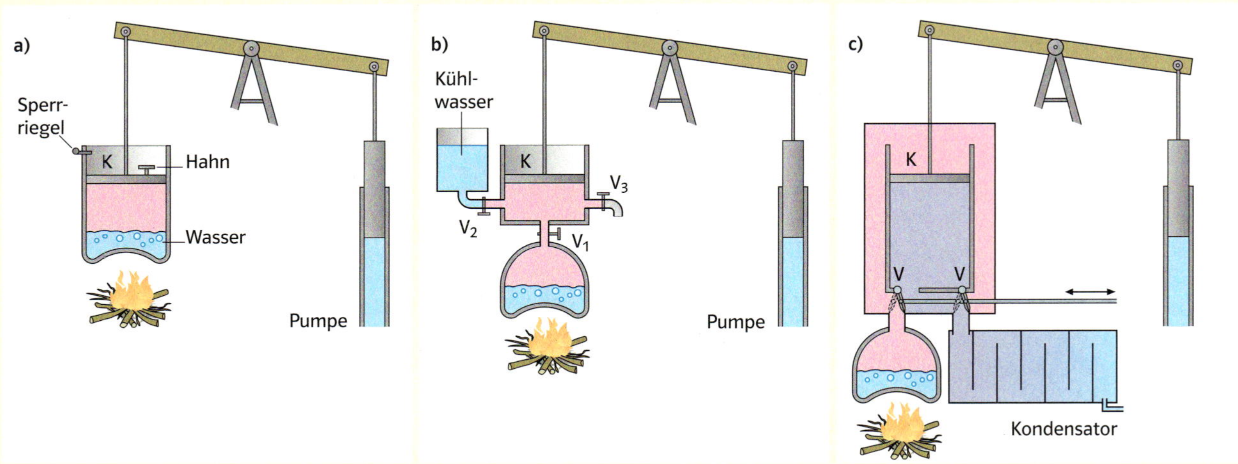

B1 Denis Papin 1690 (a), Thomas Newcomen 1712 (b), James Watt 1765 (c)

B2 Spielzeug-Dampfmaschine mit Hammerwerk

Ende des 17. Jahrhunderts bemühten sich viele Physiker in England um die Entwicklung von Maschinen, die das in die Stollen der Bergwerke einsickernde Grundwasser herauspumpen konnten.

1690 konstruierte **Denis Papin** eine Maschine, in der ein Kolben K in einem Zylinder durch heißen Wasserdampf nach oben bewegt wird. In der höchsten Position wird der Kolben durch einen Sperrriegel festgehalten. Das Feuer wird gelöscht. Nach Abkühlung drückt der Luftdruck den Kolben nach unten. Dabei wird das Pumpengestänge gehoben und Arbeit verrichtet.

1712 verbesserte **Thomas Newcomen** diese Idee, indem er das Wasser nicht mehr direkt im Zylinder erhitzte. Er ließ heißen Dampf durch ein Dampfventil V_1 in den Zylinder strömen. Der Kolben wurde gehoben. Dann wurde das Ventil V_1 verriegelt. Durch Einströmen von Kühlwasser durch das Ventil V_2 konnte der Wasserdampf schnell gekühlt und kondensiert werden, so dass der Kolben durch den äußeren Luftdruck nach unten bewegt wurde. Es brauchte nicht mehr der gesamte Wasservorrat gekühlt zu werden. Durch Ventil V_3 wurde das kondensierte Wasser abgelassen.

1765 gelang es **James Watt**, Ausdehnung und Abkühlung in getrennten Bereichen durchzuführen. Er ließ Auf- und Abwärtsbewegung durch den heißen Wasserdampf ausführen, indem dieser abwechselnd, durch Ventile gesteuert, in den Bereich unter und über dem Kolben strömte. Der im jeweils vorangegangenen Arbeitsgang benutzte Dampf strömte in einen Extrazylinder, den Kondensator, und konnte schnell abkühlen und kondensieren. Dadurch brauchte der Kolben bei der Aufwärtsbewegung nur gegen einen geringeren Druck als den Luftdruck verschoben zu werden.

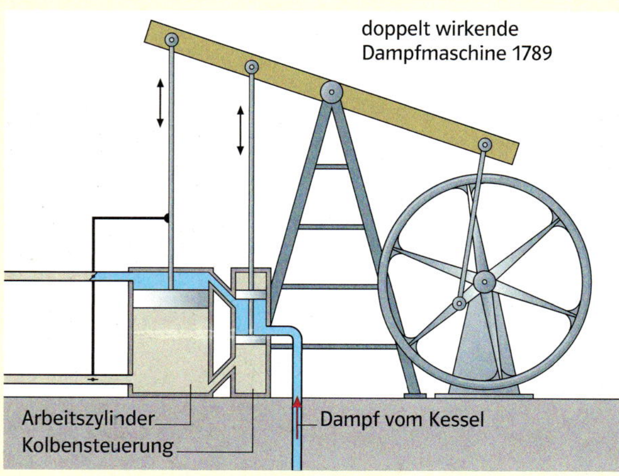

James Watt
(1736 – 1819)

B3 Nachbildung der Dampfmaschine von James Watt

B4 Für die erste deutsche Eisenbahnverbindung von Nürnberg nach Fürth (7.12.1835) wurde eine Dampflokomotive aus England importiert. Die „Adler" erreichte 40 km/h.

Rückblick

1 Begriffe
Was versteht man unter
- Druck?
- Kolbendruck?
- Schweredruck?
- Luftdruck?
- Auftriebskraft?
- innere Energie
- spezifische Wärmekapazität

2 Beobachtungen
Was beobachtet man, wenn
- die Fläche, über die man eine Kraft auf eine Flüssigkeit ausübt, verringert wird?
- der Druck in verschiedenen Wassertiefen gemessen wird?
- zwei über einen Schlauch verbundene Gefäße, die mit Flüssigkeit gefüllt sind, sich in unterschiedlicher Höhe befinden?
- man Luft zusammenpresst?
- man einen Körper aus dem Wasser hebt?
- ein fester Körper mit hoher Temperatur in einen Wasserbehälter eintaucht?

3 Erklärungen
Wie lässt sich begründen, dass
- ein Skifahrer nicht so tief wie ein Fußgänger in den Schnee einsinkt?
- man mit wenig Flüssigkeit einen hohen Druck erzeugen kann?
- es beim Schweredruck nur auf die Höhe der Flüssigkeitssäule ankommt?
- die Erdatmosphäre einen Druck hat?

4 Gesetzmäßigkeiten
Beschreibe mit eigenen Worten
- das Druckgleichgewicht in verbundenen Gefäßen.
- das archimedische Gesetz.
- den Zusammenhang zwischen Druck und Volumen von Gasen.
- den Zusammenhang zwischen Druck und Temperatur von Gasen.
- wie man die innere Energie eines Körpers ändern kann.

Erläutere die Erscheinungen in den folgenden Bildern und beantworte die Fragen!

B1 Welche Erscheinung weist dieser Versuch nach?

B2 Wie wird hier ein Feuer entzündet?

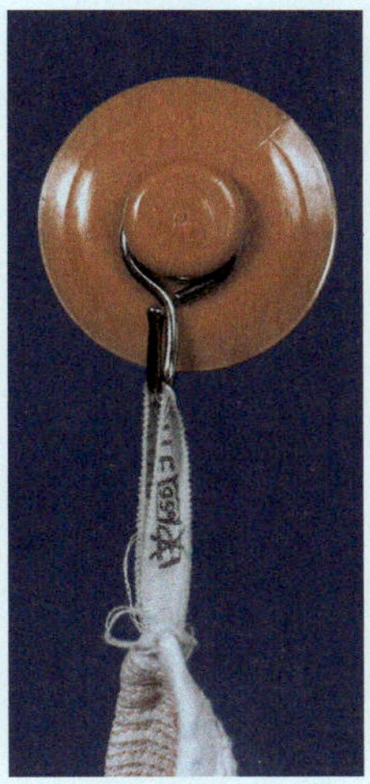
B3 Wieso haftet der Saughaken fest an glatten Flächen?

B4 Welche Energieumwandlungen finden statt?

B5 Warum hat ein Dromedar so breite Füße?

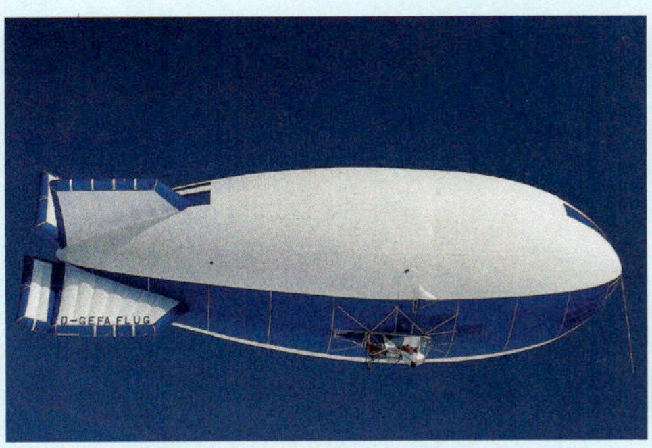
B6 Weshalb kann das Luftschiff fliegen?

B7 Warum muss sich die Ente zum Tauchen anstrengen?

B8 Weshalb wird der Bohrer gekühlt?

Beispiele

1 Bestimmung von Druck und Dichte Mit einem mit Wasser gefüllten U-Rohr wird der Druck in einer unbekannten Flüssigkeit gemessen. Bei 20 cm Eintauchtiefe entsteht im U-Rohr ein Höhenunterschied des Wasserstandes von 15 cm.

a) Berechne den Schweredruck.

b) Bestimme die Dichte der Flüssigkeit.

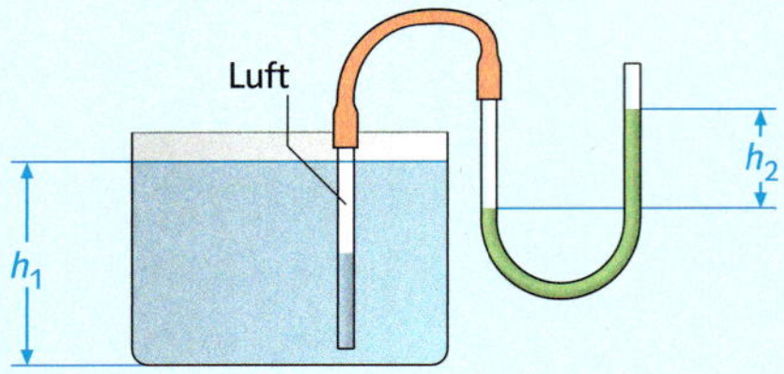

B1

Lösung: a) An der Wasseroberfläche im linken Teil des U-Rohres herrscht der Schweredruck der unbekannten Flüssigkeit. Infolgedessen steigt der Wasserspiegel im rechten Teil des U-Rohres gegenüber dem linken so weit, bis sein Schweredruck gleich dem in der Flüssigkeit bei 20 cm Tiefe ist:

$$p = p_{\text{links}} = p_{\text{rechts}},\ p_{\text{rechts}} = \varrho_{\text{Wasser}} \cdot g \cdot h_2$$

$$p = 998\,\frac{\text{kg}}{\text{m}^3} \cdot 9{,}81\,\frac{\text{N}}{\text{kg}} \cdot 0{,}15\,\text{m} = 1469\,\text{Pa}$$

Der Schweredruck beträgt rund 1,5 kPa.

b) Für den (nun bekannten) Schweredruck in der unbekannten Flüssigkeit gilt:

$$p = \varrho_x \cdot g \cdot h_1,\ \text{also ist: } \varrho_x = \frac{p}{g \cdot h_1}$$

$$\varrho_x = \frac{1469\,\text{Pa}}{9{,}81\,\frac{\text{N}}{\text{kg}} \cdot 0{,}20\,\text{m}} = 750\,\frac{\text{kg}}{\text{m}^3} = 0{,}75\,\frac{\text{g}}{\text{cm}^3}$$

Die Flüssigkeit hat die Dichte $0{,}75\,\text{g/cm}^3$.

2 Abschätzung einer Temperatur Ein glühender Nagel ($m_{\text{Nagel}} = 4\,\text{g}$) wird in 100 g Wasser ($\vartheta = 18\,°\text{C}$) eingetaucht. Das Gefäß hat eine Wärmekapazität, die der von 10 g Wasser entspricht. Nach kurzer Zeit beträgt die Temperatur von Wasser und Gefäß 22 °C. Bestimme die Temperatur des glühenden Nagels.

Lösung: Der Nagel gibt Energie an das Wasser und an das Gefäß ab. Auch die umgebende Luft erhält einen Anteil, der hier jedoch nicht weiter berücksichtigt wird.

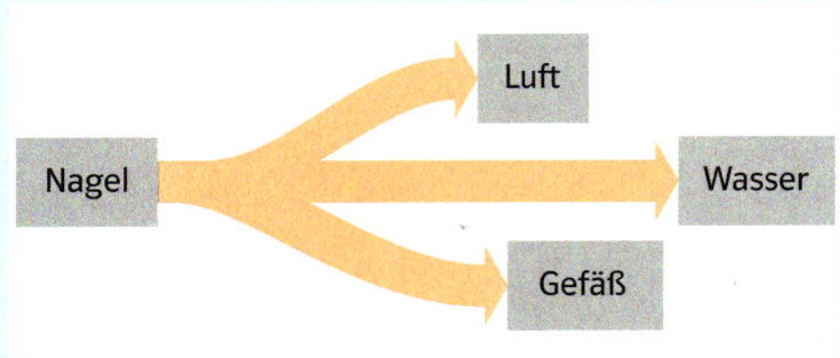

Das Wasser erhält auf Grund der gemessenen Temperaturänderung die Energie:

$$\Delta E_{\text{Wasser}} = c_{\text{Wasser}} \cdot m_{\text{Wasser}} \cdot \Delta\vartheta_{\text{Wasser}}$$

$$= 4{,}19\,\frac{\text{J}}{\text{g} \cdot \text{K}} \cdot 100\,\text{g} \cdot 4\,\text{K} \approx 1676\,\text{J}$$

Das Gefäß nimmt dabei die Energie auf:

$$\Delta E_{\text{Gefäß}} = c_{\text{Wasser}} \cdot m_{10\,\text{g Wasser}} \cdot \Delta\vartheta_{\text{Gefäß}}$$

$$= 4{,}19\,\frac{\text{J}}{\text{g} \cdot \text{K}} \cdot 10\,\text{g} \cdot 4\,\text{K} \approx 168\,\text{J}$$

Der Eisennagel gibt mindestens die Energie

$$\Delta E_{\text{Wasser}} + \Delta E_{\text{Gefäß}} = 1844\,\text{J}$$

ab. Da seine Energie abnimmt, gilt

$$\Delta E_{\text{Nagel}} = -1844\,\text{J}$$

Bei bekannter spezifischer Wärmekapazität von Eisen lässt sich daraus die zugehörige Temperaturänderung abschätzen:

$$\Delta E_{\text{Nagel}} = c_{\text{Eisen}} \cdot m_{\text{Nagel}} \cdot \Delta\vartheta_{\text{Nagel}}$$

$$\Delta\vartheta_{\text{Nagel}} = \frac{-1844\,\text{J}}{0{,}45\,\text{J}/(\text{g} \cdot \text{K}) \cdot 4\,\text{g}} \approx -1024\,\text{K}$$

Die Anfangstemperatur muss also mindestens 1024 K höher als die Endtemperatur des Nagels von 22 °C bzw. 295 K gewesen sein. Die Anfangstemperatur des Nagels ergibt sich demnach zu

$$T_{\text{Anfang}} = (295 + 1024)\,\text{K} = 1319\,\text{K}$$

bzw.

$$\vartheta_{\text{Anfang}} = 1046\,°\text{C}$$

Heimversuche

1 Spitze Sachen Nimm ein etwas stärkeres Stück Pappe (z. B. Verpackungsmaterial). Versuche mit der Spitze oder dem Kopf von Nägeln die Pappe zu durchstoßen (**VORSICHT!**). Erkläre die Beobachtungen mit dem Druckbegriff.

2 Woraus sind 10-Cent-Münzen? Welche spezifische Wärmekapazität haben 10-Cent-Münzen ($m = 4\,\text{g}$)? Fülle 100 g warmes Wasser in einen Plastikbecher und lege 10 Münzen hinein. Miss jeweils die Temperaturen, vorher und nachher, und berechne die spezifische Wärmekapazität der Münzen. Aus welchem Stoff können die Münzen sein?

Heimversuche

3 Die Eintauch-Waage Nimm ein Glas mit einem schweren Boden. Bringe seitlich einen Klebestreifen an. Lass das Glas im Wasser schwimmen. Fülle mit Hilfe eines Messbechers nacheinander 20 cm³, 40 cm³ … Wasser in das Glas und markiere jeweils auf dem Klebestreifen die Eintauchtiefe. Die Markierungen entsprechen 20-g-Schritten. Trockne das Glas innen und bestimme damit die Masse anderer in das Glas gelegter Gegenstände.

4 Sinken, Steigen, Schweben Zerknülle ein Stück Alu-Folie so fest zu einer Kugel zusammen, dass sie gerade noch in Wasser schwimmt. Lege die Kugel in eine verschließbare Getränkeflasche aus Kunststoff und fülle die Flasche randvoll mit Wasser. Nach dem Verschließen der Flasche kannst du die Alu-Kugel durch Drücken auf die Flaschenwand im Wasser sinken, steigen und schweben lassen.

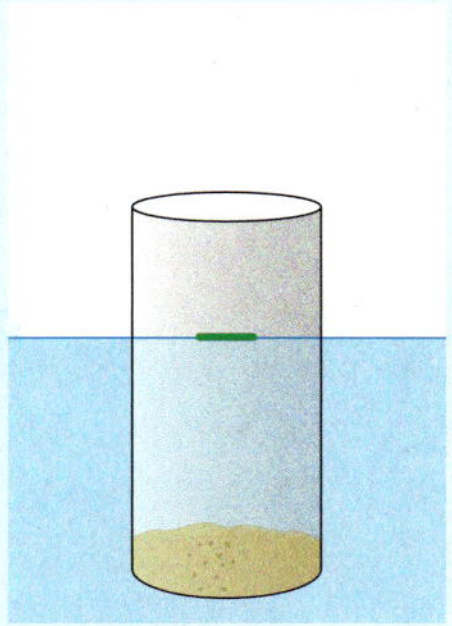

B1 Zu Versuch 3

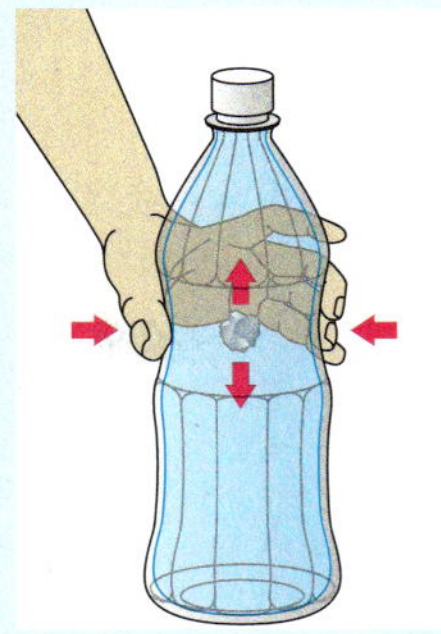

B2 Zu Versuch 4

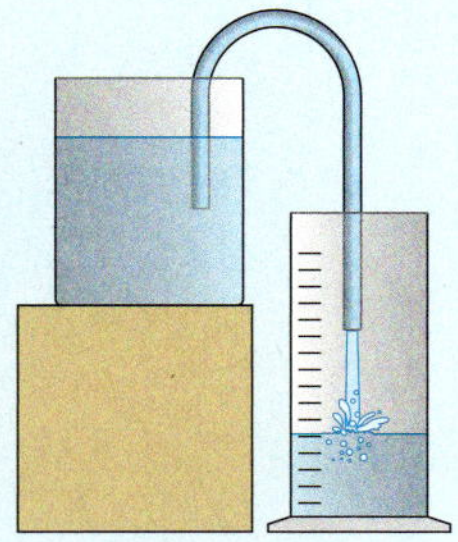

B3 Zu Versuch 5

5 Winkelheber Fülle einen Schlauch vollständig mit Wasser. Halte das eine Ende in ein gefülltes Waschbecken und das andere Ende in einen leeren Eimer, der auf dem Boden steht. Gib die Öffnungen des Schlauches frei. Beschreibe und erkläre.

Aufgaben

Zum Auflagedruck

1 Ein Mauerziegel (25 cm × 12 cm × 5 cm) mit der Masse 2,4 kg liegt mit seiner größten Fläche auf einer Unterlage. Berechne den Auflagedruck. Wie verändert sich der Auflagedruck, wenn zwei, drei … Ziegel übereinander geschichtet werden?

2 Modische Damenschuhe haben oft sehr schmale Absätze. Berechne den Druck unter solch einem Pfennigabsatz mit $A = 0{,}5\,\text{cm}^2$, wenn kurzzeitig das gesamte Körpergewicht, $F_G = 600\,\text{N}$, auf einen Absatz wirkt.

3 Das Eis auf einem See soll einem Auflagedruck von $7\,\text{N/cm}^2$ standhalten. Schätze ab, ob du die Eisfläche betreten kannst.

4 Welche Flasche in Abbildung **B4** platzt zuerst, wenn die Kraft F immer größer wird?

Druck in Flüssigkeiten

5 Berechne den Druck in der Leitung, wenn du mit dem Daumen den geöffneten Wasserhahn ($A = 2\,\text{cm}^2$) mit der Kraft von 40 N zuhalten kannst.

6 Jacques Piccard erreichte 1962 mit dem Tauchboot „Trieste" im Stillen Ozean eine Tauchtiefe von 10 916 m. Berechne den Druck in dieser Tiefe und die Kraft, die dabei auf jeden dm² der Tauchkugel wirkt.

7 Wie tief muss ein Druckmessgerät in Glycerin eintauchen, damit der Schweredruck so groß wie in 1 m Wassertiefe ist?

8 a) Berechne den Druck am Boden eines Zylinders, der 30 cm hoch mit Petroleum gefüllt ist.
b) Berechne den Druck in dem am Rand abgebildeten Gefäß an den Stellen A, B und C, wenn es mit Petroleum gefüllt wird (→ **B5**).

9 Mit einer hydraulischen Hebebühne soll ein Körper der Gewichtskraft $F_2 = 60\,\text{kN}$ um $s_2 = 2\,\text{m}$ angehoben werden. Die Fläche des kleinen Kolbens an der Pumpe beträgt $A_1 = 5\,\text{cm}^2$, die des großen Kolbens für die Hebebühne $A_2 = 400\,\text{cm}^2$.
a) Berechne den Druck in der Flüssigkeit in Pa und die notwendige Kraft am Pumpenkolben.
b) Um welche Wegstrecke muss der Pumpenkolben bewegt werden?

10 Zwei Glasrohre mit den Querschnittsflächen $A_1 = 40\,\text{cm}^2$ und $A_2 = 20\,\text{cm}^2$ sind miteinander verbunden und teilweise mit Wasser gefüllt. In das engere Rohr wird 40 cm³ gefärbtes Petroleum geschüttet (→ **B6**).
a) Berechne den Höhenunterschied der Flüssigkeitssäulen in beiden Rohren.
b) Wie viel Petroleum muss in das größere Rohr geschüttet werden, damit der Wasserspiegel im kleineren Rohr wieder die ursprüngliche Höhe einnimmt?

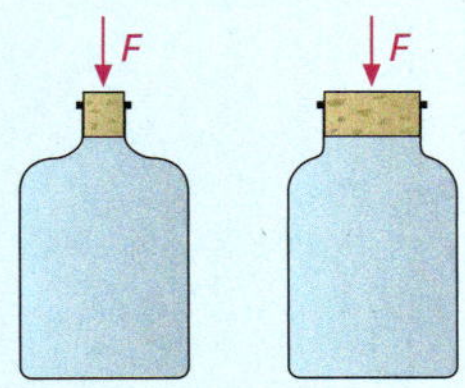

B4 Zu Aufgabe 4

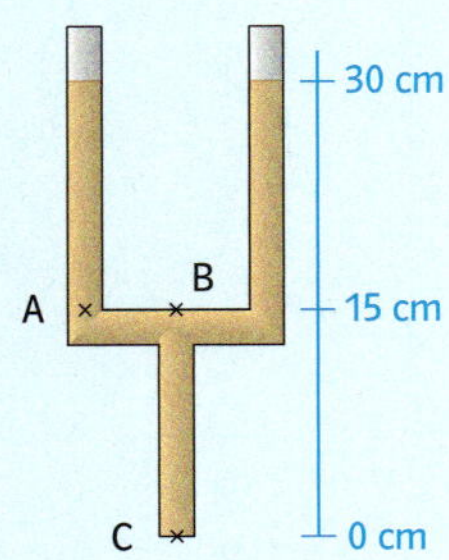

B5 Zu Aufgabe 8b

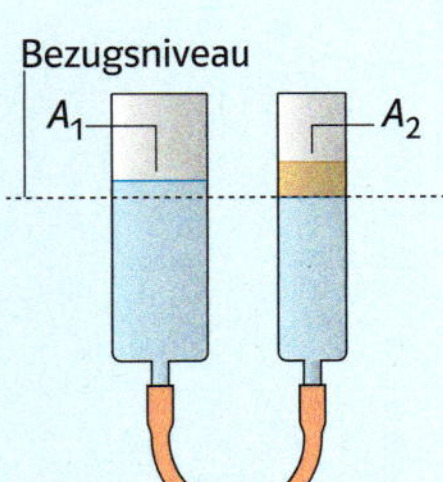

B6

Aufgaben

11 Von dem Wissenschaftler Blaise Pascal (1623 – 1662) wird berichtet, er habe ungläubigen Zuschauern vorgeführt, wie mit wenigen Gläsern Wein ein stabiles Fass zum Platzen gebracht werden kann (→ **B1**). Zu diesem Zweck steckte er ein langes dünnes Rohr in ein bereits volles Fass, stieg auf den Balkon eines Hauses und begann, das Rohr mit Wein zu füllen, bis das Fass plötzlich mit lautem Knall zerbarst. Gib eine Erklärung!

B1

Zum Luftdruck

12 a) Mit welcher Kraft wirkt die umgebende Luft auf deine Handfläche (A = 100 cm^2)? Warum wird sie nicht zerquetscht?
b) Weshalb haben große Passagierflugzeuge Druckkabinen?

13 Wasser wird mit einem Trinkhalm in eine Höhe von 20 cm gesaugt. Wie groß ist der Luftdruck in der Mundhöhle, wenn der Außendruck 1 000 hPa beträgt?

14 Früher wurden häufig Quecksilberbarometer verwendet (→ **B2**). Warum fließt das Quecksilber nicht aus dem Glasrohr? Wie hoch steht die Quecksilbersäule bei einem Luftdruck von 1 013 hPa?

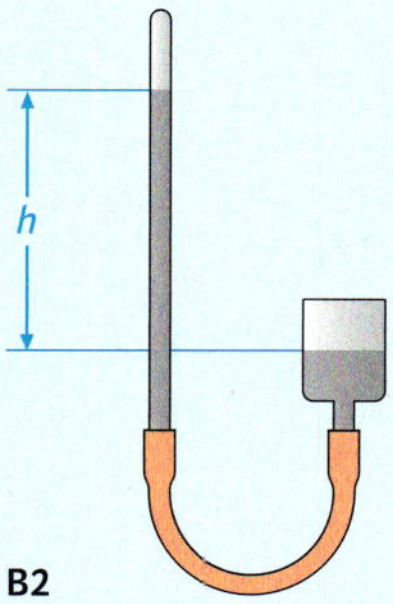

B2

15 Wie ändert sich das Volumen einer Luftblase, die vom Grunde eines Sees aufsteigt?

16 In eine Spritze wird Wasser eingesaugt. Erläutere dies aus physikalischer Sicht.

17 Entnimm dem nachfolgenden *p*-*h*-Diagramm die Werte für den Luftdruck auf folgenden Bergen: Brocken 1142 m, Zugspitze 2 963 m, Montblanc 4 807 m, Mount Everest 8 848 m. Schätze, wie hoch er am Meer und an deinem Heimatort ist. Lege eine Tabelle an!

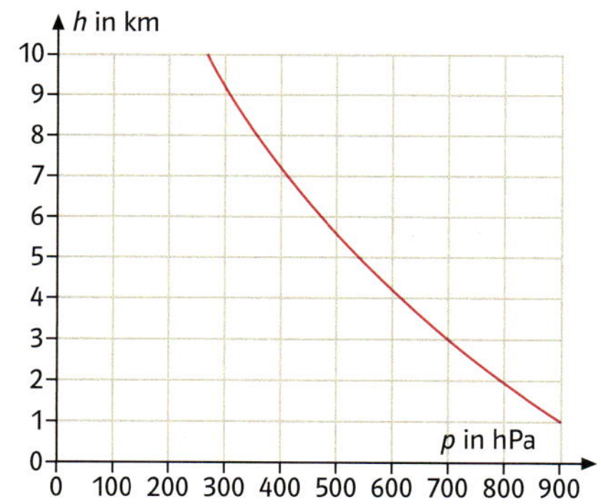

B3

Auftrieb

18 a) Ein Körper hängt an einem Kraftmesser. Er zeigt in Luft 0,54 N an. Ist der Körper ganz in Wasser eingetaucht, so zeigt er 0,34 N an. Wie groß ist die Dichte des Körpers?
b) Welche Dichte hat die Flüssigkeit, wenn die Anzeige beim selben Körper 0,38 N ist?

19 a) Ein Styroporblock (ϱ_{Styr} = 0,02 g/cm^3) wird an einen Aluminiumblock mit gleichem Volumen geklebt. Schwimmt diese Kombination auf Wasser?
b) Körper aus Styropor und Eisen werden verklebt. Wie muss das Volumenverhältnis sein, damit die Kombination in Wasser schwebt?

20 Ein Ballon mit 2 m^3 Volumen ist mit Helium gefüllt. Ballonhülle, Seile und Tragekorb wiegen zusammen 8,6 N. Welche Nutzlast kann der Ballon transportieren?

Innere Energie

21 Ein Schmied behauptet, er habe das Stück Eisen nur durch Hämmern zum Glühen gebracht. Beurteile diese Behauptung. Erläutere dabei, was mit den Teilchen im Eisen beim Hämmern passiert.

22 Begründe, weshalb man häufig Wasser als Kühlmittel verwendet.

23 120 g Wasser mit der Temperatur ϑ_1 = 18 °C werden mit 80 g Wasser mit der Temperatur ϑ_2 = 42 °C vermischt. Welche Temperatur ergibt sich?

24 Ein Einfamilienhaus ohne Keller besteht aus etwa 90 t Steinen (c_{Stein} = 0,71 kJ/(kg · K).
a) Welche Energie ist nötig, um die Temperatur der Steine von 10 °C auf 20 °C zu erhöhen?
b) Wie lange braucht hierfür eine Heizungsanlage, die pro Sekunde 18 kJ abgeben kann?
c) Welche Menge an Heizöl wird benötigt, wenn beim Verbrennen von 1 l Heizöl etwa 33,6 MJ umgesetzt werden und hiervon nur etwa 90 % für die Erwärmung des Heizungswassers zur Verfügung stehen?

25 Bei einem Wasserfall wandelt sich die Lageenergie des Wassers in innere Energie um.
a) Aus welcher Höhe muss 1 kg Wasser herabfallen, so dass sich seine Temperatur um 1 K erhöht?
b) Wie groß ist dann die Temperaturerhöhung beim höchsten Wasserfall der Erde (987 m)?

Vorhaben **Radioaktivität**

Versuche in „Forschungsvorhaben" unterschiedliche Aspekte der Kern- und Atomphysik zu klären.

Natürliche Strahlung in vielen Häusern weitaus höher als angenommen

Studie nennt Erdstrahlung, Baumaterialien und schlechte Lüftung als Risikofaktoren

Karlsruhe (wl). In bundesweit rund 6 000 Wohnungen liegt die Strahlenbelastung aus natürlicher Radioaktivität zum Teil erheblich über dem für Kernkraftwerks-Mitarbeiter festgelegten Grenzwert von 2 000 Millirem jährlich. In einer dreijährigen, gemeinsam vom Bundesministerium und vom Kernforschungszentrum Karlsruhe durchgeführten Repräsentativuntersuchung von 6 000 Wohnungen wurden Spitzenbelastungen von bis zu 3 600 Millirem pro Jahr gemessen. Als Risikofaktoren ergaben sich vor allem hohe natürliche Erdstrahlung, Naturböden im Haus und eine unzureichende Lüftung der Wohnräume.

Nach den jetzt vom Karlsruher Kernforschungszentrum veröffentlichten Ergebnissen der ersten Repräsentativuntersuchung von bundesweit

Tagen. Die Radonanreicherungen in Gebäuden stammen vor allem aus dem Untergrund, teilweise aber auch aus der Verwendung natürlicher Baustoffe

fallsprozesse innerhalb der Wände: So wurden besonders häufig hohe Konzentrationen in älteren Gebäuden mit Naturstein- oder

Ganz entscheidend für die Radonanreicherungen aber scheinen die Lüftungsgewohnheiten der Bewohner zu sein. Hier eröffnet sich

Was wird erwartet? Radioaktivität spielt im Alltag und in der Forschung eine große Rolle. Aufgrund gesetzlicher Bestimmungen können in der Schule nur wenige Experimente dazu durchgeführt werden, gleichzeitig gibt es aber vielfältige leicht zugängliche Materialien zu dem Thema.

Deshalb kann der Themenkreis „Atom- und Kernphysik" von Schülerinnen und Schülern durch Recherchen erarbeitet und anschließend präsentiert werden.

Klärt zunächst in der Klasse, was ihr zu dem Thema schon wisst, sammelt dann Fragen z. B. zum **Nachweis**, den **Wirkungen**, den **Eigenschaften** und den **Ursachen** von Radioaktivität. Bildet vier Gruppen, die sich dieser Fragen annehmen. Jede Gruppe präsentiert der Klasse ihr Thema.

- Formuliert die Gruppenthemen genau.
- Erstellt einen Zeitplan.
- Plant eure Recherchen bzw. möglichen Experimente.
- Sichtet und ordnet die erhaltenen Informationen, protokolliert die experimentellen Ergebnisse.
- Tragt alle Informationen der Gruppe zusammen und erarbeitet gemeinsam die Präsentation.

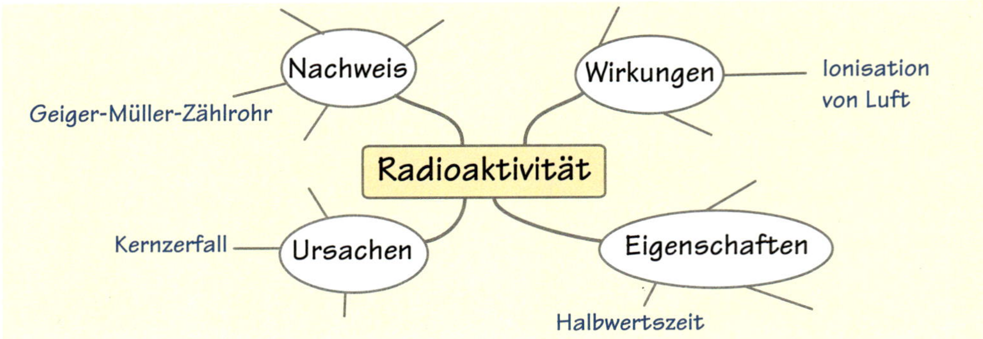

Hilfen zur Vorbereitung:
- erweitert die oben abgebildete Mindmap um alle Fragen und Begriffe, die in der Klasse genannt werden,
- erarbeitet in den Gruppen Unterthemen und verteilt sie auf die Gruppenmitglieder,
- verwendet zur Informationsbeschaffung dieses Buch aber auch andere Quellen,
- mit dem Lehrer wird abgesprochen, ob Experimente durchgeführt werden,
- die Gruppe trägt alle Ergebnisse zusammen und verschafft sich einen Überblick.

Hilfen zur Präsentation:
- eine Gruppe erstellt mehrere Plakate, die zweite eine PowerPoint-Präsentation, die dritte ein Referat mit Handout und die vierte eine Infobroschüre,
- jede Gruppe bereitet Aufgaben (z. B. aus diesem Buch) zu ihrem Thema vor, welche die Klasse nach der Präsentation bearbeitet,
- dabei stehen die Gruppenmitglieder als Experten für Fragen zur Verfügung.

Weitere Aspekte zum Thema Für den Schutz der Bevölkerung und der Umwelt vor Strahlung aus der gezielten Nutzung von Radioaktivität ist folgender Grenzwert (effektive Dosis) in der europäischen Richtlinie 96/29/EURATOM und der deutschen Strahlenschutzverordnung (StrlSchV) festgelegt:
- 1 mSv pro Jahr für die Bevölkerung.

Für volljährige Personen (mit Ausnahme von schwangeren und stillenden Frauen), die beruflich strahlenexponiert sind, gelten nach den o. g. Rechtsnormen folgende Grenzwerte (effektive Dosis):
- 20 mSv pro Jahr,
- 50 mSv pro Jahr (Einzelfall, dabei dürfen in fünf aufeinander folgenden Jahren 100 mSv nicht überschritten werden).

Radioaktivität und Kernenergie

Ist im Gebirge die radioaktive Strahlenbelastung höher?

Online-Link
772425-1100

Atome

V1 Fülle Kochsalz in 50 ml destilliertes Wasser. Nach kurzer Zeit ist das Salz verschwunden, es entsteht eine klare Lösung. Prüfe, wie viel Salz sich in 50 ml destilliertem Wasser lösen lässt. Dann liegt eine gesättigte Lösung vor.

V2 Stelle eine gesättigte Lösung von Kochsalz her. Fülle sie in eine flache Schale. Stelle sie an einen ruhigen Ort. Nach längerer Zeit (evtl. nach Tagen) ist das Wasser verdunstet. Salz wird wieder sichtbar (→ **B1**).

B1 Salzkristalle

Bilder von Atomen In der Chemie hat sich die Vorstellung bewährt, alle Stoffe seien aus kleinsten Teilchen, den Atomen zusammengesetzt. Sie geht auf die Griechen Leukipp und Demokrit (→ **B2**) zurück. Sie hatten auch Vorstellungen von ihrem Aussehen (→ **B4**). Salze bilden Kristalle mit vielfältigen aber regelmäßigen Formen (→ **B3**). Wie beim Bauen mit Legosteinen kann man diese Formen auf kleinste Bausteine zurückführen.

In der Gastheorie stellt man sich die Atome als kleine feste elastische Kugeln vor, die in ständiger Bewegung sind. Auf die Bewegung der unsichtbaren Atome schloss Brown aufgrund der Bewegung sichtbarer Teilchen, die von den unsichtbaren angestoßen werden. Noch im 19. Jahrhundert waren nicht alle Physiker von der Existenz der Atome überzeugt.

B2 Demokrit

B4 „Atombilder" nach Demokrit

B3 Salzkristall

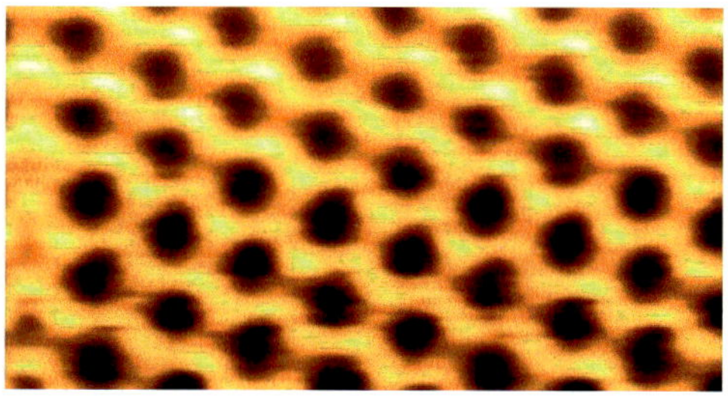

B5 Graphitoberfläche

B6 Xenon-Atome auf einer Nickeloberfläche

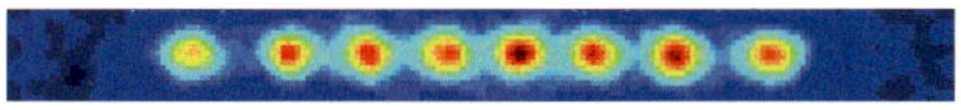

B7 Ionen in der Falle

Bis ins 20. Jahrhundert hinein waren Bilder von Atomen Phantasievorstellungen oder Modelle, die gut zu experimentellen Befunden passten.

Mit moderner Technik lassen sich einzelne Atome erkennen. Im Rasterkraftmikroskop registriert eine extrem feine Spitze Kräfte, wenn sie in die Nähe eines Atoms gerät. Damit kann die Anordnung der Atome auf der Graphitoberfläche in ein sichtbares Bild übersetzt werden (→ **B5**). Man kann sogar einzelne Atome gezielt bewegen und in eine Anordnung bringen (→ **B6**).

Mit Hilfe elektrischer und magnetischer Kräfte lassen sich einzelne elektrisch geladene Atome (Ionen) in Fallen festhalten. Man kann sie beleuchten, das dann von ihnen ausgehende Licht registrieren und schließlich auf einem Bildschirm sichtbar machen (→ **B7**).

A1 Diskutiert die Frage: „Was ist zwischen den Atomen?".

A2 Deute Beobachtungen zu **V1** und **V2** auf der Grundlage der Teilchenvorstellung.

► S. 250 Struktur der Materie

Abschätzen der Größe von Atomen

Aus Versuchen mit Ölflecken lässt sich die Größe von Atomen abschätzen. Öl schwimmt auf der Wasseroberfläche und bildet einen kreisförmigen Fleck. Bei gleicher Ölmenge ergeben sich immer gleich große Flecken. Bei doppelter Ölmenge entstehen Ölflecken mit doppelt so großer Fläche. Die Fläche des Flecks ändert sich auch nicht, wenn sich der Fleck nach Umrühren wieder neu bildet. Daraus schließt man, dass die Schichtdicke bei allen Flecken derselben Ölmenge gleich ist. Wir nehmen an, dass ein Fleck immer nur aus einer Schicht nebeneinander liegender Ölteilchen besteht.

Wie groß sind Atome?

Versuch: Öl und Leichtbenzin werden im Verhältnis 1 : 1000 gemischt. Ein Tropfen der Mischung wird auf die Wasserfläche getropft und schiebt Schwefelpulver zur Seite. Leichtbenzin verdunstet. Zurück bleibt ein Fleck, der nur vom Öl gebildet wird.

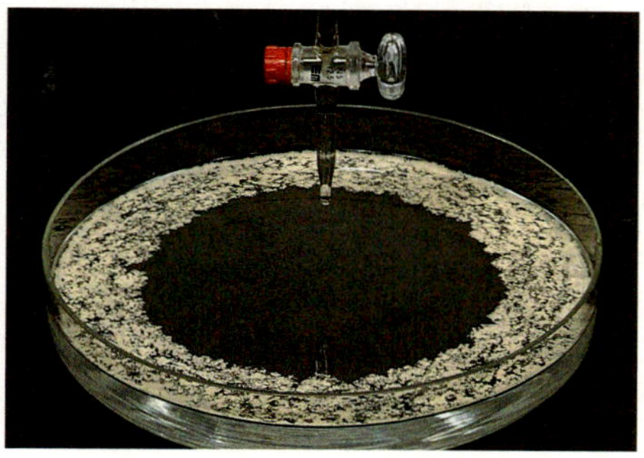

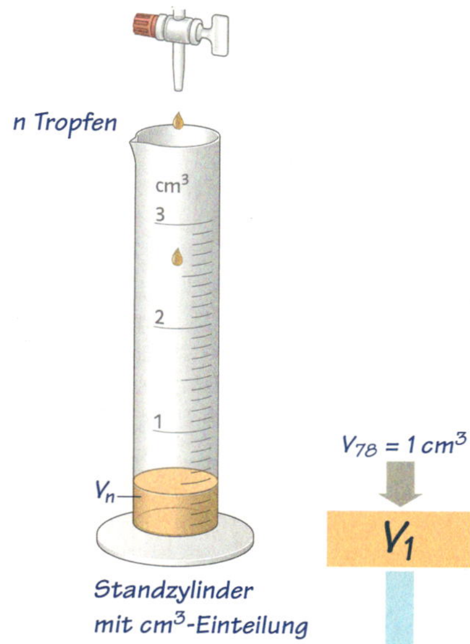

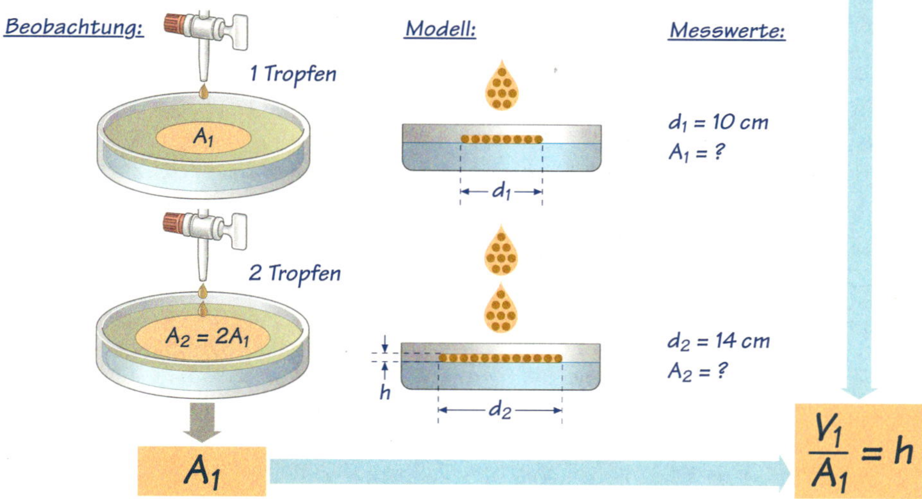

A1 Beschreibe den im Plakat dargestellten Gedankengang in einem ausführlichen Text.

A2 Schreibe eine Anleitung zur Durchführung des Ölfleckversuchs.

A3 Bestätige für den Durchmesser der Ölmoleküle den Wert ca. $10^{-10}\,m$.

A4 Beschaffe dir im Internet zusätzlich Informationen zur Größe von Atomen.

Aufbau der Atome

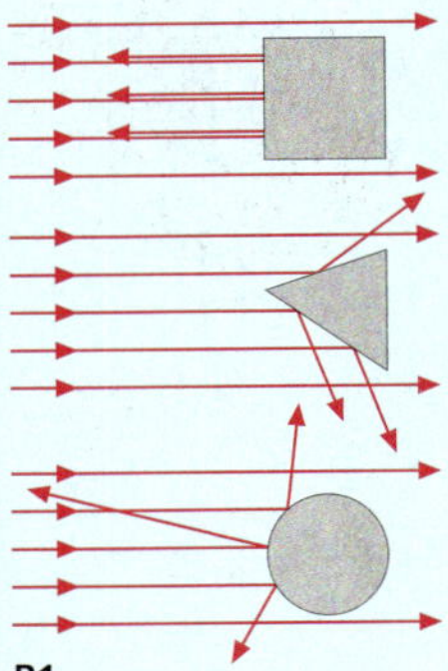

B1

V1 In einer Röhre trifft ein Elektronenstrahl auf eine sehr dünne Graphitfolie. Auf einem Leuchtschirm ist ein von hellen Ringen umgebener heller Fleck zu sehen (→ **B2**).

V2 Lass elastische Kugeln gegen verschieden geformte feste Gegenstände rollen. Sie werden je nach Körperform und Auftreffpunkt auf unterschiedliche Bahnen abgelenkt (→ **B1**).

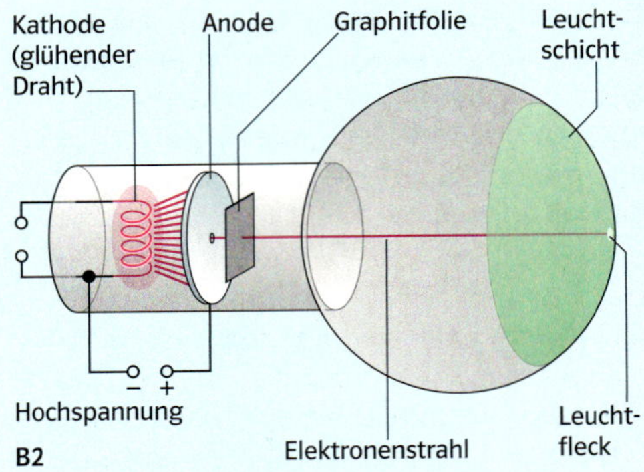

B2

Ernest Rutherford (1871–1937)

Das Kern-Hülle-Modell In der Chemie hat sich die Vorstellung, alle Stoffe seien aus kleinsten Teilchen, den Atomen, aufgebaut bei der Erklärung vieler Beobachtungen bewährt. Dass Elektronen durch eine scheinbar dichte Materialschicht hindurchtreten können, war für den englischen Physiker **Ernest Rutherford** Anlass zur näheren Untersuchung: Er ließ positiv geladene Heliumteilchen auf eine Goldfolie treffen und beobachtete, dass der weitaus größte Teil der Heliumteilchen die Folie ohne größere Richtungsänderung durchdringen konnte (→ **B3**). Nur einige Teilchen wurden stark abgelenkt, sehr wenige prallten sogar zurück. Rutherford schloss daraus:

1 Da sich Gold nicht zusammenpressen lässt, müssen seine Atome in der Folie dicht gepackt sein. Deshalb können die Heliumteilchen die Folie nur durchdringen, wenn die Atome selbst durchdringbar sind.

2 Da einige Heliumteilchen abgelenkt oder zurückgeworfen werden, muss es im Atom undurchdringbare Bereiche geben. Diese Bereiche müssen wegen der Abstoßung der positiven Heliumteilchen auch positiv geladen sein und gegenüber den Heliumteilchen eine große Masse haben.

3 Da nur wenige Teilchen abgelenkt oder zurückgeworfen werden, müssen die nicht zu durchdringenden Bereiche eines Atoms sehr klein sein.

Dies führt zu der Vorstellung:

- **Alle Atome enthalten einen kleinen, undurchdringlichen Teil, den Atomkern. Der Atomkern ist positiv geladen.**

Da das Atom nach außen elektrisch neutral ist, wird die Aussage ergänzt.

- **Der große Raumbereich um den Kern des Atoms wird durch die Atomhülle gebildet. In ihr befinden sich negativ geladene Elektronen. Die negative Ladung der Hülle kann die positive Ladung des Kerns nach außen hin ausgleichen.**

Rutherford konnte aus seinen Messungen auch die Abmessungen des Atoms abschätzen. Der Radius der Hülle ist etwa 10^{-10} m, der des Kerns 10^{-15} m.

A1 Stelle Größenvergleiche an, z. B. indem du dir den Kern als einen Kirschkern vorstellst und dann nach anderen Objekten suchst, die dann die Größe des Atoms darstellen.

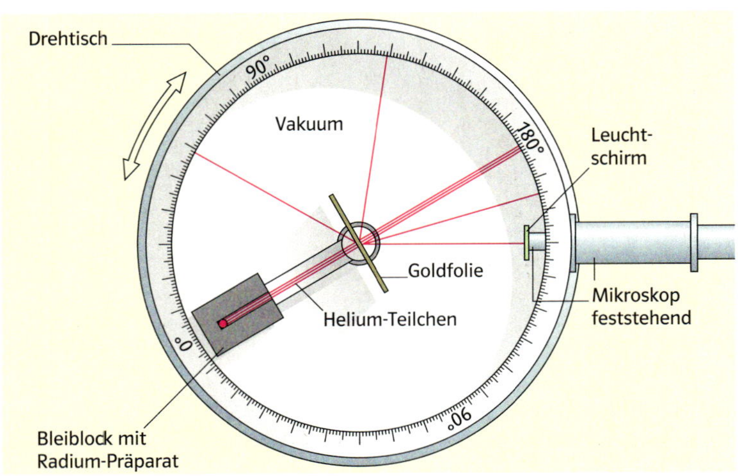

B3

► S. 250 Struktur der Materie

Der Atomkern Mit vielen Experimenten haben Physiker herausgefunden: Atomkerne, sie werden allgemein auch als Nuklide bezeichnet, bestehen aus **Protonen** und **Neutronen** (→ **B2**). Protonen und Neutronen haben fast die gleiche Masse, die 1836-mal größer als die Masse der Elektronen ist. Die Bausteine des Kerns nennt man zusammenfassend **Nukleonen**.

Protonen sind elektrisch positiv geladen. Ihre Ladung hat den gleichen Betrag wie die der Elektronen, nur das Vorzeichen ist positiv. Neutronen sind elektrisch neutral. Die Zahl der Protonen im Atomkern heißt **Kernladungszahl** Z, die Zahl der Neutronen heißt **Neutronenzahl** N. Ihre Summe $Z + N$ heißt **Massenzahl** A.

Für jeden Kern gilt (→ **B3**): $A = Z + N$

● **Der Atomkern besteht aus Protonen und Neutronen. Er ist positiv geladen und vereinigt fast die gesamte Masse des Atoms.**

Kernkräfte Die Protonen des Kerns müssten sich wegen der gleichen Ladung abstoßen und der Kern könnte nicht stabil sein. Protonen und Neutronen werden im Kern durch **Kernkräfte** zusammengehalten. Kernkräfte haben nur eine geringe Reichweite und zeigen außerhalb des Kerns keine Wirkung. Bei den geringen Abständen der Protonen im Kern (Größenordnung 10^{-11} m) übertrifft die Wirkung der Kernkraft die abstoßende elektrische Kraft um ein Vielfaches.

● **Die Nukleonen werden durch Kernkräfte zusammengehalten.**

Elemente und Isotope Man kennt heute 112 chemische Elemente. Sie unterscheiden sich voneinander durch die Zahl der Protonen mit positiver Ladung im Atomkern. Die Elemente sind im **Periodensystem** in einer bestimmten Reihenfolge angeordnet und nummeriert. Ihre Ordnungszahl ist gleich der Kernladungszahl. In der Natur kommen etwa 2 000 verschiedene Kerne vor. Ihre Zusammensetzung zeigt folgende Schreibweise an:

$^{A}_{Z}X$: *A* bedeutet die Massenzahl
X steht für das Elementsymbol
Z bedeutet die Kernladungszahl

Beispiel: $^{226}_{88}$Ra ist ein Radiumkern aus 226 Teilchen, 88 Protonen und 226 − 88 = 138 Neutronen.

Da es mehr Kerne als Elemente gibt, muss es gleiche chemische Elemente mit unterschiedlichen Kernen geben. Da die Ordnungszahl und damit die Kernladungszahl die Stellung im Periodensystem und damit die chemischen Eigenschaften bestimmt, können sich verschiedene Kerne des gleichen Elementes nur durch die Neutronenzahl unterscheiden. Atome mit gleicher Kernladungszahl und unterschiedlicher Neutronenzahl heißen **Isotope**.

● **Chemische Elemente sind in den meisten Fällen Gemische aus mehreren Isotopen.**

Ionen In vielen chemischen Verbindungen werden Teilchen durch elektrische Anziehungskräfte zusammengehalten. Sie können nicht zwischen neutralen Atomen wirken. Wenn die Hülle mehr oder weniger Elektronen enthält, als zum Ausgleich der positiven Kernladung nötig ist, entsteht ein negativ oder positiv geladenes Teilchen, ein **Ion**. Die Erzeugung von Ionen aus neutralen Atomen durch Abtrennen oder Anlagern von Elektronen nennt man **Ionisation**. Eine Kerzenflamme erzeugt in heißer Luft Ionen und freie Elektronen. Dies zeigt:

● **Die Ionisation eines Atoms erfordert Energie.**

Die Ionisationsenergie ist für verschiedene Atome unterschiedlich.

A1 Begründe: Die Kernladungszahl ist gleich der Anzahl der Elektronen in der Hülle.

A2 Erläutere den in Abbildung **B1** gezeigten Ausschnitt der Isotopentafel.

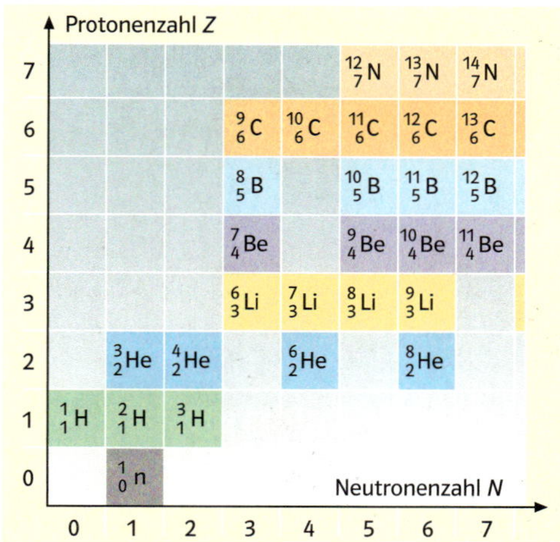

B1 Anfang einer Isotopentafel

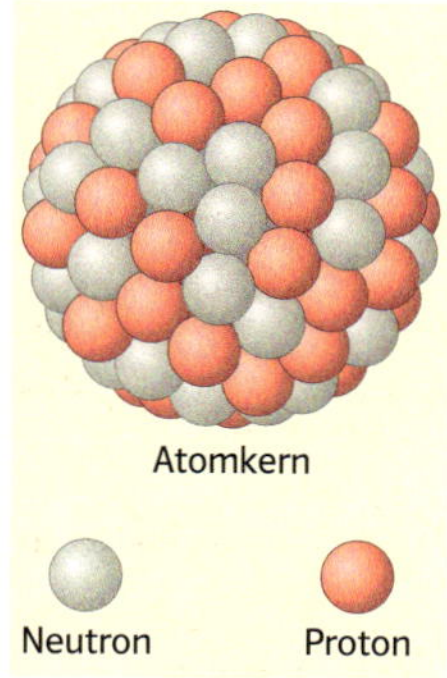

B2 Aufbau eines Atomkerns

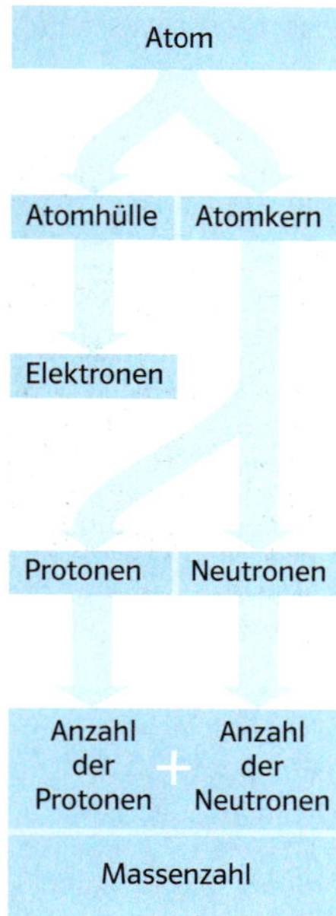

B3

Unsichtbare Strahlung

Gefahrenzeichen für radioaktive Stoffe

V1 Zwei Metallplatten stehen sich gegenüber. Jede ist mit dem Pol einer Hochspannungsquelle verbunden. Zwischen den Platten ist Luft (→ **B2**). Wird zwischen die Platten ein radioaktives Präparat gebracht, weist ein Messverstärker einen Strom nach.

V2 Wir setzen ein radioaktives Präparat in eine Glaskammer, deren Luft mit Wasserdampf gesättigt wird. Wird das Volumen der Kammer plötzlich vergrößert, so werden in der Kammer Nebelspuren sichtbar, die vom Präparat ausgehen (→ **B1**).

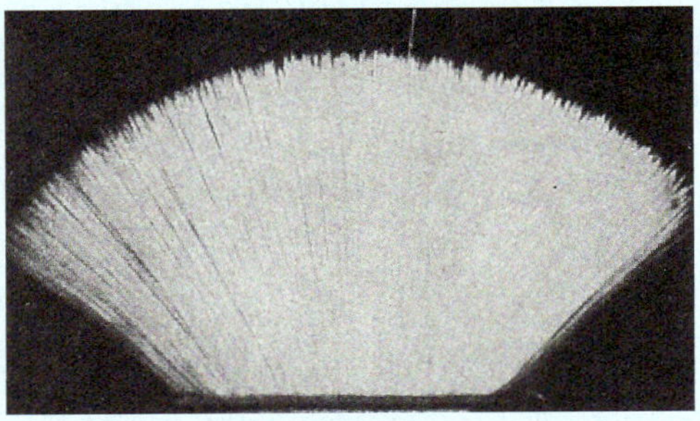

B1 Spuren radioaktiver Strahlung

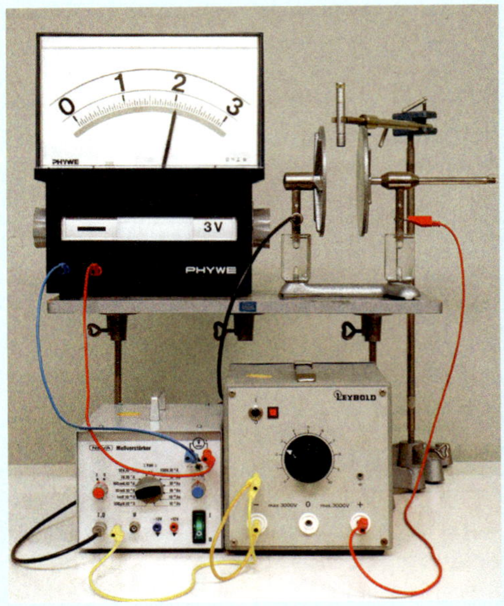

B2 Luft wird leitend.

Weil radioaktive Stoffe gefährlich sind, muss man die Stoffproben zum Untersuchen vorbereiten, d. h. Präparate herstellen.

V3 Vor ein Zählrohr (→ **B3**) legen wir nacheinander Feuersteine aus einem Feuerzeug, alte Leuchtzifferuhren, Kristalle von Kaliumpermanganat, Kalium-, Natriumchlorid, Sand und Kohlestücke. Bei fast allen Stoffen knackt es im Lautsprecher, jedoch mit unterschiedlicher Häufigkeit. Bei einem radioaktiven Präparat kann das Knacken in ein Prasseln übergehen.

V4 Im Klassenzimmer wird ein Zählrohr mit Zähler und Lautsprecher eingeschaltet. Der Zähler addiert die Zahl der Impulse. Obwohl kein radioaktives Präparat im Klassenzimmer steht, zeigt der Zähler Impulse an.

Zum Beispiel lesen wir für jeweils 60 Sekunden ab:

Messung Nr.	1	2	3	4
Zahl der Impulse	15	18	17	16

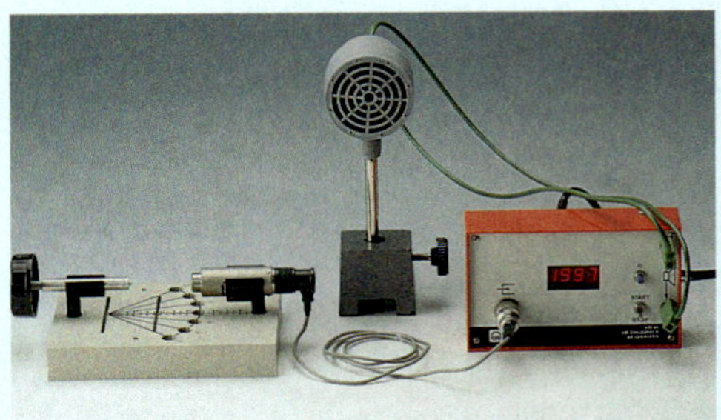

B3 Ein Zählrohr zeigt Strahlung an.

Henri Becquerel (1852 – 1903)

Radioaktive Strahlung **Henri Becquerel** entdeckte 1896 zufällig, dass ein uranhaltiger Stein lichtdicht verpackte Fotoplatten schwärzt. Zusammen mit **Marie** und **Pierre Curie** fand er, dass nicht nur Uran, sondern auch das damals entdeckte Radium ständig für das Auge unsichtbare Strahlung aussendet, die die Verpackung durchdringt. Marie Curie gab ihr den Namen radioaktive Strahlung. Man stellte fest:

- **Das Entstehen radioaktiver Strahlung lässt sich nicht beeinflussen oder verhindern.**

Luft wird bei Anwesenheit radioaktiver Strahlung leitend. Dies zeigt.

- **Radioaktive Strahlung ionisiert die Atome oder Moleküle der Stoffe, die sie durchdringt.**

Bei der Ionisation werden Elektronen vom Atom getrennt. Dies erfordert Energie:

- **Radioaktive Strahlung überträgt Energie.**

Messungen mit dem Geiger-Müller-Zähler

Dies Gerät zum Nachweis radioaktiver Strahlung wurde 1928 von den beiden Forschern **Hans Geiger** und **Walter Müller** erfunden. Kurz wird es wegen seines Hauptbestandteils auch Zählrohr genannt (→ **B1**). Bei Anwesenheit radioaktiver Strahlung knackt ein angeschlossener Lautsprecher in unregelmäßiger Folge. Dies ist auf elektrische Impulse zurückzuführen. Sie werden durch die Strahlung ausgelöst und können gezählt werden.

● **Radioaktive Strahlung löst in einem Zählrohr Einzelimpulse aus.**

Die Impulse erfolgen in unregelmäßiger zeitlicher Abfolge. Nach einem Impuls kann man nicht vorhersagen, wann der nächste erfolgen wird. Ein solches Verhalten nennt man **stochastisch.**

● **Die radioaktive Strahlung ist ein stochastischer Vorgang.**

Die Tabelle zeigt die Impulszahl für jeweils eine Minute bei fünf Messungen unter unveränderten Bedingungen.

Nr.	1	2	3	4	5
Impulszahl	73	69	71	74	70

Wie bei allen Zufallsversuchen zeigt sich, dass man eine durchschnittliche Anzahl von Ereignissen angeben kann.

Die Anzahl der Impulse pro Zeiteinheit nennt man **Zählrate.**

Der Nulleffekt Ein Geigerzähler zeigt überall radioaktive Strahlung an, auch wenn sich in der Nähe kein radioaktiver Strahler befindet. Man spricht von einem **Nulleffekt**. Der Nulleffekt ist ortsabhängig. Wenn man Messungen an Präparaten vornimmt, verfälscht er die Messung.

● **Bei Messungen mit dem Zählrohr muss der Nulleffekt berücksichtigt werden.**

Beispiel:

Zählrate bei einem Präparat: 141 Imp / min
Nulleffekt: 12 Imp / min
Nur Präparat: (141 − 12) = 129 Imp / min

Die schwache radioaktive Strahlung beim Nulleffekt stammt zum Teil von bestimmten radioaktiven, d.h. strahlenden Stoffen der Erde (terrestrische Strahlung) und zum Teil aus dem Weltraum (kosmische Strahlung). Gesteine, Baustoffe, Pflanzen und Tiere, sowie über die Nahrungsmittel auch wir Menschen enthalten meist geringe Mengen dieser natürlich vorkommenden Stoffe, etwa von Kohlenstoff, Thorium, Kalium und Radium.

Daneben gibt es noch andere radioaktive Isotope, die in der Lufthülle der Erde vorkommen, z.B. von Wasserstoff, Kohlenstoff und Radon. Sie entstehen durch die starke Sonnenstrahlung in großen Höhen.

● **Der Nulleffekt entsteht durch die in der Natur stets vorhandenen radioaktiven Stoffe und die kosmische Strahlung.**

Nachweis radioaktiver Strahlung (1)

Physik überall

Das Zählrohr Radioaktive Strahlung tritt durch ein Fenster in das Rohr ein (→ **B1**). In dem Gas darin erzeugt sie Ionen. Die dabei frei gewordenen Elektronen werden zum positiv geladenen Draht hin beschleunigt. Beim Zusammenstoß mit anderen Atomen werden diese ebenfalls ionisiert, es entstehen neue Elektronen und der Prozess wächst lawinenartig an. So entsteht kurzfristig ein Strom, der als elektrischer Impuls registriert werden kann. Die positiven Ionen sind träger als die Elektronen. Deswegen können Impulse, die sehr schnell aufeinander folgen, nicht alle erfasst werden.

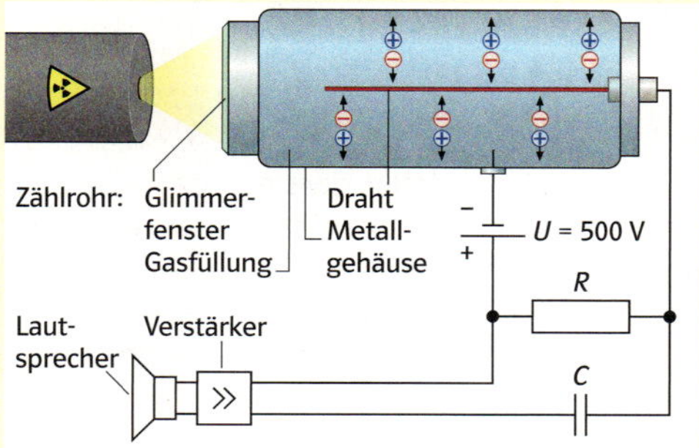

B1 Prinzip des Geiger-Müller-Zählers

B2 Geiger-Müller-Zähler

A1 Formuliere Empfehlungen für eine möglichst genaue Bestimmung einer Zählrate.

Physik überall

Nachweis radioaktiver Strahlung (2)

B1 Spuren in der Nebelkammer

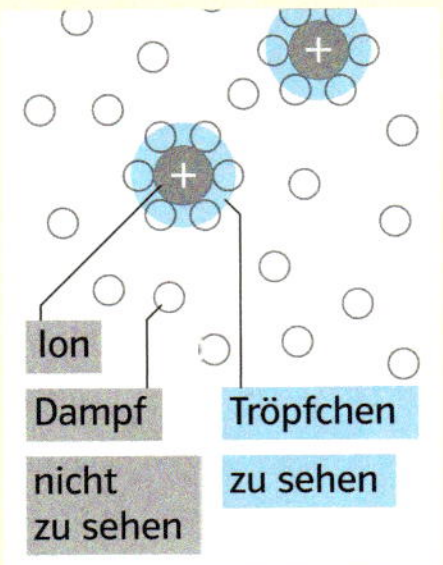

B2 An Ionen bilden sich Tröpfchen.

B3 Dosimeterplakette

Die Nebelkammer Radioaktive Strahlung erzeugt in der Nebelkammer Spuren, die den Weg der Strahlung wiedergeben (→ **B1**). In der Kammer befindet sich Luft, die bis zur Grenze ihrer Aufnahmefähigkeit Alkoholdampf enthält. Der Druck wird plötzlich verringert. Die Luft kühlt sich ab und kann nicht mehr so viel Alkoholdampf aufnehmen. Bevorzugt an sogenannten Kondensationskeimen bilden sich Alkoholtröpfchen, die man sehen kann. Die Ionen sind solche Kondensationskeime (→ **B2**). Bis zu 300 000 Ionen entstehen auf einer 1 cm langen Strecke und zeigen die Spur der Strahlung. Endet die Spur in der Kammer, so ist ihre Länge ein Maß für die Energie der Strahlung. Die Spuren können verschieden lang und kräftig sein: Dies ist ein Hinweis darauf, dass die Strahlung nicht einheitlich zusammengesetzt ist.

Der Fotofilm Becquerel entdeckte die Strahlung, weil sie eine Fotoplatte schwärzte (→ **B4**). Die Schwärzung der lichtempfindlichen Schicht nimmt mit der Stärke der Strahlung zu. Dies wird in Dosimeterplaketten (→ **B3**) genutzt. Mit ihnen wird registriert, wie stark z. B. Beschäftigte in Uranbergwerken, Kernkraftwerken und in der Nuklearmedizin radioaktiver Strahlung ausgesetzt waren.

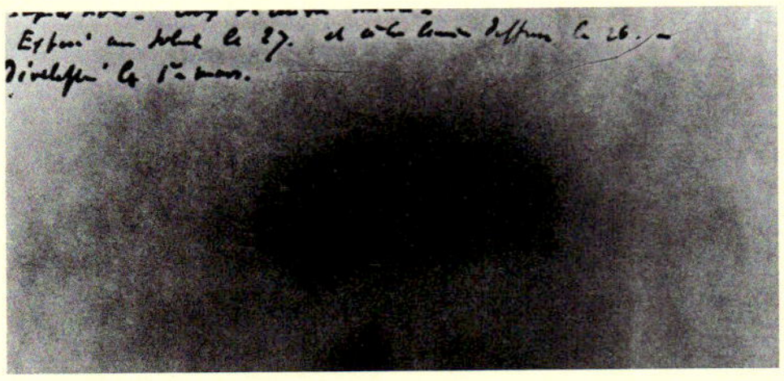

B4 Fotoplatte von Becquerel

Halbleiter-Detektoren Halbleiterdioden sind als Nachweisgeräte für radioaktive Strahlung gut geeignet, wenn ihre p-n-Grenzschicht, in der bewegliche Ladungsträger fehlen, besonders breit ist (→ **B5**). Ionisierende Strahlung erzeugt in der Grenzschicht Elektron-Elektronfehlstellen-Paare. Es kommt zu einem Stromstoß. Die Höhe des Impulses ist ein Maß für die Energie der Strahlung. Auch hier lassen sich Unterschiede erkennen.

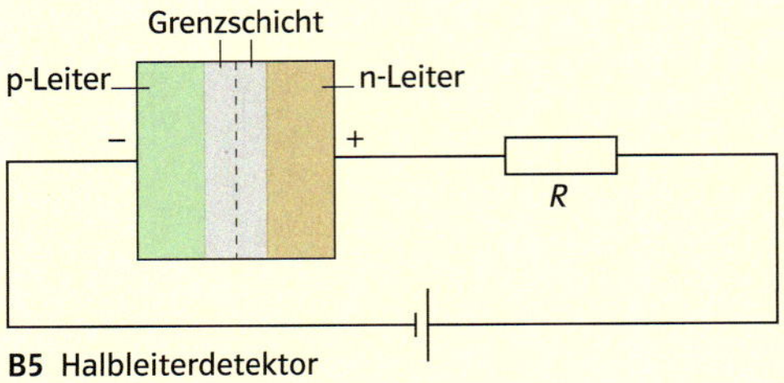

B5 Halbleiterdetektor

Physik überall

Die Entdeckung des Radiums durch Madame Curie

Marie Curie wurde am 7. November 1867 in Warschau geboren. Aus politischen Gründen verließ sie Polen. 1895 heiratete sie den französischen Physiker Pierre Curie und arbeitete bei Henri Becquerel in Paris. 1897 begann sie die neu entdeckte Strahlung des Urans zu untersuchen. Sie fand zunächst, dass das im Gestein Pechblende enthaltene Uran für die Strahlung verantwortlich ist. Außerdem konnte sie nachweisen, dass Gesteine mit Thorium-Atomen ebenfalls strahlen. Danach stellte sie fest, dass neben dem Uran Elemente im Erz sein müssen, deren Radioaktivität viel stärker als die des Urans ist. In der Folge entdeckte das Ehepaar Curie zwei bisher unbekannte Elemente: Radium und Polonium. Sie brauchten 4 Jahre, um mit Hilfe chemischer Verfahren aus 1 t Pechblende $\frac{1}{10}$ g Radiumchlorid für ihre Versuche zu gewinnen.

1903 erhielten Marie Curie und ihr Mann zusammen mit Henri Bequerel den Nobelpreis für Physik. 1911 bekam sie zum zweiten Mal einen Nobelpreis, diesmal für Chemie, für die erstmalige Gewinnung reinen Radiums.

Marie Curie hat das Zeitalter der Kernphysik eingeleitet. Sie studierte auch die Wirkungen der radioaktiven Strahlung auf menschliches Gewebe und schuf damit die Grundlagen für deren Nutzung in der Medizin. Am 4. Juli 1934 starb sie, nahezu erblindet, an Leukämie.

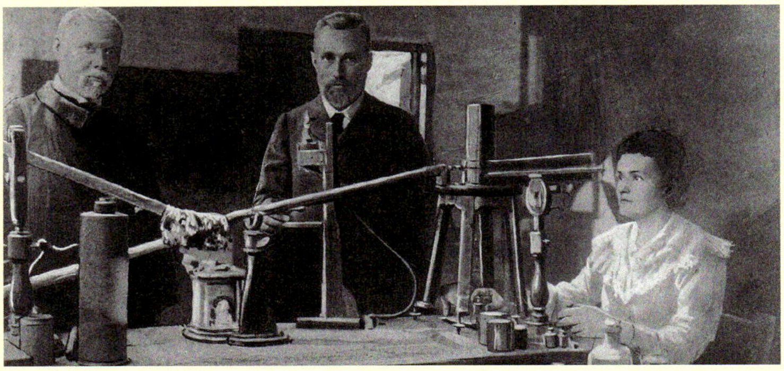

B6 Pierre und Marie Curie im Labor

Radioaktivität wird gemessen

Lernstationen:
In nebenstehenden Lernstationen wird Radioaktivität gemessen.

ACHTUNG!
Lass dich vom Lehrer vorab in die Handhabung des Messgerätes und in die zu beachtenden Sicherheitsregeln einführen. Verwende nur Präparate, die der Lehrer zur Verfügung stellt. Manipuliere nicht an den Präparaten selbst.

Station I

Radioaktivität überall

Stelle das Messgerät im Physikraum auf. Achte darauf, dass keine radioaktiven Präparate in der Nähe sind. Miss eine Minute lang die Impulse. Wiederhole die Messung mindestens 5-mal. Berechne den Mittelwert. Das Ergebnis nennt man den **Nulleffekt**. Informiere dich über den Nulleffekt in verschiedenen Gegenden der Welt.

Station II

Proben unterscheiden sich

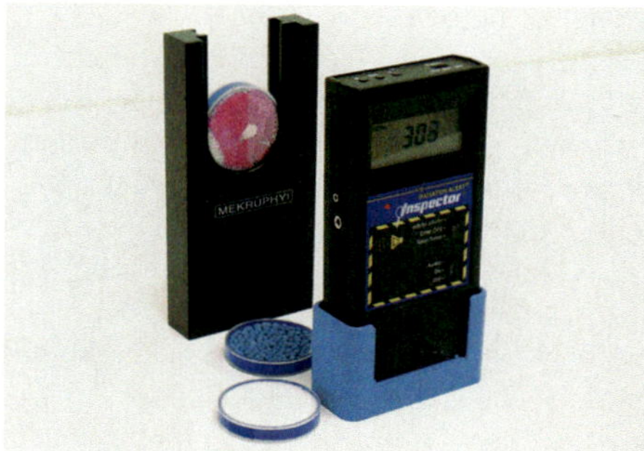

Stelle das Messgerät im Physikraum auf. Bringe verschiedene Stoffe in einer geeigneten Verpackung nach Vorschrift an. Bestimme jeweils die Anzahl der Impulse pro Minute. Beschreibe eventuelle Unterschiede. Informiere dich über die Bedeutung des Begriffes **Aktivität**.
Ermittle die Aktivität verschiedener Baustoffe.

Station III

Radioaktive Strahlung und Materie

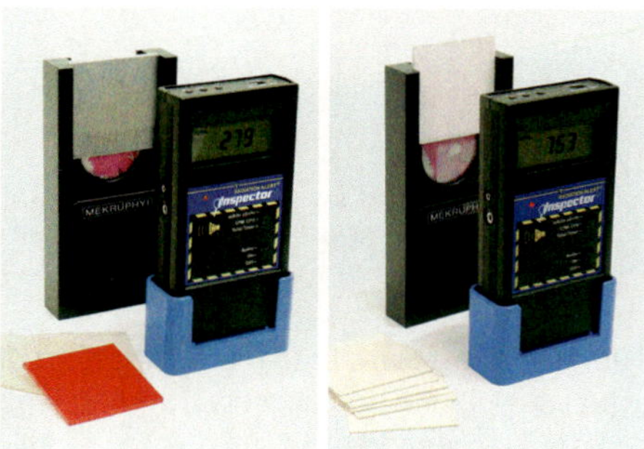

Stelle das Messgerät im Physikraum auf. Bringe ein Präparat in einer geeigneten Verpackung nach Vorschrift an. Bringe ein oder mehrere Blatt Papier oder Platten aus Aluminium bzw. Blei zwischen Präparat und Messgerät an. Fasse deine Beobachtungen zusammen. Unterscheide dabei Stoffart und Dicke der Schicht. Überlege, was mit Halbwertsdicke gemeint sein könnte.

Station IV

Radioaktive Strahlung breitet sich aus

Stelle das Messgerät im Physikraum auf. Bringe ein geeignetes Präparat an. Miss den Abstand zwischen Präparat und Messgerät sowie die Anzahl der Impulse pro Minute. Wiederhole dies für verschiedene Abstände und trage die so erhaltenen Werte in ein Diagramm ein (beachte den Nulleffekt). Formuliere ein Ergebnis in der Form: Wenn der Abstand doppelt so groß ist, dann …

A1 Du weißt, dass radioaktive Strahlung schädlich sein kann. Formuliere aufgrund der Versuchsergebnisse Hinweise, wie man sich vor Strahlung schützen kann.

A2 Es gibt gesetzlich festgelegte Grenzwerte für die Belastung mit radioaktiver Strahlung. Trage Werte für verschiedene Personengruppen zusammen.

Arten radioaktiver Strahlung

B1 Papier stoppt die Strahlung.

V1 Wir bringen ein Radiumpräparat in die Nebelkammer und stellen ein kleines Stück Papier in den Bereich der Strahlung. Abbildung **B1** zeigt das Ergebnis.

V2 Wir halten eine Bleiplatte, in der sich eine kleine Bohrung befindet, vor ein Radiumpräparat. Den ausgeblendeten Strahl untersuchen wir in einer Anordnung wie in der Grafik **B2**. Ohne Magnet lässt sich nur bei A eine Strahlung feststellen. Mit Magnet zeigt das Zählrohr bei A und B Strahlung an. Befindet sich dünnes Aluminiumblech oder Papier vor dem Zählrohr, so wird bei A eine Schwächung, bei B keine Strahlung mehr beobachtet.

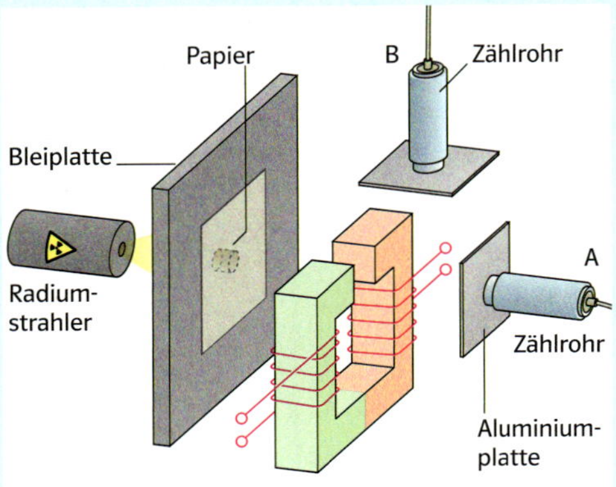

B2 Ein Magnet lenkt Strahlung um.

V3 Zwischen ein Strontium-Präparat und Zählrohr stellen wir Aluminium- und Kunststoffplatten unterschiedlicher Dicke (→ **B3**). Wir bestimmen die Zählrate.

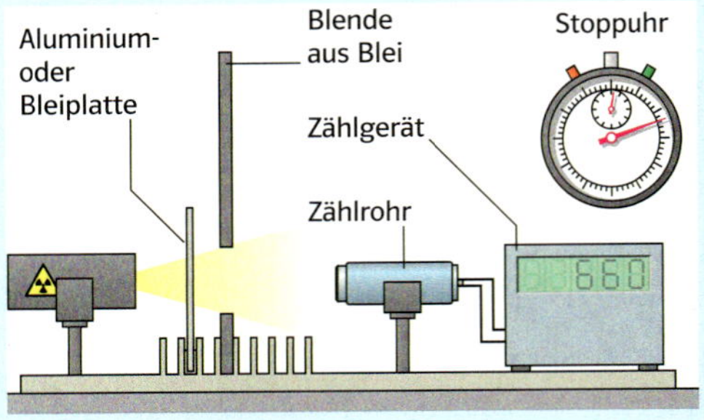

B3 Materie schwächt Strahlung.

Dicke in mm	1	2	3	4	5	6
Aluminium	5368	816	72	36	22	–
Kunststoff	11028	5972	2798	1086	294	98

V4 Wir stellen vor ein Caesium-Präparat eine dünne Aluminiumplatte und messen die Zählrate. Vor das Zählrohr stellen wir Bleiplatten mit unterschiedlicher Dicke *d*. Es wird jedes Mal die Zählrate gemessen.

Dicke in cm	0	5	10	20	30
Zählrate	310	171	97	31	10

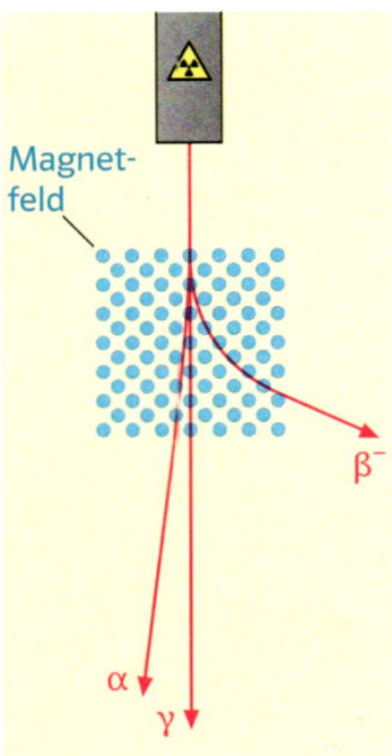

B4 Ablenkung radioaktiver Strahlungsarten im Magnetfeld (Feldrichtung aus der Zeichenebene heraus)

α-, β-, γ-Strahlung Genaue Untersuchungen der radioaktiven Strahlung durch die Curies, Rutherford und andere ergaben, dass sie drei verschiedene Arten enthalten kann:

1 Aufnahmen mit der Nebelkammer lassen eine stark ionisierende Strahlung erkennen (→ **B1**). Ihre Spuren sind kurz, weil ihre Energie bald aufgezehrt ist. Sie kann Papier nicht durchdringen. Mit dem Zählrohr lässt sich zeigen, dass sie in Luft etwa 4 bis 6 cm weit reicht. In Magnetfeldern wird sie wie eine positive Ladung abgelenkt (→ **B4**). Diese Strahlung wird als **α-Strahlung** bezeichnet.

2 Hält man ein Blatt Papier zwischen ein Radium- oder Strontium-Präparat und ein Zählrohr, so zeigt dieses eine Strahlung an, die Papier durchdringt. Ein Teil dieser Strahlung wird im Magnetfeld wie eine negative Ladung abgelenkt (→ **B4**). Im Vergleich zur α-Strahlung ionisiert sie weniger stark, sie heißt **β^--Strahlung**.

3 Bei einem Caesium-Präparat durchdringt die nach einer Aluminiumplatte noch vorhandene und vom Magnetfeld nicht abgelenkte Strahlung selbst Bleiplatten. Diese Strahlung heißt **γ-Strahlung**. Weitere Untersuchungen zeigen:

- **α-Strahlung besteht aus zweifach positiv geladenen Heliumkernen. β^--Strahlung besteht aus Elektronen. Die unsichtbare γ-Strahlung verhält sich wie die lichtartige Röntgenstrahlung.**

Obwohl die Ladung der Teilchen in der α-Strahlung dem Betrag nach größer ist als die der Elektronen in der β^--Strahlung, werden sie im Magnetfeld weniger abgelenkt (→ **B4**). Sie sind träger, denn sie haben eine größere Masse.

Reichweite und Abschirmung radioaktiver Strahlung Beim Durchgang radioaktiver Strahlung durch Materie wird Energie übertragen, man sagt: Strahlung wird absorbiert. Das Ausmaß hängt von der Art der Strahlung und der Materie ab.

Unter **Reichweite** der Strahlung versteht man den größten Abstand vom Strahler, bis zu dem sie noch nachweisbar ist. Für α-Strahlung in Luft beträgt die Reichweite 4 bis 6 cm. β^--Strahlung hat in Luft eine Reichweite von mehreren Metern. Für γ-Strahlung lässt sich in Luft keine Reichweite festlegen. Mit zunehmendem Abstand zeigt ein Messgerät immer weniger Strahlung an, aber das liegt daran, dass sich die Strahlung im Raum gleichmäßig verteilt. Die Zählrate sinkt auf ein Viertel, wenn sich der Abstand verdoppelt und auf ein Sechzehntel, wenn der Abstand vervierfacht wird (→ **B2** links). Von der **Röntgenstrahlung** unterscheidet sich die γ-Strahlung durch ihre Energie und die Art der Entstehung.

● **Je weiter Strahler und Nachweisgerät voneinander entfernt sind, umso weniger radioaktive Strahlung wird angezeigt.**

Die Reichweite einer radioaktiven Strahlung ändert sich sehr stark, wenn sich statt Luft andere Stoffe zwischen Nachweisgerät und Strahler befinden. Hinter einem Blatt Papier sinkt die Zählrate der α-Strahlung auf den Nulleffekt ab. Um die Zählrate bei der β^--Strahlung soweit zu senken, reicht Papier nicht aus. Das Diagramm **B1** zeigt, wie sich die Impulsrate einer β^--Strahlung hinter Folien aus Aluminium oder Kunststoff mit zunehmender Dicke der Folien verringert.

Die Zählrate bei einer γ-Strahlung wird nach dem Durchdringen von Metallen viel weniger verringert als die der β^--Strahlung. Während eine 3 mm dicke Bleiplatte eine β^--Strahlung fast vollständig absorbiert, durchdringt γ-Strahlung diese Bleischicht mit wenig Energieverlust. Sie wird selbst bei viel dickeren Bleiplatten nur langsam schwächer. Eine Faustregel ist: Eine 5 cm dicke Bleischicht verringert die Zählrate der γ-Strahlung auf etwa ein Zehntel ihres Anfangswertes. γ-Strahlung wird nie ganz absorbiert (→ **B2** rechts).

Wie groß die Energie einer Strahlung nach Durchdringen eines Stoffes noch ist, hängt von der Anfangsenergie sowie der Dicke und der Massenzahl des Stoffes ab. Radioaktive Isotope unterscheiden sich meist in der Energie ihrer Strahlung. So wird z. B. die γ-Strahlung von Caesium-137 durch eine 3,5 cm dicke, die von Cobalt-60 erst durch eine 5,3 cm dicke Aluminiumschicht auf die Hälfte geschwächt.

● **Je größer die Energie einer Strahlung und je kleiner Massenzahl und Dicke des absorbierenden Stoffes sind, umso mehr Strahlung dringt durch.**

Zum Schutz vor radioaktiver Strahlung umgibt man den Strahler mit einer entsprechend dicken Metallschicht. Diese Abschirmung muss die Energie der Strahlung auf ein gefahrloses Niveau senken.

A1 Kläre anhand der Abbildungen **B2** und **B3**, was für den Strahlenschutz wirksamer ist: Verdopplung des Abstandes oder Verdopplung der Dicke einer Abschirmung.

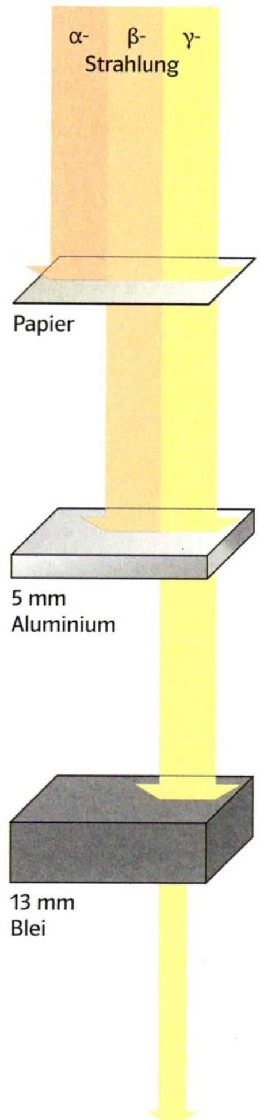

B3 Zur Reichweite radioaktiver Strahlung eines Radium-Präparates in Stoffen

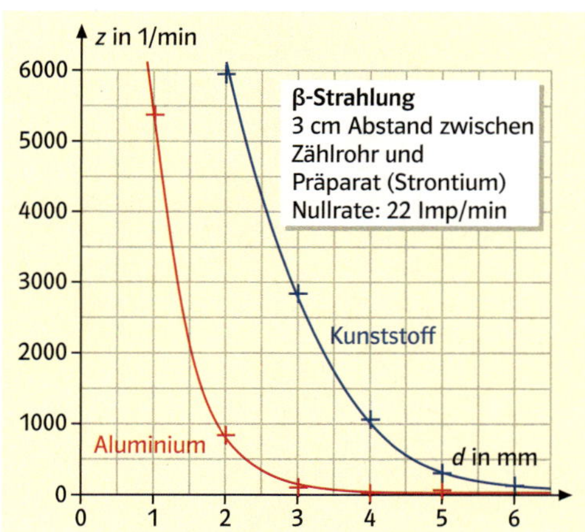

B1 Absorption von β^--Strahlung

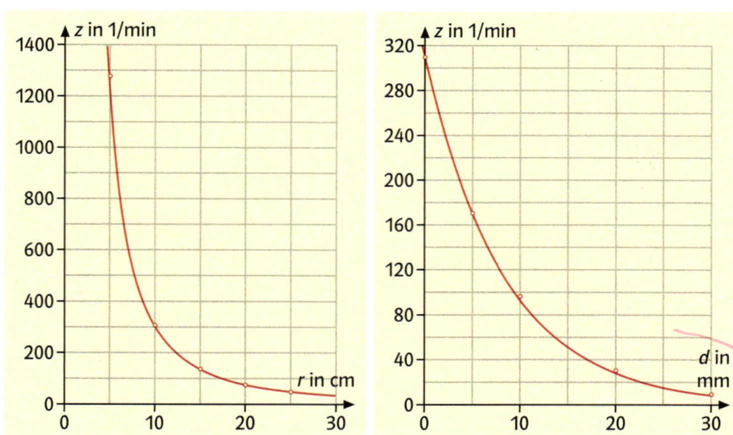

B2 γ-Strahlung breitet sich aus (links), Absorption von γ-Strahlung (rechts).

Physik überall — Einheiten der radioaktiven Strahlung

Quelleneigenschaft Aktivität	Wechselwirkung mit Materie Energiedosis	Biologische Bewertung Äquivalentdosis
Nach dem Reaktorunfall in Tschernobyl am 26. April 1986 stieg die Radioaktivität bei uns stark an. So nahm die Aktivität bei Milch – gemessen am radioaktiven Iod-131 – von normalerweise weniger als 20 Becquerel pro Liter auf 750 Becquerel pro Liter zu. Was heißt das? Wenn ein Stoff radioaktive Strahlung aussendet, so finden darin Kernumwandlungen statt, deren Anzahl wir z. B. mit dem Zählrohr messen können. Man definiert:	Radioaktive Strahlung ionisiert Atome. Für jeden einzelnen Ionisierungsvorgang ist eine im Mittel konstante Energie nötig. Die Energie, die 1 kg eines Stoffes durch die Strahlung aufnimmt, ist also ein Maß für ihre ionisierende Wirkung. Man spricht von der Energiedosis durch die Strahlung.	Die biologische Wirkung radioaktiver Strahlung hängt nicht nur von der Energiedosis ab, sondern auch von der Strahlungsart. In der biologischen Wirkung ist 1 Gy einer α-Strahlung mit 20 Gy einer β^-- oder einer γ-Strahlung gleichzusetzen, man sagt äquivalent. Um die biologische Wirkung unterschiedlicher radioaktiver Strahlungen zu vergleichen, verwendet man eine Äquivalentdosis. Sie beschreibt die Strahlenbelastung unabhängig von der Strahlungsart. Dazu muss die Energiedosis mit einem **Qualitätsfaktor *Q*** bewertet werden.
● **Die Aktivität *A* eines Körpers ist der Quotient aus der Anzahl Δ*N* der Kernzerfälle und der Zeit Δ*t*.** $A = \frac{\Delta N}{\Delta t}$	● **Die Energiedosis *D* ist der Quotient aus der von der radioaktiven Strahlung abgegebenen Energie Δ*E* und der Masse *m* des Körpers, der die Energie aufnimmt.** $D = \frac{\Delta E}{m}$	● **Die Äquivalentdosis D_q einer Strahlung ist das Produkt aus der Energiedosis *D* mit einem Qualitätsfaktor *Q*.** $D_q = D \cdot Q$
Die Einheit der Aktivität ist 1 Bq (1 Becquerel). Es gilt: $1\,\text{Bq} = \frac{1\ \text{Kernumwandlung}}{1\ \text{Sekunde}}$	Die Einheit der Energiedosis ist 1 Gy (1 Gray). Es gilt: $1\,\text{Gy} = 1\,\frac{\text{J}}{\text{kg}}$	Die Einheit der Äquivalentdosis ist 1 Sv (1 Sievert). Es gilt: $1\,\text{Sv} = 1\,\frac{\text{J}}{\text{kg}}$
Je kürzer die Halbwertszeit eines radioaktiven Isotopes ist, umso größer ist die Aktivität des Strahlers. Bis 1985 wurde für die Aktivität die Einheit **Curie** (Ci) verwendet. Es gilt: $1\,\text{Ci} = 37\,000\,000\,000\,\text{Bq} = 3{,}7 \cdot 10^{10}\,\text{Bq}$ Dieser Wert entspricht etwa der Anzahl der Zerfälle von 1 g Ra in 1 s. **Beispiel:** An einer radioaktiven Quelle werden 1200 Kernumwandlungen in 60 Sekunden festgestellt. Die Aktivität der Quelle beträgt $A = 1200/(60\,\text{s}) = 20\,\text{Bq}$.	Je größer die Aktivität einer Strahlungsquelle ist, desto größer wird auch die Anzahl der durch sie in einem Stoff bewirkten Ionisierungsvorgänge. Die Energiedosis nimmt daher mit der Aktivität zu. In Wasser oder in tierischem Gewebe bewirkt die Energiedosis 1 Gy eine Änderung der Temperatur um knapp 0,001 K. Diese Temperaturerhöhung stellt nicht die eigentliche Gefahr der radioaktiven Strahlung dar. Sie besteht vielmehr in der Zerstörung von Atomen und Molekülen. Eine den ganzen Körper des Menschen treffende Strahlung mit 6 Gy führt fast sicher zum Tode.	Der Qualitätsfaktor *Q* ist ein Erfahrungswert. Man hat festgelegt: für α-Strahlung: $Q_a = 20$ für β^--Strahlung: $Q_b = 1$ für γ-Strahlung: $Q_c = 1$ für langsame Neutronen: $Q_n = 2{,}3$ für schnelle Neutronen: $Q_n = 10$ Die Bewertung für sehr kleine, aber über einen langen Zeitraum einwirkende Energiedosen ist noch umstritten.

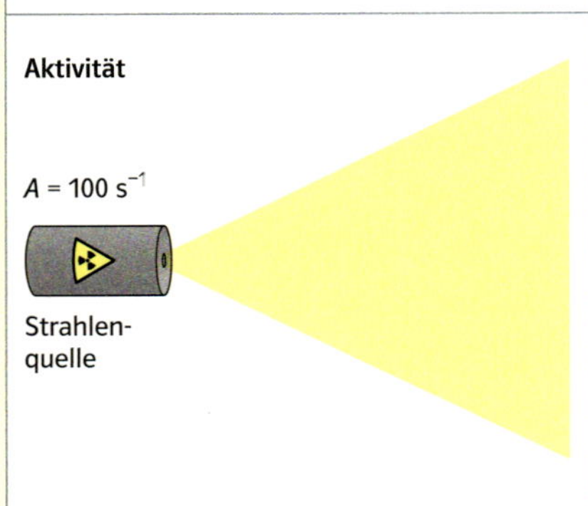

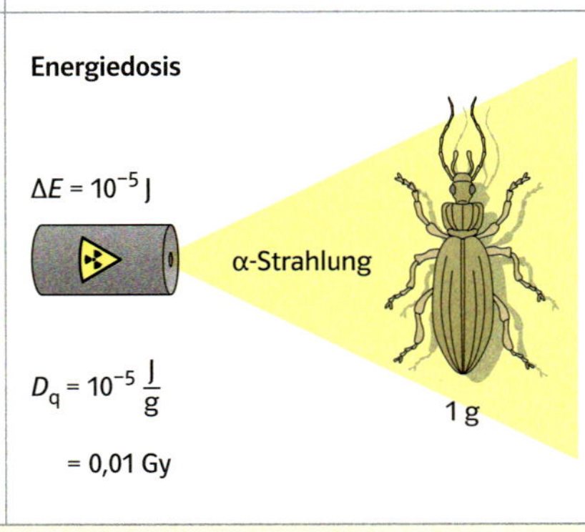

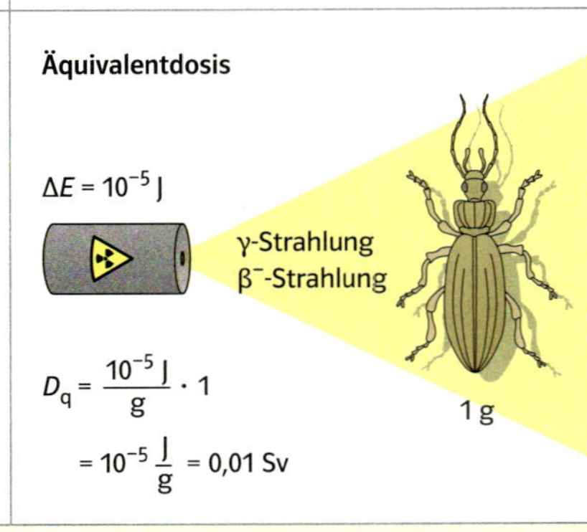

Strahlenschäden hängen von drei Faktoren ab: Art und Energie der Strahlung, Dauer der Strahleneinwirkung, Empfindlichkeit des Gewebes. **Schützen** kann man sich durch: Strahlung möglichst vollständig abschirmen, großen Abstand zur Strahlungsquelle halten, nur kurze Zeit mit Strahlern arbeiten.

Biologische Strahlenwirkung

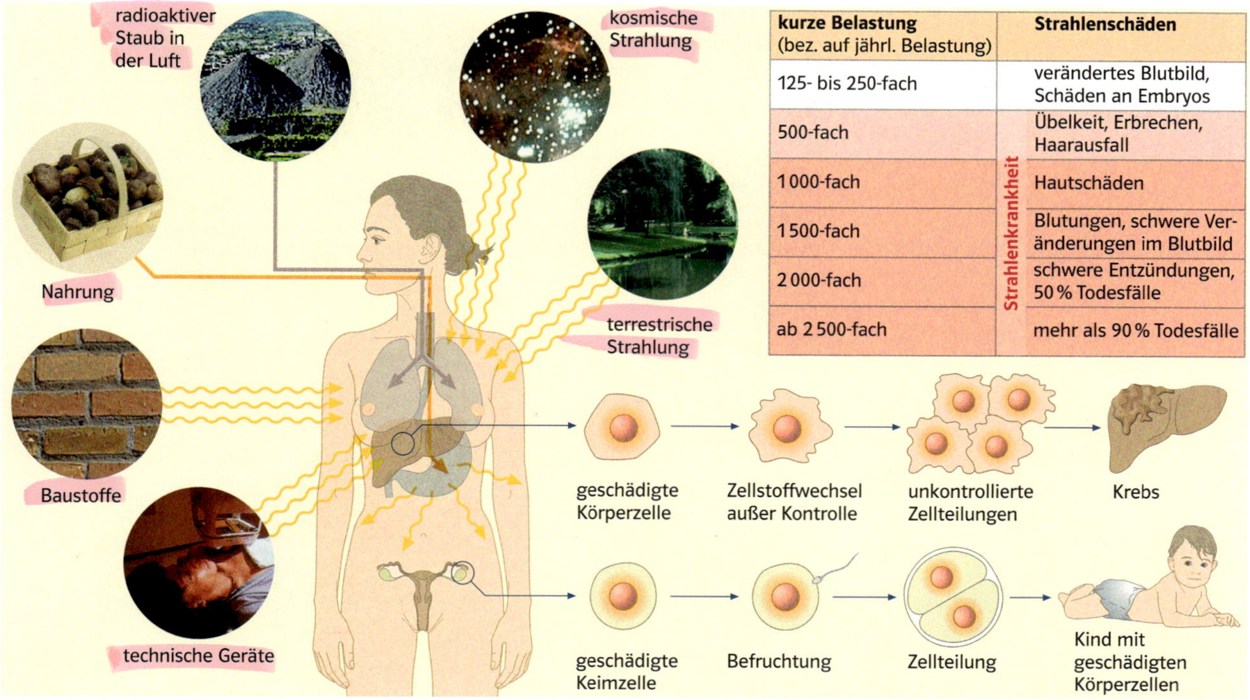

kurze Belastung (bez. auf jährl. Belastung)		Strahlenschäden
125- bis 250-fach		verändertes Blutbild, Schäden an Embryos
500-fach	Strahlenkrankheit	Übelkeit, Erbrechen, Haarausfall
1000-fach		Hautschäden
1500-fach		Blutungen, schwere Veränderungen im Blutbild
2000-fach		schwere Entzündungen, 50 % Todesfälle
ab 2500-fach		mehr als 90 % Todesfälle

B1

Radioaktive Strahlung trifft aus verschiedenen Quellen von außen auf den menschlichen Körper. Sie kann auch von Stoffen ausgehen, die mit der Nahrung in den Körper gelangen (→ **B1**). Trifft radioaktive Strahlung auf lebendes Gewebe, kann sie unterschiedliche Folgen haben (→ **B1**). Sie beruhen darauf, dass Energie auf die Biomoleküle übertragen wird.
Somatische Schäden betreffen die bestrahlte Person. Nach kurzer Bestrahlung mit hoher Dosis radioaktiver Strahlung treten **Frühschäden** auf. Ihr Ausmaß hängt von der Bestrahlungsdosis ab (→ **B1**, **B2**). Auch bei niedrigen Dosen können oft erst nach Jahrzehnten bei einigen der Bestrahlten **Spätschäden** auftreten, hauptsächlich Krebserkrankungen. Dies gilt auch für eine andauernde niedrige Bestrahlungsdosis, wie die der natürlichen.

Zum Glück besitzen die Zellen vielfältige Möglichkeiten zur Reparatur von Strahlungsschäden an Biomolekülen, sonst wären die Auswirkungen der natürlichen und künstlichen Strahlenbelastung viel gravierender.

Genetische Schäden: Treten Schäden, die das Erbgut verändern, in Keimzellen auf, werden sie an die nächste Generation weitergegeben. Totgeburten, Missbildungen und Erbkrankheiten können die Folgen sein (→ **B3**).

Aus den Eigenschaften radioaktiver Strahlung und ihrer biologischen Wirkung ergeben sich Regeln für den Strahlenschutz (→ **B4**)

A1 α-Strahlung durchdringt die Haut nicht, gilt dennoch als sehr gefährlich. Begründe!

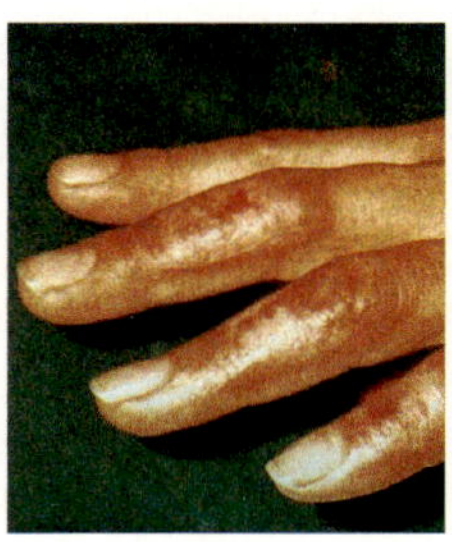

B2

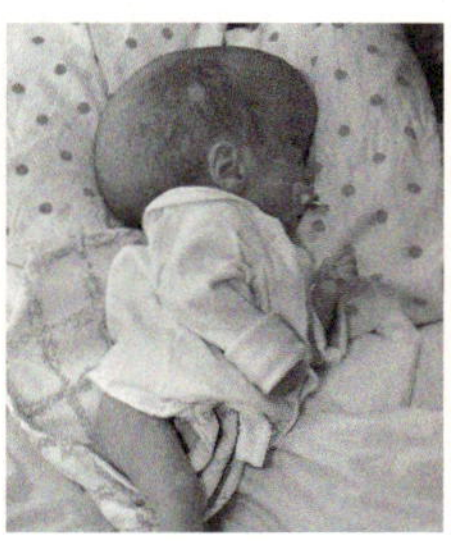

B3

- **Strahlung möglichst vollständig abschirmen!**
- **Großen Abstand zur Strahlungsquelle halten!**
- **Kurze Arbeitszeit beim Experimentieren mit radioaktiven Quellen!**
- **Radioaktive Stoffe dürfen nicht in den Körper gelangen.**
- **Beim Umgang mit ihnen sind Essen, Trinken und Rauchen verboten!**

B4

Werkstatt Strahlung und Materie

Gammastrahlung durchdringt Materie und wird dabei je nach Stoffart unterschiedlich geschwächt. Gleiches gilt für Licht. Man kann deswegen statt mit der gefährlichen γ-Strahlung mit Licht experimentieren, wenn man untersuchen will, nach welchen Gesetzen die Abschwächung erfolgt (→ **B4**).

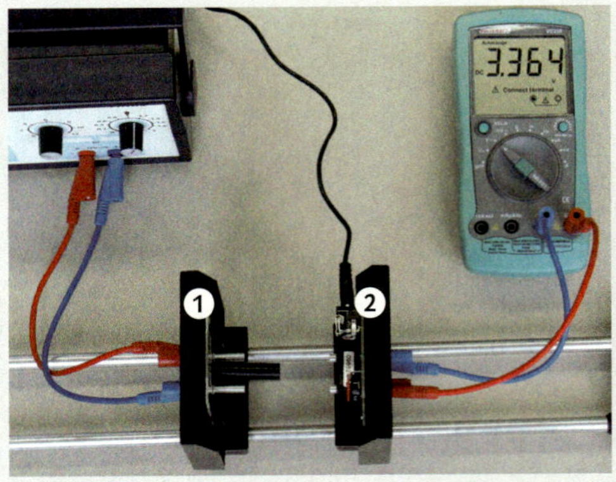

B4 Experiment zur Absorption von Licht

Beschreibung: Zwischen eine LED (1) und eine Fotodiode (2) als Lichtempfänger werden nacheinander Graufolien gleicher Dicke gebracht. Die elektrische Spannung an der Fotodiode ist ein Maß für die Helligkeit J.

Messwerte:

Anzahl der Folien	0	1	2	3	4	5
Spannung in V	3,364	1,604	0,806	0,437	0,245	0,158

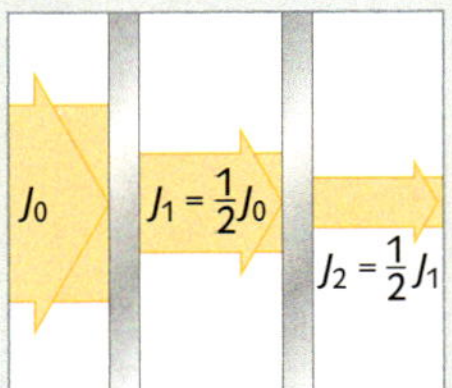

Nr.	
0	J_0
1	$J_1 = \frac{1}{2} \cdot J_0$
2	$J_2 = \frac{1}{2} \cdot J_1 = \frac{1}{4} \cdot J_0$
3	$J_3 = \frac{1}{2} \cdot J_2 = \frac{1}{8} \cdot J_0$
4	$J_4 = \frac{1}{2} \cdot J_3 = \frac{1}{16} \cdot J_0$
…	…
n	$J_n = \left(\frac{1}{2}\right)^n \cdot J_0$

B1 Mehrere Schichten

Auswertung: Jeder Messwert ist etwa halb so groß wie der vorhergehende. Das bedeutet:

● **Schichten einer bestimmten Dicke $d_{1/2}$ aus gleichem Material absorbieren die Hälfte der auftreffenden Strahlung.**

Diese Dicke heißt **Halbwertsdicke** (→ **B2**). Die Kurven in Abbildung **B3** zeigen den Zusammenhang zwischen der Dicke der durchstrahlten Schicht und der Helligkeit J.
Man kann das Abklingen der Helligkeit rechnerisch verfolgen. Mit J_1 soll z. B. die Helligkeit nach der 1. Schicht, mit J_2 die nach der zweiten, mit J_n die nach der n-ten bezeichnet werden. Dann gilt: $J_1 = ½ \cdot J_0$; $J_2 = ½ \cdot J_1 = ½ \cdot ½ \cdot J_0$, usw. (→ **B1**).

Es ergibt sich das Absorptionsgesetz:

● **Die Intensität einer Strahlung klingt vom Anfangswert J_0 nach n Halbwertsdicken auf $J_n = J_0 \cdot (½)^n$ ab.**

Halbwertsdicken verschiedener Stoffe (bezogen auf 2 MeV-γ-Strahlung)	
Blei	1,4 cm
Eisen	2,1 cm
Aluminium	5,9 cm
Beton	9,0 cm
Wasser (entspricht etwa lebendem Gewebe)	14 cm
Luft	120 m

B2 Halbwertsdicken

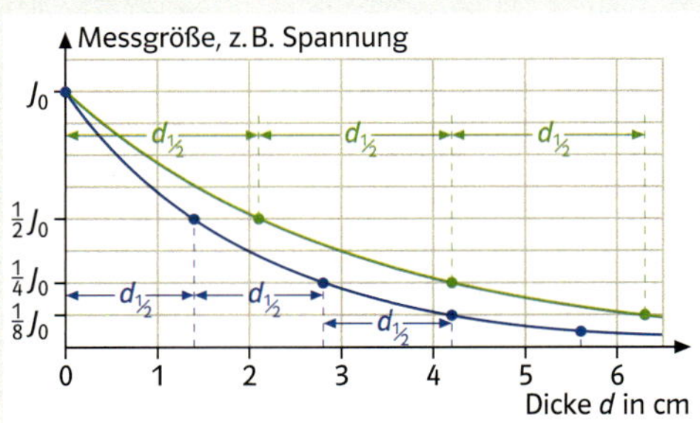

B3 Exponentialkurven

Die Kurven in Diagramm **B3** sind Exponentialkurven. Sie haben folgende Eigenschaften:
- Es gibt einen Anfangswert.
- Die Kurve schmiegt sich an die waagerechte Achse, erreicht sie aber nicht.
- Für jede Kurve gibt es eine **Halbwertsdicke** $d_{1/2}$.
- Der Quotient benachbarter Werte ist konstant.

Die Halbwertsdicke hängt von der Strahlungsart und der Art der durchstrahlten Materie ab. Abbildung **B5** veranschaulicht dies für die verschiedenen Anteile des Sonnenlichts und die Haut. Bei einer Gesamtdicke s und der Halbwertsdicke $d_{1/2}$ ist $n = s/d_{1/2}$ und das **Absorptionsgesetz** lautet:

$$J_s = J_0 \cdot \left(\frac{1}{2}\right)^n = J_0 \cdot \left(\frac{1}{2}\right)^{s/d_{1/2}}$$

A1 Weise nach, dass **V4** von S. 200 auf eine Exponentialkurve führt. Ermittle die Halbwertsdicke.

A2 Informiere dich über die Wirkung von Sonnenlicht auf die Haut (Bräunung, Sonnenbrand, Hautkrebs).

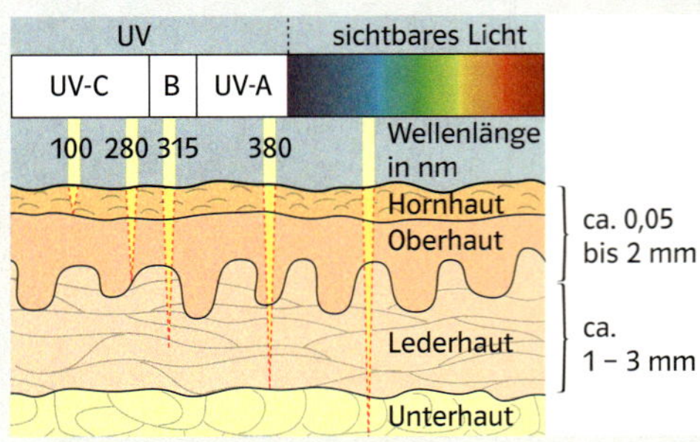

B5 Sonnenlicht trifft auf die Haut.

Argumentieren und Messen

Phase I: Die Lerngruppe wird in zwei Gruppen A und B eingeteilt. Die Mitglieder der Gruppe A bearbeiten Text und Aufgaben zur induktiven Methode, die von B den zur deduktiven.

Phase II: Die Mitglieder der Gruppe A bilden einen Innenkreis, die der Gruppe B ordnen sich außen dazu an und erläutern ihren Partnern ihre Bearbeitung.

Phase III: Die Mitglieder der Gruppe B rücken im Uhrzeigersinn zwei Plätze weiter und hören den Vortrag der neuen Partner von A zur induktiven Methode.

Phase IV: Die Mitglieder der Gruppe B rücken erneut zwei Plätze weiter. Sie bearbeiten mit den neuen Partnern die gemeinsamen Arbeitsaufträge **A4** und **A5**.

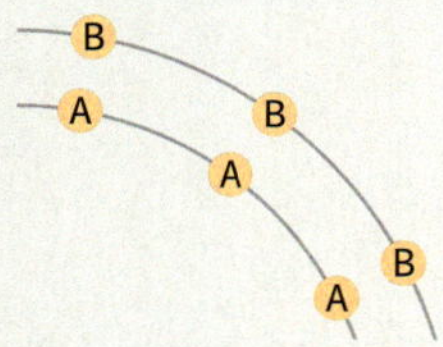

Die induktive Methode Vermutete Zusammenhänge werden experimentell untersucht. Die Messdaten werden in einen gesetzmäßigen Zusammenhang gebracht, meistens in Form einer Gleichung zwischen physikalische Größen.
Bei einer Quelle für γ-Strahlung wird die Zählrate *z* in Abhängigkeit von der Entfernung *r* gemessen (→ **B1**). Die Tabelle zeigt die Messwerte.

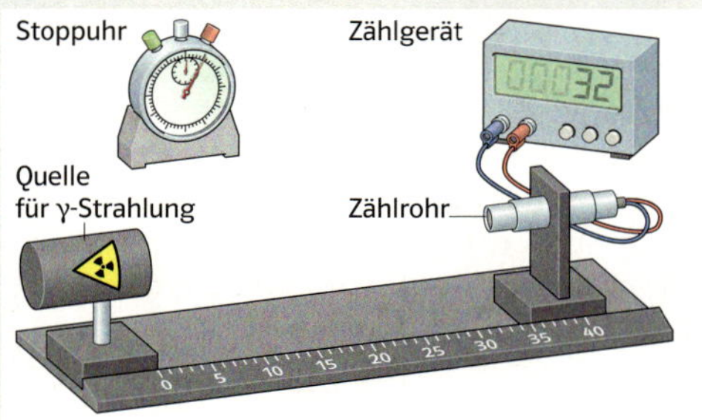

B1

r in cm	5	10	15	20	25
z in Imp/min	1280	310	139	78	51

A1 Stelle die Messwerte in einem *r*-*z*-Diagramm dar.

A2 Beschreibe den Verlauf der Kurve. Beschreibe dabei das Verhalten der Werte von *z*, wenn sich *r* verdoppelt, verdreifacht, …

Deduktive Methode Aus bekannten oder ersichtlichen Zusammenhängen werden durch logische Schlussfolgerungen auch unter Verwendung von Mathematik neue Zusammenhänge abgeleitet.

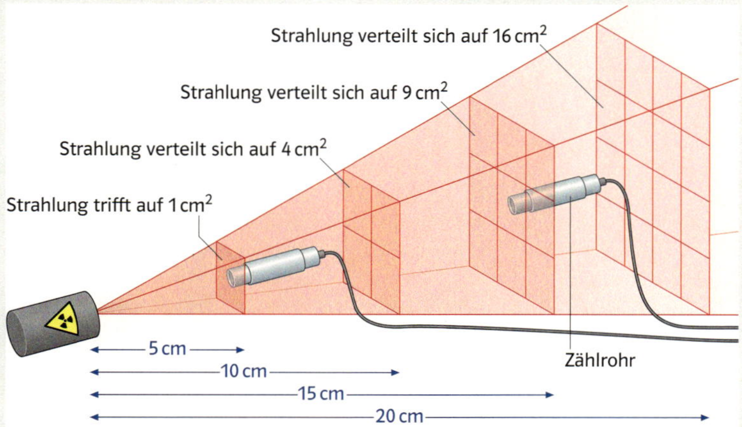

B2 Das Abstandsgesetz

Das Bild **B2** zeigt, wie sich Gammastrahlung von einer kleinen Quelle geradlinig ausbreitet und von einem Zählrohr in verschiedenen Entfernungen gemessen wird.

A3 Formuliere Aussagen in der Form: „Wenn der Abstand verdoppelt, verdreifacht, … wird, dann verringert sich der Anteil, der auf das Zählrohr fallenden Strahlung auf den … Teil.“

A4 Ergänzt die folgende Tabelle und formuliere allgemein einen Zusammenhang zwischen *r* und *z*.

$1 \cdot r$	$2 \cdot r$	$3 \cdot r$	$4 \cdot r$		$n \cdot r$
$1 \cdot z$	$\frac{z}{4}$			$\frac{z}{25}$	

A5 Eine Regel des Strahlenschutzes heißt:

„Abstand halten!“

Begründet dies physikalisch.

Physik überall

Radioaktives Gas in Wohnungen

„Radon tötet jährlich Tausende!" Mehr als die Hälfte der natürlichen Strahlenbelastung beruht auf dem radioaktiven Zerfall des Gases Radon. Experten schätzen, dass es für mindestens 5 % der Lungenkrebsfälle in Deutschland verantwortlich ist. Das sind knapp 2000 Todesfälle im Jahr.

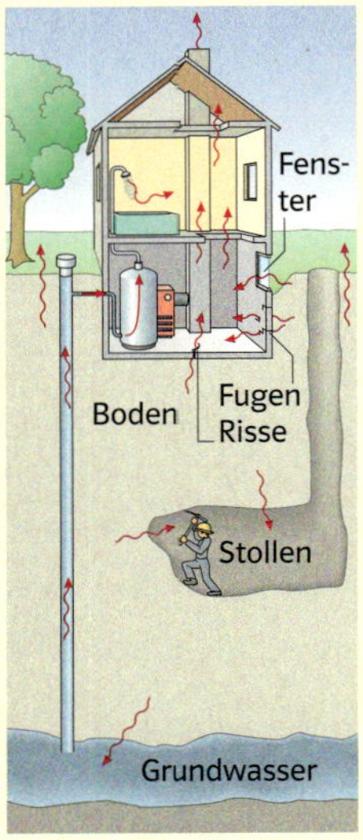

B1 Kamineffekt und Radon-Eintrittspfade

Lüften senkt die Belastung durch Radon
Um festzustellen, ob die Radioaktivität in unbelüfteten Räumen tatsächlich ansteigt, wird mit einem Geiger-Müller-Zählrohr die Aktivität der Raumluft im Keller einige Zentimeter über dem Boden mehrere Tage lang gemessen. Das Zählrohr ist mit einem Laptop verbunden, der die Zählraten pro Minute automatisch speichert (→ **B4**). Aus diesen Werten lassen sich leicht die Mittelwerte pro Stunde Messzeit berechnen. Das Diagramm **B2** zeigt diese Stundenmittelwerte der Zählrate in cpm (counts per minute) für knapp 6 Tage Messzeit. Bei gekippten Kellerfenstern bleibt die mittlere Zählrate unverändert, abgesehen von den üblichen Schwankungen. Bei geschlossenen Fenstern steigt die Zählrate nach etwa 4 Tagen merklich an, weil sich Radongas in der Bodenluft konzentriert. Offenbar dauert es nach dem Fensterschließen lange, bis die Raumluft zur Ruhe kommt.

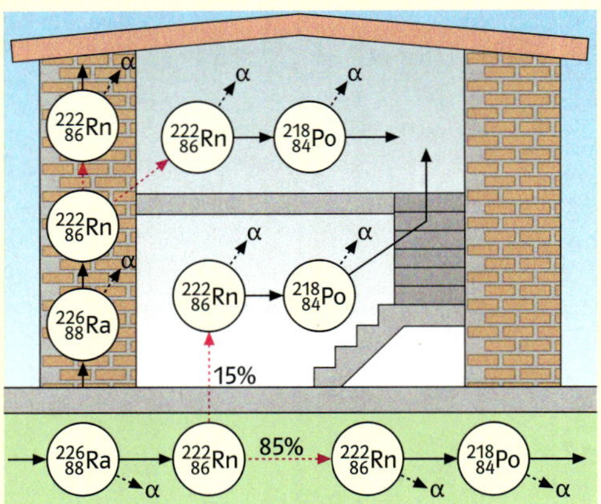

B3 Herkunft und Zerfall des Radons

Woher kommt Radon? Das mengenmäßig bedeutsamste Radon-Isotop Rn-222 stammt aus dem Zerfall des häufigsten Uranisotops U-238, das seit dem Entstehen der Erde mit einer Halbwertszeit von 4,5 Milliarden Jahren bis zum stabilen Blei-Isotop Pb-206 zerfällt. Dabei entstehen viele radioaktive Zwischenprodukte, z. B. Radium-226, das sich durch α-Zerfall in Radon-222 umwandelt (→ **B3**). Im Gegensatz zu den anderen Zwischenprodukten ist Radon gasförmig und kann aus Erdreich und Baustoffen in die Raumluft gelangen. Insbesondere aus manchen Natursteinen, durch unabgedichtete Fugen und Risse in Böden und Decken gelangt Radon auch in Wohnräume, gefördert durch den Kamineffekt in Häusern (→ **B1**).
Der Radiumgehalt von Untergrund und Baumaterial ist abhängig von der Gesteinsart und schwankt regional sehr stark. Dadurch ergeben sich in Innenräumen Zerfallsraten von wenigen Becquerel pro Kubikmeter Raumluft (Bq/m^3) bis zu mehreren tausend. Im Bergbaugebiet Schneeberg in Sachsen hat man in unbelüfteten Kellerräumen bis zu $10^5\,Bq/m^3$ gemessen, in Deutschland beträgt der Mittelwert $50\,Bq/m^3$.

Radon erhöht das Lungenkrebsrisiko!
Eingeatmetes Radon wird in der Lunge nicht aufgenommen und zum größten Teil wieder ausgeatmet. Gesundheitlich bedenklich sind vor allem seine festen Zerfallsprodukte, radioaktive Isotope der Schwermetalle Polonium, Wismut und Blei, die sich in der Lunge ablagern oder mit eingeatmeten Staubpartikeln in sie gelangen. Die von ihnen ausgehende Strahlung kann das Gewebe schädigen.

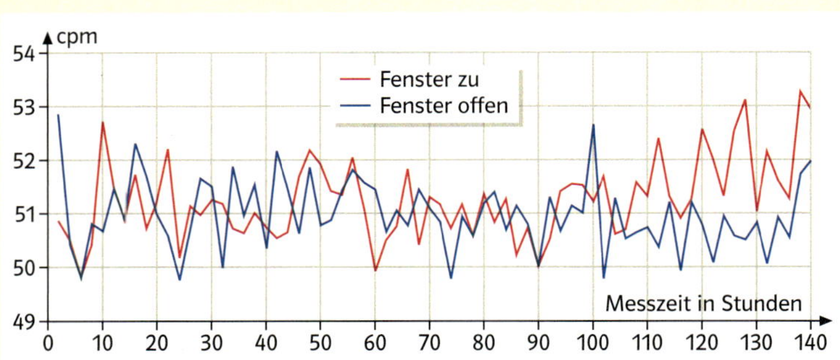

B2 Aktivität im Kellerraum bei geschlossenem (rot) und offenem (blau) Fenster

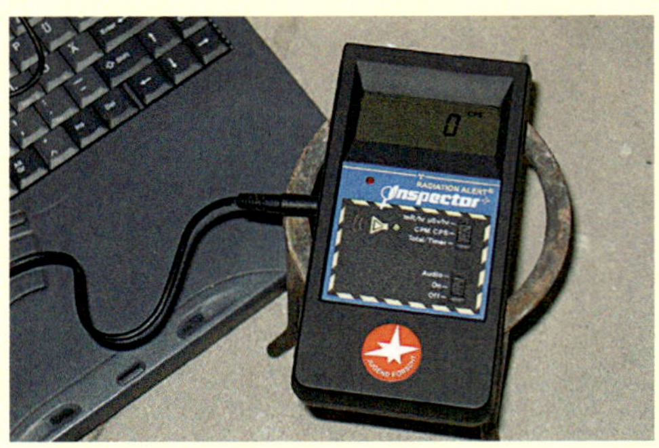

B4 Automatische Messwerterfassung

Strahlenbelastung des Menschen

Kosmische Strahlung, Höhenstrahlung Aus dem Weltraum trifft sehr energiereiche Strahlung aus Protonen und Heliumkernen auf die Erde. Sie stammt vor allem von der Sonne.

Normalerweise werden diese in 100–400 km Höhe abgebremst und aufgehalten. Dabei entsteht die Höhenstrahlung, vor allem aus Protonen, Neutronen, Elektronen und starker γ-Strahlung. Auf dem Weg zur Erdoberfläche wird sie durch die dichter werdende Lufthülle abgeschwächt. Im Hochgebirge ist sie daher intensiver als auf Meereshöhe (→ **B1**).

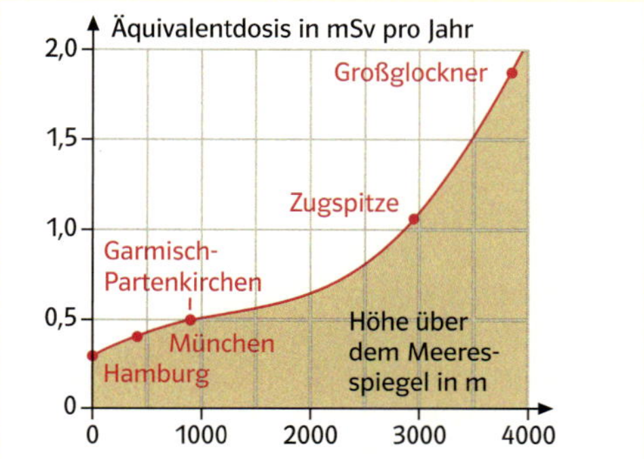

B1 Belastung durch kosmische Strahlung

Terrestrische Strahlung Als unsere Erde vor etwa 4,5 Milliarden Jahren aus dem Staub explodierter Sterne entstand, gab es sehr viele radioaktive Isotope. Heute sind davon nur die mit sehr langen Halbwertszeiten übrig, wie z. B. U-238, K-40 und U-235. Sie und ihre radioaktiven Zerfallsprodukte finden sich in Gesteinen, Boden, Wasser und Luft und damit auch in allen Lebewesen. Insbesondere das radioaktive Edelgas Radon gelangt aus Boden und Baustoffen in unsere Raumluft (→ S. 206).
In unbelüfteten Räumen, vor allem im Keller, kann es gesundheitsschädliche Konzentrationen erreichen, weil α-Strahlen wegen ihres hohen Ionisationsvermögens in lebenden Zellen beträchtliche Schäden anrichten (→ S. 203). Außerdem entstehen durch die kosmische Strahlung in der Atmosphäre laufend neue radioaktive Isotope wie C-14 und H-3, die, durch Luft und Wasser verbreitet, zur terrestrischen Strahlung beitragen.

Eigenstrahlung Mit dem Stoffwechsel kommen ständig radioaktive Substanzen in den menschlichen Körper. Das Trinkwasser, die pflanzliche und tierische Nahrung sowie die Luft enthalten radioaktive Atomkerne wie C-14, K-40 oder Rn-222. Als Körpersubstanz können sie lange Zeit als Strahlungsquellen wirken. Mehr als die Hälfte der Aktivität im Körper stammt vom Kalium-40-Isotop.

Künstliche Strahlung Bei Röntgenaufnahmen und bei der medizinischen Behandlung mit radioaktiven Präparaten setzen wir uns zusätzlich einer Strahlenbelastung aus. Eine Lungendurchleuchtung führt z. B. zu einer Belastung von 0,3 mSv. Für Menschen, die beruflich Strahlung ausgesetzt sind, gilt zurzeit ein Grenzwert von 50 mSv pro Jahr. Ihre Strahlenbelastung wird durch Dosimeter laufend kontrolliert (→ **B3**).

Physik überall

B2 Flussspat enthält große Mengen an Uran.

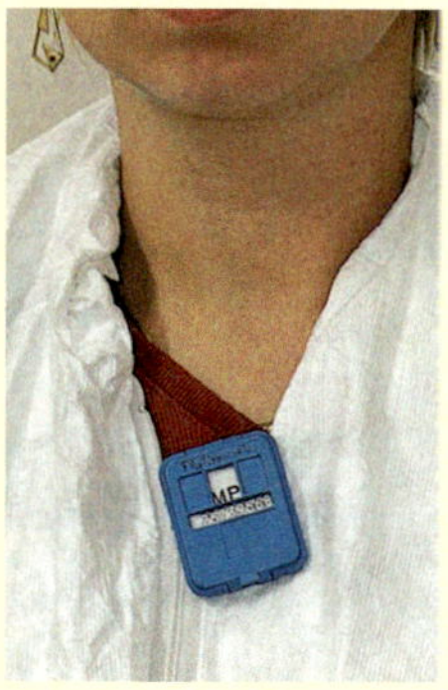

B3 Dosimeter zur Registrierung der Strahlenbelastung

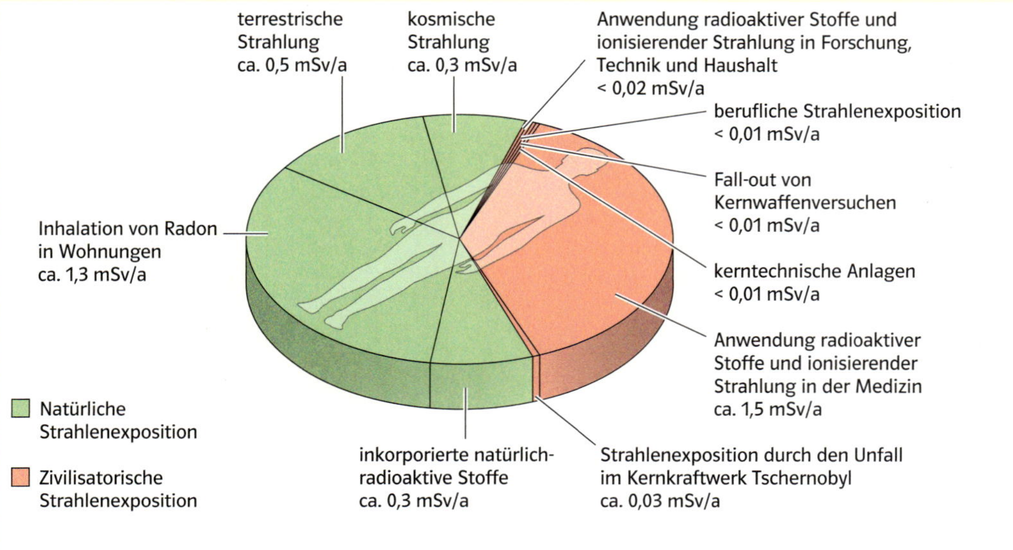

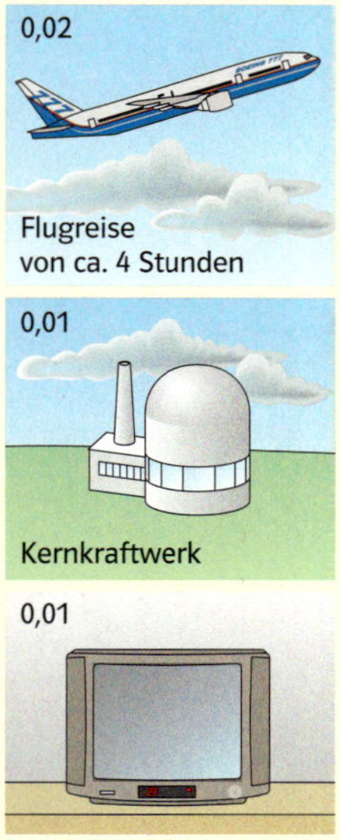

Die Entstehung radioaktiver Strahlung

V1 In eine Metallkammer, eine sogenannte Ionisationskammer, pumpen wir radioaktives Radon (→ **B1**). Dieses Gas entsteht im Laufe der Zeit im radioaktiven Thoriumsalz. Die Metallkammer wird verschlossen und es wird eine elektrische Spannung zwischen Kammerwand und einem Stab in der Mitte der Kammer angelegt.

Sobald Radon in die Kammer gelangt, können wir einen Strom nachweisen. Mit Hilfe eines Messverstärkers messen wir z. B. alle 25 Sekunden die Stromstärke (siehe Tabelle rechts):

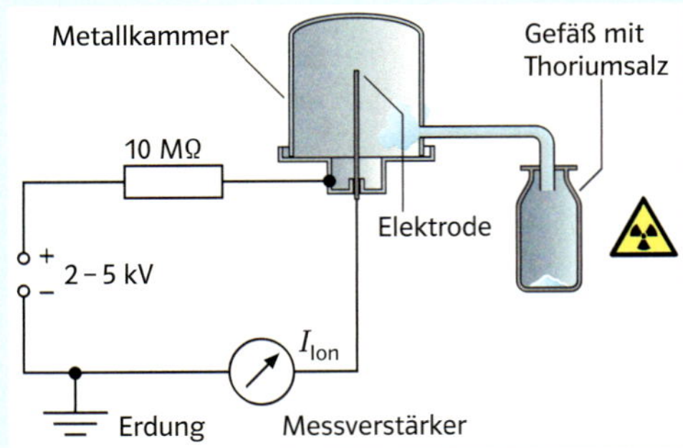

B1 Die Ionisationskammer

t in s	0	25	50	75	100	125	150
I in pA	62	45	33	24	17	13	8

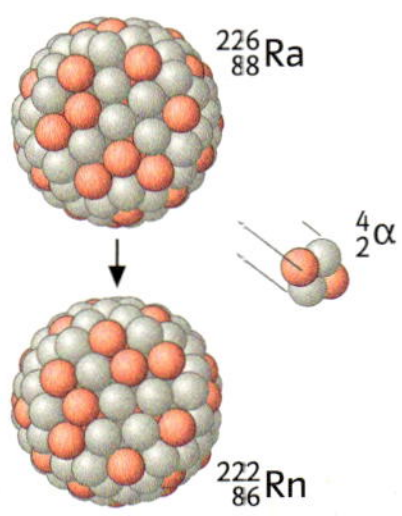

B2 Der α-Zerfall

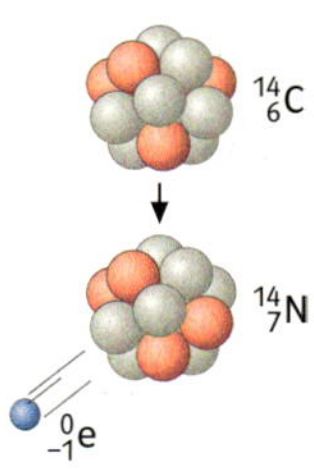

B3 Der β-Zerfall

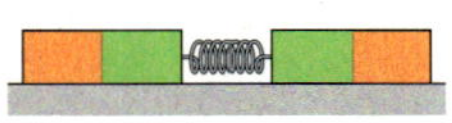

B4a Ein Energiezustand

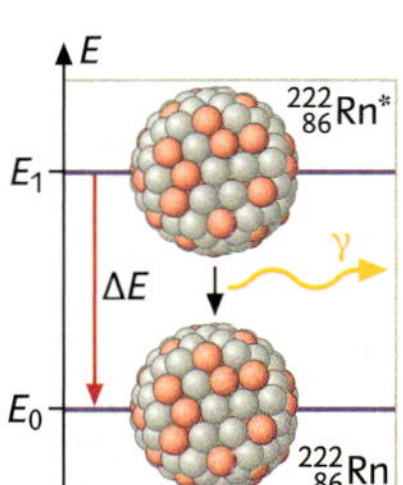

B4b Der γ-Zerfall

Strahlung aus dem Atomkern Marie Curie begann ihre Forschungen über die radioaktive Strahlung mit dem Element Radium. Sie fand, dass sich dabei Atomkerne des Radiums in Kerne des Radons umwandeln. Die beobachtete Strahlung besteht aus geladenen Teilchen. Es sind Atomkerne des Heliums. Man spricht vom **α-Zerfall** des Radiums (→ **B2**).

- **Beim α-Zerfall verliert der Kern zwei Protonen und zwei Neutronen.**

Bei der β⁻-Strahlung werden negativ geladene Elektronen aus den Atomkernen geschleudert. Es entstehen neue Atomkerne (→ **B3**), denn die Elektronen werden im Kern durch Umwandlung von Neutronen in Protonen erzeugt. Man spricht von einem **β⁻-Zerfall**.

- **Beim β⁻-Zerfall wird ein Neutron im Kern in ein Proton umgewandelt.**

Die Magnete in Bild **B4a** stoßen sich ab, werden aber von der gespannten Feder zusammengehalten. In der Anordnung ist Energie gespeichert. Vergleichbar ist die Situation im Atomkern mit abstoßenden elektrischen und zusammenhaltenden Kernkräften.

- **Beim γ-Zerfall verliert der Kern Energie. Masse und Ladung ändern sich nicht.**

Zusammenfassend lässt sich sagen:

- **Radioaktive Strahlung entsteht im Atomkern.**

Neue Stoffe entstehen Beim α- und β⁻-Zerfall ändern sich Masse und Ladung des Kerns, d. h., neue Stoffe entstehen. Die folgende Tabelle zeigt die Änderung von Massezahl und Kernladungszahl.

	α-Zerfall		β⁻-Zerfall	
Kern	alt	neu	alt	neu
Massenzahl	A	$A-4$	A	A
Kernladungszahl	Z	$Z-2$	Z	$Z+1$

Die entstehenden neuen Atomkerne sind häufig selbst radioaktiv. Sie wandeln sich dann weiter durch α- oder β⁻-Zerfall um. Dies setzt sich fort, bis ein stabiler Atomkern entsteht (→ **B5**). Alle so entstehenden Kerne bilden eine Zerfallsreihe.

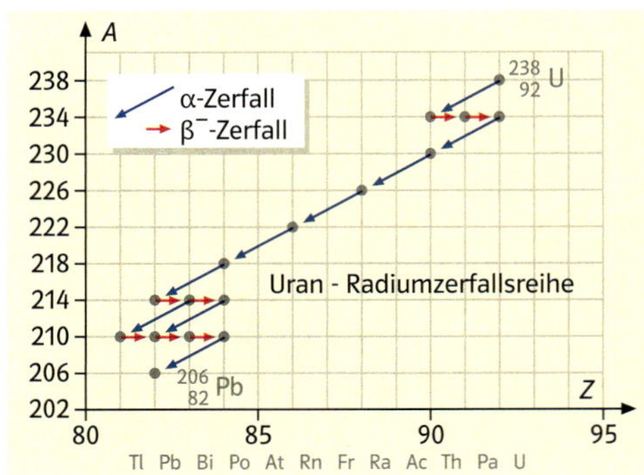

B5 Zerfallsreihe

A1 Schreibe alle Isotope in der obigen Zerfallsreihe mit Symbol, Massenzahl und Kernladungszahl auf.

Das Gesetz des radioaktiven Zerfalls Das Radonisotop Rn-220 ist ein α-Strahler. Seine Kerne wandeln sich unter Aussendung von Heliumkernen He-4 in Poloniumkerne Po-216 um. Befindet sich das Radon in einer Kammer, bei der wie in einem Zählrohr eine Spannung zwischen Außenwand und innerer Elektrode besteht, so misst man einen elektrischen Strom. Bei jedem Kernzerfall erzeugt die α-Strahlung eine gleiche Anzahl von Ionen im Gas. Die Bewegung der Ionen führt zu einem elektrischen Strom, dessen Stärke ein Maß für die Zahl der Radonkerne ist, die in der Zeit, während man den Strom misst, zerfallen.

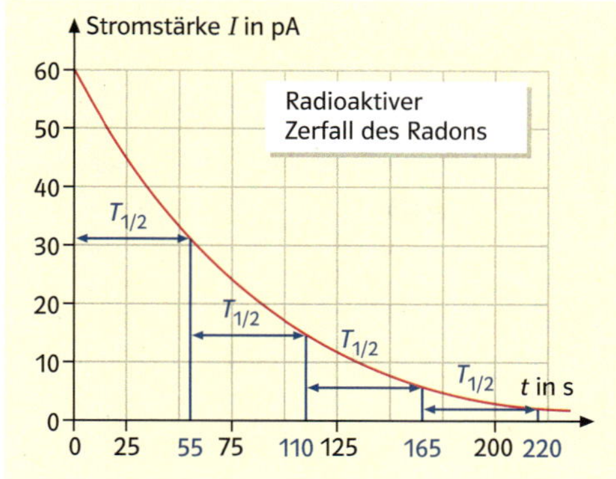

B1

Beachte:
Die Halbwertszeit gilt für jeden beliebigen Anfangszeitpunkt!

Das Diagramm **B1** zeigt, dass die Stromstärke nach 55 s auf den halben Wert, nach 110 s auf ein Viertel, nach 165 s auf ein Achtel des Anfangswertes gesunken ist. Die Halbierung der Anzahl der Zerfälle in konstanten Zeitabschnitten ist unabhängig von der Stärke der Radonquelle. Jedes radioaktive Isotop hat eine solche, für sich charakteristische **Halbwertszeit**.

● **Unter der Halbwertszeit eines radioaktiven Isotopes versteht man die Zeitspanne, in der die Zahl der Kernzerfälle auf den halben Wert zurückgeht.**

Es gibt Halbwertszeiten zwischen Bruchteilen von Sekunden und Milliarden von Jahren (→ **B2**). Die Halbwertszeit lässt sich nicht beeinflussen. Sie ist ein Mittelwert aus den Zerfällen einer großen Zahl von Kernen, wie sie schon in kleinsten Stoffportionen vorkommen. Von einem einzelnen Atomkern lässt sich nicht angeben, wann genau er zerfällt.

● **Der Zerfall einzelner Kerne ist nicht vorhersagbar. Die Halbwertszeit ist ein Mittelwert aus sehr vielen Zerfällen.**

Atomkern	Halbwertszeit
$^{238}_{92}U$	4,5 Mrd. a
$^{40}_{19}K$	1,3 Mrd. a
$^{14}_{6}C$	5760 a
$^{226}_{88}Ra$	1620 a
$^{131}_{53}I$	8,1 d
$^{42}_{19}K$	12,4 h
$^{218}_{84}Po$	3,1 min
$^{220}_{86}Rn$	55 s

B2

Altersbestimmung mit Kohlenstoff und mit Blei

Physik überall

Das Alter vieler archäologischer Funde kann bestimmt werden, wenn es sich um organische Überreste handelt. Dazu wird die Strahlung des darin enthaltenen radioaktiven Kohlenstoffisotopes $^{14}_{6}C$ gemessen. C-14 entsteht in der oberen Atmosphäre bei Kernumwandlungen von Stickstoff in der Luft mit Neutronen aus der von der Sonne kommenden Strahlung. Man spricht von der **C-14-Methode.**

Das radioaktive C-14-Isotop wird im Kohlenstoffdioxid durch Wind und Meeresströmungen gleichmäßig auf der Erde verteilt. Bei der Assimilation nehmen alle Pflanzen das radioaktive C-14-Isotop wie das normale, nicht radioaktive C-12-Isotop auf. Sie unterscheiden sich chemisch nicht. In allen Lebewesen stellt sich ein festes Verhältnis zwischen den beiden Isotopen ein. Mit dem Tod ist die C-14-Aufnahme beendet und der Anteil von C-14 am Kohlenstoff des toten Materials nimmt mit der Halbwertszeit von 5760 Jahren ab. Aus dem Mengenverhältnis der Isotope in heute lebenden Organismen lässt sich berechnen, wie lange es dauern würde, um von heute an zum selben Verhältnis wie bei der alten Probe zu kommen. Man unterstellt dabei allerdings, dass sich das heute bekannte Isotopenverhältnis von C-14 zu C-12 gegenüber früher nicht verändert hat. Beträgt z. B. der C-14-Anteil in der Probe nur noch ein Achtel des heutigen Verhältnisses, so ist dreimal eine Halbwertszeit von 5760 a vergangen; die Probe ist daher etwa 17280 Jahre alt.

Das Alter von Steinen lässt sich auch mit Hilfe von radioaktiven Isotopen bestimmen. Viele Steine enthalten Uran, dessen Isotope alle radioaktiv sind. U-238 hat eine Halbwertszeit von $4{,}5 \cdot 10^9$ a. Es zerfällt in 13 Stufen zu Pb-206. Die Halbwertszeiten dieser Zerfälle sind im Vergleich zu der des Urans sehr klein. Hat sich das Gestein kurz nach der Aufnahme des Urans gebildet, so gibt die Summe der heute im Gestein gefundenen U-238- und Pb-206-Kerne die ursprünglich in ihm enthaltene Zahl an U-238-Kernen an. Mit Hilfe der Halbwertszeit lässt sich nun das Alter des Gesteins berechnen. Man spricht von der **Blei-Methode**.

Messwerte, Graphen und Gleichungen

Beim Zerfall von Radon in einer Ionisationskammer ergeben sich Messwerte. Sie sind in ein Tabellenkalkulationsprogramm eingegeben (→ **B1a**). Mit Hilfe des Programms lässt sich daraus ein Diagramm erstellen (→ **B1b**). Eine Messtabelle führt so auf eine Darstellung mit endlich vielen Punkten (→ **B2**).

	A	B
1	Zerfall von Radon	
2		
3	t in s	I in pA
4	0	62
5	25	45
6	50	33
7	75	24
8	100	17
9	125	13
10	150	8

a) Messwerte

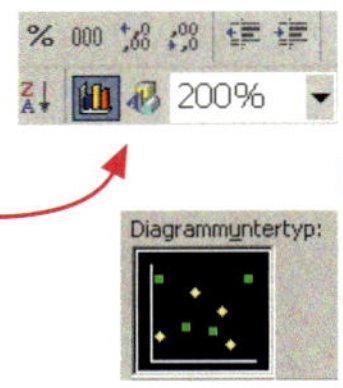

b) Von der Tabelle zum Diagramm

B1

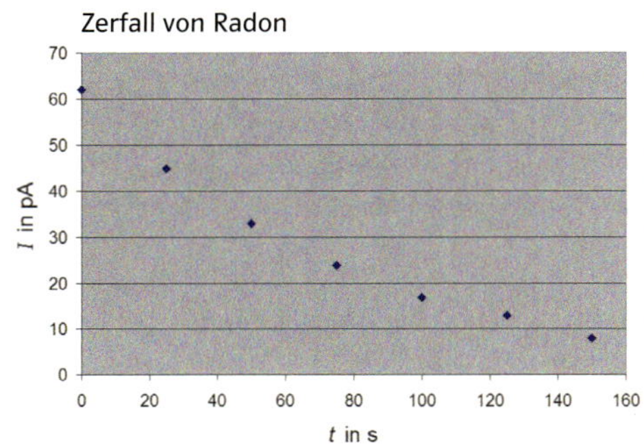

B2 Von den Punkten zur Trendlinie

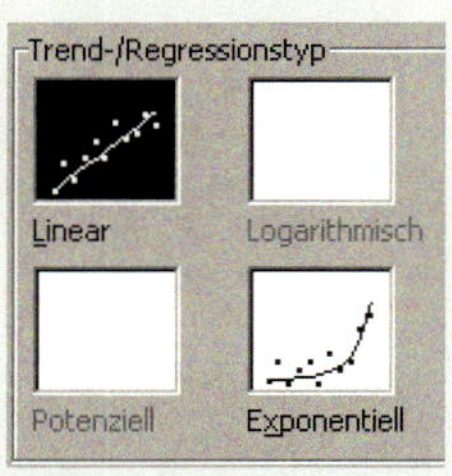

B3 Trendlinienangebote

Die ermittelten Messwerte stellen eine Auswahl unter allen möglichen dar. Man ergänzt fehlende, indem man die Lücken in der Darstellung durch die Punkte einer Kurve füllt (→ **B3**). Man wählt sie so, dass sie einen eventuell erkennbaren Trend wiedergibt und möglichst viele Messpunkte auf ihr oder in der Nähe liegen. Dabei muss man sich für einen Kurventyp entscheiden (→ **B4**). Das Programm zeichnet die Trendlinie ein und gibt auch eine dazugehörige Funktionsgleichung an.

Abbildung **B4a–c** zeigen Ergebnisse. Die Gerade als einfachste Kurve gibt augenscheinlich nicht den Trend wieder. Die beiden anderen Kurven passen vergleichbar gut, obwohl sie durch ganz verschiedene Gleichungen beschrieben werden. Man erkennt:

- **Messwerte führen nicht zwangsläufig auf eine bestimmte Gleichung zur Beschreibung eines Zusammenhanges.**

Gleichungen und Theorie Für eine Entscheidung zwischen verschiedenen gleichwertigen Beschreibungen der Messwerte benötigt man Vorstellungen über den Vorgang, den man beschreiben will.

Der Radonzerfall ist ein stochastischer Prozess. Wie man beim Münzwurf nicht Kopf oder Zahl vorausahnen kann, lässt sich nicht sicher vorhersagen, ob ein bestimmtes Atom innerhalb der nächsten Zeit zerfallen wird. Man wird aber etwa 50 % Kopf und 50 % Zahl erwarten, wenn die Münze sehr oft geworfen wird, weil beide Ereignisse gleich wahrscheinlich sind. In gleicher Weise kann man annehmen, dass von einer großen Zahl vorhandener Atome in einer bestimmten Zeit jeweils die Hälfte zerfallen wird.

A1 Entwickle aufgrund der beschriebenen Zufälligkeit des Zerfalls ein Argument für die Exponentialkurve in Bild **B4b**.

A2 Berechne mit dem Taschenrechner aus der Gleichung in Bild **B4c** den I-Wert für $t = 1000$. Gewinne so ein Argument gegen diese Gleichung zur Beschreibung des Radon-Zerfalls.

a) Zerfall von Radon – linear? **b)** Zerfall von Radon – exponentiell? **c)** Zerfall von Radon – polynomisch?

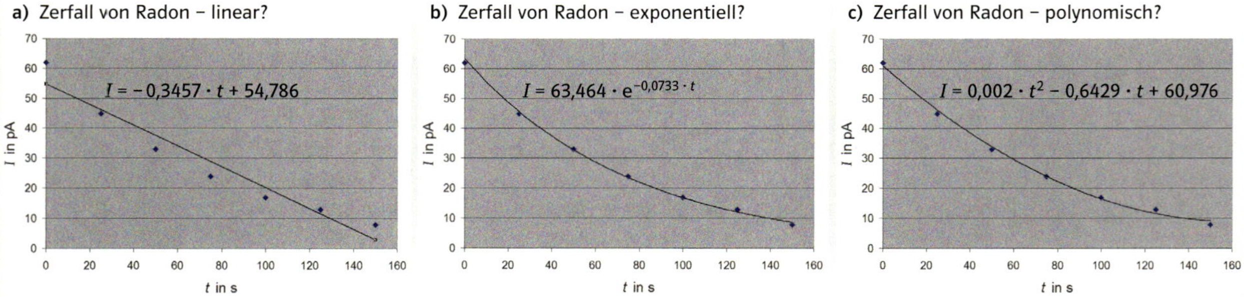

B4 Trendlinien zu den Messwerten

Nutzen radioaktiver Strahlung

Radioaktive Strahlung in der Medizin Die von radioaktiven Stoffen ausgehende Strahlung wird in der Medizin eingesetzt, um Krankheiten festzustellen (Diagnose) und um sie zu behandeln (Therapie).

In der **nuklearmedizinischen Diagnostik** werden krankhafte Prozesse in den Organen festgestellt. Dem Patienten werden z. B. durch Injektion schwach radioaktive Lösungen mit kleiner Halbwertszeit verabreicht. Mit einem hochempfindlichen Messgerät (Szintillationszähler) kann die Geschwindigkeit verfolgt werden, mit der die radioaktive Substanz in den Organen aufgenommen, angereichert oder wieder ausgeschieden wird. Das **Szintigramm** zeigt dem Arzt z. B. die Lage und die Größe der beiden Schilddrüsenlappen (→ **B2**).

In der **Strahlentherapie** behandelt man Krebserkrankungen dadurch, dass man das kranke Gewebe (Zellwucherung) durch radioaktive Strahlung zerstört (→ **B1**). Da Körperzellen mit hoher Teilungsrate, wie z. B. Krebszellen, besonders strahlungsempfindlich sind, werden diese Zellen stärker zerstört als gesunde Zellen, die sich langsamer vermehren. Um die gesunden Zellen zu schonen, bestrahlt man den Tumor aus verschiedenen Richtungen mit schwächerer Dosis, so dass die Strahlung nur in den Überlappungszonen die zerstörende Wirkung hat.

Die **Sterilisation** (Entkeimung) von medizinischen Instrumenten, hitzeempfindlichen Arzneimitteln, Schläuchen und Verbandsstoffen mit Hilfe radioaktiver Strahlung gewinnt immer mehr an Bedeutung. Durch hohe Energiedosen werden Bakterien, Sporen oder Viren getötet.

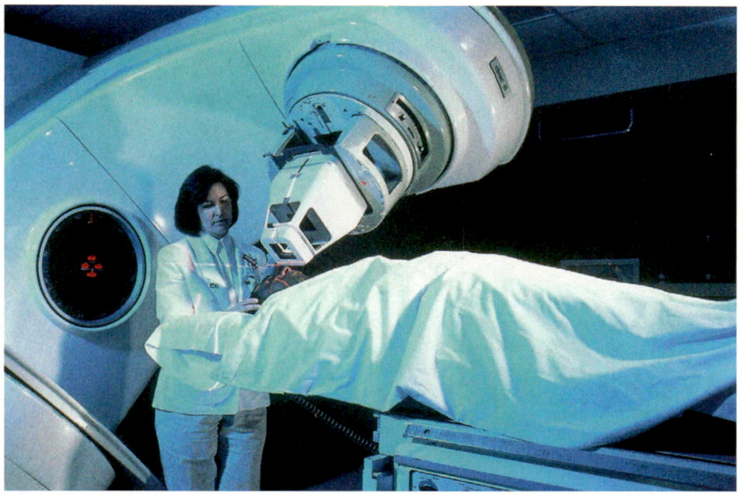

B1 Bestrahlung eines Tumors

Werkstoffprüfung – Verschleißmessung
Bei der **Dickenmessung** und zerstörungsfreien **Werkstoffprüfung** wird die Abnahme der Intensität einer γ-Strahlung mit der Dicke der durchdrungenen Schicht genutzt. Der zu untersuchende Gegenstand befindet sich zwischen der Strahlungsquelle und einem Nachweisgerät, einem Film oder einem Zählrohr. Je nach Dicke der Schicht wird die Strahlung geschwächt. Unterschiede in der Zusammensetzung des Materials, Risse oder Hohlräume zeigen sich durch verschiedene Absorptionen. Maschinenteile werden beim Gießen, Schmelzen oder Pressen mit radioaktiven Stoffen präpariert. Beim Betrieb geraten Verschleißteilchen in das Schmiermittel. Durch Messung seiner Aktivität lässt sich die **Abnutzung** der Maschinenteile bestimmen.

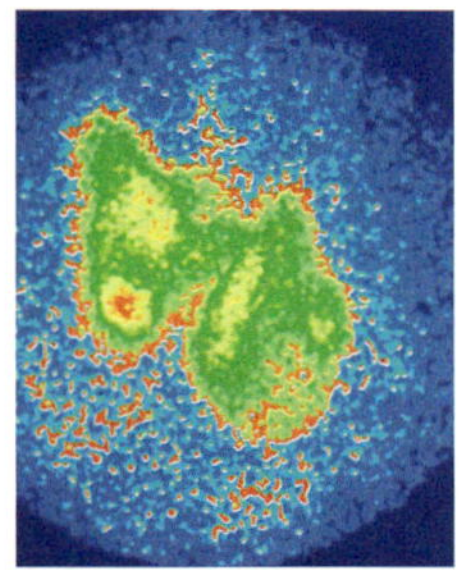

B2 Szintigramm einer Schilddrüse

B3 Anwendungen radioaktiver Strahlung in der Technik

Energie aus Kernreaktionen

Kernphysiker benutzen für Energie die Einheit Elektronenvolt (eV).
Es gilt:

$1\,\text{eV} = 1{,}602 \cdot 10^{-19}\,\text{J}$

bzw.

$1\,\text{J} = 6{,}24 \cdot 10^{12}\,\text{MeV}$

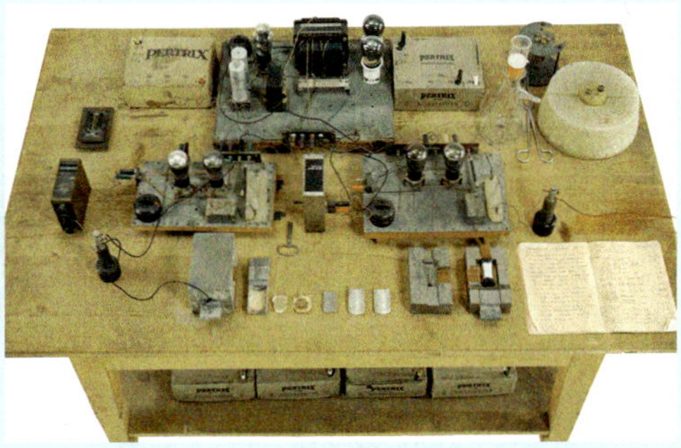

B1 Originalversuch im Deutschen Museum

Mit dem in Abbildung **B1** abgebildetem einfachen Versuchsaufbau wurde 1938 nachgewiesen, dass sich Atomkerne spalten lassen.

Die aus der Neutronenquelle kommenden Neutronen durchfliegen erst einen Paraffinblock, in dem sie abgebremst werden, bevor sie auf das Uranpräparat treffen. Nur relativ langsame Neutronen können Urankerne zur Spaltung bringen. Die Spaltprodukte konnten nachgewiesen werden.

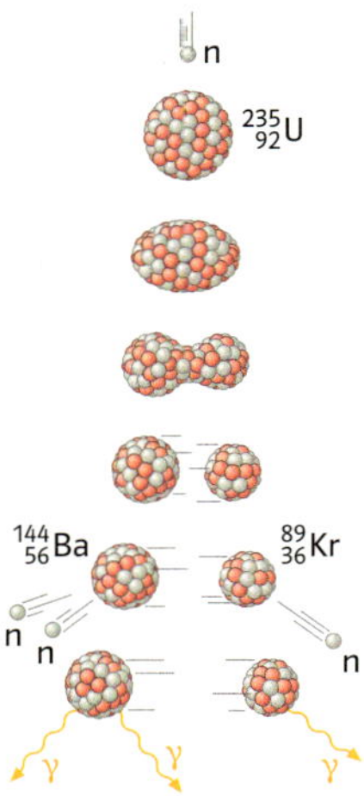

B2 Kernspaltung von Uran

Kernspaltung Im Jahre 1938 machten Otto Hahn, Fritz Straßmann und Lise Meitner bei ihren Untersuchungen zur künstlichen Kernumwandlung eine folgenreiche Entdeckung: Beim Bestrahlen von Uran mit Neutronen werden Kerne des natürlichen Uranisotopes U-235 (kurz für: $^{235}_{92}U$) gespalten. Es entstehen Elemente aus der Mitte des Periodensystems, wie Barium und Krypton (→ **B2**):

$$^{235}_{92}U + ^{1}_{0}n \rightarrow ^{144}_{56}Ba + ^{89}_{36}Kr + 3 \cdot ^{1}_{0}n + \Delta E_B$$

Die dabei frei werdende Energie ΔE_B ist sehr groß.

Allgemein hat man festgestellt, dass schwere Kerne ab der Massenzahl 56 (Eisen) bei ihrer Spaltung Energie freisetzen. Dabei eignen sich allerdings nicht alle Kerne gleich gut. Das Diagramm **B3** gibt die Werte der Bindungsenergien pro Nukleon der jeweiligen Atomkerne an. Bei der Spaltung eines Kerns in zwei kleinere Kerne, wird der Unterschied der Bindungsenergien ΔE_B pro Atomkern freigesetzt.

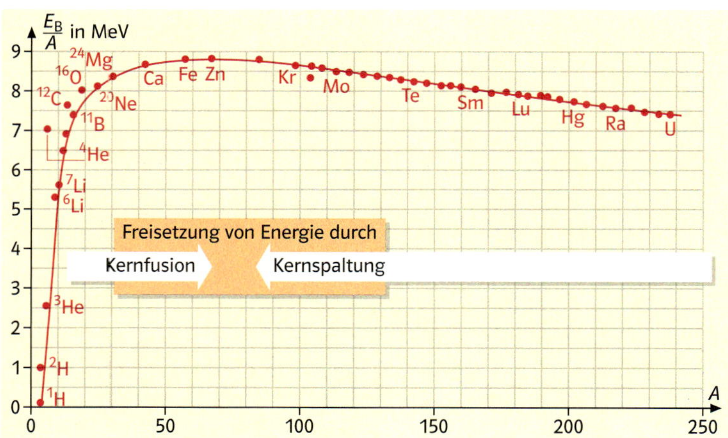

B3 Mittlere Bindungsenergie pro Nukleon E_B/A

Für das obige Beispiel gilt:

$$\Delta E_B = E_{B,\text{nachher}} - E_{B,\text{vorher}}$$

$$\Delta E_B = E_B(^{144}_{56}Ba) + E_B(^{89}_{36}Kr) - E_B(^{235}_{92}U)$$

$$\Delta E_B = 144 \cdot 8{,}4\,\text{MeV} + 89 \cdot 8{,}7\,\text{MeV} - 235 \cdot 7{,}6\,\text{MeV} = 198\,\text{MeV}$$

Bei der Spaltung eines Urankerns in Barium und Krypton wird also ein Energiebetrag von knapp 200 MeV frei! Diese freigesetzte **Kernenergie** kann in **Kernkraftwerken** teilweise in elektrische Energie umgewandelt werden.

Bei der Spaltung von 1 kg $^{235}_{92}U$ werden rund 24 Millionen kWh Energie frei, so viel wie beim Verbrennen von 2,6 Millionen kg Kohle, 6,4 Millionen kg Holz oder 2,2 Millionen kg Heizöl.

Kernfusion Bei der Fusion zweier leichter Kerne zu einem schweren Kern (bis Massenzahl 56 Eisen) wird ebenfalls Energie frei.

Beispiel einer Reaktionsgleichung:

$$^{2}_{1}H + ^{3}_{1}H \longrightarrow ^{4}_{2}He + ^{1}_{0}n + \Delta E_B$$

$$\Delta E_B = E_B(^{4}_{2}He) - E_B(^{2}_{1}H) - E_B(^{3}_{1}H)$$

$$\Delta E_B = 4 \cdot 7\,\text{MeV} - 2 \cdot 1\,\text{MeV} - 3 \cdot 2{,}8\,\text{MeV} = 17{,}6\,\text{MeV}$$

Es wird also bei dieser Fusion eine Energie von 17,6 MeV frei. Bei einer solchen Fusion von 1 kg Helium wird über fünfmal soviel Energie frei wie bei der Spaltung von 1 kg Uran.

● **Bei der Spaltung eines schweren in zwei mittelschwere Kerne oder der Fusion sehr leichter Atomkerne werden große Energiemengen freigesetzt.**

► S. 250 Energie

Energie aus Kernkraftwerken

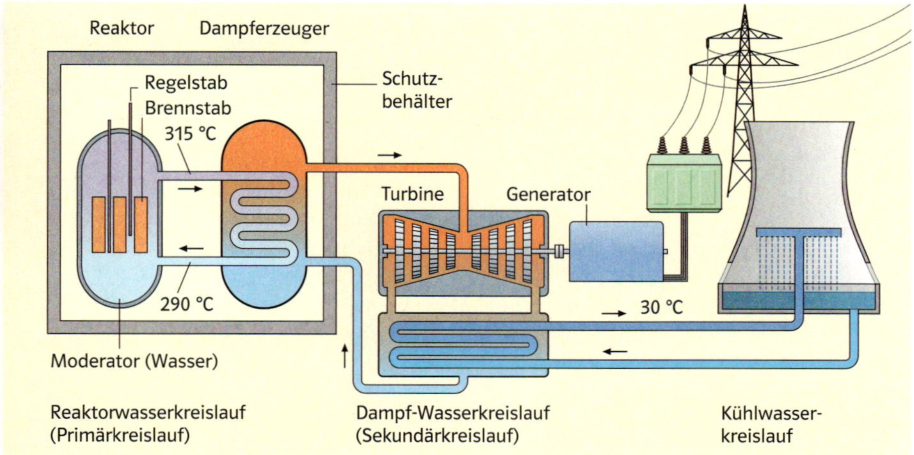

B1 Kernkraftwerk mit Druckwasserreaktor und Wasserkreisläufen (links: Blick in das Innere des Reaktors)

Kettenreaktion und kritische Masse Die Spaltung eines Uran-235-Kernes gelingt mit Hilfe von Neutronen. Bei der Spaltung eines Kernes werden 2 bis 3 Neutronen frei. Diese können weitere Kernspaltungen auslösen. So wächst die Zahl der Kernspaltungen in sehr kurzer Zeit lawinenartig an (→ **B2**). Es entsteht eine **Kettenreaktion**, wenn:

1 die große Geschwindigkeit der entstandenen Neutronen stark verringert wird. Sie durchdringen sonst die Urankerne, ohne sie zu spalten oder wandeln sie in Kerne schwererer Elemente der „Transurane" ($Z > 92$) um.

2 eine bestimmte Mindestmasse an spaltbaren Kernen vorhanden ist, damit die Neutronen nicht wirkungslos nach außen entweichen. Diese Mindestmasse nennt man **kritische Masse.** Eine handballgroße Kugel aus reinem U-235 hat bereits die kritische Masse (ca. 50 kg).

Eine **unkontrollierte Kettenreaktion** setzt aufgrund des enormen Anstiegs der Anzahl der Kernspaltungen in einigen Millisekunden sehr viel Energie frei, z. B. bei der Spaltung von etwa 1 kg Uran bei der über Hiroshima detonierten Spaltungsbombe schlagartig rund 23 Milliarden kWh, eine Energiemenge, die beim Verbrennen von etwa 2,6 Millionen Litern Benzin umgewandelt wird.

Für den Betrieb von Forschungsreaktoren bzw. Anlagen zur Nutzung von Kernenergie darf die Anzahl der Neutronen allerdings nur so lange zunehmen, bis die gewünschte Spaltrate erreicht ist. Anschließend muss die Zahl der Spaltungen pro Sekunde konstant bleiben. Pro Spaltung darf jeweils nur ein Neutron für weitere Spaltungen genutzt, die restlichen entstandenen Neutronen müssen durch den Einsatz geeigneter Materialien eingefangen (absorbiert) werden. Ein solcher Vorgang wird als **kontrollierte Kettenreaktion** bezeichnet. Er liefert dann gleichmäßig Energie.

Kernkraftwerke Kernkraftwerke (→ **B1**) wenden die Kettenreaktion bei der Kernspaltung des Uranisotopes U-235 zur Energiegewinnung an. Durch Abbremsen und Absorbieren der Spaltprodukte, der Neutronen und Elektronen sowie der γ-Strahlung wird die freigesetzte Energie in innere Energie der umgebenden Stoffe umgesetzt. Mit Hilfe eines Kühlsystems wird diese innere Energie im Kühlmittel abtransportiert und zur Dampferzeugung verwendet. Für 1 MW Kraftwerksleistung müssen die Kerne von 1 g U-235 gespalten werden. Im **Kernreaktor** findet die Kettenreaktion so statt, dass sie jederzeit abgebremst oder beendet werden kann. **Brennstoffstäbe** (→ **B3**) stellen das spaltbare Material in einem Gemisch aus spaltbarem U-235 sowie nicht spaltbarem U-238 bereit. **Moderatoren** bremsen die bei der Kernspaltung frei werdenden schnellen Neutronen ab, so dass sie das Uran-235 spalten können. Als Bremsmittel eignen sich Wasser und Graphit. **Neutronenreflektoren** in der Umgebung der Brennstäbe verhindern das Austreten von Neutronen aus dem Reaktorraum.

A1 Wodurch kontrolliert man eine Kettenreaktion?

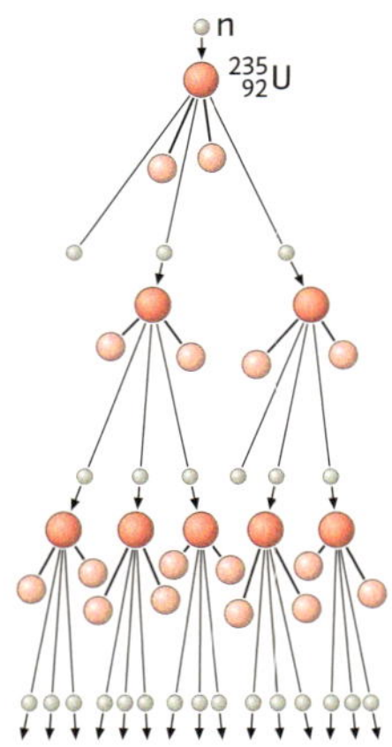

B2 Kettenreaktion

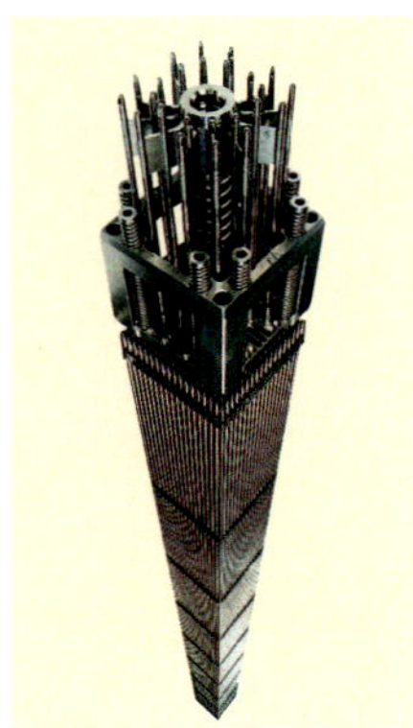

B3 Brennstäbe und Regelstäbe im Brennelement

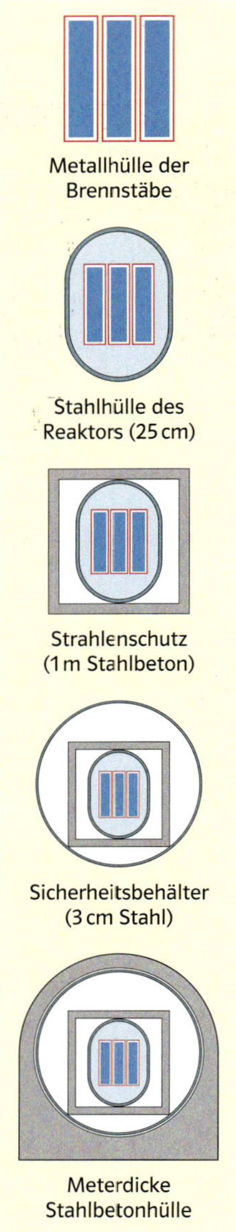

B1 Schutzbarrieren

Reaktorsicherheit Durch das Einfahren von **Regelstäben** in den Reaktor – mehr oder weniger weit – lässt sich die Kettenreaktion steuern. Regelstäbe bestehen aus Bor oder Cadmium und absorbieren Neutronen.
Zum raschen Beenden der Uranspaltung (Notabschaltung) können zusätzliche Stäbe in den Reaktor geschossen werden. In wenigen Sekunden fällt die Reaktorleistung auf 5 % ab. Da aber der Zerfall der Spaltprodukte weitergeht, muss Kühlwasser weiterhin Energie abführen. Zur Sicherung der Kühlung existieren Notkühlsysteme. Auch andere Steuereinrichtungen sind mehrfach vorhanden.

Ein Sicherheitssystem aus fünf Barrieren soll selbst bei schwersten Störungen ein Freiwerden radioaktiver Stoffe verhindern (→ **B1**).

Nutzen und Risiken Die Nutzung von Kernenergie wird als mögliche Übergangslösung angesehen, da das Verbrennen von Kohle und Erdöl große Mengen von Kohlenstoffdioxid freisetzt, was durch den Treibhauseffekt eine Erwärmung der Atmosphäre und Klimaänderungen zur Folge hat. Kernkraftwerke dagegen arbeiten klimaunschädlich, allerdings reicht das natürliche Spaltmaterial auf der Erde nur noch für Jahrzehnte. Bei der Energieumwandlung in Kernkraftwerken stellt die größte Gefahr das Entweichen von radioaktiven Stoffen dar. Wegen möglicher menschlicher Fehler bei der Konstruktion und im Betrieb des Reaktors sind Unfälle nie ganz auszuschließen. Fallen z. B. alle Kühlsysteme aus, dann heizen sich die Brennelemente im Reaktor in wenigen Sekunden so stark auf, dass sie schmelzen und Teile des Reaktorinhalts verdampfen. Es kommt zum größten **a**nzunehmenden **U**nfall, einem **GAU**. Das Unglück von Tschernobyl (1986) war die Folge eines krassen Bedienungsfehlers, ebenso wie das in Harrisburg 1979 (→ **B2**). Aus dem geborstenen Reaktor in Tschernobyl entwichen etwa 3 % des Inhalts als Gas und Staub – hauptsächlich radioaktive Spaltprodukte wie Iod, Caesium und Strontium.

Eine unsichtbare radioaktive Wolke wurde vom Wind über weite Teile Europas getragen. Auch im 1600 km entfernten Deutschland stieg die Radioaktivität deutlich an. Gemüse und Milch waren für einige Zeit so stark belastet, dass vom Verzehr durch Kinder dringend abgeraten wurde. Auch die heute noch teilweise sehr hohe radioaktive Belastung von Waldpilzen ist eine Folge des Tschernobyl-Unfalls.

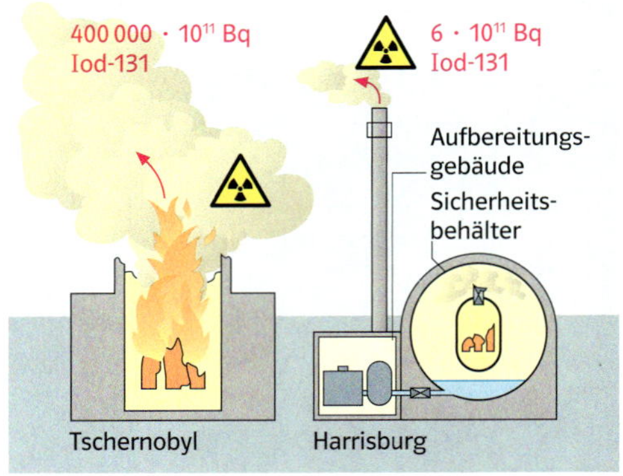

B2 Störfälle von Tschernobyl und Harrisburg

Über 150 000 Menschen wurden aus der Umgebung des geschmolzenen Reaktors dauerhaft evakuiert. Auch heute noch sind über 3 000 km^2 unbewohnbare Sperrzone. Man schätzt, dass viele Tausende an den Folgen der Strahlung durch den Unfall und der großflächigen radioaktiven Verseuchung der Umwelt starben und noch sterben, hauptsächlich an Krebs.

Ein weiteres Risiko ergibt sich aus den weltweit großen Mengen spaltbaren Materials, das beim Betrieb von KKWs entsteht, da es teilweise zum Bau von Kernwaffen geeignet ist.

Auch die **Entsorgung** radioaktiver Bauteile und Brennstäbe ist sehr problematisch. Nach etwa zwei Jahren müssen die Brennstäbe im Reaktor ausgewechselt werden, sie sind hochradioaktiv und können zuerst nur in der Nähe des Reaktors in einem Wassertank aufbewahrt werden, bis die stärkste Strahlung nachgelassen hat. In Anlagen zur Wiederaufbereitung werden sie später zerkleinert und chemisch zerlegt. Ein Teil des Urans findet erneut in Brennstäben Verwendung, der Rest wird in Blöcken aus Glaskeramik eingeschmolzen und gelagert. Sie müssen, ebenso wie die radioaktiven Bauteile eines stillgelegten Kraftwerkes, für viele zehntausend Jahre sicher gelagert werden. Eine Lagerung in einer mehrere hundert Meter dicken Schicht Steinsalz in etwa 800 m Tiefe ist vorgesehen. Die Sicherheit der Transporte und der Salzschicht (bei Wassereinbruch) ist aber umstritten.

A1 Welche Sicherheitseinrichtungen sollen Unfälle verhindern helfen?

A2 Welche Vor- und Nachteile bringt die Nutzung der Kernenergie mit sich?

Energie aus der Kernfusion

Natürliche Fusion in der Sonne Ein 1,4 Millionen km dicker Feuerball mit einer Oberflächentemperatur von 5800 K ist unsere Sonne. Ihre Strahlungsleistung beträgt rund $4 \cdot 10^{26}$ W, davon treffen pro Sekunde $1{,}7 \cdot 10^{17}$ J unsere Erde – und das 10 Milliarden Jahre lang! Die von der gesamten Menschheit in einem Jahr umgewandelte Energiemenge liefert uns die Sonne in einer guten Stunde. Die Quelle dieser unvorstellbaren Energiemenge sind Kernfusionsprozesse im Sonnenzentrum. Dort ist der Wasserstoff, aus dem die Sonne zu 90 % besteht, durch die Massenanziehungskräfte so stark komprimiert, dass Temperaturen von 10 Millionen Kelvin auftreten. Bei so hohen Temperaturen gibt es keine Atome mehr, sondern nur noch nackte Kerne und Elementarteilchen, man spricht von einem **Plasma**, dem vierten Aggregatzustand der Materie.

Die kinetische Energie der Protonen in diesem heißen Plasma ist so groß, dass sie sich trotz der elektrischen Abstoßungskraft so nahe kommen können, um in den Wirksamkeitsbereich der starken anziehenden Kernkraft zu gelangen.

In einem solchen **Fusionsplasma** verschmelzen nacheinander vier Protonen zu Heliumkernen, wobei zwei davon im Kern zu Neutronen umgewandelt werden. Zum Teil helfen bei der Fusion Kohlenstoff-, Sauerstoff- und Stickstoffkerne wie Katalysatoren mit. Es werden pro gebildetem $^{4}_{2}$He etwa 25 MeV Bindungsenergie aufgrund des Massendefekts freigesetzt. Etwa eine Million Jahre dauert es dann, bis diese Energie durch viele Absorptions- und Emissionsprozesse in der Strahlungszone die Sonnenoberfläche erreicht und hauptsächlich in Form von Licht abgestrahlt wird (→ **B1**).

Die Zukunft unserer Sonne und ihr Ende
Lange bevor der Wasserstoff aufgebraucht ist, verschiebt sich die Fusionszone weiter nach außen, weil sich das gebildete Helium im Kern der Sonne ansammelt. Dort steigt die Temperatur auf über 100 Millionen Kelvin an und durch Fusionen von Heliumkernen entstehen Kerne mit höheren Massenzahlen.

In etwa 3,5 Milliarden Jahren wird sich unsere Sonne durch die Vergrößerung der Fusionszone gewaltig aufblähen und sich in einen roten Riesenstern verwandeln (→ **B2**). Mit 275 Millionen km Radius, das 400-fache ihres jetzigen, wird sie die inneren Planeten Merkur, Venus, Erde und Mars „verschluckt" haben!

Schließlich wird die rote Riesensonne explodieren. Verbleibende Reste werden zum weißen Zwergstern mit einem Radius von 10 000 km und extrem großer Dichte zusammenfallen und langsam erkalten (→ **B3**).

A1 Weshalb sind Sternexplosionen die Voraussetzung für das Entstehen neuer Sterne und Planeten?

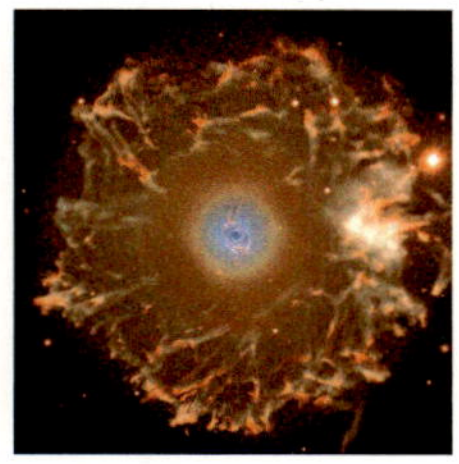

B3 Der astronomische Nebel NGC 6543 ist die explodierte Gashülle eines roten Riesen mit weißem Zwerg im Zentrum.

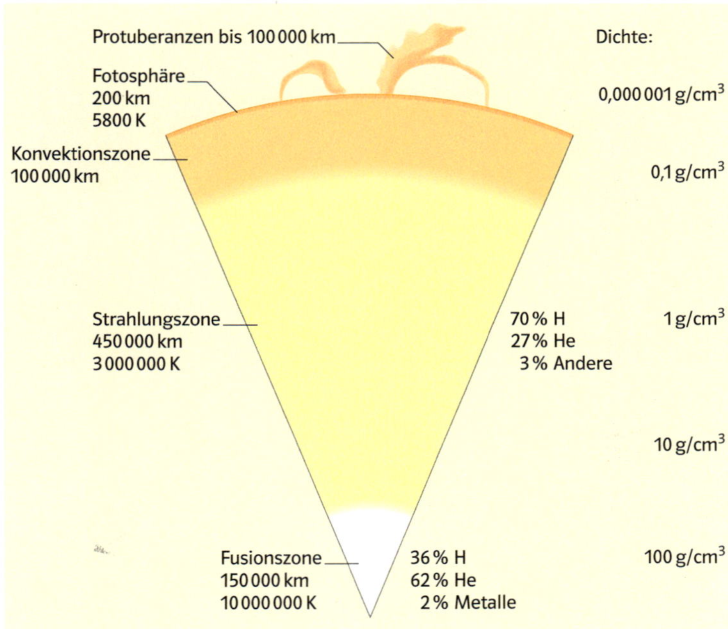

B1 Aufbau der Sonne

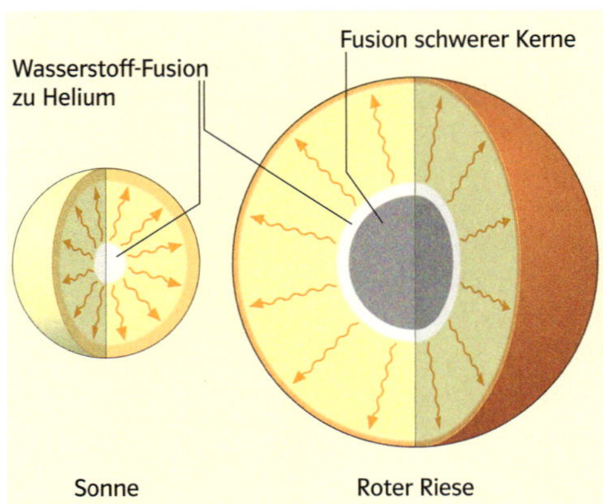

B2 Fusionszonen in der Sonne und im roten Riesenstern

Basiskonzept: Wechselwirkung

Man spricht von Wechselwirkungen, wenn sich zwei Körper gegenseitig beeinflussen. Auch Strahlung tritt mit Körpern in Wechselwirkung.

B1

Modell zum Kernzerfall Den Kernzerfall kann man recht gut mit dem Tauziehen veranschaulichen. Stellen wir uns vor, die Sportler auf dem Bild **B1** werden nach und nach jeweils auf beiden Seiten durch weitere Sportler unterstützt. Zunächst wird das Seil den Kräften der Sportler Stand halten. Dann wird irgendwann (zumindest theoretisch) allerdings die Situation eintreten, dass die entgegen wirkenden Kräfte, die die Sportler auf das Seil ausüben, dieses zum Reißen bringen werden und die Sportler „auseinander fliegen".

Ähnlich ist es auch beim Zerfall von Atomkernen. Die natürliche Radioaktivität tritt im Prinzip nur bei schweren Kernen auf. Wir wissen, dass der Kern aus Protonen und Neutronen besteht. Eigentlich dürfte der Kern gar nicht zusammen halten, weil sich gleiche Ladung abstößt und damit müssten sich die Protonen, die positive Ladung besitzen, abstoßen. Im Kern treten aber sogenannte kurzreichweitige Kernkräfte zwischen einzelnen direkt benachbarten Nukleonen auf, die die abstoßenden Kräfte überlagern. Somit sind leichte Kern stabil.

Betrachtet man nun immer schwerere Kerne, so stellt man fest, dass diese mehr und mehr Protonen und Neutronen besitzen. Somit werden die weit reichenden abstoßenden Kräfte zunehmen, da immer mehr Protonen vorhanden sind, wohingegen die kurzreichweitigen Kräfte abnehmen. Irgendwann entsteht eine Konstellation aus Protonen und Neutronen, bei denen die abstoßenden Kräfte überwiegen und der Kern auseinander fliegt, ähnlich wie die Sportler, wenn das Seil reißt. Die Sportler symbolisieren somit die Nukleonen, das Seil die Kraft, die den Kern zunächst stabil hält.

► S. 250

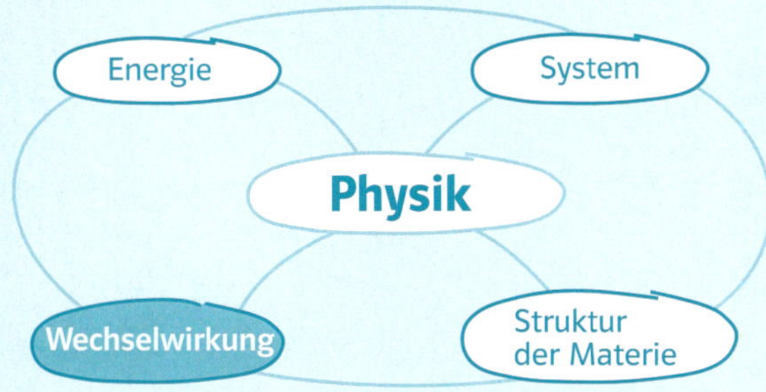

Verschiedene Arten der Wechselwirkung

Art der Wechselwirkung			
Zwei Körper wechselwirken miteinander. Sie üben Kräfte aufeinander aus, ihre mechanischen und/oder elektrischen Energien ändern sich.		Strahlung wechselwirkt mit Körpern. Die innere Energie des Körpers ändert sich.	
1. Gravitation: Körper mit Masse ziehen sich an.		**1. Strahlung** erwärmt Körper. Die thermische Energie des Körpers ändert sich.	
2. Magnetisches Feld: Zwei Magnete ziehen sich an oder stoßen sich ab.		**2. Strahlung** ändert die stoffliche Zusammensetzung des Körpers durch chemische Reaktionen.	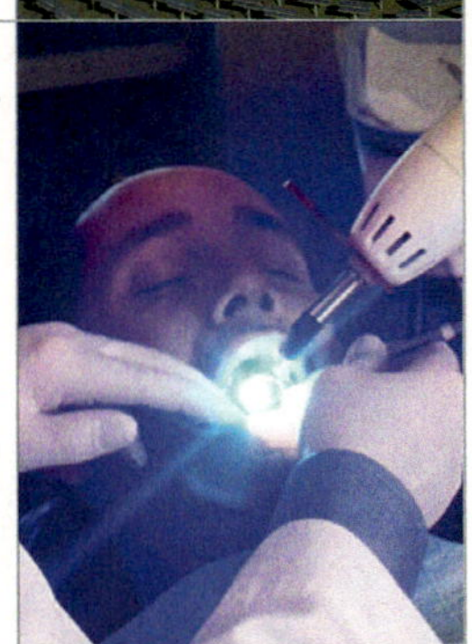
3. Elektrisches Feld: Elektrisch geladene Körper ziehen sich an oder stoßen sich ab.		**3. Strahlung** ändert die stoffliche Zusammensetzung des Körpers durch Kernreaktionen.	

Rückblick

1 Begriffe
Was versteht man unter
- Atom, Atomhülle, Atomkern und Isotop?
- radioaktiver Strahlung?
- α-, β^--, γ-Zerfall und Kernumwandlung?
- Halbwertszeit?
- Kernspaltung und Kernfusion?
- Kettenreaktion?

2 Beobachtungen
Was beobachtet man, wenn
- radioaktive Strahlung zwischen die Platten eines geladenen Kondensators dringt?
- radioaktive Strahlung auf einen lichtdicht verpackten Film trifft?
- zwischen Strahler und Zählrohr nacheinander ein Blatt Papier, eine Aluminiumplatte und eine gleich dicke Bleiplatte gehalten werden?

3 Erklärungen
Wie lässt sich begründen, dass
- ein Atom nach außen elektrisch neutral ist?
- ein Geigerzähler uns ständig eine schwache radioaktive Strahlung anzeigt?
- Kernreaktoren kontrolliert Energie freisetzen?
- radioaktive Strahlung unsere Körperzellen schädigt?

4 Gesetzmäßigkeiten
Beschreibe mit eigenen Worten
- Vorstellungen, die die Existenz von Atomen nahelegen.
- die zeitliche Abhängigkeit der Zählrate eines radioaktiven Isotopes.
- die Abhängigkeit der Zählrate von α-, β^--, γ-Strahlung von der Dicke bei Absorption.
- wie man auf das „Alter" einer organischen Probe schließen kann.

Erläutere die Erscheinungen in den folgenden Bildern und beantworte die Fragen!

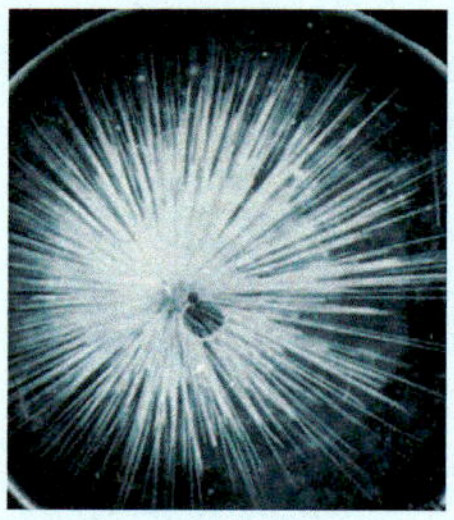

B1 Wie kommt diese Aufnahme zustande und was zeigt sie?

B2 Wie wurden bei diesem Blatt die Gefäße sichtbar?

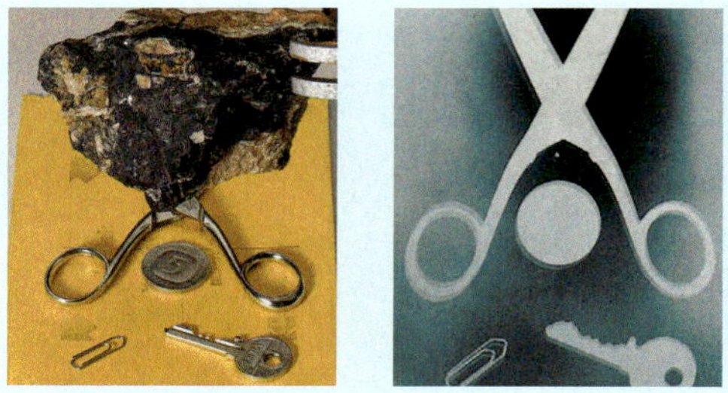

B3 Der Stein enthält Uran, im gelben Umschlag ist ein Fotofilm lichtdicht verpackt. Beschreibe den dargestellten Versuch und deute ihn.

B4 Warum werden radioaktive Abfälle in so aufwendigen Behältern transportiert?

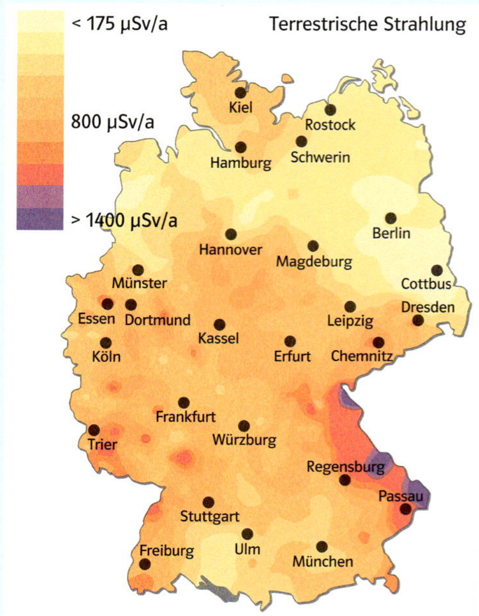

B5 Welche Aussagen kann man dieser Karte entnehmen?

Beispiele

Radioaktivität von Abgasen eines Kernkraftwerkes In Kernkraftwerken werden über den Kamin schwach radioaktive Gase wie z. B. Iodverbindungen ins Freie gelassen. Bis zu einer bestimmten Grenze ist dies erlaubt! Zur Kontrolle werden in einem abgeschlossenen Behälter Messungen der Radioaktivität dieses Gases über einen längeren Zeitraum vorgenommen. Man stellt nach Abzug des Nulleffektes fest:

t in Tagen	0	5	10	15	20	25	30	35
A in Bq	120	78	50	33	21	14	9	6

a) Zeichne ein Diagramm der Messwerte.
b) Bestimme die Halbwertszeit des radioaktiven Gases.
c) Das Iodisotop $^{131}_{53}\text{I}$ erzeugt eine β^--Strahlung. In welches Isotop verwandelt es sich? Stelle den Zerfall durch eine Reaktionsgleichung dar.

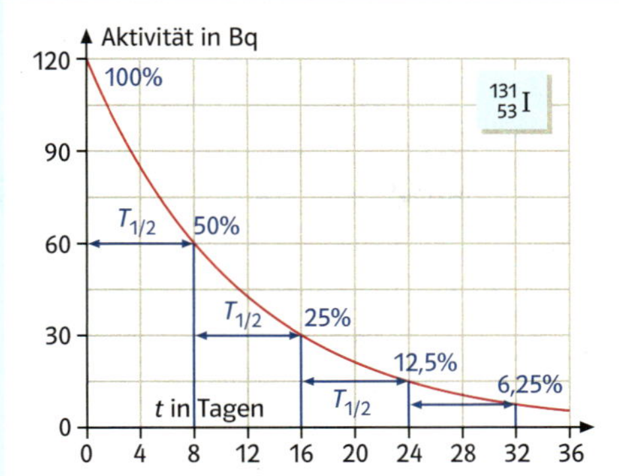

B1

Lösung:
a) Siehe Diagramm **B1**.
b) Dem Diagramm entnimmt man eine Halbwertszeit von 8 Tagen.
c) Es entsteht Xenon nach der Gleichung:

$$^{131}_{53}\text{I} \rightarrow {}^{131}_{54}\text{Xe} + e^-$$

Heimversuche

1 Hinweise zur Existenz von Atomen Fülle einen fettfreien Teller oder eine flache Schale mit Wasser. Bestäube die Oberfläche mit fein gemahlenem Pfeffer oder Mehl, so dass eine dünne zusammenhängende Schicht entsteht. Gib nun einen Tropfen Rasierwasser oder Franzbranntwein in die Mitte der Oberfläche. Beobachte die Pfeffer- oder Mehlschicht, die die Ausbreitung des Tropfens auf dem Wasser anzeigt. Gib langsam weitere Tropfen hinzu. Was geschieht mit den Tropfen?

2 Die Kettenreaktion im Modell Stelle wie in Abbildung **B2** Dominosteine auf und stoße dann den ersten Stein um. Vergleiche deine Beobachtungen bei den beiden Möglichkeiten mit dem Ablauf einer Kettenreaktion bei der Uranspaltung.

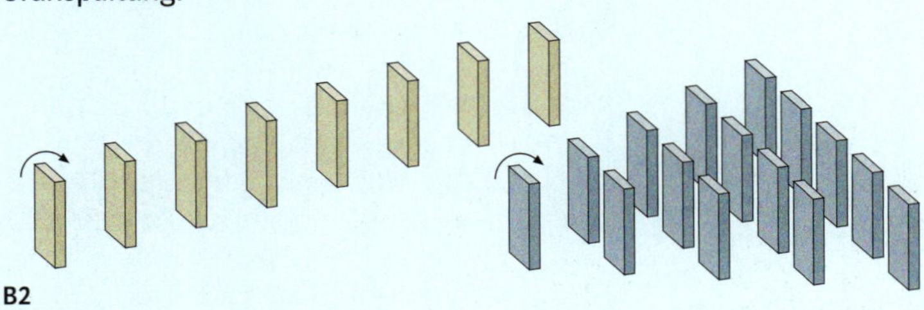
B2

Aufgaben

Zum Aufbau des Atoms

1 Welche Informationen über den Aufbau der Atome geben Massen- und Kernladungszahl?

2 Stelle die Zahl der Protonen und Neutronen für folgende Atomkerne in einer Tabelle dar:

^{2}H, ^{4}He, ^{16}O, ^{17}O, ^{60}Co, ^{60}Ni, ^{207}Pb, ^{208}Pb, ^{235}U, ^{238}U.

Welche Kerne sind Isotope?

3 Wie bei einem Röhrenfernseher erzeugen Elektronen auf einem kugelförmigen Schirm das Bild einer sehr feinen Metallspitze, die sich im Mittelpunkt der Kugel befindet (→ **B3**). Deute das Bild.

Radioaktive Strahlung

4 a) Wie lässt sich experimentell bestimmen, welche Strahlungsart von einem Präparat ausgesandt wird?
b) Wie kann man nachweisen, dass radioaktive Strahlung Luft ionisiert?

5 Wie lässt sich die Reichweite einer radioaktiven Strahlung bestimmen?

6 Beschreibe Aufbau und Wirkungsweise einer Nebelkammer und eines Zählrohres.

7 Wie kannst du feststellen, ob die Leuchtziffern einer alten Uhr radioaktiv strahlen? Beschreibe zwei Möglichkeiten.

B3 Zu Aufgabe 3

Aufgaben

Strahlen-quelle	Impulse/ min
Kalium-chlorid	58
Kaliumper-manganat	44
Seesand	26
Kochsalz	20
Kalium-nitrat	46

B1

8 Im Klassenraum wird an einem Tag ein Nulleffekt von 20 Impulse/min gemessen. An einem anderen Tag (an einer anderen Schule) stellt man mit demselben Zählgerät einen Nulleffekt von 18 Impulse/min fest.
a) Was bedeutet der Begriff „Nulleffekt"?
b) Nenne mögliche Ursachen für die unterschiedlichen gemessenen Werte.

9 Deute die Messergebnisse in Tabelle (→ **B1**) an verschiedenen Stoffen bei einer Untersuchung mit dem Zählrohr (Nulleffekt: 18 Impulse/min).

10 Berichte über die Anwendung radioaktiver Stoffe in Medizin, Technik, Altertumsforschung und Geologie. Erläutere, welche Eigenschaften und Wirkungen der Strahlung dabei genutzt werden.

11 Wovon hängt das Ausmaß der schädigenden Wirkung der radioaktiven Strahlung ab?

12 a) Begründe die Grundregeln des Strahlenschutzes mit Hilfe der Eigenschaften und Wirkungen radioaktiver Strahlung.
b) Nenne einige Strahlenbelastungen, denen der Mensch ständig ausgesetzt ist.

Zu den Kernumwandlungen

13 a) Das Thoriumisotop $^{227}_{90}Th$ ist ein α-Strahler. Welcher Kern entsteht beim Zerfall? Beschreibe die Umwandlung mit einer Formel.
b) Was versteht man unter einer Zerfallsreihe?

14 Das radioaktive Kohlenstoffisotop $^{14}_{6}C$ wandelt sich in Stickstoff (N) um und sendet eine β^--Strahlung aus. Beschreibe diesen Zerfall in einer Formel.

15 Das Poloniumisotop $^{216}_{84}Po$ zerfällt unter Aussendung radioaktiver Strahlung. Bestimme mit dem Diagramm **B2** die Kernumwandlungen und die auftretenden Strahlungsarten der Zerfallsreihe.

16 Die Aktivität einer Bariumverbindung wird nach jeweils einer Minute für 10 Sekunden gemessen und der Nulleffekt abgezogen. Stelle die Messergebnisse grafisch dar und bestimme die Halbwertszeit von Barium (Ba).

t in min	0	1	2	3	4	5	6
$\frac{\text{Impulse}}{10\,s}$	1050	795	600	460	345	260	220

17 Beschreibe eine Methode zur archäologischen und geologischen Altersbestimmung mit Hilfe der radioaktiven Strahlung.

18 Welchen Grund könnte es haben, dass für junge Bäume an verkehrsreichen Straßen nach der C-14-Methode scheinbar ein Alter von etwa 500 Jahren gemessen wurde?

19 a) Was versteht man unter einer natürlichen Kernumwandlung?
b) Erläutere den Unterschied zwischen Kernspaltung und Kernfusion.

20 Warum ist die Kernspaltung zur Energiegewinnung geeignet?

21 a) Bei der Explosion einer Atombombe läuft eine unkontrollierte Kettenreaktion ab. Durch welche Bedingungen wird eine solche Reaktion in Kernkraftwerken verhindert?
b) Warum kommt im natürlichen Uranerz fast nie eine Kettenreaktion in Gang?

22 Wodurch belasten Kernkraftwerke, wodurch Kohlenkraftwerke die Umwelt? Stelle eine Liste zum Vergleich auf.

23 Welche Risiken gibt es bei der Entsorgung von Spaltprodukten aus Kernkraftwerken? Informiere dich z. B. im Internet und diskutiere in der Klasse darüber!

24 Beim Reaktorunfall von Tschernobyl wurden radioaktive Stoffe als Gas und feinstem Staub freigesetzt und mit dem Wind über Europa verteilt. Folgende Vorsichtsmaßnahmen wurden empfohlen: Möglichst oft waschen! Bei Regen nicht im Freien aufhalten! Keine Milch von Weidevieh trinken! Nicht auf staubigen Sportplätzen spielen! Was sollte damit erreicht werden?

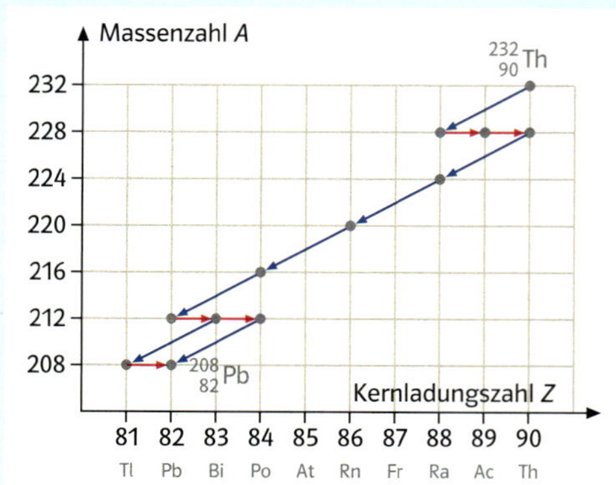

B2 Thorium-Zerfallsreihe

Vorhaben **Elektromotor im Selbstbau**

Untersuche in „Forschungsvorhaben" den Aufbau und die Funktionsweise von Elektromotoren und Generatoren.

Der Elektromotor und der Generator Eine stromführende Spule erzeugt ein Magnetfeld. Möchte man Bewegungen erzeugen, kann man ausnutzen, dass sich nicht gleichnamige Pole von Magneten anziehen.

Konstruiere deinen eigenen Elektromotor, der dieses Prinzip verwendet.

Hilfen:
- Die Spulen kannst du am besten aus Kupferlackdraht selbst wickeln.
- Als Halterung für die Spulen eignen sich runde, längliche Körper, z. B. eine Plastikflasche, ein Besenstiel, Korken …
- Die Bürsten sollten leicht federn. Hierzu eignet sich das Metallplättchen aus einem Schnellhefter. Diese sind allerdings teilweise lackiert und leiten den Strom erst, wenn man die Lackierung mit Schleifpapier entfernt hat.
- Die Magnete sollten sehr stark sein, z. B. Neodym-Magnete.
- Die Energieversorgung des Elektromotors hängt stark vom Draht und der Drahtlänge ab. Mit einem regelbaren Netzgerät kannst du deine ersten Prototypen ausprobieren. Ziel ist es, einen Motor zu bauen, der auch mit einer Batterie funktioniert.
- Probiere verschiedene Methoden aus, wie dein Motor „besser" werden könnte, d. h. dass der Motor sich schneller drehen kann.
- Kannst du mit deinem Motor auch elektrische Energie erzeugen?
- Versuche aus deinem Motor ein kleines Windkraftwerk zu bauen.

B1

- Untersuche in „Forschungsvorhaben", wie elektrische in mechanische Energie umgewandelt werden kann und umgekehrt.
- Formuliere dein Vorhaben genau.
- Plane deine Experimente und führe sie sorgfältig durch.
- Protokolliere zuverlässig.
- Entwickle eine Präsentation und trage sie vor.

Wichtige Kenntnisse zur Lösung:

- Wozu dient der äußere Magnet?
- Was ist ein Kommutator?
- Was versteht man unter Bürsten?
- Was ist ein Generator?
- Wodurch unterscheiden sich Elektromotor und Generator?

Wichtige Untersuchungen:

- Wovon hängt die Stärke der Abstoßung zweier Magnete ab?
- Wie kann man das Magnetfeld einer Spule verstärken?
- Welche Auswirkung hat die Dicke des Spulenkörpers?
- Welche Möglichkeiten gibt es für die Lagerung der Achse?
- Welche Auswirkung hat eine Veränderung der:
  - angelegten Spannung?
  - Entfernung der Magnete zum Spulenkörper?
  - der Drahtdicke?
  - der Drahtlänge?
- Betreibe den Motor als Generator (→ **B3**) und miss die erzeugte Spannung. Wovon hängt die Größe der erzeugten Spannung ab?

B1 Bürstenloser Motor mit feststehender Spule und Neodymmagnet als Rotor

B4 Bauteile für einen Elektromotor (Draht: Durchmesser 0,3 mm, Länge mindestens 11 m)

B5 Schnellhefter-Bürsten-Motor mit rotierender Spule und Metallringkommutator

B2 Verschiedene Spulenkörper

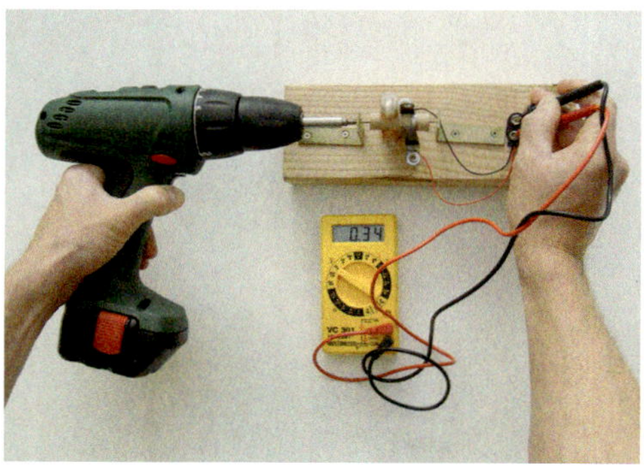

B3 „Elektromotor als Generator"

B6 Schnellhefter-Bürsten-Motor mit rotierender Spule und weiterer Kommutator-Variante

Zum weiteren Nachdenken:

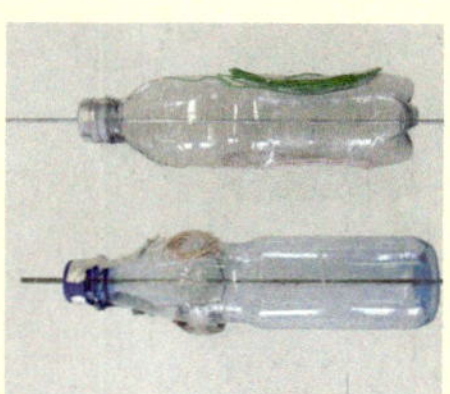

B7

- Welche Merkmale muss ein Motor haben, damit man ihn mit einer Batterie betreiben kann?
- Ein Generator wird mit einem Windrad angetrieben. Überlege dir Möglichkeiten, wie man die erzeugte Spannung vergrößern kann. Denke hierbei auch an die Gangschaltung eines Fahrrades.
- Statt der Spule kann auch der viel kleinere Magnet rotieren. Hierbei helfen dir Überlegungen zum Trägheitsmoment.
- Warum sind dicke Schrauben besser als Rotor geeignet?
- Mit den Rotoren in **B7** laufen Motoren nicht mit einer Batterie, sondern nur mit einem Netzgerät. Woran könnte das liegen?

Elektrische Energie und Leistung

Welche Energieumwandlungen finden statt?

Online-Link
772425-1200

Elektromotoren

V1 Ein drehbar gelagerter Stabmagnet befindet sich vor einem Elektromagneten. Mit einem Drückschalter lässt sich der Strom im Elektromagneten ein- und ausschalten (→ **B1a**). Bei geschlossenem Stromkreis dreht sich der Stabmagnet.

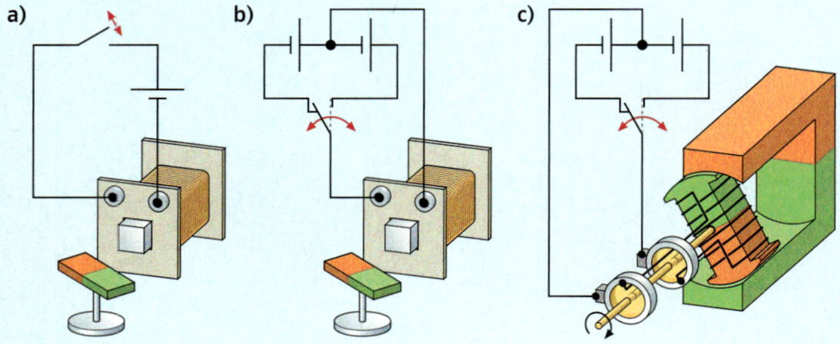

B1

V2 Statt des Drückschalters verwenden wir einen Umschalter und eine zweite Quelle (→ **B1b**). Damit lässt sich auch die Richtung des Stromes umkehren. Der Stabmagnet dreht sich, beim Schalten im richtigen Takt, fortlaufend. Der Versuch lässt sich auch mit einem drehbar gelagerten Elektromagneten im Feld eines Dauermagneten durchführen (→ **B1c**). Die Anschlüsse zwischen Quelle und Elektromagnet werden über zwei getrennte Schleifringe hergestellt.

V3 Wird ein Ring aus zwei getrennten Hälften anstatt der zwei Schleifringe eingebaut, entfällt die Umschaltung der Richtung des Stromes mit der Hand (→ **B2**). Der Elektromagnet dreht sich immer in die gleiche Richtung.

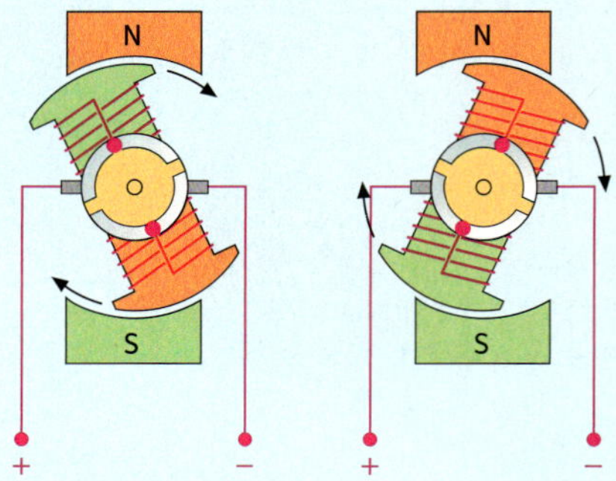

B2

Aufbau eines Elektromotors Ein einfacher Elektromotor besteht aus einem Dauermagneten und einem Elektromagneten, der sich im Feld des Dauermagneten dreht (→ **B3** und **B4**). Der drehbare Magnet heißt **Anker** und der Dauermagnet heißt **Feldmagnet**. Der Anker ist über zwei Schleifkontakte mit der elektrischen Quelle verbunden. Die Schleifkontakte berühren zwei gegeneinander isolierte Halbringe, die fest mit der Achse des Ankers verbunden sind. Die beiden Anschlüsse der Spule sind mit je einer Ringhälfte verbunden. Diese als Umschalter für die Richtung des Stromes wirkende Anordnung heißt **Kommutator**.

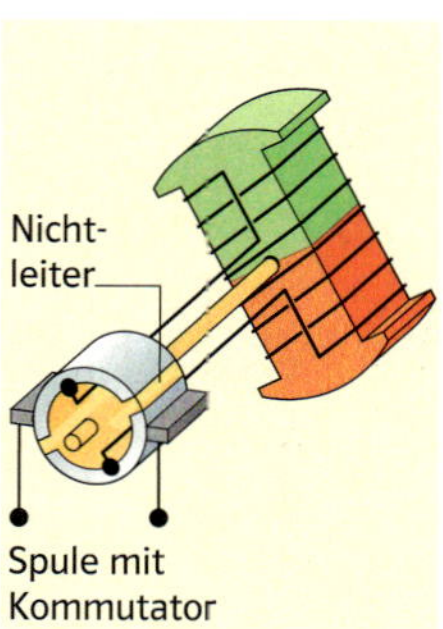

B3

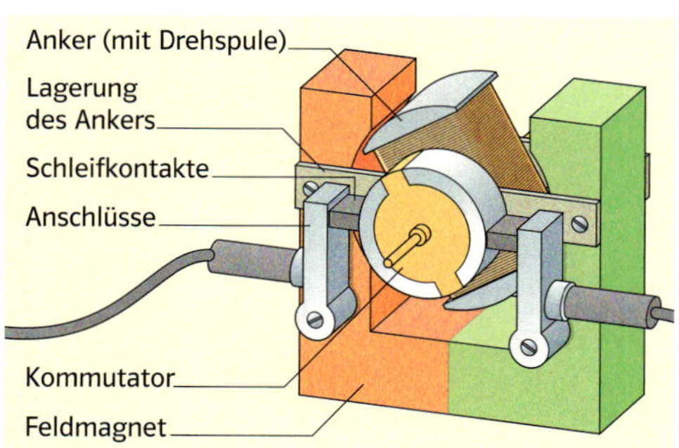

B4 Hauptbestandteile eines Elektromotors

● **Beim Elektromotor dreht sich ein Elektromagnet im Magnetfeld eines anderen Magneten. Ein Umschalter ändert während der Drehung die Stromrichtung.**

Wie arbeitet ein Elektromotor? Wird der Anker eines Elektromotors mit einer elektrischen Quelle verbunden, so verhält er sich wie ein Stabmagnet. Welcher Magnetpol an welchem Ende des Ankers entsteht, hängt von der Stromrichtung in der Spule ab. Im Feld des Dauermagneten bewegt sich der Anker, weil sich ungleichnamige Pole von Dauermagnet und Anker anziehen und weil sich gleichnamige Pole abstoßen (siehe **B1a** auf der nächsten Seite).

Die Drehung müsste aufhören, wenn sich ungleichnamige Pole gegenüberstehen. Nun liegen aber in dieser Stellung die Schleifkontakte gerade auf dem Nichtleiter zwischen den Halbringen des Kommutators (→ **B1b** auf der nächsten Seite). Der Stromkreis ist unterbrochen, so dass in dieser Stellung keine Magnetkräfte mehr wirken. Der Anker dreht sich wegen seiner Trägheit weiter. Dadurch berühren die Schleifkontakte jeweils die andere

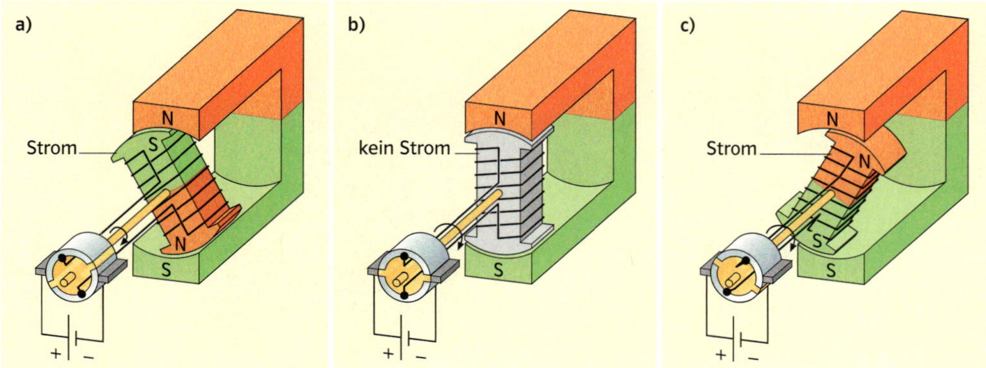

B1 Zur Wirkungsweise des Kommutators

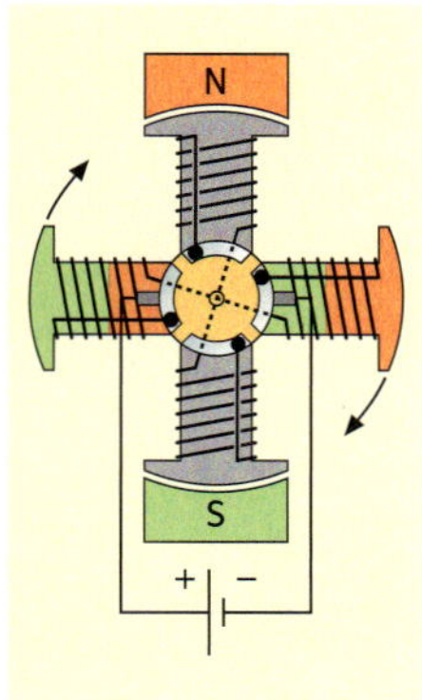

B2 Vierpoliger Anker

Hälfte des Kommutators. Der Stromkreis ist wieder geschlossen, nun aber mit umgekehrter Richtung des Stromes in der Spule. Der vorher mit dem Pluspol der Quelle verbundene Halbring ist jetzt mit dem Minuspol verbunden. Auch der Anschluss des zweiten Halbringes hat sich verändert (→**B1c**). Entsprechend ändern sich die Magnetpole des Ankers. Gegenüber dem Dauermagneten werden nun abstoßende Kräfte wirksam, der Anker dreht sich weiter.

Nach jeder halben Drehung ergibt sich wieder eine Lage wie in **B1a**. Der Vorgang beginnt von Neuem. Der Anker dreht sich fortlaufend in eine Richtung. Wird bei der Stellung von **B1b** der Strom eingeschaltet, so läuft der Motor nicht an. Nimmt man zwei Elektromagnete und einen Kommutator mit vier Viertelringen – je zwei für einen Elektromagneten –, so läuft er auch in dieser Lage an (→**B2**). Je mehr Pole der Anker hat, desto besser startet und läuft er. Motoren in der Technik haben meist Anker mit wesentlich mehr als zwei Elektromagneten. Sie heißen **Trommelanker** (→**B3**).

● **Beim Elektromotor werden Kräfte zwischen Magnetpolen ausgenutzt. Ein drehbarer Elektromagnet wird dabei – je nach Stellung gegenüber einem festen Magneten – so gepolt, dass durch anziehende bzw. abstoßende Kräfte eine andauernde Drehbewegung entsteht.**

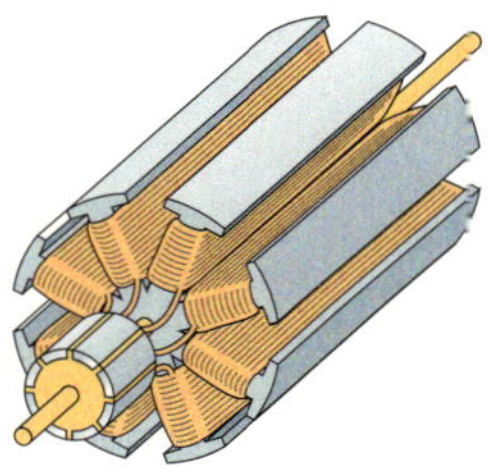

B3 Ein Trommelanker

A1 Wodurch wird erreicht, dass auf den Anker stets eine die Drehung in gleiche Richtung fortsetzende Kraft einwirkt?

Elektromotoren ohne Dauermagnete

Physik überall

Die Stärke eines Dauermagneten reicht nicht, um das Magnetfeld für große und starke Motoren zu erzeugen. Bei solchen Motoren werden statt Dauermagneten Elektromagnete als Feldmagnete verwendet. Die Spule eines solchen Feldmagneten kann mit der Spule des Ankers in Reihe oder parallel geschaltet werden (→**B4**).

Vertauscht man die Anschlüsse zur Quelle, ändert sich die Drehrichtung der Motoren in beiden Fällen nicht: Die Pole werden beim Feldmagneten wie beim Ankermagneten gleichzeitig umgekehrt. Der Drehsinn der Motoren ist daher von der Polung der Anschlüsse unabhängig. Sie laufen also auch mit Wechselspannung und heißen deshalb **Allstrommotoren**.

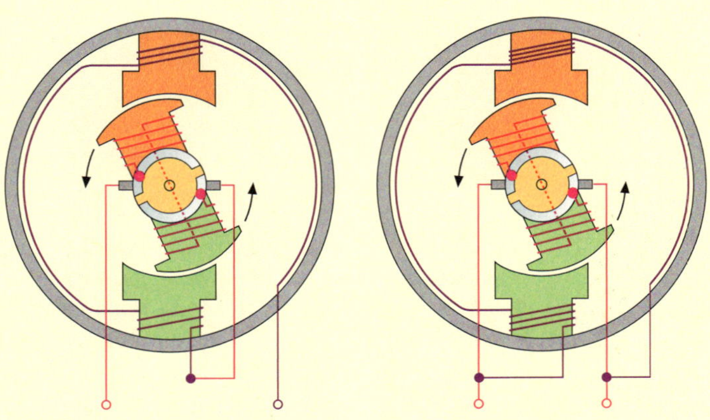

B4 Reihen- und Parallelschaltung von Anker und Feldmagnet

Ströme und Magnetfeld

V1 Zwischen die Pole eines Hufeisenmagneten wird ein bewegliches Leiterstück gehängt (→ **B1**). Bei einem Strom im Leiterstück wird dieses ausgelenkt. Vertauscht man die Pole an den Anschlüssen des Leiterstückes, so wird dieses in die entgegengesetzte Richtung ausgelenkt. Gleiches lässt sich durch Vertauschen der Magnetpole erreichen.

V2 In einer Vakuumröhre wird ein Elektronenstrahl erzeugt und auf einem Schirm sichtbar gemacht. Bei Annäherung eines Magneten krümmt sich der zunächst geradlinige Strahl (→ **B2**).

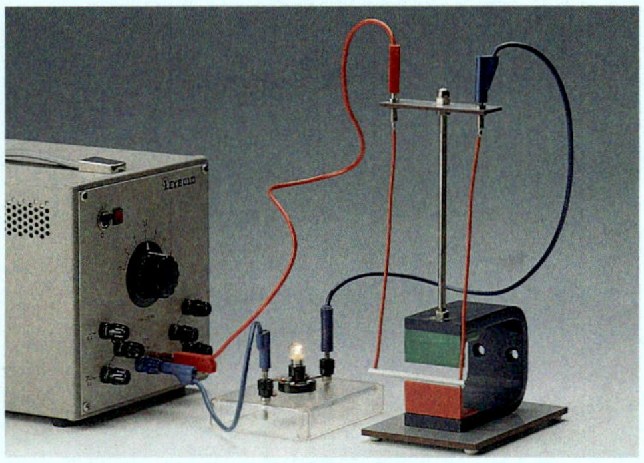

B1 Kraft auf einen Leiter im Magnetfeld

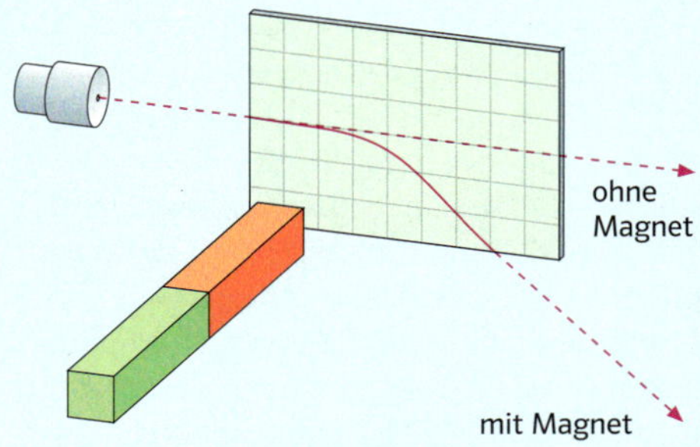

B2 Ablenkung eines Elektronenstrahls

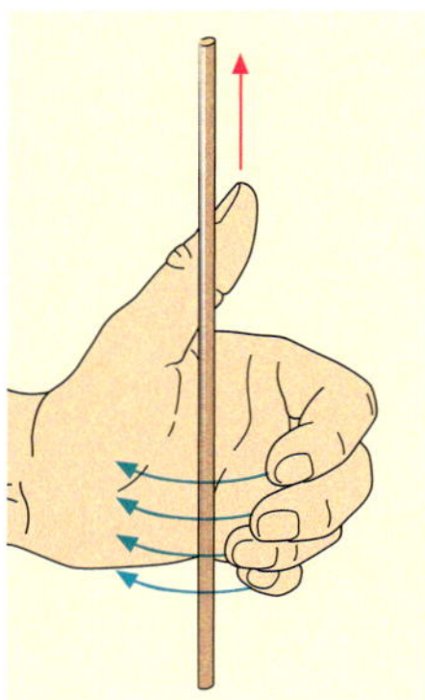

B3

Die Drei-Finger-Regel Zu jedem Strom in einem Leiter gehört ein Magnetfeld um den Leiter. Die Richtung des den Leiter kreisförmig umgebenden Magnetfeldes gibt die **Linke-Hand-Regel** an: Zeigt der Daumen der linken Hand in die Bewegungsrichtung der Elektronen, so geben die gekrümmten Finger die Richtung des Magnetfeldes an.

Befindet sich ein Leiterstück eines geschlossenen Stromkreises im Feld eines Magneten, so wirkt auf das Leiterstück eine Kraft. Die auf das Leiterstück wirkende Kraft hängt von der Stromstärke im Leiter, von der Stärke des Magnetfeldes und vom Winkel ab, den der Leiter mit dem Magnetfeld bildet. Die Kraft ist dann am größten, wenn der Leiter senkrecht zum Magnetfeld steht. Haben Magnetfeld und Leiter die gleiche Richtung, so wirkt keine Kraft.

Wir wissen: Elektronen bewegen sich in Leitern in die Richtung, die vom Minuspol der Quelle zum Pluspol weist. Die Richtung des Magnetfeldes weist vom Nordpol eines Magneten zum Südpol.

Eine solche Kraft ist auch bei Elektronen, die sich frei im Raum durch ein Magnetfeld bewegen, zu beobachten. Die Kraft wirkt stets senkrecht zur Richtung des Magnetfeldes und zur Richtung der Elektronenbewegung. Mit der **Drei-Finger-Regel** der linken Hand lassen sich die Beobachtungen zusammenfassen (→ **B4**):

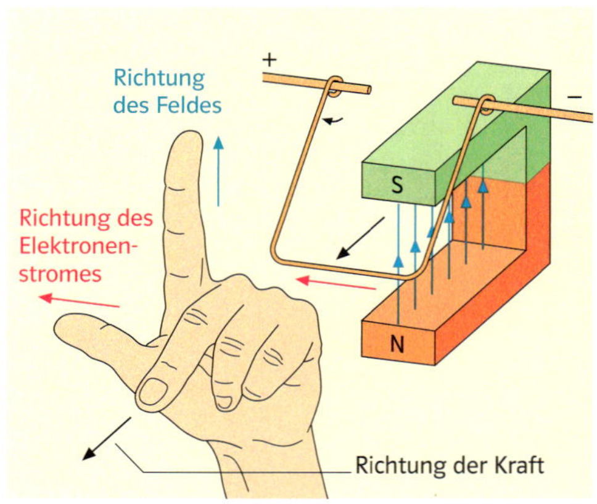

B4 Drei-Finger-Regel der linken Hand

● **Zeigt der Daumen der linken Hand in Bewegungsrichtung der Elektronen und der Zeigefinger in Richtung des Magnetfeldes, so gibt der Mittelfinger die Richtung der wirkenden Kraft an.**

Von dem Strom in der Spule des Elektromotors tragen nur die Anteile zur Drehung bei, die senkrecht zum Feld und parallel zur Drehachse der Spule gerichtet sind. Die anderen Stromrichtungen erzeugen Kräfte, die nicht zur Drehung führen.

A1 Wie kann die Kraft auf Elektronen im Magnetfeld bestimmt werden?

Bewegte geladene Teilchen im Magnetfeld

Auf Elektronen, die sich frei im Raum durch ein Magnetfeld bewegen, wirkt eine Kraft (→ **B3**). Sie wirkt stets senkrecht zur Bewegungsrichtung. Für die Kraftwirkung gilt dasselbe wie bei Strömen in Leitern: Die Richtung der Kraft auf die Elektronen ergibt sich nach der Drei-Finger-Regel der linken Hand.

Die Elektronen werden am stärksten abgelenkt, erfahren also die größte Kraft, wenn sie sich senkrecht zu den Feldlinien bewegen. Sie werden nicht abgelenkt, wenn sie sich genau in Richtung der Feldlinien bewegen.

Die Grafik der **B2** zeigt einen Elektronenstrahl, der senkrecht auf ein parallel zur Papierebene orientiertes Magnetfeld trifft. Die Elektronen erfahren dadurch ständig eine Kraft senkrecht zur Papierebene, so dass sie aus dieser Ebene heraustreten. Bei richtiger Wahl der Werte für Feld und Elektronengeschwindigkeit lässt sich die Elektronenbahn zu einem Kreis schließen

Die Ablenkung des Elektronenstrahles in der Fernsehröhre Das Fernsehbild besteht aus vielen einzelnen Punkten. Sie werden von einem Elektronenstrahl zum Leuchten gebracht (→ **B2**).

Im Prinzip funktioniert jede Fernsehröhre so: Im hinten liegenden Teil der Fernsehröhre treten Elektronen aus einem Glühdraht aus. Durch eine sehr hohe Spannung zwischen dem Draht und einer durchbohrten Elektrode erhalten die Elektronen eine hohe Geschwindigkeit. Die durch das Loch dieser Elektrode hindurchtretenden Elektronen bewegen sich weiter durch den luftleer gepumpten Innenraum der Röhre auf den Bildschirm zu. Dort lassen sie an ihrem Auftreffpunkt die Leuchtstoffschicht aufleuchten. Die Elektronen werden magnetisch durch zwei Spulenpaare abgelenkt. Ein Spulenpaar erzeugt ein horizontal gerichtetes Magnetfeld – damit wird der Elektronenstrahl nach oben bzw. unten abgelenkt. Das zweite Magnetfeld ist vertikal gerichtet und lenkt den Elektronenstrahl nach rechts oder links ab. Durch Umpolen der Richtung und Verändern der Stärke der Magnetfelder lässt sich der Elektronenstrahl an jeden Punkt des Bildschirmes lenken. Im Fernsehgerät wird der Strahl zeilenweise über den Bildschirm gelenkt. In einer Sekunde entstehen 25 Bilder. Die rasch nacheinander erzeugten Bilder lassen sie für den Betrachter zu einem ununterbrochenen Bewegungsablauf verschmelzen.

Teilchenbeschleuniger Um in kleinere Dimensionen vordringen zu können, benötigt man Elektronen- oder Atomstrahlen hoher Energie. Diese werden in sogenannten Teilchenbeschleunigern (→ **B1**) erzeugt. Ein **Teilchenbeschleuniger** ist ein Gerät, in dem geladene Teilchen (z. B. Elementarteilchen, Atomkerne oder ionisierte Atome und Moleküle) durch elektrische Felder auf große Geschwindigkeiten beschleunigt werden. In magnetischen Feldern werden diese Teilchen abgelenkt und so auf Kreisbahnen gebracht. Durch immer wiederkehrende Beschleunigungen können Teilchen für manche Anwendungen fast die Geschwindigkeit von Licht erreichen. In Experimenten im Europäischen Forschungsinstitut CERN bei Genf werden so kleinste Strukturen für die Grundlagenforschung in der Teilchenphysik untersucht. Nebenprodukte dieser Forschungen liefern aber auch Anwendungen in der medizinischen Strahlendiagnostik und Strahlenbehandlung.

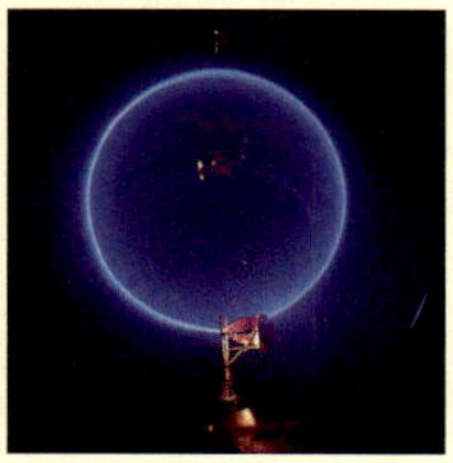

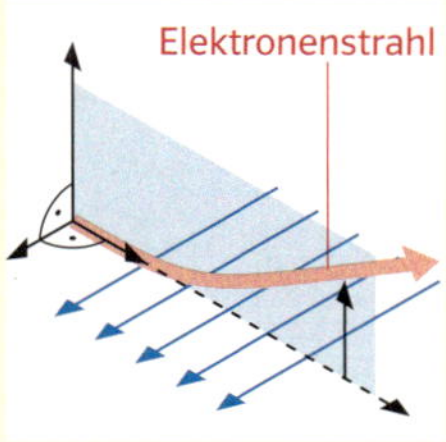

B3 Ein Elektronenstrahl wird im Magnetfeld abgelenkt. Man kann ihn sogar auf eine vollständige Kreisbahn umlenken.

B1 Teilchenbeschleuniger

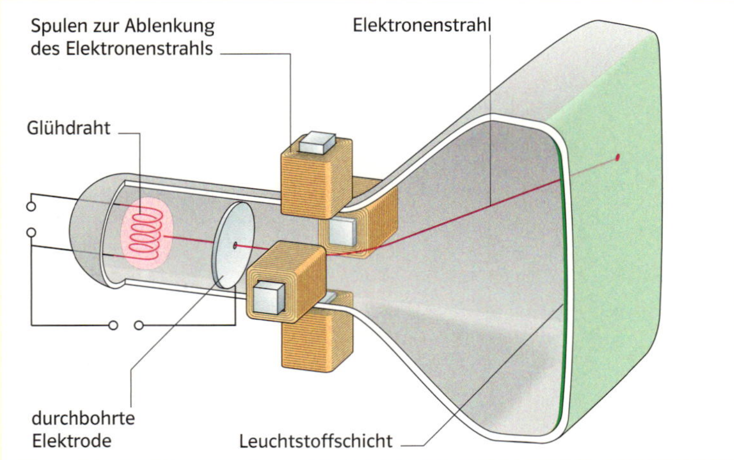

B2 Die Fernsehröhre

Werkstatt

Die elektromagnetische Induktion

Lernstationen:
In nebenstehenden Lernstationen ist jeweils ein Stromkreis aufzubauen und die Energieübertragung zu untersuchen.

Station I

Elektromotor/Generator

Geräte: Messgerät, Kabel, Netzgerät

a) Verbinde die Anschlüsse des Elektromotors mit der elektrischen Quelle. Fertige eine Schaltskizze an und notiere deine Beobachtung.

b) Verbinde nun die Anschlüsse des Elektromotors mit dem Spannungsmessgerät und drehe schnell am Anker des Motors. Wie hängt das Ergebnis von der Drehgeschwindigkeit ab?

Station III

Leiterschaukel

Geräte: Stromquelle, Messgerät, Leiterschaukel, Schutzwiderstand, Schalter, Kabel

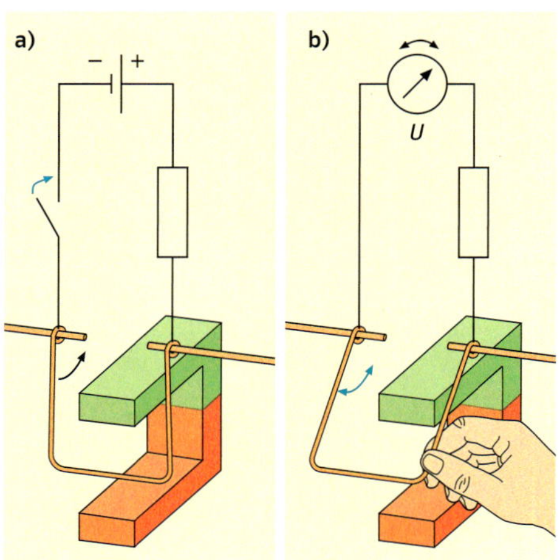

a) Schließe ein wie eine Schaukel bewegliches Leiterstück an eine Quelle wie in der Abbildung an. Schließe den Schalter.

b) Tausche nacheinander Nord- und Südpol des Magneten und die Polung der Spannungsquelle.

c) Ersetze die elektrische Quelle durch ein empfindliches Messgerät und bewege die Leiterschaukel.

Station II

Bewegung eines Magneten in einer Spule

Geräte: Stabmagnet, Messgerät, Kabel, Spulen mit unterschiedlicher Wicklungszahl

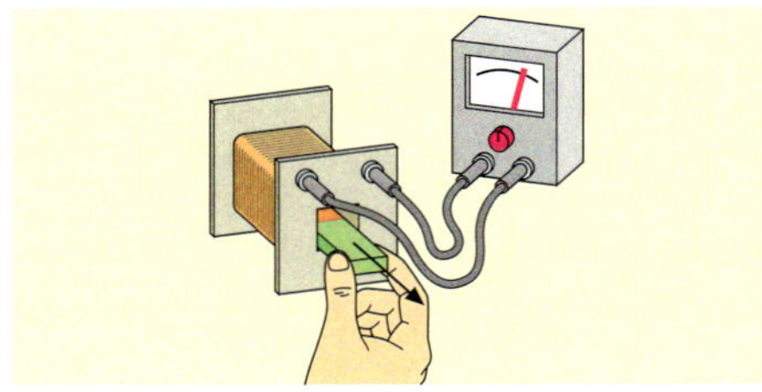

a) Lege den Magneten in die Spule und bewege ihn nicht

b) Untersuche was passiert, wenn du den Magneten mit dem Südpol zuerst in die Spule hineinbewegst. Variiere dabei die Geschwindigkeit der Bewegung.

c) Ziehe nun den Magneten mehrmals mit unterschiedlicher Geschwindigkeit aus der Spule heraus.

d) Wiederhole b) und c) mit dem Nordpol des Magneten zuerst.

e) Verwende eine Spule mit einer höheren Wicklungszahl.

f) Fasse deine Ergebnisse zusammen.

Station IV

Regelbarer Elektromagnet vor einer Spule

Geräte: Messgerät, Kabel, Spule mit Eisenkern, Spule

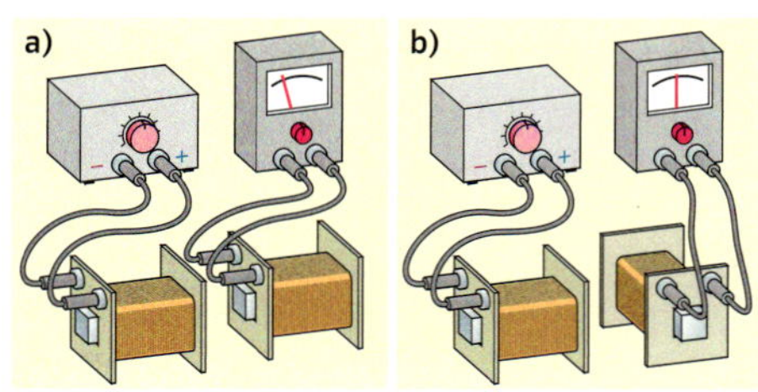

Stelle den Elektromagneten neben die Spule, die an ein Spannungsmessgerät angeschlossen ist. Schließe die regelbare Spannungsquelle an den Elektromagneten an.

a) Verändere die am Elektromagneten angelegte Spannung. Beobachte das Messgerät.

b) Wie hängt der Betrag der gemessenen Spannung von der Stellung der Spule zum Elektromagneten ab? Wann ist er am größten?

Spannung durch Induktion Wird ein Magnet in oder vor einer Spule bewegt, so zeigt ein zwischen den Anschlüssen der Spule geschaltetes Messgerät in bestimmten Fällen eine elektrische Spannung an. An Stelle des Dauermagneten kann auch ein Elektromagnet verwendet werden. Eine elektrische Spannung entsteht dabei nur, wenn

- sich der Magnet relativ zur Spule bewegt. Dazu muss Spule oder Magnet hin und her bewegt oder gedreht werden.
- sich die Stromstärke im Elektromagneten und damit die Stärke des Magnetfeldes ändert. Spule und Elektromagnet können dabei in Ruhe bleiben.

In allen Fällen ändert sich das Magnetfeld, welches die Spule durchsetzt. Diese Änderung des Magnetfeldes ist die Ursache für die im Messgerät angezeigte elektrische Spannung.

Diese Spannungserzeugung heißt **elektromagnetische Induktion**. Die entstehende Spannung heißt **induzierte Spannung**. Wird der Elektromagnet wie in **B1b** aufgestellt, so entsteht keine Spannung. Hier verläuft das Magnetfeld parallel zur **Windungsebene** der Spule. Eine Spannung kann also nur dann induziert werden, wenn das Magnetfeld die Ebenen der Spulenwindungen durchsetzt!

● **An den Enden einer Spule entsteht durch Induktion eine Spannung, wenn die Windungsebenen der Spule von einem Magnetfeld durchsetzt werden und sich dabei mindestens eine der drei Größen ändert:**
- **die Stärke des Magnetfeldes,**
- **die vom Magnetfeld durchsetzte Querschnittsfläche der Spule,**
- **der Winkel zwischen Spulenachse und Feldlinienrichtung.**

Die induzierte Spannung wird größer, wenn die Windungszahl der Spule größer wird oder wenn die Änderung des Magnetfeldes rascher erfolgt. Haben die Feldlinien des Magnetfeldes die umgekehrte Richtung oder bewegt man die Spule in die entgegengesetzte Richtung, so kehrt sich die Polung der induzierten Spannung um. Die Polung der induzierten Spannung ändert sich auch, sobald aus einer Verstärkung des Magnetfeldes eine Abschwächung bzw. aus einer Abschwächung eine Verstärkung wird. Bei gleichzeitiger Änderung mehrerer Größen können sich ihre Wirkungen verstärken oder aufheben.

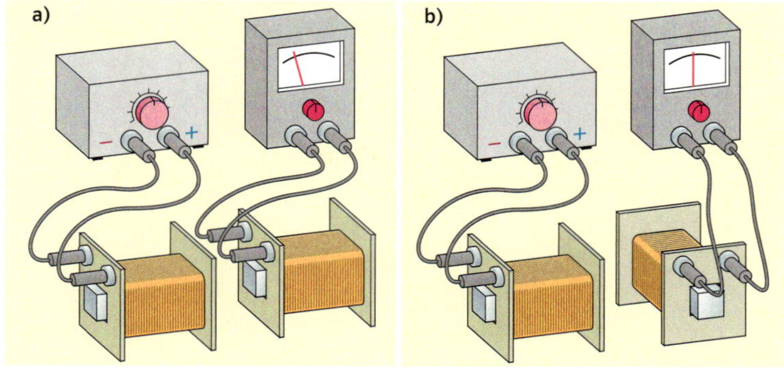

B1 Wann entsteht eine Spannung durch Induktion?

Regel von Lenz Fließt in der Leiterschleife durch die induzierte Spannung ein Strom, so erzeugt dieser wiederum ein magnetisches Feld. Aufgrund der Energieerhaltung muss dieses so gerichtet sein, dass es seiner Entstehung entgegenwirkt. Der bewegte Leiter würde sonst ohne Energieaufwand immer schneller in das magnetische Feld gezogen werden.

● **Der Induktionsstrom ist stets so gerichtet, dass er seiner Ursache entgegenwirkt.**

Spannung durch Bewegung Ein im Magnetfeld bewegter Leiter erscheint uns als elektrische Quelle, denn zwischen den Enden des Leiters können wir eine Spannung messen. Viele Elektronen im Metall des Leiters sind leicht verschiebbar. Bewegt sich der Leiter in einem Magnetfeld wie in **B2** nach vorn aus der Zeichenebene heraus, so erfahren die mit dem Leiter mitbewegten Elektronen eine Kraft. Die „Drei-Finger-Regel" der linken Hand liefert eine Kraftrichtung längs des Leiters nach rechts. Die leicht beweglichen Elektronen werden in diese Richtung verschoben. Rechts entsteht Elektronenüberschuss, links Elektronenmangel. Der Leiter erhält so zwei Pole und wird zu einer elektrischen Quelle.

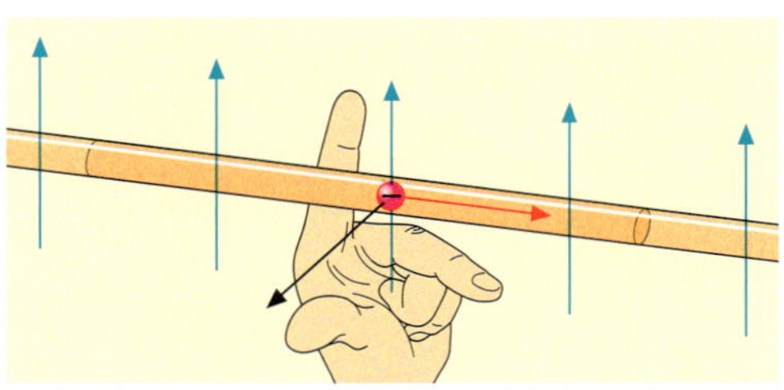

B2 Kraft auf Elektronen (rot) bei der Bewegung des Leiters (schwarz) im Magnetfeld (blau)

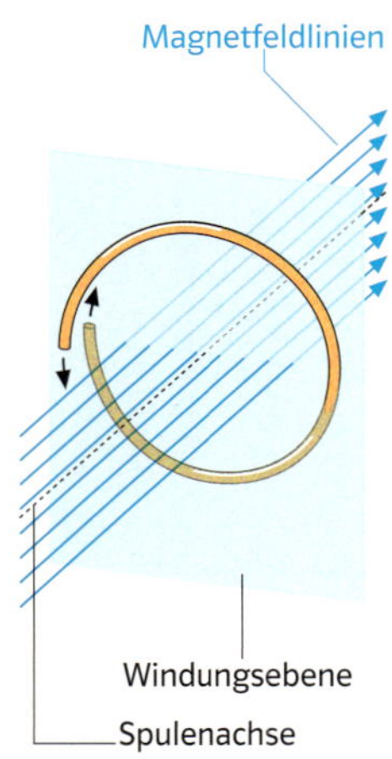

B3

● **Bewegt sich ein Leiter im Magnetfeld, so wird er zur elektrischen Quelle, außer er bewegt sich parallel zum Feld.**

Generatoren

V1 Der Fahrraddynamo ist eine elektrische Quelle. Durch das Antriebsrädchen wird in seinem Inneren ein Magnet gedreht, der wie ein Zylinder aussieht. Zusätzlich befindet sich im Inneren eine Spule. Zerlege einen Dynamo (→ **B2**) und weise mit Hilfe von Eisenfeilspänen das Magnetfeld (→ **B1**) des Zylindermagneten nach. Untersuche die Anschlüsse der Spule.

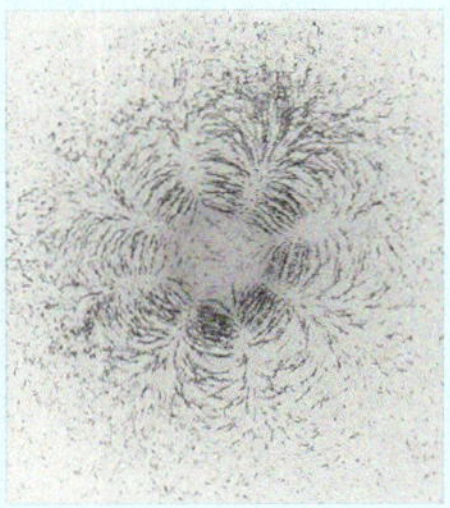

B1

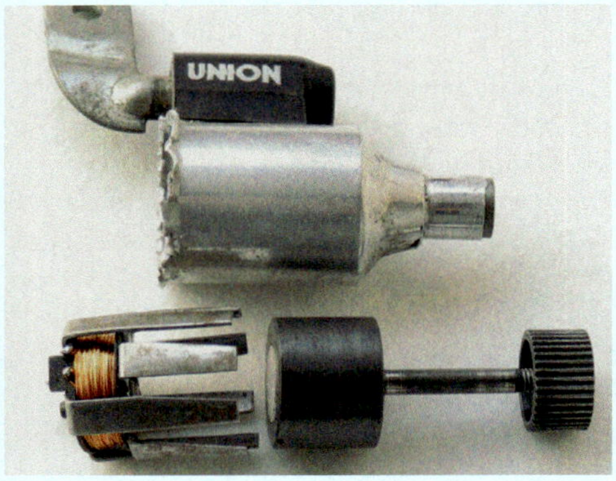

B2

V2 Wir drehen eine Spule im Magnetfeld. Der Anschluss des Messgerätes an die Spule erfolgt über zwei Schleifkontakte (→ **B3**). Das Messgerät zeigt eine Spannung an, deren Betrag und Polung sich ständig ändern.

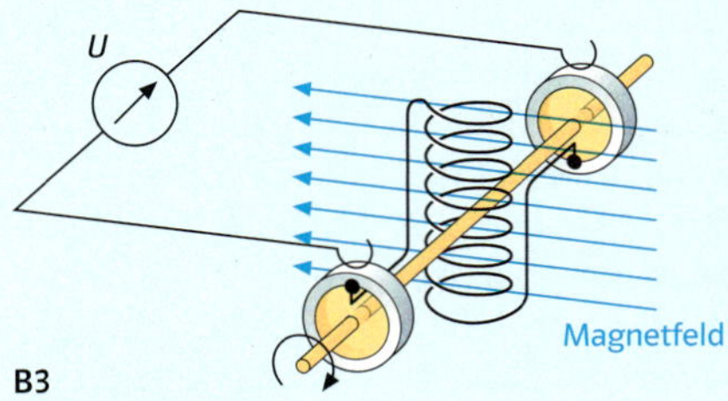

B3

V3 Dreht man in Versuch 2 den Magnet oder die Spule mit Hilfe eines Motors immer schneller, werden die Ausschläge des Zeigers kleiner, bis sie ganz verschwinden. Dagegen zeigt ein Messgerät für Wechselspannung weiterhin eine Spannung an.

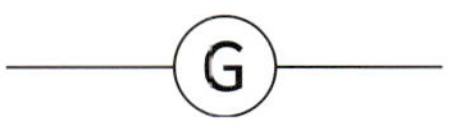

B4 Schaltzeichen für Generatoren

Generatoren erzeugen Spannungen Dreht sich eine Spule in einem Magnetfeld wie in Abbildung **B5**, so entsteht an ihren Enden eine Spannung, die über Schleifkontakte an zwei Anschlüsse weitergegeben wird. Eine solche Anordnung heißt **Generator**.
Die Spule bildet zusammen mit dem Eisenkern den **Anker**. Während jeder Umdrehung des Ankers ändern sich der Betrag und die Polung der entstehenden Spannung. Sie heißt **Wechselspannung**.

In einem Generator entsteht auch eine Wechselspannung, wenn die Spule fest steht und das Magnetfeld von einem sich drehenden Magnet stammt. Ein Beispiel hierfür ist der **Dynamo** (→ **B2**).

● **Im Generator entsteht durch Drehen einer Spule im Magnetfeld oder eines Magneten vor einer Spule eine Wechselspannung.**

Wird an den Anschlüssen eines Generators ein Stromkreis mit einer Glühlampe befestigt, so leuchtet diese beim Drehen des Generators. Die Umwandlung von elektrischer Energie in der Glühlampe zeigt: Im Generator wird mechanische Energie in elektrische Energie umgewandelt.

A1 Entwickle ein Demonstrationsexperiment, bei dem unter Verwendung eines Stabmagneten eine Wechselspannung erzeugt wird.

A2 Entwickle ein Demonstrationsexperiment, bei dem unter Verwendung einer feststehenden Spule eine Wechselspannung erzeugt wird.

A3 Die Anordnung in Abbildung **B5** soll einen Strom liefern, der immer gleich gepolt ist. Mache Vorschläge für geeignete Änderungen der Anordnung.

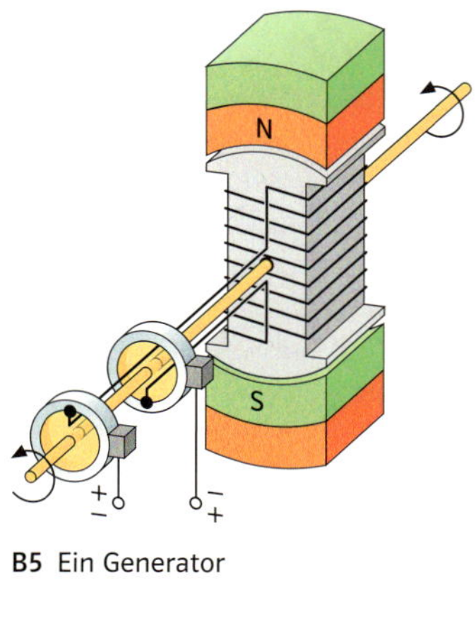

B5 Ein Generator

Die Wechselspannung Abbildung **B1** zeigt den zeitlichen Verlauf einer von einem Generator erzeugten Wechselspannung, wie sie mit dem Oszilloskop zu beobachten ist.

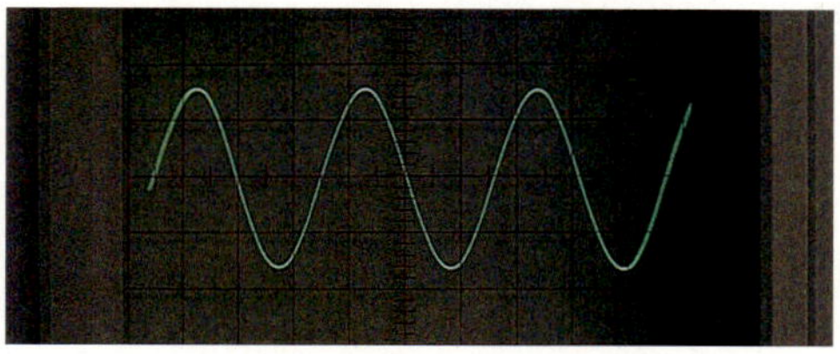

B1

Entsprechend den beiden Polungen, die die Spannung an den Anschlüssen bei jeder Umdrehung hat, gibt man in Diagrammen (→ **B2**) die Spannung mit positiven oder mit negativen Werten an.

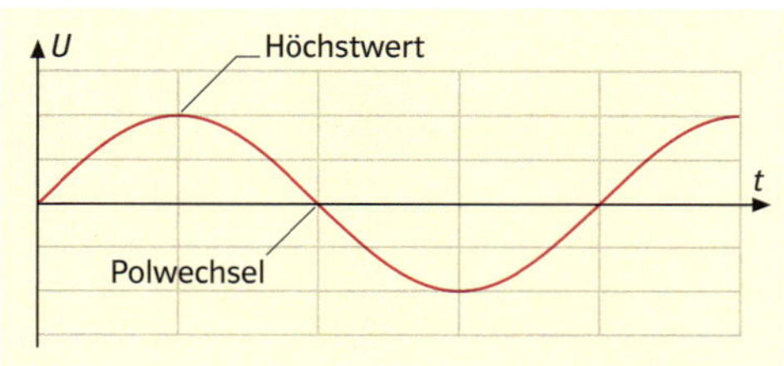

B2 Zeit-Spannungs-Diagramm mit Polwechsel

Die Spule befindet sich im Feld eines Magneten. Bei der Drehung ändert sich ständig der Winkel zwischen der Ebene ihrer Windungen und den magnetischen Feldlinien (→ **B3**). Entsprechend ändert sich auch der Anteil des Magnetfeldes, der die in der Windungsebene liegende Spulenfläche durchsetzt. Diese Änderung erzeugt eine Spannung an ihren Enden.

● **Durch die Drehung des Ankers wird der Anteil des Magnetfeldes, der die Windungsebene seiner Spule durchsetzt, ständig verändert. Das erzeugt eine Wechselspannung zwischen den Enden der Spule.**

Messungen zeigen, von welchen Größen die im Generator erzeugte Spannung abhängt:

● **Der Höchstwert der vom Generator erzeugten Wechselspannung steigt bei**
- **höherer Drehgeschwindigkeit,**
- **stärkerem Magnetfeld,**
- **größerer Windungszahl und Querschnittsfläche der Spule im Anker.**

A1 Skizziere das Zeit-Spannungs-Diagramm einer sich im Feld eines Magneten drehenden Spule bei zwei verschiedenen Drehgeschwindigkeiten.

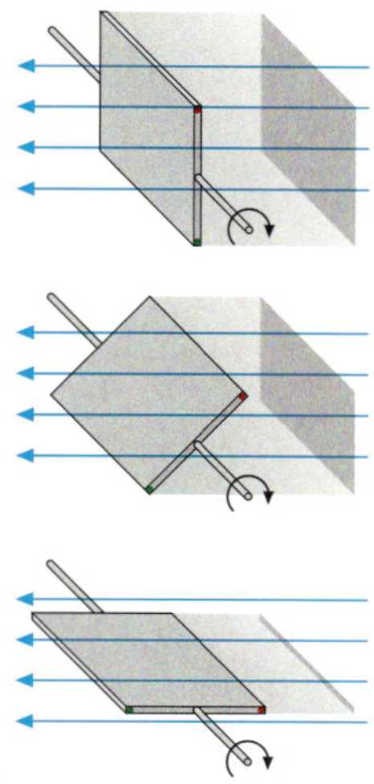

B3 Windungsebene mit vom Magnetfeld durchsetzter Fläche

B4 Schaltzeichen für eine Quelle mit Wechselspannung

Die Geburt der Elektrotechnik

Physik überall

Gäbe es keine stärkeren elektrischen Quellen als Batterien, hätte es kein Zeitalter der Elektrotechnik gegeben. Mit Batterien allein ließen sich die unzähligen Motoren in der Industrie, im Verkehr und im Haushalt nicht betreiben.

Der englische Forscher **Michael Faraday** (1791–1867) entdeckte 1831, dass in einer im Magnetfeld bewegten Spule eine elektrische Spannung entsteht. Infolge dieser Entdeckung wurde es möglich, Maschinen zu bauen, die durch mechanischen Antrieb zu elektrischen Quellen werden. Mit Generatoren können heute Spannungen bis zu mehreren tausend Volt und Stromstärken bis zu zehntausend Ampere erzeugt werden.

Eng mit der Erfindung von Generatoren ist auch die Entwicklung von Elektromotoren verbunden. Es dauerte jedoch noch mehr als 30 Jahre, bis die technischen Probleme gelöst waren und elektrische Quellen und Motoren in großer Zahl hergestellt und verbreitet werden konnten.

Entscheidenden Anteil an der Lösung elektrotechnischer Probleme hatte der Forscher **Werner von Siemens** (1816–1892).
Er entdeckt im Jahr 1865 das so genannte dynamoelektrische Prinzip. Es besagt, dass der Strom eines elektrischen Generators dazu verwendet werden kann, seinen eigenen Elektromagnet zu versorgen. Zum Anlaufen des Generators genügt der stets vorhandene Restmagnetismus im Eisenkern des Elektromagneten. Weiterhin erfand Werner von Siemens Telegrafen, Kabelpressen zur Umhüllung elektrischer Leiter mit einem Isolator, Strommessgeräte, elektrische Eisenbahnen, Aufzüge und die Straßenbahn. Um 1891 entschied die erfolgreiche Übertragung elektrischer Energie von einem Wasserkraftwerk in Lauffen am Neckar bis nach Frankfurt am Main die Auseinandersetzung zwischen Anhängern der Gleichstromtechnik und denen der Wechselstromtechnik zugunsten der Verwendung des Wechselstroms. Diese Phase am Ende des vorletzten Jahrhunderts bezeichnet man auch als die zweite industrielle Revolution.

Michael Faraday

Werner von Siemens

Elektrische Energie, Leistung und Wirkungsgrad

V1 Mit einem Energiemonitor wird bei einer Küchenmaschine die dem Netz pro Sekunde entnommene Energie gemessen (VORSICHT!):
- Leerlauf: ca. 105 J pro s,
- Teigkneten: ca. 598 J pro s.

Zusätzlich werden für Leerlauf die Leistung $P = 105\,\text{W}$ und für das Teigkneten $P = 598\,\text{W}$ gemessen.

V2 Mit einem Experimentiermotor werden 100-g-Tafeln Schokolade jeweils 1 m gehoben. Miss mit einem Energiemonitor jeweils die benötigte Energie.

Bei jeder zusätzlichen Tafel erhöht sich die elektrische Energie um etwa den gleichen Betrag.

Anzahl Tafeln	1	2	3	4	5
E_{el} in J	19	37	56	74	92
E_H in J	1	2	3	4	5

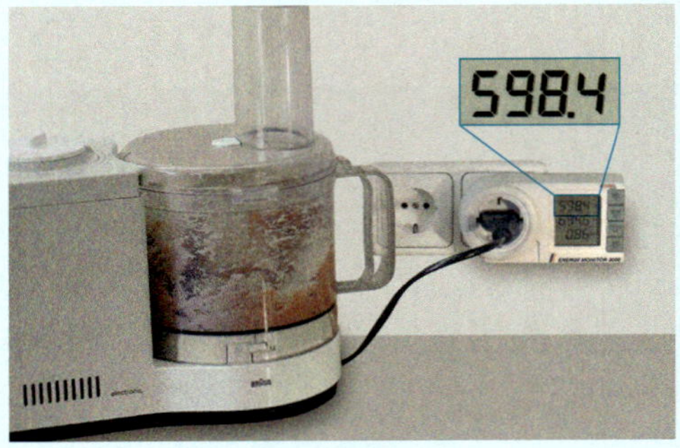

B1 Messung elektrischer Energie

V3 **(Achtung: Lehrerversuch)** Verschiedene Glühlampen werden an die Netzspannung von 230 V angeschlossen und die Stromstärke wird gemessen.

Lampenaufschrift P in W	U in V	I in A	$U \cdot I$ in VA
25	230	0,11	25,3
60	230	0,27	62,1
75	230	0,34	78,2
100	230	0,42	96,6

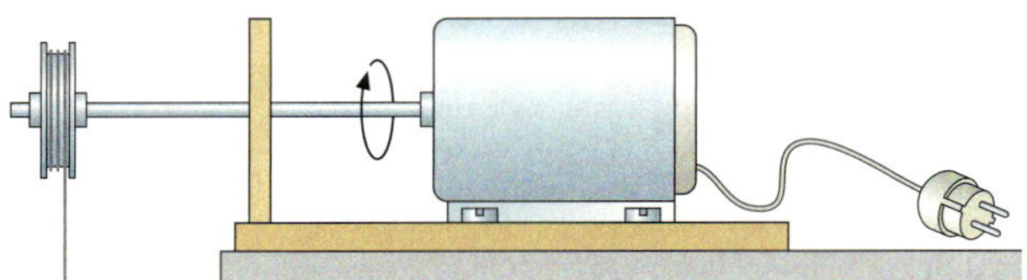
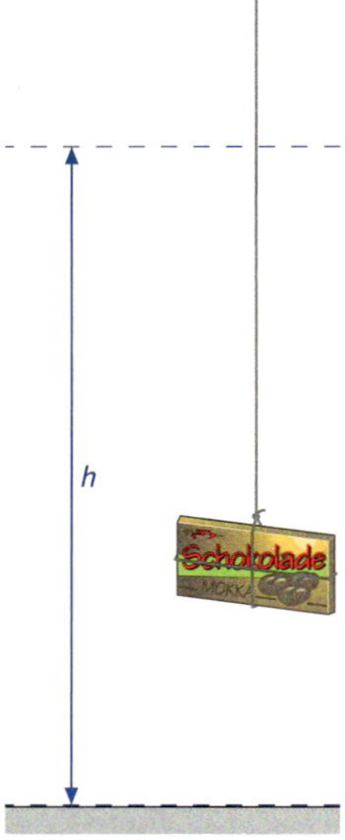

B2 Zu Versuch 2

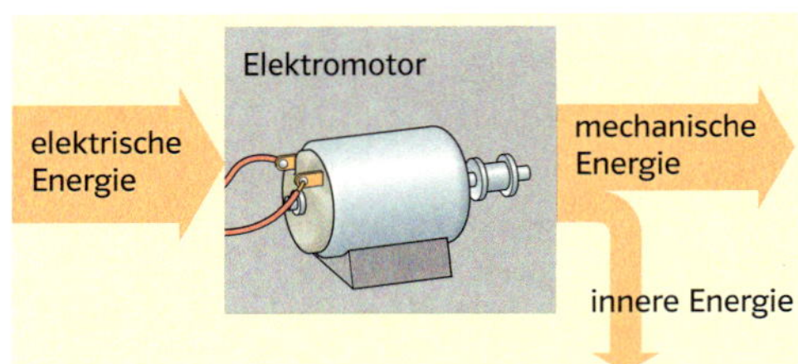

B3 Energieumwandlung im Elektromotor

Wie gut arbeitet ein Elektromotor? Eine Küchenmaschine wird durch elektrische Energie angetrieben, um z. B. Sahne zu schlagen oder Teig zu kneten. Wir untersuchen diese Energieumwandlung bei einem laufenden Motor.

Im Leerlauf ist die umgewandelte elektrische Energie kleiner als bei Belastung, wenn der Motor die erwünschte Arbeit zusätzlich verrichtet (→ **B2**). Der Motor soll eine Tafel Schokolade heben. Wir bezeichnen E_H als **Nutzenergie** gegenüber E_{el} als **aufgewandte Energie**. In unserem Beispiel ist $E_H = 1\,\text{J}$, wenn die Tafel 1 m gehoben wird. Dafür werden 19 J elektrische Energie benötigt. Das Beispiel zeigt:

● **Bei einer Energieumwandlung ist in der Regel die Nutzenergie deutlich kleiner als die aufgewandte Energie.**

Ein großer Teil der elektrischen Energie wird wegen der Reibung in den Lagern des Motors in innere Energie umgewandelt (→ **B3**). Ein anderer Teil führt dazu, dass die elektrischen Leitungen durch den elektrischen Strom ihre innere Energie erhöhen. Der Quotient

$$\eta = \frac{\text{Nutzenergie}}{\text{aufgewandte Energie}}$$

heißt **Wirkungsgrad**.

Bei modernen Elektromotoren beträgt das Verhältnis aus Nutzenergie und aufgewandter Energie, also der Wirkungsgrad, mehr als 0,95.

► S. 250 Energie

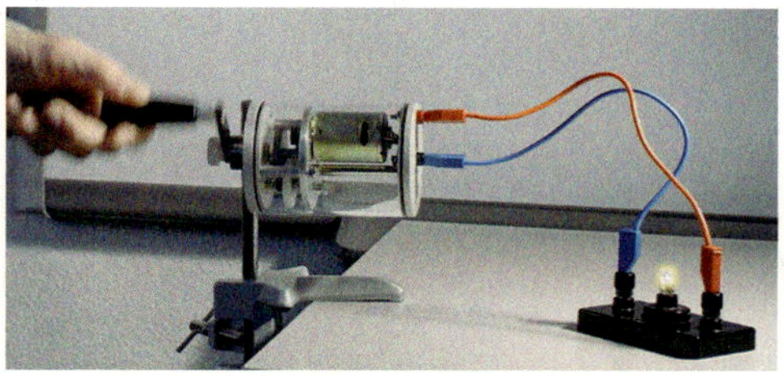

B1 Energieumwandlung im Generator

Elektrische Leistung Mit einem Generator wird eine Glühlampe betrieben, dabei bewegen sich die Elektronen im Kreis, die Energie wird von der kurbelnden Person über den elektrischen Stromkreis zur Glühlampe übertragen und in Lichtenergie umgewandelt (→ **B1** und **B2**).

Werden zwei Glühlampen parallel angeschlossen und zeigen beide die gleiche Helligkeit, so wird in jeder Sekunde im Vergleich zu einer Glühlampe die doppelte Energie übertragen. Misst du die elektrische Stromstärke, so stellst du fest, dass sie bei zwei gleichen Glühlampen doppelt so groß ist wie bei einer.

Energie wird von der Quelle zum Gerät übertragen. Wir messen die pro Sekunde umgewandelte Energie und sprechen hier von der **Leistung**. Sie wird mit P abgekürzt und in Joule pro Sekunde gemessen. Die Einheit der Leistung ist nach dem schottischen Ingenieur **James Watt** (1736–1819) benannt.

$$1\,\text{Watt} = 1\,\text{W} = 1\frac{\text{J}}{\text{s}} \quad \text{bzw.} \quad 1\,\text{kW} = 1000\frac{\text{J}}{\text{s}}$$

Ein Elektromotor wandelt elektrische Energie in Bewegungsenergie oder Höhenenergie um (→ **B2** auf der vorangehenden Seite). Im Idealfall entsteht aus 1 J elektrischer Energie 1 J Bewegungsenergie bzw. Höhenenergie.

● **Die Leistung gibt die Stärke des Energiestromes, also die Energie pro Zeiteinheit an:**

$$\boldsymbol{P = \frac{E}{t}}$$

Die elektrische Leistung P wird durch das Produkt aus U und I bestimmt (vgl. **V3** auf der vorangegangenen Seite): $P = U \cdot I$
Mit $E = P \cdot t$ gilt dann für die elektrische Energie: $E = P \cdot t = U \cdot I \cdot t$

Die Kilowattstunde Das Typenschild **B4** eines Föhns enthält die Angabe 1800 W. Die elektrische Leistung ist $P = 1800\,\text{W}$ und gibt die Energie an, die für einen Betrieb von 1 s maximal benötigt wird, in diesem Fall 1800 J.

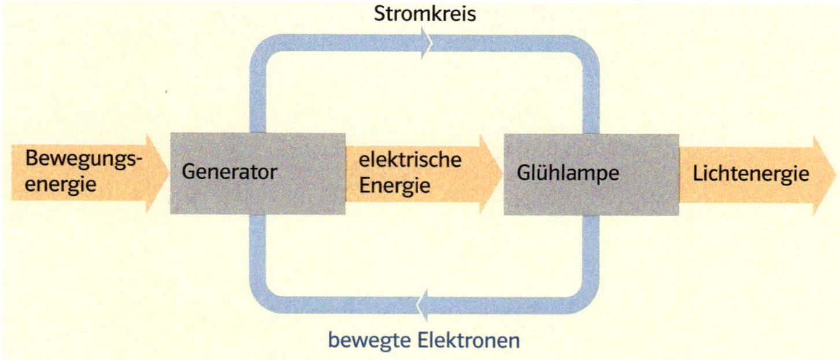

B2

Svenja föhnt ihre Haare morgens 12 Minuten (720 s) mit maximaler Leistung. Dies erfordert eine elektrische Energie von

$$E_{el} = P \cdot t = 1800\,\text{W} \cdot 720\,\text{s} = 1\,296\,000\,\text{Ws} = 1\,296\,000\,\text{J} = 1296\,\text{kJ}$$

Joule ist bei dem Betrieb elektrischer Geräte eine sehr kleine Einheit. Man verwendet oft als Einheit die Energie, die ein Energiestrom der Stärke 1 kW in einer Stunde umwandelt. Man spricht von Kilowattstunde (kWh).

$$1\,\text{kWh} = 1000\,\text{Wh} = 1000 \cdot 3\,600\,\text{Ws} = 3\,600\,000\,\text{J}$$

A1 Gib alle Motoren an, die im Haushalt deiner Eltern vorhanden sind und beschreibe die zugehörige Energiekette (z. B. Wäschetrockner …).

A2 Berechne die Zahl an Tafeln Schokolade, die 1 m gehoben werden müssen, um die in der Tabelle **B3** angegebenen Geräte jeweils 10 Minuten zu betreiben.

Gerät	Leistung
Taschenrechner	0,5 mW = 0,000 5 W
Taschenlampe	0,9 W
Fahrradlampen	3 W
Autofernlicht	60 W
Farbfernseher	110 W
Haartrockner	600 W
Automotor-Anlasser	1000 W = 1,0 kW
Bügeleisen	1200 W = 1,2 kW
Waschmaschine	3 500 W = 3,5 kW
Elektroherd, 4 Platten	7 400 W = 7,4 kW
Elektrolokomotive	7 000 kW
ICE, 2 Triebköpfe	9 600 kW
Generator im Kraftwerk	700 00 kW

B3 Die elektrische Leistung verschiedener Geräte

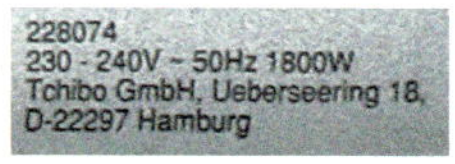

B4 Typenschild eines Föhns

Bemerkung:
Für elektrische Leistung wird auch der Begriff Energiestromstärke verwendet.

Transformatoren

VORSICHT! Versuche mit Transformatoren können gefährlich sein! Das gilt auch dann, wenn die Quelle weniger als 24 V hat: Am Transformator können trotzdem viel höhere, lebensgefährliche Spannungen entstehen! Deshalb dürfen alle Versuche nur im Beisein der Lehrkraft durchgeführt werden.

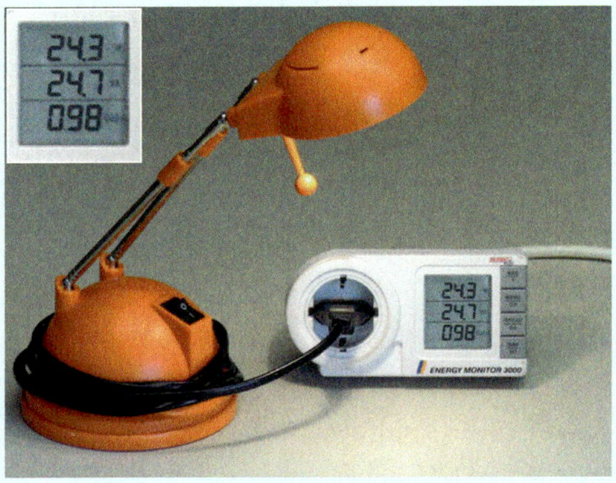

B1

V1 Eine Halogentischlampe wird mit einem Transformator betrieben. Ihre Leistung ist mit 20 W angegeben. Mit einem Energiemonitor wird die elektrische Leistung gemessen. Sie beträgt 24,3 W. Nach einiger Zeit wird der Transformator warm (→ **B1**).

V2 Wir setzen zwei Spulen mit 6 und 600 Windungen auf einen gemeinsamen Eisenkern (→ **B2a**) und schließen die Spule mit 6 Windungen an ein Netzgerät (U = 4 V) und die mit 600 Windungen an eine 25-W-Glühlampe an. Obwohl die Wechselspannung nur 4 V beträgt, leuchtet die Haushaltsglühlampe.

V3 Eine für Netzspannung geeignete Spule mit 600 Windungen wird gemeinsam mit einer Spule von 6 Windungen auf einen Eisenkern gesetzt. An die Spule mit 6 Windungen wird eine Glühlampe (max. 4 V) angeschlossen. Sie leuchtet und brennt nicht durch, obwohl 230 V an die erste Spule angeschlossen sind (→ **B2b**).

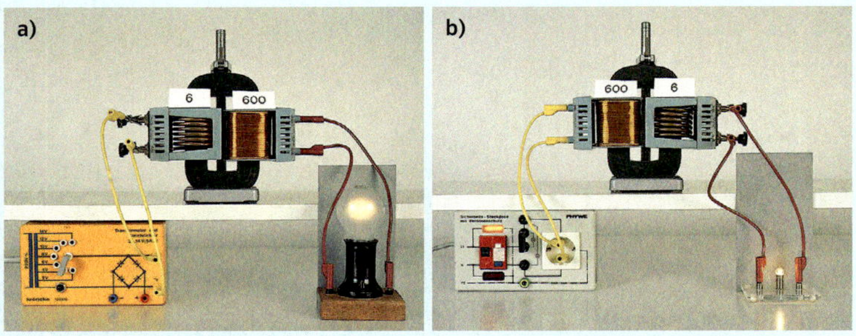

B2 Vergrößern der Spannung (a); Verkleinern der Spannung (b)

Energieströme im Transformator Viele elektrische Geräte dürfen nicht mit 230 V betrieben werden. So benötigt ein Handy beispielsweise nur eine Spannung von 3,6 V. Diese Elektrogeräte werden über Transformatoren (Kurzform: Trafo) an die Netzspannung angeschlossen. Transformatoren wandeln die Netzspannung in die benötigte Betriebsspannung um. In den Bildern **B2** und **B3** erkennst du, wie ein Transformator prinzipiell aufgebaut ist: Ein Transformator besteht aus zwei Spulen, die auf einen gemeinsamen Eisenkern gewickelt sind. Jede Spule hat einen eigenen Stromkreis.
Dabei gibt es weder zwischen den beiden Spulen, noch zwischen dem aufgewickelten Draht und dem Eisenkern eine elektrisch leitende Verbindung!

Die beiden Spulen können, wie beim Experimentiertransformator, nebeneinander angeordnet sein. Bei den meisten technischen Transformatoren sind sie übereinander gewickelt.

Die an die Quelle für Wechselspannung angeschlossene Spule wird **Primärspule**, die zweite Spule wird **Sekundärspule** genannt.

● **Ein Transformator besteht aus Primär- und Sekundärspule mit gemeinsamem Eisenkern.**

Der Wechselstrom in der Primärspule erzeugt ein sich ständig änderndes Magnetfeld. Durch den geschlossenen Eisenkern wird es verstärkt und praktisch vollständig durch das Innere der Sekundärspule geführt. Die Windungsebenen der Sekundärspule werden somit von einem sich ständig ändernden Magnetfeld durchsetzt. Damit wird in der Sekundärspule eine Spannung erzeugt, so dass sie in einem zweiten Stromkreis als Quelle mit Wechselspannung wirken kann.

● Beim Transformator entsteht durch Wechselstrom in der Primärspule ein veränderliches Magnetfeld, das in der Sekundärspule eine Wechselspannung erzeugt.

Die Windungszahlen von Primär- und Sekundärspule bestimmen die Spannung. Auf der Seite mit der höheren Windungszahl n der Spule ist die größere Spannung. Es gilt:
Die Spannungen an der Primär- und Sekundärspule stehen im gleichen Verhältnis wie die Windungszahlen:

$$\frac{n_1}{n_2} = \frac{U_1}{U_2}$$

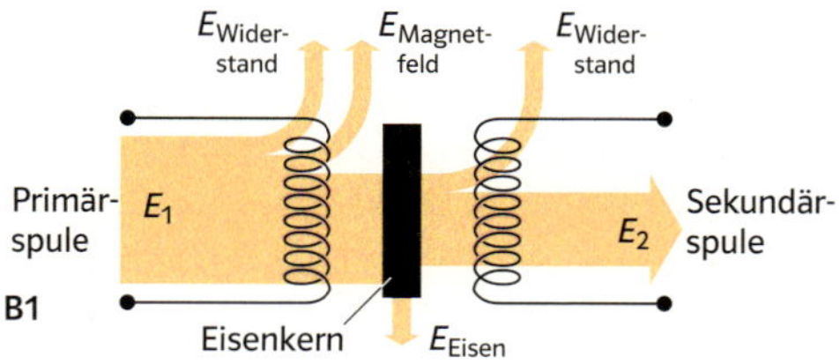

B1

Die Energieumsetzung im Transformator

Mit einem Transformator wird elektrische Energie E_1 der Primärspule auf die Sekundärspule übertragen. Dabei kommt es nur zu geringen Verlusten (ca. 2 %). Diese zeigen sich in der Erwärmung des Transformators. Die genaue Betrachtung ergibt:

- Das ständige Umordnen der Elementarmagnete erhöht die Temperatur des Eisenkerns. Die Zunahme seiner inneren Energie bezeichnen wir mit E_{Eisen}.
- Die Leitungen in den Spulen erhöhen wegen ihres Widerstandes ihre Temperatur. Die Zunahme ihrer inneren Energie bezeichnen wir mit $E_{Widerstand}$.
- Das von der Primärspule erzeugte Magnetfeld gelangt nicht vollständig in die Sekundärspule. Den nicht genutzten Teil bezeichnen wir als $E_{Magnetfeld}$.

Insgesamt gesehen, ergibt sich (→ **B1**):

$$E_1 = E_2 + E_{Eisen} + E_{Widerstand} + E_{Magnetfeld}$$

Anwendungen des Transformators

Physik überall

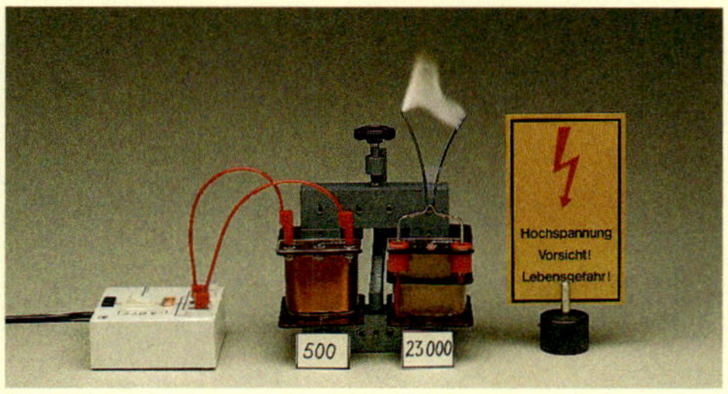

B2

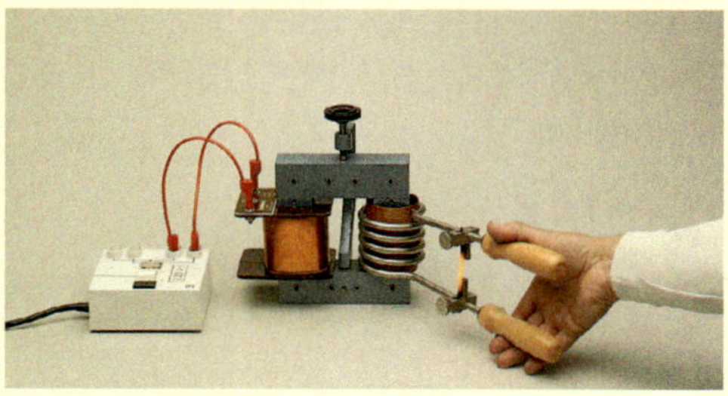
B3

1 Änderung der Spannung Wechselspannungen lassen sich mit Transformatoren vergrößern oder verkleinern. Beim **Klingeltransformator** wird aus der Netzspannung von 230 V eine Spannung von etwa 8 V erzeugt. Hier hat die Primärspule eine wesentlich größere Windungszahl als die Sekundärspule. Auch in den Transformatoren für Spielzeuge wird die Netzspannung auf ungefährliche Werte herabgesetzt.

In Röntgengeräten oder im Elektrizitätswerk werden dagegen Transformatoren mit sehr großen Windungszahlen in den Sekundärspulen verwendet. Das Prinzip zeigt der Versuch in Abbildung **B2**. Aus Netzspannung entsteht an der Sekundärspule zwischen den aufgesteckten Hörnerelektroden eine Spannung von etwa 10 000 Volt.

2 Änderung der Stromstärke Hat der Transformator auf der Sekundärseite eine kleinere Windungszahl als auf der Primärseite, so erhält man eine größere Stromstärke. Besteht die Sekundärspule nur aus wenigen Windungen eines dicken Kupferdrahtes, so kann ein Metallstück zwischen den Anschlüssen dieser Spule zum Schmelzen gebracht werden (→ **B3**). **Elektrische Schweißgeräte** arbeiten mit diesen hohen Stromstärken.

3 Trenntransformator Ein Transformator zwischen dem Netz und einem Gerät trennt das Gerät vom Netz ab (→ **B4**): So verringert sich die Gefahr, bei Berührung **einer** Leitung einen lebensgefährlichen elektrischen Schlag zu bekommen.

A1 Nenne Anwendungen für Transformatoren.

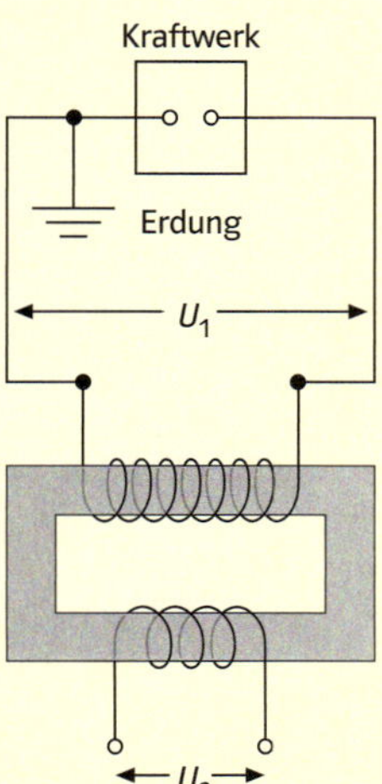

B4

Einsatz von Transformatoren

B1 Halogen-Niedervoltlampe

Transformatoren im Haushalt Im Haushalt gibt es immer häufiger Lampensysteme, die mit 12V betrieben werden, sogenannte Niedervoltsysteme (→B1). Warum transformiert man die 230-V-Spannung auf 12V herunter, wenn doch gleich hell leuchtende Lampen die gleiche Energie benötigen und ein Transformator sogar unbelastet zusätzlich Energie entwertet? Kommt ein Mensch mit der Netzspannung von 230V in Kontakt, so endet dies oft tödlich. Bei 12V ist die Gefahr um ein Vielfaches kleiner. Aus diesem Grund können die Niedervoltsysteme mit offenen Leitungen verlegt werden. Man kann ungefährlich fast jedes Design verwirklichen, nicht isolierte Leitungen spielen keine Rolle.

B2 380-Volt-Kabel aus sieben Stahldrähten in der Mitte als „Träger" und Leiter sowie 26 Aluminiumdrähten als Leiter. Jeder Draht hat einen Durchmesser von 3mm.

Überlandleitungen und Hochspannung Elektrische Energie muss man oft über große Entfernungen transportieren. Leider ist der Widerstand einer Leitung proportional zu ihrer Länge, wird also bei langen Leitungen sehr groß, so dass durch Erhitzen der Leitungen viel Energie entwertet wird. Die absolute Verlustleistung lässt sich durch den Widerstand der Leitung und die Stromstärke berechnen:

$$P_{\text{Verlust}} = U_{\text{Spannungsabfall}} \cdot I_{\text{Leitung}} = R \cdot I_{\text{Leitung}}^2$$

Der relative Verlust ist dann

$$\frac{P_{\text{Verlust}}}{P_{\text{Kraftwerk}}} = \frac{R \cdot I_{\text{Leitung}}^2}{U_{\text{Kraftwerk}} \cdot I_{\text{Leitung}}} = \frac{R}{U_{\text{Kraftwerk}}^2} \cdot P_{\text{Kraftwerk}}$$

Man erkennt, dass der relative Verlust kleiner wird, wenn die Übertragungsspannung größer wird. Die elektrische Energie eines 900-MW-Steinkohlekraftwerks mit der Generatorspannung von 27kV soll mit Überlandleitungen 200km weit transportiert werden. Aus Stabilitätsgründen werden bei einem Hochspannungsmasten auf jeder Seite Kabel aufgehängt, es ergeben sich 450MW pro Seite. Der Generator eines Kraftwerks liefert Drehstrom. Drehstrom (auch „Starkstrom") ist ein Wechselstromsystem von drei zeitlich versetzten Wechselströmen („Phasen"), die entstehen, wenn in einem Generator drei Spulen statt einer gleichmäßig im Kreis versetzt angeordnet werden. Die Gesamtleistung verteilt sich auf die drei Phasen, d.h. 150MW pro Phase. Jede Phase wird mit vier Kabeln übertragen (→B4). Bei 200km Länge hat ein Kabel etwa den Widerstand 30Ω, der Verlust bei einer Übertragungsspannung von 27kV wäre nach obiger Formel letztendlich 1,5-mal so groß wie die zu übertragende Leistung! Eine Übertragung wäre unmöglich. Transformiert man die Spannung jedoch auf 400kV hoch, so beträgt der Verlust nur noch ca. 0,7%! Man erkennt die deutlichen Vorteile einer höheren Spannung, wenn man Energie transportieren will.

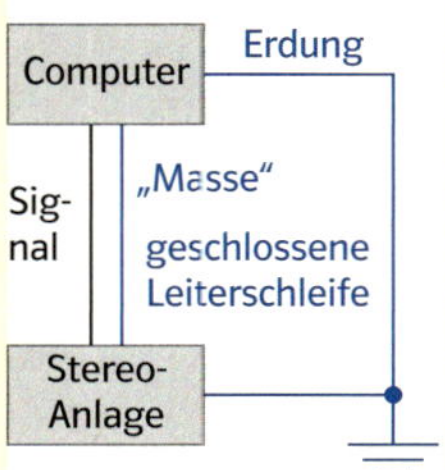

B3 Brummschleife

Brummschleifen Viele Leute haben riesige Musiksammlungen auf ihrem PC und wollen diese in aller Ruhe im Wohnzimmer anhören, sie verbinden dann den PC mit der Stereoanlage. Oft wird dieses Vorhaben durch ein sehr unangenehmes Brummgeräusch verhindert. Der PC und die Stereoanlage sind über ihren Stromanschluss mit der Erde verbunden, man sagt, ihr Gehäuse „liegt auf Masse". Verbindet man die beiden Geräte zusätzlich mit einem Audiokabel, so erzeugt man eine große geschlossenen Leiterschleife, da nun auch PC und die Stereoanlage mit einem Massekabel verbunden sind (→B3).

Durch die Wechselspannung im Haushalt wird ein magnetisches Wechselfeld erzeugt, das in dieser Leiterschleife eine Wechselspannung von 50Hz induziert, die man als Hintergrundbrummen hört. Solche Leiterschleifen werden deshalb auch „Brummschleifen" genannt. Will man dies vermeiden, so kommt zwischen den Computer und die Stereoanlage ein Übersetzer, auch „Trenntrafo" genannt, das ist ein Trafo mit dem Übersetzungsverhältnis 1. Hierdurch wird die Masseleitung unterbrochen und es existiert keine Brummschleife mehr. Man nennt dies eine „galvanische Trennung".

B4 Je zwei Kabel pro Phase auf jeder Seite

1 Begriffe
Was versteht man unter
- einem Elektromotor?
- der elektromagnetischen Induktion?
- einem Generator?
- einem Anker?
- einem Kommutator?
- einer Wechselspannung?
- elektrischer Leistung?
- einem Transformator?

2 Beobachtungen
Was beobachtet man, wenn
- in einer in einem Magnetfeld befindlichen drehbaren Spule ein Strom vorhanden ist?
- eine Spule im Magnetfeld gedreht wird?
- das Magnetfeld einer Spule, die an eine Quelle für Wechselstrom angeschlossen ist, eine zweite Spule durchdringt?

3 Erklärungen
Wie lässt sich begründen, dass
- sich drehbare Spulen in einem Magnetfeld fortwährend drehen können?
- Elektronen in der Fernsehröhre abgelenkt werden können?
- ein Generator ohne Kommutator eine Wechselspannung erzeugt?
- ein Transformator nicht mit konstanter Spannung betrieben werden kann?

4 Gesetzmäßigkeiten
Beschreibe mit eigenen Worten
- die Energieumwandlungskette für einen Elektromotor.
- die Energieumwandlungskette für ein Windkraftrad.
- den Zusammenhang zwischen induziertem Strom und Magnetfeld.
- was man unter einem Wirkungsgrad versteht.

Erläutere die Erscheinungen in den folgenden Bildern und beantworte die Fragen!

B1 Auf dieser Batterie steht: 12 V / 60 Ah. Welche Energie ist ihr maximal zu entnehmen?

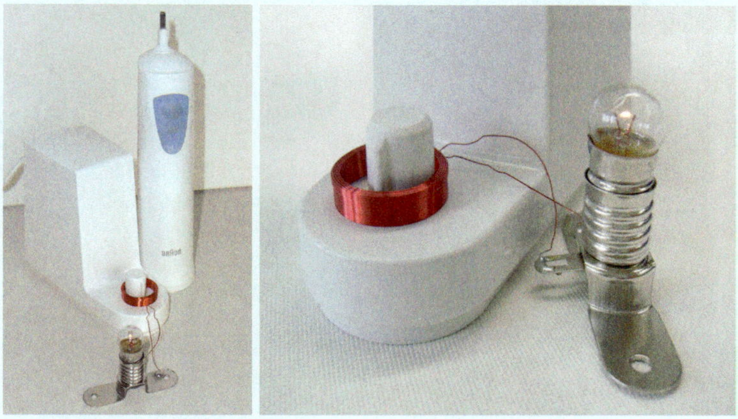

B2 Warum leuchtet die Glühlampe?

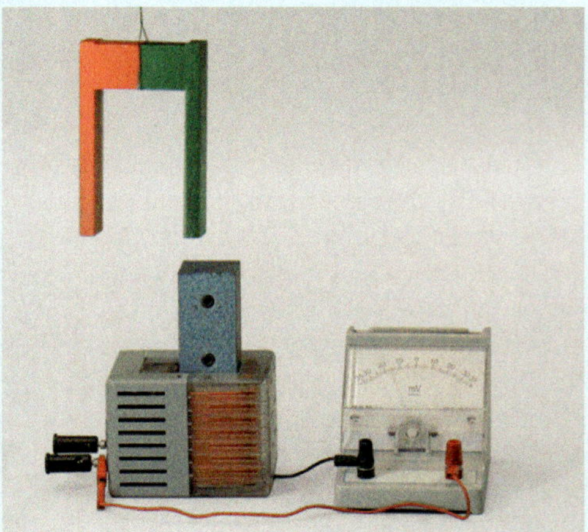

B3 Wenn sich der Hufeisenmagnet dreht, schlägt der Zeiger des Messgerätes aus. Wie kommt das? Was geschieht, wenn sich der Magnet wieder zurückdreht?

B4 Induktionsherd: In der Herdplatte ist eine stromführende Spule. Die Wärme wird direkt im Topfboden erzeugt. Erkläre das Prinzip.

Heimversuche

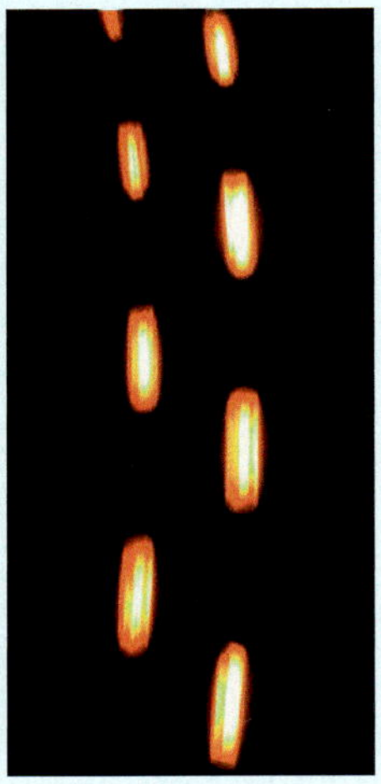

B1

1 Wirkungsgradbestimmung eines Herdes
Achte darauf, dass in eurem Haushalt alle Elektrogeräte ausgeschaltet sind und lies dann den „Stromzähler" ab. Miss 4 kg Wasser ab und bestimme die Temperatur. Bringe das Wasser zum Kochen. Stoppe hierzu auch die benötigte Zeit. Welche Energie zeigt der „Stromzähler" an? Welche Energie war notwendig, um das Wasser zum Kochen zu bringen? Vergleiche. Kommst du auf das gleiche Ergebnis, wenn du die maximale Leistung der Herdplatte mit der Leistung beim Wassererhitzen vergleichst? Falls die Ergebnisse unterschiedlich sind: Welchem Ergebnis vertraust du mehr und warum?

2 Versuche mit dem Dynamo
a) Drehe das Antriebsrädchen am Dynamo mit der Hand. Wie viele Stellen mit erhöhtem Kraftaufwand treten bei einer Umdrehung auf?
b) Schließe einen Kopfhörer an Gehäuse und Anschlusskontakt des Dynamos an. Schiebe nun das Fahrrad langsam bei laufendem Dynamo. Wie kommt es zu den Tönen, die du im Kopfhörer hörst?

3 Wechselspannung sichtbar gemacht
Eine LED (Licht emittierende Diode) kennst du als Signallämpchen an elektronischen Geräten. Du kannst sie dir in jedem Elektronikladen besorgen. Im Unterschied zu normalen Glühlampen leuchten sie nur bei einer bestimmten Polung.
Schließe eine rote LED in Reihe mit einem Widerstand von etwa 420 Ω an einen Experimentiertransformator bei 6 V an. Bewege die LED rasch hin und her. Warum ergibt sich keine durchgehende Lichtspur? Schließe parallel zur ersten LED eine zweite, grüne mit Widerstand an, jedoch mit umgekehrter Polung. Bewege nun beide LEDs zugleich (→ **B1**).

4 Selbstbaulautsprecher Passe ein Kreuz aus Karton so an, dass es knapp unter dem Deckel liegt und klebe einen Magnet darauf. Wickle eine Spule und klebe sie unter den Deckel oder auf eine Frischhaltefolie (→ **B2**). Erkläre, warum man mit diesem Selbstbaulautsprecher Schwingungen übertragen kann.

B2

Aufgaben

Generator, Motor und Transformator

1 Beschreibe die Wirkungsweise eines Generators.

2 Was versteht man unter einer Wechselspannung?

3 a) An die Anschlüsse einer elektrischen Quelle wird eine Glühlampe angeschlossen. Beobachtung: Die Lampe wird in einem bestimmten Takt heller und wieder dunkler. Schließe aus dieser Beobachtung auf Eigenschaften der Quelle.
b) Eine LED wird an dieselbe Quelle angeschlossen und leuchtet bei jedem zweiten Takt der Glühlampe auf. Dazwischen bleibt sie dunkel. Überprüfe die Richtigkeit der Aussage von a) zu den Eigenschaften der Quelle.
c) Beschreibe Geräte und Durchführung für einen Versuch wie in **a)** und **b)**.

4 Beschreibe die Wirkungsweise eines Transformators.

5 „Mit Transformatoren kann ich ja Spannung und Stromstärke erhöhen. Damit löse ich alle Energieprobleme der Welt!" meint Tim. Nimm Stellung zu dieser Aussage.

Transport und Verteilung elektrischer Energie

6 Im Zusammenhang mit der Energieversorgung spricht man oft von Energieverlusten. Beschreibe, was damit gemeint ist.

7 Mit einer Solarzelle kann die Energie des Sonnenlichtes direkt in elektrische Energie umgewandelt werden. In Mitteleuropa treffen auf eine Quadratmeter durchschnittlich 110 J Sonnenenergie je Sekunde. Eine Durchschnittsfamilie setzt im Jahr etwa 6 000 kWh an elektrischer Energie um. Berechne die mit Solarzellen zu bedeckende Fläche, wenn nur 15 % der Sonnenenergie in elektrische Energie umgewandelt werden und sie alleine die elektrische Energie liefern soll. Bewerte den Vorschlag, eine Versorgung mit elektrischer Energie alleine mit Hilfe von Solarzellen zu erreichen.

Energieversorgung und Umwelt

Elektrische Energie aus Wasser?

Online-Link
772425-1300

Kraftwerke

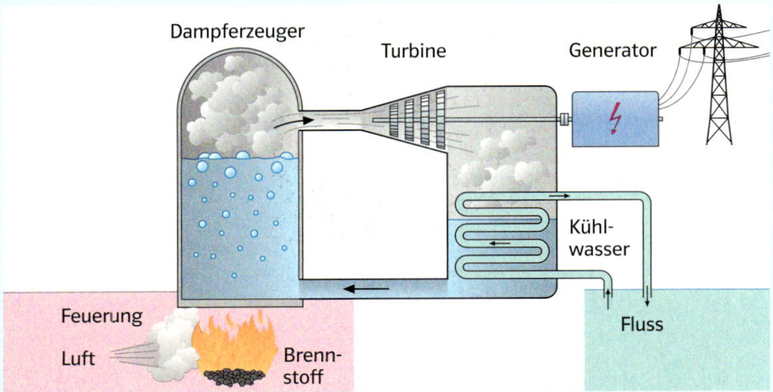

B1 Prinzip eines Kraftwerks mit chemischen Brennstoffen

Wie wird elektrische Energie bereitgestellt?
In Deutschland werden jährlich rund 440 Mrd. kWh elektrische Energie bereitgestellt. Das sind 22 % des Gesamtbedarfs an Energie. Elektrische Energie ist sauber und bequem nutzbar und kann durch Kabel gut überall hin transportiert werden. Der größte Teil wird in Kraftwerken aus fossilen Brennstoffen oder aus spaltbarem Uran gewonnen. (→ **B1**) zeigt den prinzipiellen Aufbau eines Kraftwerkes.

Elektrische Energie Ohne elektrische Energie wäre unser Alltag nicht mehr vorstellbar. Man kann elektrische Energie aus verschiedenen Energiequellen „erzeugen". Wie schaut diese „Erzeugung" konkret aus und welche Möglichkeiten werden hauptsächlich genutzt?

Elektrische Energie „aus Feuer" Kohle, Erdöl und Erdgas sind sogenannte **fossile Energieträger**. Sie sind während der vergangenen Millionen Jahre entstanden und werden seit ca. 200 Jahren systematisch abgebaut. In großen Kraftwerken werden sie verbrannt, um heißen Wasserdampf zu erzeugen. Dieser treibt eine Turbine an. Chemische Energie wird also in Bewegungsenergie umgewandelt.
Die Turbine treibt einen Generator an, der dann die Bewegungsenergie in elektrische Energie umwandelt (→ **B1**).

Elektrische Energie „aus Atomkernen" Bei diesem Verfahren erfolgt keine Verbrennung des Materials, sondern es erfolgt eine Kernspaltung. Der dabei entstehende heiße Wasserdampf treibt wiederum eine Turbine bzw. einen Generator an, der die elektrische Energie bereit stellt. Trotz einer hohen Energieausbeute, dürfen die Gefahren dieses Verfahrens nicht verharmlost werden (siehe Kapitel „Radioaktivität und Kernenergie).

Elektrische Energie „aus Wind" Diese Form der Gewinnung elektrischer Energie ist sehr einfach. Der Wind treibt die großen Rotorblätter der **Windkraftanlage** an, durch die wiederum der Generator betrieben wird (→ **B2**).

B2 Windkraftanlage

Elektrische Energie „aus Wasser" **Wasserkraftwerke** nützen den natürlichen Wasserkreislauf aus. Sie werden in vier Kategorien unterteilt: **Laufwasserkraftwerke**, die das Gefälle an Flüssen nutzen. **Speicherkraftwerke** nutzen Wasser hoch gelegener natürlicher Seen oder künstlicher Talsperren. Mit **Pumpspeicherkraftwerken** wird der Bedarf zu Spitzenlastzeiten abgedeckt. In **Gezeitenkraftwerken** wird die Wasserbewegung von Ebbe und Flut genutzt, in **Wellenkraftwerken** die Wellenbewegung allgemein.

Elektrische Energie „aus Licht" Die Umwandlung von Lichtenergie in elektrische Energie erfolgt direkt über sogenannte Solarzellen (Fotovoltaik).

Kraftwerke, die erneuerbare („**regenerative**") Energie benutzen, z. B. **Solar-**, Wasser-, Wind- und **Geothermiekraftwerke**, werden für die zukünftige Energieversorgung immer wichtiger.

A1 Jeder Kraftwerkstyp hat bestimmte Standortvoraussetzungen, Vor- und Nachteile. Liste diese in einer Tabelle stichpunktartig auf.

Grenzen der Energienutzung Wenn ein ICE abbremst, so wirken die Motoren als Bremsen mit. Wie Generatoren wandeln sie Bewegungsenergie in elektrische Energie um und geben sie über die Oberleitung in das Stromnetz zurück.

Bremst man dagegen mit den Scheibenbremsen eines Autos, so wird die kinetische Energie vollständig in innere Energie der Bremsen umgewandelt. Ihre Temperatur erhöht sich. Für die Weiterfahrt des Pkw ist diese Energie nicht mehr nutzbar. Sie ist zwar weiterhin vorhanden, aber für den Antrieb wertlos geworden. Auch die anfängliche Lageenergie des hüpfenden Balles in Abbildung **B1** wird letztendlich in innere Energie umgewandelt.

- **Energie kann in technisch wertlosere Erscheinungsformen umgewandelt werden. Man spricht von Energieentwertung. Sie kann für den gleichen Vorgang nicht nochmal verwendet werden.**

Den **Wert von Energie** beurteilt man danach, inwieweit ihre Nutzung, möglich ist. So kann die Lageenergie von Wasser im Stausee von einem Wasserkraftwerk über die Bewegungsenergie des Wassers in elektrische Energie mit ihren vielfältigen Nutzungsmöglichkeiten umgewandelt werden. Mechanische, elektrische und chemische Energie haben in diesem Sinne hohen Wert. Bei der Nutzung wird stets auch ein Teil in innere Energie umgewandelt. Weil sie nur eingeschränkt in andere Energieformen umgewandelt werden kann, hat innere Energie bei niedriger Temperatur den geringsten Wert (→ **B2**).

Blockkraftheizwerke Bei Kohlekraftwerken ist das Problem der Energieentwertung besonders deutlich. Die bei der Verbrennung der Kohle entstehende Wärme, wird zum Großteil an die Umwelt abgegeben (Abwärme) und ist somit für uns als wertlos zu betrachten. Abhilfe schafft die sogenannte Kraft-Wärme-Kopplung. Dabei wird die beim Kraftwerk auftretende Abwärme zum Heizen von z. B. Wohnungen der nahen Umgebung verwendet.

Die Kraft-Wärme-Kopplung findet auch bei Blockheizkraftwerken Verwendung. Dies sind „kleine Kraftwerke", die kleinere Wohneinheiten oder Firmen mit elektrischer Energie direkt vor Ort versorgen. Dabei wird die entstehende Wärme des Blockheizkraftwerks genutzt, um z. B. Wasser im Haushalt zu erwärmen. Da das Blockheizkraftwerk direkt vor Ort steht, kann die Abwärme ohne große Verluste sinnvoll genutzt werden.

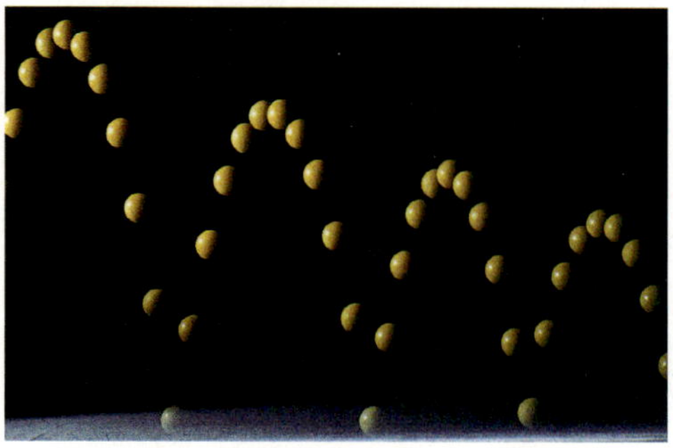

B1 Umwandlung: mechanische in innere Energie

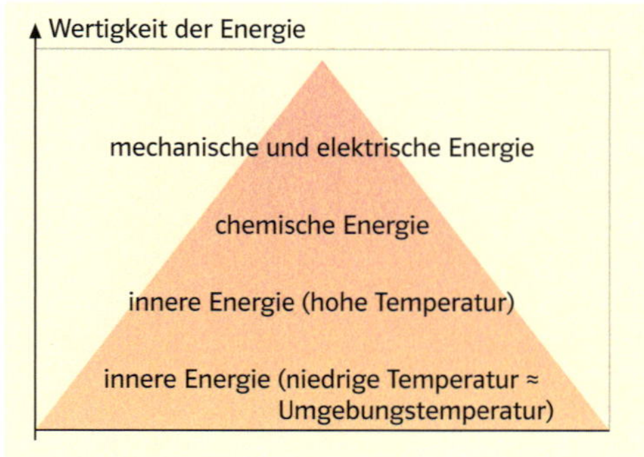

B2 Die Nutzbarkeit von Energie

Reversible und irreversible Vorgänge Beim hüpfenden Gummiball tritt eine fortlaufende Energieumwandlung auf. Durch Reibung wird ein Teil der ursprünglich vorhandenen Lageenergie in „nutzlose" innere Energie des Bodens, des Balls und der Luft umgewandelt und somit entwertet. Würde die Reibung nicht auftreten, so würde der Ball stets wieder seine Ursprungshöhe erreichen und eine Umwandlung in innere Energie nicht erfolgen. Diesen Idealfall bezeichnet man als umkehrbaren, reversiblen Vorgang.

- **Bei reversiblen Vorgängen tritt keine Energieentwertung auf, sie sind vollständig umkehrbar.**

Reale Vorgänge sind allerdings stets mit Energieentwertung verbunden. Man wird nie beobachten, dass ein hüpfender Ball seine Höhe beibehält oder sogar steigern wird, während er und seine Umgebung abkühlen.

- **Mit Energieentwertung verbundene Vorgänge sind nicht umkehrbar, man sagt sie sind irreversibel.**

Versorgung mit elektrischer Energie

V1 Eine Glühlampe (6 V) wird über eine „Fernleitung“ an eine elektrische Quelle von 4 V angeschlossen. Die Fernleitung ($R \approx 200\,\Omega$) wird durch Widerstände simuliert. Die Lampe leuchtet nicht. Nutzt man mit Hilfe von Transformatoren eine hohe Übertragungsspannung (etwa 160 V), so leuchtet die Lampe.

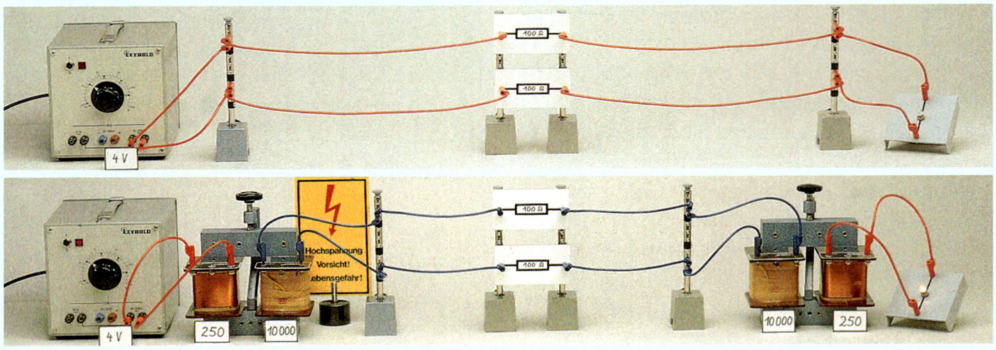

B1

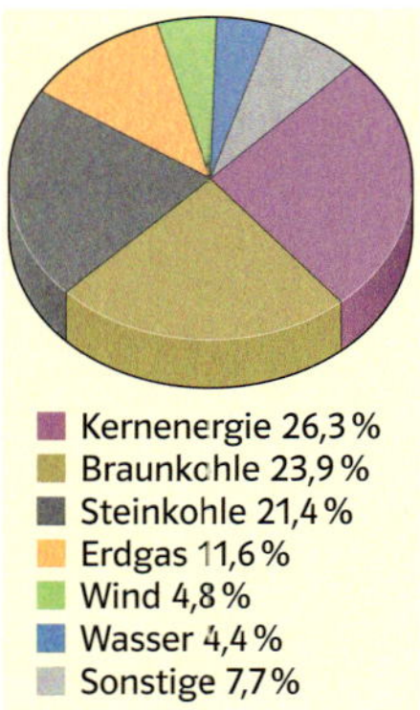

B2 Energiemix in Deutschland im Jahre 2006 (Energielieferung)

Bereitstellung elektrischer Energie Den Grundbedarf an elektrischer Energie nennt man **Grundlast**. Wird dieser z. B. nachts unterschritten, so nutzt man die nicht benötigte Energie, um Wasser in Pumpspeicherkraftwerke zu pumpen, vgl. (→ **B3**, unterer Bereich). Im Laufe eines Tages wird in den Haushalten aber regelmäßig mehr Energie als der Grundbedarf benötigt. In diesem Fall spricht man von der **Mittellast**. Zur Mittagszeit wird besonders viel Energie benötigt (erste Spitze in Diagramm **B3**. Solche Spitzen in der Tageslastkurve nennt man **Spitzenlast**. Nicht jedes Kraftwerk kann einfach abgeschaltet werden, wenn die Energie nicht benötigt wird. Genauso liefert nicht jedes Kraftwerk sofort Energie, wenn es anläuft. Solche sind konventionelle und nukleare Wärmekraftwerke, die zur Versorgung der Grundlast benutzt werden (→ **B3**). Kohle- und Kernenergiekraftwerke sind in Deutschland immer noch die Kraftwerke, die den Großteil an elektrischer Energie liefern (→ **B2**).

A1 Warum werden Pumpspeicherkraftwerke zu Spitzenlastzeiten genutzt?

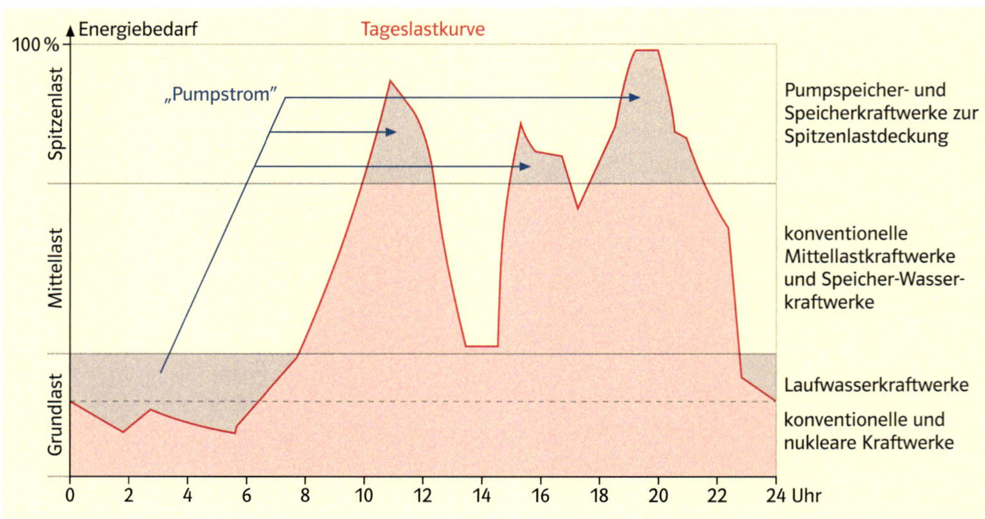

B3 Typische Tageslastkurve

► S. 250 System

Transport und Verteilung elektrischer Energie

Die Kraftwerke stehen in der Regel nicht direkt in der Nähe der Haushalte. Die elektrische Energie muss daher oftmals über weite Wege transportiert werden. Der Transport elektrischer Energie erfolgt durch Kabel, die sich dabei erwärmen. Ein Teil der am Generator bereitgestellten Energie wird somit auf dem Transport in innere Energie umgewandelt und steht am Ende nicht mehr zur Verfügung.

● **Der Transport von elektrischer Energie ist mit Leitungsverlusten verbunden.**

Aus dem Widerstand R_L einer Leitung und der Stromstärke I berechnen wir die für die Leitung erforderliche Leistung:

$$P_L = U \cdot I = R_L \cdot I^2$$

Die Leistung, also auch die in den Leitungen umgesetzte Energie, ist umso geringer, je kleiner R_L und I sind. Zur Übertragung elektrischer Energie sollte man deshalb immer dicke Kabel aus guten Leitern und möglichst kleine Stromstärken verwenden. Kleinere Stromstärken bei gleicher Leistung bedeuten wegen $P = U \cdot I$ höhere Spannungen.

Wenn die Energie einer Quelle wegen langer dünner Leitungsdrähte nicht mehr ausreicht, ein Glühlämpchen zum Leuchten zu bringen, so gelingt dies mit Hilfe von **Transformatoren** doch noch. Mit einem ersten Transformator wird die Spannung erhöht und die Stromstärke verringert. Bei der Übertragung wird der Verlust an Energie über die Leitungen geringer. Mit einem zweiten Transformator wird am anderen Ende der Leitung die Spannung wieder herabgesetzt und die Stromstärke erhöht. Ein Glühlämpchen kann nun normal leuchten, weil nur wenig elektrische Energie auf dem Transport in innere Energie umgewandelt wurde. Bei der öffentlichen Versorgung mit elektrischer Energie gelten diese Überlegungen erst recht (→ **B1**).

● **Die Fernleitung elektrischer Energie erfolgt mit Hilfe von Hochspannung.**

Wegen der notwendigen Transformatoren wird Wechselspannung verwendet. Im europäischen **Verbundnetz** überschreiten Fernleitungen Ländergrenzen und sichern so die Versorgung unabhängig von Schwankungen im Bedarf oder bei der Bereitstellung (→ **B2**).

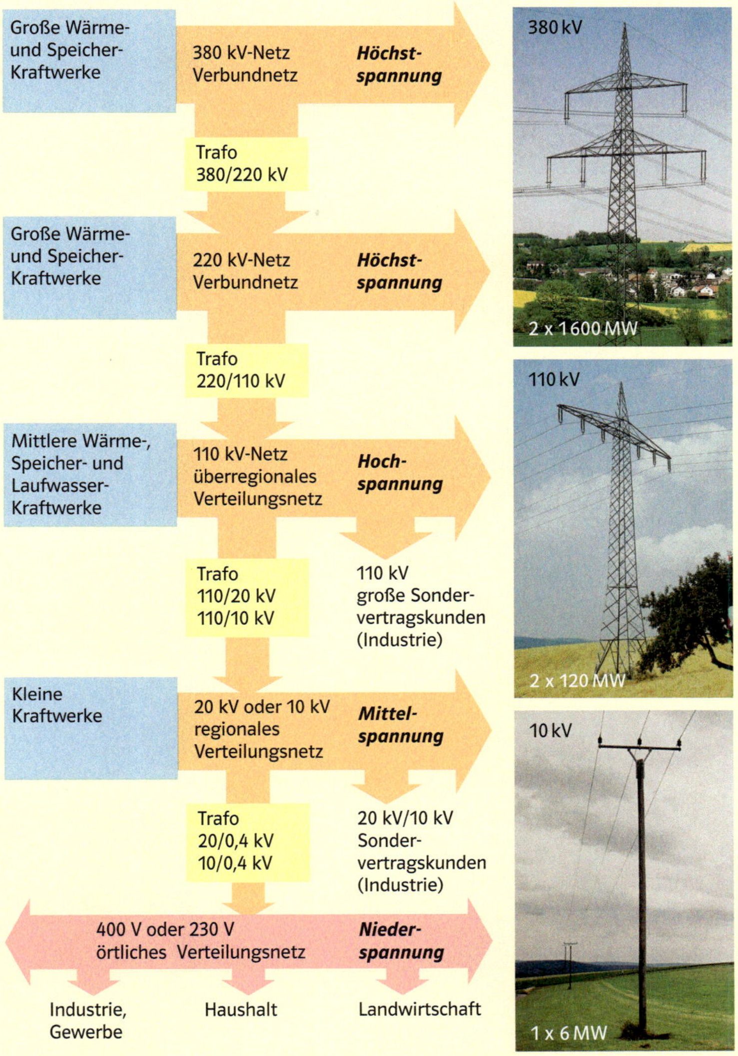

B1 Nutzen des Transformators bei der Übertragung elektrischer Energie

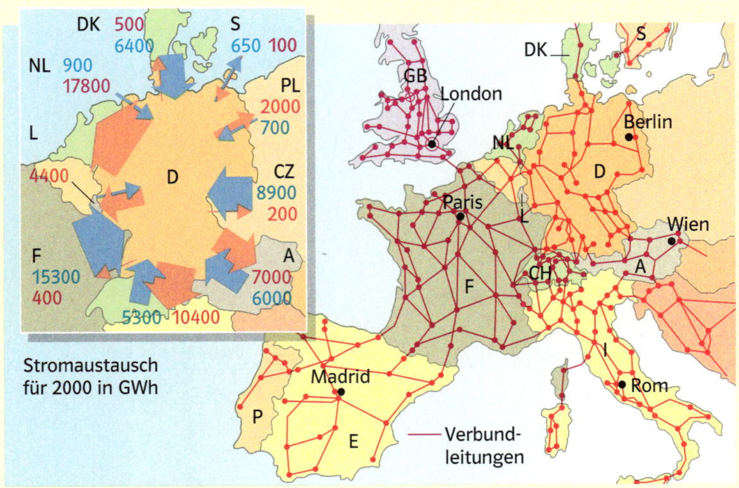

B2 Europäisches Verbundnetz

Zukunftsperspektiven – Konventionelle Kraftwerke

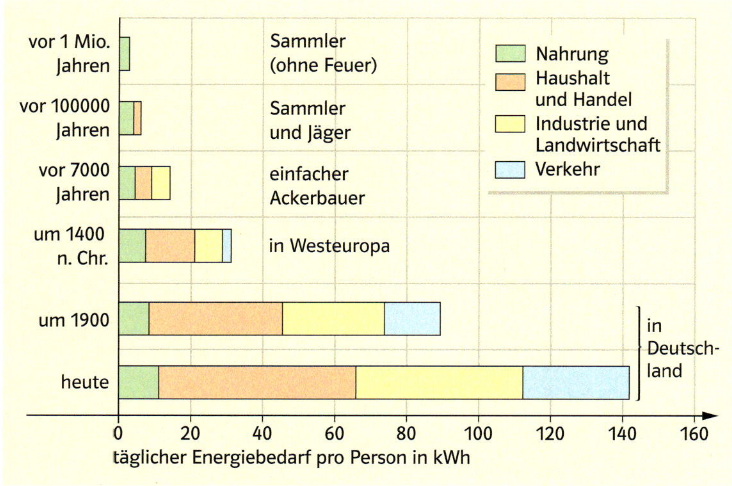

B1 Energiebedarf früher und heute

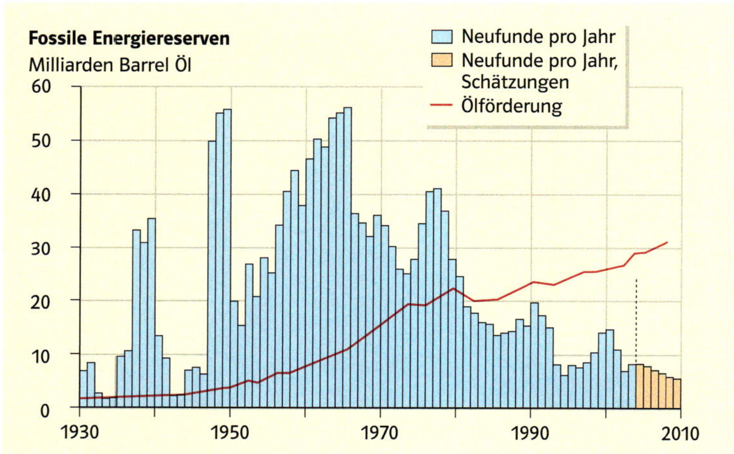

B2 Neue Lagerstätten und Ölverbrauch

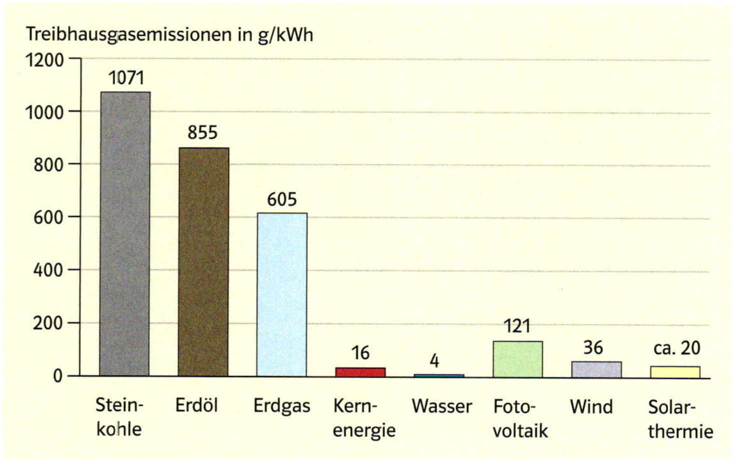

B3 Emission von Treibhausgas bei der Stromerzeugung

Energie in Reserve? Die in den fossilen Bodenschätzen der Erde gespeicherte Primärenergie wird seit vielen Jahrzehnten in technisch ausgereiften „thermischen Kraftwerken" zur Erzeugung großer Mengen billiger elektrischer Energie genutzt, um unseren heutigen Energiehunger zu stillen (→ **B1**). Die bei der Verbrennung von Kohle und Öl im „Rauchgas" enthaltenen umwelt- und gesundheitsgefährdenden Stäube und Abgase können mit modernen Filtern und Rauchgas-Waschanlagen fast vollständig unschädlich gemacht werden. Wie aber **B2** zeigt, werden immer weniger Ölfelder neu entdeckt, obwohl immer mehr Öl gefördert wird. Bei gleich bleibendem Erdölverbrauch reichen die derzeit bekannten Lagerstätten noch ca. 40 Jahre, Erdgas etwa 70 Jahre. Nur die Kohlevorkommen decken noch über 200 Jahre den Bedarf. Experten befürchten aber, dass sich der Weltenergiebedarf in den nächsten 50 Jahren verdreifachen könnte. Man hofft zwar, mit großem Aufwand weitere Öl- und Gasvorkommen zu finden und bisher unrentable zu erschließen, doch dadurch wird auch der Preis dieser Energieträger in die Höhe schnellen.

Gefahr für das Klima? Ein weiteres zentrales Problem bei der Nutzung dieser Brennstoffe für Stromerzeugung, Verkehr und Heizung ist das bei ihrer Verbrennung entstehende Treibhausgas Kohlenstoffdioxid (→ **B3**). Dessen Konzentration ist in den vergangenen 150 Jahren um 25 % gestiegen. Durch den zusätzlichen Treibhauseffekt (→ **S.210**) hat sich dadurch die mittlere Oberflächentemperatur der Erde schon um 0,5 °C erhöht. Bereits bei einer Erhöhung über 1,5 °C befürchten Klimaforscher weitreichende Änderungen des Erdklimas.

Sind Kernkraftwerke ein Ausweg? Die modernsten Kernkraftwerke der Industrienationen sind im Betrieb sicher. Ihr gefährlicher, radioaktiver Abfall muss allerdings sehr aufwendig entsorgt werden. Ohnehin reichen die Uranvorräte zum Betrieb der schon vorhandenen Reaktoren nur noch ca. 40 Jahre. Nur mit sehr teurer und schwer beherrschbarer Wiederaufbereitungstechnologie könnte der Vorrat auf 500 Jahre „gestreckt" werden. Dabei würden aber größere Mengen des hochgiftigen und kernwaffenfähigen Schwermetalls Plutonium erzeugt, das dann sicher transportiert und gelagert werden muss.

Zukunftsperspektiven – Regenerative Energieträger

Wasser-, Wind-, Geothermie- sowie solarthermische Kraftwerke und die Fotovoltaik verbrauchen keine unersetzlichen Rohstoffe und sind weitgehend klimaneutral. Werden sie den immensen Energiebedarf der Zukunft decken können (→ **B1**)?

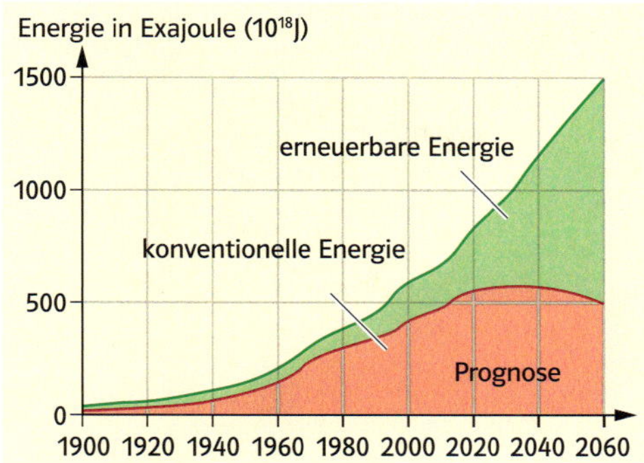

B1 Prognose des Weltenergiebedarfs

Kraftwerkstyp	typ. elektr. Leistung (MW)	Wirkungsgrad	zeitl. Verfügbarkeit	Investitionskosten (€/kW)	Stromkosten (€/kWh)
Kohle	1000	40%	80%	1000	0,03
Gas	200	54%	80%	800	0,03
Kernreaktor	1300	33%	80%	2000	0,05
Wasser	1000	97%	50%	3000	0,10
Wind	1	45%	25%	1000	0,07
Fotovoltaik	0,1	13%	15%	4000	0,20
Parabolrinnen	200	20%	40%	3000	0,10
Solarturm	200	35%	80%	3000	0,10
Aufwind	200	3%	80%	4000	0,10
Biomasse	50	15%	80%	1500	0,05
Erdwärme	50	30%	60%	500	0,03

B2 Kraftwerkstypen im Vergleich

Ein weiterer Ausbau der **Wasserkraft** ist in Europa kaum mehr möglich und große Staudammprojekte beanspruchen weite landwirtschaftlich und ökologisch wertvolle Flächen. Das Potenzial für **Windkraftwerke** hingegen ist lange nicht ausgeschöpft, aber die Zahl sinnvoller Standorte ist ähnlich begrenzt. Zudem ist das Windangebot oft schwankend.

Nur die direkte Nutzung der **Sonnenenergie** (→ **B3**) scheint in großem Stil ausbaufähig. Solarkraftwerke arbeiten jedoch nur bei starkem Sonnenschein rentabel. In Nordafrika, dem Nahen Osten und anderen Gebieten auf der Erde gibt es riesige unbewohnte Flächen, wo die Sonne zuverlässig und lange scheint. Allerdings sind diese Gebiete oft auch ökologisch sensibel. Damit Kraftwerke auch nachts elektrische Energie liefern können, muss ein Teil der am Tag gewonnenen Energie zwischengespeichert werden. Dafür sind sog. thermische Speicher mit geschmolzenen Salzen in Erprobung, die tagsüber aufgeheizt werden. Über einen Wärmetauscher sorgen sie nachts weiter für Dampferzeugung. Übrigens werden Sonnenstrahlung und Geothermie nicht teurer, sie stehen im Überfluss zur Verfügung!

Auch **Biomasse-Kraftwerke** gehören zu den regenerativen Energiewandlern. Sie setzen nur so viel Kohlenstoffdioxid frei, wie vorher beim Wachstum der Pflanzen der Umwelt entzogen wurde. Beim Verrotten geeigneter Haushalts-, Industrie- und Pflanzenabfälle (z. B. Stroh, Holz) wird mit Hilfe von Bakterien in Biogasanlagen Methan gebildet, das zur Heizung oder Stromerzeugung verbrannt werden kann. Industrielle Methoden, mit denen aus Biomasse sogar Benzin hergestellt werden kann, sind in der Entwicklung.

B3 Fotovoltaik: Strom direkt aus Sonnenenergie

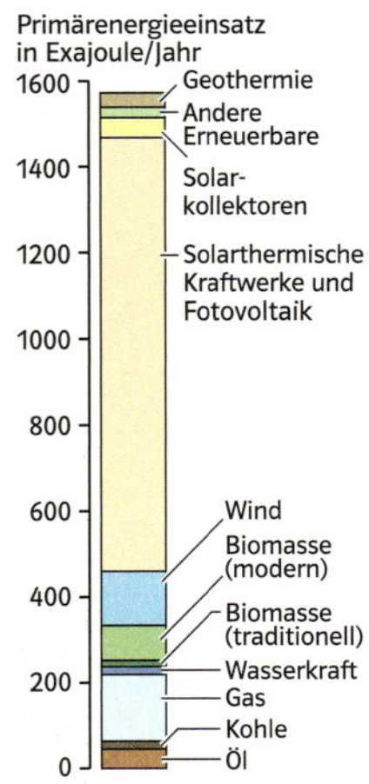

B4 „Energiemix" in der Zukunft (2100)?

B2 zeigt Kraftwerkstypen im Vergleich. Die Energieumwandlungskosten solarer Kraftwerke sind derzeit noch nicht konkurrenzfähig. Allerdings wird durch erhöhte Nachfrage und zunehmende Verknappung der Preis fossiler Energieträger steigen. Die Kosten für Solarstrom dagegen werden durch Massenproduktion sinken. Heute liegt der globale Anteil erneuerbarer Energie noch unter 15%, in hundert Jahren könnte er über 80% sein (→ **B4**).

Werkstatt

Das Energiesparhaus

Auftrag: Informiert euch in einer Gruppenarbeit durch die angegebenen Versuche, Arbeitsaufträge und Anregungen über energiesparendes Bauen. Erstellt anschließend eine Präsentation zum Energiesparhaus. Überlegt, ob ihr die Präsentation mit Experimenten, einem Plakat oder einer PowerPoint-Präsentation unterstützt.

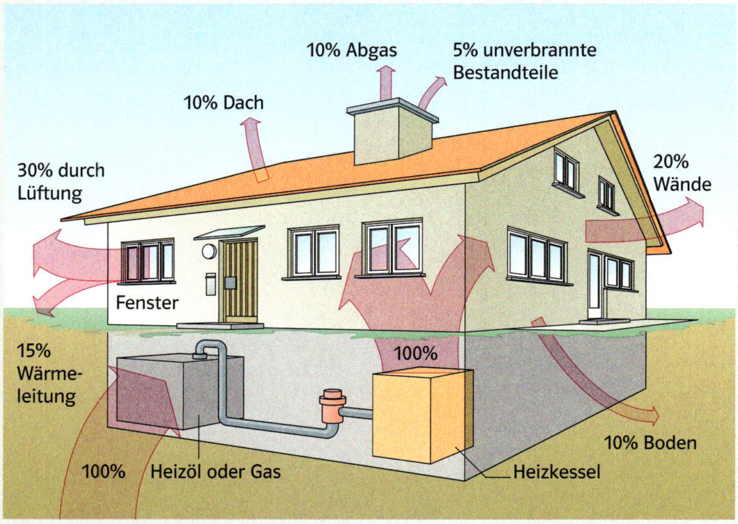

B1 Abgabe an Energie beim Einfamilienhaus im Jahresdurchschnitt

Wenn man einen Hausbau plant, dann soll das Haus sowohl im Sommer als auch im Winter eine angenehme Lufttemperatur besitzen. Auch warmes Wasser soll zum Duschen, Waschen und Spülen zur Verfügung stehen. Ein großer Teil der Energie, die im Haushalt benötigt wird, wird für die Heizung und die Warmwasserbereitung aufgewandt. Ständig wird jedoch auch Energie an die Umwelt abgeben. Aus den geheizten Räumen weicht Energie durch Fenster, Türen, Dach oder Wände nach draußen (→ **B1**). Dies geschieht umso stärker, je größer die Temperaturdifferenz zwischen Innen- und Außentemperatur ist. Ein großer Teil der Energie des Warmwassers entweicht mit dem Wasser ins Abwassersystem und durch die Zuleitungsrohre in die Umgebung. Durch energiesparendes Bauen spart man Energie und damit Kosten ein und schont die Umwelt.

Beim hier abgebildeten Energiesparhaus (→ **B2**) sind verschiedene Möglichkeiten des energiesparenden Bauens umgesetzt. Zudem wird durch die installierte Fotovoltaikanlage etwa die Menge an elektrischer Energie produziert, die für Heizung und Warmwasserbereitung benötig wird.

1 Fotovoltaikanlage
2 sehr gute Wärmedämmung
3 thermische Solaranlage
4 zentrale Lüftungsanlage mit Wärme rückgewinnung
5 große Fensterflächen nach Süden
6 Dreifach-Wärmeschutzverglasung
7 Erdwärmepumpe

B2

► S. 250 System

Material

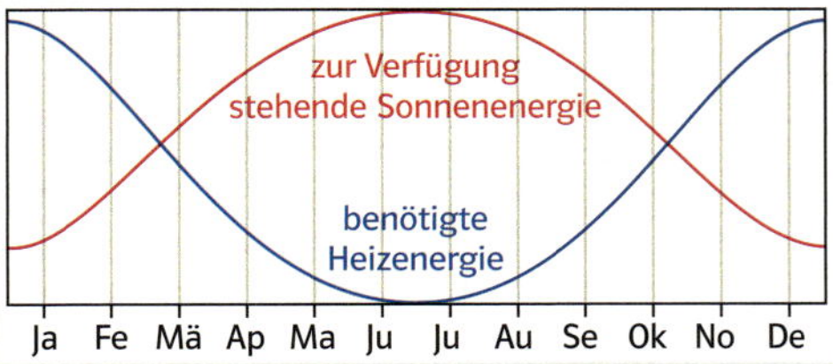

B1 Angebot an Solarenergie und benötigte Heizenergie

1000 W/m² klarer, blauer Himmel | 600 W/m² Sonne bricht durch | 300 W/m² Sonne als weiße Scheibe, dunstig | 100 W/m² trüber Wintertag

B2 Das Energieangebot der Sonne bei verschiedenen Wetterlagen

Anregungen zur Recherche

Informiert euch über:

- verschiedenen Heizungsarten: (Öl- und Gas-Brennwertkessel, Wärmepumpe, Blockheizkraftwerk, Pelletheizung).
- Vergleicht die entstehenden Kosten für Installation und Betrieb, sowie in Hinblick auf Umweltaspekte.
- Aufbau und Funktionsweise einer zentralen Lüftungsanlage mit Wärmerückgewinnung.
- Aufbau und Funktionsweise einer Solarzelle.
- über netzgekoppelte und netzunabhängige Photovoltaikanlagen und beurteilt die Eignung zum Einsatz bei einem Wohnhaus.
- die Begriffe „Passivhaus" und „Plusenergiehaus".

Anregungen zum Experimentieren

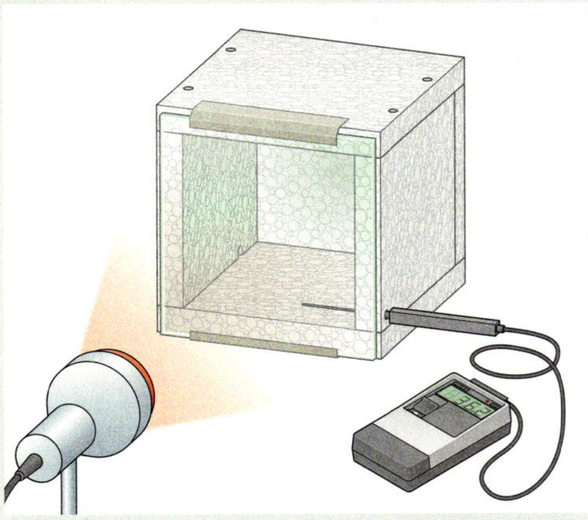

B3 Die „Sonne" heizt mit. Untersuche auch die Wirkung bei verschiedenen Einstrahlwinkeln.

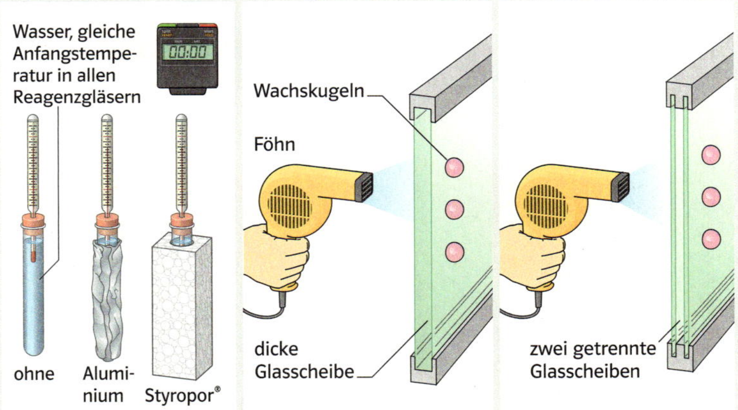

B4 Wo entweicht die Energie?

Auf das richtige Verhalten kommt es an!

Je nach Bedarf können die Räume unterschiedliche Temperaturen aufweisen. So brauchen die Küche, in der es ja zusätzliche Wärmequellen gibt, und die Schlaf- und Nebenräume nicht so beheizt werden wie die Wohnräume, in denen wir uns ständig aufhalten. In Zimmern mit einer Temperatur von etwa 22 °C fühlen sich viele Menschen wohl, so dass sie sich dort mit leichter Bekleidung aufhalten. Zieht man im Winter „wärmere" Sachen an, so kann man die Temperatur um ein bis zwei Grad senken.

Ändert man in einem Raum kurzzeitig die Temperatur, so behalten die meisten Gegenstände ihre Energie etwa bei. Deshalb sollte man Räume möglichst zügig und vollständig durch weites Öffnen von Fenstern und Türen lüften. Ein ständig leicht geöffnetes Fenster führt dagegen wegen der Luftbewegung zu einem insgesamt großen Energieverlust.

Lüften ist wichtig, damit einerseits der Anteil an Kohlenstoffdioxid in der Raumluft gesenkt, andererseits auch Luftfeuchtigkeit abtransportiert wird. In ungelüfteten Räumen besteht die Gefahr der Schimmelbildung, die sowohl für die Gesundheit der Menschen als auch für das Gebäude schädlich ist.

Rückblick

1 Begriffe
Was versteht man unter
- der Entwertung von Energie?
- reversiblen und irreversiblen Vorgängen?
- fossilen Energieträgern?
- regenerativen Energieträgern?
- einem Blockheizkraftwerk?

2 Beobachtungen
Was beobachtet man, wenn
- ein hüpfender Gummiball oft auf den Boden trifft?
- eine Glühlampe in einem Stromkreis mit sehr langen Leitungskabeln betrieben wird?

3 Erklärungen
Begründe, dass
- zum Transport elektrischer Energie hohe Spannungen verwendet werden.
- es notwendig ist, den Anteil an regenerativen Energieträgern zu erhöhen.

4 Gesetzmäßigkeiten
Beschreibe mit eigenen Worten
- auf welche Arten elektrische Energie gewonnen werden kann.
- die mit der Entwertung von Energie verbundenen Folgen auf die Umwelt.

Erläutere die Erscheinungen in den folgenden Bildern und beantworte die Fragen!

B1 Welche Energieumwandlungen finden hier statt?

B2 Welche Aufgabe hat das Pumpspeicherkraftwerk?

B3 Setze die Bilder in die richtige Reihenfolge und begründe.

B4 Weshalb transportiert man elektrische Energie mit Spannungen bis zu 380 kV?

Beispiele

Fernleitung von elektrischer Energie
Über 100 km Entfernung soll mit einer Spannung von 110 kV die elektrische Leistung $P = 50\,\text{MW}$ übertragen werden. Es wird ein Kabel aus Aluminium mit der Querschnittsfläche $A = 3\,\text{cm}^2$ benutzt. Wie groß sind die Leitungsverluste?

Lösung: Nach $P = U \cdot I$ wird die Stromstärke

$$I = \frac{P}{U} = \frac{50 \cdot 10^6\,\text{W}}{11 \cdot 10^4\,\text{V}} = 455\,\text{A}.$$

Der Verlust in der Leitung ist $P_L = R_L \cdot I^2$.

Der Leitungswiderstand berechnet sich nach

$$R_L = \varrho_{Al} \cdot l/A$$

Mit $\varrho_{Al} = 0{,}027\,\Omega\,\text{mm}^2/\text{m}$ und einem geschlossenen Stromkreis von der doppelten Länge $l = 2 \cdot 100\,\text{km} = 2 \cdot 10^5\,\text{m}$ wird:

$$R_L = 0{,}027\,\frac{\Omega \cdot \text{mm}^2}{\text{m}} \cdot \frac{2 \cdot 10^5\,\text{m}}{300\,\text{mm}^2} = 18\,\Omega$$

$$P_L = 18\,\Omega \cdot (455\,\text{A})^2 = 3\,726\,450\,\text{W} = 3{,}73\,\text{MW}$$

Es werden also 7,5 % der Leistung nutzlos in der Leitung umgewandelt.

Kraftwerke

1 Die Abbildung **B1** zeigt verschiedene Kraftwerke. Ergänze die Abbildung um weitere Kraftwerkstypen und gib zu jedem an: Vorteile, Nachteile, Standort, Voraussetzungen. Hinweis: Nutze das Internet für mögliche Recherchen und Informationen.

2 Führt in eurer Klasse eine pro&contra-Diskussion zu den verschiedenen Kraftwerkstypen und dokumentiert die Ergebnisse auf einem Plakat.

3 Erläutere, inwiefern die Weihnachtspyramide im Prinzip ein Windkraftwerk darstellt.

4 Beschreibe einen dir bekannten Versuch, mit dem du die Funktion eines Generators darstellen kannst.

5 Informiere dich über den sogenannten Treibhauseffekt und bewerte damit die Vor- und Nachteile der Kraftwerkstypen. Beschreibe die Auswirkungen des Treibhauseffekts.

Versorgung mit elektrischer Energie

6 Informiere dich über den Stromausfall in Italien vom 28. September 2003. Nenne Gründe für diesen Ausfall und beschreibe die auftretenden Probleme in der Bevölkerung.

7 Wodurch kommen Spitzenlasten in der Versorgung mit elektrischer Energie zustande? Nenne konkrete Beispiele und gib mögliche Tageszeiten für diese Beispiele an.

8 Im Zusammenhang mit der Energieversorgung spricht man oft von Energieverlusten. Beschreibe, was damit gemeint ist.

9 Eine Solarzelle wandelt die Energie des Sonnenlichtes direkt in elektrische Energie um. In Mitteleuropa treffen auf eine Quadratmeter durchschnittlich 110 J Sonnenenergie je Sekunde. Eine Durchschnittsfamilie setzt im Jahr etwa 6 000 kWh an elektrischer Energie um. Berechne die mit Solarzellen zu bedeckende Fläche, wenn nur 15 % der Sonnenenergie in elektrische Energie umgewandelt werden. Bewerte den Vorschlag, eine Versorgung mit elektrischer Energie alleine mit Hilfe von Solarzellen zu erreichen.

10 Erkundige dich, wie der Energiemix des Unternehmens zusammengesetzt ist, das euch zuhause mit elektrischer Energie versorgt.

Laufwasserkraftwerke
(Wasser) nutzen das strömende Wasser des Flusses

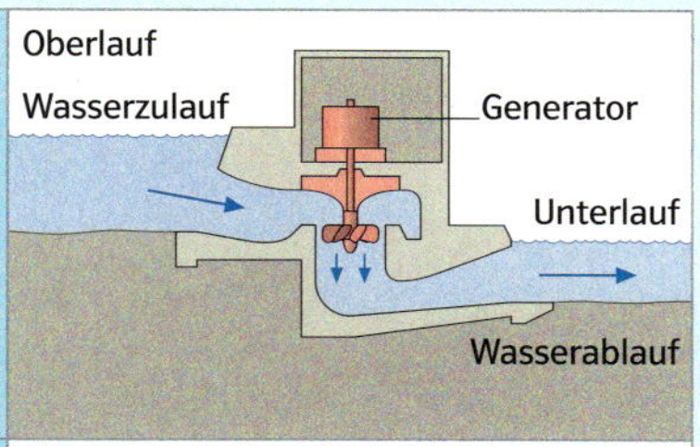

Speicherkraftwerke
(Wasser) nutzen die Energie von aufgestautem Wasser z. B. bei Talsperren

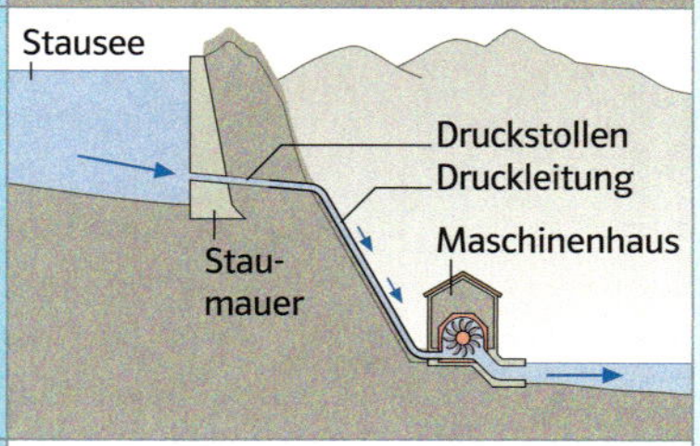

Gezeitenkraftwerke
(Wasser) in engen Meeresbuchten nutzen die Wasserströmung beim Steigen und Fallen des Wassers (Ebbe und Flut)

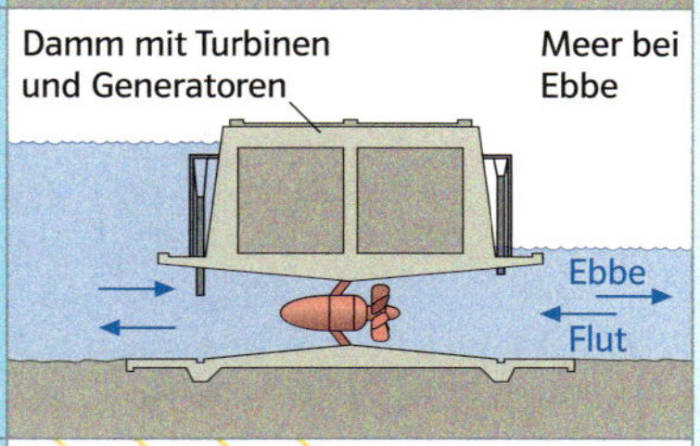

Solarzellen (Sonne):
direkte Umwandlung von Licht in elektrische Energie („Fotovoltaik")

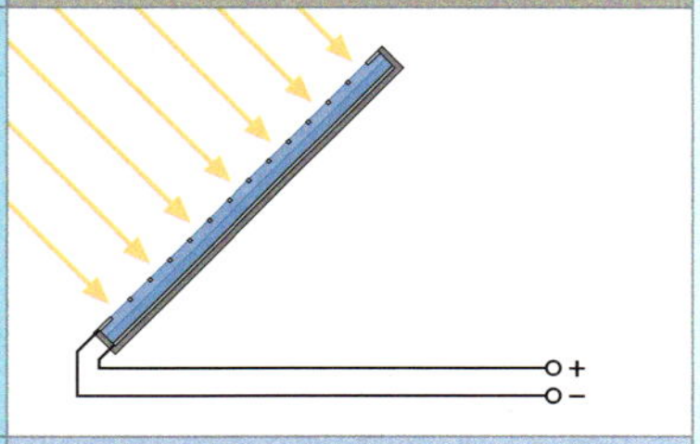

Windkraft:
Windrad (Rotor) treibt einen Generator zur Stromerzeugung an

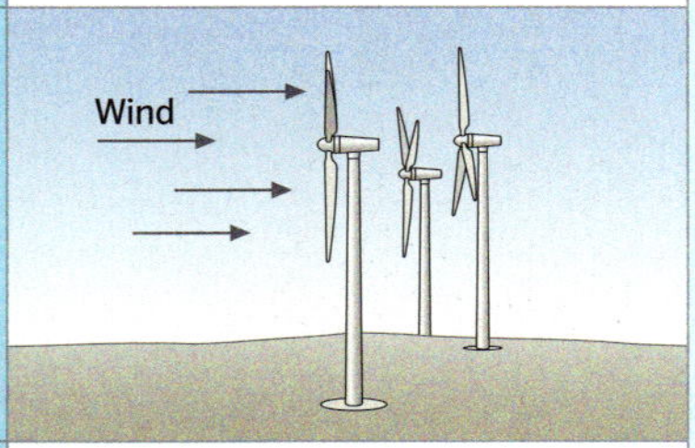

Geothermiekraftwerke:
Nutzung der inneren Energie in tiefen Erdschichten (Heißdampf, Heißwasser) für Heizung oder Stromerzeugung

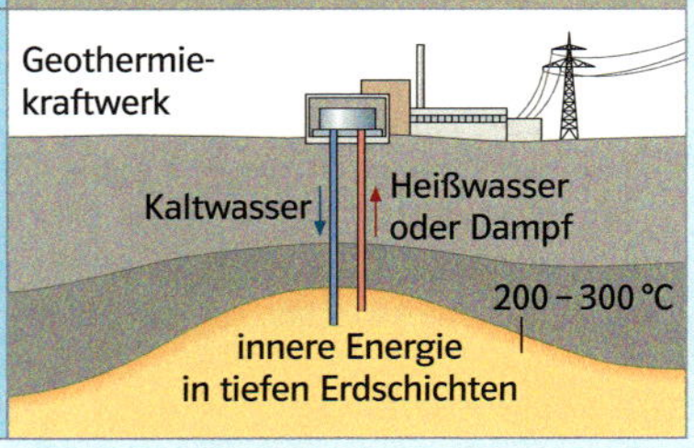

B1 Verschiedene Kraftwerkstypen

Energiesparen

11 Plane Energiesparmaßnahmen in deiner Schule und stelle sie auf einem Plakat dar. Diskutiere Möglichkeiten der Umsetzung.

Basiskonzepte

Die Inhalte der Physik lassen sich nach verschiedenen Themenbereichen (z. B. Elektrizitätslehre, Optik, Mechanik usw.) strukturieren oder nach den sogenannten Basiskonzepten. Durch die Betrachtung von Vorgängen in der Physik mit Hilfe der Basiskonzepte kann vieles leichter verstanden werden, weil dadurch Zusammenhänge (Analogien) zwischen verschiedenen Teilgebieten der Physik erkennbar werden.

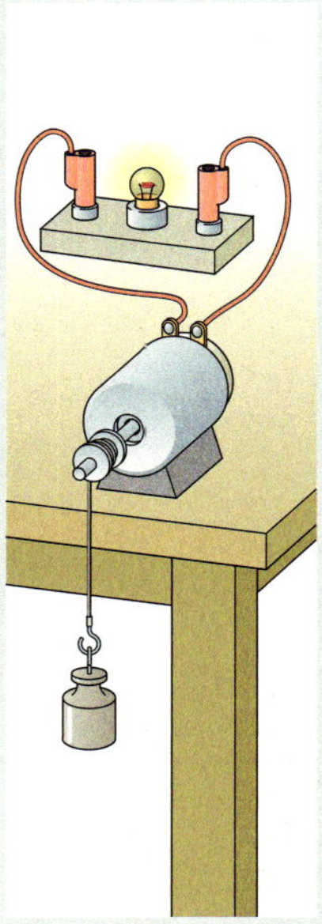

Energie Nichts geht ohne Energie: Immer wenn etwas z. B. erwärmt wird, bewegt wird oder Licht aussendet, ist Energie im Spiel. Energie kann man umwandeln, aber niemals erzeugen oder vernichten. Im Beispiel wird mechanische Energie erst in elektrische Energie und dann in Energie in Form von Wärme und Licht übertragen. Im angehobenen Gewichtsstück ist Energie gespeichert. Sinkt es herunter, dreht sich die Achse des Experimentiermotors. Dieser erzeugt wie ein Generator elektrische Energie, die über die Kabel zur Glühlampe geleitet wird. Diese wandelt die elektrische Energie in Licht und Wärme um, die an die Umgebung abgegeben werden.

System Oft ist es nicht sinnvoll, Gegenstände getrennt voneinander zu betrachten. In Systemen wirken mehrere Komponenten zusammen. Um die Bildentstehung in einem Fotoapparat zu verstehen, muss man mehrere Komponenten betrachten: das Objektiv erzeugt auf dem Bildsensor an der Rückwand der Kamera ein Bild des Gegenstandes. Die lichtempfindlichen Zellen des Bildsensors wandeln diese in elektrische Signale um und leiten sie zum Display und zum Speicher weiter. Aber auch das Objektiv ist ein System, denn in ihm wirken mehrere Linsen zusammen.

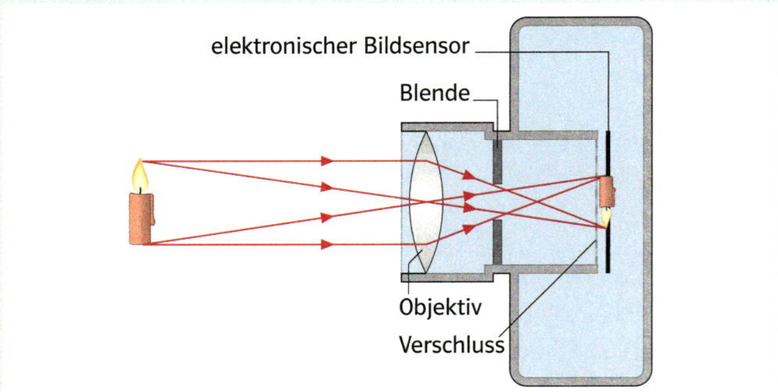

Struktur der Materie Alle Atome bestehen aus positiv geladenen Atomkernen und einer Hülle aus negativ geladenen Elektronen.
In einem elektrisch neutralen Leiter gibt es etwa gleich viel positive wie negative Ladung. Die positive Ladung bleiben am gleichen Ort, während die negative Ladung, die durch Elektronen transportiert wird, beweglich ist. Schließt man nun einen Leiter an eine elektrische Quelle an, so werden die Elektronen vom positiven Pol angezogen und vom negativen Pol abgestoßen. Die Elektronen bewegen sich in Richtung des Pluspols: es besteht ein elektrischer Strom.

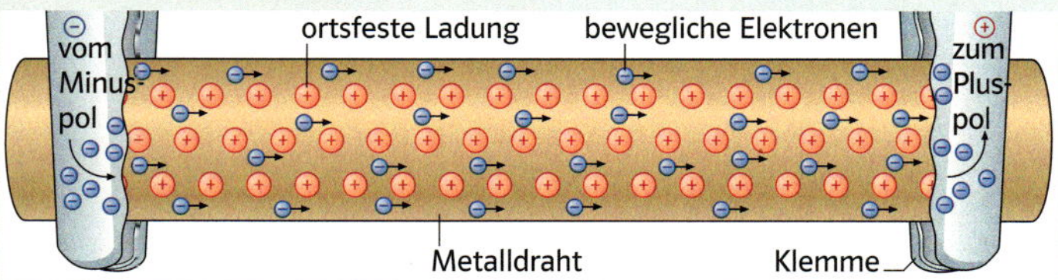

Wechselwirkung Wechselwirkung findet immer dann statt, wenn zwei Körper aufeinander wirken: Auf das Trampolin wirkt die Gewichtskraft der Person: die Federn und die Bespannung werden verformt. Auf die Person wirkt infolge dessen eine Gegenkraft, die sie nach oben beschleunigt. Aber auch die Wirkung von radioaktiver Strahlung mit Materie ist eine Wechselwirkung, die z. B. im Geiger-Müller-Zählrohr zum Nachweis der Strahlung genutzt wird. Im menschlichen Körper kann diese Wechselwirkung Schädigungen hervorrufen.

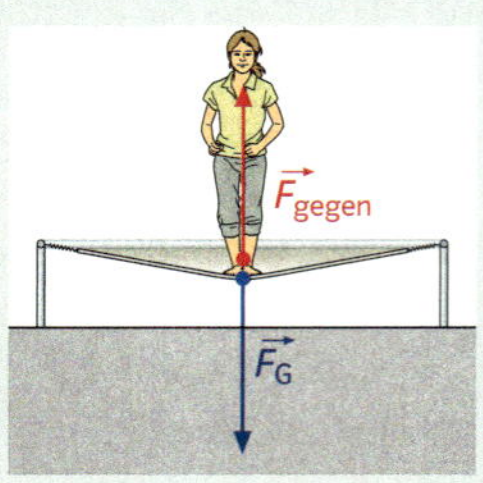

► **S. 38** System; **S. 74** Struktur der Materie; **S. 160** Energie; **S. 216** Wechselwirkung

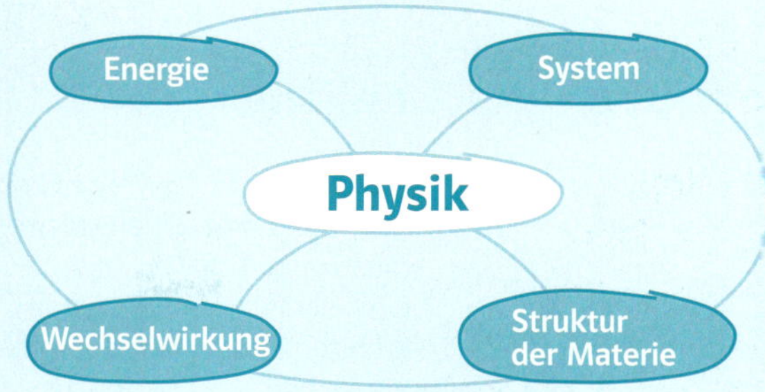

Am Beispiel der Sonne kann man die vier Basiskonzepte deutlich machen:

Energie Ständig gibt die Sonne Energie in Form von Strahlung ab: Die von der gesamten Menschheit in einem Jahr umgewandelte Energiemenge liefert uns die Sonnen in etwa einer Stunde. Ohne die Energie der Sonne wäre Leben auf der Erde nicht möglich. Aber auch die Energie, die wir zum Heizen und zum Betrieb von Maschinen verwenden, ist irgendwann als Lichtenergie zur Erde gelangt: Kohle, Öl und Gas sind gespeicherte Sonnenenergie. Solarzellen wandeln die Energie des Lichtes direkt in elektrischen Strom um.

System Die Sonne bildet mit den Planeten das Sonnensystem. Im Sonnensystem kreisen die Planeten auf Bahnen um die Sonne. Dabei sorgt die Anziehungskraft, die zwischen der Sonne und den Planeten wirkt, dafür, dass die Planeten auf ihrer Bahn bleiben. Die Sonne wiederum ist Teil des Systems Milchstraße, unserer Galaxie. Aber auch die Sonne selbst ist ein System. Im Innern der Sonne herrscht ein sehr großer Druck, der eine nach außen gerichtete Kraft bewirkt. Gleichzeitig sorgen aber die Anziehungskräfte innerhalb der Sonne dafür, dass sich diese in einem Gleichgewichtszustand befindet und weder zusammenzieht noch ausdehnt.

Wechselwirkung An den beiden Polen der Erde kann man manchmal am Nachthimmel beeindruckende Leuchterscheinungen, sogenannte Polarlichter, beobachten. Polarlichter sind die Folge der Wechselwirkung von Teilchen, die die Sonne in das Weltall schleudert und die dann zur Erde gelangen, mit Luftteilchen unserer Atmosphäre. In den Polregionen der Erde dringen viele der von der Sonne ausgehenden Teilchen in die Erdatmosphäre ein. Dabei bringen sie Luftteilchen in großer Höhe zum Leuchten.

Struktur der Materie Im Innern der Sonne herrschen Temperaturen bis zu 10 000 000 K. Bei diesen hohen Temperaturen sind die Atome vollständig ionisiert, d. h. alle Elektronen des Atoms sind vom Atomkern abgetrennt. Atomkerne und Elektronen bilden in der Sonne ein Plasma.
In diesem Plasma findet in der Sonne die Verschmelzung (Fusion) von Protonen zu Heliumkernen statt, wobei zwei Protonen im Heliumkern in Neutronen umgewandelt werden. Bei diesem Fusionsprozess wird Energie freigesetzt, die dann von der Sonne abgestrahlt wird.

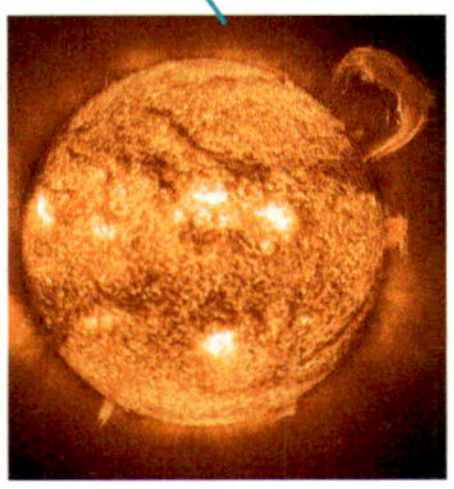

A1 Suche im Lehrbuch Beispiele für die vier Basiskonzepte.

A2 Erstelle eine ähnliche Übersicht zu den Phänomenen auf den Kapiteleinstiegsseiten in diesem Buch. Beachte, dass nicht bei jedem Sachverhalt alle vier Basiskonzepte gleichermaßen angesprochen werden.

Anhang

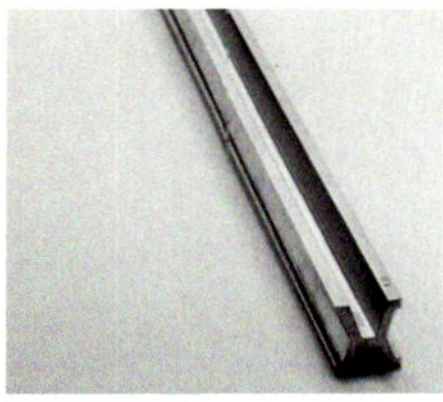

B1 Urmeter

B2 Urkilogramm

SI-Einheiten Die Physik befasst sich mit den messbaren Eigenschaften der Natur. Dazu muss man für physikalische Größen jeweils eine Maßeinheit („Maßstab") festlegen und erläutern, wann eine Gleichheit oder eine Vielfachheit des Maßstabs vorliegt.

Diese Einheit ist nicht eindeutig und so gab es früher verschiedene Maßeinheiten für dieselbe physikalische Größe. Die Elle als Maßeinheit der Weglänge ging beispielsweise vom Ellenbogen bis zur Mittelfingerspitze. Dies war natürlich personenabhängig.

Um eine Vereinheitlichung zu bekommen, wurde um 1790 jeweils ein Prototyp für das Meter und das Kilogramm hergestellt, das sogenannte Urmeter (→ **B1**) und Urkilogramm (→ **B2**). Diese sind im französischen Nationalarchiv gelagert. Weitere Kopien besitzen die Länder, die sich dieser Konvention angeschlossen haben.

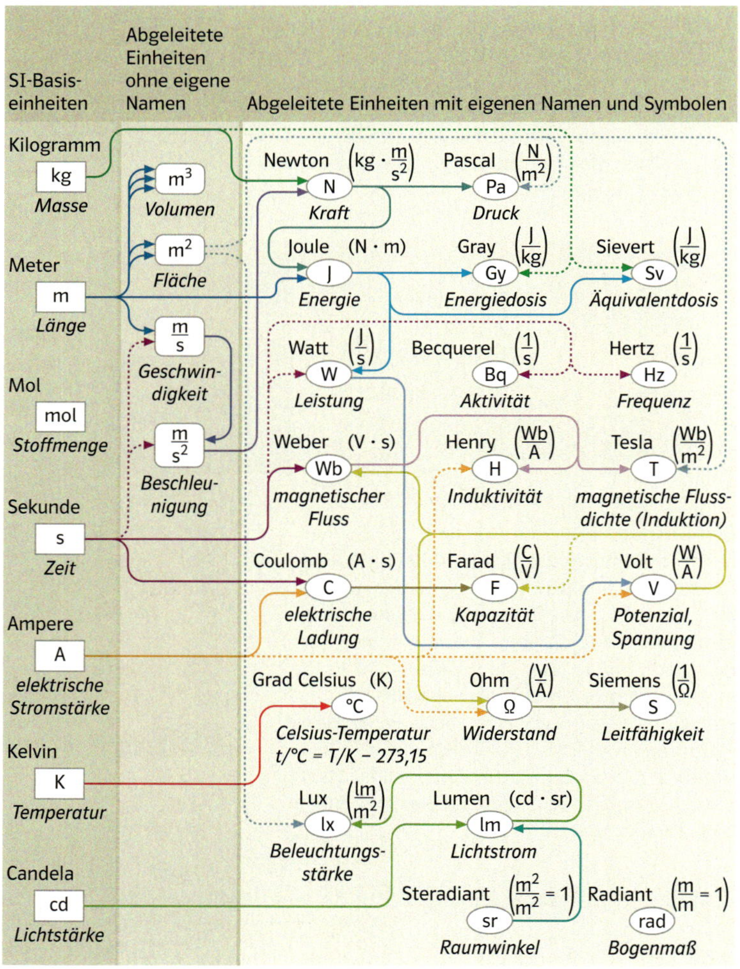

B3 SI-System

Als erstes **Basissystem** wurde das Meter-Kilogramm-Sekunde-System (kurz: mks-System) beziehungsweise das cgs-System (Zentimeter, Gramm, Sekunde) verwendet. Diese Basissysteme wurden um vier weitere Basisgrößen erweitert und mündeten 1954 im Internationalen Einheitensystem (Système Internationale d'Unités; kurz: **SI-System**).

Das SI-System hat sieben **Basisgrößen**: Zeit, Länge, Masse, elektrische Stromstärke, Temperatur, Stoffmenge und Lichtstärke. Die zugehörigen Einheiten, die per Definition festgelegt sind, heißen **Basiseinheiten** (→ **B3**).

Alle anderen physikalischen Einheiten sind abgeleitete Einheiten. Die zugehörigen Größen heißen abgeleitete Größen. Beispiele hierfür sind das Volumen, die Frequenz und die elektrische Ladung.

Beispiele für abgeleitete Größen		
Größe	Definition	SI-Einheit
Volumen V	$1\,m^3$	$1\,m^3$
Frequenz f	1 Hz	$1\,{}^{1}/_{s}$
Ladung Q	1 As	1 C

Die Definition der Basiseinheiten sind abhängig von den naturwissenschaftlichen Möglichkeiten, die die Physiker im Moment besitzen. Sie sind quasi „Momentaufnahmen" des gegenwärtigen naturwissenschaftlichen Standes.

Die Definition des Meters mit Hilfe des Urmeters ist überholt. Heute wird das Urmeter mit Hilfe der Lichtgeschwindigkeit definiert.

Die Definition des Kilogramms mit Hilfe des Urkilogramms in Paris ist problematisch, da dieses jedes Jahr um etwa 0,5 µg an Masse verliert. Man ist auf der Suche nach einer neuen Definition des Kilogramms. Eine Möglichkeit ist die Anzahl der Siliciumatome zu bestimmen, die dem heutigen Kilogramm entsprechen. Dies sind etwa $2{,}1 \cdot 10^{24}$. Eine Festlegung für das Kilogramm eignet sich aber erst dann, wenn man die Anzahl auf 10^{18} genau bestimmen kann.

Wichtige Größen und ihre Einheiten

Größe	Zeichen	Einheitenname	Zeichen	Festlegung
Länge	*s*, *l*	Meter	1 m	Lichtgeschwindigkeit c_0 mal Zeit
Fläche	*A*	Quadratmeter	$1\,m^2$	$1\,m^2 = 1\,m \cdot 1\,m$
Volumen	*V*	Kubikmeter	$1\,m^3$	$1\,m^3 = 1\,m \cdot 1\,m \cdot 1\,m$
Masse	*m*	Kilogramm	1 kg	Grundeinheit, festgelegt durch ein Normal
Dichte	ϱ		$1\,kg/m^3$; $1\,g/cm^3$	Masse durch Volumen
Stoffmenge	*n*	Mol	1 mol	Grundeinheit, festgelegt durch ein Normal
Zeit	*t*	Sekunde	1 s	Grundeinheit, festgelegt durch ein Normal
Geschwindigkeit	*v*		1 m/s; 1 km/h	Weglänge durch Zeitspanne
Frequenz	*f*	Hertz	1 Hz	1 Hz = 1 1/s; Anzahl Perioden durch Sekunde
Kraft	*F*	Newton	1 N	$1\,N = 1\,kg\,m/s^2$; Masse mal Beschleunigung
Druck	*p*	Pascal	1 Pa	$1\,Pa = 1\,N/m^2$; Kraft/Fläche
Arbeit	*W*	Joule, Wattsekunde	1 J, 1 Ws	Kraft mal Weg in Kraftrichtung
Energie	*E*	Joule, Wattsekunde	1 J, 1 Ws	1 J = 1 Ws = 1 N · 1 m
Leistung	*P*	Watt	1 W	1 W = 1 J/s; Arbeit durch Zeit
Temperatur	ϑ	Grad Celsius	1 °C	festgelegte Skala; Temperaturunterschied:
	T	Kelvin	1 K	festgelegte Skala; 1 °C = 1 K
Ladung	*Q*	Coulomb	1 C	1 C = 1 A · 1 s; Stromstärke mal Zeit
Stromstärke	*I*	Ampere	1 A	Grundeinheit, festgelegt durch ein Normal
Spannung	*U*	Volt	1 V	1 V = 1 Ws/C; Arbeit durch Ladung
Widerstand	*R*	Ohm	1 Ω	1 Ω = 1 V/A; Spannung durch Stromstärke

Vorsilben für dezimale Vielfache und Teile von Einheiten

Vorsilbe	Exa (E)	Peta (P)	Tera (T)	Giga (G)	Mega (M)	Kilo (k)	Hekto (h)	Deka (da)
bedeutet	10^{18}	10^{15}	10^{12}	10^{9}	10^{6}	10^{3}	10^{2}	10^{1}
Vorsilbe	Dezi (d)	Zenti (c)	Milli (m)	Mikro (μ)	Nano (n)	Piko (p)	Femto (f)	Atto (a)
bedeutet	10^{-1}	10^{-2}	10^{-3}	10^{-6}	10^{-9}	10^{-12}	10^{-15}	10^{-18}

Spezielle Einheiten, ausländische Einheiten

1 geografische Meile	= 7420 m
1 Seemeile (sm)	= 1852 m
1 Knoten (kn) = 1 sm/h	= 0,5144 m/s
1 Faden	= 1,829 m
1 Registertonne	= $2{,}832\,m^3$
1 internat. Karat	= 0,2051 g
1 Feinunze (troy ounce)	= 31,1035 g
1 inch (in, Zoll)	= 2,54 cm
1 foot (ft) = 12 in	= 30,48 cm
1 yard (yd) = 3 ft	= 91,44 cm
1 mile = 1760 yd	= 1609 m
1 acre	= $4047\,m^2$

		englisch	amerik.
1 pint (liq. pt.)	=	0,5683 l	0,4732 l
1 quart = 2 pints	=	1,1365 l	0,9464 l
1 gallon = 4 quarts	=	4,5460 l	3,7854 l
1 petroleum barrel	=	159,11 l	158,99 l
1 °Fahrenheit (°F)	=	5/9 °C; (0 °C ≙ 32 °F)	
		x °C = (9/5 *x* + 32) °F	
1 ounce (oz)	=		28,35 g
1 pound (lb) = 16 oz	=		453,60 g
1 quarter (qu) = 28 lbs	=		12,70 kg
1 short ton = 2 000 lbs	=		907,20 kg
1 long ton = 2 240 lbs	=		1 016,00 kg

Veraltete Einheiten

Druck	
1 at	= 98 066,5 Pa
1 atm	= 101 325 Pa
1 Torr	= 133 Pa

Energie	
1 kcal	= 4186,8 J
1 kpm	= 9,80665 J

Leistung	
1 PS	= 736 W
1 kcal/h	= 1,16 W
1 kp m/s	= 9,80665 W

Eigenschaften verschiedener Stoffe

ϱ = Dichte bei 20 °C, für Gase bei 0 °C und 1013 hPa;
γ = Volumenausdehnungszahl bei 20 °C;
c = spezifische Wärmekapazität, bei Gasen bei konstantem Druck;
s = spezifische Schmelzenergie;
α = Längenausdehnungszahl bei 18 °C;
v = Schallgeschwindigkeit in Gasen bei 0 °C;
ϑ_f = Schmelztemperatur;
ϑ_d = Siedetemperatur;
r = spezifische Verdampfungsenergie

Feste Stoffe	ϱ g/cm³	α 1/(10⁶ K)	c kJ/(kg · K)	ϑ_f °C	s kJ/kg	ϑ_d °C	r kJ/kg
Aluminium	2,70	23,8	0,896	660	404	2400	10539
Beton	2,2–2,5	11	0,879				
Blei	11,35	29,4	0,129	327	24,7	1750	871
Cobalt	8,8	12,6	0,419	1493	260	2880	4815
Eis (–4 °C)	0,92	37	2,09	0	334	100	2257
Eisen	7,86	11,59	0,452	1535	270	2800	6322
Glas	2,23	3,2	0,799	815			
Gold	19,3	14,2	0,129	1063	64,5	2660	1578
Graphit	2,25	19	0,711	3800		4400	
Iod	4,93	64,1	0,214	114	124	183	163
Kochsalz	2,16	48	0,854	808	519	1461	2789
Kupfer	8,93	16,8	0,385	1083	205	2582	4798
Messing (MS 7,2)	8,6	18,5	0,375	~320		1160	
Natrium	0,97	71	1,23	98	113	890	4600
Paraffin	0,8–0,9	150	2,51	50			
Platin	21,45	9,1	0,134	1769	111	4300	2470
Plexiglas	1,16	75	1,30	~110			
Porzellan	2,3	4	0,846	1670			
Quarzglas	2,20	5,6	0,712	1585			
Schwefel	2,06	56,5	0,720	113	50,2	445	293
Silber	10,5	19,3	0,237	961	105	2180	2361
Silicium	2,4	2,5	0,703	1423	166	2350	12561
Wolfram	19,27	4,5	0,142	3390	192	5500	4354
Zink	7,13	26,3	0,389	420	111	907	1754
Zinn	7,30	27	0,226	232	59,5	2680	2387
Flüssigkeiten	ϱ g/cm³	α 1/(10³ K)	c kJ/(kg · K)	ϑ_f °C	s kJ/kg	ϑ_d °C	r kJ/kg
Aceton	0,791	1,43	2,22	–95	82,1	56	519
Benzol	0,879	1,23	1,70	6	126	80	394
Ethanol	0,789	1,10	2,40	–114	105	78	854
Ether	0,714	1,62	2,26	–116		34,6	356
Glycerin	1,260	0,50	2,39	18	201	291	
Petroleum	0,847	0,96	2,14			150	
Quecksilber	13,546	0,181	0,138	–39	11,8	357	285
Schwefelsäure (rein)	1,834	0,22	1,42	10,4	109	338	
Wasser	0,998	0,21	4,19	0	334	100	2257
Gase	ϱ g/dm³	v m/s	c kJ/(kg · K)	ϑ_f °C	s kJ/kg	ϑ_d °C	r kJ/kg
Ammoniak	0,771	415	2,16	–77,7	332	–33,4	1374
Chlor	3,214	206	0,486	–101,5	90,4	–34,7	289
Helium	0,179	965	5,23	–273,2		–268,98	20,5
Kohlenstoffdioxid	1,977	266	0,837	–78,5	181	–57	574
Kohlenstoffmonooxid	1,25	337	1,05	–204	29,7	–191,5	216
Luft	1,293	332	1,005	–213		–193	
Propan	2,010	260	1,63	–187,7	80,0	–42,1	427
Sauerstoff	1,429	315	0,917	–219	13,8	–182,97	214
Stickstoff	1,251	334	1,04	–210,5	25,5	–195,8	201
Wasserstoff	0,0899	1286	14,32	–259,5	58,2	–252,8	448
Xenon	5,897	170	0,126	–111,8	17,6	–108,1	99,2

Radioaktive Zerfallsreihen

Thorium-Reihe

Nuklid	Halbwertszeit	Zerfall
$^{232}_{90}Th$	$1{,}4 \cdot 10^{10}$ a	α
$^{228}_{88}Ra$	6,7 a	β
$^{228}_{89}Ac$	6,2 h	β
$^{228}_{90}Th$	1,9 a	α
$^{224}_{88}Ra$	3,6 d	α
$^{220}_{86}Rn$	55 s	α
$^{216}_{84}Po$	0,15 s	α (→ $^{212}_{82}Pb$), β (→ $^{216}_{85}At$)
$^{216}_{85}At$	$3 \cdot 10^{-4}$ s	α
$^{212}_{82}Pb$	10,5 h	β
$^{212}_{83}Bi$	61 min	β (→ $^{212}_{84}Po$), α (→ $^{208}_{81}Tl$)
$^{212}_{84}Po$	$3 \cdot 10^{-7}$ s	α
$^{208}_{81}Tl$	3,1 min	β
$^{208}_{82}Pb$	stabil	

Uran-Radium-Reihe

Nuklid	Halbwertszeit	Zerfall
$^{238}_{92}U$	$4{,}5 \cdot 10^{9}$ a	α
$^{234}_{90}Th$	24,1 d	β
$^{234}_{91}Pa$	1,18 min	β
$^{234}_{92}U$	$2{,}5 \cdot 10^{5}$ a	α
$^{230}_{90}Th$	$7{,}5 \cdot 10^{4}$ a	α
$^{226}_{88}Ra$	$1{,}6 \cdot 10^{3}$ a	α
$^{222}_{86}Rn$	3,82 d	α
$^{218}_{84}Po$	3,05 min	α (→ $^{214}_{82}Pb$), β (→ $^{218}_{85}At$)
$^{218}_{85}At$	2 s	α
$^{214}_{82}Pb$	26,8 min	β
$^{214}_{83}Bi$	19,7 min	β (→ $^{214}_{84}Po$), α (→ $^{210}_{81}Tl$)
$^{214}_{84}Po$	$1{,}6 \cdot 10^{-4}$ s	α
$^{210}_{81}Tl$	1,3 min	β
$^{210}_{82}Pb$	22 a	β
$^{210}_{83}Bi$	5 d	β (→ $^{210}_{84}Po$), α (→ $^{206}_{81}Tl$)
$^{210}_{84}Po$	138 d	α
$^{206}_{81}Tl$	4,2 min	β
$^{206}_{82}Pb$	stabil	

Uran-Actinium-Reihe

Nuklid	Halbwertszeit	Zerfall
$^{235}_{92}U$	$7{,}0 \cdot 10^{8}$ a	α
$^{231}_{90}Th$	25,6 h	β
$^{231}_{91}Pa$	$3{,}4 \cdot 10^{4}$ a	α
$^{227}_{89}Ac$	22 a	β (→ $^{227}_{90}Th$), α (→ $^{223}_{87}Fr$)
$^{223}_{87}Fr$	22 min	α β
$^{227}_{90}Th$	18,2 d	α
$^{219}_{85}At$	0,9 min	α β
$^{223}_{88}Ra$	11,6 d	α
$^{215}_{83}Bi$	8 min	β
$^{219}_{86}Rn$	3,96 s	α
$^{215}_{84}Po$	$1{,}8 \cdot 10^{-3}$ s	α (→ $^{211}_{82}Pb$), β (→ $^{215}_{85}At$)
$^{215}_{85}At$	10^{-4} s	α
$^{211}_{82}Pb$	36,1 min	β
$^{211}_{83}Bi$	2,15 min	β (→ $^{211}_{84}Po$), α (→ $^{207}_{81}Tl$)
$^{211}_{84}Po$	0,5 s	α
$^{207}_{81}Tl$	4,8 min	β
$^{207}_{82}Pb$	stabil	

Plutonium-Neptunium-Reihe (künstlich)

Nuklid	Halbwertszeit	Zerfall
$^{241}_{94}Pu$	13,3 a	β
$^{241}_{95}Am$	458 a	α
$^{237}_{93}Np$	$2{,}2 \cdot 10^{6}$ a	α
$^{233}_{91}Pa$	27 d	β
$^{233}_{92}U$	$1{,}6 \cdot 10^{5}$ a	α
$^{229}_{90}Th$	$7{,}3 \cdot 10^{3}$ a	α
$^{225}_{88}Ra$	14,8 d	β
$^{225}_{89}Ac$	10,0 d	α
$^{221}_{87}Fr$	4,8 min	α
$^{217}_{85}At$	$3 \cdot 10^{-2}$ s	α
$^{213}_{83}Bi$	46 min	α (→ $^{209}_{81}Tl$), β (→ $^{213}_{84}Po$)
$^{213}_{84}Po$	$4{,}3 \cdot 10^{-6}$ s	α
$^{209}_{81}Tl$	2,2 min	β
$^{209}_{82}Pb$	3,3 h	β
$^{209}_{83}Bi$	stabil	

Ausgewählte Isotope

Angegeben sind in Spalte **1** = Element, **2** = Kernladung, **3** = Massenzahl, **4** = Kernmasse in u, **5** = Halbwertszeit bzw. Häufigkeit im natürlichen Isotopengemisch ($1\,u = 1{,}66053837 \cdot 10^{-27}$ kg)

1	2	3	4	5
H	1	1	1,0072765	stabil, 99,985 %
	1	2	2,0135534	stabil, 0,015 %
	1	3	3,0155004	β^-/12,346 a
He	2	3	3,014932	stabil, 0,00013 %
	2	4	4,001506	stabil, 99,99987 %
	2	6	6,017793	β^-/0,802 s
Li	3	6	6,013479	stabil, 7,4 %
	3	7	7,014358	stabil, 92,6 %
Be	4	9	9,009992	stabil, 100 %
B	5	10	10,010196	stabil, 20 %
	5	11	11,006562	stabil, 80 %
C	6	12	11,996708	stabil, 98,89 %
	6	13	13,000044	stabil, 1,11 %
	6	14	13,999948	β^-/5730 a
O	8	16	15,990526	stabil, 99,756 %
	8	17	16,994741	stabil, 0,039 %
	8	18	17,994771	stabil, 0,205 %
K	19	39	38,953287	stabil, 93,2 %
	19	40	39,953577	β^-/$1{,}2 \cdot 10^9$ a
	19	41	40,951407	stabil, 6,7 %
Fe	26	56	55,920676	stabil, 91,8 %
Kr	36	82	81,893731	stabil, 11,6 %
	36	83	82,891754	stabil, 11,5 %
	36	84	83,891754	stabil, 57,0 %
	36	85	84,910890	β^-/10,78 a
	36	86	85,890867	stabil, 17,3 %

1	2	3	4	5
I	53	123	122,877045	γ/13,3 h
	53	127	126,875396	stabil, 100 %
	53	131	130,877045	β^-/8,05 d
Ba	56	137	136,874780	stabil, 11,2 % *)
	56	138	137,874290	stabil, 71,9 %
	56	144	143,871420	β^-/11,9 s
Tl	81	206	205,932065	β^-/4,19 min
Pb	82	206	205,929471	stabil, 24,1 %
	82	207	206,930619	stabil, 22,1 %
	82	208	207,931516	stabil, 52,4 %
Po	84	210	209,936795	α/138,38 d
	84	218	217,962850	α/3,05 min
Rn	86	219	218,962302	α/3,96 s
	86	220	219,964222	α/55,4 s
	86	222	221,970352	α/3,824 d
Ra	88	224	223,971945	α/3,64 d
	88	226	225,977085	α/1620 a
	88	228	227,982865	β^-/5,75 a
U	92	233	232,989061	α/$1{,}62 \cdot 10^5$ a
	92	234	233,990431	α/$2{,}47 \cdot 10^5$ a
	92	235	234,99346	α/$7{,}04 \cdot 10^8$ a
	92	236	235,995221	α/$2{,}39 \cdot 10^7$ a
	92	237	236,998211	β^-/6,75 d
	92	238	238,000301	α/$4{,}47 \cdot 10^9$ a
	92	239	239,003821	β^-/23,5 min
Pu	94	239	239,000534	α/$2{,}439 \cdot 10^4$ a

*) angeregter Zustand $T_{1/2} = 2{,}55$ min

Periodensystem der Elemente

	I (1)	II (2)	III A (3)	IV A (4)	V A (5)	VI A (6)	VII A (7)	VIII A (8/9	
1	1,0 1 H Wasserstoff								
2	6,9 3 Li Lithium	9,0 4 Be Beryllium							
3	23,0 11 Na Natrium	24,3 12 Mg Magnesium							
4	39,1 19 K Kalium	40,1 20 Ca Calcium	45,0 21 Sc Scandium	47,9 22 Ti Titan	50,9 23 V Vanadium	52,0 24 Cr Chrom	54,9 25 Mn Mangan	55,8 26 Fe Eisen	58,9 27 C Coba
5	85,5 37 Rb Rubidium	87,6 38 Sr Strontium	88,9 39 Y Yttrium	91,2 40 Zr Zirconium	92,9 41 Nb Niob	95,9 42 Mo Molybdän	98 43 Tc $4{,}2 \cdot 10^6$ a Technetium	101,1 44 Ru Ruthenium	102,9 45 R Rhodiu
6	132.9 55 Cs Caesium	137,3 56 Ba Barium	57–71 Lanthanoide	178,5 72 Hf Hafnium	180,9 73 Ta Tantal	183,8 74 W Wolfram	186,2 75 Re Rhenium	190,2 76 Os Osmium	192,2 77 Ir Iridiur
7	223 87 Fr 22 min Francium	226 88 Ra 1600 a Radium	89–103 Actinoide	265 104 Rf 13 h Rutherfordium	268 105 Db 32 h Dubnium	272 106 Sg 1 h Seaborgium	273 107 Bh 90 min Bohrium	276 108 Hs 1 h Hassium	279 109 M 6 Meitneri

mittlere Atommasse in u — 186,2
Ordnungszahl — 75
Re — Elementsymbol
Metalle
Halbmetalle
Nichtmetalle
Elementname — Rhenium

fest
gasförmig
flüssig

Lanthanoide	138,9 57 La Lanthan	140,1 58 Ce Cer	140,9 59 Pr Praseodym	144,2 60 Nd Neodym	145 61 Pm 17,7 a Promethium	150,4 62 Sm Samarium	152,0 63 E Europiu
Actinoide	227 89 Ac 22 a Actinium	232 90 Th $1{,}4 \cdot 10^{10}$ a Thorium	231 91 Pa $3{,}3 \cdot 10^4$ a Protactinium	238 92 U $4{,}5 \cdot 10^9$ a Uran	237 93 Np $2{,}1 \cdot 10^6$ a Neptunium	244 94 Pu $8{,}0 \cdot 10^7$ a Plutonium	243 95 A 7370 Americi

Ds	Nukleonenzahl des langlebigsten Isotops
	radioaktives Element
10 s	Halbwertszeit des langlebigsten Isotops
stadtium	

	IA (11)	IIA (12)	III (13)	IV (14)	V (15)	VI (16)	VII (17)	VIII (18)
								4,0 2 **He** Helium
			10,8 5 **B** Bor	12,0 6 **C** Kohlenstoff	14,0 7 **N** Stickstoff	16,0 8 **O** Sauerstoff	19,0 9 **F** Fluor	20,2 10 **Ne** Neon
			27,0 13 **Al** Aluminium	28,1 14 **Si** Silicium	31,0 15 **P** Phosphor	32,1 16 **S** Schwefel	35,5 17 **Cl** Chlor	39,9 18 **Ar** Argon
Ni ickel	63,5 29 **Cu** Kupfer	65,4 30 **Zn** Zink	69,7 31 **Ga** Gallium	72,6 32 **Ge** Germanium	74,9 33 **As** Arsen	79,0 34 **Se** Selen	79,9 35 **Br** Brom	83,8 36 **Kr** Krypton
Pd adium	107,9 47 **Ag** Silber	112,4 48 **Cd** Cadmium	114,8 49 **In** Indium	118,7 50 **Sn** Zinn	121,8 51 **Sb** Antimon	127,6 52 **Te** Tellur	126,9 53 **I** Iod	131,3 54 **Xe** Xenon
Pt latin	197,0 79 **Au** Gold	200,6 80 **Hg** Quecksilber	204,4 81 **Tl** Thallium	207,2 82 **Pb** Blei	209,0 83 **Bi** 10^{19} a Bismut	209 84 **Po** 102 a Polonium	210 85 **At** 8,1 h Astat	222 86 **Rn** 3,8 d Radon
Ds 10 s stadtium	283 111 **Rg** 10 min Roentgenium	285 112 **Cn** 34 s Copernicium	284 113	289 114	288 115	293 116		294 118

Gd olinium	158,9 65 **Tb** Terbium	162,5 66 **Dy** Dysprosium	164,9 67 **Ho** Holmium	167,3 68 **Er** Erbium	168,9 69 **Tm** Thulium	173,0 70 **Yb** Ytterbium	175,0 71 **Lu** Lutetium
Cm $1{,}6 \cdot 10^{7}$ a urium	247 97 **Bk** 1400 a Berkelium	247 98 **Cf** 900 a Californium	247 99 **Es** 472 d Einsteinium	257 100 **Fm** 101 d Fermium	259 101 **Md** 52 d Mendelevium	258 102 **No** 58 min Nobelium	264 103 **Lr** 10 d Lawrencium

Physikalisches Fachwortregister Deutsch–Englisch (mit Beispielen)

A

Absorption	absorption
Aggregatzustand	state of aggregation, state of matter, phase *„Gas, liquid and solid are known as the three states of matter."*
-sänderung	phase transition *„Conversion between these three states of matter is called a phase transition."*
Angriffspunkt	point of application/origin *(of the force)*, action point
Arbeit	*Physikal.:* work; task *(Aufgabe)*, job *(Beruf)* *„The Joule is the unit of work."* *„Energy is the ability to do work."*
Atom	atom
Auftrieb	lift, buoyancy; ascending force, buoyant force

B

Batterie	battery
Beschleunigung	acceleration, rate of speed
Betrag	magnitude *(of a vector)*; absolute value *„described by magnitude"*
Bewegung	motion, movement
Brown'sche Bewegung	Brownian motion

D

Dehnung	dilatancy, dila[ta]tion, elongation, expansion, extension, stretch[ing]
Destillation	distillation
Diagramm	diagram, graph *„sketch a position-time graph for …"*
Dichte	density
Diffusion	diffusion
Draht	wire
Druck	pressure
Blutdruck	blood pressure
–, messen	to take the pressure
Durchschnitts-geschwindigkeit	average velocity

E

Einheit	unit *„a unit of force is equal to a unit of mass multiplied by a unit of acceleration."*
Elektrizität	electricity
Elementarladung	elementary charge
Emission	emission
Energie	*Physikal.:* energy; dash *(Elan)* *„The energy of a particle is conserved."*
Energie, elektrische	electric energy
Lageenergie	gravitational potential energy *„Gravitational potential energy is the energy stored in an object as the result of its height."*
–, innere	internal energy *„Internal energy is defined as the energy associated with the disordered motion of particles."*
–, kinetische	kinetic energy
–, potenzielle	potential energy
Primärenergie	primary energy
Spannenergie	elastic potential energy
Energieentwertung	dissipation of energy
Energieerhaltung	conservation/persistence of energy
Energiefreisetzung	release of energy
Energietransport	energy transport
Energie „verbrauchen"	to spin out one's energy *(ugs.)*
Erstarren	freeze, congeal

F

Fallbeschleunigung	gravity acceleration, gravity constant
Federkonstante	spring constant, spring force constant, spring stiffness
Federkraft	resilience
Festkörper	solid
Flaschenzug	lifting block, tackle, pulley
Flüssigkeit	liquid

G

Gas	gas
geerdet	grounded
Gemisch	composite, compound body, conglomerate, mixture
Geschwindigkeit	velocity *(Vektor)*; speed *(Betrag)*, rate
Getriebe	gear [box]
Gewicht	weight
Gewichtskraft	force of gravity
gleichförmig	*Mech.:* uniform
Gleichspannung	direct current voltage
Gleichstrom	direct current, [DC]
Glühlampe	light bulb

H

Hebel	lever *„to work as a lever …"*

I

Isolator	insulator, isolator

K

Kennlinie	characteristic curve
Körper	body

Kondensieren	condens, precipitate
konstant	constant; *„at constant speed"*
Kraft	force
Kraftmesser	dynamometer
Kraftwerk	power plant, power house, power station *„a gas steam power plant, a solar thermal power unit …"*
Kurzschluss	*Elektr.:* short circuit

L

Ladung	charge
Leistung	*Physikal.:* power; effort *(Anstrengung)*, achievement *(sportl.)*
Leiter (elektr.)	conductor
Leitung	conduction, wiring; *Elektr.:* lead; *Hydro.:* conduit

M

Masse	bulk, ground, mass
Messgerät	device, measuring instrument, meter
Messgenauigkeit	measurement accuracy, measurement precision
Messung	measurement (device) *„In this experiment you will measure electric current"*
Messwert	measured value, measured reading, result

N

Nenner	*Math.:* denominator
Netzgerät	power pack, power unit
Neutralleiter	neutral wire
Nullpunkt, absoluter	absolute zero point

P

Parallelschaltung	shunt circuit, parallel connection
Phasenübergang	phase transition
Physik	physics
Pol	pole

Q

Quelle	*Elektr.:* source; *Hydro.:* spring

R

Reflexion	reflection (*amerik.*), reflexion *(brit.)*
Reihenschaltung	connection in series; in-series connection

S

Schalter	switch
Schaltplan	circuit diagram; connecting diagram
schmelzen	to melt
Schmelzpunkt	melting point
Schutzleiter	ground wire
Sicherung	*Elektr.:* fuse; *EDV.:* backup
Skala	scale
Celsius-	Celsius scale
Spannung	*Elektr.:* voltage; *Mech.:* stress
Strecke	*Math.:* line *(between two points)*, *Phys.:* distance
Strom	*Elektr.:* current; *Hydro.:* flow, stream
Stromkreis	electric circuit
Stromquelle	power source
Stromstärke	*Elektr.:* current intensity, amperage

T

Teilchen	particle
Temperatur	temperature
–, messen	to measure/detect/quantify the temperature
Temperaturskala	temperature scale
thermische Ausdehnung	thermal expansion
Thermometer	thermometer
Thermostat	thermostat
Trägheit	*Mech.:* inertia
Treibhauseffekt	green house effect

V

verdampfen	to vaporize
Verformung	deformation, strain
Verzögerung	deceleration, delay, retardation
Volumen	bulk, volume

W

Wärmedämmung	heat insulation, thermal insulation
Wärmeleitung	heat conduction, thermal conduction
Wärmemitführung	heat entrainment
Wärmepumpe	heat pump
Wärmestrahlung	heat radiation, thermal radiation
Wechselwirkung	interaction *„interaction with another object."*
Widerstand	*Elektr.:* resistance, resistor; *Hydro.:* drag
Ersatz-	equivalent resistance
Winkel	*(spitzer)* acute angle; *(stumpfer)* obtuse angle
Wirkung	effect *„What effect will gravity have upon the motion?"*
Wirkungsgrad	[degree of] efficiency

Z

Zerlegung	decomposition, resolving *(of the vector)*
Zusammensetzung	composition *(of the vector)*

Chronik der Physik und Technik

Wissenschaftler aus diesem Buch sowie Entdeckungen und Erfindungen der letzten vier Jahrhunderte

Aristoteles *384 v. Chr.*

Isaak Newton *1643 – 1727*

Johann Wolfgang v. Goethe *1749 – 1832*

Robert Hooke *1635 – 1703*

Hans Christian Oers

Fernrohr *1608*

Anthony v. Leeuwenhoek *1632 – 1723*

Alessandro Volta *1745–1827*

1600 → 1650 → 1700 → 1750 → 1800

Rechenmaschine *1623*

Dampfautomobil *1678, China*

Dampfmaschinen *um 1700*

Heißluftballon (1783)

Galileo Galilei *1564 – 1642*

André Ampere *1775 –*

Henry Cavendish *1731 – 1810*

Radiergummi *1770*

Georg Simon Ohm *1789 – 1854*

Radioaktivität *1896*

Atombombe *1945*

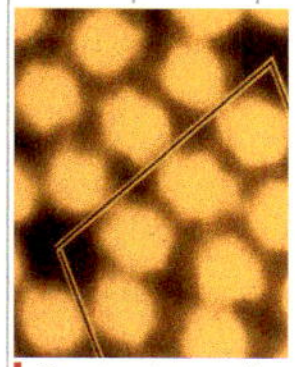

Rastertunnelmikroskop *1981*

Künstl. Atomkernspaltung *1938*

Erster Elektromotor *1834*

Ernest Rutherford *1871 – 1937*

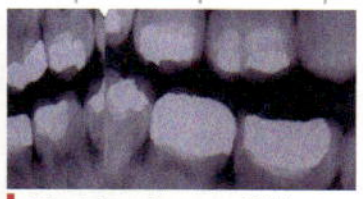

Entdeckung Röntgenstrahlen *1895*

Compact Disc *1979*

1777 – 1851

Erstes elektrisches Kraftwerk *1882*

Transistor *1948*

Kühlschrank *1876*

Erster Personal Computer *1980*

Carl Zeiss *1816 – 1888*

Erster Segelflug *1891*

Erster elektrischer Computer *1941*

Erster Apple-Computer *1977*

1810 → 1850 → 1900 → 1950 → 2000

Dampflokomotive *1804*

Glühlampe *um 1840*

Automobil mit Viertaktkolbenmotor *1876*

Fließbandmontage *1913*

Erster künstlicher Satellit *1957*

Nachweis eines „Schwarzen Loches“ *1996*

Bemannte Mondlandung *1969*

Telefon *1861*

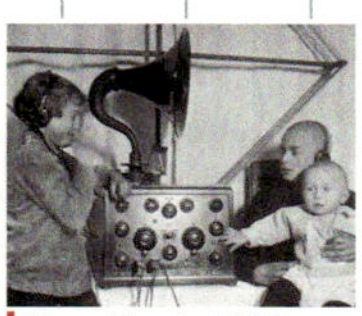

Rundfunk *1896*

Erster Astronaut umkreist die Erde *1961*

Automatischer Webstuhl *1805*

Thomas A. Edison *1847 – 1931*

Phonograph *Edison, 1877*

Stichwort- und Personenverzeichnis

Bildquellennachweis

Umschlag: U1.1 Sucksdorff, Yves, Berlin; **U4.1** FOCUS (Heiner Mueller-Elsner), Hamburg; **U4.2** Avenue Images GmbH (M. Harvey), Hamburg

9.1 Das Fotoarchiv (Jochen Tack), Essen; **10.3** bfu 2008, www.bfu.ch, Bern; **10.4** Mauritius Images (Thonig), Mittenwald; **12.4** Mauritius Images (Raavenswaay); **12.5** aus: The Art of Optical Illusions, Carlton Books Limited, London; **13.1** Okapia (Sohns), Frankfurt; **13.2** iStockphoto (RF/Kenneth C. Zirkel), Calgary, Alberta; **13.4** Getty Images (Petri Artturi Asikainen), München; **14.1** Klett-Archiv (Zuckerfabrik Digital), Stuttgart; **14.4** Klett-Archiv (Heinz-Joachim Ciprina); **15.2** Kantonspolizei Bern, Bern; **15.3a** Klett-Archiv (Manfred Grote); **15.4a** Imago Stock & People (imagebroker/Schauhuber), Berlin; **15.4b** vario images GmbH & Co.KG (Photostock), Bonn; **16.3a, b** Klett-Archiv (Zuckerfabrik Digital); **16.4** Klett-Archiv (Zuckerfabrik Digital); **17.1** Deutsches Museum, München; **18.3** Zippelius, Hanna-Maria, Mechernich; **19.1** Klett-Archiv (Zuckerfabrik Digital); **19.3** Klett-Archiv (Zuckerfabrik Digital); **20.1** Schott AG, Mainz; **20.2a** medicalpicture GmbH, Köln; **20.2b** „Laparoskopische Ansicht des Magens": Karl Storz GmbH, Tuttlingen/Prof. Dr. med. Matthias Pross, Chefarzt der Klinik für Chirurgie, von den DRK Kliniken Berlin-Köpenick; **20.5** telent GmbH; **21.1a** Klett-Archiv (Peter Anselment); **21.1b** Klett-Archiv (Manfred Grote); **21.3** Klett-Archiv (Manfred Grote); **22.1a** Astrofoto (Akira Terunuma), Sörth; **22.1b** Klett-Archiv (Eberhard Theophel); **22.2** Klett-Archiv (Manfred Grote); **22.3** Klett-Archiv (Dr. Klaus Stolzenburg); **22.4** Klett-Archiv (Zuckerfabrik Digital); **22.5** Imago Stock & People (Lars Reimann); **24.6** Jupiterimages GmbH (Aberham); **25.1** Jupiterimages GmbH (Robert G. Everts); **26.1** Klett-Archiv (Zuckerfabrik Digital); **26.3** Klett-Archiv (Zuckerfabrik Digital); **28.2a, b** Klett-Archiv (Gunter Klar); **28.4** Klett-Archiv (Zuckerfabrik Digital); **28.5a, b** Klett-Archiv; **29.1** Dt. Aerospace AG München; **29.2** Klett-Archiv (Zuckerfabrik Digital); **29.3** Picture-Alliance (European Press), Frankfurt; **29.4** Jens Werlein, Schwäbisch Gmünd; **29.5** Okapia (Ulrich Saponutsis); **29.6** Klett-Archiv (Zuckerfabrik Digital); **30.1a, b** Klett-Archiv; **31.1** Klett-Archiv (Zuckerfabrik Digital); **32.1** Klett-Archiv; **35.2a** Canon Deutschland GmbH, Krefeld; **35.2b** www.preiss-walter.de, Röthenbach; **35.5** Prof. Dr. Heinz Wässle, MPI für Hirnforschung, Frankfurt/M.; **37.1** Klett-Archiv (Zuckerfabrik Digital); **37.4** Ullstein Bild GmbH, Berlin; **39.1** LEGO GmbH, München; **39.2** LEGO GmbH; **40.1** Kage Mikrofotografie, Lauterstein; **40.2** Euromex microscopes BV, Arnhem; **41.1** Universitätsbibliothek Leipzig, Leipzig; **41.2a** Deutsches Museum; **41.2b** AKG, Berlin; **41.3a, b** Ullstein Bild GmbH (Granger Collection); **41.3c** Deutsches Museum; **43.1** ESA, Darmstadt; **43.2 - 4, 6** Astrofoto; **44.2** H. Janus; **44.3a** Reinhard-Tierfoto, Heiligkreuzsteinach; **44.4** Tierbildarchiv Angermayer, Holzkirchen; **44.5** Klett-Archiv (W. A. Müller); **45.1** Klett-Archiv (Manfred Grote); **45.2** Klett-Archiv (Manfred Grote); **45.3** Klett-Archiv (Manfred Grote); **45.4** Corbis (Craig Tuttle), Düsseldorf; **46.1** Klett-Archiv; **48.1a** Corbis (Charles o'Rear); **48.1b** Corbis (Martin Jones, Ecoscene); **48.1c** Corbis (Royalty-Free); **49.1** MEV Verlag GmbH, Augsburg; **50.4a, b** Klett-Archiv (Georg Trendel); **50.6** Okapia (Claude Cortier); **51.5** AKG; **51.8** Klett-Archiv (Georg Trendel); **53.3** Imago Stock & People (wolterfoto); **53.4** Klett-Archiv (Manfred Grote); **54.1** Okapia (Patrick Endres/Alaska Stock); **55.3** Klett-Archiv (Zuckerfabrik Digital); **57.1** Hardy Haenel, Hamburg; **57.2** Klett-Archiv (Zuckerfabrik Digital); **57.3** FOCUS (Pasieka/SPL); **58.1** Mauritius Images (Alfred Albinger); **58.3** EVS; **58.5** Roebild Röhrich; **58.2a, b** Klett-Archiv (Fabian H. Silberzahn); **60.3** Corbis (Galen Rowell); **61.1** Imago Stock & People (Hoch Zwei); **62.3** Mauritius Images (Poehlmann); **63.1** Mauritius Images (Ypps); **64.2** iStockphoto (Todd Arbini), Calgary, Alberta; **64.3** Klett-Archiv (Manfred Grote); **66.4** Klett-Archiv (Peter Wessels); **68.3a** Klett-Archiv; **68.3b** Mauritius Images (Ypps); **69.1a** Klett-Archiv (Manfred Grote); **69.2** Picture-Alliance (dpa); **69.3** Deutsches Museum; **70.1a, b** Klett-Archiv (Manfred Grote); **72.1** Mauritius Images (Phototake); **72.2** Fotex GmbH (Warren Faidley), Hamburg; **72.3** Jupiterimages GmbH; **73.1** Mauritius Images (Photri); **77.3** Klett-Archiv (normal design GbR); **78.1** Getty Images RF (PhotoDisc); **78.2** Klett-Archiv (Johann Leupold); **78.3** Klett-Archiv (Georg Trendel); **78.4** Mauritius Images (Schön); **78.5** Klett-Archiv (Toni Wiedemann); **78.6** Klett-Archiv; **79.4** Harald Lange Naturbild, Bad Lausick; **81.1** Okapia (Stevan Stefanovic); **82.1a, b** Klett-Archiv (Dr. Michael Wagner); **83.1** Klett-Archiv (normal design GbR); **86.4** Deutsches Museum; **89.2b** Klett-Archiv (Zuckerfabrik Digital); **89.3** LD Didactic GmbH (Hartwich), Hürth; **90.1a, b** Klett-Archiv (Zuckerfabrik Digital); **90.2** Klett-Archiv (Manfred Grote); **94.1** Klett-Archiv (Dr. Michael Wagner); **100.1b** Getty Images (Photographer's Choice/Chris Thomaidis); **100.3** VW AG Medienarchiv, Wolfsburg; **101.1** Toyota Deutschland GmbH, Köln; **102.1** Klett-Archiv (normal design GbR); **102.2** Klett-Archiv (Zuckerfabrik Digital); **102.3a, b** Jens Werlein; **102.4** Klett-Archiv (Zuckerfabrik Digital); **102.5** Jens Werlein; **105.1** laif (Loukas Hapsis), Köln; **106.1** www.bungeejumping.de; **107.1** Getty Images (Stone/Alexander Hubrich); **109.3** Corbis (Duomo); **110.1** Corbis (Bettmann); **110.2** Picture-Alliance (dpa/epa AFP), Frankfurt; **110.3** Okapia (T. Tilford); **110.4** Tierbildarchiv Angermayer (Fritz Pölking); **110.5** Astrofoto (Koch/NASA); **110.6** Daimler, Aerospace Airbus GmbH; **110.7** Deutsche Bahn AG (Warter), Berlin; **110.8** Mauritius Images (age fotostock); **111.1** Okapia (Stephen Dalton); **111.4a** BMW AG MediaPool, München; **111.4b, c** VW AG Medienarchiv, Wolfsburg; **112.3** Klett-Archiv (Christian Wolf); **112.4** Imago Stock & People (Fernando Baptista); **112.6** shutterstock (Philip Lange), New York, NY; **113.2** Corbis (Schlegelmilch); **114.1** The Associated Press GmbH, Frankfurt am Main; **116.1** Klett-Archiv (Dr. Michael Wagner); **116.2** Picture-Alliance (AFP/Rolf Haid); **116.3** photo affairs (Jürgen Bögelspacher), Deisslingen; **116.4** Helga Lade (Lothar Reupert), Frankfurt; **117.1** Wendelsteinbahn GmbH, Brannenburg; **117.2** photo affairs; **118.2** photo affairs; **119.1** ddp Deutscher Depeschendienst GmbH (Johns Hopkins Univ. Applied Phys), Berlin; **120.5** Ullstein Bild GmbH (CARO/Sorge); **121.1** Getty Images (Andy Sacks); **121.2** Corbis (Wolfgang Kaehler); **121.3** Klett-Archiv (Zuckerfabrik Digital); **122.1** f1 online digitale Bildagentur (Score. by Aflo), Frankfurt; **122.4** Klett-Archiv (Toni Wiedemann); **123.4** Helga Lade (Kester); **125.1** VISUM Foto GmbH (Travel Ink), Hamburg; **127.2a** Bundesanstalt für Materialforschung und -prüfung (VII 12 15773), Berlin; **127.2b** Staatliche Materialprüfanstalt; **128.3a - d** ADAC, München; **129.3a** MPI-Fotoservice; **129.3b** ADAC; **130.2** creativ collection Verlag GmbH, Freiburg; **131.2** Picture-Alliance; **132.1** ESA (NASA); **132.2** ESA (NASA); **134.1** Helga Lade (Rainer Binder); **134.2** DVR COMMON, Wiesbaden; **134.3** Getty Images (Mark Sandten); **134.5** PRESSE-FOTO Dieter Baumann, Ludwigsburg; **134.6** Ullstein Bild GmbH (Imagestate); **136.1** vario images GmbH & Co.KG; **137.1** laif (Heidorn), Köln; **139.5** Mauritius Images (R. Mayer); **140.1** FOCUS (NASA/SPL); **140.3** Klett-Archiv (Hartmut Fahrenhorst); **141.2** Avenue Images GmbH (Image Source); **141.3a** Gardena GmbH, Ulm; **141.4a** Avenue Images GmbH (IndexStock); **143.1** f1 online digitale Bildagentur; **144.3** Klett-Archiv; **146.5** Corbis (RF); **147.3** Picture-Alliance (dpa Themendienst); **147.4** AKG; **148.1** Klett-Archiv (Harald Köhncke); **148.2** Getty Images (taxi/Pete Atkinson); **148.3** Klett-Archiv (Zuckerfabrik Digital); **149.1** Klett-Archiv (Harald Köhncke); **149.2** Klett-Archiv (Joachim März); **149.3** Klett-Archiv (Harald Köhncke); **149.4** Klett-Archiv (Harald Köhncke); **149.5** Klett-Archiv (Harald Köhncke); **150.1** Picture-Alliance (dpa/epa afp Jimin

Lai); **150.2** Klett-Archiv (Rainer Schönherr); **150.3** PRESSE-FOTO Dieter Baumann; **150.4** Ullstein Bild GmbH (Imagestate); **150.5** AKG; **150.6** Picture-Alliance (dpa/Black Star); **151.4** Klett-Archiv (Zuckerfabrik Digital); **153.1** Helga Lade (Josef Ege); **154.1** Mauritius Images (Fichtl); **156.1** Mauritius Images; **156.4** AKG; **158.2a - c** Klett-Archiv; **159.2** Klett-Archiv; **160.1** Mauritius Images (World Pictures); **161.1** blickwinkel (P. Cairns), Witten; **161.2** Wikimedia Foundation Inc., St. Petersburg FL; **161.3** shutterstock (Paul B. Moore), New York, NY; **161.4** Corbis (Royalty-Free); **161.5** Mauritius Images (Pott); **161.6** Corbis (Wolfram Schroll/zefa); **161.7** MPI-Fotoservice; **161.8** Astrofoto (ESA); **161.9** blick winkel (N. Lipka), Witten; **161.10** Picture-Alliance; **162.1** Picture-Alliance (Haid); **162.2** Klett-Archiv (Zuckerfabrik Digital); **162.3** Mauritius Images (West Studios); **162.4** Corbis (zefa/Hans Reinhard); **162.5** Mercedes Benz AG Stuttgart; **162.6** Jens Werlein; **162.7** AKG (Jost Schilgen); **162.8** Ullstein Bild GmbH (Sven Simon); **164.3** Mauritius Images (SDP); **165.1** Dreamstime LLC (Chris Curtis), Brentwood, TN; **166.1** Thu Data, Sandnes; **166.2** Corbis (Darrell Gulin); **167.1** Action Press GmbH (FOTO LANGBEHN), Hamburg; **168.4** Stierli, Thomas, Winterthur; **169.5** Klett-Archiv (Erwin Spehr); **172.1** Klett-Archiv (Zuckerfabrik Digital); **172.2b** Klett-Archiv (Zuckerfabrik Digital); **176.1** AKG; **176.4** Helga Lade (Mula); **178.5** Daimler AG Medienarchiv; **180.2** Fruhmann GmbH NTL, Neutal; **180.3** Avenue Images GmbH (Getty Images/Photodisc Red/PNC); **181.2** Fruhmann GmbH NTL, Neutal; **181.3** Schlaich Bergermann Solar; **183.1** iStockphoto (Roberto A. Sanchez), Calgary, Alberta; **184.2** AKG (Historia-Photo); **184.3b** AKG; **184.4** BPK, Berlin; **185.1** Klett-Archiv (Erwin Spehr); **185.2** pictureNEWS Bildagentur (Oliver Abraham), Frankfurt/Main; **185.3** Klett-Archiv; **185.4** AKG; **185.5** Okapia; **185.6** Mauritius Images (Weinhäupl); **185.7** Reinhard-Tierfoto, Heiligkreuzsteinach; **185.8** Robert Bosch GmbH, Gerlingen-Schillerhöhe; **190.1** Picture-Alliance; **190.2** The Associated Press GmbH (Eckehard Schulz), Frankfurt am Main; **190.3** Picture-Alliance (Hesse); **190.4** Technorama, Winterthur; **191.1** Mauritius Images (Ludwig Mallaun); **192.1** Klett-Archiv; **192.2** AKG; **192.3** Mauritius Images;**192.4** Deutsches Museum; **192.5** aus: S. Hembacher, F. J. Giessibl, J. Mannhart, C. F. Quate: „Revealing the Hidden Atom in Graphite by Low-Temperature Atomic Force Microscopy" (Proceedings of the National Academy of Sciences PNAS 100, 12539-12542 (2003)); **192.6** IBM Deutschland GmbH; **192.7** Universitität Innsbruck/Inst. f. Experimentalphysik, Innsbruck; **193.1** Klett-Archiv; **194.4** Ullstein Bild GmbH (KPA); **196.1** Klett-Archiv; **196.2** Klett-Archiv (Stefan Lienesch); **196.3** Klett-Archiv (Zuckerfabrik Digital); **196.4** Deutsches Museum; **197.2** Conrad Electronic SE, Hirschau; **198.1** Klett-Archiv (Zuckerfabrik Digital); **198.3** Klett-Archiv (Zuckerfabrik Digital); **198.4** Deutsches Museum; **198.6** AKG; **199.1 - 5** Klett-Archiv (Stefan Lienesch); **200.1** Klett-Archiv; **203.1a** FOCUS (Mark Richards); **203.1b, c** MEV Verlag GmbH; **203.1d** Picture-Alliance; **203.1e** Getty Images RF (PhotoDisc); **203.1f** Corel Corporation Deutschland, Unterschleissheim; **203.2** Gesellschaft für Strahlen- und Umweltforschung; **203.3** Picture-Alliance (dpa/Johann Haas); **204.4** Klett-Archiv (Manfred Grote); **206.4** Klett-Archiv (Walter Jordan); **207.2** Arco Images GmbH (C. Huetter), Lünen; **207.3** Bundesamt für Strahlenschutz, Salzgitter; **209.3** BPK; **210.1a - c** Klett-Archiv (Dr. Michael Wagner); **210.2, 3** Klett-Archiv (Dr. Michael Wagner); **210.4a - c** Klett-Archiv (Dr. Michael Wagner); **211.1** Okapia (M. Meadows/Peter Arnold, Inc.); **211.2** Okapia (V. Steger/P. Arnold); **211.3a** Jünger Medien Verlag; **211.3b, c** Klett-Archiv; **212.1** Deutsches Museum; **213.1** Informationskreis KernEnergie, Berlin; **213.3** Siemens AG, Energy Sector, Erlangen; **215.3** Astrofoto; **216.1** Picture-Alliance (Armin Weigel); **217.1a** Avenue Images GmbH (Corbis RF), Hamburg; **217.1b** Dr. Georg Gerster, Zumikon; **217.2a** Argus (Hartmut Schwarzbach), Hamburg; **217.2b** Getty Images RF (Photodisc); **217.3a** FOCUS (Heiner Mueller-Elsner); **217.3b** EnBW AG (Schäfer), Karlsruhe; **218.1** Klett-Archiv; **218.2** Klett-Archiv; **218.3a** Klett-Archiv; **218.3b** Jünger Verlag, Offenbach; **218.4** The Associated Press GmbH (Fabian Bimmer), Frankfurt am Main; **219.3** LD Didactic GmbH; **221.1** Klett-Archiv (Horst Welker); **222.1** Klett-Archiv (Peter Anselment); **222.2 - 7** Klett-Archiv (Horst Welker); **223.1** laif (Langrock/Zenit), Köln; **226.1** Klett-Archiv (Zuckerfabrik Digital); **227.1** DESY, Hamburg; **227.3a** LD Didactic GmbH; **230.1** Martin Volkmer, Hamburg; **230.2** Klett-Archiv (Manfred Grote); **231.1** Klett-Archiv (Rudolf Pfaff); **231.5** Deutsches Museum; **231.6** Siemens-Pressebild, München; **232.1a, b** Klett-Archiv (Manfred Grote); **233.1** Klett-Archiv (Harald Köhncke); **233.4** Klett-Archiv (Manfred Grote); **234.1** Klett-Archiv (Manfred Grote); **234.2a, b** Klett-Archiv; **235.2** Klett-Archiv (Zuckerfabrik Digital); **235.3** Klett-Archiv (Zuckerfabrik Digital); **236.1** Conrad Electronic SE; **236.2** Klett-Archiv (Horst Welker); **236.4** RWE Net AG, Dortmund; **237.1** Johnson Controls Power Solutions Europe, Hannover; **237.2a, b** Klett-Archiv (Horst Welker); **237.3** Klett-Archiv (Manfred Grote); **237.4** BSH Bosch u. Siemens Hausgeräte GmbH, München; **238.1** Klett-Archiv (Manfred Grote); **238.2** Klett-Archiv (Horst Welker); **239.1** blickwinkel (P. Cairns), Witten; **240.2** Mauritius Images (Marzell); **241.1** Klett-Archiv; **242.1a, b** Klett-Archiv (Werkstatt Neumann, Spehr); **243.1b, c** RWE Net AG, Dortmund; **243.1d** RWE AG, Essen; **245.3** MEV Verlag GmbH; **246.2** Klett-Archiv (Ulrich Janzen); **248.1** Mauritius Images (Marzell); **248.2** RWE Essen; **248.3a - c** VISUM Foto GmbH (Axel M. Mosler), Hamburg; **248.4** Mauritius Images (Mitterer); **251.1** Klett-Archiv (Michael Wehmöller, Ascheberg); **251.2** Astrofoto (van Ravenswaay); **251.3** Fotolia LLC (Anastasiya Igolkina), New York; **251.4** Okapia (John W. Warden); **251.5** Astrofoto (EIT/SOHO/NASA); **252.1** Picture-Alliance (dpa); **252.2** Klett-Archiv (E. Claus); **260.1** AKG; **260.2** PIXTAL, New York NY; **260.3** AKG; **260.4** FOCUS (SPL/Adam Hart-Davis); **260.5** PIXTAL, New York NY; **260.7** Sächsische Landesbibliothek (Staatliche Kunstsammlungen Dresden/Kupferstich-Kabinett), Dresden; **260.8** Corbis (Bettmann); **260.9** Deutsches Museum; **260.10** Klett-Archiv; **260.11 AKG; 260.12** AKG; **260.13** AKG; **260.14** PIXTAL, New York NY; **260.15** MEV Verlag GmbH; **261.1** AKG; **261.2** Klett-Archiv; **261.3** Picture-Alliance (dpa); **261.4** FOCUS; **261.5** Edition Leipzig; **261.6** Deutsches Museum; **261.7** Fotosearch Stock Photography (PhotoDisc), Waukesha, WI; **261.8** Mauritius Images (SST); **261.9** Picture-Alliance (akg-images); **261.10** AKG; **261.11** AKG; **261.12** Apple, München, München; **261.13** Deutsches Museum; **261.14** Daimler AG Medienarchiv; **261.15** FOCUS (Terry/SPL/Agentur Focus); **261.16** AKG; **261.17** MEV Verlag GmbH; **261.18** mediacolor's P & F Müller (bew), Zürich; **261.19** Mary Evans Picture Library, London; **261.20** AKG; **261.21** AKG.

Gestaltung Bildperiodensystem (**S. 256 – 257**):
normaldesign, Schwäbisch Gmünd und Thomas Seilnacht, Bern